我要和《660题》一起续写……奇

LEGEND

亲爱的考研学子们:

我是金榜时代《数学基础过关660题》。

自2004年问世以来，经过22年至今660题累计销量已达**1500万册**，成为了数学学习者的灯塔，一直照耀着无数考研学子的求学之路。

22年的岁月流转，它不仅见证了学子的成长，更以其独特的魅力，成就了一段段传奇。这不仅仅是一本书，它是梦想的起点，是成功的阶梯。

1500万册的销量，不仅仅是数字的累积，更是信任与认可的见证。每一页，都凝聚了名校名师的心血与智慧；每一题，都承载着学生对未来的憧憬与渴望。

走过22年的风雨，660题已不仅仅是一本考研数学复习的书籍，它已经成为了一种精神，一种力量，激励着一代又一代的学子，向着知识的巅峰不断攀登，向着目标的终点不断冲刺。那些使用过660题的学子们，他们的名字，或许已经铭印在了考研的荣耀榜上，或许已经书写在了各自领域的辉煌篇章中。

这是一本传奇之书，它不仅传授知识，更传递着一种信念：无论前路多么崎岖，只要坚持不懈，每个人都能成就属于自己的传奇。

我是__________

是《数学基础过关660题》第**15004550**名使用者，我要和《660题》一起，续写这不朽的传奇。

销量遥遥领先　迎来重大改版　铸就传奇

名师荟集　学生口口相传　时代创新

2004年　05　2006　07　08　2009　10　11　2012　13　14　2015　16　17　18　2019　20　21　22　2023　24　25　2026年

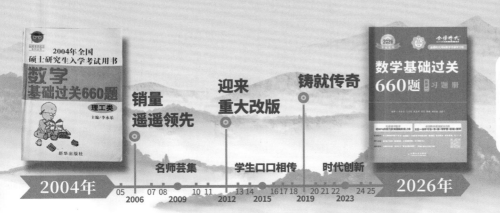

2026
考研专用

金榜時代
GLISTIME 明德·弘毅·惟精

金榜时代考研数学书课——上岸学习包

数学基础过关660题

（数学三）

习题册

编著◎李永乐 王式安 武忠祥 宋浩 薛威 刘喜波 姜晓千

中国农业出版社
CHINA AGRICULTURE PRESS
·北京·

图书在版编目(CIP)数据

数学基础过关 660 题. 数学三 / 李永乐等编著.
—北京:中国农业出版社,2020.8(2024.8 重印)
ISBN 978-7-109-27185-2

Ⅰ. ①数… Ⅱ. ①李… Ⅲ. ①高等数学—研究生—入学考试—习题集 Ⅳ. ①O13-44

中国版本图书馆 CIP 数据核字(2020)第 145754 号

数学基础过关 660 题. 数学三
SHUXUE JICHU GUOGUAN 660TI. SHUXUE SAN

中国农业出版社出版
地址:北京市朝阳区麦子店街 18 号楼
邮编:100125
责任编辑:吕　睿
责任校对:吴丽婷
印刷:正德印务(天津)有限公司
版次:2020 年 8 月第 1 版
印次:2024 年 8 月天津第 5 次印刷
发行:新华书店北京发行所
开本:787mm×1092mm　1/16
总印张:31
总字数:465 千字
总定价:99.80 元

金榜时代®考研数学系列图书

内容简介及使用说明

考研数学满分150分，在考研成绩中的比重很大；同时又因数学学科本身的特点，考生的数学成绩历来千差万别。数学成绩好在考研中很占优势，因此有“得数学者考研成”之说。既然数学对考研成绩如此重要，那么就有必要探讨一下影响数学成绩的主要因素。

本系列图书作者根据多年的命题经验和阅卷经验，发现考研数学命题的灵活性非常大，不仅表现在一个知识点与多个知识点的考查难度不同，更表现在对多个知识点的综合考查上，这些题目在表达上多一个字或多一句话，难度都会变得截然不同。正是这些综合型题目拉开了考试成绩的差距，而构成这些难点的主要因素，实际上是最基础的基本概念、定理和公式的综合。同时，从阅卷反映的情况来看，考生答错题目的主要原因也是对基本概念、定理和公式记忆和掌握得不够熟练。总结为一句话，那就是：要想数学拿高分，就必须熟练掌握、灵活运用基本概念、定理和公式。

基于此，李永乐考研数学辅导团队结合多年来考研辅导和研究的经验，精心编写了本系列图书，目的在于帮助考生有计划、有步骤地完成数学复习，从对基本概念、定理和公式的记忆，到对其熟练运用，循序渐进。下面介绍本系列图书的主要特点和使用说明，供考生复习时参考。

书名	本书特点	本书使用说明
《考研数学复习全书·基础篇·高等数学基础》 《考研数学复习全书·基础篇·线性代数基础》 《考研数学复习全书·基础篇·概率论与数理统计基础》	**内容基础·提炼精准·易学易懂**（推荐使用时间：2024年8月—2024年12月）	
	本系列均由教学名师编写，根据大纲的考试范围将考研所需复习内容提炼出来，形成考研数学的基础内容和复习逻辑，实现大学数学同考研数学之间的顺利过渡，开启考研复习第一篇章。	考生复习过本校大学数学教材后，即可使用本套书。如果大学没学过数学或者本校课本是自编教材，与考研大纲差别较大，也可使用本套书替代大学数学教材。
《数学基础过关660题》	**题目经典·体系完备·逻辑清晰**（推荐使用时间：2024年8月—2025年4月）	
	本书是主编团队出版20多年的经典之作，一直被模仿，从未被超越。年销量达百万余册，是当之无愧的考研数学头号畅销书，拥有无数甘当“自来水”的粉丝读者，口碑爆棚，考研数学不可不入！“660”也早已成为考研数学的年度关键词。 本书重基础，重概念，重理论，一旦你拥有了《考研数学复习全书·基础篇（高等数学/线性代数/概率论与数理统计 基础）》《数学基础过关660题》教你的思维方式、知识逻辑、做题方法，你就能基础稳固、思维灵活，对知识、定理、公式的理解提升到新的高度，避免陷入复习中后期“基础不牢，地动山摇”的窘境。	与《考研数学复习全书·基础篇（高等数学/线性代数/概率论与数理统计 基础）》搭配使用，在完成对基础知识的学习后，有针对性地做一些练习。帮助考生熟练掌握定理、公式和解题技巧，加强知识点的前后联系，将之体系化、系统化，分清重难点，让复习周期尽量缩短。 虽说书中都是选择题和填空题，但同学们也不要轻视，不要一开始就盲目做题。看到一道题，要能分辨出是考哪个知识点，考什么，然后在做题过程中看看自己是否掌握了这个知识点，应用的定理、公式的条件是否熟悉，这样才算真正做好了一道题。
《考研数学真题真刷基础篇·考点分类详解版》	**分类详解·注重基础·突出重点**（推荐使用时间：2024年8月—2024年12月）	
	本书精选精析1987—2008年考研数学真题，帮助考生提前了解大学水平考试与考研选拔考试的差别，使考生不会盲目自信，也不会妄自菲薄，真正跨入考研的门槛。	与《考研数学复习全书·基础篇（高等数学/线性代数/概率论与数理统计 基础）》《数学基础过关660题》搭配使用，复习完一章，即可做相应的章节真题。不会做的题目做好笔记，第二轮复习时继续练习。

书名	本书特点	本书使用说明
《考研数学复习全书·提高篇》	**系统全面·深入细致·结构科学**（推荐使用时间:2025 年 3 月—2025 年 9 月）	
	本书为作者团队的扛鼎之作，常年稳居各大平台考研图书畅销榜前列，主编之一的李永乐老师更是入选 2019 年“当当 20 周年白金作家”，考研界仅两位作者获此称号。 本书从基本理论、基础知识、基本方法出发，全面、深入、细致地讲解考研数学大纲要求的所有考点，不提供花拳绣腿的不实用技巧，也不提倡误人子弟的费时背书法，而是扎扎实实地带同学们深入每一个考点背后，找到它们之间的关联、逻辑，让同学们从知识点零碎、概念不清楚、期末考试过后即忘的“低级”水平，提升到考研必需的高度。	利用《考研数学复习全书·基础篇（高等数学/线性代数/概率论与数理统计 基础）》把基本知识“捡”起来之后，再使用本书。本书有对知识点的详细讲解和相应的练习题，有利于同学们建立考研知识体系和框架，打好基础。 在《数学基础过关 660 题》中若遇到不会做的题，可以放到这里来做。以章或节为单位，学习新内容前要复习前面的内容，按照一定的规律来复习。基础薄弱或中等偏下的考生，务必要利用考研当年上半年的时间，整体吃透书中的理论知识，摸清例题设置的原理和必要性，特别是对大纲要求的基本概念、理论、方法要系统理解和掌握。
《考研数学真题真刷提高篇·考点分类详解版》	**真题真练·总结规律·提升技巧**（推荐使用时间:2025 年 7 月—2025 年 11 月）	
	本书完整收录 2009—2025 年考研数学的全部试题，将真题按考点分类，还精选了其他卷的试题作为练习题。力争做到考点全覆盖，题型多样，重点突出，不简单重复。书中的每道题给出的参考答案有常用、典型的解法，也有技巧性强的特殊解法。分析过程逻辑严谨、思路清晰，具有很强的可操作性，通过学习，考生可以独立完成对同类题的解答。	边做题、边总结，遇到“卡壳”的知识点、题目，回到《考研数学复习全书·提高篇》和之前听过的基础课、强化课中去补，争取把每个真题的知识点吃透、搞懂，不留死角。 通过做真题，考生将进一步提高解题能力和技巧，满足实际考试的要求。第一阶段，浏览每年真题，熟悉题型和常考点。第二阶段，进行专项复习。
《高等数学辅导讲义》 《线性代数辅导讲义》 《概率论与数理统计辅导讲义》	**经典讲义·专项突破·强化提高**（推荐使用时间:2025 年 7 月—2025 年 10 月）	
	三本讲义分别由作者的教学讲稿改编而成，系统阐述了考研数学的基础知识。书中例题都经过严格筛选、归纳，是多年经验的总结，对考研的重点、难点的把握准确、有针对性。适合认真研读，做到举一反三的同学。	哪科较薄弱，精研哪本。搭配《数学强化通关 330 题》一起使用，先复习讲义上的知识点，做章节例题、练习，再去听相关章节的强化课，做《数学强化通关 330 题》的相关习题，更有利于知识的巩固和提高。
《数学强化通关 330 题》	**综合训练·突破重点·强化提高**（推荐使用时间:2025 年 5 月—2025 年 10 月）	
	强化阶段的练习题，综合训练必备。具有典型性、针对性、技巧性、综合性等特点，可以帮助同学们突破重点、难点，熟悉解题思路和方法，提高应试能力。	与《数学基础过关 660 题》互为补充，包含选择题、填空题和解答题。搭配《高等数学辅导讲义》《线性代数辅导讲义》《概率论与数理统计辅导讲义》使用，效果更佳。
《数学临阵磨枪》	**查漏补缺·问题清零·从容应战**（推荐使用时间:2025 年 10 月—2025 年 12 月）	
	本书是常用定理公式、基础知识的清单。最后阶段，大部分考生缺乏信心，感觉没复习完，本来会做的题目，因为紧张、压力，也容易出错。本书能帮助考生在考前查漏补缺，确保基础知识不丢分。	搭配《数学决胜冲刺 6 套卷》使用。上考场前，可以再次回忆、翻看本书。
《数学决胜冲刺 6 套卷》 《考研数学最后 3 套卷》	**冲刺模拟·有的放矢·高效提分**（推荐使用时间:2025 年 11 月—2025 年 12 月）	
	通过整套题的训练，对所学知识进行系统总结和梳理。不同于重点题型的练习，需要全面的知识，要综合应用。必要时应复习基本概念、公式、定理，准确记忆。	在精研真题之后，用模拟卷练习，找漏洞，保持手感。不要掐时间、估分，遇到不会的题目，回归基础，翻看以前的学习笔记，把每道题吃透。

前言

FOREWORD

考研承诺书

为了自己的成长，为了有个美好的未来，本人自愿参加 2026 年硕士研究生考试。

本人郑重承诺：从________年____月____日开始，我会全力以赴，不虚度时光，认真学习，不畏惧困难，不懈怠不自欺，踏踏实实复习！

为自己去拼搏，让青春无悔！

只争朝夕，不负韶华！

承诺人：________________

见证人：________________

本书是为报考硕士研究生的考生编写的数学复习备考用书，得到了广大考生的信任与好评，成为考生心目中基础复习必备题集。本书为 2026 年考研专用。

本书内容包括微积分、线性代数、概率论与数理统计，题型为选择题和填空题。在题目的编制设计上，我们的基本思路是：使同学们在选择题和填空题上得到充分的模拟训练，实现基础过关；而小题经重组整合就能成为综合题，故本书也为后续《数学强化通关 330 题》的解答题练习做好了充分的准备。为了更方便考生复习，本书分为习题册和答案册。习题册中特意为每道题预留了答题区域和纠错区域，考生在练习时注意要写下思路过程。小题要大做，不能凭感觉、运气选结果，要动笔练，这样后期回顾总结也会更加方便。

从教育部教育考试院已公布的统计结果来看，2014～2019 年数学三的选择题、填空题难度系数如下：

	2014 年	2015 年	2016 年	2017 年	2018 年	2019 年
选择题	0.585	0.570	0.539	0.595	0.502	0.687
填空题	0.356	0.624	0.405	0.548	0.384	0.510

是不是丢分丢得有点多了？所以对于往届考生的失误要引以为戒，应当重视选择题、填空题的复习。

针对大多数考生基础薄弱、很长时间没有复习数学的实际情况，加大数学复习的强度是有必要的，一定量的练习是必不可少的。本书从各科的难度和需要考生掌握的程度出发，对一些旧、难题重新进行了编写。因此，《数学基础过关 660 题》是一本不可多得的复习用书。

《数学基础过关 660 题》为什么叫基础过关？编者的理解有两个方面的考虑，一是题目题型都属于基础题，二是我们要实现的目标是基础过关。

因为本书都是选择、填空题，而选择、填空题在正式的考卷里边是第一大题和第二大题。命题老师在编排试卷的考题时，一般排序原则是由易到难，理论上考试试卷上排在前面的选择、填空题都是基础题，但是实际情况是历年考下来选择、填空题丢分情况蛮严重的（参见前面的表格）。特别是选择题，因为选择题考的是概念和理论，这是我们大部分学生学数学的时候一个薄弱环节，所以基本概念和基本理论始终是同学们的一个难点。而我们这本题集就是一个选择、填空的一个专门的练习题集。

基础过关是练习完这些选择、填空题之后应该达到的水平，同学们在基础阶段做我们编写的这些题感觉困难是正常的。为了便于同学们的使用，新版的《数学基础过关 660 题》做了些调整，对部分基础阶段确实太难的题进行更换，整体难度有所降低，并且对所有题目按考点的基础综合性进行分组，分成 A 组和 B 组。A 组相对考点单一一点，B 组稍微综合一点，A 组适合在基础阶段，一开始就可以做。B 组前期复习时可以先跳过，等强化阶段再去做。

硕士研究生入学考试的性质是“具有选拔功能的水平考试”，而考查考生对基础知识的掌握程度，是数学考试的重要目标之一，同时由于数学学科本身的特点，考生的数学成绩历来相关较大，这说明数学学科的考试选拔性质更加突出。近年来，一些考生的失误并不是因为缺乏灵活的思维和敏锐的感觉，而恰恰是因对数学大纲中规定的基础知识和基本理论的掌握还存在某些欠缺，甚至有所偏废所致。因此，希望广大考生要按考试大纲踏实、认真、全面、系统地复习，心态要平和，戒浮躁，要循序渐进、不断积累、逐步提高。

另外，为了更好地帮助考生进行复习，“李永乐考研数学辅导团队”特在新浪微博上开设答疑专区，考生在复习考研数学时，如若遇到任何问题，即可私信或在线留言，团队老师将尽心为你解答。请访问新浪微博@清华李永乐考研数学。

希望本书的修订再版能对考生的复习备考有更大的帮助。对书中不足和疏漏之处，恳请读者批评指正。

祝同学们复习顺利，心想事成，考研成功！

编　者

2024 年 8 月

目录
CONTENTS

基础过关 1 阶

微 积 分

填空题 ······ 5
选择题 ······ 44

线性代数

填空题 ······ 101
选择题 ······ 122

概率论与数理统计

填空题 ······ 156
选择题 ······ 177

基础过关 2 阶

微 积 分

填空题 ······ 211
选择题 ······ 224

1阶

基础过关

微积分水平自测一

难度:极容易　　　　总分:10分　　　　测试时间:30分钟

1. $\lim\limits_{n\to\infty}\dfrac{(3-n)^3}{(n+1)^2-(n+1)^3}=$

(A)∞.　　(B)0.　　(C)-1.　　(D)1.

2. 设 a 是常数,则当函数 $f(x)=a\sin x+\dfrac{1}{3}\sin 3x$ 在 $x=\dfrac{\pi}{3}$ 处取得极值时,必有 $a=$

(A)0.　　(B)1.　　(C)2.　　(D)3.

3. 设 $y=x^n+e^x$,则 $y^{(n)}=$

(A)e^x.　　(B)$n!$.　　(C)$n!+e^x$.　　(D)$n!+ne^x$.

4. $\int_1^e \ln x\,dx=$

(A)e.　　(B)0.　　(C)1.　　(D)$e+1$.

5. 设函数 $z=\dfrac{x+y}{x-y}$,则 $dz=$

(A) $\dfrac{2(x\,dy-y\,dx)}{(x-y)^2}$.　　(B) $\dfrac{2(y\,dx-x\,dy)}{(x-y)^2}$.

(C) $\dfrac{2(x\,dx-y\,dy)}{(x-y)^2}$.　　(D) $\dfrac{2(y\,dy-x\,dx)}{(x-y)^2}$.

6. 幂级数 $\sum\limits_{n=0}^{\infty}\dfrac{n^n x^n}{3^n n!}$ 的收敛半径 $R=$

(A) $\dfrac{e}{3}$.　　(B) $\dfrac{e}{2}$.　　(C) $\dfrac{2}{e}$.　　(D) $\dfrac{3}{e}$.

7. 计算极限 $\lim\limits_{x\to 0}\dfrac{\int_0^x \sin t\,dt}{\int_0^x t\,dt}=$ ________.

8. 如果函数 $f(x)=\begin{cases}\dfrac{\sin[\pi(x-1)]}{x-1}, & x<1\\ \arcsin\dfrac{1}{x}+k, & x\geqslant 1\end{cases}$ 处处连续,则 $k=$ ________.

9. $y=\sqrt{x}$ 在 $x=4$ 处的切线方程为________________.

10. 交换二重积分次序 $\int_0^1 dx\int_{e^x}^{e} f(x,y)\,dy=$ ________________.

答案见答案册第3页

微积分水平自测二

难度:容易　　　　总分:10 分　　　　测试时间:35 分钟

1. $\lim\limits_{x\to1}\dfrac{\tan(x^2-1)}{x^3-1}=$

(A) $\dfrac{1}{2}$.　　(B) $\dfrac{1}{3}$.　　(C) $\dfrac{2}{3}$.　　(D) $\dfrac{3}{4}$.

2. 设函数 $f(u)$ 可导且 $f'(1)=0.5$,则 $y=f(x^2)$ 在 $x=-1$ 处的微分 $\mathrm{d}y\Big|_{x=-1}=$

(A) $-\mathrm{d}x$.　　(B) 0.　　(C) $\mathrm{d}x$.　　(D) $2\mathrm{d}x$.

3. $\dfrac{\mathrm{d}}{\mathrm{d}x}\displaystyle\int_0^{x^2}\sin t\mathrm{d}t=$

(A) $\sin x$.　　(B) $\sin x^2$.　　(C) $2x\sin x^2$.　　(D) $2x\cos x^2$.

4. 已知函数 $f(x)$ 的一个原函数 $\ln^2 x$,则 $\displaystyle\int xf'(x)\mathrm{d}x=$

(A) $\ln^2 x+C$.　　(B) $-\ln^2 x+C$.

(C) $\ln x-\ln^2 x+C$.　　(D) $2\ln x-\ln^2 x+C$.

5. $\displaystyle\int_1^5 \mathrm{e}^{\sqrt{2x-1}}\mathrm{d}x=$

(A) e^3.　　(B) $2\mathrm{e}^3$.　　(C) $3\mathrm{e}^3$.　　(D) $4\mathrm{e}^4$.

6. 设 $f(x+y,xy)=x^2+y^2$,则 $\dfrac{\partial f(x,y)}{\partial x}+\dfrac{\partial f(x,y)}{\partial y}=$

(A) $2x-2$.　　(B) $2x+2$.　　(C) $x-1$.　　(D) $x+1$.

7. 不定积分 $\displaystyle\int\dfrac{\arctan x}{x^2(1+x^2)}\mathrm{d}x=$ ________.

8. 设函数 $f(x)=ax^3+bx^2+x$ 在 $x=1$ 处取得极大值 5,则常数 $a=$ ________,$b=$ ________.

9. 已知 $f(2)=2$,$\displaystyle\int_0^2 f(x)\mathrm{d}x=4$,$\displaystyle\int_0^2 xf'(x)\mathrm{d}x=$ ________.

10. 已知 $z=u^2\cos v$,$u=xy$,$v=2x+y$,$\dfrac{\partial z}{\partial x}=$ ________,$\dfrac{\partial z}{\partial y}=$ ________.

答案见答案册第 5 页

微积分

填　空　题

函数、极限、连续

A组

1　设 $f(x)=\begin{cases}\sin x, & |x|\leqslant\frac{\pi}{2},\\ x, & |x|>\frac{\pi}{2},\end{cases}$ $\varphi(x)=\begin{cases}\arcsin x, & |x|\leqslant 1,\\ x, & |x|>1,\end{cases}$ 则 $f[\varphi(x)]=$ ________.

答题区

纠错笔记

2　设 $g(x)=\begin{cases}2-x, & x\leqslant 0,\\ 2+x, & x>0,\end{cases}$ $f(x)=\begin{cases}x^2, & x<0,\\ -x, & x\geqslant 0,\end{cases}$ 则 $\lim\limits_{x\to 0}g(f(x))=$ ________.

答题区

纠错笔记

3　设 $f\left(x+\frac{1}{x}\right)=x^2+\frac{1}{x^2}$，则 $\lim\limits_{x\to 3}f(x)=$ ________.

答题区

纠错笔记

4　设 $\lim\limits_{x\to 0}\frac{\ln\left(1+x+\frac{f(x)}{x}\right)}{x}=3$，则 $\lim\limits_{x\to 0}\frac{f(x)}{x^2}=$ ________.

答题区

纠错笔记

5　设 a,b 为常数，且 $\lim\limits_{x\to\infty}(\sqrt[3]{1-x^6}-ax^2-b)=0$，则 $a=$ ________，$b=$ ________.

答题区

纠错笔记

6 $\lim\limits_{x \to 0} \dfrac{\sqrt{1+\tan x}-\sqrt{1-\sin x}}{e^x-1}=$ ________.

答题区

纠错笔记

7 设 $\alpha > 0, \beta > 0$ 为常数，则 $I=\lim\limits_{x \to +\infty} x^{\alpha} e^{-\beta x}=$ ________.

答题区

纠错笔记

8 $\lim\limits_{x \to 0} \dfrac{1-(\cos x)^{\sin x}}{x^3}=$ ________.

答题区

纠错笔记

9 设常数 $a>0$，则 $\lim\limits_{x\to+\infty}\dfrac{a^x}{1+a^x}=$ ________.

答题区

纠错笔记

10 设 $f(x)=\begin{cases}\dfrac{e^{ax^3}-1}{x-\arcsin x}, & x>0\\ 6, & x\leqslant 0\end{cases}$ 在 $x=0$ 点连续，则 $a=$ ________.

答题区

纠错笔记

B 组

11 $\lim\limits_{x\to0}\dfrac{\ln(1+x+x^2)+\ln(1-x+x^2)}{\sec x-\cos x}=$ ________.

答题区

纠错笔记

12 $I=\lim\limits_{x\to 0}\dfrac{x\sin x^2-2(1-\cos x)\sin x}{x^4}=$ ________.

答题区

纠错笔记

13 $\lim\limits_{x\to 0}\dfrac{e^{\frac{1}{x}}\arctan\dfrac{1}{x}}{1+e^{\frac{2}{x}}}=$ ________.

答题区

纠错笔记

14 $[x]$表示x的最大整数部分，则$\lim\limits_{x\to 0}x\left[\dfrac{2}{x}\right]=$ ________.

答题区

纠错笔记

15 设 $f''(a)$ 存在，$f'(a)\neq 0$. 则 $\lim\limits_{x\to a}\left[\dfrac{1}{f'(a)(x-a)}-\dfrac{1}{f(x)-f(a)}\right]=$ ______.

答题区

纠错笔记

16 设 $\lim\limits_{x\to 1}f(x)$ 存在，且有 $f(x)=\mathrm{e}^{-2x}+x^{\frac{2}{1-x}}\lim\limits_{x\to 1}f(x)$，则 $f(x)=$ ______.

答题区

纠错笔记

17 $\lim\limits_{n\to\infty}\left[\left(1+\dfrac{1}{n}\right)\left(1+\dfrac{2}{n}\right)\cdots\left(1+\dfrac{1}{n}\right)\right]^{\frac{1}{n}}=$ ______.

答题区

纠错笔记

18 设 $x_0=0, x_n=\dfrac{1+2x_{n-1}}{1+x_{n-1}}(n=1,2,3,\cdots)$，则 $\lim\limits_{n\to\infty}x_n=$ ________.

答题区

纠错笔记

19 设 $f(x)=\lim\limits_{n\to\infty}\dfrac{x^{2n+1}+1}{x^{2n+1}-x^n+x+4}$，则 $f(x)$ 的间断点为________.

答题区

纠错笔记

20 设 $f(x)=\dfrac{e^x-b}{(x-a)(x-b)}$ 有无穷间断点 $x=e$，可去间断点 $x=1$，则 $(a,b)=$ ________.

答题区

纠错笔记

A组

21 设 $f(x)=\begin{cases}\dfrac{\ln(1+bx)}{x}, & x\neq 0\\ -1, & x=0\end{cases}$，其中 b 为某常数，$f(x)$ 在定义域上处处可导，则 $f'(x)=$ ________.

答题区

纠错笔记

22 设 $f(x)$ 是以 3 为周期的可导函数且是偶函数，$f'(-2)=-1$，则 $\lim\limits_{h\to 0}\dfrac{h}{f(5-2\sin h)-f(5)}=$ ________.

答题区

纠错笔记

23 设 $f(x)=x^{\sin x}(x>0)$，则 $f'(x)=$ ________.

答题区

纠错笔记

24 $f(x)=x^2(x+1)^2(x+2)^2(x+3)^2$，则 $f''(0)=$ ________.

答题区

纠错笔记

25 设 $y=\sqrt{\dfrac{e^{4x}}{e^{4x}+1}}$，则 $dy=$ ________________.

答题区

纠错笔记

26 设 $f(x)=\ln\dfrac{1-2x}{1+3x}$，则 $f'''(0)=$ ________.

答题区

纠错笔记

27 曲线 $y = \ln x$ 上与直线 $x + y = 2$ 垂直的切线方程为________.

答题区

纠错笔记

28 设函数 $f(x)$ 在 $x = 0$ 处连续，且 $\lim\limits_{x \to 0} \dfrac{f(x)}{e^x - 1} = 2$，则曲线 $y = f(x)$ 在 $x = 0$ 处的法线方程为________.

答题区

纠错笔记

29 设 $f(x) = \int_{\frac{\pi}{2}}^{x} \ln(1 + \sin t)\mathrm{d}t$，则曲线 $y = f(x)$ 在点 $\left(\dfrac{\pi}{2}, 0\right)$ 处的切线方程为________.

答题区

纠错笔记

30 函数 $y=\frac{(x-3)^2}{4(x-1)}$ 的单调增区间是________，单调减区间是________，极值是________，凹区间是________，凸区间是________.

答题区

纠错笔记

31 设(1,3)是曲线 $y=x^3+ax^2+bx+14$ 的拐点，则 $a=$______，$b=$______.

答题区

纠错笔记

B组

32 设 $f(x)=\begin{cases} x^2\sin\frac{1}{x}+\cos x, & x<0; \\ \ln(1+x)+ax+be^x, & x\geqslant 0. \end{cases}$ 并设 $f(x)$ 在 $x=0$ 处可导，则常数 $a=$__________，$b=$__________.

答题区

纠错笔记

33 设 $f(x)=\begin{cases}\arctan x, & x\leqslant 1\\ \dfrac{1}{2}(e^{x^2-1}-x)+\dfrac{\pi}{4}, & x>1\end{cases}$，则 $f'(x)=$ ________.

答题区

纠错笔记

34 设 $f(x)$ 在 $x=a$ 处二阶导数存在，则

$$I=\lim_{h\to 0}\frac{\dfrac{f(a+h)-f(a)}{h}-f'(a)}{h}= \text{\_\_\_\_\_\_\_\_}.$$

答题区

纠错笔记

35 设 $f'(1)=1$，则 $I=\lim\limits_{x\to 0}\dfrac{f(1+x)-f(1-2\sin x)}{x+2\sin x}=$ ________.

答题区

纠错笔记

36 设 $f(x)=\ln\frac{1-2x}{1+3x}$，则 $f(x)$ 在 $x_0=0$ 点处的 n 次泰勒多项式为________.

答题区

纠错笔记

37 设有界函数 $f(x)$ 在 $(c,+\infty)$ 内可导，且 $\lim\limits_{x\to+\infty}f'(x)=b$，则 $b=$ ________.

答题区

纠错笔记

38 设 $y=y(x)$ 是由方程 $2y^3-2y^2+2xy-x^2=1$ 确定的，则 $y=y(x)$ 的极值点是________.

答题区

纠错笔记

39 设 $y=y(x)$ 二阶可导，且 $\frac{\mathrm{d}y}{\mathrm{d}x}=(4-y)y^{\beta}(\beta>0)$，若 $y=y(x)$ 的一个拐点是 $(x_0, 3)$，则 $\beta=$ ________.

答题区

纠错笔记

40 设 $f(x)$ 在 $x=0$ 处连续，且 $\lim\limits_{x\to 0}\frac{[f(x)+1]x^2}{x-\sin x}=2$，则曲线 $y=f(x)$ 在点 $(0,f(0))$ 处的切线方程为________.

答题区

纠错笔记

41 曲线 $y=1-x^2$ 上在第一象限内的点 (ξ,η) 作该曲线的切线，交两坐标轴的正向构成三角形.要使此三角形的面积为最小，则该切点的坐标 $(\xi,\eta)=$ ________.

答题区

纠错笔记

42 设 $f(x)=(x-1)x^{\frac{2}{3}}$，则 $f(x)$ 的凸区间是________，拐点的横坐标是________.

答题区

纠错笔记

一元函数积分学

A 组

43 设 $f(x)$ 连续，当 $x\to a$ 时，$f(x)$ 是 $x-a$ 的 n 阶无穷小，则当 $x\to a$ 时 $\int_a^x f(t)\mathrm{d}t$ 是 $x-a$ 的________阶无穷小.（填阶数）

答题区

纠错笔记

44 已知当 $x\to 0$ 时 $F(x)=\int_0^{x-\sin x}\ln(1+t)\mathrm{d}t$ 是 x^n 的同阶无穷小，则 $n=$________.

答题区

纠错笔记

45 $I=\int\frac{\sqrt{x+1}+2}{(x+1)^2}dx=$ ________.

答题区

纠错笔记

46 设 $f(x)=\begin{cases}\sin x+1, & x>0,\\ \dfrac{1}{1+x^2}, & x\leqslant 0,\end{cases}$ 则 $f(x)$ 的所有原函数为 ________.

答题区

纠错笔记

47 $\int|x-|x+1||dx=$ ________.

答题区

纠错笔记

48 设常数 $a>0$，则 $\int \arcsin\sqrt{\frac{x}{x+a}}\mathrm{d}x=$ ________.

答题区

纠错笔记

49 $\int \mathrm{e}^{-2x}\arctan \mathrm{e}^{x}\mathrm{d}x=$ ________.

答题区

纠错笔记

50 $\int \frac{x^2-x+1}{x(x-1)^2}\ln x\mathrm{d}x=$ ________.

答题区

纠错笔记

51 设 $y=y(x)$ 是由 $y^3+xy+x^2-2x+1=0$ 及 $y(1)=0$ 所确定，则 $\lim\limits_{x\to 1}\dfrac{\int_1^x y(t)\mathrm{d}t}{(x-1)^3}=$ ________.

答题区

纠错笔记

52 设 $f(x)$ 连续，且 $\lim\limits_{x\to 0}\dfrac{f(x)}{x}=2$，$\psi(x)=\int_0^1 f(xt)\mathrm{d}t$，则 $\psi'(x)=$ ________.

答题区

纠错笔记

53 $f(x)=\begin{cases} xe^{-x^2}, & x\geqslant 0, \\ \dfrac{1}{1+\cos x}, & -1<x<0, \end{cases}$ 则 $\int_1^4 f(x-2)\mathrm{d}x=$ ________.

答题区

纠错笔记

54 设 $f(x)=\max\{1,x^2\}$，则 $\int_1^x f(t)\mathrm{d}t=$ ________.

答题区

纠错笔记

55 $\int_1^{+\infty}\frac{\mathrm{d}x}{x\sqrt{2x^2-1}}=$ ________.

答题区

纠错笔记

56 设 $f(x)=\int_0^{x^2}\mathrm{e}^{-t^2}\mathrm{d}t$,则 $f(x)$ 的极值为________,$f(x)$ 的拐点坐标为________.

答题区

纠错笔记

B组

57 $I_1=\int \cos^4 x\mathrm{d}x=$ ________ , $I_2=\int \sin^4 x\mathrm{d}x=$ ________ .

答题区

纠错笔记

58 设函数 $f(x)$ 对于任意的 $x\in(-\infty,+\infty)$，都有 $2f(x)+f(1-x)=x^2$，则 $\int_0^1 f(x)\mathrm{d}x=$ ________ .

答题区

纠错笔记

59 $\lim\limits_{n\to\infty}\sum\limits_{i=1}^{n}\frac{n}{n^2+i^2+1}=$ ________ .

答题区

纠错笔记

60 $\lim\limits_{n\to\infty}\dfrac{\sum\limits_{k=1}^{n}\sqrt{k}}{\sum\limits_{k=1}^{n}\sqrt{n+k}}=$ ________.

答题区

纠错笔记

61 $\int_{0}^{2\pi}|\sin^2 x-\cos^2 x|\,\mathrm{d}x=$ ________.

答题区

纠错笔记

62 $\int_{0}^{+\infty}\dfrac{x\mathrm{e}^{-x}}{(1+\mathrm{e}^{-x})^2}\mathrm{d}x=$ ________.

答题区

纠错笔记

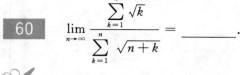

63 $\int_{2}^{4}\frac{x\mathrm{d}x}{\sqrt{|x^{2}-9|}}=$ ________.

答题区

纠错笔记

64 $\int_{3}^{+\infty}\frac{\mathrm{d}x}{(x-1)^{4}\sqrt{x^{2}-2x}}=$ ________.

答题区

纠错笔记

65 摆线 $x=a(t-\sin t),y=a(1-\cos t)(0\leqslant t\leqslant 2\pi)$ 与 x 轴围成图形绕 $y=2a$ 旋转一周而得旋转体的体积 $V=$ ________.

答题区

纠错笔记

66　设 $a>0$，则 $I=\int_{-a}^{a}\sqrt{a^2-x^2}\ln\frac{x+\sqrt{1+x^2}}{3}\mathrm{d}x=$ ________.

答题区

纠错笔记

67　设 $f(x)$ 是以 T 为周期的连续函数，$\int_0^T f(x)\mathrm{d}x=A$，则 $\int_0^{2T} f(3x+T)\mathrm{d}x=$ ________.

答题区

纠错笔记

68　曲线 $y=\frac{x^2}{1+x^2}$ 与其渐近线围成的区域绕其渐近线旋转所得旋转体体积 $V=$ ______.

答题区

纠错笔记

69 曲线 $y=x^2, y=x+2$ 围成的图形绕 y 轴旋转一周生成的旋转体体积 $=$ ______.

答题区

纠错笔记

70 设 $a<b$，则 $\int_a^b (x-a)^2 (b-x)^3 \mathrm{d}x =$ ______.

答题区

纠错笔记

微分方程（差分方程）

A 组

71 若通过点 $(1,0)$ 的曲线 $y=y(x)$ 上每一点 (x,y) 处切线的斜率等于 $1+\frac{y}{x}+\left(\frac{y}{x}\right)^2$，则此曲线的方程是______.

答题区

纠错笔记

72 当 $y>0$ 时,微分方程 $(x-2xy-y^2)\mathrm{d}y+y^2\mathrm{d}x=0$ 的通解为________.

答题区

纠错笔记

73 方程 $y'=1+x+y^2+xy^2$ 的通解为________.

答题区

纠错笔记

74 方程 $xy'-x\sin\dfrac{y}{x}-y=0$ 的通解为________.

答题区

纠错笔记

75 方程 $xy'+2y=\sin x$ 满足条件 $y\Big|_{x=\pi}=\dfrac{1}{\pi}$ 的特解为________.

答题区

纠错笔记

76 微分方程 $y'+y\tan x=\cos x$ 的通解 $y=$ ________.

答题区

纠错笔记

77 微分方程 $\dfrac{\mathrm{d}y}{\mathrm{d}x}=\dfrac{y}{x+y^4\ln y}$ 的通解是________.

答题区

纠错笔记

78 微分方程 $y''-2y'+2y=e^{x}$ 的通解 $y=$ ________.

答题区

纠错笔记

B 组

79 方程 $\frac{dy}{dx}=\frac{y}{x+y^{4}}$ 的通解为________.

答题区

纠错笔记

80 方程 $y''+y'-2y=(6x+2)e^{x}$ 满足 $y(0)=3, y'(0)=0$ 的特解 $y^{*}=$ ________.

答题区

纠错笔记

81 设 $y=y(x)$ 是二阶常系数线性微分方程 $y''+2my'+n^2y=0$ 满足 $y(0)=a$ 与 $y'(0)=b$ 的特解，其中 $m>n>0$，则 $\int_0^{+\infty}y(x)\mathrm{d}x=$ ________.

答题区

纠错笔记

82 已知 $y_1=xe^x+e^{2x}$，$y_2=xe^x+e^{-x}$，$y_3=xe^x+e^{2x}-e^{-x}$ 是某二阶线性非齐次微分方程的三个解，则此微分方程为____________.

答题区

纠错笔记

83 设 $y=e^x(C_1\sin x+C_2\cos x)$（$C_1$，$C_2$ 为任意常数）为某二阶常系数线性齐次微分方程的通解，则该方程为________.

答题区

纠错笔记

84　已知 $y_1=\cos 2x-\frac{1}{4}x\cos 2x, y_2=\sin 2x-\frac{1}{4}x\cos 2x$ 是某二阶线性常系数非齐次微分方程的两个解，$y_3=\cos 2x$ 是它所对应的齐次方程的一个解，则该微分方程是________.

答题区

纠错笔记

85　方程 $y'''-y'=0$ 满足条件 $y\Big|_{x=0}=3, y'\Big|_{x=0}=-1, y''\Big|_{x=0}=1$ 的特解为________.

答题区

纠错笔记

多元函数微分学

A 组

86　$\lim\limits_{\substack{x\to 0\\ y\to 0}}\frac{xy^2}{x^2+y^2}=$________.

答题区

纠错笔记

87 设 $f(x,y)=\begin{cases}\dfrac{xy}{\sqrt{x^2+y^2}}, & x^2+y^2\neq 0\\ a, & x^2+y^2=0\end{cases}$ 在(0,0)点连续，则 $a=$ ________.

答题区

纠错笔记

88 设 $z=\ln(\sqrt{x}+\sqrt{y})$，则 $x\dfrac{\partial z}{\partial x}+y\dfrac{\partial z}{\partial y}=$ ________.

答题区

纠错笔记

89 设 $f(x,y)=\dfrac{x^2+y^2}{e^{xy}+xy\sqrt{x^2+y^2}}$，则 $f'_x(1,0)=$ ________.

答题区

纠错笔记

90 设 $f(x,y)=\ln|x+y|-\sin(xy)$，则 $\frac{\partial^2 f}{\partial x\partial y}$ 在点 $(1,\pi)$ 处的值为________.

答题区

纠错笔记

91 设 $z=e^{xy}+f(x+y,xy)$，$f(u,v)$ 有二阶连续偏导数，则 $\frac{\partial^2 z}{\partial x\partial y}=$________.

答题区

纠错笔记

92 若函数 $z=z(x,y)$ 由方程 $e^{x+2y+3z}+xyz=1$ 确定，则 $dz\Big|_{(0,0)}=$________.

答题区

纠错笔记

93 设 $z=z(x,y)$ 由方程 $x^2+y^2+z^2=3$ 所确定，则 $dz|_{(1,1,1)}=$ ________.

答题区

纠错笔记

94 二元函数 $f(x,y)=x^2(2+y^2)+y\ln y$ 的极小值为________.

答题区

纠错笔记

B 组

95 设 $f(x,y)$ 在 $(0,0)$ 点连续，且 $\lim\limits_{(x,y)\to(0,0)}\dfrac{f(x,y)+3x-4y}{x^2+y^2}=2$，则 $2f'_x(0,0)+f'_y(0,0)=$ ________.

答题区

纠错笔记

96 设 $z=\left(y^x+\frac{\sin x}{\sqrt{x^2+2y^2}}\right)^{\sqrt{x^2+y^2}}$，则 $\left.\frac{\partial z}{\partial x}\right|_{(0,1)}=$ ________.

答题区

纠错笔记

97 设函数 $F(u,v)$ 可微，且 $F\left(x+\frac{z}{y},y+\frac{z}{x}\right)=0$ 确定隐函数 $z=z(x,y)$，则 $z-x\frac{\partial z}{\partial x}-y\frac{\partial z}{\partial y}=$ ________.

答题区

纠错笔记

98 设 $z=z(x,y)$ 是由方程 $x+y+z=\int_0^{xyz}\mathrm{e}^{-t^2}\mathrm{d}t$ 确定的隐函数，则 $\mathrm{d}z=$ ________.

答题区

纠错笔记

99　设连续函数 $z=f(x,y)$ 满足 $\lim\limits_{\substack{x\to 0\\ y\to 1}}\dfrac{f(x,y)-2x+y-2}{\sqrt{x^2+(y-1)^2}}=0$，则 $dz\Big|_{(0,1)}=$ ________.

答题区

纠错笔记

100　设 $f(x,y)$ 在点 $(0,0)$ 处连续，且 $\lim\limits_{(x,y)\to(0,0)}\dfrac{f(x,y)-a-bx-cy}{\ln(1+x^2+y^2)}=1$，其中 a,b,c 为常数，则 $df(x,y)\Big|_{(0,0)}=$ ________.

答题区

纠错笔记

101　设方程式 $x^2+y^2+z^2-2x-2y-4z-10=0$ 确定某隐函数 $z=z(x,y)>0$，则 $z=z(x,y)$ 的极________值点是________，相应的极值是________.

答题区

纠错笔记

102 函数 $f(x,y)=x^2+y^2$ 在区域 $D=\{(x,y)\mid x^2+y^2+8x-6y\leqslant 200\}$ 上的最小值与最大值分别是________与________.

答题区

纠错笔记

二重积分

A 组

103 设 $a>0$，交换积分次序 $\int_0^a dy\int_0^{\sqrt{ay}} f(x,y)dx+\int_a^{2a}dy\int_0^{2a-y} f(x,y)dx=$ ________.

答题区

纠错笔记

104 交换积分次序 $\int_0^1 dx\int_0^{x^2} f(x,y)dy+\int_1^3 dx\int_0^{\frac{1}{2}(3-x)} f(x,y)dy=$ ________.

答题区

纠错笔记

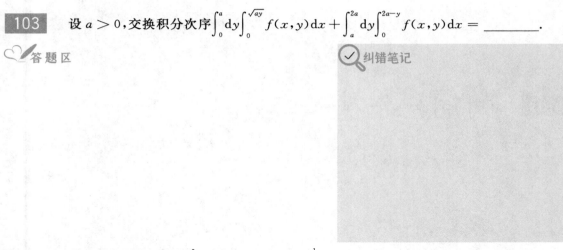

105 交换二次积分的积分次序，$\int_0^2 dx\int_{\frac{x^2}{4}}^{3-x} f(x,y)dy=$ ________.

答题区

纠错笔记

106 计算$\int_0^1 dx\int_{1-x}^{\sqrt{1-x^2}} \frac{x+y}{x^2+y^2}dy=$ ________.

答题区

纠错笔记

107 计算$\int_{-1}^0 dx\int_{x^2}^1 xy\sqrt{1+y^3}dy=$ ________.

答题区

纠错笔记

108 设D为圆域$x^2+y^2\leqslant 2x+2y$，则$\iint\limits_D xy\,dxdy=$ ________.

答题区

纠错笔记

109 $\iint\limits_{x^2+y^2\leqslant 1}(x^2+2y)\mathrm{d}\sigma=$ ________.

答题区

纠错笔记

110 $\int_0^1 \mathrm{d}x\int_x^{\sqrt{x}}\frac{\sin y}{y}\mathrm{d}y=$ ________.

答题区

纠错笔记

111 $\int_0^1 \mathrm{d}x\int_{x^2}^1\frac{xy}{\sqrt{1+y^3}}\mathrm{d}y=$ ________.

答题区

纠错笔记

B 组

112 将直角坐标系下的累次积分转换成极坐标系下的累次积分并计算

$$I=\int_0^{\frac{\sqrt{2}}{2}R}\mathrm{e}^{-y^2}\mathrm{d}y\int_0^y\mathrm{e}^{-x^2}\mathrm{d}x+\int_{\frac{\sqrt{2}}{2}R}^R\mathrm{e}^{-y^2}\mathrm{d}y\int_0^{\sqrt{R^2-y^2}}\mathrm{e}^{-x^2}\mathrm{d}x=\text{\_\_\_\_\_\_\_\_}.$$

答题区

纠错笔记

113 交换积分次序$\int_{-\frac{\pi}{4}}^{\frac{\pi}{2}} \mathrm{d}\theta \int_{0}^{2\cos\theta} f(r\cos\theta, r\sin\theta) r \mathrm{d}r =$ ________.

答题区

纠错笔记

114 计算$\int_{0}^{\frac{\pi}{4}} \mathrm{d}\theta \int_{0}^{\frac{1}{\cos\theta}} r^2 \mathrm{d}r + \int_{1}^{\sqrt{2}} \mathrm{d}x \int_{0}^{\sqrt{2-x^2}} \sqrt{x^2+y^2}\,\mathrm{d}y =$ ________.

答题区

纠错笔记

115 设$D = \{(x,y) \mid 0 \leqslant x \leqslant 1, 0 \leqslant y \leqslant 1\}$，则$\iint\limits_{D} \frac{\mathrm{d}x\mathrm{d}y}{\sqrt{x^2+y^2}} =$ ________.

答题区

纠错笔记

116 设积分区域 D 由曲线 $y=\ln x$ 以及直线 $x=2,y=0$ 围成，则 $\iint\limits_D \frac{e^{xy}}{x^x-1}d\sigma=$ ________.

答题区

纠错笔记

117 积分 $\int_0^2 dx\int_x^2 e^{-y^2}dy$ 的值等于________.

答题区

纠错笔记

118 设 $a>0, f(x)=g(x)=\begin{cases}a, & 0\leqslant x\leqslant 1,\\ 0, & \text{其他.}\end{cases}$ D 表示全平面，则 $\iint\limits_D f(x)g(y-x)dxdy=$ ________.

答题区

纠错笔记

选　择　题

函数、极限、连续

A组

119　设 $f(x)=\begin{cases} x^2, & x\leqslant 0, \\ x^2+x & x>0, \end{cases}$ 则 $f(-x)=$

(A) $\begin{cases} -x^2, & x\leqslant 0, \\ -x^2-x, & x>0. \end{cases}$

(B) $\begin{cases} -x^2-x, & x<0, \\ -x^2, & x\geqslant 0. \end{cases}$

(C) $\begin{cases} x^2, & x\leqslant 0, \\ x^2-x, & x>0. \end{cases}$

(D) $\begin{cases} x^2-x, & x<0, \\ x^2, & x\geqslant 0. \end{cases}$

答题区

纠错笔记

120　$f(x)$ 在 x_0 点连续是 $|f(x)|$ 在 x_0 点连续的

(A) 充分条件，但不是必要条件.

(B) 必要条件，但不是充分条件.

(C) 充分必要条件.

(D) 既不是充分条件，也不是必要条件.

答题区

纠错笔记

121 $\lim\limits_{x \to +\infty}\left(\frac{2}{\pi}\arctan x\right)^x$

(A) $= 0$.　　(B) $= e^{-\frac{2}{\pi}}$.　　(C) $= 1$.　　(D) 不存在.

答题区

纠错笔记

122 $\lim\limits_{x \to 0}\frac{\cos(\sin x) - \cos x}{(1 - \cos x)\sin^2 x} =$

(A)1.　　(B) $\frac{1}{2}$.　　(C) $\frac{1}{3}$.　　(D)0.

答题区

纠错笔记

123 $\lim\limits_{x \to \pi}\frac{\sin x}{x^2 - \pi^2} =$

(A) $\frac{1}{2\pi}$.　　(B) $-\frac{1}{2\pi}$.　　(C) 2π.　　(D) -2π.

答题区

纠错笔记

124 $\lim\limits_{x \to 0} \dfrac{x(1-\cos x)}{\tan x \cdot \ln(1+x^2)} =$

(A) 2.　　(B) $\dfrac{1}{2}$.　　(C) 1.　　(D) 0.

答题区

纠错笔记

125 $\lim\limits_{x \to 0}(e^x - x)^{\frac{1}{x^2}} =$

(A) $\dfrac{1}{\sqrt{e}}$.　　(B) $\sqrt{e}$.　　(C) 1.　　(D) 0.

答题区

纠错笔记

126 $\lim\limits_{x \to 0}\left(\dfrac{2+\cos x}{3}\right)^{\frac{1}{x^2}} =$

(A) $e^{\frac{1}{2}}$.　　(B) $e^{-\frac{1}{2}}$.　　(C) $e^{-\frac{1}{6}}$.　　(D) $e^{\frac{1}{6}}$.

答题区

纠错笔记

127 $\lim\limits_{x\to 0}\left(\frac{1}{x}-\cot x\right)=$

(A)0. (B)1. (C)2. (D)3.

答题区

纠错笔记

128 $\lim\limits_{x\to 0}(2-\cos x)^{-\frac{1}{x^2}}=$

(A) $\frac{1}{\sqrt{e}}$. (B)1. (C) $\frac{1}{2}$. (D) $-\frac{1}{2}$.

答题区

纠错笔记

129 $\lim\limits_{x\to 0}\frac{[\sin x-\sin(\sin x)]\sin x}{x^4}=$

(A) $\frac{1}{2}$. (B) $-\frac{1}{2}$. (C) $\frac{1}{6}$. (D) $-\frac{1}{6}$.

答题区

纠错笔记

130 当 $x\to+\infty$ 时，函数 $(\pi-2\arctan x)\ln x$ 的极限

(A) 不存在. (B) 等于 -1. (C) 等于 0. (D) 等于 1.

答题区

纠错笔记

131 已知 $I=\lim\limits_{x\to 0}\dfrac{ax^2+bx+1-e^{x^2-2x}}{x^2}=2$，则

(A) $a=5,b=-2$. (B) $a=-2,b=5$.

(C) $a=2,b=0$. (D) $a=3,b=-3$.

答题区

纠错笔记

132 $\lim\limits_{n\to\infty}\left(\dfrac{1}{n^2+n+1}+\dfrac{2}{n^2+n+2}+\cdots+\dfrac{n}{n^2+n+n}\right)=$

(A) 3. (B) 2. (C) $\dfrac{2}{3}$. (D) $\dfrac{1}{2}$.

答题区

纠错笔记

133 已知$\lim\limits_{x\to0}\dfrac{5+f(x)}{x^2}=a$. 下列计算中，运算过程没有错误的是

(A) $\lim\limits_{x\to0}\dfrac{\sin 5x+xf(x)}{x^3}\xlongequal{①}\lim\limits_{x\to0}\dfrac{5x+xf(x)}{x^3}=\lim\limits_{x\to0}\dfrac{5+f(x)}{x^2}=a$.

(B) $\lim\limits_{x\to0}\dfrac{\sin 5x+xf(x)}{x^3}\xlongequal{②}\lim\limits_{x\to0}\dfrac{\dfrac{\sin 5x}{x}+f(x)}{x^2}\xlongequal{③}\lim\limits_{x\to0}\dfrac{5+f(x)}{x^2}=a$.

(C) $\lim\limits_{x\to0}\dfrac{\sin 5x+xf(x)}{x^3}\xlongequal{④}\lim\limits_{x\to0}\dfrac{\sin 5x}{x^3}+\lim\limits_{x\to0}\dfrac{xf(x)}{x^3}=\lim\limits_{x\to0}\dfrac{5}{x^2}+\lim\limits_{x\to0}\dfrac{f(x)}{x^2}\xlongequal{⑤}a$.

(D) $\lim\limits_{x\to0}\dfrac{\sin 5x+xf(x)}{x^3}\xlongequal{⑥}\lim\limits_{x\to0}\left(\dfrac{5+f(x)}{x^2}-\dfrac{5x-\sin 5x}{x^3}\right)$

$\xlongequal{⑦}\lim\limits_{x\to0}\dfrac{5+f(x)}{x^2}-\lim\limits_{x\to0}\dfrac{5x-\sin 5x}{x^3}=a-\lim\limits_{x\to0}\dfrac{5x-\sin 5x}{x^3}$

$=a-\lim\limits_{x\to0}\dfrac{5-5\cos 5x}{3x^2}=a-\dfrac{5}{3}\lim\limits_{x\to0}\dfrac{1-\cos 5x}{x^2}=a-\dfrac{125}{6}$.

答题区

纠错笔记

B 组

134 设有下列命题

① 数列$\{x_n\}$收敛(即存在极限$\lim\limits_{n\to\infty}x_n$)，则$\{x_n\}$有界.

② 数列极限$\lim\limits_{n\to\infty}x_n=a\Leftrightarrow\lim\limits_{n\to\infty}x_{n+l}=a$. 其中$l$为某个确定的正整数.

③ 数列极限$\lim\limits_{n\to\infty}x_n=a\Leftrightarrow\lim\limits_{n\to\infty}x_{2n-1}=\lim\limits_{n\to\infty}x_{2n}=a$.

④ 数列极限$\lim\limits_{n\to\infty}x_n$存在$\Leftrightarrow\lim\limits_{n\to\infty}\dfrac{x_{n+1}}{x_n}=1$.

则以上命题中正确的个数是

(A)1. (B)2. (C)3. (D)4.

答题区

纠错笔记

135 有以下命题：设$\lim\limits_{x\to a}f(x)=A$，$\lim\limits_{x\to a}g(x)$不存在，$\lim\limits_{x\to a}h(x)$不存在，

① $\lim\limits_{x\to a}(f(x)\cdot g(x))$不存在.　② $\lim\limits_{x\to a}(g(x)+h(x))$不存在.

③ $\lim\limits_{x\to a}(h(x)\cdot g(x))$不存在.　④ $\lim\limits_{x\to a}(g(x)+f(x))$不存在.

则以上命题中正确的个数是

(A)0.　(B)1.　(C)2.　(D)3.

答题区

纠错笔记

136 设$\{x_n\}$与$\{y_n\}$均无界，$\{z_n\}$有界，则以下命题正确的是

(A)$\{x_n+y_n\}$无界.　(B)$\{x_ny_n\}$无界.

(C)$\{x_n+z_n\}$无界.　(D)$\{x_nz_n\}$无界.

答题区

纠错笔记

137 设m、n为某两正数，则$\lim\limits_{x\to+\infty}(x^n e^{-x}+x^{-m}\ln x)=$

(A)0.　(B)1.　(C)$\frac{1}{2}$.　(D)2.

答题区

纠错笔记

138 $\lim\limits_{x\to\infty}[\sqrt[3]{(x+a)(x+b)(x+c)}-x]=$

(A) $\frac{1}{3}(a+b+c)$.　(B) $\frac{1}{2}(a+b)$.　(C) $\max\{a,b,c\}$.　(D) $\min\{a,b,c\}$.

答题区

纠错笔记

139 $\lim\limits_{x\to 0}\frac{1-\cos x\cos 2x\cos 3x}{x^2}=$

(A) 5.　(B) 6.　(C) 7.　(D) 8.

答题区

纠错笔记

140 $\lim\limits_{x\to 0}\frac{\ln(1+x)-\sin x}{\sqrt[3]{1-x^2}-1}=$

(A) $\frac{2}{3}$.　(B) 1.　(C) $\frac{3}{2}$.　(D) 2.

答题区

纠错笔记

141 $\lim\limits_{x\to-\infty}\dfrac{\sqrt{4x^2+x+1}+x+1}{\sqrt{x^2+\sin x}}=$

(A)3.　　(B)2.　　(C)1.　　(D)0.

答题区

纠错笔记

142 $\lim\limits_{x\to0}\dfrac{1}{x^3}\left[\left(\dfrac{2+\cos x}{3}\right)^x-1\right]=$

(A) $\dfrac{1}{2}$.　　(B) $-\dfrac{1}{2}$.　　(C) $\dfrac{1}{6}$.　　(D) $-\dfrac{1}{6}$.

答题区

纠错笔记

143 $\lim\limits_{x\to0}\dfrac{(1+x)^{\frac{1}{x}}-\mathrm{e}}{x}=$

(A) $\dfrac{\mathrm{e}}{2}$.　　(B) $-\dfrac{\mathrm{e}}{2}$.　　(C)e.　　(D) $-$e.

答题区

纠错笔记

144 $\lim\limits_{x\to 0}\dfrac{\sqrt{1+x\sin x}-\sqrt{\cos 2x}}{\tan^2\dfrac{x}{2}}=$

(A)4. (B)-4. (C)6. (D)-6.

答题区

纠错笔记

145 $\lim\limits_{n\to\infty}\left\{\left[\sin\left(\dfrac{\pi}{4}+\dfrac{1}{n}\right)\right]^n+\left[\sin\left(\dfrac{\pi}{2}+\dfrac{1}{n}\right)\right]^n\right\}=$

(A)-1. (B)1. (C)e. (D)$e^{\frac{\pi}{4}}$.

答题区

纠错笔记

146 若$\lim\limits_{x\to 0}\dfrac{\cos 2x-\sqrt{\cos 2x}}{x^k}=a\neq 0$,则

(A)$k=2,a=1$. (B)$k=-2,a=-1$.

(C)$k=2,a=-2$. (D)$k=2,a=-1$.

答题区

纠错笔记

147 设$\lim\limits_{x\to 0}\dfrac{\sin 6x-(\sin x)f(x)}{x^3}=0$，则$\lim\limits_{x\to 0}\dfrac{6-f(x)}{x^2}=$

(A)0.　　(B)35.　　(C)36.　　(D)∞.

答题区

纠错笔记

148 下列极限中，能用洛必达法则计算极限的为

(A) $\lim\limits_{x\to\infty}\dfrac{x+\sin x}{x}$.

(B) $\lim\limits_{x\to+\infty}\dfrac{e^x-e^{-x}}{e^x+e^{-x}}$.

(C) $\lim\limits_{x\to 0}\dfrac{x^2\sin\frac{1}{x}}{\sin x}$.

(D) $\lim\limits_{x\to 0}\dfrac{e^x-e^{\sin x}}{x-\sin x}$.

答题区

纠错笔记

一元函数微分学

A 组

149 设 $f(0)=0$，则$\lim\limits_{x\to 0}\dfrac{f(x^2)}{x^2}$存在是 $f(x)$ 在 $x=0$ 可导的

(A) 充分非必要条件.

(B) 必要非充分条件.

(C) 充分必要条件.

(D) 既非充分又非必要条件.

答题区

纠错笔记

150 设 $f(x)$ 在 x_0 可导，且 $f'(x_0)>0$，则 $\exists\delta>0$，使得

(A) $f(x)$ 在 $(x_0-\delta,x_0+\delta)$ 单调递增.

(B) $f(x)>f(x_0)$，$x\in(x_0-\delta,x_0+\delta)$，$x\neq x_0$.

(C) $f(x)>f(x_0)$，$x\in(x_0,x_0+\delta)$.

(D) $f(x)<f(x_0)$，$x\in(x_0,x_0+\delta)$.

答题区

纠错笔记

151 设 $f(x)=\begin{cases}\dfrac{x}{1+e^{1/x}}, & x\neq 0\\ 0, & x=0\end{cases}$，则下列正确的是

(A) $\lim\limits_{x\to 0}f(x)$ 不存在.

(B) $\lim\limits_{x\to 0}f(x)$ 存在，但 $f(x)$ 在 $x=0$ 点不连续.

(C) $f(x)$ 在 $x=0$ 点连续，但不可导.

(D) $f(x)$ 在 $x=0$ 点可导.

答题区

纠错笔记

152 设 $y=y(x)$ 由方程 $\ln(x^2+y)=x^3y+\sin x$ 所确定，则 $y'(0)$

(A) $=2$. (B) $=1$. (C) $=0$. (D) 不存在.

答题区

纠错笔记

153 设 $f(x)$ 在 $x=0$ 处连续，且 $\lim\limits_{x\to 0}\dfrac{e^{f(x)}-\cos x+\sin x}{x}=0$，则 $f'(0)$

(A) $=1$.　　(B) $=-1$.　　(C) $=0$.　　(D) 不存在.

答题区

纠错笔记

154 设 $f(x)$ 在 $x=0$ 处存在 3 阶导数，且 $\lim\limits_{x\to 0}\dfrac{f(x)}{\tan x-\sin x}=1$. 则 $f'''(0)=$

(A)0.　　(B)1.　　(C)2.　　(D)3.

答题区

纠错笔记

155 设 $f(x)=x^2e^{3x}$，则 $f^{(n)}(0)=$

(A) $\dfrac{3^n}{n!}$.　　(B) $n^2 3^{n-1}$.　　(C) $3^{n-2}n(n-1)$.　　(D) $3^{n-2}(n-1)(n-2)$.

答题区

纠错笔记

156 设常数 $a > 1$，$y = x$ 为曲线 $y = a^x$ 的切线，则

(A) $a = \mathrm{e}$，切点为 (e,e).　　(B) $a = \mathrm{e}^{\frac{1}{\mathrm{e}}}$，切点为 (e,e).

(C) $a = \mathrm{e}$，切点为 $(\mathrm{e}^{\frac{1}{\mathrm{e}}},\mathrm{e}^{\frac{1}{\mathrm{e}}})$.　　(D) $a = \mathrm{e}^{\frac{1}{\mathrm{e}}}$，切点为 $(\mathrm{e}^{\frac{1}{\mathrm{e}}},\mathrm{e}^{\frac{1}{\mathrm{e}}})$.

答题区

纠错笔记

157 数列 $1,\sqrt{2},\sqrt[3]{3},\cdots,\sqrt[n]{n},\cdots$ 的最大项为

(A) $\sqrt{2}$.　　(B) $\sqrt[3]{3}$.　　(C) $\sqrt[4]{4}$.　　(D) $\sqrt[5]{5}$.

答题区

纠错笔记

158 设 $f(x) = ax^3 - 6ax^2 + b$ 在区间 $[-1,2]$ 上的最大值是 3，最小值是 -29，且 $a > 0$，则

(A) $a = 2, b = -29$.　　(B) $a = 3, b = 2$.

(C) $a = 2, b = 3$.　　(D) 以上都不对.

答题区

纠错笔记

159 函数 $y=f(x)$ 在 $(-\infty,+\infty)$ 连续，其二阶导函数的图形如图所示，则 $y=f(x)$ 的拐点的个数是

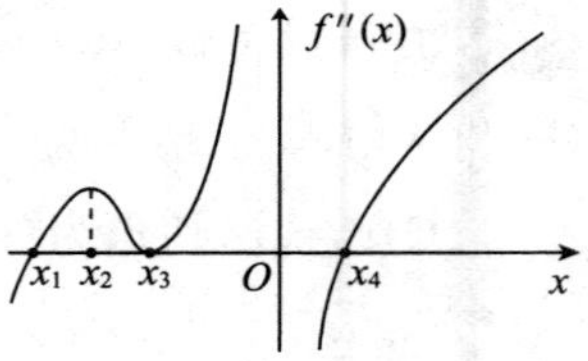

(A)1.

(B)2.

(C)3.

(D)4.

答题区

纠错笔记

160 设曲线 $y=\sqrt[3]{x-4}$，则

(A) 曲线的凸区间为 $(-\infty,4)$，凹区间为 $(4,+\infty)$，拐点为 $(4,0)$.

(B) 曲线的凹区间为 $(-\infty,4)$，凸区间为 $(4,+\infty)$，拐点为 $(4,0)$.

(C) 曲线的凸区间为 $(-\infty,4)$，凹区间为 $(4,+\infty)$，无拐点.

(D) 曲线的凹区间为 $(-\infty,4)$，凸区间为 $(4,+\infty)$，无拐点.

答题区

纠错笔记

161 函数 $f(x)=3\ln x-x$

(A) 没有零点.　(B) 有 1 个零点.　(C) 有 2 个零点.　(D) 有 3 个零点.

答题区

纠错笔记

B 组

162 设函数 $g(x)$ 在 $x=a$ 点处连续，$f(x)=|x-a|g(x)$ 在 $x=a$ 点处可导，则 $g(a)$ 满足

(A) $g(a)=a$.　　(B) $g(a)\neq a$.　　(C) $g(a)=0$.　　(D) $g(a)\neq 0$.

答题区

纠错笔记

163 设 $f(x)=\begin{cases}\dfrac{1-\cos x^2}{x^3}, & x>0\\ g(x)\arcsin^2 x, & x\leqslant 0\end{cases}$，其中 $g(x)$ 是有界函数，则 $f(x)$ 在 $x=0$ 处

(A) 极限不存在.　　(B) 极限存在，但不连续.

(C) 连续，但不可导.　　(D) 可导.

答题区

纠错笔记

164 设 $f(x)$ 在 $x=0$ 的某邻域内有定义，$f(0)=0$，则下述条件能保证 $f'(0)$ 存在的是

(A) $\lim\limits_{h\to 0}\dfrac{1}{h}f[\ln(1-h)]$ 存在.　　(B) $\lim\limits_{h\to 0}\dfrac{1}{h^2}f(\sqrt{1+h^2}-1)$ 存在.

(C) $\lim\limits_{h\to 0}\dfrac{1}{h^2}f(\tan h-\sin h)$ 存在.　　(D) $\lim\limits_{h\to 0}\dfrac{1}{h}[f(2h)-f(h)]$ 存在.

答题区

纠错笔记

165 设曲线 $y=f(x)$ 在原点与 $y=\sin x$ 相切，则 $\lim\limits_{n\to\infty}\sqrt{n}\cdot\sqrt{f\left(\frac{2}{n}\right)}=$

(A) $-\sqrt{2}$.　　(B) -1.　　(C) 1.　　(D) $\sqrt{2}$.

答题区

纠错笔记

166 设函数 $f(x)$ 在 $(0,+\infty)$ 内可导，且 $\lim\limits_{x\to+\infty}[f'(x)+f(x)]=1$，则 $\lim\limits_{x\to+\infty}f(x)$，$\lim\limits_{x\to+\infty}f'(x)$ 分别为

(A) $0,0$.　　(B) $1,1$.　　(C) $0,1$.　　(D) $1,0$.

答题区

纠错笔记

167 设函数 $f(x)$ 在 $x=0$ 处有定义，且 $f(0)=1$，$\lim\limits_{x\to0}\dfrac{\ln(1-x)+f(x)\sin x}{e^{x^2}-1}=0$，则 $f'(0)=$

(A) $\frac{1}{2}$.　　(B) $-\frac{1}{2}$.　　(C) 2.　　(D) -2.

答题区

纠错笔记

168 设 ξ 为函数 $f(x)=\arcsin x$ 在区间 $[0,b]$ 上使用拉格朗日中值定理中的"中值"，则极限 $\lim\limits_{b\to 0}\dfrac{\xi}{b}=$

(A) $\dfrac{1}{\sqrt{6}}$.　　(B) $\dfrac{1}{2}$.　　(C) $\dfrac{1}{\sqrt{3}}$.　　(D) $\dfrac{1}{\sqrt{2}}$.

答题区

纠错笔记

169 设 $x\geqslant 0$，由中值定理可知，$\exists\,\xi\in(x,x+1)$，使得 $\sqrt{x+1}-\sqrt{x}=\dfrac{1}{2\sqrt{\xi}}$. 若记 $\theta(x)=\xi-x$，则下列正确的是

(A) $\theta(x)$ 单调增，且 $\lim\limits_{x\to 0^+}\theta(x)=0$，$\lim\limits_{x\to+\infty}\theta(x)=\dfrac{1}{4}$.

(B) $\theta(x)$ 单调减，且 $\lim\limits_{x\to 0^+}\theta(x)=\dfrac{1}{4}$，$\lim\limits_{x\to+\infty}\theta(x)=0$.

(C) $\theta(x)$ 单调增，且 $\lim\limits_{x\to 0^+}\theta(x)=\dfrac{1}{4}$，$\lim\limits_{x\to+\infty}\theta(x)=\dfrac{1}{2}$.

(D) $\theta(x)$ 单调减，且 $\lim\limits_{x\to 0^+}\theta(x)=\dfrac{1}{2}$，$\lim\limits_{x\to+\infty}\theta(x)=\dfrac{1}{4}$.

答题区

纠错笔记

170 设 $f(x)$ 在 $(-1,1)$ 内二阶可导，$f''(0) \neq 0$. $\forall x \in (-1,0) \cup (0,1)$，$\exists \theta(x)$ 介于 0，x 之间，且满足 $f(x) - f(0) = xf'(\theta(x)x)$，则 $\lim\limits_{x \to 0} \theta(x) =$

(A) -1. (B) $-\frac{1}{2}$. (C) $\frac{1}{2}$. (D) 1.

答题区

纠错笔记

171 曲线 $y = \dfrac{x^2+1}{\sqrt{x^2-1}}$

(A) 既有铅直又有水平与斜渐近线. (B) 仅有铅直渐近线.

(C) 只有铅直与水平渐近线. (D) 只有铅直与斜渐近线.

答题区

纠错笔记

172 设 $f(x) = \begin{cases} 2 - \cos x, & x \leqslant 0 \\ \sqrt{x} + 1, & x > 0 \end{cases}$，则

(A) $x = 0$ 是 $f(x)$ 的极值点，但 $(0,1)$ 不是曲线 $y = f(x)$ 的拐点.

(B) $x = 0$ 不是 $f(x)$ 的极值点，但 $(0,1)$ 是曲线 $y = f(x)$ 的拐点.

(C) $x = 0$ 是 $f(x)$ 的极值点，且 $(0,1)$ 是曲线 $y = f(x)$ 的拐点.

(D) $x = 0$ 不是 $f(x)$ 的极值点，$(0,1)$ 不是曲线 $y = f(x)$ 的拐点.

答题区

纠错笔记

173 方程 $\tan x = 1 - x$ 在 $(0,1)$ 区间

(A) 没有实根.
(B) 有唯一的实根.
(C) 有且仅有 2 个实根.
(D) 有 3 个或 3 个以上的实根.

答题区

纠错笔记

174 设函数 $f(x) = 2x^3 - 9x^2 + 12x - a$ 恰有两个不同的零点，则 a 可能为

(A)8.
(B)6.
(C)4.
(D)2.

答题区

纠错笔记

175 $f(x) = \ln x - \dfrac{x}{e} + 1$ 在区间 $(0, +\infty)$ 上的零点个数

(A) 没有.
(B) 正好 1 个.
(C) 正好 2 个.
(D) 至少 3 个.

答题区

纠错笔记

一元函数积分学

A 组

176 当 $x \to 0$ 时下列无穷小中阶数最高的是

(A) $(1+x)^{x^2}-1$.　　(B) $e^{x^4-2x}-1$.

(C) $\int_0^{x^2} \sin t^2 \mathrm{d}t$.　　(D) $\sqrt{1+2x}-\sqrt[3]{1+3x}$.

答题区

纠错笔记

177 设 $\int \frac{x}{f(x)}\mathrm{d}x = \ln(\sqrt{1+x^2}-x)+C$，则 $\int f(x)\mathrm{d}x =$

(A) $\frac{1}{3}(1+x^2)^{\frac{3}{2}}+C$.　　(B) $\frac{2}{3}(1+x^2)^{\frac{3}{2}}+C$.

(C) $-\frac{1}{3}(1+x^2)^{\frac{3}{2}}+C$.　　(D) $-\frac{2}{3}(1+x^2)^{\frac{3}{2}}+C$.

答题区

纠错笔记

178 设 $\sin x\ln|x|$ 是 $f(x)$ 的一个原函数，则不定积分 $\int xf'(x)\mathrm{d}x=$

(A) $x\cos x\ln|x|+x\cdot\dfrac{\sin x}{|x|}-\sin x\ln|x|+C$.

(B) $x\cos x\ln|x|+\sin x-\sin x\ln|x|+C$.

(C) $\cos x\ln|x|-\dfrac{\sin x}{|x|}-\sin x\ln|x|+C$.

(D) 以上均不正确.

答题区

纠错笔记

179 设 $f(\ln x)=x+\ln^2 x$，则 $\int xf'(x)\mathrm{d}x=$

(A) $(x-1)\mathrm{e}^x+\dfrac{2}{3}x^3+C$.

(B) $(x+1)\mathrm{e}^x+\dfrac{4}{3}x^3+C$.

(C) $(x-1)\mathrm{e}^x+\dfrac{4}{3}x^3+C$.

(D) $(x+1)\mathrm{e}^x+\dfrac{2}{3}x^3+C$.

答题区

纠错笔记

180 数列极限 $\lim\limits_{n\to\infty}\left(\dfrac{n}{n^2+1^2}+\dfrac{n}{n^2+2^2}+\cdots+\dfrac{n}{n^2+n^2}\right)=$

(A) $\dfrac{\pi}{2}$.

(B) $\dfrac{\pi}{4}$.

(C) $\dfrac{\pi}{3}$.

(D) $\dfrac{\pi}{6}$.

答题区

纠错笔记

181 下列积分中不等于 0 的是

(A) $\int_{-\frac{1}{2}}^{\frac{1}{2}} \cos x \ln \frac{1-x}{1+x} dx$.

(B) $\int_{-3}^{3} \ln(x+\sqrt{1+x^2}) dx$.

(C) $\int_{-1}^{1} \frac{x-\sqrt{1+x^2}}{x+\sqrt{1+x^2}} dx$.

(D) $\int_{\frac{\pi}{2}}^{-\frac{\pi}{2}} \frac{\sin x \cos^4 x}{1+x^2} dx$.

答题区

纠错笔记

182 $f(x)=\begin{cases} \sin x, & x \leqslant \frac{\pi}{2}, \\ x, & x>\frac{\pi}{2}. \end{cases}$ 则 $\int_{0}^{\pi} f(x) dx=$

(A) $\frac{3}{8}\pi$.

(B) $1+\frac{3}{8}\pi^2$.

(C) $-\frac{3}{8}\pi$.

(D) $1-\frac{3}{8}\pi^2$.

答题区

纠错笔记

183 设 $f(x)=\frac{1}{4+x^2}+\sqrt{4-x^2}\int_{0}^{2} f(x) dx$，则定积分 $\int_{0}^{2} f(x) dx=$

(A) $\frac{\pi}{8(1-\pi)}$.　(B) $\frac{\pi}{8(\pi-1)}$.　(C) $\frac{1}{1-\pi}$.　(D) $\frac{1}{\pi-1}$.

答题区

纠错笔记

184 设 $f(x)$ 为连续函数，$g(x)=\int_{-x}^{0} tf(x+t)\mathrm{d}t$，则 $g'(x)=$

(A) $-\int_{0}^{x} f(u)\mathrm{d}u$. (B) $\int_{0}^{x} f(u)\mathrm{d}u$.

(C) $-\int_{0}^{-x} f(u)\mathrm{d}u$. (D) $\int_{0}^{-x} f(u)\mathrm{d}u$.

答题区

纠错笔记

185 $\frac{\mathrm{d}}{\mathrm{d}x}\int_{\cos^2 x}^{2x^3} \frac{1}{\sqrt{1+t^2}}\mathrm{d}t=$

(A) $\frac{1}{\sqrt{1+4x^6}}-\frac{1}{\sqrt{1+\cos^4 x}}$. (B) $\frac{6x^2}{\sqrt{1+4x^6}}-\frac{\sin 2x}{\sqrt{1+\cos^4 x}}$.

(C) $\frac{6x^2}{\sqrt{1+4x^6}}+\frac{\sin 2x}{\sqrt{1+\cos^4 x}}$. (D) $\frac{6x^2}{\sqrt{1+4x^6}}-\frac{1}{\sqrt{1+\cos^4 x}}$.

答题区

纠错笔记

186 设 $f(x)=\begin{cases}-x, & x\in[0,1]\\ 1+x, & x\in[-1,0)\end{cases}$. $F(x)=\int_{-1}^{x} f(t)\mathrm{d}t$，则在 $x=0$ 处 $F(x)$

(A) 无定义. (B) 有定义，但不连续.

(C) 连续但不可导. (D) 可导.

答题区

纠错笔记

187 设 $F(x)=\int_0^x e^{-t^2}dt-\int_{e^x}^2\frac{1}{t^4+1}dt$，则方程 $F(x)=0$ 在区间 $(-\infty,+\infty)$ 上

(A) 没有根.　　(B) 正好 1 个根.

(C) 正好 2 个根.　　(D) 至少 3 个根.

答题区

纠错笔记

188 $\int_0^{+\infty}\sqrt{x}e^{-x}dx=$

(A) $\sqrt{\pi}$.　　(B) π.　　(C) $\frac{\sqrt{\pi}}{2}$.　　(D) $\frac{\pi}{2}$.

答题区

纠错笔记

189 曲线 $y=\cos x\left(x\in\left[0,\frac{\pi}{2}\right]\right)$ 与 x 轴，y 轴所围面积被曲线 $y=a\sin x$ 等分，则 $a=$

(A) $\frac{2}{5}$.　　(B) $\frac{3}{5}$.　　(C) $\frac{3}{4}$.　　(D) $\frac{1}{2}$.

答题区

纠错笔记

190 已知 $f(x)$ 是连续函数，满足 $f(x)=x+2\int_0^1 f(t)\mathrm{d}t$，则函数 $xf(x)$ 在区间 $[0,2]$ 上的平均值为

(A) 1.　　(B) $\frac{1}{2}$.　　(C) $\frac{1}{3}$.　　(D) $\frac{1}{4}$.

答题区

纠错笔记

191 设平面区域 D 由 $y=\sin x, y=\frac{2}{\pi}x\left(0\leqslant x\leqslant\frac{\pi}{2}\right)$ 围成，则区域 D 的面积以及该区域绕 x 轴旋转一周所得旋转体体积分别为

(A) $1-\frac{\pi}{4},\frac{5\pi^2}{12}$.　　(B) $1+\frac{\pi}{4},\frac{5\pi^2}{12}$.　　(C) $1-\frac{\pi}{4},\frac{\pi^2}{12}$.　　(D) $1+\frac{\pi}{4},\frac{\pi^2}{12}$.

答题区

纠错笔记

192 由曲线 $y=1-(x-1)^2$ 及直线 $y=0$ 围成图形绕 y 轴旋转而成立体的体积 V 是

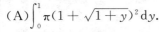

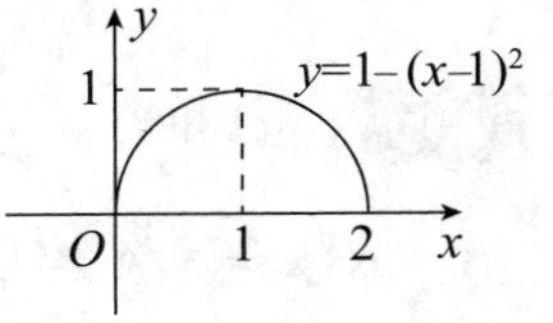

(A) $\int_0^1 \pi(1+\sqrt{1+y})^2\mathrm{d}y$.

(B) $\int_0^1 \pi(1-\sqrt{1-y})^2\mathrm{d}y$.

(C) $\int_0^1 \pi[(1+\sqrt{1-y})-(1-\sqrt{1-y})]^2\mathrm{d}y$.

(D) $\int_0^1 \pi[(1+\sqrt{1-y})^2-(1-\sqrt{1-y})^2]\mathrm{d}y$.

答题区

纠错笔记

193 过原点与曲线 $C:y=x^2+1$ 相切的两条切线与 C 所围成的图形绕 y 轴旋转生成的旋转体体积 $V=$

(A) $\frac{\pi}{4}$.　　(B) $\frac{\pi}{2}$.　　(C) $\frac{\pi}{6}$.　　(D) π.

答题区

纠错笔记

B 组

194 设 $f(x)=\int_0^x te^{\sin t}dt$，则当 $x\to 0$ 时，$f(x)$ 为 x 无穷小的阶数为

(A) 一阶.　　(B) 二阶.　　(C) 三阶.　　(D) 四阶.

答题区

纠错笔记

195 已知当 $x\to 0^+$ 时 $g(x)=\int_0^1 e^{t^2 x}dt-\left(1+\frac{x}{3}+\frac{x^2}{10}\right)$ 与 Ax^k 是等价无穷小，则

(A) $k=3,A=\frac{1}{42}$.　　(B) $k=3,A=-\frac{1}{42}$.

(C) $k=2,A=\frac{1}{42}$.　　(D) $k=2,A=-\frac{1}{42}$.

答题区

纠错笔记

196 设 a 与 b 是两个常数,且 $\lim\limits_{x\to+\infty} e^{x}\left(\int_{0}^{\sqrt{x}} e^{-t^{2}}\,dt + a\right) = b$,则

(A) a 为任意常数, $b = 0$.

(B) $a = -\frac{\sqrt{\pi}}{2}, b = 0$.

(C) $a = 0, b = 1$.

(D) $a = -\sqrt{\pi}, b = 0$.

答题区

纠错笔记

197 $f(x)$ 在 $[a,b]$ 上连续且 $\int_{a}^{b} f(x)\,dx = 0$,则

(A) $\int_{a}^{b} [f(x)]^{2}\,dx = 0$ 一定成立.

(B) $\int_{a}^{b} [f(x)]^{2}\,dx = 0$ 不可能成立.

(C) $\int_{a}^{b} [f(x)]^{2}\,dx = 0$ 仅当 $f(x)$ 是单调函数时成立.

(D) $\int_{a}^{b} [f(x)]^{2}\,dx = 0$ 仅当 $f(x) = 0$ 时成立.

答题区

纠错笔记

198 设 $f(x)$ 在$[a,b]$连续，则下列结论中正确的个数为

①$f(x)$ 在$[a,b]$的任意子区间$[\alpha,\beta]$上$\int_\alpha^\beta f(x)\mathrm{d}x=0$，则 $f(x)=0(\forall x\in[a,b])$.

②$f(x)\geqslant 0(x\in[a,b])$，又$\int_a^b f(x)\mathrm{d}x=0$，则 $f(x)=0(x\in[a,b])$.

③$[\alpha,\beta]\subset[a,b]$，则$\int_a^b f(x)\mathrm{d}x\geqslant\int_\alpha^\beta f(x)\mathrm{d}x$.

(A)0.　　(B)1.　　(C)2.　　(D)3.

答题区

纠错笔记

199 $\int_{-1}^{1}(x+2|x|)^2\sqrt{1-x^2}\mathrm{d}x=$

(A) $\frac{1}{8}\pi$.　　(B) $\frac{3}{8}\pi$.

(C) $\frac{5}{8}\pi$.　　(D)π.

答题区

纠错笔记

200 $\int_{-1}^{1}\sqrt{\frac{1-x}{1+x}}\mathrm{d}x=$

(A)$-\pi$.　　(B)2π.　　(C)π.　　(D)3π.

答题区

纠错笔记

201 $I=\int_0^{\pi} x\sqrt{\cos^2 x-\cos^4 x}\,\mathrm{d}x=$

(A) π.　　(B) $\frac{\pi}{2}$.　　(C) $\frac{\pi}{3}$.　　(D) $\frac{\pi}{4}$.

答题区

纠错笔记

202 设 $I_1=\int_0^{\frac{\pi}{2}}\frac{\sin x}{x}\mathrm{d}x, I_2=\int_0^{\frac{\pi}{2}}\frac{x}{\sin x}\mathrm{d}x$，则

(A) $I_1<1<I_2$.　　(B) $1<I_1<I_2$.　　(C) $I_2<1<I_1$.　　(D) $I_1<I_2<1$.

答题区

纠错笔记

203 设 $M=\int_{-\frac{\pi}{2}}^{\frac{\pi}{2}}\frac{(1+x)^2}{1+x^2}\mathrm{d}x, N=\int_{-\frac{\pi}{2}}^{\frac{\pi}{2}}\frac{1+x}{\mathrm{e}^x}\mathrm{d}x, K=\int_{-\frac{\pi}{2}}^{\frac{\pi}{2}}(1+\sqrt{\cos x})\mathrm{d}x$，则

(A) $M>N>K$.　　(B) $M>K>N$.　　(C) $K>M>N$.　　(D) $K>N>M$.

答题区

纠错笔记

204 设 $F(x)=\int_0^x\left(\int_0^{u^2}\ln(1+t^2)\mathrm{d}t\right)\mathrm{d}u$，则曲线 $y=F(x)$

(A) 在 $(-\infty,0)$ 是凹的，在 $(0,+\infty)$ 是凸的.

(B) 在 $(-\infty,0)$ 是凸的，在 $(0,+\infty)$ 是凹的.

(C) 在 $(-\infty,+\infty)$ 是凹的.

(D) 在 $(-\infty,+\infty)$ 是凸的.

答题区

纠错笔记

205 设 $f(u)$ 为连续函数，且 $\int_0^x tf(2x-t)\mathrm{d}t=\frac{1}{2}(1+x^2)$，$f(1)=1$. 则 $\int_1^2 f(x)\mathrm{d}x=$

(A) $\frac{1}{4}$.　　(B) $\frac{1}{2}$.　　(C) $\frac{3}{4}$.　　(D) 1.

答题区

纠错笔记

206 关于 $\int_{-\infty}^{+\infty}\mathrm{e}^{|x|}\sin 2x\mathrm{d}x$，下列结论正确的是

(A) 取值为零.　　(B) 取正值.　　(C) 发散.　　(D) 取负值.

答题区

纠错笔记

207 设 b 为常数,积分 $\int_1^{+\infty}\left[\frac{x^2+bx+1}{x(x+2)}-1\right]dx$ 收敛,则 b 及该积分的值分别为

(A)$2,\ln 3$. (B)$2,\frac{1}{2}\ln 3$. (C)$1,\frac{1}{2}\ln 2$. (D)$1,\ln 2$.

答题区

纠错笔记

208 下列反常积分发散的是

(A)$\int_{-1}^{1}\frac{1}{\sin x}dx$. (B)$\int_{-1}^{1}\frac{1}{\sqrt{1-x^2}}dx$. (C)$\int_0^{+\infty}e^{-x^2}dx$. (D)$\int_2^{+\infty}\frac{1}{x\ln^2 x}dx$.

答题区

纠错笔记

209 已知边际收益函数 $MR=\frac{ab}{(Q+b)^2}-k$,其中常数 $a>0,b>0,k>0$,则需求函数 $Q=Q(p)$ 的表达式为

(A)$Q=\frac{a}{p+k}-b$. (B)$Q=\frac{b}{p+k}-a$. (C)$Q=\frac{k}{p+a}-b$. (D)$Q=\frac{k}{p+b}-a$.

答题区

纠错笔记

微分方程(差分方程)

A组

210 已知 $y_1(x)$ 和 $y_2(x)$ 是方程 $y'+p(x)y=0$ 的两个不同的特解，则该方程的通解为

(A) $y=Cy_1(x)$.　　(B) $y=Cy_2(x)$.

(C) $y=C_1y_1(x)+C_2y_2(x)$.　　(D) $y=C(y_1(x)-y_2(x))$.

答题区

纠错笔记

211 设函数 $f(x)$ 在[0,1]上连续，在(0,1)内大于零，且满足微分方程 $xf'(x)=f(x)+\frac{3}{2}ax^2$. 曲线 $y=f(x)$ 与直线 $x=1,y=0$ 围成区域 D 的面积为2，则 $f(x)=$

(A) $(a-4)x+\frac{3}{2}ax^2$.　　(B) $(4-a)x+3ax^2$.

(C) $(4-a)x+\frac{3}{2}ax^2$.　　(D) $(a-4)x+3ax^2$.

答题区

纠错笔记

212 设 $y_1(x)$ 与 $y_2(x)$ 是二阶线性微分方程 $y''+py'+qy=f(x)$ 的两个解，$y_3(x)$ 与 $y_4(x)$ 是二阶线性微分方程 $y''+py'+qy=g(x)$ 的两个解，则下列函数中，一定是二阶线性微分方程 $y''+py'+qy=f(x)-g(x)$ 的解的是

(A) $y_1(x)-2y_2(x)+2y_3(x)-y_4(x)$.　(B) $2y_1(x)-y_2(x)+y_3(x)-2y_4(x)$.

(C) $2y_1(x)-y_2(x)+2y_3(x)-y_4(x)$.　(D) $y_1(x)-2y_2(x)+y_3(x)-2y_4(x)$.

答题区

纠错笔记

213 设 a,b,c 为待定常数，则微分方程 $y''-3y'+2y=3x-2e^x$ 的特解具有形式

(A) $(ax+b)e^x$.　(B) $(ax+b)xe^x$.

(C) $(ax+b)+ce^x$.　(D) $(ax+b)+cxe^x$.

答题区

纠错笔记

214 已知曲线 $y=y(x)$ 经过原点，且在原点的切线平行于直线 $2x-y-5=0$，而 $y(x)$ 满足微分方程 $y''-6y'+9y=e^{3x}$，则此曲线的方程为

(A) $y=\sin 2x$.　(B) $y=\frac{1}{2}x^2e^{2x}+\sin 2x$.

(C) $y=\frac{x}{2}(x+4)e^{3x}$.　(D) $y=(x^2\cos x+\sin 2x)e^{3x}$.

答题区

纠错笔记

215 设 A,B 都是不等于零的常数，则微分方程 $y''-2y'+5y=e^x\cos 2x$ 有特解

(A) $y^*=xe^x(A\cos 2x+B\sin 2x)$.　　(B) $y^*=e^x(A\cos 2x+B\sin 2x)$.

(C) $y^*=Axe^x\cos 2x$.　　(D) $y^*=Axe^x\sin 2x$.

答题区

纠错笔记

216 方程 $y''+9y=0$ 经过点 $(\pi,-1)$ 且在该点和直线 $y+1=x-\pi$ 相切的曲线为

(A) $y=C_1\cos 3x+C_2\sin 3x$.　　(B) $y=\cos 3x+C_2\sin 3x$.

(C) $y=\cos 3x$.　　(D) $y=\cos 3x-\frac{1}{3}\sin 3x$.

答题区

纠错笔记

217 设微分方程 $(1+x^2)y'-2xy=x$ 满足 $y(0)=1$ 的特解是 $y^*(x)$，则 $\int_0^1 y^*(x)dx=$

(A) $\frac{3}{2}$.　　(B) $\frac{1}{2}$.　　(C) $-\frac{1}{2}$.　　(D) $-\frac{3}{2}$.

答题区

纠错笔记

B 组

218 设函数 $f(x)$ 在$[2,+\infty)$上可导且 $f(2)=1$.若 $f(x)$ 的反函数 $g(x)$ 满足 $\int_{2}^{f(x)} g(t)\mathrm{d}t = x^2 f(x)+x$,则 $f(4)=$

(A) $\frac{1}{9}(1-\ln 2)$.　　(B) $-\frac{1}{9}(1+\ln 2)$.

(C) $\frac{1}{9}(\ln 2+1)$.　　(D) $\frac{1}{9}(\ln 2-1)$.

答题区

纠错笔记

219 设函数 $f(x)$ 满足 $xf'(x)-2f(x)=-4x$,且由曲线 $y=f(x)$ 与直线 $x=1$ 以及 x 轴所围成的平面图形绕 x 轴旋转一周所得旋转体的体积最小,则 $f(x)=$

(A) $5x^2-4x$.　　(B) $4x-5x^2-2$.

(C) $5x^2-4x-2$.　　(D) $4x-5x^2$.

答题区

纠错笔记

220 已知 $y^*=\mathrm{e}^{-2x}+(x^2+2)\mathrm{e}^x$ 是二阶常系数线性非齐次微分方程 $y''+ay'+by=(cx+d)\mathrm{e}^x$ 的一个解,则方程中的系数 a 与 b 以及非齐次项中的常数 c 和 d 分别是

(A) $a=1,b=-2,c=6,d=2$.　　(B) $a=1,b=2,c=6,d=-2$.

(C) $a=1,b=-2,c=-6,d=2$.　　(D) $a=1,b=-2,c=6,d=-2$.

答题区

纠错笔记

221 具有特解 $y_1 = e^{-x}, y_2 = 2xe^{-x}, y_3 = 3e^{x}$ 的三阶常系数齐次线性微分方程是

(A) $y''' - y'' - y' + y = 0$.　　(B) $y''' + y'' - y' - y = 0$.

(C) $y''' - 6y'' + 11y' - 6y = 0$.　　(D) $y''' - 2y'' - y' + 2y = 0$.

答题区

纠错笔记

222 设 $[f(x) - e^{x}]\sin y\mathrm{d}x - f(x)\cos y\mathrm{d}y$ 是一个二元函数的全微分，且 $f(x)$ 具有一阶连续导数，$f(0) = 0$，则 $f(x)$ 等于

(A) $\dfrac{e^{x} + e^{-x}}{2} - 1$.　(B) $1 - \dfrac{e^{x} + e^{-x}}{2}$.　(C) $\dfrac{e^{-x} - e^{x}}{2}$.　(D) $\dfrac{e^{x} - e^{-x}}{2}$.

答题区

纠错笔记

223 设 $y'' - y = x^2$ 的解 $y = \varphi(x)$ 是当 $x \to 0$ 时较 x^2 高阶的无穷小量，则 $\varphi(x) =$

(A) $e^{x} + e^{-x} - x^2 - 2$.　　(B) $e^{x} + e^{-x} - x^2 - 2x^2$.

(C) $e^{x} - e^{-x} + x^2 - 2$.　　(D) $e^{x} - e^{-x^2} + 2x^2$.

答题区

纠错笔记

224 设 $y(x)$ 是微分方程 $y''-2y'+y=0$ 满足 $y(0)=1, y'(0)=2$ 的解，则函数 $y=y(x)$ 的反函数的二阶导数 $\dfrac{d^2x}{dy^2}=$

(A) $\dfrac{3e^x+xe^x}{(2e^x+xe^x)^3}$.　　(B) $-\dfrac{3e^x+xe^x}{(2e^x+xe^x)^3}$.

(C) $\dfrac{3e^x+xe^x}{(2e^x+xe^x)^2}$.　　(D) $-\dfrac{3e^x+xe^x}{(2e^x+xe^x)^2}$.

答题区

纠错笔记

多元函数微分学

A 组

225 已知 $f\left(\dfrac{1}{y},\dfrac{1}{x}\right)=\dfrac{xy-x^2}{x-2y}$，则 $f(x,y)=$

(A) $\dfrac{x-y}{xy-2x^2}$.　　(B) $\dfrac{x-y}{xy-2y^2}$.　　(C) $\dfrac{y-x}{xy-2x^2}$.　　(D) $\dfrac{y-x}{xy-2y^2}$.

答题区

纠错笔记

226 二元函数 $f(x,y)=\begin{cases}\dfrac{x^2y}{x^4+y^2}, & (x,y)\neq(0,0),\\ 0, & (x,y)=(0,0)\end{cases}$ 在点$(0,0)$处

(A) 连续.

(B) 不连续且 $f'_x(0,0)$ 不存在.

(C) 不连续且 $f'_y(0,0)$ 不存在.

(D) 不可微.

答题区

纠错笔记

227 设 $f(x,y)=\begin{cases}\dfrac{xy}{\sqrt{x^2+y^2}}, & (x,y)\neq(0,0)\\ 0, & (x,y)=(0,0)\end{cases}$，则 $f(x,y)$ 在点$(0,0)$处

(A) 两个偏导数都不存在.

(B) 两个偏导数都存在但不可微.

(C) 偏导数连续.

(D) 可微但偏导数不连续.

答题区

纠错笔记

228 设函数 $f(x,y)$ 可微，且对任意 x,y 都有 $\dfrac{\partial f(x,y)}{\partial x}>0$，$\dfrac{\partial f(x,y)}{\partial y}<0$，则使不等式 $f(x_1,y_1)<f(x_2,y_2)$ 成立的一个充分条件是

(A) $x_1>x_2,y_1<y_2$.

(B) $x_1>x_2,y_1>y_2$.

(C) $x_1<x_2,y_1<y_2$.

(D) $x_1<x_2,y_1>y_2$.

答题区

纠错笔记

229 设函数 $z=\sqrt{x^2+y^2}f\left(\frac{y}{x}\right)$，且 $f(u)$ 可导，若 $x\frac{\partial z}{\partial x}+y\frac{\partial z}{\partial y}=\frac{2y^2}{\sqrt{x^2+y^2}}$，则

(A) $f(1)=1, f'(1)=0$.　　(B) $f(1)=0, f'(1)=1$.

(C) $f(1)=0, f'(1)=0$.　　(D) $f(1)=1, f'(1)=1$.

答题区

纠错笔记

230 已知函数 $f(x+y,x-y)=x^2-y^2$ 对任何 x 与 y 成立，则 $\frac{\partial f(x,y)}{\partial x}+\frac{\partial f(x,y)}{\partial y}$ 等于

(A) $2x-2y$.　　(B) $2x+2y$.

(C) $x+y$.　　(D) $x-y$.

答题区

纠错笔记

231 设 $z=z(x,y)$ 由方程 $y+z=xf(y^2-z^2)$ 确定，f 可微，则 $x\frac{\partial z}{\partial x}+z\frac{\partial z}{\partial y}$ 等于

(A) 1.　　(B) x.　　(C) y.　　(D) z.

答题区

纠错笔记

232 设 $z=z(x,y)$ 是由方程 $z-y+2xe^{z-x-y}=0$ 所确定的隐函数，则函数 $z(x,y)$ 在点 $(0,1)$ 处的全微分 $dz\Big|_{(0,1)}=$

(A) $2dx+dy$.　(B) $-2dx+dy$.　(C) $2dx-dy$.　(D) $-2dx-dy$.

答题区

纠错笔记

233 设 $z=xf(x-y)+yg(x+y)$，其中 f 与 g 有二阶连续导数，则 $\dfrac{\partial^2 z}{\partial x^2}-\dfrac{\partial^2 z}{\partial y^2}$ 等于

(A) $2(f'-g')$.　(B) $f'-g'$.　(C) $f'+g'$.　(D) $xf''+yg''$.

答题区

纠错笔记

234 设 $z=z(x,y)$ 是由方程 $3xy+2x-4y-z=e^z$ 确定的隐函数，且 $z(1,1)=0$，则 $\dfrac{\partial^2 z}{\partial x\partial y}\Big|_{(1,1)}=$

(A) $4\dfrac{1}{2}$.　(B) $2\dfrac{1}{8}$.　(C) $4\dfrac{1}{4}$.　(D) $8\dfrac{1}{4}$.

答题区

纠错笔记

235 函数 $f(x,y)=kx^2+y^3-3y$ 在点(0,1)处

(A) 取极大值.　　(B) 取极小值.

(C) 不取得极值.　　(D) 是否取得极值与 k 的取值有关.

答题区

纠错笔记

236 设函数 $f(x,y)=xy(a-x-y)$,则

(A) 当 $a>0$ 时, $f(x,y)$ 在点 $(0,a)$ 取极大值.

(B) 当 $a>0$ 时, $f(x,y)$ 在点 $\left(\frac{a}{3},\frac{a}{3}\right)$ 取极小值.

(C) 当 $a<0$ 时, $f(x,y)$ 在点 $\left(\frac{a}{3},\frac{a}{3}\right)$ 取极大值.

(D) $f(x,y)$ 在点(0,0)不取得极值.

答题区

纠错笔记

237 函数 $f(x,y)=1+x+y$ 在区域 $x^2+y^2\leqslant 1$ 上的最大值与最小值之积为

(A) -1.　　(B) 1.　　(C) $1+\sqrt{2}$.　　(D) $1-\sqrt{2}$.

答题区

纠错笔记

238 设二元函数 $U(x,y)$ 具有二阶连续偏导数，且 $\mathrm{d}U = P(x,y)\mathrm{d}x + Q(x,y)\mathrm{d}y$，则 $\frac{\partial Q}{\partial x} - \frac{\partial P}{\partial y}$ 等于

(A)2. (B)1. (C)0. (D)-1.

答题区

纠错笔记

B 组

239 设二元函数 $f(x,y)$ 的四条性质如下：

①$f(x,y)$ 在点(x_0,y_0) 处连续；

②$f(x,y)$ 的两个偏导数在点(x_0,y_0) 处连续；

③$f(x,y)$ 在点(x_0,y_0) 处可微；

④$f(x,y)$ 在点(x_0,y_0) 处的两个偏导数存在.

若用"$P \Rightarrow Q$"表示可由性质 P 推出性质 Q，则有

(A)②⇒③⇒①. (B)③⇒②⇒①.

(C)③⇒④⇒①. (D)③⇒①⇒④.

答题区

纠错笔记

240 函数 $f(x,y)$ 的两个偏导数在点(x_0,y_0) 处连续是函数 $f(x,y)$ 在该点处可微的

(A) 充分但非必要条件. (B) 必要但非充分条件.

(C) 充分必要条件. (D) 既不充分也不必要条件.

答题区

纠错笔记

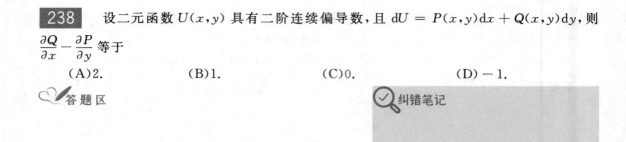

241 设 $f(x,y)=\begin{cases}\dfrac{x^2 y}{x^2+y^2}, & (x,y)\neq(0,0)\\ 0, & (x,y)=(0,0)\end{cases}$，则 $f(x,y)$ 在点 $(0,0)$ 处

(A) 不连续.

(B) 连续但偏导数不存在.

(C) 连续且偏导数存在但不可微.

(D) 可微.

答题区

纠错笔记

242 设 $f(x,y)=\begin{cases}xy, & xy\neq 0,\\ 1, & xy=0.\end{cases}$ 则下列命题成立的个数为

(1) $f(x,y)$ 在 $(0,0)$ 点两个偏导数都存在.

(2) $\lim\limits_{x\to 0}f'_x(x,0)=f'_x(0,0)$，且 $\lim\limits_{y\to 0}f'_y(0,y)=f'_y(0,0)$.

(3) $f(x,y)$ 在 $(0,0)$ 点两个偏导数都连续.

(4) $f(x,y)$ 在 $(0,0)$ 点可微.

(A) 1.　(B) 2.　(C) 3.　(D) 4.

答题区

纠错笔记

243 设 $f(x,y)=\begin{cases}\dfrac{x^4-y^4}{x^2+y^2}, & x^2+y^2\neq 0\\ 0, & x^2+y^2=0\end{cases}$，则 $f(x,y)$ 在点 $(0,0)$ 处

(A) 连续，但偏导数 $f'_x(0,0)$ 和 $f'_y(0,0)$ 不存在.

(B) 连续且偏导数 $f'_x(0,0)$ 和 $f'_y(0,0)$ 都存在，但不可微.

(C) 可微但 f'_x 和 f'_y 不连续.

(D) 可微且 f'_x 和 f'_y 连续.

答题区

纠错笔记

244 函数 $f(x,y)$ 在 $(0,0)$ 点可微的充分条件是

(A) $\lim\limits_{x\to 0}f'_x(x,0)=f'_x(0,0)$ 且 $\lim\limits_{y\to 0}f'_y(0,y)=f'_y(0,0)$.

(B) $\lim\limits_{(x,y)\to(0,0)}[f(x,y)-f(0,0)]=0$.

(C) $\lim\limits_{x\to 0}\dfrac{f(x,0)-f(0,0)}{x}$ 和 $\lim\limits_{y\to 0}\dfrac{f(0,y)-f(0,0)}{y}$ 都存在.

(D) $\lim\limits_{(x,y)\to(0,0)}f'_x(x,y)=f'_x(0,0)$ 且 $\lim\limits_{(x,y)\to(0,0)}f'_y(x,y)=f'_y(0,0)$.

答题区

纠错笔记

245 设 $z=x^2+2y^2$，其中 $y=y(x)$ 是由方程 $x^2-xy+y^2=1$ 确定的隐函数，且 $y(1)=1$，则 $z''(1)$ 等于

(A) 6.　　(B) 18.　　(C) -6.　　(D) -18.

答题区

纠错笔记

246 设方程组 $\begin{cases}x=u+vz,\\ y=-u^2+v+z\end{cases}$ 在点 $(2,1,1)$ 的某一个邻域内确定隐函数 $u(x,y,z)$ 与 $v(x,y,z)$，且 $u(2,1,1)>0$，则 $\left(\dfrac{\partial u}{\partial x}+\dfrac{\partial v}{\partial y}+\dfrac{\partial u}{\partial z}\right)\Bigg|_{(2,1,1)}=$

(A) $\dfrac{1}{9}$.　　(B) $\dfrac{1}{3}$.　　(C) $\dfrac{2}{9}$.　　(D) $\dfrac{2}{3}$.

答题区

纠错笔记

247 设方程 $F(x,y,z)=0$ 确定隐函数 $z=z(x,y)$. 若已知 $F(x,y,z)$ 可微,且 $F'_x(1,1,1)=-2$, $F'_y(1,1,1)=2$, $z(1,1)=1$ 和 $z'_y(1,1)=3$, 则 $z'_x(1,1)$ 等于

(A) -3. (B) -4. (C) 3. (D) 4.

答题区

纠错笔记

248 已知 $f(x,y)=\begin{cases} xy\dfrac{x^2-y^2}{x^2+y^2}, & (x,y)\neq(0,0), \\ 0, & (x,y)=(0,0), \end{cases}$ 则

(A) $f''_{xy}(0,0)=1$.

(B) $f''_{xy}(0,0)=0$.

(C) $f''_{yx}(0,0)=1$.

(D) $f''_{yx}(0,0)=-1$.

答题区

纠错笔记

249 已知 $\mathrm{d}f(x,y)=(2y^2+2xy+3x^2)\mathrm{d}x+(4xy+x^2)\mathrm{d}y$, 则 $f(x,y)=$

(A) $2xy^2+x^2y$.

(B) $2xy^2+x^2y+x^3$.

(C) $2xy^2+x^2y+x^3+C$.

(D) $3xy^2+x^2y+x^3+C$.

答题区

纠错笔记

250 设 $f(x,y)=x^3-4x^2+2xy-y^2$，区域 $D=\{(x,y)\mid -1\leqslant x\leqslant 4,-1\leqslant y\leqslant 1\}$，则下面结论正确的是

(A) 点(0,0)是 $f(x,y)$ 的极大值点且是 $f(x,y)$ 在区域 D 的最大值点.

(B) 点(0,0)是 $f(x,y)$ 的极大值点但不是 $f(x,y)$ 在区域 D 的最大值点.

(C) 点(0,0)是 $f(x,y)$ 的极小值点.

(D) 点(0,0)是 $f(x,y)$ 的驻点，但不是极值点.

答题区

纠错笔记

251 设有三个正数 x,y,z 满足 $x+y+z=a$，其中 $a>0$ 为常数，又 $xyz\leqslant b$，则 b 的最小取值是

(A) $\dfrac{a^3}{21}$.　(B) $\dfrac{a^3}{18}$.　(C) $\dfrac{a^3}{9}$.　(D) $\dfrac{a^3}{27}$.

答题区

纠错笔记

252 函数 $z=x^2+y^2-6x+8y$ 在圆域 $x^2+y^2\leqslant 100$ 上的最大值与最小值分别是

(A) 200，−25.　(B) 180，0.　(C) 205，−15.　(D) 190，10.

答题区

纠错笔记

二重积分

A 组

253 累次积分$\int_0^1 dx\int_x^1 f(x,y)dy+\int_1^2 dy\int_0^{2-y} f(x,y)dx$ 可写成

(A)$\int_0^2 dx\int_x^{2-x} f(x,y)dy$.　　(B)$\int_0^2 dy\int_y^{2-y} f(x,y)dx$.

(C)$\int_0^1 dx\int_x^{2-x} f(x,y)dy$.　　(D)$\int_0^1 dy\int_y^{2-y} f(x,y)dx$.

答题区

纠错笔记

254 累次积分$\int_0^{\frac{\pi}{2}} d\theta\int_0^{2\sin\theta} f(r\cos\theta,r\sin\theta)rdr$ 可写成

(A)$\int_0^2 dx\int_0^{1+\sqrt{1-x^2}} f(x,y)dy$.　　(B)$\int_0^2 dx\int_0^{\sqrt{2x-x^2}} f(x,y)dy$.

(C)$\int_0^2 dy\int_0^{\sqrt{2y-y^2}} f(x,y)dx$.　　(D)$\int_0^2 dx\int_0^2 f(x,y)dy$.

答题区

纠错笔记

255 交换积分次序，则累次积分$\int_0^2 dx\int_0^{x^2} f(x,y)dy=$

(A)$\int_0^4 dy\int_{\sqrt{y}}^2 f(x,y)dx$. (B)$\int_0^4 dy\int_0^{\sqrt{y}} f(x,y)dx$.

(C)$\int_0^4 dy\int_{x^2}^2 f(x,y)dx$. (D)$\int_0^4 dy\int_2^{\sqrt{y}} f(x,y)dx$.

答题区

纠错笔记

256 设$D=\{(x,y)\mid x^2+y^2\leqslant x\}$，则$I=\iint\limits_D(x+y^2)d\sigma=$

(A)$\frac{9}{64}\pi$. (B)$\frac{3}{8}\pi$. (C)$\frac{\pi}{2}$. (D)π.

答题区

纠错笔记

257 $\int_0^1 dy\int_y^1\frac{y}{\sqrt{1+x^3}}dx=$

(A)$\frac{1}{3}(\sqrt{2}-1)$. (B)$\sqrt{2}-1$.

(C)$\frac{1}{2}(\sqrt{2}-1)$. (D)$1-\sqrt{2}$.

答题区

纠错笔记

258 设 D 是 xOy 平面上以 $A(1,1)$, $B(-1,1)$ 和 $C(-1,-1)$ 为顶点的三角形区域, D_1 是 D 在第一象限的部分, 则 $\iint\limits_D (xy+\cos x\sin y)\mathrm{d}\sigma$ 等于

(A) $2\iint\limits_{D_1}\cos x\sin y\mathrm{d}\sigma$.　　(B) $2\iint\limits_{D_1}xy\mathrm{d}\sigma$.

(C) $4\iint\limits_{D_1}(xy+\cos x\sin y)\mathrm{d}\sigma$.　　(D) 0.

答题区

纠错笔记

259 设 D_1 是以 $O(0,0)$, $P(a,0)$, $Q(0,a)$ 为顶点的等腰直角三角形, D_2 是中心在点 $(1,0)$ 半径 $R=1$ 的半圆, 且半圆与斜边 PQ 相切于点 M. 若积分区域 D 是从 D_1 中挖去 D_2 的区域(如图), 则 $\iint\limits_D y\mathrm{d}\sigma=$

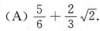

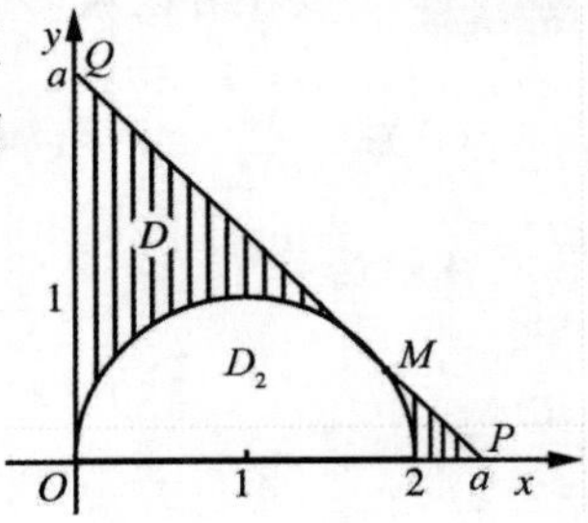

(A) $\frac{5}{6}+\frac{2}{3}\sqrt{2}$.　　(B) $\frac{2}{3}+\frac{5}{6}\sqrt{2}$.

(C) $\frac{5}{6}+\frac{1}{2}\sqrt{2}$.　　(D) $\frac{1}{2}+\frac{5}{6}\sqrt{2}$.

答题区

纠错笔记

260 设区域 D 由 $y=x$, $y=x+1$, $y=1$, $y=3$ 围成, 则 $\iint\limits_D y\mathrm{d}\sigma=$

(A) 2.　　(B) 3.　　(C) 4.　　(D) 6.

答题区

纠错笔记

261 设积分区域 D 是由曲线 $y=\sqrt{x}$，直线 $y=1$ 及 y 轴围成，则 $\iint\limits_D \frac{1}{\sqrt{x}} e^{-y^2} dxdy =$

(A) $1+\frac{2}{e}$.　　(B) $1-\frac{2}{e}$.　　(C) $1-\frac{1}{e}$.　　(D) $1+\frac{1}{e}$.

答题区

纠错笔记

262 设积分区域 D 由 $y=x$ 与 $y^2=x$ 围成，则 $\iint\limits_D \frac{\sin \pi y}{y} d\sigma =$

(A) π.　　(B) $-\pi$.　　(C) $\frac{1}{\pi}$.　　(D) $-\frac{1}{\pi}$.

答题区

纠错笔记

263 设平面域 D 由 $x+y=\frac{1}{2}$，$x+y=1$ 及两条坐标轴围成，$I_1=\iint\limits_D \ln(x+y)^3 dxdy$，$I_2=\iint\limits_D (x+y)^3 dxdy$，$I_3=\iint\limits_D \sin(x+y)^3 dxdy$，则

(A) $I_1<I_2<I_3$.　　(B) $I_3<I_1<I_2$.

(C) $I_1<I_3<I_2$.　　(D) $I_3<I_2<I_1$.

答题区

纠错笔记

264 设 $f(x,y)$ 连续，且 $f(x,y)=xy+\iint\limits_D f(u,v)\mathrm{d}u\mathrm{d}v$，其中 D 是由 $y=0,y=x^2,x=1$ 所围成的区域，则 $f(x,y)$ 等于

(A) xy.　　(B) $2xy$.　　(C) $xy+\frac{1}{8}$.　　(D) $xy+1$.

答题区

纠错笔记

B 组

265 设 $x=r\cos\theta,y=r\sin\theta$，则在极坐标系 (r,θ) 中的累次积分 $\int_0^{\frac{\pi}{2}}\mathrm{d}\theta\int_{\frac{1}{\cos\theta+\sin\theta}}^1 f(r\cos\theta,r\sin\theta)\mathrm{d}r$ 可化为直角坐标系 (x,y) 中的累次积分

(A) $\int_0^1\mathrm{d}x\int_{1-x}^{\sqrt{1-x^2}}f(x,y)\mathrm{d}y$.　　(B) $\int_0^1\mathrm{d}x\int_{1-x}^{\sqrt{1-x^2}}\frac{f(x,y)}{\sqrt{x^2+y^2}}\mathrm{d}y$.

(C) $\int_0^1\mathrm{d}x\int_{x}^{\sqrt{1-x^2}}f(x,y)\mathrm{d}y$.　　(D) $\int_0^1\mathrm{d}x\int_{x}^{\sqrt{1-x^2}}\frac{f(x,y)}{\sqrt{x^2+y^2}}\mathrm{d}y$.

答题区

纠错笔记

266 设积分区域 $D=\{(x,y)\mid x^2+y^2\leqslant 2x+2y\}$，则 $\iint\limits_D(x^2+xy+y^2)\mathrm{d}\sigma=$

(A) 6π.　　(B) 8π.　　(C) 10π.　　(D) 12π.

答题区

纠错笔记

267 累次积分$\int_{-\frac{\pi}{2}}^{\frac{\pi}{2}}\mathrm{d}x\int_{0}^{\sin x}(x^2+y\cos x)\sqrt{1-y^2}\,\mathrm{d}y=$

(A) $\frac{2}{3}-\frac{\pi}{4}$.　　(B) $\frac{2}{3}+\frac{\pi}{4}$.　　(C) $\frac{2}{3}+\frac{\pi}{8}$.　　(D) $\frac{2}{3}-\frac{\pi}{8}$.

答题区

纠错笔记

268 设$D=\{(x,y)\mid x^2+y^2\geqslant 1,x^2+y^2\leqslant 9,x\leqslant\sqrt{3}y,y\leqslant\sqrt{3}x\}$，则$\iint\limits_{D}\arctan\frac{y}{x}\mathrm{d}\sigma=$

(A) $\frac{\pi}{6}$.　　(B) $\frac{\pi^2}{6}$.　　(C) $\frac{\pi}{3}$.　　(D) $\frac{\pi^2}{3}$.

答题区

纠错笔记

269 $\int_{0}^{1}\mathrm{d}y\int_{y}^{1}\sqrt{x^2-y^2}\,\mathrm{d}x$ 的值为

(A) $\frac{\pi}{3}$.　　(B) $\frac{\pi}{6}$.　　(C) $\frac{\pi}{9}$.　　(D) $\frac{\pi}{12}$.

答题区

纠错笔记

270　设积分区域 $D=\{(x,y)\mid |x|+|y|\leqslant 1\}$,则二重积分$\iint\limits_{D}(2-x)(2-y)(1-|x|-|y|)\mathrm{d}\sigma$ 的值等于

(A)1.　　(B) $\frac{4}{3}$.　　(C)2.　　(D) $\frac{8}{3}$.

答题区

纠错笔记

271　设积分区域 $D=\{(x,y)\mid x^2+y^2\leqslant 4y\}$,则二重积分$\iint\limits_{D}x^2y\mathrm{d}\sigma$ 的值等于

(A)2π.　　(B)4π.　　(C)6π.　　(D)8π.

答题区

纠错笔记

272　设积分区域 $D=\{(x,y)\mid -1\leqslant x\leqslant 1,-1\leqslant y\leqslant 1\}$,则二重积分$\iint\limits_{D}|x+y|\mathrm{d}\sigma=$

(A) $\frac{2}{3}$.　　(B)$1\frac{1}{3}$.　　(C)$2\frac{2}{3}$.　　(D)$3\frac{1}{3}$.

答题区

纠错笔记

273 设积分区域 $D=\{(x,y)\mid 1\leqslant x+y\leqslant 2,x\geqslant 0,y\geqslant 0\}$，则 $\iint\limits_D \frac{\mathrm{d}\sigma}{\sqrt{x^2+y^2}}=$

(A) $\ln(\sqrt{2}+1)$. (B) $\sqrt{2}\ln(\sqrt{2}+1)$.

(C) $2\ln(\sqrt{2}+1)$. (D) $4\ln(\sqrt{2}+1)$.

答题区

纠错笔记

274 $I=\int_1^2\mathrm{d}x\int_2^{\frac{1}{x}} y\mathrm{e}^{xy}\mathrm{d}y=$

(A) $\frac{1}{2}\mathrm{e}^4$. (B) $-\frac{1}{2}\mathrm{e}^4+\mathrm{e}^2$.

(C) $\mathrm{e}^4+\mathrm{e}^2$. (D) $\mathrm{e}^4+2\mathrm{e}^2$.

答题区

纠错笔记

275 设平面区域 $D_1=\{(x,y)\mid x^2+y^2\leqslant 1\}$，$D_2=\{(x,y)\mid x^4+y^4\leqslant 1\}$，$D_3=\{(x,y)\mid |x|+|y|\leqslant 1\}$，且 $I_1=\iint\limits_{D_1}|xy|\mathrm{d}\sigma$，$I_2=\iint\limits_{D_2}|xy|\mathrm{d}\sigma$，$I_3=\iint\limits_{D_3}|xy|\mathrm{d}\sigma$，则

(A) $I_1<I_2<I_3$. (B) $I_3<I_2<I_1$.

(C) $I_1<I_3<I_2$. (D) $I_3<I_1<I_2$.

答题区

纠错笔记

线性代数水平自测一

难度:极容易　　　　总分:10分　　　　测试时间:30分钟

1. 设 $|A|$ 是四阶行列式,且 $|A|=-2$,则 $|2|A|A|=$
(A)2^5.　　(B)-2^5.　　(C)2^9.　　(D)-2^9.

2. 设矩阵 A 的秩为 r,则 A 中
(A) 所有 $r-1$ 阶子式都不为0.　　(B) 所有 $r-1$ 阶子式全为0.
(C) 至少有一个 r 阶子式不等于0.　　(D) 所有 r 阶子式都不为0.

3. 设 $\boldsymbol{\alpha}_1=(1,0,0,\lambda_1)^T$,$\boldsymbol{\alpha}_2=(1,2,0,\lambda_2)^T$,$\boldsymbol{\alpha}_3=(-1,2,3,\lambda_3)^T$,$\boldsymbol{\alpha}_4=(-2,1,5,\lambda_4)^T$,其中 λ_1,λ_2,λ_3,λ_4 是任意实数,则有
(A)$\boldsymbol{\alpha}_1,\boldsymbol{\alpha}_2,\boldsymbol{\alpha}_3$ 总线性相关.　　(B)$\boldsymbol{\alpha}_1,\boldsymbol{\alpha}_2,\boldsymbol{\alpha}_3,\boldsymbol{\alpha}_4$ 总线性相关.
(C)$\boldsymbol{\alpha}_1,\boldsymbol{\alpha}_2,\boldsymbol{\alpha}_3$ 总线性无关.　　(D)$\boldsymbol{\alpha}_1,\boldsymbol{\alpha}_2,\boldsymbol{\alpha}_3,\boldsymbol{\alpha}_4$ 总线性无关.

4. 设 $A\boldsymbol{x}=\boldsymbol{b}$ 是非齐次线性方程组,$\boldsymbol{\eta}_1,\boldsymbol{\eta}_2$ 是其任意两个解,则下列结论错误的是
(A)$\boldsymbol{\eta}_1+\boldsymbol{\eta}_2$ 是 $A\boldsymbol{x}=\boldsymbol{0}$ 的一个解.　　(B) $\frac{1}{2}\boldsymbol{\eta}_1+\frac{1}{2}\boldsymbol{\eta}_2$ 是 $A\boldsymbol{x}=\boldsymbol{b}$ 的一个解.
(C)$\boldsymbol{\eta}_1-\boldsymbol{\eta}_2$ 是 $A\boldsymbol{x}=\boldsymbol{0}$ 的一个解.　　(D)$2\boldsymbol{\eta}_1-\boldsymbol{\eta}_2$ 是 $A\boldsymbol{x}=\boldsymbol{b}$ 的一个解.

5. 已知二阶实对称矩阵 A 的一个特征向量为 $\begin{pmatrix}-3\\1\end{pmatrix}$,且 $|A|<0$,则下面必为 A 的特征向量的是
(A)$k\begin{pmatrix}-3\\1\end{pmatrix}$.　　(B)$\begin{pmatrix}1\\3\end{pmatrix}$.
(C)$k_1\begin{pmatrix}-3\\1\end{pmatrix}+k_2\begin{pmatrix}1\\3\end{pmatrix}$,$k_1\neq0$ 且 $k_2\neq0$.　　(D)$k_1\begin{pmatrix}-3\\1\end{pmatrix}+k_2\begin{pmatrix}1\\3\end{pmatrix}$,$k_1,k_2$ 不同时为零.

6. 必合同于单位矩阵的矩阵为
(A) 对角矩阵.　　(B) 对称矩阵.　　(C) 正定矩阵.　　(D) 正交矩阵.

7. 设 $\boldsymbol{\alpha},\boldsymbol{\beta},\boldsymbol{\gamma}$ 为三维列向量,已知三阶行列式 $|4\boldsymbol{\gamma}-\boldsymbol{\alpha},\boldsymbol{\beta}-2\boldsymbol{\gamma},2\boldsymbol{\alpha}|=40$,则行列式 $|\boldsymbol{\alpha},\boldsymbol{\beta},\boldsymbol{\gamma}|=$ ________.

8. 设 A 为二阶方阵,B 为三阶方阵,且 $|A|=|B|=2$,则 $\begin{vmatrix}O & A^*\\-2B & O\end{vmatrix}=$ ________.

9. 线性方程组 $\begin{cases}x_1-\lambda x_2-2x_3=-1\\x_1-x_2+\lambda x_3=2\\5x_1-5x_2-4x_3=\lambda\end{cases}$ 有唯一解,则 λ 满足________.

10. 当 t 满足条件________时,二次型 $f(x_1,x_2,x_3)=2x_1^2+x_2^2+x_3^2+2x_1x_2+2tx_2x_3$ 是正定的.

答案见答案册第109页

线性代数水平自测二

难度:容易　　　　总分:10 分　　　　测试时间:35 分钟

1. 四阶行列式 $D=\begin{vmatrix}1&0&4&0\\2&-1&-1&2\\0&-6&0&0\\2&4&-1&2\end{vmatrix}$,则第四行各元素代数余子式之和,即 $A_{41}+A_{42}+A_{43}+A_{44}=$

(A) -18.　　(B) -9.　　(C) -6.　　(D) -3.

2. 已知 $\boldsymbol{A}=(\boldsymbol{\alpha},\boldsymbol{\gamma}_2,\boldsymbol{\gamma}_3,\boldsymbol{\gamma}_4)$,$\boldsymbol{B}=(\boldsymbol{\beta},\boldsymbol{\gamma}_2,\boldsymbol{\gamma}_3,\boldsymbol{\gamma}_4)$ 为四阶方阵,其中 $\boldsymbol{\alpha},\boldsymbol{\beta},\boldsymbol{\gamma}_2,\boldsymbol{\gamma}_3,\boldsymbol{\gamma}_4$ 均为四维列向量,且已知行列式 $|\boldsymbol{A}|=4$,$|\boldsymbol{B}|=1$,则 $|\boldsymbol{A}+\boldsymbol{B}|=$

(A)5.　　(B)10.　　(C)20.　　(D)40.

3. 设向量组 $\boldsymbol{\alpha}_1=(1,-1,2,-1)^{\mathrm{T}}$,$\boldsymbol{\alpha}_2=(-3,4,-1,2)^{\mathrm{T}}$,$\boldsymbol{\alpha}_3=(4,-5,3,-3)^{\mathrm{T}}$,$\boldsymbol{\alpha}_4=(-1,a,3,0)^{\mathrm{T}}$,$\boldsymbol{\beta}=(0,b,5,-1)^{\mathrm{T}}$,其中向量 $\boldsymbol{\beta}$ 不能由 $\boldsymbol{\alpha}_1,\boldsymbol{\alpha}_2,\boldsymbol{\alpha}_3,\boldsymbol{\alpha}_4$ 线性表示,则

(A) $a\neq 2,b=1$.　　(B) $a=2,b=1$.　　(C) $a\neq 2,b\neq 1$.　　(D) $a=2,b\neq 1$.

4. 已知齐次方程组 $\boldsymbol{Ax}=\boldsymbol{0}$ 有非零解,且 $\boldsymbol{A}=\begin{bmatrix}1&1&0\\2&3&1\\1&a&1\end{bmatrix}$,则 $a=$

(A)2.　　(B)1.　　(C)0.　　(D) -1.

5. 下列矩阵中不能相似于对角矩阵的为

(A) $\begin{bmatrix}1&1\\0&1\end{bmatrix}$.　　(B) $\begin{bmatrix}1&1\\0&2\end{bmatrix}$.　　(C) $\begin{bmatrix}1&1\\1&2\end{bmatrix}$.　　(D) $\begin{bmatrix}1&2\\1&2\end{bmatrix}$.

6. 将 3 阶矩阵 $\boldsymbol{A}$ 的第 1 行加到第 2 行得矩阵 $\boldsymbol{B}$,再将 $\boldsymbol{B}$ 的第 1 列加到第 2 列得矩阵 $\boldsymbol{C}$,令 $\boldsymbol{P}=\begin{bmatrix}1&0&0\\1&1&0\\0&0&1\end{bmatrix}$,则

(A) $\boldsymbol{C}=\boldsymbol{PAP}$.　　(B) $\boldsymbol{C}=\boldsymbol{PAP}^{\mathrm{T}}$.　　(C) $\boldsymbol{C}=\boldsymbol{P}^{\mathrm{T}}\boldsymbol{AP}$.　　(D) $\boldsymbol{C}=\boldsymbol{P}^{\mathrm{T}}\boldsymbol{AP}^{\mathrm{T}}$.

7. 行列式 $D=\begin{vmatrix}a&1&0&0\\b&a&1&0\\0&b&a&1\\0&0&b&a\end{vmatrix}=$ ________.

8. 设矩阵 $\boldsymbol{A}=\begin{bmatrix}1&1&-1\\0&1&1\\0&0&-1\end{bmatrix}$,三阶矩阵 $\boldsymbol{B}$ 满足 $\boldsymbol{A}^2-\boldsymbol{AB}=\boldsymbol{E}$,其中 $\boldsymbol{E}$ 为三阶单位矩阵,矩阵 $\boldsymbol{B}=$ ________.

9. 设向量组 $\boldsymbol{\alpha}_1,\boldsymbol{\alpha}_2,\boldsymbol{\alpha}_3$ 线性无关,若 $\boldsymbol{\beta}_1=\boldsymbol{\alpha}_1+2\boldsymbol{\alpha}_2$,$\boldsymbol{\beta}_2=2\boldsymbol{\alpha}_2+k\boldsymbol{\alpha}_3$,$\boldsymbol{\beta}_3=3\boldsymbol{\alpha}_3+2\boldsymbol{\alpha}_1$ 线性相关,常数 $k=$ ________.

10. 设 2 阶矩阵 $\boldsymbol{A}$ 的特征值为 1,2,则行列式 $|\boldsymbol{A}-3\boldsymbol{A}^{-1}|=$ ________.

答案见答案册第 110 页

线性代数

填空题

行列式

A组

276 $\begin{vmatrix} 1 & 0 & 2 & 0 \\ 0 & 3 & 0 & 4 \\ 3 & 0 & 4 & 0 \\ 0 & 1 & 0 & 2 \end{vmatrix} =$ ______.

答题区

纠错笔记

277 $\begin{vmatrix} 0 & 2 & 2 & 2 \\ 2 & 0 & 2 & 2 \\ 2 & 2 & 0 & 2 \\ 2 & 2 & 2 & 0 \end{vmatrix} =$ ______.

答题区

纠错笔记

278 $\begin{vmatrix} 1 & 2 & 3 & 4 \\ 1 & 2^2 & 3^2 & 4^2 \\ 1 & 2^3 & 3^3 & 4^3 \\ 9 & 8 & 7 & 6 \end{vmatrix} =$ ________.

答题区

纠错笔记

279 多项式 $f(x) = \begin{vmatrix} 1 & 2 & 3 & 4 \\ 2 & x & 4 & 1 \\ 3 & 4 & x & 2 \\ 4 & 1 & 2 & 3 \end{vmatrix}$ 中，x^2 项的系数为________.

答题区

纠错笔记

280 设 $\boldsymbol{A},\boldsymbol{B}$ 均为 n 阶矩阵，且 $|\boldsymbol{A}| = 2$，$|\boldsymbol{B}| = -3$，则 $|-\boldsymbol{A}^{\mathrm{T}}\boldsymbol{B}^{-1}| =$ ________.

答题区

纠错笔记

B 组

281 设$|\boldsymbol{A}|=\begin{vmatrix}1&0&0\\0&2&0\\0&0&3\end{vmatrix}$，$A_{ij}$ 为(i,j)位置元素的代数余子式，则$\sum\limits_{i,j=1}^{3}A_{ij}=$ ________.

答题区

纠错笔记

282 设 3 阶矩阵 $\boldsymbol{A}=(\boldsymbol{\alpha}_1,\boldsymbol{\alpha}_2,\boldsymbol{\alpha}_3)$，其中 $\boldsymbol{\alpha}_1,\boldsymbol{\alpha}_2,\boldsymbol{\alpha}_3$ 为 3 维列向量，若 $|\boldsymbol{A}|=\dfrac{1}{2}$，则 $|\boldsymbol{\alpha}_1+\boldsymbol{\alpha}_2,\boldsymbol{\alpha}_2+\boldsymbol{\alpha}_3,\boldsymbol{\alpha}_3+\boldsymbol{\alpha}_1|=$ ________.

答题区

纠错笔记

矩阵

A 组

283 已知 $\boldsymbol{A}=\begin{bmatrix}1&2&3\\4&5&6\\7&8&9\end{bmatrix}$，$\boldsymbol{\Lambda}=\begin{bmatrix}1&&\\&2&\\&&-1\end{bmatrix}$，则 $\boldsymbol{A\Lambda}-\boldsymbol{\Lambda A}=$ ________.

答题区

纠错笔记

284　设 $\boldsymbol{\alpha}=(1,3,-2)^{\mathrm{T}}, \boldsymbol{\beta}=(2,0,0)^{\mathrm{T}}, \boldsymbol{A}=\boldsymbol{\alpha}\boldsymbol{\beta}^{\mathrm{T}}$，则 $\boldsymbol{A}^3=$ ________.

答题区

纠错笔记

285　已知 $\boldsymbol{A}=\begin{bmatrix}0&1&0&0\\1&0&0&0\\0&0&1&-1\\0&0&-1&1\end{bmatrix}$，则 $\boldsymbol{A}^5=$ ________.

答题区

纠错笔记

286　设 $\boldsymbol{PA}=\boldsymbol{BP}$，其中 $\boldsymbol{P}=\begin{bmatrix}0&2&4\\1&0&0\\0&3&5\end{bmatrix}, \boldsymbol{B}=\begin{bmatrix}1&0&0\\0&-1&0\\0&0&-1\end{bmatrix}$，则 $\boldsymbol{A}^{100}=$ ________.

答题区

纠错笔记

287 设$\boldsymbol{A}$为3阶可逆矩阵,将矩阵$\boldsymbol{A}$第一行的2倍加到第二行得矩阵$\boldsymbol{B}$,则$\boldsymbol{AB}^{-1}=$ ________.

答题区

纠错笔记

288 若$\boldsymbol{A}=\begin{bmatrix}0&0&1\\0&1&0\\1&0&0\end{bmatrix}\begin{bmatrix}1&0&0\\0&1&2\\0&0&1\end{bmatrix}\begin{bmatrix}1&0&0\\0&3&0\\0&0&1\end{bmatrix}$,则$\left(\frac{1}{3}\boldsymbol{A}\right)^{-1}=$ ________.

答题区

纠错笔记

289 已知矩阵$\boldsymbol{A}=\begin{bmatrix}3&0&0\\0&1&-1\\0&2&3\end{bmatrix}$,$\boldsymbol{B}=\begin{bmatrix}1&0&0\\0&1&0\\1&0&1\end{bmatrix}$,若矩阵$\boldsymbol{X}$满足$\boldsymbol{AX}=\boldsymbol{B}+2\boldsymbol{X}$,则$\boldsymbol{X}=$ ________.

答题区

纠错笔记

290 已知 $A=\begin{bmatrix}1 & 1 & a & 4\\ 1 & 0 & 2 & a\\ -1 & a & 1 & 0\end{bmatrix}$，$r(A)=3$，则 a 的取值范围是________.

答题区

纠错笔记

B 组

291 已知 $A=\begin{bmatrix}2 & -1 & 3\\ 4 & -2 & 6\\ -2 & 1 & -3\end{bmatrix}$，则 $A^{10}=$________.

答题区

纠错笔记

292 设矩阵 A 的伴随矩阵 $A^*=\begin{bmatrix}4 & -2 & 0 & 0\\ -3 & 1 & 0 & 0\\ 0 & 0 & -4 & 0\\ 0 & 0 & 0 & -1\end{bmatrix}$，则 $A=$________.

答题区

纠错笔记

293 已知三阶矩阵 $\boldsymbol{A}$ 的逆矩阵为 $\boldsymbol{A}^{-1}=\begin{bmatrix}0&1&1\\1&0&1\\1&1&0\end{bmatrix}$，则矩阵 $\boldsymbol{A}$ 的伴随矩阵 $\boldsymbol{A}^*$ 的逆矩阵 $(\boldsymbol{A}^*)^{-1}=$ ________.

答题区

纠错笔记

294 设 $\boldsymbol{A}$ 为 3 阶矩阵，且 $\boldsymbol{A}^2+3\boldsymbol{A}+3\boldsymbol{E}=\boldsymbol{O}$，则 $(\boldsymbol{A}+\boldsymbol{E})^{-1}=$ ________.

答题区

纠错笔记

295 设 $\boldsymbol{A}$ 是 3 阶矩阵，且 $|\boldsymbol{A}|=3$，将 $\boldsymbol{A}$ 第二列的 -5 倍加到第一列得到矩阵 $\boldsymbol{B}$，则 $|\boldsymbol{A}^*\boldsymbol{B}|=$ ________.

答题区

纠错笔记

296 已知 $\boldsymbol{\alpha}_1=(1,0,0)^{\mathrm{T}},\boldsymbol{\alpha}_2=(1,2,-1)^{\mathrm{T}},\boldsymbol{\alpha}_3=(-1,1,0)^{\mathrm{T}}$ 且 $\boldsymbol{A}\boldsymbol{\alpha}_1=(2,1)^{\mathrm{T}},\boldsymbol{A}\boldsymbol{\alpha}_2=(-1,1)^{\mathrm{T}},\boldsymbol{A}\boldsymbol{\alpha}_3=(3,-4)^{\mathrm{T}}$，则 $\boldsymbol{A}=$ ________.

答题区

纠错笔记

297 四阶矩阵 $\boldsymbol{A}$ 和 $\boldsymbol{B}$ 满足 $2\boldsymbol{A}\boldsymbol{B}\boldsymbol{A}^{-1}=\boldsymbol{A}\boldsymbol{B}+6\boldsymbol{E}$，若 $\boldsymbol{A}=\begin{bmatrix}1&2&0&0\\1&3&0&0\\0&0&0&2\\0&0&-1&0\end{bmatrix}$，则 $\boldsymbol{B}=$ ________.

答题区

纠错笔记

298 已知矩阵 $\boldsymbol{A}=\begin{bmatrix}1&2&1\\2&3&a+2\\1&a&-2\end{bmatrix}$ 和 $\boldsymbol{B}=\begin{bmatrix}1&1&a\\-1&a&1\\1&-1&2\end{bmatrix}$ 不等价，则 $a=$ ________.

答题区

纠错笔记

299 已知 $A=\begin{bmatrix}1&2&3&4\\2&3&4&5\\3&4&5&6\\4&5&6&7\end{bmatrix}$，$B=\begin{bmatrix}0&1&-1&2\\0&-1&2&3\\0&0&1&4\\0&0&0&2\end{bmatrix}$，则秩 $r(AB+2A)=$ ______.

答题区

纠错笔记

向量

A 组

300 已知向量组 $\boldsymbol{\alpha}_1=(1,2,3)^{\mathrm{T}}$，$\boldsymbol{\alpha}_2=(3,-1,2)^{\mathrm{T}}$，$\boldsymbol{\alpha}_3=(2,3,t)^{\mathrm{T}}$ 线性相关，则 $t=$ ______.

答题区

纠错笔记

301 (1997，数二) 已知向量组 $\boldsymbol{\alpha}_1=(1,2,-1,1)^{\mathrm{T}}$，$\boldsymbol{\alpha}_2=(2,0,t,0)^{\mathrm{T}}$，$\boldsymbol{\alpha}_3=(0,-4,5,t)^{\mathrm{T}}$ 线性无关，则 t 的取值范围为______.

答题区

纠错笔记

302 已知向量组 $\boldsymbol{\alpha}_1=(a+1,1,a)^T,\boldsymbol{\alpha}_2=(a,-2,2-a)^T,\boldsymbol{\alpha}_3=(a-1,-3,4-a)^T$ 线性相关，则 $a=$ ________.

答题区

纠错笔记

303 已知 $\boldsymbol{\alpha}_1,\boldsymbol{\alpha}_2,\boldsymbol{\alpha}_3$ 线性无关，若 $\boldsymbol{\alpha}_1-3\boldsymbol{\alpha}_3,a\boldsymbol{\alpha}_1+\boldsymbol{\alpha}_2+2\boldsymbol{\alpha}_3,2\boldsymbol{\alpha}_1+3\boldsymbol{\alpha}_2+\boldsymbol{\alpha}_3$ 亦线性无关，则 a 的取值范围为________.

答题区

纠错笔记

304 已知 $\boldsymbol{\alpha}_1=(1,4,2)^T,\boldsymbol{\alpha}_2=(2,7,3)^T,\boldsymbol{\alpha}_3=(0,1,a)^T$ 可以表示任意一个三维向量，则 a 的取值范围为________.

答题区

纠错笔记

305 已知向量组 $\boldsymbol{\alpha}_1=(a,a,1)^{\mathrm{T}},\boldsymbol{\alpha}_2=(a,1,a)^{\mathrm{T}},\boldsymbol{\alpha}_3=(1,a,a)^{\mathrm{T}}$ 的秩是 2，则 $a=$ ________.

答题区

纠错笔记

306 向量组 $\boldsymbol{\alpha}_1=(2,1,3)^{\mathrm{T}},\boldsymbol{\alpha}_2=(1,2,1)^{\mathrm{T}},\boldsymbol{\alpha}_3=(3,3,4)^{\mathrm{T}},\boldsymbol{\alpha}_4=(5,1,8)^{\mathrm{T}},\boldsymbol{\alpha}_5=(0,0,2)^{\mathrm{T}}$ 的一个极大线性无关组是________.

答题区

纠错笔记

307 设 n 维向量 $\boldsymbol{\alpha}_1,\boldsymbol{\alpha}_2,\boldsymbol{\alpha}_3$ 满足 $2\boldsymbol{\alpha}_1-\boldsymbol{\alpha}_2+3\boldsymbol{\alpha}_3=\mathbf{0}$，$\boldsymbol{\beta}$ 是任意 n 维向量，若 $\boldsymbol{\beta}+\boldsymbol{\alpha}_1,\boldsymbol{\beta}+\boldsymbol{\alpha}_2,a\boldsymbol{\beta}+\boldsymbol{\alpha}_3$ 线性相关，则 $a=$ ________.

答题区

纠错笔记

B组

308 已知 $\boldsymbol{\alpha}_1,\boldsymbol{\alpha}_2,\boldsymbol{\alpha}_3$ 线性无关，若 $\boldsymbol{\alpha}_1+2\boldsymbol{\alpha}_2+\boldsymbol{\alpha}_3,\boldsymbol{\alpha}_1+a\boldsymbol{\alpha}_2,3\boldsymbol{\alpha}_2+\boldsymbol{\alpha}_3$ 线性相关，则 $a=$ ________.

答题区

纠错笔记

309 已知 $\boldsymbol{\alpha}_1=(1,2,1)^{\mathrm{T}},\boldsymbol{\alpha}_2=(2,3,a)^{\mathrm{T}},\boldsymbol{\alpha}_3=(1,a+2,-2)^{\mathrm{T}},\boldsymbol{\beta}=(1,3,0)^{\mathrm{T}}$. 若 $\boldsymbol{\beta}$ 可由 $\boldsymbol{\alpha}_1,\boldsymbol{\alpha}_2,\boldsymbol{\alpha}_3$ 线性表示，且表示法不唯一，则 $a=$ ________.

答题区

纠错笔记

310 已知 $\boldsymbol{\alpha}_1=(1,3,2,0)^{\mathrm{T}},\boldsymbol{\alpha}_2=(2,-1,4,1)^{\mathrm{T}},\boldsymbol{\alpha}_3=(5,1,6,2)^{\mathrm{T}},\boldsymbol{\beta}=(7,a,14,3)^{\mathrm{T}}$，且 $\boldsymbol{\beta}$ 不能由 $\boldsymbol{\alpha}_1,\boldsymbol{\alpha}_2,\boldsymbol{\alpha}_3$ 线性表示，则 a 的取值范围为________.

答题区

纠错笔记

311 已知 $\boldsymbol{\alpha}_1=(1,1,-1)^{\mathrm{T}}$，$\boldsymbol{\alpha}_2=(1,-1,a)^{\mathrm{T}}$，$\boldsymbol{\alpha}_3=(a,2,1)^{\mathrm{T}}$，$\boldsymbol{\beta}=(4,-4,a^2)^{\mathrm{T}}$，$\boldsymbol{\gamma}=(a,b,c)^{\mathrm{T}}$. 如 $\boldsymbol{\beta}$ 可由 $\boldsymbol{\alpha}_1,\boldsymbol{\alpha}_2,\boldsymbol{\alpha}_3$ 线性表出，但 $\boldsymbol{\gamma}$ 不能由 $\boldsymbol{\alpha}_1,\boldsymbol{\alpha}_2,\boldsymbol{\alpha}_3$ 线性表示，则 $a=$ ________.

答题区

纠错笔记

312 设 4 阶矩阵 $\boldsymbol{A}=(\boldsymbol{\alpha}_1,\boldsymbol{\alpha}_2,\boldsymbol{\alpha}_3,\boldsymbol{\alpha}_4)$，若 $\boldsymbol{\alpha}_1,\boldsymbol{\alpha}_2$ 线性无关，$\boldsymbol{\alpha}_3$ 可由 $\boldsymbol{\alpha}_1,\boldsymbol{\alpha}_2$ 线性表示，$\boldsymbol{\alpha}_4$ 不能由 $\boldsymbol{\alpha}_1,\boldsymbol{\alpha}_2$ 线性表示，则 $r(\boldsymbol{A})=$ ________.

答题区

纠错笔记

线性方程组

A 组

313 齐次线性方程组

$$\begin{cases} x_1+2x_2+3x_3+x_4=0 \\ 2x_1-x_2+x_3-3x_4=0 \\ x_1+x_3-x_4=0 \end{cases}$$

的基础解系是________.

答题区

纠错笔记

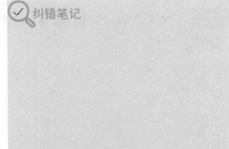

314 已知齐次线性方程组 $\begin{cases} ax_1 - 3x_2 + 3x_3 = 0 \\ x_1 + (a+2)x_2 + 3x_3 = 0 \\ 2x_1 + x_2 - x_3 = 0 \end{cases}$ 有无穷多解,则 $a =$ ________.

答题区

纠错笔记

315 设 $\boldsymbol{A}$ 是 5×4 矩阵,若 $\boldsymbol{\eta}_1,\boldsymbol{\eta}_2$ 是齐次方程组 $\boldsymbol{Ax}=\boldsymbol{0}$ 的基础解系,则 $r(\boldsymbol{A}^{\mathrm{T}}) =$ ________.

答题区

纠错笔记

316 已知 $\boldsymbol{A} = \begin{bmatrix} 1 & -2 & 0 \\ 2 & 1 & 5 \\ 0 & 1 & 1 \end{bmatrix}$,$\boldsymbol{A}^*$ 是 $\boldsymbol{A}$ 的伴随矩阵,则 $\boldsymbol{A}^*\boldsymbol{x}=\boldsymbol{0}$ 的通解是________.

答题区

纠错笔记

B 组

317 设线性方程组 $\boldsymbol{A}_{3\times3}\boldsymbol{x}=\boldsymbol{b}$,即

$$\begin{cases}a_{11}x_1+a_{12}x_2+a_{13}x_3=b_1\\a_{21}x_1+a_{22}x_2+a_{23}x_3=b_2\\a_{31}x_1+a_{32}x_2+a_{33}x_3=b_3\end{cases}\tag{1}$$

有唯一解 $\boldsymbol{\xi}=[1,2,3]^{\mathrm{T}}$.

方程组 $\boldsymbol{B}_{3\times4}\boldsymbol{y}=\boldsymbol{b}$ 即

$$\begin{cases}a_{11}y_1+a_{12}y_2+a_{13}y_3+a_{14}y_4=b_1\\a_{21}y_1+a_{22}y_2+a_{23}y_3+a_{24}y_4=b_2\\a_{31}y_1+a_{32}y_2+a_{33}y_3+a_{34}y_4=b_3\end{cases}\tag{2}$$

有特解 $\boldsymbol{\eta}=[-2,1,4,2]^{\mathrm{T}}$,则方程组(2) 的通解是________.

答题区

纠错笔记

318 已知 $\boldsymbol{\alpha}_1=(1,0,1)^{\mathrm{T}}$,$\boldsymbol{\alpha}_2=(2,1,1)^{\mathrm{T}}$ 是方程组

$$\begin{cases}-x_1+ax_2+2x_3=1\\x_1-x_2+ax_3=2\\5x_1+bx_2-4x_3=a\end{cases}$$

的两个解,则此方程组的通解为________.

答题区

纠错笔记

319 设 $A=\begin{bmatrix}1 & -2 & 0\\ 2 & 1 & 5\\ 0 & 1 & 1\end{bmatrix}$，$B$ 是三阶矩阵，则满足 $AB=O$ 的所有的 $B=$ ________.

答题区

纠错笔记

特征值和特征向量

A 组

320 (2002，数二) 矩阵 $A=\begin{bmatrix}0 & -2 & -2\\ 2 & 2 & -2\\ -2 & -2 & 2\end{bmatrix}$ 的非零特征值是________.

答题区

纠错笔记

321 已知 $\boldsymbol{\alpha}=(a,1,1)^{\mathrm{T}}$ 是矩阵 $A=\begin{bmatrix}-1 & 2 & 2\\ 2 & a & -2\\ 2 & -2 & -1\end{bmatrix}$ 的逆矩阵的特征向量，那么 $\boldsymbol{\alpha}$ 在矩阵 A 中对应的特征值是________.

答题区

纠错笔记

322 设 $\boldsymbol{A}$ 为 2 阶矩阵，若矩阵 $\boldsymbol{A}+2\boldsymbol{E}$ 与 $2\boldsymbol{A}+\boldsymbol{E}$ 均不可逆，则矩阵 $\boldsymbol{A}$ 的特征值为________.

答题区

纠错笔记

323 已知 $\boldsymbol{A}$ 是三阶矩阵，且矩阵 $\boldsymbol{A}$ 各行元素之和均为 5，则矩阵 $\boldsymbol{A}$ 必有特征向量________.

答题区

纠错笔记

324 已知 $\boldsymbol{A} \sim \boldsymbol{B}$，其中 $\boldsymbol{B}=\begin{bmatrix}0 & 1\\2 & 3\end{bmatrix}$，则 $|\boldsymbol{A}+2\boldsymbol{E}|=$________.

答题区

纠错笔记

325 已知 $\boldsymbol{P}^{-1}\boldsymbol{A}\boldsymbol{P}=\begin{bmatrix}1 & & \\ & 1 & \\ & & -1\end{bmatrix}$，$\boldsymbol{P}=(\boldsymbol{\alpha}_1,\boldsymbol{\alpha}_2,\boldsymbol{\alpha}_3)$ 可逆，则矩阵 $\boldsymbol{A}$ 关于特征值 $\lambda=1$ 的特征向量是________.

答题区

纠错笔记

326 已知矩阵 $\boldsymbol{A}=\begin{bmatrix}3 & 1 & 2\\ 0 & 2 & a\\ 0 & 0 & 3\end{bmatrix}$ 和对角矩阵相似，则 $a=$________.

答题区

纠错笔记

B 组

327 已知 $\boldsymbol{A}=\boldsymbol{\alpha}\boldsymbol{\alpha}^{\mathrm{T}}$，其中 $\boldsymbol{\alpha}=(1,0,2)^{\mathrm{T}}$，则矩阵 $2\boldsymbol{A}-\boldsymbol{E}$ 的特征值是________.

答题区

纠错笔记

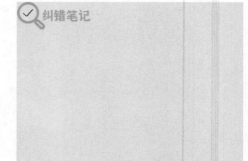

328 已知 $\boldsymbol{A}$ 是三阶实对称矩阵，特征值是 1,3，−2，其中 $\boldsymbol{\alpha}_1=(1,2,-2)^{\mathrm{T}}$，$\boldsymbol{\alpha}_2=(4,-1,a)^{\mathrm{T}}$ 分别是属于特征值 $\lambda=1$ 与 $\lambda=3$ 的特征向量，那么矩阵 $\boldsymbol{A}$ 属于特征值 $\lambda=-2$ 的特征向量是________.

答题区

纠错笔记

329 已知 $\boldsymbol{P}^{-1}\boldsymbol{A}\boldsymbol{P}=\boldsymbol{B}$，其中 $\boldsymbol{B}=\begin{bmatrix}1&-1&2\\2&-2&4\\1&-1&2\end{bmatrix}$，$\boldsymbol{P}=(\boldsymbol{\alpha}_1,\boldsymbol{\alpha}_2,\boldsymbol{\alpha}_3)$，则矩阵 $\boldsymbol{A}$ 关于特征值 $\lambda=0$ 的特征向量是________.

答题区

纠错笔记

330 已知 $\boldsymbol{A}\sim\boldsymbol{B}=\begin{bmatrix}1&0&0\\0&1&2\\0&2&1\end{bmatrix}$，则 $r(\boldsymbol{A}-\boldsymbol{E})+r(\boldsymbol{A}+\boldsymbol{E})=$________.

答题区

纠错笔记

331 设$\boldsymbol{A}$是三阶矩阵，$\boldsymbol{\alpha}_1,\boldsymbol{\alpha}_2,\boldsymbol{\alpha}_3$是三维线性无关的列向量，且$\boldsymbol{A\alpha}_1=\boldsymbol{\alpha}_2+\boldsymbol{\alpha}_3$，$\boldsymbol{A\alpha}_2=\boldsymbol{\alpha}_1+\boldsymbol{\alpha}_3$，$\boldsymbol{A\alpha}_3=\boldsymbol{\alpha}_1+\boldsymbol{\alpha}_2$，则矩阵$\boldsymbol{A}$的特征值是________.

答题区

纠错笔记

332 已知$\boldsymbol{A}$是三阶实对称矩阵，若存在正交矩阵$\boldsymbol{Q}$使得$\boldsymbol{Q}^{-1}\boldsymbol{AQ}=\begin{bmatrix}3&0&0\\0&3&0\\0&0&6\end{bmatrix}$，如果$\boldsymbol{\alpha}_1=(1,0,-1)^{\mathrm{T}}$，$\boldsymbol{\alpha}_2=(0,1,1)^{\mathrm{T}}$是矩阵$\boldsymbol{A}$属于特征值$\lambda=3$的特征向量，则$\boldsymbol{Q}=$________.

答题区

纠错笔记

二次型

A组

333 已知二次型$\boldsymbol{x}^{\mathrm{T}}\boldsymbol{Ax}=ax_1^2+2x_2^2+ax_3^2+6x_1x_2+2x_2x_3$的秩为2，则$a=$________.

答题区

纠错笔记

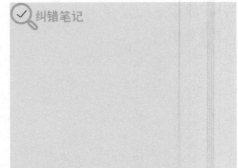

334 二次型 $f(x_1,x_2,x_3)=2x_1x_2$ 的规范形为________.

答题区

纠错笔记

335 若二次型 $f(x_1,x_2,x_3)=ax_1^2+4x_2^2+ax_3^2+6x_1x_2+2x_2x_3$ 是正定的，则 a 的取值范围是________.

答题区

纠错笔记

选　择　题

行列式

A组

336 （2016，数农）多项式 $f(x)=\begin{vmatrix}1&2&3&x\\1&2&x&3\\1&x&2&3\\x&1&2&x\end{vmatrix}$ 中，x^4 与 x^3 的系数依次为

(A) $-1,-1$.　　(B) $1,-1$.　　(C) $-1,1$.　　(D) $1,1$.

答题区

纠错笔记

337 $\begin{vmatrix}0&1&2&3\\1&1&0&0\\2&0&2&0\\3&0&0&3\end{vmatrix}=$

(A) 36.　　(B) -36.　　(C) 24.　　(D) -24.

答题区

纠错笔记

338 已知行列式 $D=\begin{vmatrix}1&1&0&0\\0&2&2&0\\0&0&3&3\\4&0&0&4\end{vmatrix}$，则第一行元素的代数余子式之和为

(A)96.　　(B)48.　　(C)24.　　(D)0.

答题区

纠错笔记

339 下列行列式中，行列式的值不等于 24 的是

(A) $\begin{vmatrix}1&0&0&0\\2&2&0&0\\3&3&3&0\\4&4&4&4\end{vmatrix}$.　(B) $\begin{vmatrix}1&1&1&1\\2&2&2&0\\3&3&0&0\\4&0&0&0\end{vmatrix}$.　(C) $\begin{vmatrix}0&1&0&0\\2&0&2&0\\3&0&0&0\\0&0&0&4\end{vmatrix}$.　(D) $\begin{vmatrix}0&1&0&0\\0&0&0&2\\3&0&0&0\\0&0&4&0\end{vmatrix}$.

答题区

纠错笔记

B 组

340 设 3 阶矩阵 $\boldsymbol{A}=(\boldsymbol{\alpha}_1,\boldsymbol{\alpha}_2,\boldsymbol{\beta}_1)$，$\boldsymbol{B}=(\boldsymbol{\alpha}_1,\boldsymbol{\alpha}_2,\boldsymbol{\beta}_2)$，且 $|\boldsymbol{A}|=a$，$|\boldsymbol{B}|=b$，则 $|3\boldsymbol{A}-\boldsymbol{B}|=$

(A) $3a-b$.　　(B) $9a-b$.　　(C) $2(3a-b)$.　　(D) $4(3a-b)$.

答题区

纠错笔记

341 (2017，数农) 已知 $\boldsymbol{A}$ 是三阶矩阵且 $(\boldsymbol{A}-\boldsymbol{E})^{-1}=\boldsymbol{A}^2+\boldsymbol{A}+\boldsymbol{E}$，则 $|\boldsymbol{A}|=$

(A) 0.　　(B) 2.　　(C) 4.　　(D) 8.

答题区

纠错笔记

342 设 $\boldsymbol{A}$ 是 3 阶可逆矩阵，且 $|\boldsymbol{A}|=2$，则 $|\boldsymbol{A}^{-1}+\boldsymbol{A}^*|=$

(A) $\dfrac{9}{2}$.　　(B) 9.　　(C) $\dfrac{27}{2}$.　　(D) 27.

答题区

纠错笔记

343 设 $\boldsymbol{\alpha}_1,\boldsymbol{\alpha}_2,\boldsymbol{\alpha}_3$ 为三维列向量,矩阵 $\boldsymbol{A}=[\boldsymbol{\alpha}_1,\boldsymbol{\alpha}_2,\boldsymbol{\alpha}_3]$,$\boldsymbol{B}=[\boldsymbol{\alpha}_3,2\boldsymbol{\alpha}_1+\boldsymbol{\alpha}_2,3\boldsymbol{\alpha}_2]$,若行列式 $|\boldsymbol{A}|=2$,则行列式 $|\boldsymbol{B}|=$

(A)6. (B)-6. (C)12. (D)-12.

答题区

纠错笔记

344 设 $\boldsymbol{A}=[\boldsymbol{\alpha}_1,\boldsymbol{\alpha}_2,\boldsymbol{\alpha}_3]$ 是三阶矩阵,则下列行列式中等于 $|\boldsymbol{A}|$ 的是

(A) $|\boldsymbol{\alpha}_1-\boldsymbol{\alpha}_2,\boldsymbol{\alpha}_2-\boldsymbol{\alpha}_3,\boldsymbol{\alpha}_3-\boldsymbol{\alpha}_1|$.

(B) $|\boldsymbol{\alpha}_1+\boldsymbol{\alpha}_2,\boldsymbol{\alpha}_2+\boldsymbol{\alpha}_3,\boldsymbol{\alpha}_3+\boldsymbol{\alpha}_1|$.

(C) $|\boldsymbol{\alpha}_1+2\boldsymbol{\alpha}_2,\boldsymbol{\alpha}_3,\boldsymbol{\alpha}_1+\boldsymbol{\alpha}_2|$.

(D) $|\boldsymbol{\alpha}_1,\boldsymbol{\alpha}_2+\boldsymbol{\alpha}_3,\boldsymbol{\alpha}_1+\boldsymbol{\alpha}_2|$.

答题区

纠错笔记

345 设 $\boldsymbol{A},\boldsymbol{B}$ 均为 n 阶矩阵,则必有

(A) $|\boldsymbol{A}+\boldsymbol{B}|=|\boldsymbol{A}|+|\boldsymbol{B}|$.

(B) $||\boldsymbol{A}|\boldsymbol{B}|=|\boldsymbol{A}|\cdot|\boldsymbol{B}|$.

(C) $|\boldsymbol{A}^*|=|\boldsymbol{A}|$.

(D) $|\boldsymbol{A}^{\mathrm{T}}|=|\boldsymbol{A}|$.

答题区

纠错笔记

346 已知 $\boldsymbol{A}$ 是三阶矩阵，且 $|\boldsymbol{A}|=-2$，则 $\left|\frac{1}{3}\boldsymbol{A}^*\right|=$

(A) $\frac{8}{27}$.　　(B) $\frac{4}{27}$.　　(C) $\frac{2}{3}$.　　(D) $\frac{4}{3}$.

答题区

纠错笔记

矩阵

A 组

347 已知 $\boldsymbol{\alpha},\boldsymbol{\beta}$ 是 n 维列向量，正确的结论是

(A) $\boldsymbol{\alpha\beta}^{\mathrm{T}}=\boldsymbol{\beta\alpha}^{\mathrm{T}}$.　　(B) $\boldsymbol{\alpha}^{\mathrm{T}}\boldsymbol{\beta}=\boldsymbol{\beta}^{\mathrm{T}}\boldsymbol{\alpha}$.

(C) $\boldsymbol{\alpha\beta}^{\mathrm{T}}=\boldsymbol{\alpha}^{\mathrm{T}}\boldsymbol{\beta}$.　　(D) $\boldsymbol{\alpha}^{\mathrm{T}}\boldsymbol{\beta\alpha}^{\mathrm{T}}=\boldsymbol{\beta}^{\mathrm{T}}\boldsymbol{\alpha\beta}^{\mathrm{T}}$.

答题区

纠错笔记

348 设 $\boldsymbol{A}$ 是 n 阶矩阵，$\boldsymbol{A}^{\mathrm{T}}$ 是 $\boldsymbol{A}$ 的转置矩阵，$\boldsymbol{A}^*$ 是 $\boldsymbol{A}$ 的伴随矩阵，$\boldsymbol{E}$ 是 n 阶单位矩阵，$\boldsymbol{\Lambda}_1$，$\boldsymbol{\Lambda}_2$ 都是 n 阶对角矩阵，在下列运算中：

$\boldsymbol{AA}^*=\boldsymbol{A}^*\boldsymbol{A}$，　$\boldsymbol{\Lambda}_1\boldsymbol{\Lambda}_2=\boldsymbol{\Lambda}_2\boldsymbol{\Lambda}_1$，　$\boldsymbol{A}^m\boldsymbol{A}^t=\boldsymbol{A}^t\boldsymbol{A}^m$，

$\boldsymbol{AA}^{\mathrm{T}}=\boldsymbol{A}^{\mathrm{T}}\boldsymbol{A}$，　$\boldsymbol{A\Lambda}_1=\boldsymbol{\Lambda}_1\boldsymbol{A}$，　$(\boldsymbol{A}+\boldsymbol{E})(\boldsymbol{A}-\boldsymbol{E})=(\boldsymbol{A}-\boldsymbol{E})(\boldsymbol{A}+\boldsymbol{E})$

交换律肯定成立的共有

(A) 2 个.　　(B) 3 个.　　(C) 4 个.　　(D) 5 个.

答题区

纠错笔记

349 设 $\boldsymbol{A},\boldsymbol{B}$ 均为 n 阶可逆矩阵,正确的是

(A) $(\boldsymbol{A}+\boldsymbol{B})(\boldsymbol{A}-\boldsymbol{B})=\boldsymbol{A}^2-\boldsymbol{B}^2$.

(B) $(\boldsymbol{A}+\boldsymbol{B})^{-1}=\boldsymbol{A}^{-1}+\boldsymbol{B}^{-1}$.

(C) $(\boldsymbol{A}+\boldsymbol{B})^2=\boldsymbol{A}^2+2\boldsymbol{AB}+\boldsymbol{B}^2$.

(D) $(\boldsymbol{AB})^*=\boldsymbol{B}^*\boldsymbol{A}^*$.

答题区

纠错笔记

350 $\boldsymbol{A}$ 是 n 阶矩阵,下列命题中正确的是

(A) 如果 $\boldsymbol{A}^2=\boldsymbol{E}$,则必有 $\boldsymbol{A}=\boldsymbol{E}$ 或 $\boldsymbol{A}=-\boldsymbol{E}$.

(B) 如果 $\boldsymbol{A}^2=\boldsymbol{O}$,则必有 $\boldsymbol{A}=\boldsymbol{O}$.

(C) 如果 $\boldsymbol{A}^2=\boldsymbol{A}$ 且 $\boldsymbol{A}\neq\boldsymbol{O}$,则 $\boldsymbol{A}=\boldsymbol{E}$.

(D) 如果 $\boldsymbol{A}^{\mathrm{T}}\boldsymbol{A}=\boldsymbol{O}$,则 $\boldsymbol{A}=\boldsymbol{O}$.

答题区

纠错笔记

351 下列命题中,

(1) 如果矩阵 $\boldsymbol{AB}=\boldsymbol{E}$,则 $\boldsymbol{A}$ 可逆且 $\boldsymbol{A}^{-1}=\boldsymbol{B}$;

(2) 如果 n 阶矩阵 $\boldsymbol{A},\boldsymbol{B}$ 满足 $(\boldsymbol{AB})^2=\boldsymbol{E}$,则 $(\boldsymbol{BA})^2=\boldsymbol{E}$;

(3) 如果矩阵 $\boldsymbol{A},\boldsymbol{B}$ 均 n 阶不可逆,则 $\boldsymbol{A}+\boldsymbol{B}$ 必不可逆;

(4) 如果矩阵 $\boldsymbol{A},\boldsymbol{B}$ 均 n 阶不可逆,则 $\boldsymbol{AB}$ 必不可逆.

正确的是

(A)(1)(2). (B)(1)(4). (C)(2)(3). (D)(2)(4).

答题区

纠错笔记

352 已知 $\boldsymbol{A},\boldsymbol{B}$ 均是 n 阶可逆矩阵，则错误的是

(A) $\begin{bmatrix}\boldsymbol{A} & \boldsymbol{O}\\ \boldsymbol{O} & \boldsymbol{B}\end{bmatrix}^{-1}=\begin{bmatrix}\boldsymbol{A}^{-1} & \boldsymbol{O}\\ \boldsymbol{O} & \boldsymbol{B}^{-1}\end{bmatrix}$.　(B) $\begin{bmatrix}\boldsymbol{O} & \boldsymbol{A}\\ \boldsymbol{B} & \boldsymbol{O}\end{bmatrix}^{-1}=\begin{bmatrix}\boldsymbol{O} & \boldsymbol{B}^{-1}\\ \boldsymbol{A}^{-1} & \boldsymbol{O}\end{bmatrix}$.

(C) $\begin{bmatrix}\boldsymbol{A} & \boldsymbol{O}\\ \boldsymbol{O} & \boldsymbol{B}\end{bmatrix}^{n}=\begin{bmatrix}\boldsymbol{A}^{n} & \boldsymbol{O}\\ \boldsymbol{O} & \boldsymbol{B}^{n}\end{bmatrix}$.　(D) $\begin{bmatrix}\boldsymbol{O} & \boldsymbol{A}\\ \boldsymbol{B} & \boldsymbol{O}\end{bmatrix}^{n}=\begin{bmatrix}\boldsymbol{O} & \boldsymbol{A}^{n}\\ \boldsymbol{B}^{n} & \boldsymbol{O}\end{bmatrix}$.

答题区

纠错笔记

353 已知 $\boldsymbol{A}$ 是任意一个 n 阶矩阵，则

①$\boldsymbol{A}+\boldsymbol{A}^{\mathrm{T}}$；②$\boldsymbol{A}-\boldsymbol{A}^{\mathrm{T}}$；③$\boldsymbol{A}\boldsymbol{A}^{\mathrm{T}}$；④$\boldsymbol{A}\boldsymbol{A}^{*}$；⑤$\boldsymbol{A}^{\mathrm{T}}\boldsymbol{A}$.

上述矩阵中，对称矩阵一共有

(A)2 个.　(B)3 个.　(C)4 个.　(D)5 个.

答题区

纠错笔记

354 下列矩阵中，行最简矩阵是

(A) $\begin{bmatrix}1&0&1&0\\0&0&0&0\\0&1&2&0\\0&0&0&1\end{bmatrix}$.　(B) $\begin{bmatrix}1&0&0&2\\0&1&3&0\\0&0&0&1\\0&0&0&0\end{bmatrix}$.　(C) $\begin{bmatrix}1&0&0&2\\0&1&3&0\\0&0&0&0\end{bmatrix}$.　(D) $\begin{bmatrix}1&0&0&0\\0&2&1&0\\0&0&0&1\end{bmatrix}$.

答题区

纠错笔记

355 下列矩阵中,初等矩阵是

(A) $\begin{bmatrix}1&0&0\\0&0&2\\0&1&0\end{bmatrix}$.　(B) $\begin{bmatrix}0&1&0\\0&0&1\\1&0&0\end{bmatrix}$.　(C) $\begin{bmatrix}1&0&0\\0&2&0\\0&0&-1\end{bmatrix}$.　(D) $\begin{bmatrix}1&0&\sqrt{2}\\0&1&0\\0&0&1\end{bmatrix}$.

答题区

纠错笔记

356 已知 $\boldsymbol{A}=\begin{bmatrix}1&2&3\\4&5&6\\7&8&9\end{bmatrix}$, $\boldsymbol{P}_1=\begin{bmatrix}1&0&0\\0&1&0\\0&-1&1\end{bmatrix}$, $\boldsymbol{P}_2=\begin{bmatrix}1&0&0\\0&1&-1\\0&0&1\end{bmatrix}$,则 $\boldsymbol{P}_2\boldsymbol{A}\boldsymbol{P}_1=$

(A) $\begin{bmatrix}1&2&1\\4&5&1\\3&3&0\end{bmatrix}$.　(B) $\begin{bmatrix}1&2&3\\1&2&3\\3&3&3\end{bmatrix}$.　(C) $\begin{bmatrix}1&-1&3\\-3&0&-3\\7&-1&9\end{bmatrix}$.　(D) $\begin{bmatrix}1&1&1\\4&4&1\\7&7&1\end{bmatrix}$.

答题区

纠错笔记

357 已知 $\boldsymbol{A}$ 是三阶矩阵,将 $\boldsymbol{A}$ 的 1,2 两行互换得到矩阵 $\boldsymbol{B}$,再将 $\boldsymbol{B}$ 第三列的 -2 倍加到第一列得到单位矩阵,则 $\boldsymbol{A}=$

(A) $\begin{bmatrix}0&1&0\\1&0&0\\2&0&1\end{bmatrix}$.　(B) $\begin{bmatrix}0&1&0\\1&0&0\\-2&0&1\end{bmatrix}$.　(C) $\begin{bmatrix}0&1&0\\1&0&0\\0&2&1\end{bmatrix}$.　(D) $\begin{bmatrix}0&1&0\\1&0&0\\0&-2&1\end{bmatrix}$.

答题区

纠错笔记

358 设 $A=\begin{bmatrix}1&0&1\\-1&-2&2\\0&2&a\end{bmatrix}$ 与 $B=\begin{bmatrix}1&0&1\\2&-1&0\\4&-1&2\end{bmatrix}$ 等价，则 $a=$

(A) -3.　(B) 3.　(C) 0.　(D) -1.

答题区

纠错笔记

359 若矩阵 A 的秩为 r，则下列命题中，正确的是

① A 中所有 r 阶子式均不为 0.　② A 中存在 r 阶子式不为 0.

③ A 中所有 $r-1$ 阶子式均不为 0.　④ A 中所有 $r+1$ 阶子式全为 0.

(A)①④.　(B)②③.

(C)①③.　(D)②④.

答题区

纠错笔记

360 已知 a 是任意常数，下列矩阵中秩有可能不等于 3 的是

(A) $\begin{bmatrix}1&0&1&0\\0&1&a&0\\0&0&1&a-1\end{bmatrix}$.　(B) $\begin{bmatrix}1&0&1&0\\0&1&a&0\\0&0&a&a+1\end{bmatrix}$.

(C) $\begin{bmatrix}1&0&1&0\\0&1&a&0\\0&0&0&a\\0&0&0&a+1\end{bmatrix}$.　(D) $\begin{bmatrix}1&0&1&0\\0&1&a&0\\0&0&0&a+1\\0&0&0&2a+2\end{bmatrix}$.

答题区

纠错笔记

361 设 $\boldsymbol{A},\boldsymbol{B}$ 都是四阶非零矩阵，且 $\boldsymbol{AB}=\boldsymbol{O}$，则必有

(A) 若 $r(\boldsymbol{A})=1$，则 $r(\boldsymbol{B})=3$.　　(B) 若 $r(\boldsymbol{A})=2$，则 $r(\boldsymbol{B})=2$.

(C) 若 $r(\boldsymbol{A})=3$，则 $r(\boldsymbol{B})=1$.　　(D) 若 $r(\boldsymbol{A})=4$，则 $r(\boldsymbol{B})=1$.

答题区

纠错笔记

362 已知 $\boldsymbol{A},\boldsymbol{B},\boldsymbol{A}^*$ 均为 3 阶非零矩阵，且满足 $\boldsymbol{AB}=\boldsymbol{O}$，则 $r(\boldsymbol{B})=$

(A)1.　　(B)2.　　(C)3.　　(D)1 或 2.

答题区

纠错笔记

363 已知 $\boldsymbol{A}=\begin{bmatrix}1&1&1&1\\0&1&-1&a\\2&3&a&4\\3&5&1&9\end{bmatrix}$，$\boldsymbol{A}^*$ 是 $\boldsymbol{A}$ 的伴随矩阵，若 $r(\boldsymbol{A}^*)=1$，则 $a=$

(A)3.　　(B)2.　　(C)1.　　(D)1 或 3.

答题区

纠错笔记

B 组

364 设 $\boldsymbol{A},\boldsymbol{B}$ 均 n 阶矩阵，且 $\boldsymbol{AB}=\boldsymbol{A}+\boldsymbol{B}$，则

(1) 若 $\boldsymbol{A}$ 可逆，则 $\boldsymbol{B}$ 可逆，　　(2) 若 $\boldsymbol{B}$ 可逆，则 $\boldsymbol{A}+\boldsymbol{B}$ 可逆，

(3) 若 $\boldsymbol{B}$ 可逆，则 $\boldsymbol{A}$ 可逆，　　(4) $\boldsymbol{A}-\boldsymbol{E}$ 恒可逆.

上述命题中，正确的命题共有

(A)1 个.　　(B)2 个.　　(C)3 个.　　(D)4 个.

答题区

纠错笔记

365 (2018，数农) 矩阵 $\begin{bmatrix}0&0&a\\0&b&0\\c&0&0\end{bmatrix}$ 的伴随矩阵为

(A) $\begin{bmatrix}0&0&-bc\\0&-ac&0\\-ab&0&0\end{bmatrix}$.　　(B) $\begin{bmatrix}0&0&-ab\\0&-ac&0\\-bc&0&0\end{bmatrix}$.

(C) $\begin{bmatrix}0&0&-bc\\0&ac&0\\-ab&0&0\end{bmatrix}$.　　(D) $\begin{bmatrix}0&0&-ab\\0&ac&0\\-bc&0&0\end{bmatrix}$.

答题区

纠错笔记

366 已知 $\boldsymbol{A}^{-1}=\begin{bmatrix}1&-1&1\\0&2&-1\\1&0&2\end{bmatrix}$,则 $|\boldsymbol{A}|$ 的代数余子式 $A_{11}+A_{12}+A_{13}=$

(A) $\frac{1}{3}$.　　(B) $\frac{2}{3}$.　　(C)1.　　(D)2.

答题区

纠错笔记

367 已知 $\boldsymbol{XA}+2\boldsymbol{E}=\boldsymbol{X}+\boldsymbol{B}$,其中 $\boldsymbol{A}=\begin{bmatrix}1&2\\1&1\end{bmatrix}$,$\boldsymbol{B}=\begin{bmatrix}2&2\\1&-1\end{bmatrix}$,则 $\boldsymbol{X}=$

(A) $\begin{bmatrix}1&-3\\0&1\end{bmatrix}$.　　(B) $\begin{bmatrix}-1&3\\0&-1\end{bmatrix}$.　　(C) $\begin{bmatrix}1&0\\-\frac{3}{2}&1\end{bmatrix}$.　　(D) $\begin{bmatrix}2&0\\-3&\frac{1}{2}\end{bmatrix}$.

答题区

纠错笔记

368 设 $\boldsymbol{A}=\begin{bmatrix}a_{11}&a_{12}&a_{13}\\a_{21}&a_{22}&a_{23}\\a_{31}&a_{32}&a_{33}\end{bmatrix}$,$\boldsymbol{B}=\begin{bmatrix}a_{21}&a_{22}&a_{23}\\a_{11}&a_{12}&a_{13}\\a_{31}+2a_{11}&a_{32}+2a_{12}&a_{33}+2a_{13}\end{bmatrix}$,

$$\boldsymbol{P}_1=\begin{bmatrix}1&0&0\\0&1&0\\2&0&1\end{bmatrix},\boldsymbol{P}_2=\begin{bmatrix}1&0&0\\0&1&0\\0&2&1\end{bmatrix},\boldsymbol{P}_3=\begin{bmatrix}0&1&0\\1&0&0\\0&0&1\end{bmatrix},$$

则 $\boldsymbol{B}=$

(A) $\boldsymbol{P}_1\boldsymbol{P}_3\boldsymbol{A}$.　　(B) $\boldsymbol{P}_2\boldsymbol{P}_3\boldsymbol{A}$.　　(C) $\boldsymbol{AP}_3\boldsymbol{P}_2$.　　(D) $\boldsymbol{AP}_1\boldsymbol{P}_3$.

答题区

纠错笔记

369　设 $\boldsymbol{A}$ 为三阶可逆矩阵，将 $\boldsymbol{A}$ 的第 1 行乘以 -2 得到矩阵 $\boldsymbol{B}$，则

(A)$\boldsymbol{A}^{-1}$ 的第 1 行乘以 -2 得到矩阵 $\boldsymbol{B}^{-1}$.

(B)$\boldsymbol{A}^{-1}$ 的第 1 列乘以 $-\dfrac{1}{2}$ 得到矩阵 $\boldsymbol{B}^{-1}$.

(C)$\boldsymbol{A}^{-1}$ 的第 1 行乘以 2 得到矩阵 $\boldsymbol{B}^{-1}$.

(D)$\boldsymbol{A}^{-1}$ 的第 1 列乘以 $\dfrac{1}{2}$ 得到矩阵 $\boldsymbol{B}^{-1}$.

答题区

纠错笔记

370　设分块矩阵 $\boldsymbol{A}=\begin{bmatrix}\boldsymbol{A}_1 & \boldsymbol{A}_2\\ \boldsymbol{A}_3 & \boldsymbol{A}_4\end{bmatrix}$，$\boldsymbol{P}=\begin{bmatrix}\boldsymbol{E} & \boldsymbol{O}\\ \boldsymbol{C} & \boldsymbol{E}\end{bmatrix}$，其中 $\boldsymbol{A}_1,\boldsymbol{A}_2,\boldsymbol{A}_3,\boldsymbol{A}_4,\boldsymbol{C}$ 均为 n 阶矩阵，$\boldsymbol{E}$ 为 n 阶单位矩阵，则 $\begin{bmatrix}\boldsymbol{A}_1 & \boldsymbol{A}_2\\ -\boldsymbol{C}\boldsymbol{A}_1+\boldsymbol{A}_3 & -\boldsymbol{C}\boldsymbol{A}_2+\boldsymbol{A}_4\end{bmatrix}=$

(A)$\boldsymbol{PA}$.　　(B)$\boldsymbol{AP}$.　　(C)$\boldsymbol{P}^{-1}\boldsymbol{A}$.　　(D)$\boldsymbol{AP}^{-1}$.

答题区

纠错笔记

371　设 3 阶矩阵 $\boldsymbol{A}=(\boldsymbol{\alpha}_1,\boldsymbol{\alpha}_2,\boldsymbol{\alpha}_3)$，若 $\boldsymbol{\alpha}_1=\boldsymbol{\alpha}_2+\boldsymbol{\alpha}_3$ 且 $\boldsymbol{A}^*\neq\boldsymbol{O}$，则 $r(\boldsymbol{A})=$

(A)0.　　(B)1.　　(C)2.　　(D)3.

答题区

纠错笔记

372 设 $\boldsymbol{A}$ 是 5×4 矩阵，且 $\boldsymbol{A}$ 的列向量线性无关，$\boldsymbol{B}$ 是 4 阶矩阵，满足 $2\boldsymbol{AB}=\boldsymbol{A}$，$\boldsymbol{B}^*$ 是 $\boldsymbol{B}$ 的伴随矩阵，则 $r(\boldsymbol{B}^*)=$

(A)1.　　(B)2.　　(C)3.　　(D)4.

答题区

纠错笔记

向量

A 组

373 设向量组 $\boldsymbol{\alpha}_1,\boldsymbol{\alpha}_2,\cdots,\boldsymbol{\alpha}_s$ 线性相关，则必有

(A)$\boldsymbol{\alpha}_1,\boldsymbol{\alpha}_2,\cdots,\boldsymbol{\alpha}_s$ 中至少有一个向量为零向量.

(B)$\boldsymbol{\alpha}_1,\boldsymbol{\alpha}_2,\cdots,\boldsymbol{\alpha}_s$ 中至少有两个向量成比例.

(C)$\boldsymbol{\alpha}_1,\boldsymbol{\alpha}_2,\cdots,\boldsymbol{\alpha}_s$ 中至少有一个向量可由其余向量线性表出.

(D)$\boldsymbol{\alpha}_1,\boldsymbol{\alpha}_2,\cdots,\boldsymbol{\alpha}_s$ 中每一个向量都可由其余向量线性表出.

答题区

纠错笔记

374 已知向量组 $\boldsymbol{\alpha}_1=(1,1,t)^{\mathrm{T}}$，$\boldsymbol{\alpha}_2=(1,t,1)^{\mathrm{T}}$，$\boldsymbol{\alpha}_3=(t,1,1)^{\mathrm{T}}$ 线性相关，而 $\boldsymbol{\beta}_1=(1,3,2)^{\mathrm{T}}$，$\boldsymbol{\beta}_2=(2,7,t+4)^{\mathrm{T}}$，$\boldsymbol{\beta}_3=(0,t+2,3)^{\mathrm{T}}$ 线性无关，则

(A)$t\neq-3$.　　(B)$t=1$.　　(C)$t=-2$.　　(D)$t=-3$.

答题区

纠错笔记

375 设 n 阶矩阵 $\boldsymbol{A}$，则 $|\boldsymbol{A}|=0$ 的充分必要条件是

(A)$\boldsymbol{A}$ 的列向量线性相关.

(B)$\boldsymbol{A}$ 的列向量线性无关.

(C)$\boldsymbol{A}$ 中每一个列向量都可由其他列向量线性表示.

(D)$\boldsymbol{A}$ 中一定有 2 个列向量坐标成比例.

答题区

纠错笔记

376 向量组 $\boldsymbol{\alpha}_1,\boldsymbol{\alpha}_2,\cdots,\boldsymbol{\alpha}_s$ 线性无关的充分必要条件是

(A)$\boldsymbol{\alpha}_1,\boldsymbol{\alpha}_2,\cdots,\boldsymbol{\alpha}_s$ 均不是零向量.

(B)$\boldsymbol{\alpha}_1,\boldsymbol{\alpha}_2,\cdots,\boldsymbol{\alpha}_s$ 中任意 $s-1$ 个向量都线性无关.

(C) 向量组 $\boldsymbol{\alpha}_1,\boldsymbol{\alpha}_2,\cdots,\boldsymbol{\alpha}_s,\boldsymbol{\alpha}_{s+1}$ 线性无关.

(D)$\boldsymbol{\alpha}_1,\boldsymbol{\alpha}_2,\cdots,\boldsymbol{\alpha}_s$ 中每一个向量都不能由其余 $s-1$ 个向量线性表出.

答题区

纠错笔记

377 设向量组(Ⅰ)：$\boldsymbol{\alpha}_1,\boldsymbol{\alpha}_2,\cdots,\boldsymbol{\alpha}_s$；向量组(Ⅱ)：$\boldsymbol{\alpha}_1,\boldsymbol{\alpha}_2,\cdots,\boldsymbol{\alpha}_s,\boldsymbol{\alpha}_{s+1},\cdots,\boldsymbol{\alpha}_{s+t}$，则正确命题是

(A)(Ⅰ) 无关 $\Rightarrow$(Ⅱ) 无关.

(B)(Ⅰ) 无关 $\Rightarrow$(Ⅱ) 相关.

(C)(Ⅱ) 相关 $\Rightarrow$(Ⅰ) 相关.

(D)(Ⅱ) 无关 $\Rightarrow$(Ⅰ) 无关.

答题区

纠错笔记

378 已知四维列向量组 $\boldsymbol{\alpha}_1,\boldsymbol{\alpha}_2,\boldsymbol{\alpha}_3,\boldsymbol{\alpha}_4$ 线性无关,则下列向量组中线性无关的是

(A)$\boldsymbol{\alpha}_1+\boldsymbol{\alpha}_2,\boldsymbol{\alpha}_2+\boldsymbol{\alpha}_3,\boldsymbol{\alpha}_3+\boldsymbol{\alpha}_4,\boldsymbol{\alpha}_4+\boldsymbol{\alpha}_1$.　　(B)$\boldsymbol{\alpha}_1-\boldsymbol{\alpha}_2,\boldsymbol{\alpha}_2-\boldsymbol{\alpha}_3,\boldsymbol{\alpha}_3-\boldsymbol{\alpha}_4,\boldsymbol{\alpha}_4-\boldsymbol{\alpha}_1$.

(C)$\boldsymbol{\alpha}_1+\boldsymbol{\alpha}_2,\boldsymbol{\alpha}_2-\boldsymbol{\alpha}_3,\boldsymbol{\alpha}_3-\boldsymbol{\alpha}_4,\boldsymbol{\alpha}_4+\boldsymbol{\alpha}_1$.　　(D)$\boldsymbol{\alpha}_1+\boldsymbol{\alpha}_2,\boldsymbol{\alpha}_2-\boldsymbol{\alpha}_3,\boldsymbol{\alpha}_3-\boldsymbol{\alpha}_4,\boldsymbol{\alpha}_4-\boldsymbol{\alpha}_1$.

答题区

纠错笔记

379 已知 n 维向量 $\boldsymbol{\alpha}_1,\boldsymbol{\alpha}_2,\boldsymbol{\alpha}_3$ 线性无关,则下列向量组中线性无关的是

(A)$\boldsymbol{\alpha}_1+\boldsymbol{\alpha}_2,\boldsymbol{\alpha}_2+\boldsymbol{\alpha}_3,\boldsymbol{\alpha}_3+\boldsymbol{\alpha}_1$.　　(B)$\boldsymbol{\alpha}_1-\boldsymbol{\alpha}_2,\boldsymbol{\alpha}_2-\boldsymbol{\alpha}_3,\boldsymbol{\alpha}_3-\boldsymbol{\alpha}_1$.

(C)$\boldsymbol{\alpha}_1+\boldsymbol{\alpha}_2,\boldsymbol{\alpha}_2-\boldsymbol{\alpha}_3,\boldsymbol{\alpha}_3+\boldsymbol{\alpha}_1$.　　(D)$\boldsymbol{\alpha}_1+\boldsymbol{\alpha}_2,\boldsymbol{\alpha}_2+\boldsymbol{\alpha}_3,\boldsymbol{\alpha}_1+2\boldsymbol{\alpha}_2+\boldsymbol{\alpha}_3$.

答题区

纠错笔记

380 设 $\boldsymbol{\alpha}_1=(1,0,0)^{\mathrm{T}},\boldsymbol{\alpha}_2=(0,0,5)^{\mathrm{T}}$,$\boldsymbol{\beta}$ 为 $\boldsymbol{\alpha}_1,\boldsymbol{\alpha}_2$ 的线性组合,则 $\boldsymbol{\beta}$ 可能是

(A)$(0,1,0)^{\mathrm{T}}$.　　(B)$(1,3,5)^{\mathrm{T}}$.　　(C)$(5,0,1)^{\mathrm{T}}$.　　(D)$(0,1,5)^{\mathrm{T}}$.

答题区

纠错笔记

381　若向量组 $\boldsymbol{\alpha}_1,\boldsymbol{\alpha}_2,\boldsymbol{\alpha}_3$ 线性无关，$\boldsymbol{\alpha}_1,\boldsymbol{\alpha}_2,\boldsymbol{\alpha}_4$ 线性相关，则

(A) $\boldsymbol{\alpha}_1$ 必可由 $\boldsymbol{\alpha}_2,\boldsymbol{\alpha}_3,\boldsymbol{\alpha}_4$ 线性表示.　(B) $\boldsymbol{\alpha}_2$ 必可由 $\boldsymbol{\alpha}_1,\boldsymbol{\alpha}_3,\boldsymbol{\alpha}_4$ 线性表示.

(C) $\boldsymbol{\alpha}_3$ 必可由 $\boldsymbol{\alpha}_1,\boldsymbol{\alpha}_2,\boldsymbol{\alpha}_4$ 线性表示.　(D) $\boldsymbol{\alpha}_4$ 必可由 $\boldsymbol{\alpha}_1,\boldsymbol{\alpha}_2,\boldsymbol{\alpha}_3$ 线性表示.

答题区

纠错笔记

382　(2021，数农) 若向量组 $\boldsymbol{\alpha}_1,\boldsymbol{\alpha}_2,\cdots,\boldsymbol{\alpha}_s$ 可由向量组 $\boldsymbol{\beta}_1,\boldsymbol{\beta}_2,\cdots,\boldsymbol{\beta}_s$ 线性表出，则 $\boldsymbol{\alpha}_1,\boldsymbol{\alpha}_2,\cdots,\boldsymbol{\alpha}_s$ 线性无关是 $\boldsymbol{\beta}_1,\boldsymbol{\beta}_2,\cdots,\boldsymbol{\beta}_s$ 线性无关的

(A) 充分必要条件.　(B) 充分不必要条件.

(C) 必要不充分条件.　(D) 既不充分也不必要条件.

答题区

纠错笔记

383　如果向量组 $\boldsymbol{\alpha}_1,\boldsymbol{\alpha}_2,\cdots,\boldsymbol{\alpha}_s$ 的秩为 r，则下列命题中正确的是

(A) 向量组中任意 $r-1$ 个向量都线性无关.

(B) 向量组中任意 r 个向量都线性无关.

(C) 向量组中任意 $r-1$ 个向量都线性相关.

(D) 向量组中任意 $r+1$ 个向量都线性相关.

答题区

纠错笔记

384 向量组 $\boldsymbol{\alpha}_1=(1,3,5,-1)^T,\boldsymbol{\alpha}_2=(2,-1,-3,4)^T,\boldsymbol{\alpha}_3=(6,4,4,6)^T$, $\boldsymbol{\alpha}_4=(7,7,9,1)^T,\boldsymbol{\alpha}_5=(3,2,2,3)^T$ 的极大线性无关组是

(A) $\boldsymbol{\alpha}_1,\boldsymbol{\alpha}_2,\boldsymbol{\alpha}_5$.　(B) $\boldsymbol{\alpha}_1,\boldsymbol{\alpha}_3,\boldsymbol{\alpha}_5$.　(C) $\boldsymbol{\alpha}_2,\boldsymbol{\alpha}_3,\boldsymbol{\alpha}_4$.　(D) $\boldsymbol{\alpha}_3,\boldsymbol{\alpha}_4,\boldsymbol{\alpha}_5$.

答题区

纠错笔记

B 组

385 现有四个向量组

①$(1,2,3)^T,(3,-1,5)^T,(0,4,-2)^T,(1,3,0)^T$

②$(a,1,b,0,0)^T,(c,0,d,2,0)^T,(e,0,f,0,3)^T$

③$(a,1,2,3)^T,(b,1,2,3)^T,(c,3,4,5)^T,(d,0,0,0)^T$

④$(1,0,3,1)^T,(-1,3,0,-2)^T,(2,1,7,2)^T,(4,2,14,5)^T$

则下列结论正确的是

(A) 线性相关的向量组为 ①④;线性无关的向量组为 ②③.

(B) 线性相关的向量组为 ③④;线性无关的向量组为 ①②.

(C) 线性相关的向量组为 ①②;线性无关的向量组为 ③④.

(D) 线性相关的向量组为 ①③④;线性无关的向量组为 ②.

答题区

纠错笔记

386 (2012，数一、二、三) 设 $\boldsymbol{\alpha}_1=\begin{bmatrix}0\\0\\c_1\end{bmatrix}$，$\boldsymbol{\alpha}_2=\begin{bmatrix}0\\1\\c_2\end{bmatrix}$，$\boldsymbol{\alpha}_3=\begin{bmatrix}1\\-1\\c_3\end{bmatrix}$，$\boldsymbol{\alpha}_4=\begin{bmatrix}-1\\1\\c_4\end{bmatrix}$，其中 c_1,c_2,c_3,c_4 为任意常数，则下列向量组线性相关的是

(A) $\boldsymbol{\alpha}_1,\boldsymbol{\alpha}_2,\boldsymbol{\alpha}_3$.　(B) $\boldsymbol{\alpha}_1,\boldsymbol{\alpha}_2,\boldsymbol{\alpha}_4$.　(C) $\boldsymbol{\alpha}_1,\boldsymbol{\alpha}_3,\boldsymbol{\alpha}_4$.　(D) $\boldsymbol{\alpha}_2,\boldsymbol{\alpha}_3,\boldsymbol{\alpha}_4$.

答题区

纠错笔记

387 设向量组(Ⅰ)：$\boldsymbol{\alpha}_1=(a_{11},a_{12},a_{13})$，$\boldsymbol{\alpha}_2=(a_{21},a_{22},a_{23})$，$\boldsymbol{\alpha}_3=(a_{31},a_{32},a_{33})$；向量组(Ⅱ)：$\boldsymbol{\beta}_1=(a_{11},a_{12},a_{13},a_{14})$，$\boldsymbol{\beta}_2=(a_{21},a_{22},a_{23},a_{24})$，$\boldsymbol{\beta}_3=(a_{31},a_{32},a_{33},a_{34})$，则正确的命题是

(A)(Ⅰ)相关 ⇒(Ⅱ)相关.　(B)(Ⅰ)无关 ⇒(Ⅱ)无关.

(C)(Ⅱ)无关 ⇒(Ⅰ)无关.　(D)(Ⅱ)相关 ⇒(Ⅰ)无关.

答题区

纠错笔记

388 设 $\boldsymbol{A}=[\boldsymbol{\alpha}_1,\boldsymbol{\alpha}_2,\cdots,\boldsymbol{\alpha}_n]$，$\boldsymbol{B}=[\boldsymbol{\beta}_1,\boldsymbol{\beta}_2,\cdots,\boldsymbol{\beta}_n]$，$\boldsymbol{AB}=[\boldsymbol{\gamma}_1,\boldsymbol{\gamma}_2,\cdots,\boldsymbol{\gamma}_n]$ 都是 n 阶矩阵，记向量组(Ⅰ)$\boldsymbol{\alpha}_1,\boldsymbol{\alpha}_2,\cdots,\boldsymbol{\alpha}_n$；(Ⅱ)$\boldsymbol{\beta}_1,\boldsymbol{\beta}_2,\cdots,\boldsymbol{\beta}_n$；(Ⅲ)$\boldsymbol{\gamma}_1,\boldsymbol{\gamma}_2,\cdots,\boldsymbol{\gamma}_n$. 若向量组(Ⅲ)线性相关，则

(A)(Ⅰ)、(Ⅱ)均线性相关.　(B)(Ⅰ)或(Ⅱ)中至少有一个线性相关.

(C)(Ⅰ)一定线性相关.　(D)(Ⅱ)一定线性相关.

答题区

纠错笔记

389 已知 $\boldsymbol{\beta}_1=(4,-2,a)^{\mathrm{T}}$，$\boldsymbol{\beta}_2=(7,b,4)^{\mathrm{T}}$ 可由 $\boldsymbol{\alpha}_1=(1,2,3)^{\mathrm{T}}$，$\boldsymbol{\alpha}_2=(-2,1,-1)^{\mathrm{T}}$ 线性表示，则

(A)$a=2,b=-3$.　　(B)$a=-2,b=3$.

(C)$a=2,b=3$.　　(D)$a=-2,b=-3$.

答题区

纠错笔记

390 设向量组 $\boldsymbol{\alpha}_1,\boldsymbol{\alpha}_2,\boldsymbol{\alpha}_3$ 线性无关，向量 $\boldsymbol{\beta}_1$ 可由 $\boldsymbol{\alpha}_1,\boldsymbol{\alpha}_2,\boldsymbol{\alpha}_3$ 线性表示，向量 $\boldsymbol{\beta}_2$ 不能由 $\boldsymbol{\alpha}_1,\boldsymbol{\alpha}_2,\boldsymbol{\alpha}_3$ 线性表示，则必有

(A)$\boldsymbol{\alpha}_1,\boldsymbol{\alpha}_2,\boldsymbol{\beta}_1$ 线性无关.　　(B)$\boldsymbol{\alpha}_1,\boldsymbol{\alpha}_2,\boldsymbol{\beta}_2$ 线性无关.

(C)$\boldsymbol{\alpha}_2,\boldsymbol{\alpha}_3,\boldsymbol{\beta}_1,\boldsymbol{\beta}_2$ 线性相关.　　(D)$\boldsymbol{\alpha}_1,\boldsymbol{\alpha}_2,\boldsymbol{\alpha}_3,\boldsymbol{\beta}_1+\boldsymbol{\beta}_2$ 线性相关.

答题区

纠错笔记

391 $a=1$ 是向量组 $\boldsymbol{\alpha}_1=(1,1,a)^{\mathrm{T}}$，$\boldsymbol{\alpha}_2=(1,a,1)^{\mathrm{T}}$，$\boldsymbol{\alpha}_3=(a,1,1)^{\mathrm{T}}$，$\boldsymbol{\alpha}_4=(-2,-2,a+6)^{\mathrm{T}}$ 的秩为 2 的

(A) 充分必要条件.　　(B) 充分而非必要条件.

(C) 必要而非充分条件.　　(D) 既非充分又非必要条件.

答题区

纠错笔记

392 设 $\boldsymbol{A}=(\boldsymbol{\alpha}_1,\boldsymbol{\alpha}_2,\boldsymbol{\alpha}_3)$，$\boldsymbol{B}=(\boldsymbol{\beta}_1,\boldsymbol{\beta}_2,\boldsymbol{\beta}_3)$ 均为3阶矩阵，则下列选项不正确的是

(A) 若向量组 $\boldsymbol{\alpha}_1,\boldsymbol{\alpha}_2,\boldsymbol{\alpha}_3$ 与向量组 $\boldsymbol{\beta}_1,\boldsymbol{\beta}_2,\boldsymbol{\beta}_3$ 等价，则矩阵 $\boldsymbol{A}$ 与矩阵 $\boldsymbol{B}$ 等价.

(B) 若 $r(\boldsymbol{A})=r(\boldsymbol{B})=3$，则向量组 $\boldsymbol{\alpha}_1,\boldsymbol{\alpha}_2,\boldsymbol{\alpha}_3$ 与向量组 $\boldsymbol{\beta}_1,\boldsymbol{\beta}_2,\boldsymbol{\beta}_3$ 等价.

(C) 若 $r(\boldsymbol{A})=r(\boldsymbol{B})=2$，则向量组 $\boldsymbol{\alpha}_1,\boldsymbol{\alpha}_2,\boldsymbol{\alpha}_3$ 与向量组 $\boldsymbol{\beta}_1,\boldsymbol{\beta}_2,\boldsymbol{\beta}_3$ 等价.

(D) 若 $r(\boldsymbol{A},\boldsymbol{B})=r(\boldsymbol{B})$，则向量组 $\boldsymbol{\alpha}_1,\boldsymbol{\alpha}_2,\boldsymbol{\alpha}_3,\boldsymbol{\beta}_1,\boldsymbol{\beta}_2,\boldsymbol{\beta}_3$ 与向量组 $\boldsymbol{\beta}_1,\boldsymbol{\beta}_2,\boldsymbol{\beta}_3$ 等价.

答题区

纠错笔记

线性方程组

A组

393 某五元齐次线性方程组经高斯消元，系数矩阵化为 $\begin{bmatrix}1 & -2 & 2 & 3 & -4\\ & & 1 & 5 & -2\\ & & & 2 & 0\end{bmatrix}$，选取自由变量不能是

(A) x_2,x_5.　　(B) x_1,x_5.　　(C) x_3,x_5.　　(D) x_2,x_3.

答题区

纠错笔记

394 已知 $\boldsymbol{\alpha}_1,\boldsymbol{\alpha}_2$ 是非齐次线性方程组 $\boldsymbol{Ax}=\boldsymbol{b}$ 的两个不同的解，那么

$$\boldsymbol{\alpha}_1-\boldsymbol{\alpha}_2,\quad 3\boldsymbol{\alpha}_1-2\boldsymbol{\alpha}_2,\quad \frac{1}{3}(\boldsymbol{\alpha}_1+2\boldsymbol{\alpha}_2),\quad \frac{1}{2}(\boldsymbol{\alpha}_1+\boldsymbol{\alpha}_2)$$

中，仍是线性方程组 $\boldsymbol{Ax}=\boldsymbol{b}$ 特解的共有

(A) 4个.　　(B) 3个.　　(C) 2个.　　(D) 1个.

答题区

纠错笔记

395 已知 $\boldsymbol{\alpha}_1,\boldsymbol{\alpha}_2,\boldsymbol{\alpha}_3$ 是非齐次线性方程组 $\boldsymbol{Ax}=\boldsymbol{b}$ 的三个不同的解，那么下列向量

$$\boldsymbol{\alpha}_1-\boldsymbol{\alpha}_2,\quad \boldsymbol{\alpha}_1+\boldsymbol{\alpha}_2-2\boldsymbol{\alpha}_3,\quad \frac{2}{3}(\boldsymbol{\alpha}_2-\boldsymbol{\alpha}_1),\quad \boldsymbol{\alpha}_1-3\boldsymbol{\alpha}_2+2\boldsymbol{\alpha}_3$$

中是导出组 $\boldsymbol{Ax}=\boldsymbol{0}$ 解的向量共有

(A)4 个.　　(B)3 个.　　(C)2 个.　　(D)1 个.

答题区

纠错笔记

396 已知齐次线性方程组

$$\begin{cases} x_1+2x_2-2x_3=0 \\ 2x_1-x_2+ax_3=0 \\ 3x_1+x_2-x_3=0 \end{cases}$$

有无穷多解，则 $a=$

(A)0.　　(B)-1.　　(C)1.　　(D)2.

答题区

纠错笔记

397 齐次线性方程组 $\begin{cases} x_1+2x_3-x_4=0 \\ x_1+x_2+x_4=0 \end{cases}$ 的基础解系是

(A)$(-2,2,1,0)^T,(1,2,0,1)^T$.　　(B)$(-1,0,1,1)^T,(2,0,-2,-2)^T$.

(C)$(-2,2,1,0)^T,(2,2,-3,-4)^T$.　　(D)$(1,-2,0,1)^T$.

答题区

纠错笔记

398 已知 $\boldsymbol{\alpha}_1,\boldsymbol{\alpha}_2,\boldsymbol{\alpha}_3$ 是齐次方程组 $\boldsymbol{A}\boldsymbol{x}=\boldsymbol{0}$ 的基础解系，则 $\boldsymbol{A}\boldsymbol{x}=\boldsymbol{0}$ 的基础解系还可以是

(A) 与 $\boldsymbol{\alpha}_1,\boldsymbol{\alpha}_2,\boldsymbol{\alpha}_3$ 等价的向量组. (B) $\boldsymbol{\alpha}_1-\boldsymbol{\alpha}_2,\boldsymbol{\alpha}_2-\boldsymbol{\alpha}_3,\boldsymbol{\alpha}_3-\boldsymbol{\alpha}_1$.

(C) 与 $\boldsymbol{\alpha}_1,\boldsymbol{\alpha}_2,\boldsymbol{\alpha}_3$ 等秩的向量组. (D) $\boldsymbol{\alpha}_1,\boldsymbol{\alpha}_1+\boldsymbol{\alpha}_2,\boldsymbol{\alpha}_1+\boldsymbol{\alpha}_2+\boldsymbol{\alpha}_3$.

答题区

纠错笔记

B 组

399 已知 $\boldsymbol{\alpha}_1=(1,1,-1)^{\mathrm{T}},\boldsymbol{\alpha}_2=(1,2,0)^{\mathrm{T}}$ 是齐次方程组 $\boldsymbol{A}\boldsymbol{x}=\boldsymbol{0}$ 的基础解系，那么下列向量中 $\boldsymbol{A}\boldsymbol{x}=\boldsymbol{0}$ 的解向量是

(A) $(1,-1,3)^{\mathrm{T}}$. (B) $(2,1,-3)^{\mathrm{T}}$. (C) $(2,2,-5)^{\mathrm{T}}$. (D) $(2,-2,6)^{\mathrm{T}}$.

答题区

纠错笔记

400 设 $\boldsymbol{A}$ 是 $m\times n$ 矩阵，$\boldsymbol{A}^{\mathrm{T}}$ 是 $\boldsymbol{A}$ 的转置，若 $\boldsymbol{\eta}_1,\boldsymbol{\eta}_2,\cdots,\boldsymbol{\eta}_t$ 是齐次方程组 $\boldsymbol{A}^{\mathrm{T}}\boldsymbol{x}=\boldsymbol{0}$ 的基础解系，则秩 $r(\boldsymbol{A})=$

(A) t. (B) $n-t$. (C) $m-t$. (D) $n-m$.

答题区

纠错笔记

401 要使 $\boldsymbol{\alpha}_1=(2,1,1)^T$，$\boldsymbol{\alpha}_2=(1,-2,-1)^T$ 都是齐次线性方程组 $\boldsymbol{Ax}=\boldsymbol{0}$ 的解，只要系数矩阵 $\boldsymbol{A}$ 为

(A) $\begin{bmatrix}2 & 1 & 1\\ 1 & -2 & -1\end{bmatrix}$.　　(B) $\begin{bmatrix}1 & 3 & -5\\ -1 & -3 & 5\end{bmatrix}$.

(C) $\begin{bmatrix}1 & -4 & 2\\ 1 & 2 & -1\end{bmatrix}$.　　(D) $\begin{bmatrix}1 & -3 & 1\\ 2 & -6 & 2\end{bmatrix}$.

答题区

纠错笔记

402 设 $\boldsymbol{A}$ 是 $m\times n$ 矩阵，则 $m<n$ 是齐次方程组 $\boldsymbol{A}^T\boldsymbol{Ax}=\boldsymbol{0}$ 有非零解的

(A) 充分非必要条件.　　(B) 必要非充分条件.

(C) 充分必要条件.　　(D) 既不充分也不必要条件.

答题区

纠错笔记

403 设 $\boldsymbol{A}=[\boldsymbol{\alpha}_1,\boldsymbol{\alpha}_2,\boldsymbol{\alpha}_3,\boldsymbol{\alpha}_4]$ 是四阶矩阵，$\boldsymbol{\eta}_1=(1,-2,3,1)^T$ 和 $\boldsymbol{\eta}_2=(0,1,0,-2)^T$ 是 $\boldsymbol{Ax}=\boldsymbol{0}$ 的基础解系，则必有

(A) $\boldsymbol{\alpha}_1,\boldsymbol{\alpha}_3,\boldsymbol{\alpha}_4$ 线性无关.　　(B) $\boldsymbol{\alpha}_2,\boldsymbol{\alpha}_4$ 线性无关.

(C) $\boldsymbol{\alpha}_1,\boldsymbol{\alpha}_2,\boldsymbol{\alpha}_3$ 线性无关.　　(D) $\boldsymbol{\alpha}_3,\boldsymbol{\alpha}_4$ 线性无关.

答题区

纠错笔记

特征值和特征向量

A组

404 设矩阵 $A=\begin{bmatrix}1 & 2 & -2\\4 & -3 & 3\\2 & -1 & 1\end{bmatrix}$，那么矩阵 A 的三个特征值是

(A) $1,0,-2$.　　(B) $1,1,-3$.　　(C) $3,0,-2$.　　(D) $2,0,-3$.

答题区

纠错笔记

405 已知 A 是 n 阶可逆矩阵，那么与 A 有相同特征值的矩阵是

(A) A^{T}.　　(B) A^2.　　(C) A^{-1}.　　(D) $A-E$.

答题区

纠错笔记

406 设矩阵 $A=\begin{bmatrix}3 & -4 & -4\\0 & 1 & 0\\2 & -4 & -3\end{bmatrix}$，下列不是矩阵 A 的特征向量的是

(A) $(2,0,1)^{\mathrm{T}}$.　　(B) $(2,1,0)^{\mathrm{T}}$.　　(C) $(1,1,0)^{\mathrm{T}}$.　　(D) $(1,0,1)^{\mathrm{T}}$.

答题区

纠错笔记

407 设 $\boldsymbol{A}$ 是 n 阶矩阵,下列命题中正确的是

(A) 若 $\boldsymbol{\alpha}$ 是 $\boldsymbol{A}^{\mathrm{T}}$ 的特征向量,那么 $\boldsymbol{\alpha}$ 是 $\boldsymbol{A}$ 的特征向量.

(B) 若 $\boldsymbol{\alpha}$ 是 $\boldsymbol{A}^*$ 的特征向量,那么 $\boldsymbol{\alpha}$ 是 $\boldsymbol{A}$ 的特征向量.

(C) 若 $\boldsymbol{\alpha}$ 是 $\boldsymbol{A}^2$ 的特征向量,那么 $\boldsymbol{\alpha}$ 是 $\boldsymbol{A}$ 的特征向量.

(D) 若 $\boldsymbol{\alpha}$ 是 $2\boldsymbol{A}$ 的特征向量,那么 $\boldsymbol{\alpha}$ 是 $\boldsymbol{A}$ 的特征向量.

答题区

纠错笔记

408 下列矩阵中,不能相似对角化的是

(A) $\begin{bmatrix}1&0&0\\2&3&0\\1&2&2\end{bmatrix}$.　(B) $\begin{bmatrix}1&2&3\\0&1&2\\0&0&-1\end{bmatrix}$.　(C) $\begin{bmatrix}1&0&0\\0&1&0\\3&2&-1\end{bmatrix}$.　(D) $\begin{bmatrix}1&2&3\\2&0&1\\3&1&1\end{bmatrix}$.

答题区

纠错笔记

409 已知矩阵 $\boldsymbol{A}=\begin{bmatrix}3&0&0\\0&a&b\\0&2&3\end{bmatrix}$ 和 $\boldsymbol{B}=\begin{bmatrix}3&0&0\\0&4&0\\0&0&-1\end{bmatrix}$ 相似,则 $b=$

(A) 1.　(B) -1.　(C) 2.　(D) -2.

答题区

纠错笔记

410 下列矩阵中，$\boldsymbol{A}$ 和 $\boldsymbol{B}$ 相似的是

(A) $\boldsymbol{A}=\begin{bmatrix}1 & 1\\0 & 2\end{bmatrix},\boldsymbol{B}=\begin{bmatrix}1 & 1\\2 & 2\end{bmatrix}$.

(B) $\boldsymbol{A}=\begin{bmatrix}1 & 0\\1 & 2\end{bmatrix},\boldsymbol{B}=\begin{bmatrix}1 & 1\\0 & 2\end{bmatrix}$.

(C) $\boldsymbol{A}=\begin{bmatrix}1 & 1\\1 & 3\end{bmatrix},\boldsymbol{B}=\begin{bmatrix}1 & 0\\1 & 2\end{bmatrix}$.

(D) $\boldsymbol{A}=\begin{bmatrix}3 & 0\\0 & 3\end{bmatrix},\boldsymbol{B}=\begin{bmatrix}3 & 0\\1 & 3\end{bmatrix}$.

答题区

纠错笔记

411 设 $\boldsymbol{A}$ 为 3 阶矩阵，非零向量 $\boldsymbol{\alpha}_i$ 是方程组 $\boldsymbol{Ax}=(i-1)\boldsymbol{\alpha}_i$ 的解，其中 $i=1,2,3$，则矩阵 $\boldsymbol{A}^2+\boldsymbol{E}$ 的迹为

(A)1.　　(B)2.　　(C)5.　　(D)8.

答题区

纠错笔记

412 已知 $\boldsymbol{A}$ 是 n 阶可逆矩阵，若 $\boldsymbol{A}\sim\boldsymbol{B}$，则下列命题中

①$\boldsymbol{AB}\sim\boldsymbol{BA}$，　②$\boldsymbol{A}^2\sim\boldsymbol{B}^2$，　③$\boldsymbol{A}^{-1}\sim\boldsymbol{B}^{-1}$，　④$\boldsymbol{A}^{\mathrm{T}}\sim\boldsymbol{B}^{\mathrm{T}}$，

正确的命题共有

(A)4 个.　　(B)3 个.　　(C)2 个.　　(D)1 个.

答题区

纠错笔记

B组

413 已知 $\boldsymbol{A}$ 是三阶矩阵，$r(\boldsymbol{A})=1$，则 $\lambda=0$

(A) 必是 $\boldsymbol{A}$ 的二重特征值. (B) 至少是 $\boldsymbol{A}$ 的二重特征值.

(C) 至多是 $\boldsymbol{A}$ 的二重特征值. (D) 一重、二重、三重特征值都有可能.

答题区

纠错笔记

414 已知 $\boldsymbol{\alpha}=(1,-2,3)^{\mathrm{T}}$ 是矩阵 $\boldsymbol{A}=\begin{bmatrix}3 & 2 & -1\\ a & -2 & 2\\ 3 & b & -1\end{bmatrix}$ 的特征向量，则

(A) $a=-2,b=6$. (B) $a=2,b=-6$.

(C) $a=2,b=6$. (D) $a=-2,b=-6$.

答题区

纠错笔记

415 设 $\boldsymbol{A}$ 是三阶矩阵，其特征值是 $1,3,-2$，相应的特征向量依次为 $\boldsymbol{\alpha}_1,\boldsymbol{\alpha}_2,\boldsymbol{\alpha}_3$，若 $\boldsymbol{P}=[\boldsymbol{\alpha}_1,2\boldsymbol{\alpha}_3,-\boldsymbol{\alpha}_2]$，则 $\boldsymbol{P}^{-1}\boldsymbol{A}\boldsymbol{P}=$

(A) $\begin{bmatrix}1 & & \\ & -2 & \\ & & 3\end{bmatrix}$. (B) $\begin{bmatrix}1 & & \\ & -4 & \\ & & -3\end{bmatrix}$. (C) $\begin{bmatrix}1 & & \\ & -2 & \\ & & -3\end{bmatrix}$. (D) $\begin{bmatrix}1 & & \\ & 3 & \\ & & -2\end{bmatrix}$.

答题区

纠错笔记

416 设$\boldsymbol{A}$是三阶矩阵，特征值是2，2，-5. $\boldsymbol{\alpha}_1,\boldsymbol{\alpha}_2$是$\boldsymbol{A}$关于$\lambda=2$的线性无关的特征向量，$\boldsymbol{\alpha}_3$是$\boldsymbol{A}$对应于$\lambda=-5$的特征向量. 若$\boldsymbol{P}^{-1}\boldsymbol{AP}=\begin{bmatrix}2 & & \\ & 2 & \\ & & -5\end{bmatrix}$，则$\boldsymbol{P}$不能是

(A)$[\boldsymbol{\alpha}_2,-\boldsymbol{\alpha}_1,\boldsymbol{\alpha}_3]$.　　(B)$[\boldsymbol{\alpha}_1+\boldsymbol{\alpha}_2,5\boldsymbol{\alpha}_1,2\boldsymbol{\alpha}_3]$.

(C)$[\boldsymbol{\alpha}_1+\boldsymbol{\alpha}_2,\boldsymbol{\alpha}_1-\boldsymbol{\alpha}_2,\boldsymbol{\alpha}_3]$.　　(D)$[\boldsymbol{\alpha}_1+\boldsymbol{\alpha}_2,\boldsymbol{\alpha}_2+\boldsymbol{\alpha}_3,\boldsymbol{\alpha}_3]$.

答题区

纠错笔记

二次型

A组

417 若二次型$f(x_1,x_2,x_3)=ax_1^2+ax_2^2+ax_3^2+2x_1x_2+2x_1x_3+2x_2x_3$的秩为2，则数$a=$

(A)-2.　　(B)1.　　(C)-2或1.　　(D)0.

答题区

纠错笔记

418 若二次型$f(x_1,x_2,x_3)=ax_1^2-2x_3^2-2x_1x_2+2x_1x_3+2bx_2x_3$在正交变换下的标准形为$y_1^2-3y_2^2$，则$b=$

(A)-1.　　(B)1.　　(C)-2.　　(D)2.

答题区

纠错笔记

419 二次型 $f(x_1,x_2,x_3)=x_1^2+x_3^2-2x_1x_2-2x_2x_3$ 的规范形是

(A) $z_1^2+z_2^2-z_3^2$.　　(B) $z_2^2-z_3^2$.

(C) $z_1^2-z_2^2-z_3^2$.　　(D) $z_1^2+z_2^2$.

答题区

纠错笔记

420 二次型 $f(x_1,x_2,x_3)=(x_1+x_2)^2+(x_2+x_3)^2+(x_3-x_1)^2$ 的规范形为

(A) $z_1^2+z_2^2$.　　(B) $z_1^2-z_2^2$.　　(C) $z_1^2+z_2^2+z_3^2$.　　(D) $z_1^2+z_2^2-z_3^2$.

答题区

纠错笔记

421 与矩阵 $\boldsymbol{A}=\begin{bmatrix}0&-1&1\\-1&0&-1\\1&-1&2\end{bmatrix}$ 合同的矩阵是

(A) $\begin{bmatrix}1&&\\&1&\\&&0\end{bmatrix}$.　　(B) $\begin{bmatrix}1&&\\&-1&\\&&0\end{bmatrix}$.　　(C) $\begin{bmatrix}1&&\\&1&\\&&-1\end{bmatrix}$.　　(D) $\begin{bmatrix}-1&&\\&-1&\\&&0\end{bmatrix}$.

答题区

纠错笔记

B 组

422 二次型

$$ax_1^2+(2a-1)x_2^2+ax_3^2-2x_1x_2+2ax_1x_3-2x_2x_3$$

的正惯性指数 $p=1$，则 $a\in$

(A) $(1,+\infty)$.　(B) $\left(-\frac{1}{2},1\right)$.　(C) $\left(-\frac{1}{2},1\right]$.　(D) $\left(-\infty,-\frac{1}{2}\right)$.

答题区

纠错笔记

423 下列二次型经正交变换，标准形不是 $y_1^2+3y_2^2-y_3^2$ 的是

(A) $3x_2^2+2x_1x_3$.　(B) $x_1^2+x_2^2+x_3^2+4x_1x_2$.

(C) $2x_1^2+2x_2^2-x_3^2+2x_1x_2$.　(D) $x_1^2+x_2^2+x_3^2-4x_1x_2-4x_2x_3$.

答题区

纠错笔记

424 下列矩阵中，正定矩阵是

(A) $\begin{bmatrix}1&2&3\\2&4&5\\3&5&6\end{bmatrix}$.　(B) $\begin{bmatrix}1&2&0\\2&5&3\\0&3&8\end{bmatrix}$.　(C) $\begin{bmatrix}2&2&-2\\2&5&-4\\-2&-4&5\end{bmatrix}$.　(D) $\begin{bmatrix}5&2&1\\2&1&3\\1&3&0\end{bmatrix}$.

答题区

纠错笔记

425 已知 $\boldsymbol{A}=\begin{bmatrix}0&0&1\\0&1&0\\1&0&0\end{bmatrix}$，若 $\boldsymbol{A}+k\boldsymbol{E}$ 正定，则 k 的取值范围是

(A) $k=1$.　(B) $k>1$.　(C) $k\geqslant 1$.　(D) $k\leqslant 1$.

答题区

纠错笔记

概率论与数理统计水平自测一

难度:极容易　　　　总分:10 分　　　　测试时间:30 分钟

1. 袋中有 5 个球(3 个新球,2 个旧球),每次取 1 个,无放回地取 2 次,则第二次取到新球的概率是

(A) $\frac{3}{5}$.　　(B) $\frac{3}{4}$.　　(C) $\frac{1}{2}$.　　(D) $\frac{3}{10}$.

2. 设随机事件 A,B 满足 $B \subset A$,则下列选项正确的是

(A) $P(A-B)=P(A)-P(B)$.　　(B) $P(A+B)=P(B)$.

(C) $P(B \mid A)=P(B)$.　　(D) $P(AB)=P(A)$.

3. 设随机变量 X 的概率密度为 $f(x)=\begin{cases} c+x, & 0<x<1 \\ 0, & \text{其他} \end{cases}$,则 $c=$

(A) $\frac{1}{3}$.　　(B) $\frac{1}{2}$.　　(C) 2.　　(D) 3.

4. 设随机变量 X 服从泊松分布,且 $E(2-X^2)=-4$,则 $P\{X<1\}=$

(A) 0.　　(B) e^{-2}.　　(C) e^{-4}.　　(D) e^{-1}.

5. 设随机变量 X,Y 都服从 $[0,1]$ 上的均匀分布,则 $E(X+Y)=$

(A) 1.　　(B) 2.　　(C) 1.5.　　(D) 0.

6. 设随机变量 X 服从参数为 0.5 的指数分布,用切比雪夫不等式估计 $P\{|X-2| \geqslant 3\} \leqslant$

(A) $\frac{1}{9}$.　　(B) $\frac{2}{9}$.　　(C) $\frac{1}{3}$.　　(D) $\frac{4}{9}$.

7. 已知 $P(A)=0.5, P(B)=0.8$,且 $P(B \mid A)=0.8$,则 $P(A+B)=$ ________.

8. 已知随机变量 $X \sim N(0,1)$,则随机变量 $Y=2X+10$ 的方差为________.

9. 设离散型随机变量 (X,Y) 的联合分布律为

(X,Y)	$(1,1)$	$(1,2)$	$(1,3)$	$(2,1)$	$(2,2)$	$(2,3)$
P	$\frac{1}{6}$	$\frac{1}{9}$	$\frac{1}{18}$	$\frac{1}{3}$	α	β

若 X 与 Y 独立,则 $\alpha=$ ________, $\beta=$ ________.

10. 已知总体 X 的概率密度为 $f(x)=\begin{cases} \frac{1}{\theta} e^{-\frac{x}{\theta}}, & x>0 \\ 0, & \text{其他} \end{cases}$,其中未知参数 $\theta>0$, $X_1, X_2, \cdots, X_n$ 为取自总体的一个样本,则 θ 的矩估计量为________.

答案见答案册第 161 页

概率论与数理统计水平自测二

难度:容易　　　　总分:10 分　　　　测试时间:35 分钟

1. 一袋中有四只球,编号为 1,2,3,4,从袋中一次取出两只球,用 X 表示取出的两只球的最大号码数,则 $P\{X=4\}=$

(A)0.4.　　(B)0.5.　　(C)0.6.　　(D)0.7.

2. 设随机变量 X 的概率密度函数为 $f(x)=\begin{cases}2x, & 0<x<1 \\ 0, & \text{其他}\end{cases}$,以 Y 表示对 X 的三次独立重复观察中事件 $\left\{X\leqslant\frac{1}{2}\right\}$ 出现的次数,则 $P\{Y=2\}=$

(A) $\frac{1}{4}$.　　(B) $\frac{1}{16}$.　　(C) $\frac{9}{64}$.　　(D) $\frac{9}{16}$.

3. 已知 X_1 和 X_2 是相互独立的随机变量,分布函数分别为 $F_1(x)$ 和 $F_2(x)$,则下列选项一定是某一随机变量分布函数的为

(A) $F_1(x)+F_2(x)$.　　(B) $F_1(x)-F_2(x)$.

(C) $F_1(x)\cdot F_2(x)$.　　(D) $\frac{F_1(x)}{F_2(x)}$.

4. 随机变量 X 服从正态分布 $N(\mu,\sigma^2)$,则概率 $P\{|X-\mu|\leqslant\sigma\}$

(A) 随着 σ 的增加而增加.

(B) 随着 σ 的减少而增加.

(C) 随着 σ 的增加不能确定它的变化趋势.

(D) 随着 σ 的增加保持不变.

5. 设随机变量 $X\sim N(1,4)$,$Y\sim N(0,4)$,且 X,Y 相互独立,则 $D(2X-3Y)=$

(A)8.　　(B)18.　　(C)24.　　(D)52.

6. 设 X_1,X_2,X_3,X_4 为来自总体 $N(0,\sigma^2)$,$(\sigma>0)$ 的简单随机样本,则统计量 $\frac{X_1-X_2}{\sqrt{X_3^2+X_4^2}}$ 的分布为

(A) $N(0,2)$.　　(B) $t(2)$.　　(C) $\chi^2(2)$.　　(D) $F(2,2)$.

7. 连续掷 1 枚均匀骰子,在前 4 次没有出现偶数点的条件下,前 10 次均未出现偶数点的概率为________.

8. 设随机变量 X 的概率分布为 $P\{X=k\}=\theta(1-\theta)^{k-1}$,$k=1,2,\cdots$,其中 $0<\theta<1$. 若 $P\{X\leqslant 2\}=\frac{5}{9}$,则 $P\{X=3\}=$ ________.

9. 设二维随机变量 (X,Y) 服从正态分布 $N(\mu,\mu;\sigma^2,\sigma^2;0)$,则 $E(XY^2)=$ ________.

10. 设总体 X 服从参数 $\lambda=1$ 的泊松分布,$X_1,X_2,\cdots,X_n$ 是来自 X 的简单随机样本,且 $E\left[\sum_{i=1}^{n}(X_i-\overline{X})^2\right]=\frac{9n}{10}$,则 $n=$ ________.

答案见答案册第 162 页

概率论与数理统计

填　空　题

随机事件与概率

A组

426　已知事件 A 与 B 相互独立，$P(A)=a$，$P(B)=b$. 如果事件 C 发生必然导致事件 A 与 B 同时发生，则 A,B,C 都不发生的概率为______.

答题区

纠错笔记

427　已知事件 A,B 仅发生一个的概率为 0.3，且 $P(A)+P(B)=0.5$，则 A,B 至少有一个不发生的概率为______.

答题区

纠错笔记

428　设随机事件 A,B 和 $A\cup B$ 的概率分别是 0.4，0.3 和 0.6，则事件 $A\overline{B}$ 的概率 $P(A\overline{B})=$________.

答题区

纠错笔记

429 已知甲袋有 3 个白球，6 个黑球，乙袋有 5 个白球，4 个黑球. 先从甲袋中任取一球放入乙袋，然后再从乙袋中任取一球放回甲袋，则甲袋中白球数不变的概率为______.

答题区

纠错笔记

430 将一枚硬币重复掷 5 次，则正、反面都至少出现 2 次的概率为________.

答题区

纠错笔记

431 设随机事件 A 与 B 相互独立，且 $P(A-B)=0.3$，$P(B)=0.4$，则 $P(B-A)=$ ________.

答题区

纠错笔记

B组

432 设随机事件 A,B,C 满足 $A\subset C$，$P(AB)=\dfrac{1}{2}$ 和 $P(C)=\dfrac{2}{3}$，则 $P(\overline{A}\cup\overline{B}\mid C)=$ ________.

答题区

纠错笔记

433 一射手对同一目标独立地进行4次射击．若至少命中一次的概率为 $\dfrac{15}{16}$，则该射手对同一目标独立地进行4次射击中至少没命中一次的概率为 ______.

答题区

纠错笔记

434 袋中有8个球，其中3个白球5个黑球，现随意从中取出4个球，如果4个球中有2个白球2个黑球，试验停止．否则将4个球放回袋中，重新抽取4个球，直到出现2个白球2个黑球为止．用 X 表示抽取次数，则 $P\{X=k\}=$ ________ $(k=1,2,\cdots)$.

答题区

纠错笔记

435 一实习生用同一台机器接连独立地制造 3 个同种零件，第 i 个零件是不合格品的概率 $p_i = \frac{1}{i+1}(i=1,2,3)$，以 X 表示 3 个零件中合格品的个数，则 $P\{X=2\}=$ ______.

答题区

纠错笔记

436 设袋中有黑、白球各 1 个，从中有放回地取球，每次取 1 个，直到 2 种颜色球都取到时停止，则取球次数恰好为 3 的概率为______.

答题区

纠错笔记

随机变量及其分布

A 组

437 假设 X 服从参数为 λ 的指数分布，对 X 作 3 次独立重复观察，至少有一次观测值大于 2 的概率为 $\frac{7}{8}$，则 $\lambda=$ ______.

答题区

纠错笔记

438 设随机变量 X 服从参数为 1 的指数分布，则 $P\{3 > X > 2 \mid X > 1\} =$ ________.

答题区

纠错笔记

439 设随机变量 X_1 服从分布 $B(2,p)$，随机变量 X_2 服从分布 $B(3,p)$. 已知 $P\{X_1 \geqslant 1\} = \frac{5}{9}$，则 $P\{X_2 \geqslant 1\} =$ ______.

答题区

纠错笔记

440 设随机变量 X 的概率密度函数 $f(x)$ 满足 $f(1+x) = f(1-x)$，且 $\int_1^2 f(x)\mathrm{d}x = 0.3$，则 X 的分布函数 $F(x)$ 有 $F(0) =$ ________.

答题区

纠错笔记

441 设随机变量 X 服从 $(0,2)$ 上的均匀分布，则随机变量 $Y = X^2$ 在 $(0,4)$ 内的概率密度 $f_Y(y) =$ ________.

答题区

纠错笔记

442 设随机变量 X 服从参数为 1 的指数分布，随机变量函数 $Y = 1 - e^{-X}$ 的分布函数为 $F_Y(y)$，则 $F_Y\left(\frac{1}{2}\right) =$ ________.

答题区

纠错笔记

B 组

443 设随机变量 $X \sim N(\mu, \sigma^2)(\sigma > 0)$，其分布函数为 $F(x)$，则有 $F(\mu + x\sigma) + F(\mu - x\sigma) =$ ________.

答题区

纠错笔记

444 设 $X \sim N(\mu,\sigma_1^2)$，$Y \sim N(2\mu,\sigma_2^2)$，$X$ 与 Y 相互独立，已知 $P\{X-Y \geqslant 1\}=\frac{1}{2}$，则 $\mu=$ ______.

答题区

纠错笔记

445 设随机变量 X 的概率密度函数为 $f(x)=\begin{cases} e^{-x}, & x>0 \\ 0, & x \leqslant 0 \end{cases}$，则 $P\{X \leqslant 2 \mid X \geqslant 1\}$ 的值为______.

答题区

纠错笔记

446 已知随机变量 X 的概率分布为 $P\{X=k\}=\frac{1}{3}(k=1,2,3)$，当 $X=k$ 时随机变量 Y 在 $(0,k)$ 上服从均匀分布，即

$$P\{Y \leqslant y \mid X=k\}=\begin{cases} 0, & y \leqslant 0 \\ \frac{y}{k}, & 0<y<k \\ 1, & k \leqslant y \end{cases}$$

则 $P\{Y \leqslant 2.5\}=$ ______.

答题区

纠错笔记

多维随机变量及其分布

A 组

447 设相互独立的两随机变量 X 与 Y 均服从参数为 1 的指数分布，则 $P\{\min(X,Y)\geqslant 1\}$ $=$ ________.

答题区

纠错笔记

448 已知随机变量 (X,Y) 的概率密度函数 $f(x,y)=\begin{cases} e^{-y}, & 0<x<y \\ 0, & \text{其他} \end{cases}$，则 $P\{X+Y\leqslant 1\}=$ ________.

答题区

纠错笔记

449 设随机变量 X_1 和 X_2 相互独立，已知 $X_1\sim B(1,\frac{3}{4})$，X_2 的分布函数为 $F(x)$，则随机变量 $Y=X_1+X_2$ 的分布函数 $F_Y(y)=$ ________.

答题区

纠错笔记

450 设相互独立的随机变量 X 和 Y 均服从 $P(1)$ 分布，则 $P\{X=1 \mid X+Y=2\}=$ ________.

答题区

纠错笔记

451 设二维随机变量 (X,Y) 服从正态分布 $N(1,-2;\sigma^2,\sigma^2;0)$，则 $P\{XY<2-2X+Y\}$ $=$ ________.

答题区

纠错笔记

452 设随机变量 X_1,X_2,X_3 相互独立，且 X_1,X_2 均服从标准正态分布，其分布函数为 $\Phi(x)$，而 $P\{X_3=-1\}=P\{X_3=1\}=\dfrac{1}{2}$. 则 $Y=X_1+X_2X_3$ 的分布函数 $F_Y(y)=$ ________.

答题区

纠错笔记

453　设随机变量(X,Y)服从分布律

X \ Y	0	1
0	$\frac{1}{4}$	$\frac{1}{4}$
1	0	$\frac{1}{2}$

，记(X,Y)的分布函数为$F(x,y)$，则$F\left(\frac{1}{2},1\right)=$ ________.

答题区

纠错笔记

454　设随机变量X的概率密度函数$f(x)=\begin{cases}x, & a<x<b,\\ 0, & \text{其他},\end{cases}(a>0)$，其中$a,b$为待定常数，且$EX^2=2$，则$P\{|X|<\sqrt{2}\}=$ ______.

答题区

纠错笔记

B组

455 已知(X,Y)的概率分布为

$X \backslash Y$	-1	0	1
0	0.1	0.2	α
1	β	0.1	0.2

，且$P\{X^2+Y^2=1\}=0.5$，则$P\{X^2Y^2=1\}=$________.

答题区

纠错笔记

456 设随机变量X与Y相互独立，且均服从正态分布$N(\mu,\sigma^2)$，则$P\{\max(X,Y)>\mu\}-P\{\min(X,Y)<\mu\}=$________.

答题区

纠错笔记

457 设相互独立的两随机变量X,Y均服从$[0,3]$上的均匀分布，则$P\{1<\max(X,Y)\leqslant 2\}$的值为________.

答题区

纠错笔记

458 设$(X,Y) \sim N(\mu_1,\mu_2;\sigma_1^2,\sigma_2^2;0)$,其分布函数为$F(x,y)$,已知$F(\mu_1,y)=\frac{1}{4}$,则$y=$ ________.

答题区

纠错笔记

459 设随机变量X和Y相互独立,且X服从标准正态分布,其分布函数为$\Phi(x)$,Y的概率分布为$P\{Y=-1\}=P\{Y=1\}=\frac{1}{2}$,则随机变量$Z=XY$的分布函数$F(x)=$ ________.

答题区

纠错笔记

460 已知二维随机变量$(X,Y) \sim N(\mu_1,\mu_2;\sigma_1^2,\sigma_2^2;\rho)(\sigma_1>0,\sigma_2>0)$,则二维随机变量$\left(\frac{X-\mu_1}{\sigma_1},Y\right) \sim$ ________.

答题区

纠错笔记

随机变量的数字特征

A组

461 已知随机变量 X_1, X_2 相互独立，且都服从正态分布 $N(\mu, \sigma^2)(\sigma > 0)$，则 $D(X_1X_2) =$ ______.

答题区

纠错笔记

462 设随机变量 X 的分布律为 $P\{X = k\} = \dfrac{1}{2^k k!(\sqrt{e} - 1)}, k = 1, 2, \cdots$，则 X 的数学期望 $E(X) =$ ______.

答题区

纠错笔记

463 设随机变量 X 和 Y 均服从 $B\left(1, \dfrac{1}{2}\right)$，且 $D(X+Y) = 1$，则 X 与 Y 的相关系数 $\rho =$ ______.

答题区

纠错笔记

464 设连续型随机变量 X 的分布函数 $F(x)=\begin{cases}a-\mathrm{e}^{-bx}, & x\geqslant 0\\ c, & x<0\end{cases}$. 已知 $E(X)=1$,则 $D(X)=$ ________.

答题区

纠错笔记

465 设随机变量 X 服从参数为 λ 的泊松分布,且已知 $E[(X-1)(X-2)]=1$,则 $\lambda=$ ________.

答题区

纠错笔记

466 设随机变量 $X_1,X_2,\cdots,X_n(n>1)$ 独立同分布,且方差为 $\sigma^2>0$,记 $Y_1=\sum\limits_{i=2}^{n}X_i$ 和 $Y_n=\sum\limits_{j=1}^{n-1}X_j$,则 Y_1 和 Y_n 的协方差 $\mathrm{Cov}(Y_1,Y_n)=$ ________.

答题区

纠错笔记

B组

467 已知随机变量 X_1 与 X_2 相互独立且分别服从参数为 λ_1,λ_2 的泊松分布，已知 $P\{X_1+X_2>0\}=1-e^{-1}$，则 $E(X_1+X_2)^2=$ ________.

答题区

纠错笔记

468 相互独立的随机变量 $X_1,X_2,\cdots,X_n$ 具有相同的方差 $\sigma^2>0$，记 $\overline{X}=\frac{1}{n}\sum_{i=1}^{n}X_i$，则 $D(X_1-\overline{X})=$ ________.

答题区

纠错笔记

469 设随机变量 X 服从分布 $E(1)$，记 $Y=\min\{|X|,1\}$，则 Y 的数学期望 $E(Y)=$ ________.

答题区

纠错笔记

470 相互独立的随机变量 X_1 和 X_2 均服从正态分布 $N\left(0,\frac{1}{2}\right)$，则 $D(|X_1-X_2|)=$ ________.

答题区

纠错笔记

大数定律和中心极限定理

A 组

471 设随机变量 X 在 $[-1,b]$ 上服从均匀分布，其中 b 是未知常数，根据切比雪夫不等式有 $P\{|X-1|\geqslant\varepsilon\}\leqslant\frac{1}{3}$，则 $\varepsilon=$ ________.

答题区

纠错笔记

472 将一个骰子重复掷 n 次，每次掷出的点数依次为 $X_1,\cdots,X_n$. 则当 $n\to\infty$ 时，

$\overline{X}=\frac{1}{n}\sum_{i=1}^{n}X_i$ 依概率收敛于________.

答题区

纠错笔记

473 设随机变量 $X_1, X_2, \cdots, X_{2n}, \cdots$ 独立均服从指数分布 $E(\lambda)$，记 $Z_i = X_{2i} - X_{2i-1}, i = 1,2,3,\cdots$，则 $\sum_{i=1}^{n} Z_i$ 近似服从正态分布 $N($____,____$)$.

答题区

纠错笔记

数理统计的基本概念

A 组

474 设相互独立的随机变量 $X_1, X_2, \cdots, X_n$ 均服从标准正态分布，记 $\overline{X} = \frac{1}{n}\sum_{i=1}^{n} X_i$，则随机变量 $X_1 - \overline{X}$ 服从的分布及参数为________.

答题区

纠错笔记

475 设 $X_1, X_2, \cdots, X_n$ 为取自总体 X 的简单随机样本，已知总体 X 的分布为 $F(x)$，则 $Y = \max(X_1, X_2, \cdots, X_n)$ 的分布函数 $F_Y(y) =$ ______.

答题区

纠错笔记

476 设总体 X 的概率密度函数为 $f(x)=\frac{1}{2}e^{-|x-\mu|}(-\infty<x<+\infty)$，$X_1,X_2,\cdots,X_n$ 为总体 X 的简单随机样本，其样本方差为 S^2，则 $E(S^2)=$ ________.

答题区

纠错笔记

477 设 $X_1,X_2,\cdots,X_6$ 是来自正态分布 $N(0,\sigma^2)$ 的简单随机样本. 统计量 $F=a\frac{X_1^2+X_2^2}{X_3^2+X_4^2+X_5^2+X_6^2}$ 服从 $F(n_1,n_2)$ 分布，其中 a 为常数，则参数 n_1 和 n_2 分别为________.

答题区

纠错笔记

478 设 $X_1,X_2,\cdots,X_n$ 是来自总体 $E(\lambda)(\lambda>0)$ 的简单随机样本，记统计量 $T=\frac{1}{n}\sum_{i=1}^{n}X_i^2$，则 $ET=$ ______.

答题区

纠错笔记

479 设 $X_1,X_2,\cdots,X_n$ 是来自指数分布总体 $E(\lambda)$ 的简单随机样本，$\overline{X}$ 和 S^2 分别为样本均值和样本方差. 记统计量 $T=\overline{X}-S^2$，则 $ET=$ ______.

答题区

纠错笔记

B 组

480 设 $X_1,X_2,\cdots,X_n$ 为来自总体 X 的简单随机样本，而 $X\sim B\left(1,\frac{1}{2}\right)$. 记 $\overline{X}=\frac{1}{n}\sum_{i=1}^{n}X_i$，则 $P\left\{\overline{X}=\frac{k}{n}\right\}=$ ________. $(0\leqslant k\leqslant n)$

答题区

纠错笔记

481 设随机变量 $X\sim t(n)$，$Y\sim F(1,n)$，常数 C 满足 $P\{X>C\}=0.6$，则 $P\{Y>C^2\}=$ ________.

答题区

纠错笔记

参数估计

A 组

482 设 $X_1, X_2, \cdots, X_n$ 是来自区间 $[-a, a]$ 上均匀分布的总体 X 的简单随机样本，则参数 a 的矩估计量为________.

答题区

纠错笔记

483 设随机变量 X 在区间 $[0, \theta]$ 上服从均匀分布，$X_1, X_2, \cdots, X_n$ 是来自总体 X 的简单随机样本，则 θ 的最大似然估计量 $\hat{\theta} =$ ________.

答题区

纠错笔记

B 组

484 设总体 X 的概率分布为

X	0	1	2
P	θ^2	$2\theta(1-\theta)$	$(1-\theta)^2$

，其中 $\theta\left(0 < \theta < \frac{1}{2}\right)$ 是未知参数，利用总体 X 的如下样本值 1,2,1,0,1,0,1,2,1,2，则有 θ 的矩估计值为________.

答题区

纠错笔记

485 设 $X_1, X_2, \cdots, X_n$ 是来自总体 X 的简单随机样本，X 的概率密度函数为 $f(x) = \begin{cases} \lambda^2 x e^{-\lambda x}, & x > 0, \\ 0, & x \leqslant 0, \end{cases}$ $\lambda > 0$，则 λ 的最大似然估计量 $\hat{\lambda} =$ ________.

答题区

纠错笔记

选 择 题

随机事件与概率

A组

486 设随机事件 A 和 B 满足关系式 $A\cup B=\overline{A}\cup\overline{B}$,则必有

(A)$A-B=\varnothing$. (B)$AB=\varnothing$. (C)$AB\cup\overline{A}\,\overline{B}=\Omega$. (D)$A\cup\overline{B}=\Omega$.

答题区

纠错笔记

487 设两两独立且概率相等的三事件 A,B,C 满足条件 $P(A\cup B\cup C)=\frac{9}{16}$,且 $ABC=\varnothing$,则 $P(A)$ 的值为

(A) $\frac{1}{4}$. (B) $\frac{3}{4}$. (C) $\frac{1}{4}$ 或 $\frac{3}{4}$. (D) $\frac{1}{3}$.

答题区

纠错笔记

488 设随机事件 A 与 B 互不相容,则

(A)$P(\overline{A}\,\overline{B})=0$. (B)$P(\overline{A}\,\overline{B})\neq 0$.

(C)$P(A\cup\overline{B})=P(A)$. (D)$P(A\cup\overline{B})=P(\overline{B})$.

答题区

纠错笔记

489 对任意两个互不相容的事件 A 与 B,必有

(A) 若 $P(A)=1$,则 $P(\overline{B})=1$.
(B) 若 $P(A)=0$,则 $P(\overline{B})=1$.
(C) 若 $P(A)=1$,则 $P(\overline{B})=0$.
(D) 若 $P(A)=0$,则 $P(\overline{B})=0$.

答题区

纠错笔记

490 设 A,B 为随机事件,$P(B)>0$,则

(A) $P(A\cup B)\geqslant P(A)+P(B)$.
(B) $P(A-B)\geqslant P(A)-P(B)$.
(C) $P(AB)\geqslant P(A)P(B)$.
(D) $P(A|B)\geqslant \dfrac{P(A)}{P(B)}$.

答题区

纠错笔记

491 设随机事件 A,B,满足 $P(A)>0,P(B\mid A)=1$,则

(A) $B=\Omega$.
(B) $A-B=\varnothing$.
(C) $P(A-B)=0$.
(D) $P(B-A)=0$.

答题区

纠错笔记

492 若 A,B 为任意两个随机事件，且满足条件 $P(AB) \geqslant \dfrac{P(A)+P(B)}{2}$，则

(A) $A = B$.　　(B) A,B 互不相容.

(C) $P(AB) = P(A)P(B)$.　　(D) $P(A-B) = 0$.

答题区

纠错笔记

B 组

493 将一枚硬币独立投掷二次，记事件 A =“第一次掷出正面”，B =“第二次掷出反面”，C =“正面最多掷出一次”，则事件

(A) A,B,C 两两独立.　　(B) A 与 BC 独立.

(C) B 与 AC 独立.　　(D) C 与 AB 独立.

答题区

纠错笔记

494 已知 A,B 为随机事件，$0 < P(A) < 1, 0 < P(B) < 1$，则 $P(\overline{A} \mid B) = P(B \mid \overline{A})$ 的充要条件是

(A) $P(B \mid A) = P(B \mid \overline{A})$.　　(B) $P(A \mid B) = P(A \mid \overline{B})$.

(C) $P(\overline{B} \mid A) = P(A \mid \overline{B})$.　　(D) $P(A \mid B) = P(\overline{A} \mid B)$.

答题区

纠错笔记

495 设事件 A,B,C 两两独立，则 A,B,C 相互独立的充分必要条件是

(A) AB 和 BC 独立. (B) $A\cup B$ 和 $B\cup C$ 独立.

(C) $A-B$ 和 C 独立. (D) $A-B$ 和 $B-C$ 独立.

答题区

纠错笔记

496 已知 $0<P(B)<1$ 且 $P[(A_1\cup A_2)\mid B]=P(A_1\mid B)+P(A_2\mid B)$，则成立

(A) $P[(A_1\cup A_2)\mid \overline{B}]=P(A_1\mid \overline{B})+P(A_2\mid \overline{B})$.

(B) $P(A_1B\cup A_2B)=P(A_1B)+P(A_2B)$.

(C) $P(A_1\cup A_2)=P(A_1\mid B)+P(A_2\mid B)$.

(D) $P(B)=P(A_1)P(B\mid A_1)+P(A_2)P(B\mid A_2)$.

答题区

纠错笔记

随机变量及其分布

A 组

497 设随机变量 X 在 $[0,1]$ 上服从均匀分布，记事件 $A=\left\{0\leqslant X\leqslant \frac{1}{2}\right\}$，$B=\left\{\frac{1}{4}\leqslant X\leqslant \frac{3}{4}\right\}$，则

(A) A 与 B 互斥，但不对立. (B) B 包含 A.

(C) A 与 B 对立. (D) A 与 B 相互独立.

答题区

纠错笔记

498 假设随机变量 X 的概率密度函数 $f(x)$ 是偶函数,其分布函数为 $F(x)$,则

(A) $F(x)$ 是偶函数.

(B) $F(x)$ 是奇函数.

(C) $F(x)+F(-x)=1$.

(D) $2F(x)-F(-x)=1$.

答题区

纠错笔记

499 设随机变量 X 的分布函数为 $F(x)$

(A) 当 $x<a$ 时 $F(x)=0$,则 $F(a)=0$.

(B) 当 $x>a$ 时 $F(x)=1$,则 $F(a)=1$.

(C) 当 $P\{X<a\}=\frac{1}{2}$ 时,$F(a)=\frac{1}{2}$.

(D) 当 $P\{X\geqslant a\}=\frac{1}{2}$ 时,$F(a)=\frac{1}{2}$.

答题区

纠错笔记

500 设随机变量 X 的分布函数为 $F(x)$,则可以作出分布函数

(A) $F(ax)$.

(B) $F(x^2+1)$.

(C) $F(x^3-1)$.

(D) $F(|x|)$.

答题区

纠错笔记

501 设随机变量 X 的概率密度函数为 $f(x)$，则可以作出概率密度函数

(A) $f(2x)$. (B) $f(2-x)$. (C) $f^2(x)$. (D) $f(x^2)$.

答题区

纠错笔记

502 假设随机变量 X 的密度函数

$$f(x)=\begin{cases}\frac{1}{4}, & -2\leqslant x\leqslant -1,\\ \frac{1}{4}, & 0\leqslant x\leqslant 1,\\ \frac{1}{2}, & 2\leqslant x\leqslant 3,\\ 0, & \text{其他},\end{cases}$$

如果常数 k 使 $P\{X>k\}=P\{X<k\}$，则 k 的取值范围是

(A) $(-\infty,-2]$. (B) $[-1,0]$.

(C) $[1,2]$. (D) $[3,+\infty)$.

答题区

纠错笔记

503 设随机变量 $X\sim U(a,b)$，已知 $P\{-2<X<0\}=\frac{1}{4}$ 和 $P\{1<X<3\}=\frac{1}{2}$，则

(A) $\begin{cases}a=-2\\ b=2\end{cases}$. (B) $\begin{cases}a=-2\\ b=3\end{cases}$. (C) $\begin{cases}a=-1\\ b=3\end{cases}$. (D) $\begin{cases}a=-1\\ b=2\end{cases}$.

答题区

纠错笔记

504 设随机变量 X 的分布函数和概率密度函数分别为 $F(x)$ 和 $f(x)$，则随机变量 $-X$ 的分布函数和概率密度函数分别为

(A) $F(-x)$ 和 $f(-x)$.　　(B) $F(-x)$ 和 $f(x)$.

(C) $1-F(-x)$ 和 $f(-x)$.　　(D) $1-F(-x)$ 和 $f(x)$.

答题区

纠错笔记

505 连续型随机变量 X 的分布函数 $F(x)=\begin{cases} a+be^{-x}, & x\geqslant 0 \\ 0, & x<0 \end{cases}$，则其中的常数 a 和 b 为

(A) $\begin{cases} a=1, \\ b=1. \end{cases}$　　(B) $\begin{cases} a=1, \\ b=-1. \end{cases}$　　(C) $\begin{cases} a=-1, \\ b=1. \end{cases}$　　(D) $\begin{cases} a=0, \\ b=1. \end{cases}$

答题区

纠错笔记

506 设随机变量 X 的概率密度为 $f(x)$，则随机变量 $2X+3$ 的概率密度函数为

(A) $\frac{1}{2}f\left(\frac{x-3}{2}\right)$.　　(B) $f\left(\frac{x-3}{2}\right)$.

(C) $2f(2x+3)$.　　(D) $f(2x+3)$.

答题区

纠错笔记

B 组

507 设离散型随机变量 X 服从分布律 $P\{X=k\}=\frac{C}{k!}e^{-2}, k=0,1,2,\cdots$，则常数 C 必为

(A) 1.　　(B) e.　　(C) e^{-1}.　　(D) e^{-2}.

答题区

纠错笔记

508 假设随机变量 X 的分布函数为 $F(x)$，概率密度函数 $f(x)=af_1(x)+bf_2(x)$，其中 $f_1(x)$ 是正态分布 $N(0,\sigma^2)$ 的概率密度函数，$f_2(x)$ 是参数为 λ 的指数分布的概率密度函数，已知 $F(0)=\frac{1}{8}$，则

(A) $a=1, b=0$.　　(B) $a=\frac{3}{4}, b=\frac{1}{4}$.

(C) $a=\frac{1}{2}, b=\frac{1}{2}$.　　(D) $a=\frac{1}{4}, b=\frac{3}{4}$.

答题区

纠错笔记

509 已知 $X\sim N(15,4)$，若 X 的值落入区间 $(-\infty,x_1)$，(x_1,x_2)，(x_2,x_3)，(x_3,x_4)，$(x_4,+\infty)$ 内的概率之比为 7：24：38：24：7，则 x_1,x_2,x_3,x_4 分别为

(A) 12，13.5，16.5，18.　　(B) 11.5，13.5，16.5，18.5.

(C) 12，14，16，18.　　(D) 11，14，16，19.

附：标准正态分布函数值 $\Phi(1.5)=0.93$，$\Phi(0.5)=0.69$.

答题区

纠错笔记

多维随机变量及其分布

A组

510 设相互独立的随机变量 X_i 的分布函数为 $F_i(x)$，概率密度函数为 $f_i(x)$，$i=1,2$，则随机变量 $Y=\max(X_1,X_2)$ 的概率密度函数为

(A) $f_1(x)f_2(x)$.　　(B) $f_1(x)+f_2(x)$.

(C) $f_1(x)F_1(x)+f_2(x)F_2(x)$.　　(D) $f_1(x)F_2(x)+f_2(x)F_1(x)$.

答题区

纠错笔记

511 设二维随机变量 (X,Y) 的分布函数为 $F(x,y)$，设 $X\sim N(0,1)$，且 $Y=X$，已知 $F(a,b)=\frac{1}{2}$，其中 a,b 为常数，则必有

(A) $a=0,b=0$.　　(B) $a=0,b>0$.

(C) $a=0,b<0$.　　(D) $\min(a,b)=0$.

答题区

纠错笔记

512 假设随机变量 X 与 Y 相互独立且都服从参数为 λ 的指数分布，则可以作出服从参数为 2λ 的指数分布的随机变量如

(A) $X+Y$.　　(B) $X-Y$.　　(C) $\max(X,Y)$.　　(D) $\min(X,Y)$.

答题区

纠错笔记

513 设随机变量 X 和 Y 相互独立，均服从分布 $B\left(1,\frac{1}{2}\right)$，则下列选项成立的是

(A) $P\{X=Y\}=1$.　　(B) $P\{X=Y\}=\frac{1}{2}$.

(C) $P\{X=Y\}=\frac{1}{4}$.　　(D) $P\{X=Y\}=0$.

答题区

纠错笔记

514 设随机变量 $X_i \sim \begin{pmatrix} -1 & 0 & 1 \\ \frac{1}{4} & \frac{1}{2} & \frac{1}{4} \end{pmatrix}(i=1,2)$ 且满足条件 $P\{X_1+X_2=0\}=1$，则 $P\{X_1=X_2\}$ 等于

(A) 0.　　(B) $\frac{1}{4}$.　　(C) $\frac{1}{2}$.　　(D) 1.

答题区

纠错笔记

515 设相互独立两随机变量 X 和 Y 均服从 $\begin{array}{c|cc} X & -1 & 1 \\ \hline P & \frac{1}{2} & \frac{1}{2} \end{array}$，则可以作出服从二项分布的随机变量

(A) $X+Y+2$.　　(B) $\frac{X+Y}{2}+1$.　　(C) $X-Y+2$.　　(D) $\frac{X-Y}{2}-1$.

答题区

纠错笔记

516 设随机变量 X 与 Y 相互独立且都服从标准正态分布 $N(0,1)$，则

(A) $P\{X+Y\geqslant 0\}=\frac{1}{4}$.　　(B) $P\{X-Y\geqslant 0\}=\frac{1}{4}$.

(C) $P\{\max(X,Y)\geqslant 0\}=\frac{1}{4}$.　　(D) $P\{\min(X,Y)\geqslant 0\}=\frac{1}{4}$.

答题区

纠错笔记

517 设随机变量 $X\sim B(1,\frac{1}{2})$，$Y\sim B(1,\frac{1}{2})$. 已知 X 与 Y 的相关系数 $\rho=1$，则 $P\{X=0,Y=1\}$ 的值必为

(A) 0.　　(B) $\frac{1}{4}$.　　(C) $\frac{1}{2}$.　　(D) 1.

答题区

纠错笔记

518 已知随机变量 X 与 Y 均服从 $B\left(1,\frac{3}{4}\right)$ 分布，$E(XY)=\frac{5}{8}$，则 $P\{X+Y\leqslant 1\}$ 等于

(A) $\frac{1}{8}$.　　(B) $\frac{1}{4}$.　　(C) $\frac{3}{8}$.　　(D) $\frac{1}{2}$.

答题区

纠错笔记

519 设相互独立的两随机变量 X 和 Y 均服从分布 $B\left(1,\frac{1}{3}\right)$，则 $P\{X\leqslant 2Y\}=$

(A) $\frac{1}{9}$.　　(B) $\frac{4}{9}$.　　(C) $\frac{5}{9}$.　　(D) $\frac{7}{9}$.

答题区

纠错笔记

520 设随机变量 X,Y 独立同分布，且 X 的分布函数为 $F(x)$，则 $Z=\min(X,Y)$ 的分布函数为

(A) $F^2(x)$.　　(B) $F(x)F(y)$.

(C) $1-[1-F(x)]^2$.　　(D) $[1-F(x)][1-F(y)]$.

答题区

纠错笔记

521 设相互独立的两随机变量 X 和 Y 分别服从 $E(\lambda)$ 和 $E(\lambda+2)$ 分布，$\lambda>0$，则 $P\{\min(X,Y)>1\}$ 的值为

(A) $e^{-(\lambda+1)}$.　　(B) $1-e^{-(\lambda+1)}$.　　(C) $e^{-2(\lambda+1)}$.　　(D) $1-e^{-2(\lambda+1)}$.

答题区

纠错笔记

B组

522 设随机变量 X 与 Y 相互独立，X 服从参数为 λ 的指数分布，Y 的分布律为

Y	-1	1
P	$\frac{1}{2}$	$\frac{1}{2}$

，则 $Z = X + Y$ 的分布函数 $F_Z(z)$

(A) 是连续函数.　　(B) 是恰有一个间断点的阶梯函数.

(C) 是恰有一个间断点的非阶梯函数.　　(D) 至少有两个间断点.

答题区

纠错笔记

523 设随机变量 (X,Y) 的分布函数为 $F(x,y)$，边缘分布为 $F_X(x)$ 和 $F_Y(y)$，则概率 $P\{X > x, Y > y\}$ 等于

(A) $1 - F(x,y)$.　　(B) $1 - F_X(x) - F_Y(y)$.

(C) $F(x,y) - F_X(x) - F_Y(y) + 1$.　　(D) $F_X(x) + F_Y(y) + F(x,y) - 1$.

答题区

纠错笔记

524 设随机变量 X 和 Y 相互独立同分布. 已知 $P\{X = k\} = pq^{k-1}(k = 1,2,3,\cdots)$，其中 $0 < p < 1, q = 1 - p$，则 $P\{X = Y\}$ 等于

(A) $\frac{p}{2-p}$.　　(B) $\frac{1-p}{2-p}$.　　(C) $\frac{p}{1-p}$.　　(D) $\frac{2p}{1-p}$.

答题区

纠错笔记

525 已知随机变量 X 与 Y 相互独立且都服从正态分布 $N\left(\mu,\frac{1}{2}\right)$，如果 $P\{X+Y\leqslant 1\}=\frac{1}{2}$，则 μ 等于

(A) -1. (B) 0. (C) $\frac{1}{2}$. (D) 1.

答题区

纠错笔记

526 设随机变量 (X,Y) 的概率密度函数 $f(x,y)=\frac{1}{2\pi}e^{-\frac{x^2+y^2}{2}}$，$-\infty<x,y<+\infty$，则在 $Y=y$ 的条件下，X 的条件概率密度函数 $f_{X|Y}(x\mid y)$ 为

(A) $\frac{1}{\sqrt{2\pi}}e^{-\frac{x^2}{2}}$，$-\infty<x<+\infty$.

(B) $\frac{1}{\sqrt{2\pi}}e^{-\frac{y^2}{2}}$，$-\infty<y<+\infty$.

(C) $\frac{1}{2\sqrt{2\pi}}(e^{-\frac{x^2}{2}}+e^{-\frac{y^2}{2}})$，$-\infty<x,y<+\infty$.

(D) $\frac{1}{\sqrt{2\pi}}e^{-\frac{(x-y)^2}{2}}$，$-\infty<x,y<+\infty$.

答题区

纠错笔记

527 设二维随机变量(X,Y)与(U,V)有相同的边缘分布,则

(A)(X,Y)与(U,V)有相同的联合分布.

(B)(X,Y)与(U,V)不一定有相同的联合分布.

(C)$(X+Y)$与$(U+V)$有相同的分布.

(D)$(X-Y)$与$(U-V)$有相同的分布.

答题区

纠错笔记

528 已知随机变量(X,Y)在区域$D=\{(x,y)\mid -1<x<1,-1<y<1\}$上服从均匀分布,则

(A)$P\{X+Y\geqslant 0\}=\frac{1}{4}$.　　(B)$P\{X-Y\geqslant 0\}=\frac{1}{4}$.

(C)$P\{\max(X,Y)\geqslant 0\}=\frac{1}{4}$.　　(D)$P\{\min(X,Y)\geqslant 0\}=\frac{1}{4}$.

答题区

纠错笔记

529 设相互独立的两随机变量 X 和 Y，其中 $X \sim B\left(1,\frac{1}{2}\right)$，而 Y 具有概率密度函数 $f(y)=\begin{cases}1, & 0\leqslant y<1 \\ 0, & \text{其他}\end{cases}$，则 $P\{X+Y\leqslant \frac{1}{3}\}$ 的值为

(A) $\frac{1}{6}$.　(B) $\frac{1}{3}$.　(C) $\frac{1}{4}$.　(D) $\frac{1}{2}$.

答题区

纠错笔记

530 设二维随机变量 (X_1,X_2) 的概率密度函数 $f_1(x_1,x_2)$，则随机变量 (Y_1,Y_2)（其中 $Y_1=2X_1,Y_2=\frac{1}{3}X_2$）的概率密度函数 $f_2(y_1,y_2)$ 等于

(A) $f_1\left(\frac{y_1}{2},3y_2\right)$.　(B) $\frac{3}{2}f_1\left(\frac{y_1}{2},3y_2\right)$.

(C) $f_1\left(2y_1,\frac{y_2}{3}\right)$.　(D) $\frac{2}{3}f_1\left(2y_1,\frac{y_2}{3}\right)$.

答题区

纠错笔记

531 已知 (X,Y) 服从二维正态分布 $N(0,0;\sigma^2,\sigma^2;\rho)$，其中 $\sigma>0,\rho>0$，则随机变量 $X+Y$ 与 $X-Y$ 必

(A) 相互独立且同分布.　(B) 相互独立但不同分布.

(C) 不相互独立但同分布.　(D) 不相互独立且不同分布.

答题区

纠错笔记

随机变量的数字特征

A 组

532 设随机变量 X,Y 不相关，且 $EX=2,EY=1,DX=3$，则 $E[X(X+Y-2)]=$

(A) -3.　　(B) 3.　　(C) -5.　　(D) 5.

答题区

纠错笔记

533 设随机变量 X 的概率密度函数为 $f(x)$，则其数学期望 $E(X)=a$ 成立的话，则

(A) $\int_{-\infty}^{+\infty} xf(x-a)\mathrm{d}x=0$.　　(B) $\int_{-\infty}^{+\infty} xf(x+a)\mathrm{d}x=0$.

(C) $\int_{-\infty}^{a} f(x)\mathrm{d}x=\frac{1}{2}$.　　(D) $\int_{-\infty}^{a} xf(x)\mathrm{d}x=\frac{1}{2}$.

答题区

纠错笔记

534 设随机变量 X 的概率密度函数为 $f(x)$，数学期望 $E(X)=2$，则

(A) $\int_{-\infty}^{2} xf(x)\mathrm{d}x=\frac{1}{2}$.　　(B) $\int_{-\infty}^{2} xf(x)\mathrm{d}x=\int_{2}^{+\infty} xf(x)\mathrm{d}x$.

(C) $\int_{-\infty}^{2} f(x)\mathrm{d}x=\frac{1}{2}$.　　(D) $\int_{-\infty}^{+\infty} xf(2x)\mathrm{d}x=\frac{1}{2}$.

答题区

纠错笔记

535 已知随机变量 X 的概率密度函数为 $f(x)=\frac{1}{2}e^{-|x|}$，$-\infty<x<+\infty$，则 $D(X^2)$ 的值为

(A)20. (B)22. (C)24. (D)28.

答题区

纠错笔记

536 已知随机变量 X 与 Y 的相关系数为 ρ_{XY} 且 $\rho_{XY}\neq 0$，设 $Z=aX+b$，其中 a,b 为常数，则 Y 与 Z 的相关系数 $\rho_{YZ}=\rho_{XY}$ 的充要条件是

(A)$a=1$. (B)$a>0$.

(C)$a<0$. (D)$a\neq 0$.

答题区

纠错笔记

537 已知随机变量 X 与 Y 有相同的不为零的方差，则 X 与 Y 相关系数等于1的充分必要条件是

(A)$\mathrm{Cov}(X+Y,X)=0$. (B)$\mathrm{Cov}(X+Y,Y)=0$.

(C)$\mathrm{Cov}(X+Y,X-Y)=0$. (D)$\mathrm{Cov}(X-Y,X)=0$.

答题区

纠错笔记

538 已知随机变量 X 与 Y 的相关系数大于零，则

(A) $D(X+Y)=DX+DY$.　　(B) $D(X+Y)<DX+DY$.

(C) $D(X-Y)=DX+DY$.　　(D) $D(X-Y)<DX+DY$.

答题区

纠错笔记

539 设随机变量 X 与 Y 相互独立，且方差 $DX>0,DY>0$，则

(A) X 与 $X+Y$ 一定相关.　　(B) X 与 $X+Y$ 一定不相关.

(C) X 与 XY 一定相关.　　(D) X 与 XY 一定不相关.

答题区

纠错笔记

540 设随机变量 X 的分布函数为 $F(x)=\begin{cases} a-e^{-bx}, & x>0 \\ 0, & x\leqslant 0 \end{cases}$，其中 a,b 均为常数. 已知 $D(X)=4$，则

(A) $\begin{cases} a=1 \\ b=2 \end{cases}$.　　(B) $\begin{cases} a=1 \\ b=\frac{1}{2} \end{cases}$.　　(C) $\begin{cases} a=2 \\ b=4 \end{cases}$.　　(D) $\begin{cases} a=2 \\ b=\frac{1}{4} \end{cases}$.

答题区

纠错笔记

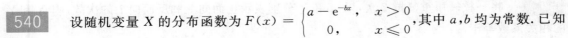

541 假设随机变量 X 与 Y 相互独立具有非零的方差，$DX \neq DY$，则

(A) $3X+1$ 与 $4Y-2$ 相关.　　(B) $X+Y$ 与 $X-Y$ 不相关.

(C) $X+Y$ 与 $2Y+1$ 相互独立.　　(D) e^X 与 $2Y+1$ 相互独立.

答题区

纠错笔记

542 相互独立同分布的两个随机变量 X_1 和 X_2，已知

X_1	n	$n+1$	$n+2$
P	0.3	0.4	0.3

则 $D(X_1+X_2)=$

(A) 1.2.　　(B) 1.0.　　(C) 0.8.　　(D) 0.6.

答题区

纠错笔记

543 将一枚硬币重复掷 2 次，以 X 和 Y 分别表示正面向上和反面向上的次数，则 X 和 Y 的相关系数等于

(A) -1.　　(B) 0.　　(C) $\frac{1}{2}$.　　(D) 1.

答题区

纠错笔记

B 组

544 设随机变量 X 服从参数为 λ 的泊松分布，则 $E(X)E\left(\frac{1}{1+X}\right)=$

(A) 1. (B) $e^{-\lambda}$. (C) $1-e^{-\lambda}$. (D) $1+e^{-\lambda}$.

答题区

纠错笔记

545 设随机变量 X 的二阶矩存在，则

(A) $EX^2 < EX$. (B) $EX^2 \geqslant EX$.

(C) $EX^2 < (EX)^2$. (D) $EX^2 \geqslant (EX)^2$.

答题区

纠错笔记

546 设随机变量 X 的期望、方差都存在，则对任意常数 c，有

(A) $E(X-c)^2 < DX + [E(X-c)]^2$. (B) $E(X-c)^2 > DX + [E(X-c)]^2$.

(C) $E(X-c)^2 = DX + [E(X-c)]^2$. (D) $E(X-c)^2 = DX - [E(X-c)]^2$.

答题区

纠错笔记

547 设随机变量 X 的分布函数为 $F(x)=0.4\Phi\left(\frac{x-5}{2}\right)+0.6\Phi\left(\frac{x+1}{3}\right)$，其中 $\Phi(x)$ 为标准正态分布的分布函数，则 $E(X)=$

(A)3. (B)2.6. (C)1.4. (D)1.

答题区

纠错笔记

548 设随机变量 X 服从标准正态分布 $N(0,1)$，则 $E[(X-2)^2e^{2X}]=$

(A)1. (B)2. (C)e^2. (D)$2e^2$.

答题区

纠错笔记

549 设随机变量 X 与 Y 相互独立，均服从正态 $N(1,2)$，则 $D(XY)=$

(A)4. (B)6. (C)8. (D)10.

答题区

纠错笔记

550　设二维随机变量(X_1,X_2)中X_1与X_2的相关系数为ρ,记$\sigma_{ij}=\mathrm{Cov}(X_i,X_j)$,$(i,j=1,2)$,则行列式

$$\begin{vmatrix}\sigma_{11} & \sigma_{12}\\ \sigma_{21} & \sigma_{22}\end{vmatrix}=0$$

的充分必要条件是

(A)$\rho=0$.　(B)$|\rho|=\frac{1}{3}$.　(C)$|\rho|=\frac{1}{2}$.　(D)$|\rho|=1$.

答题区

纠错笔记

551　设随机变量$X\sim B(1,\frac{1}{4})$,$Y\sim B(1,\frac{1}{3})$,已知$P\{XY=1\}=\frac{1}{12}$,记ρ为X和Y的相关系数,则

(A)$\rho=1$.　(B)$\rho=-1$.

(C)$\rho=0$,但X,Y不独立.　(D)X,Y相互独立.

答题区

纠错笔记

552　设随机变量X的$EX=\mu$,$DX=\sigma^2$($\sigma>0$为常数),则对任意常数c必有

(A)$E(X-c)^2=EX^2-c^2$.　(B)$E(X-c)^2=E(X-\mu)^2$.

(C)$E(X-c)^2<E(X-\mu)^2$.　(D)$E(X-c)^2\geqslant E(X-\mu)^2$.

答题区

纠错笔记

A组

553 设随机变量 X 服从指数分布 $E(1)$，用切比雪夫不等式得到估计 $P\{X \geqslant 3\} \leqslant a$，则 $a=$

(A) $\frac{1}{2}$. (B) $\frac{1}{4}$. (C) $\frac{1}{8}$. (D) e^{-3}.

答题区

纠错笔记

554 设随机变量序列 $X_1, \cdots, X_n, \cdots$ 相互独立，则根据辛钦大数定律，当 $n \to \infty$ 时，$\frac{1}{n}\sum_{i=1}^{n} X_i$ 依概率收敛于其数学期望，只要随机变量序列 $X_1 \cdots, X_n, \cdots$

(A) 有相同的数学期望. (B) 服从同一离散型分布.

(C) 服从同一泊松分布. (D) 服从同一连续型分布.

答题区

纠错笔记

555 设两两独立的随机变量 $X_1, X_2, \cdots, X_n, \cdots$ 必服从切比雪夫大数定律，如果 $X_i, i=1, 2, \cdots$

(A) 有相同数学期望.

(B) 服从同一离散型分布.

(C) 服从同一连续型分布.

(D) X_{2i} 服从泊松分布 $P(\lambda_2)$，X_{2i-1} 服从泊松分布 $P(\lambda_1)$ $(i=1,2,\cdots)$，$\lambda_1, \lambda_2 > 0$.

答题区

纠错笔记

556 设 X_n 表示将一硬币随意投掷 n 次"正面"出现的次数,则

(A) $\lim\limits_{n\to\infty}P\left\{\dfrac{X_n-n}{\sqrt{n}}\leqslant x\right\}=\Phi(x)$.　　(B) $\lim\limits_{n\to\infty}P\left\{\dfrac{X_n-2n}{\sqrt{n}}\leqslant x\right\}=\Phi(x)$.

(C) $\lim\limits_{n\to\infty}P\left\{\dfrac{2X_n-n}{\sqrt{n}}\leqslant x\right\}=\Phi(x)$.　　(D) $\lim\limits_{n\to\infty}P\left\{\dfrac{2X_n-2n}{\sqrt{n}}\leqslant x\right\}=\Phi(x)$.

答题区

纠错笔记

数理统计的基本概念

A 组

557 设 $X_1,X_2,\cdots,X_n(n\geqslant 2)$ 为来自总体 $N(\mu,1)$ 的简单随机样本,记 $\overline{X}=\dfrac{1}{n}\sum\limits_{i=1}^{n}X_i$,则不能得出结论

(A) $\sum\limits_{i=1}^{n}(X_i-\mu)^2$ 服从 χ^2 分布.　　(B) $2(X_n-X_1)^2$ 服从 χ^2 分布.

(C) $\sum\limits_{i=1}^{n}(X_i-\overline{X})^2$ 服从 χ^2 分布.　　(D) $n(\overline{X}-\mu)^2$ 服从 χ^2 分布.

答题区

纠错笔记

558 设总体 X 服从正态分布 $N(0,\sigma^2)$，$\overline{X}$，S^2 分别为容量是 n 的样本的均值和方差，则可以作出服从自由度为 $n-1$ 的 t 分布的随机变量

(A) $\dfrac{\sqrt{n}\,\overline{X}}{S}$.　(B) $\dfrac{\sqrt{n}\,\overline{X}}{S^2}$.　(C) $\dfrac{n\,\overline{X}}{S}$.　(D) $\dfrac{n\,\overline{X}}{S^2}$.

答题区

纠错笔记

559 设 $X_1,X_2,X_3,\cdots,X_{11}$ 是来自正态总体 $N(0,\sigma^2)$ 的简单随机样本，$Y^2=\dfrac{1}{10}\sum\limits_{i=2}^{11}X_i^2$，则

(A) $X_1^2\sim\chi^2(1)$.　(B) $Y^2\sim\chi^2(10)$.

(C) $\dfrac{X_1}{Y}\sim t(10)$.　(D) $\dfrac{X_1^2}{Y^2}\sim F(10,1)$.

答题区

纠错笔记

560 设总体 X 服从正态分布 $N(0,\sigma^2)$，$X_1,\cdots,X_n$ 是取自总体 X 的简单随机样本，其均值、方差分别为 $\overline{X}$，S^2，则

(A) $\dfrac{\overline{X}^2}{S^2}\sim F(1,n-1)$.　(B) $\dfrac{(n-1)\overline{X}^2}{S^2}\sim F(1,n-1)$.

(C) $\dfrac{n\overline{X}^2}{S^2}\sim F(1,n-1)$.　(D) $\dfrac{(n+1)\overline{X}^2}{S^2}\sim F(1,n-1)$.

答题区

纠错笔记

561 设随机变量 $X \sim F(n,n)$，$p_1 = P\{X \geqslant 1\}$，$p_2 = P\{X \leqslant 1\}$，则

(A) $p_1 < p_2$.　　(B) $p_1 = p_2$.

(C) $p_1 > p_2$.　　(D) p_1, p_2 的值与 n 有关，因而无法比较.

答题区

纠错笔记

562 设 $X_1, X_2, \cdots, X_n$ 和 $Y_1, Y_2, \cdots, Y_n$ 分别来自总体均为正态分布 $N(\mu, \sigma^2)$ 的两个相互独立的简单随机样本，记它们的样本方差分别为 S_X^2 和 S_Y^2，则统计量 $T = (n-1)(S_X^2 + S_Y^2)$ 的方差 DT 是

(A) $2n\sigma^4$.　　(B) $2(n-1)\sigma^4$.　　(C) $4n\sigma^4$.　　(D) $4(n-1)\sigma^4$.

答题区

纠错笔记

B 组

563 已知随机变量 $X_1, X_2, \cdots, X_n$ 相互独立且 $EX_i = \mu$，$DX_i = \sigma^2 > 0$，记 $\overline{X} = \frac{1}{n}\sum_{i=1}^{n} X_i$，则 $X_1 - \overline{X}$ 与 $X_2 - \overline{X}$

(A) 不相关且相互独立.　　(B) 不相关且相互不独立.

(C) 相关且相互独立.　　(D) 相关且相互不独立.

答题区

纠错笔记

564 设 X_1,X_2,X_3,X_4 是来自总体 $X\sim N(0,\sigma^2)$ 的简单随机样本，则统计量 $Y=\dfrac{(X_1-X_2)^2+(X_3-X_4)^2}{(X_1+X_2)^2+(X_3+X_4)^2}$ 服从

(A) $F(4,4)$. (B) $F(2,2)$. (C) $F(2,4)$. (D) 不是 F 分布.

答题区

纠错笔记

565 设总体 X 与 Y 都服从正态分布 $N(0,\sigma^2)$，已知 $X_1,\cdots,X_m$ 与 $Y_1,\cdots,Y_n$ 是分别来自总体 X 与 Y 两个相互独立的简单随机样本，统计量 $Y=\dfrac{2(X_1+\cdots+X_m)}{\sqrt{Y_1^2+\cdots+Y_n^2}}$ 服从 $t(n)$ 分布，则 $\dfrac{m}{n}$ 等于

(A) 1. (B) $\dfrac{1}{2}$. (C) $\dfrac{1}{3}$. (D) $\dfrac{1}{4}$.

答题区

纠错笔记

566 设 $X_1,X_2,\cdots,X_n(n\geqslant 2)$ 为来自总体 $N(\mu,\sigma^2)(\sigma>0)$ 的简单随机样本，令 $\overline{X}=\frac{1}{n}\sum_{i=1}^{n}X_i,S=\sqrt{\frac{1}{n-1}\sum_{i=1}^{n}(X_i-\overline{X})^2},S^*=\sqrt{\frac{1}{n}\sum_{i=1}^{n}(X_i-\mu)^2}$，则

(A) $\frac{\sqrt{n}(\overline{X}-\mu)}{S}\sim t(n)$.

(B) $\frac{\sqrt{n}(\overline{X}-\mu)}{S}\sim t(n-1)$.

(C) $\frac{\sqrt{n}(\overline{X}-\mu)}{S^*}\sim t(n)$.

(D) $\frac{\sqrt{n}(\overline{X}-\mu)}{S^*}\sim t(n-1)$.

答题区

纠错笔记

567 设 $X_1,X_2,\cdots,X_n$ 是取自正态总体 $N(0,\sigma^2)$ 的简单随机样本，$\overline{X}$ 是样本均值，记

$$S_1^2=\frac{1}{n-1}\sum_{i=1}^{n}(X_i-\overline{X})^2,S_2^2=\frac{1}{n}\sum_{i=1}^{n}(X_i-\overline{X})^2,S_3^2=\frac{1}{n-1}\sum_{i=1}^{n}X_i^2,S_4^2=\frac{1}{n}\sum_{i=1}^{n}X_i^2,$$

则可以作出服从自由度为 $n-1$ 的 t 分布统计量

(A) $t=\frac{\overline{X}}{S_1/\sqrt{n-1}}$.

(B) $t=\frac{\overline{X}}{S_2/\sqrt{n-1}}$.

(C) $t=\frac{\overline{X}}{S_3/\sqrt{n}}$.

(D) $t=\frac{\overline{X}}{S_4/\sqrt{n}}$.

答题区

纠错笔记

568 假设总体 X 服从正态分布 $N(\mu,\sigma^2)$，$X_1,\cdots,X_n$ 是取自总体 X 的简单随机样本 $(n>1)$，其均值为 $\overline{X}$，如果 $P\{|X-\mu|<a\}=P\{|\overline{X}-\mu|<b\}$，则比值 $\dfrac{a}{b}$

(A) 与 σ 及 n 都有关.　　(B) 与 σ 及 n 都无关.

(C) 与 σ 无关，与 n 有关.　　(D) 与 σ 有关，与 n 无关.

答题区

纠错笔记

569 已知总体 X 的期望 $EX=0$，方差 $DX=\sigma^2$，从总体中抽取容量为 n 的简单随机样本，其样本均值为 $\overline{X}$，样本方差为 S^2. 记统计量 $T_k=\dfrac{n}{k}\overline{X}^2+\dfrac{1}{k}S^2(k=1,2,3,4)$，已知 $ET_k=\sigma^2$，则 $k=$

(A)1.　　(B)2.　　(C)3.　　(D)4.

答题区

纠错笔记

570 设 $X_1,X_2,\cdots,X_n$ 为来自正态总体 $N(\mu,\sigma^2)$ 的简单随机样本，则数学期望 $E\left\{\left(\sum\limits_{i=1}^{n}X_i\right)\left[\sum\limits_{j=1}^{n}\left(nX_j-\sum\limits_{k=1}^{n}X_k\right)^2\right]\right\}$ 等于

(A)$n^3(n-1)\mu\cdot\sigma^2$.　　(B)$n(n-1)\mu\cdot\sigma^2$.

(C)$n^2(n-1)\mu\cdot\sigma^2$.　　(D)$n^3(n-1)\mu\cdot\sigma$.

答题区

纠错笔记

571 设 $X_1,X_2,\cdots,X_9$ 是来自正态总体 X 的简单随机样本，记

$$Y_1=\frac{1}{6}\sum_{i=1}^{6}X_i,\quad Y_2=\frac{1}{3}\sum_{j=7}^{9}X_j,\quad S^2=\frac{1}{2}\sum_{k=7}^{9}(X_k-Y_2)^2,$$

则统计量 $Z=\dfrac{\sqrt{2}(Y_1-Y_2)}{S}$ 服从分布为

(A) $t(3)$.　　(B) $t(2)$.　　(C) $F(1,3)$.　　(D) $F(1,2)$.

答题区

纠错笔记

参数估计

A 组

572 设 $X_1,X_2,\cdots,X_n$ 是来自总体 X 的简单随机样本，X 在 $[\theta-1,\theta+1]$ 上服从均匀分布，则未知参数 θ 的最大似然估计量 $\hat{\theta}$ 为

(A) $\hat{\theta}=\min\limits_{1\leqslant i\leqslant n}(X_i+1)$.　　(B) $\hat{\theta}=\max\limits_{1\leqslant i\leqslant n}(X_i-1)$.

(C) $\min\limits_{1\leqslant i\leqslant n}(X_i+1)\leqslant\hat{\theta}\leqslant\max\limits_{1\leqslant i\leqslant n}(X_i-1)$.　　(D) $\max\limits_{1\leqslant i\leqslant n}(X_i-1)\leqslant\hat{\theta}\leqslant\min\limits_{1\leqslant i\leqslant n}(X_i+1)$.

答题区

纠错笔记

573 设 $X_1,X_2,\cdots,X_n$ 是来自总体 X 的简单随机样本，X 的分布律为

X	-1	0	1
P	θ	$1-2\theta$	θ

，$0<\theta<\dfrac{1}{2}$

则未知参数 θ 的矩估计量 $\hat{\theta}$ 为

(A) $\dfrac{1}{n}\sum\limits_{i=1}^{n}X_i$.　(B) $\dfrac{1}{n}\sum\limits_{i=1}^{n}X_i^2$.　(C) $\dfrac{1}{2n}\sum\limits_{i=1}^{n}X_i$.　(D) $\dfrac{1}{2n}\sum\limits_{i=1}^{n}X_i^2$.

答题区

纠错笔记

574 假设总体 X 的方差 DX 存在，$X_1,\cdots,X_n$ 是取自总体 X 的简单随机样本，其均值和方差分别为 $\overline{X},S^2$，则 EX^2 的矩估计量是

(A) $S^2+\overline{X}^2$.　(B) $(n-1)S^2+\overline{X}^2$.　(C) $nS^2+\overline{X}^2$.　(D) $\dfrac{n-1}{n}S^2+\overline{X}^2$.

答题区

纠错笔记

B 组

575 设总体的概率密度函数为 $f(x;\sigma)=\dfrac{1}{2\sigma}e^{-\frac{|x|}{\sigma}},-\infty<x<+\infty$，其中 $\sigma\in(0,+\infty)$ 为未知参数，$X_1,X_2,\cdots,X_n$ 为来自总体 X 的简单随机样本，则 σ 的最大似然估计量 $\hat{\sigma}=$

(A) $\overline{X}$.　(B) $\dfrac{1}{n}\sum\limits_{i=1}^{n}|X_i|$.　(C) S.　(D) $\dfrac{1}{n}\sum\limits_{i=1}^{n}(X_i-\overline{X})^2$.

答题区

纠错笔记

2阶

基础过关

微积分

填　空　题

函数、极限、连续

A 组

576　设 $f(x)$ 为 $(-\infty,+\infty)$ 上定义的周期为 2 的奇函数，且当 $x\in(2,3)$ 时 $f(x)=x^2-x-1$，则当 $x\in[-2,0]$ 时 $f(x)=$ ________.

答题区

纠错笔记

577　设 $f(x)=\dfrac{x}{\sqrt{1+x^2}}$，则 $f[f(x)]=$ ________.

答题区

纠错笔记

578　$\lim\limits_{x\to 0}\dfrac{x-(x+1)\ln(x+1)}{x^2}=$ ________.

答题区

纠错笔记

579 $\lim\limits_{x\to 0}\cot x\left(\dfrac{1}{\sin x}-\dfrac{1}{x}\right)=$ ________.

答题区

纠错笔记

一元函数微分学

A 组

580 设 $f(x)=\begin{cases} h(x)\sin\dfrac{1}{x}, & x\neq 0 \\ 0, & x=0 \end{cases}$，并设 $h(x)$ 在 $x=0$ 处可导，$h(0)=0$，$h'(0)=0$. 则 $f'(0)=$ ________.

答题区

纠错笔记

581 设 $y=\dfrac{2x+2}{x^2+2x-3}$，则其 n 阶导数 $\dfrac{d^n y}{dx^n}=$ ________.

答题区

纠错笔记

582 $f(x)=\lim_{n\to\infty}\frac{x^{2n-1}+x}{x^{2n}+1}$ 的不可导点的个数正好有______个.

答题区

纠错笔记

583 函数 $f(x)=x^2-\frac{16}{x}$ 在 $(-\infty,0)$ 上的最小值为______.

答题区

纠错笔记

一元函数积分学

A 组

584 当 $x\to 0$ 时,连续函数 $f(x)$ 为二阶无穷小,$\int_0^{\sqrt[3]{x}}f(t)\mathrm{d}t$ 为 k 阶无穷小,则 $k=$______.

答题区

纠错笔记

585 设 $y=y(x)$ 由方程 $x=\int_{1}^{y-x}\sin^{2}\left(\frac{\pi}{4}t\right)\mathrm{d}t$ 确定，则 $\left.\frac{\mathrm{d}y}{\mathrm{d}x}\right|_{x=0}=$ ________.

答题区

纠错笔记

586 设平面有界区域 D 由曲线 $x=y^{2}$ 与直线 $x+y=2$ 围成，则 D 的面积为________，D 绕 y 轴旋转形成的旋转体体积为________.

答题区

纠错笔记

587 某地区居民购买冰箱的消费支出 $w(x)$ 的变化率是居民总收入 x 的函数为 $\frac{1}{200\sqrt{x}}$，当居民收入由 4 亿元增加到 9 亿元时购买冰箱的消费支出增加了________亿.

答题区

纠错笔记

588 设生产某产品的固定成本为50,产量为 x 时的边际成本函数为 $C'(x)=x^2-14x+111$,边际收益函数为 $R'(x)=100-2x$,则总利润函数 $L(x)=$ ________.

答题区

纠错笔记

微分方程(差分方程)

A组

589 方程 $(y+\sqrt{x^2+y^2})\mathrm{d}x-x\mathrm{d}y=0$ 满足条件 $y(1)=0$ 的特解为________.

答题区

纠错笔记

590 把 x^2 看成 y 的函数,求解微分方程 $(y^4-3x^2)\mathrm{d}y+xy\mathrm{d}x=0$,则该方程的通解是________.

答题区

纠错笔记

591 $y''+4y=\cos 2x$ 的通解是________.

答题区

纠错笔记

B组

592 设 $u=u(\sqrt{x^2+y^2})(r=\sqrt{x^2+y^2}>0)$ 有二阶连续的偏导数，且满足

$$\frac{\partial^2 u}{\partial x^2}+\frac{\partial^2 u}{\partial y^2}-\frac{1}{x}\frac{\partial u}{\partial x}+u=x^2+y^2,$$

则 $u(\sqrt{x^2+y^2})=$________.

答题区

纠错笔记

593 差分方程 $y_{t+1}+5y_t-3t^2+t=0$ 的通解为________.

答题区

纠错笔记

594 某公司每年投入研究开发新品的费用总额在比上一年增加 30% 的基础上再追加 4 百万元. 若以 W_t 表示第 t 年的研发新品费用总额（单位：百万元），则 W_t 满足的差分方程是________.

答题区

纠错笔记

595 某银行账户，以连续复利方式计息年利率为5%，希望连续20年以每年12000元的速率取款，若t以年为单位，为使20年后账户中余额为零，则初始存入的数额为________元.

答题区

纠错笔记

无穷级数

A组

596 在级数

①$\left(1-\frac{1}{2}\right)+\left(\frac{1}{2}-\frac{1}{3}\right)+\left(\frac{1}{3}-\frac{1}{4}\right)+\cdots+\left(\frac{1}{n}-\frac{1}{n+1}\right)+\cdots$,

②$1-\frac{1}{2}+\frac{1}{2}-\frac{1}{3}+\frac{1}{3}-\frac{1}{4}+\cdots+\frac{1}{n}-\frac{1}{n+1}+\cdots$,

③$2-\frac{3}{2}+\frac{3}{2}-\frac{4}{3}+\frac{4}{3}-\frac{5}{4}+\cdots+\frac{n+1}{n}-\frac{n+2}{n+1}+\cdots$,

④$\left(2-\frac{3}{2}\right)+\left(\frac{3}{2}-\frac{4}{3}\right)+\left(\frac{4}{3}-\frac{5}{4}\right)+\cdots+\left(\frac{n+1}{n}-\frac{n+2}{n+1}\right)+\cdots$

中，发散级数的序号是________.

答题区

纠错笔记

597 若数列$\{a_n\}$收敛，则级数$\sum_{n=1}^{\infty}(a_{n+1}-a_n)$________.（填“收敛”或“发散”）

答题区

纠错笔记

598 已知级数 $\sum_{n=1}^{\infty}\frac{\sqrt{n+1}}{n^{\alpha}}$ 收敛，则 α 应满足________.

答题区

纠错笔记

599 已知幂级数 $\sum_{n=1}^{\infty}a_nx^n$ 在 $x=1$ 处条件收敛，则幂级数 $\sum_{n=1}^{\infty}a_n(x-1)^n$ 的收敛半径为________.

答题区

纠错笔记

600 幂级数 $\sum_{n=1}^{\infty}\frac{x^n}{2n+1}$ 的收敛域为________.

答题区

纠错笔记

601 已知幂级数 $\sum_{n=1}^{\infty} a_n(x-1)^n$ 在 $x=2$ 处收敛，在 $x=0$ 处发散，则幂级数 $\sum_{n=1}^{\infty} a_n(x-1)^n$ 的收敛域为________.

答题区

纠错笔记

602 把函数 $f(x)=\dfrac{1}{x^2-2x-3}$ 展开为 x 的幂级数，则 $f(x)=$______.

答题区

纠错笔记

603 $f(x)=\ln(2+x-3x^2)$ 在 $x=0$ 处的泰勒展开式为________.

答题区

纠错笔记

604　设 $f(x)=x\arctan x-\ln\sqrt{1+x^2}$，则 $f(x)$ 的幂级数展开式是________.

答题区

纠错笔记

605　级数 $\sum\limits_{n=0}^{\infty}\frac{n+1}{n!}$ 的和为________.

答题区

纠错笔记

B 组

606　若数列 $(a_1+a_2)+(a_3+a_4)+\cdots+(a_{2n-1}+a_{2n})+\cdots$ 发散，则级数 $\sum\limits_{n=1}^{\infty}a_n$ ________.（填“收敛”或“发散”）

答题区

纠错笔记

607 设 $a_1=2025,\lim\limits_{n\to\infty}a_n=4051$，则级数 $\sum\limits_{n=1}^{\infty}(a_{n+1}-a_n)$ 的和为________.

答题区

纠错笔记

608 已知幂级数 $\sum\limits_{n=1}^{\infty}a_n\left(x-\frac{1}{2}\right)^n$ 在 $x=2$ 处发散，在 $x=-1$ 处收敛，则幂级数 $\sum\limits_{n=1}^{\infty}a_n(x-1)^n$ 的收敛域是______.

答题区

纠错笔记

609 幂级数 $\sum\limits_{n=1}^{\infty}\frac{x^n}{n[4^n+(-3)^n]}$ 的收敛半径 $R=$________，收敛域为________.

答题区

纠错笔记

610 幂级数 $\sum_{n=1}^{\infty}\left(\frac{1}{n}+\frac{1}{2^n}\right)x^n$ 的收敛域为________，和函数 $S(x)=$ ________.

答题区

纠错笔记

611 已知幂级数 $\sum_{n=1}^{\infty}a_nx^n$ 的收敛半径为 2，则幂级数 $\sum_{n=1}^{\infty}na_n(x+1)^n$ 的收敛区间为________.

答题区

纠错笔记

612 幂级数 $\sum_{n=1}^{\infty}(-1)^n\frac{(x+1)^n}{n(1-4^n)}$ 的收敛域为________.

答题区

纠错笔记

613 $\sum_{n=1}^{\infty} \frac{n}{3^n} =$ ______.

答题区

纠错笔记

614 级数$\sum_{n=1}^{\infty} \frac{(-1)^{n-1}}{n2^{n+1}}$的和为______.

答题区

纠错笔记

615 幂级数$\sum_{n=1}^{\infty} (-1)^{n-1} \frac{1}{n^2 2^n} x^{2n}$的收敛域为______,和函数$S(x) =$ ______.

答题区

纠错笔记

选　择　题

函数、极限、连续

B组

616 设函数 $f(x)$ 满足 $f\left(x+\frac{1}{2}\right)=\frac{1}{2}+\sqrt{f(x)-f^2(x)}$，$x\in(-\infty,+\infty)$，则 $f(x)$ 的周期为

(A) 1.　　(B) $\frac{1}{2}$.　　(C) $\frac{1}{3}$.　　(D) $\frac{1}{4}$.

答题区

纠错笔记

617 $\lim\limits_{x\to 1}(1-x^2)\tan\frac{\pi}{2}x=$

(A) 1.　　(B) $\frac{2}{\pi}$.　　(C) $\frac{4}{\pi}$.　　(D) $\frac{6}{\pi}$.

答题区

纠错笔记

618 $\lim\limits_{n\to\infty}\left(n^2 e^{\frac{1}{n}}-\frac{n^3}{n-1}\right)=$

(A) 2.　　(B) -2.　　(C) $\frac{1}{2}$.　　(D) $-\frac{1}{2}$.

答题区

纠错笔记

619 下列命题中正确的是

(A) 若$\lim\limits_{x\to x_0}f(x)\geqslant\lim\limits_{x\to x_0}g(x)\Rightarrow$存在$\delta>0$,当$0<|x-x_0|<\delta$时$f(x)\geqslant g(x)$.

(B) 若存在$\delta>0$使得当$0<|x-x_0|<\delta$时有$f(x)>g(x)$且$\lim\limits_{x\to x_0}f(x)=A_0$,$\lim\limits_{x\to x_0}g(x)=B_0$均存在,则$A_0>B_0$.

(C) 若存在$\delta>0$,当$0<|x-x_0|<\delta$时$f(x)>g(x)\Rightarrow\lim\limits_{x\to x_0}f(x)\geqslant\lim\limits_{x\to x_0}g(x)$.

(D) 若$\lim\limits_{x\to x_0}f(x)>\lim\limits_{x\to x_0}g(x)\Rightarrow$存在$\delta>0$,当$0<|x-x_0|<\delta$时有$f(x)>g(x)$.

答题区

纠错笔记

620 下列命题

① 设$\lim\limits_{x\to x_0}f(x)=\infty$,则$\lim\limits_{x\to x_0}\dfrac{1}{f(x)}=0$.

② 设$\lim\limits_{x\to x_0}f(x)=0$,则$\lim\limits_{x\to x_0}\dfrac{1}{f(x)}=\infty$.

③ 设$\lim\limits_{x\to x_0}f(x)=\lim\limits_{x\to x_0}g(x)=+\infty$,则$\lim\limits_{x\to x_0}(f(x)-g(x))=0$.

④ 设$\lim\limits_{x\to x_0}f(x)=\lim\limits_{x\to x_0}g(x)=+\infty$,则$\lim\limits_{x\to x_0}(f(x)+g(x))=+\infty$.

正确的个数为

(A)1. (B)2. (C)3. (D)4.

答题区

纠错笔记

621 设 $u_n > 0(n = 1,2,\cdots)$ 并设数列$\{u_n\}$ 无上界，则

(A) 数列$\left\{\frac{1}{u_n}\right\}$必有上界.

(B) 必有$\lim\limits_{n\to\infty} u_n = +\infty$.

(C) 对于任意给定的 $M > 0$，满足 $u_n < M$ 的 n 只有有限个.

(D) 对于任意给定的 $M > 0$，满足 $u_n > M$ 的 n 总有无限个.

答题区

纠错笔记

A 组

622 已知函数 $f(x) = \begin{cases} x^2 - 1, & 0 \leqslant x \leqslant 1, \\ ax + b, & 1 < x \leqslant 2 \end{cases}$ 在$[0,2]$上可导，则

(A)$a = 2, b = -2$.　　(B)$a = -2, b = -2$.

(C)$a = 2, b = 2$.　　(D)$a = -2, b = 2$.

答题区

纠错笔记

623 函数 $f(x)=(x^2+x-2)\,|x^3-4x|\cdot\sin|x|$ 的不可导点为 $x=$

(A) -2.　　(B) 0.　　(C) 1.　　(D) 2.

答题区

纠错笔记

624 设 $f(x)$ 对任意 x 均满足 $f(1+x)=af(x)$，且 $f'(0)=b$，其中 a 与 b 都是常数，则 $f(x)$ 在 $x=1$ 处

(A) 不可导.

(B) 可导，$f'(1)=a$.

(C) 可导，$f'(1)=b$.

(D) 可导，$f'(1)=ab$.

答题区

纠错笔记

625 设 $g(x)$ 在 $x=0$ 的某邻域内二阶导数连续，且 $g(0)=1, g'(0)=2, g''(0)=1$，且设 $f(x)=\begin{cases}\dfrac{g(x)-e^{2x}}{x}, & x\neq 0,\\ 0, & x=0.\end{cases}$ 则 $f(x)$ 在 $x=0$ 处

(A) 不连续.

(B) 连续但不可导.

(C) 可导但导函数不连续.

(D) 导函数连续.

答题区

纠错笔记

626 设 $f(x)$ 在 $x=0$ 的某邻域内有定义，并且 $|f(x)|\leqslant 1-\sqrt{1-x^2}$，则 $f(x)$ 在 $x=0$ 处

(A) 不连续.　　(B) 连续而不可导.

(C) 可导但 $f'(0)\neq 0$.　　(D) $f'(0)=0$.

答题区

纠错笔记

627 设 $f(x)$ 在 $x=0$ 处存在二阶导数，且 $f(0)=0, f'(0)=0, f''(0)\neq 0$，则 $\lim\limits_{x\to 0}\dfrac{f(x)}{xf'(x)}=$

(A) 1.　　(B) $\dfrac{1}{2}$.　　(C) $\dfrac{1}{3}$.　　(D) $\dfrac{1}{4}$.

答题区

纠错笔记

628 设 $f(x)=\arctan x$，则 $f'''(x)=$

(A) $\dfrac{2(3x^2+1)}{(1+x^2)^3}$.　　(B) $\dfrac{2(3x^2-1)}{(1+x^2)^2}$.

(C) $\dfrac{3x^2+1}{(1+x^2)^3}$.　　(D) $\dfrac{2(3x^2-1)}{(1+x^2)^3}$.

答题区

纠错笔记

A组

629 当 $x \to 0$ 时，下述一些无穷小与 x^3 为同阶无穷小的是

(A) $\alpha(x) = x^3 + x^2$.　　(B) $\beta(x) = \dfrac{1-\cos x}{x}$.

(C) $\gamma(x) = \int_0^{\ln(1+x)} (e^{t^2} - 1)\,dt$.　　(D) $\delta(x) = (1+\sin x)^{\ln(1+x)} - 1$.

答题区

纠错笔记

630 将 $x \to 0^+$ 时的三个无穷小量 $\alpha = \int_0^x \cos t^2\,dt$，$\beta = \int_0^{x^2} \sin\sqrt{t}\,dt$，$\gamma = \sqrt{1-x^2} - 1$ 排列起来，使得排在后面一个是前面一个的高阶无穷小，则正确的排列次序是

(A) α,β,γ.　　(B) α,γ,β.　　(C) β,α,γ.　　(D) β,γ,α.

答题区

纠错笔记

631 若 $f(x)$ 的一个原函数为 $\arctan x$，则 $\int xf(1-x^2)\,dx =$

(A) $\arctan(1-x^2) + C$.　　(B) $x\arctan(1-x^2) + C$.

(C) $-\dfrac{1}{2}\arctan(1-x^2) + C$.　　(D) $-\dfrac{1}{2}x\arctan(1-x^2) + C$.

答题区

纠错笔记

632 若 $f'(\sin^2 x) = \cos^2 x$，则 $f(x) =$

(A) $\sin x - \frac{1}{2}\sin^2 x + C$.　　(B) $x - \frac{1}{2}x^2 + C$.

(C) $\cos x - \sin x + C$.　　(D) $\frac{1}{2}x^2 - x + C$.

答题区

纠错笔记

633 设 $\frac{\sin x}{x}$ 为 $f(x)$ 的一个原函数，且 $a \neq 0$，则 $\int \frac{f(ax)}{a} dx =$

(A) $\frac{\sin ax}{a^3 x} + C$.　(B) $\frac{\sin ax}{a^2 x} + C$.　(C) $\frac{\sin ax}{ax} + C$.　(D) $\frac{\sin ax}{x} + C$.

答题区

纠错笔记

634 $I = \int_0^1 \arcsin x \cdot \arccos x dx =$

(A) $-\frac{\pi}{2} + 2$.　(B) $-\frac{\pi}{2}$.　(C) $\frac{\pi}{2} + 2$.　(D) $\frac{\pi}{2}$.

答题区

纠错笔记

635 设 $f(x)$ 有一阶导数且满足 $\int_0^1 f(tx)\mathrm{d}t = f(x) + x\sin x$，则 $f(x) =$

(A) $x\sin x - \cos x + C$.　　(B) $-x\sin x - \cos x + C$.

(C) $x\sin x + \cos x + C$.　　(D) $-x\sin x + \cos x + C$.

答题区

纠错笔记

微分方程(差分方程)

A 组

636 已知方程 $y'' + qy = 0$ 存在当 $x \to +\infty$ 时趋于零的非零解，则

(A) $q > 0$.　　(B) $q \geqslant 0$.　　(C) $q < 0$.　　(D) $q \leqslant 0$.

答题区

纠错笔记

637 设 C_1, C_2 是两个任意常数，则函数 $y = C_1 e^{2x} + C_2 e^{-x} - 2xe^{-x}$ 满足的一个微分方程是

(A) $y'' + y' - 2y = 6e^{-x}$.　　(B) $y'' - y' - 2y = 6e^{-x}$.

(C) $y'' + y' - 2y = 3xe^{-x}$.　　(D) $y'' - y' - 2y = 3xe^{-x}$.

答题区

纠错笔记

638 某商品的需求价格弹性为 $-P(\ln P+1)$，P 为价格，当 $P=1$ 时需求量 $Q(P)=1$，则该商品的需求函数 $Q(P)=$

(A) $P^{-\frac{1}{2}P}$.　　(B) $P^{-\frac{1}{3}P}$.

(C) P^{-P}.　　(D) P^{-2P}.

答题区

纠错笔记

639 设 A,B,C 为待定常数，则差分方程 $y_{t+1}-y_t=t^2-1$ 的特解具有形式

(A) $\overline{y}(t)=At^2+B$.　　(B) $\overline{y}(t)=At^3+Bt^2+Ct$.

(C) $\overline{y}(t)=At^3+Bt^2$.　　(D) $\overline{y}(t)=At^2+Bt+C$.

答题区

纠错笔记

640 差分方程 $y_{t+1}-2y_t=5\sin\frac{\pi}{2}t$ 的一个特解是

(A) $\overline{y}(t)=2\sin\frac{\pi}{2}t+\cos\frac{\pi}{2}t$.　　(B) $\overline{y}(t)=2\sin\frac{\pi}{2}t-\cos\frac{\pi}{2}t$.

(C) $\overline{y}(t)=-2\sin\frac{\pi}{2}t-\cos\frac{\pi}{2}t$.　　(D) $\overline{y}(t)=-2\sin\frac{\pi}{2}t+\cos\frac{\pi}{2}t$.

答题区

纠错笔记

无穷级数

A 组

641 设级数$\sum_{n=1}^{\infty} u_n$条件收敛,则

(A) 级数$\sum_{n=1}^{\infty}(u_n+|u_n|)$与级数$\sum_{n=1}^{\infty}(u_n-|u_n|)$都收敛.

(B) 级数$\sum_{n=1}^{\infty}(u_n+|u_n|)$与级数$\sum_{n=1}^{\infty}(u_n-|u_n|)$都发散.

(C) 级数$\sum_{n=1}^{\infty}(u_n+|u_n|)$收敛而级数$\sum_{n=1}^{\infty}(u_n-|u_n|)$发散.

(D) 级数$\sum_{n=1}^{\infty}(u_n+|u_n|)$发散而级数$\sum_{n=1}^{\infty}(u_n-|u_n|)$收敛.

答题区

纠错笔记

642 在关于级数的如下四个结论中正确的结论是

(A) 若$\sum_{n=1}^{\infty} u_n^2$和$\sum_{n=1}^{\infty} v_n^2$都收敛,则$\sum_{n=1}^{\infty}(u_n+v_n)^2$收敛.

(B) 若$\sum_{n=1}^{\infty}|u_n v_n|$收敛,则$\sum_{n=1}^{\infty} u_n^2$与$\sum_{n=1}^{\infty} v_n^2$都收敛.

(C) 若正项级数$\sum_{n=1}^{\infty} u_n$发散,则$u_n \geqslant \frac{1}{n}$.

(D) 若级数$\sum_{n=1}^{\infty} u_n$收敛,且$u_n \geqslant v_n (n=1,2,\cdots)$,则级数$\sum_{n=1}^{\infty} v_n$也收敛.

答题区

纠错笔记

643 设正项级数 $\sum\limits_{n=0}^{\infty} a_n$ 收敛，$b_n = (-1)^n \ln(1 + a_{2n})$，则 $\sum\limits_{n=1}^{\infty} b_n$

(A) 条件收敛.　　(B) 绝对收敛.

(C) 发散.　　(D) 不能确定敛散性.

答题区

纠错笔记

644 对于级数 $\sum\limits_{n=1}^{\infty} (-1)^{n-1} u_n$，其中 $u_n > 0 (n = 1,2,\cdots)$，在下列命题中正确的是

(A) 若 $\sum\limits_{n=1}^{\infty} (-1)^{n-1} u_n$ 收敛，则 $\sum\limits_{n=1}^{\infty} (-1)^{n-1} u_n$ 必条件收敛.

(B) 若 $\sum\limits_{n=1}^{\infty} (-1)^{n-1} u_n$ 收敛，则 $\sum\limits_{n=1}^{\infty} u_n$ 必收敛.

(C) 若 $\sum\limits_{n=1}^{\infty} u_n$ 发散，则 $\sum\limits_{n=1}^{\infty} (-1)^{n-1} u_n$ 必发散.

(D) 若 $\sum\limits_{n=1}^{\infty} u_n$ 收敛，则 $\sum\limits_{n=1}^{\infty} (-1)^{n-1} u_n$ 为绝对收敛.

答题区

纠错笔记

645 幂级数 $\sum\limits_{n=1}^{\infty} \dfrac{2n+5}{n(n+1)}(x-1)^n$ 收敛域是

(A) $(0,2]$.　　(B) $[0,2)$.　　(C) $(0,2)$.　　(D) $[0,2]$.

答题区

纠错笔记

646 若$\sum_{n=0}^{\infty}a_nx^n$的收敛域是$(-8,8]$，则$\sum_{n=2}^{\infty}\frac{a_nx^n}{n(n-1)}$的收敛半径及$\sum_{n=0}^{\infty}a_nx^{3n}$的收敛域分别是

(A)8，$(-2,2]$.　　(B)8，$[-2,2]$.

(C)4，$(-2,2]$.　　(D)8，$[-2,2)$.

答题区

纠错笔记

647 幂级数$\sum_{n=1}^{\infty}\frac{x^n}{n(n+1)}$的和函数$S(x)=$

(A)$\ln(1-x)+\frac{1}{x}\ln(1-x)+1\quad(-1\leqslant x<1,x\neq 0)$.

(B)$\ln(1+x)+\frac{1}{x}\ln(1-x)+1\quad(-1<x<1,x\neq 0)$.

(C)$-\ln(1-x)+\frac{1}{x}\ln(1-x)+1\quad(-1\leqslant x<1,x\neq 0)$.

(D)$-\ln(1-x)+\frac{1}{x}\ln(1+x)+1\quad(-1<x<1,x\neq 0)$.

答题区

纠错笔记

648 当 $|x|<1$ 时,幂级数 $\sum_{n=1}^{\infty}\frac{1}{n}x^n$ 的和函数是

(A) $\ln(1-x)$.

(B) $\ln\frac{1}{1-x}$.

(C) $\ln(x-1)$.

(D) $-\ln(x-1)$.

答题区

纠错笔记

649 数项级数 $\sum_{n=1}^{\infty}n\left(\frac{2}{3}\right)^n$ 的和 $S=$

(A)3. (B)6. (C)9. (D)12.

答题区

纠错笔记

650 设级数 $\sum_{n=1}^{\infty}\left(\frac{5}{4}\right)^n a_n$ 收敛,则 $\sum_{n=1}^{\infty}(-1)^n n a_n$ 是

(A) 绝对收敛.

(B) 条件收敛.

(C) 发散.

(D) 收敛与否与 a_n 有关.

答题区

纠错笔记

B 组

651 a_n 和 b_n 符合下列哪一个条件，可由 $\sum_{n=1}^{\infty} a_n$ 发散推得 $\sum_{n=1}^{\infty} b_n$ 发散

(A) $a_n \leqslant b_n$.　(B) $|a_n| \leqslant b_n$.　(C) $a_n \leqslant |b_n|$.　(D) $|a_n| \leqslant |b_n|$.

答题区

纠错笔记

652 设 α,β,γ 均为大于 1 的常数，则级数 $\sum_{n=1}^{\infty} \frac{n^{\gamma}+\alpha^{n}}{n^{\alpha}+\ln^{\beta}n+\gamma^{n}}$

(A) 当 $\alpha > \gamma$ 时收敛.　(B) 当 $\alpha < \gamma$ 时收敛.

(C) 当 $\gamma > \beta$ 时收敛.　(D) 当 $\gamma < \beta$ 时收敛.

答题区

纠错笔记

653 设正数列 $\{a_n\}$ 单调减少，且交错级数 $\sum_{n=1}^{\infty}(-1)^{n-1}a_n$ 发散，则级数 $\sum_{n=1}^{\infty}(-1)^{n-1}\left(\frac{1}{a_n+1}\right)^{n}$

(A) 发散.　(B) 条件收敛.

(C) 绝对收敛.　(D) 敛散性不能仅由题设条件确定.

答题区

纠错笔记

654 在如下四个级数

① $\sum\limits_{n=1}^{\infty}(-1)^{n-1}\dfrac{\ln(n+1)}{n}$，　② $\sum\limits_{n=1}^{\infty}(-1)^{n-1}\dfrac{n}{2^n}$，

③ $\sum\limits_{n=2}^{\infty}\dfrac{(-1)^{n-1}}{\sqrt{n}-(-1)^n}$，　④ $\sum\limits_{n=1}^{\infty}\sin\left(n\pi+\dfrac{1}{\sqrt{n}}\right)$

中，条件收敛的级数是

(A)①②.　(B)②③.　(C)③④.　(D)①④.

答题区

纠错笔记

655 设 a 是常数，则级数 $\sum\limits_{n=1}^{\infty}\left(\dfrac{na}{n+1}\right)^n$

(A) 当 $a>0$ 时收敛.　(B) 当 $a>0$ 时发散.

(C) 当 $a\leqslant 1$ 时发散.　(D) 当 $a\geqslant 1$ 时发散.

答题区

纠错笔记

656　已知级数 $\sum_{n=1}^{\infty}\frac{(-1)^n}{n^p}$ 与反常积分 $\int_0^{+\infty}e^{(p-2)x}dx$ 均收敛，则 p 的取值范围是

(A) $p>2$.　(B) $p<2$.　(C) $p>0$.　(D) $0<p<2$.

答题区

纠错笔记

657　设级数(1) 是 $\sum_{n=1}^{\infty}\frac{(-1)^n}{\sqrt{n+1}+(-1)^n}$，级数(2) 是 $\sum_{n=1}^{\infty}\sin(\pi\sqrt{n^2+1})$，则

(A) 级数(1) 与级数(2) 都是收敛的.　(B) 级数(1) 与级数(2) 都是发散的.

(C) 级数(1) 发散，级数(2) 收敛.　(D) 级数(1) 收敛，级数(2) 发散.

答题区

纠错笔记

658　给定下列两个级数：(1) $\sum_{n=2}^{\infty}\frac{1}{\ln n!}$，(2) $\sum_{n=2}^{\infty}\frac{\ln^3 n}{n^2}$，则下列结论正确的是

(A) 两个级数均收敛.　(B) 两个级数均发散.

(C) 级数(1) 发散，级数(2) 收敛.　(D) 级数(1) 收敛，级数(2) 发散.

答题区

纠错笔记

659 幂级数$\sum_{n=1}^{\infty}\frac{(-1)^{n-1}}{2n-1}x^{2n}$的和函数$S(x)=$

(A)$\arcsin x, x\in[-1,1]$.　　(B)$x\arcsin x, x\in[-1,1]$.

(C)$\arctan x, x\in[-1,1]$.　　(D)$x\arctan x, x\in[-1,1]$.

答题区

纠错笔记

660 幂级数$\sum_{n=1}^{\infty}(-1)^{n-1}(n^2-3n+5)x^n$的和函数$S(x)=$

(A)$\frac{x(5x^2+6x+3)}{(1+x)^3}(|x|<1)$.　　(B)$\frac{x(5x^2-6x+3)}{(1+x)^3}(|x|<1)$.

(C)$\frac{5x^2+6x+3}{(1+x)^3}(|x|<1)$.　　(D)$\frac{5x^2-6x+3}{(1+x)^3}(|x|<1)$.

答题区

纠错笔记

金榜時代
GLISTIME 明德·弘道·惟精
考研数学 满分科学高效复习5段论
你的"考研启蒙师"——读完这本书Get考研
0阶段
考研启蒙
考研启蒙师
想考研 先读这本书
大学在校期间建立考研相关认知:
基础常识、专业规划、院校选择、报考流程、公共课备考的策略与方法等,
为大一、大二学生提供了决定是否考研的参考和建议,
为大三、大四学生则提供备考、复习规划、课程常识、学习方法等指导。
先人一步 高人一筹 先手必胜 一战成硕
上岸学习包使用建议
早鸟卷王 推荐 时间安排
拖延症 不能慢于 这个节奏
一阶段
零基础和夯实基础
目标分数90
基础不牢 地动山摇
大学数学教材
《大学教材名师精品课》
主讲:同济大学贺金陵老师
大学数学和考研复习的必修阶段
前一年 9-11月
前一年12月-当年2月
高等数学·基础篇
线性代数·基础篇
概率论与数理统计·基础篇
考研数学复习全书·基础篇(线性代数基础)
考研数学复习全书·基础篇(高等数学基础)
考研数学复习全书·基础篇(概率论与数理统计基础)
数学基础过关660题
1987—2008 考研数学真题真刷·基础篇
前一年12月-当年5月
2-6月
把70%的精力放到基础阶段:书+课+带学+答疑+测评=考研数学基础解决方案
二阶段
强化提高
目标分数120
高等数学辅导讲义
线性代数辅导讲义
概率论与数理统计辅导讲义
考研数学复习全书·提高篇
数学强化通关330题
考研数学经典易错题
6-8月
7-9月
讲义搭配习题,强化提高,直面真题,学习解题技巧,提升解题效率
三阶段
真题真刷及专项补弱增强
目标分数135
高等数学解题密码·选填题
高等数学解题密码·解答题
高等数学 考研高分领跑计划 十七堂课
线性代数 考研高分领跑计划 九堂课
概率论与数理统计 考研高分领跑计划 七堂课
2009-2025 考研数学真题真刷·提高篇
9-11月
10-11月
真题真刷、专项增强,高效冲击高分或满分
四阶段
模拟冲刺满分
目标分数150
数学决胜冲刺6套卷
数学终极预测3套卷
数学终极预测3套卷
数学临阵磨枪
11-12月
11-12月
趋向考题,模拟真实考场,适配各类难度等级
封面以实际上市出版物为准

总 策 划:杨朝晖

2026
考研专用

金榜时代®
GLISTIME 明德·弘毅·惟精

金榜时代考研数学书课——上岸学习包

数学基础过关660题

（数 学 三）

编著◎李永乐 王式安 武忠祥 宋浩 薛威 刘喜波 姜晓千

高效复习指导　　必练题推荐表　　二三刷错题本

通关攻略

·赠品·

行

道虽远　不行不至
事虽小　不为不成

2026考研数学，你需要知道的事儿

——考研数学高分学霸经验谈精华汇总

考研数学总体情况

在考研公共课（数学，政治，英语）中，150分的数学是真正使你和对手拉开差距的科目。政治和英语拿到70分已经是不错的分数了，跟平均分也拉不开多大差距。但数学就不一样了，高分同学能考到140多分，平均分75分左右。如果能拿到140+，和别人这七八十分的差距，会使你在初试中取得极大的优势！所以，只要你考数学，请务必格外重视，越早准备越好，特别是到后期，你会感谢自己比别人早一步开始复习。

关于数学一、二、三

1. 须使用数学一的招生专业

（1）工学门类中的力学、机械工程、光学工程、仪器科学与技术、冶金工程、动力工程及工程热物理、电气工程、电子科学与技术、信息与通信工程、控制科学与工程、计算机科学与技术、土木工程、水利工程、测绘科学与技术、交通运输工程、船舶与海洋工程、航空宇航科学与技术、兵器科学与技术、核科学与技术、生物医学工程等20个一级学科中所有的二级学科、专业。

（2）授工学学位的管理科学与工程一级学科。

2. 须使用数学二的招生专业

工学门类中的纺织科学与工程、轻工技术与工程、农业工程、林业工程、食品科学与工程5个一级学科中所有的二级学科、专业。

3. 须选用数学一或数学二的招生专业（由招生单位自定）

工学门类中的材料科学与工程、化学工程与技术、地质资源与地质工程、矿业工程、石油与天然气工程、环境科学与工程等一级学科中对数学要求较高的二级学科、专业选用数学一，对数学要求较低的选用数学二。

4. 须使用数学三的招生专业

（1）经济学门类的各一级学科。

（2）管理学门类的工商管理、农林经济管理一级学科。

（3）授管理学学位的管理科学与工程一级学科。

有部分高校在考前发布考试新要求，请同学们随时关注报考院校的信息

你要报考的专业院校，到底是考数学一、数学二还是数学三，务必到报考院校的研究生招生官方网站上查询确认。

5. 考研数学考试题型和分值（满分 150 分，考试时间 180 分钟）

数学一、二、三各卷题型均为：

单选题 10 小题，每小题 5 分，共 50 分

填空题 6 小题，每小题 5 分，共 30 分

解答题（包括证明题）6 小题，共 70 分

6. 真题

考研数学到现在一共考了 39 年（1987—2025 年）。这 39 份真题是大家备考考研数学最珍贵的资料，大家有时间最好都做一遍，时间比较紧张，近十五年的真题一定要动手做一遍。

考研数学复习规划

一般 9 月中旬，教育部教育考试院会发布考研公共课考试大纲（大纲发布时间不确定，会提前或延后发布）。对于 2026 年考研的同学来说，在新大纲出来之前，大家可以完全按照上一年的考试大纲进行复习。

大部分参加考研的考生是在当年 3 月份开始复习的，近几年考研人数逐年增加，竞争越来越大，开始复习的时间逐年在提前。考研复习并没有给大家规定一个起点，且考研复习也是一个需要付出大量时间的过程，所以越早准备对自己越有利，尤其是数学的学习千万不要往后拖。前期的基础很重要，直接决定你后面的学习能否跟上节奏。

为了让大家在接下来的复习备考中不盲目，高效复习，在此，结合“金榜时代考研数学系列图书”为大家准备了 2026 年考研数学全年复习规划。考研数学的复习，大致可以分为五个阶段：

1. 基础阶段（打好基础）

学习时间	2025 年 3 月之前
学习目标	(1) 了解考研数学题型与要求，掌握高等数学、线性代数、概率论与数理统计基础概念及性质； (2) 完成大学数学到考研数学的过渡； (3) 达到本校数学期末考试成绩 80 分以上或《数学基础过关 660 题》正确率≥60%。
官配用书	(1) 大学所学教材　(2)《考研数学复习全书·基础篇·高等数学基础》《考研数学复习全书·基础篇·线性代数基础》《考研数学复习全书·基础篇·概率论与数理统计基础》 (3)《数学基础过关 660 题》　(4)《考研数学真题真刷·基础篇》
复习建议	在这个阶段考生应根据考试大纲的要求，利用教材或基础篇对学过的基本概念、基本理论、基本方法进行复习，对概念、理论和方法不能只停留在记忆，而要理解和消化。学有余力的同学可以深入掌握性质、定理的证明。这个阶段考生需做一些基础练习题，可做三种题，一是教材上的例题；二是教材上每章章末练习题（节后习题可不做）；三是《考研数学复习全书·基础篇·高等数学基础》《考研数学复习全书·基础篇·线性代数基础》《考研数学复习全书·基础篇·概率论与数理统计基础》的练习题；四是《数学基础过关 660 题》和《考研数学真题真刷·基础篇》的填空题、选择题。

2. 提高阶段

学习时间	2025 年 4 月—6 月
学习目标	(1) 学习考研数学重点难点，夯实基础；(2) 加强计算能力训练； (3) 熟练掌握基本概念、性质和定理，通过做题积累解题的思路，掌握解题方法。
官配用书	(1)《考研数学复习全书·提高篇》 (2)《数学基础过关 660 题》 (3)《考研数学真题真刷·基础篇》
复习建议	这个阶段应进一步加强对基本概念、基本理论、基本方法中难点和重点的复习。主要解决基础阶段没有完成的《数学基础过关 660 题》和计算能力提升。

3. 强化阶段

学习时间	2025 年 7 月—9 月
学习目标	(1) 融会贯通，举一反三，将考研数学内容内化； (2) 综合运用已掌握知识点，提高知识提取的能力； (3) 总结考研数学常见题型针对性的解法； (4) 达到《数学强化通关 330 题》正确率≥80%。
官配用书	(1)《高等数学辅导讲义》　(2)《线性代数辅导讲义》 (3)《概率论与数理统计辅导讲义》　(4)《数学强化通关 330 题》 (5)《考研数学经典易错题》
复习建议	这一阶段不仅仅是对某一个知识点的掌握，更重要的是在于在知识点与知识点间建立联系，形成体系。通过练习建立联系，通过重复训练达到灵活提取。

4. 专项突破

学习时间	2025 年 9 月—11 月中旬（结合自身情况适当调整）
学习目标	(1) 针对自身薄弱点专项训练；(2) 掌握解题方法的基础上总结技巧；(3) 适应难题大题。
官配用书	(1)《高等数学十七堂课》 (2)《线性代数九堂课》 (3)《高等数学解题密码·选填题/解答题》 (4)《考研数学真题真刷·提高篇》 (5)《数学临阵磨枪》 (6)《数学决胜冲刺 6 套卷》
复习建议	这一个阶段复习不宜各考点平均用力，要突出"专"，集中突破难点。要结合自身情况，狠抓薄弱环节。

5. 冲刺阶段

学习时间	2025 年 11 月中旬—考前
学习目标	(1) 稳住心态，保持做题的手感及水准，迎接考试； (2) 对知识做梳理，查缺补漏。
推荐用书	(1)《考研数学复习全书·提高篇》(翻阅) (2)《数学决胜冲刺 6 套卷》 (3)《数学临阵磨枪》 (4)《数学真题真刷·试卷版》 (5)《数学最后 3 套卷》
复习建议	这个阶段一定要做题，做模拟试卷和考研真题（按套卷），以熟悉试卷结构，演练答题时间的分配及答题顺序的选择，查找自己的不足和漏洞。针对核心考点中自己的弱点，再进行强化训练，木桶原理告诉我们短板对于考试的影响是很大的，因此在保持手感的基础上，必须要对短板进行进一步的训练，这个训练可以选择自己在某一章节的错题和经典的好题。

考研数学复习的几点建议

为了使考生更好地复习数学，达到事半功倍的效果。我们提供以下四个方面的建议：

1. 了解命题的指导思想

（1）以教育部颁布的《硕士研究生入学统一考试大纲》为指导进行命题。考试内容、考试要求、内容比例、题型比例符合大纲规定，不出超纲题、偏题、怪题。

（2）试题以考查数学的基本概念、基本思想和基本原理为主，在此基础上加强对考生的运算能力、抽象概括能力、逻辑思维能力和综合运用所学知识解决实际问题的能力的考查。

（3）确定试卷题量的标准使优秀水平的考生能在规定的时间里完成试题作答并有一定的检查时间。试题的排列顺序遵循先易后难，先简后繁的原则，有利于考生发挥其真实水平。

（4）充分发挥各题型的功能。填空题主要考查三基以及数学的重要性质，一般不出纯粹只靠计算的大计算量题，以中、低等难度试题为主。选择题主要考查考生对数学概念、数学性质的理解并能进行简单的推理、判定、计算和比较，以中等难度试题为主。主观性试题也有坡度，有些考查基本运算，有些考查综合应用，有些考查逻辑推理，有些考查分析问题和解决问题的能力。

（5）试题有一定的内容覆盖面，但不要求面面俱到。由于数学考试内容广泛，而考试时间有限，数量有限，一般要求保证重点章节被考查。作为硕士研究生入学考试，应注重考查能力，试题不追求面面俱到，节节有题。

2. 几点思考和建议

（1）近几年数学试题在难度上进行了调整，普遍反映试题难度不是很高，但考生得分并不理想，平均分偏低，主要问题是基本题失分严重。

（2）考生应注重基础，从考卷中反映出考生基本知识不牢固，很多考生只是背题型，按照套路做题，对基本概念不够重视，理解不深，不能灵活应用，不能从基本概念入手解决问题。在阅卷中发现一些考生在答卷中出现很初等的错误，这是基本功不扎实的表现，可能是考生在复习中出现偏差，一些考生在复习中追求难题，而对基本概念、基本理论、基本方法注重不够，投入不足。从近几年试题可以看出，基本概念、基本方法和基本性质是考查的重点，对数学基础知识的考查要求全面又突出重点、注意层次。注重基础是复习的基本方向，要求考生不仅能明确概念的要素、性质的基本特征，而且要理解概念与性质的内涵和外延。

（3）注重能力训练，在数学考试中，需要经过计算解答的试题有一定比例，而一些应用题、证明题和综合题也是通过计算完成的。因此，加强计算能力的训练是非常重要的。运算的准确性是对运算的基本要求，要求考生根据算理和题目的要求，有根有据的一步一步地实施运算。考试中重点强调的是：在运算过程中使用的概念要准确无误，使用的公式要准确无误，使用的法则要准确无误，最终才能保证运算结果的准确无误。运算的熟练是对考生思维敏捷性的考查。给考生以充裕的时间去想怎么算，而不是把时间花在冗长的计算过程的书写上。过繁的计算消耗考生的时间和精力，将会影响对其基本概念、方法和能力的考查。运算的简捷是指运算过程中所选择的运算路径短、运算步骤少、运算时间省，这就要求考生在运算过程中要灵活应用概念，恰当选择公式，合理使用数学思想方法。

3. 应注意避免的几个问题（历届考生的经验教训）

强背方法技巧，不重理解；只追高难，不重基础；
题海战术，不归纳总结；闷头做题，不互相交流；
做题翻书，不牢记公式；突击复习，不持之以恒。

《数学基础过关660题》作业计划使用说明

为更好地帮助同学们进行练习、回顾与总结，我们特为本书设计了作业计划表。

作业计划充分考虑往届同学的建议，在此对同学们表示感谢！

《数学基础过关660题》主要考查的就是同学们对基础概念、定理的掌握程度，做题的目的是加深对概念的理解。很多同学刚开始做660题时会出现很多错误，这是很正常的，主要原因是对基础概念并没有吃透。

推荐在做题前先通读一下《考研数学复习全书·基础篇·高等数学基础》《考研数学复习全书·基础篇·线性代数基础》《考研数学复习全书·基础篇·概率论与数理统计基础》对应章节的内容。

做题方法：至少做两遍。如果第一遍做题时，正确率超过90%，说明你的基础较好，可以提前进入强化阶段，开始做《数学强化通关330题》和历年真题，坚持每天做做数学题，保持状态。

▲作业计划表规划了660题推荐必做题目对应的题号，旨在帮助考生高效地使用本书。

▲作业计划表设置了“星级”栏目，旨在帮助考生自己所做的题目有一个更为清晰的认识，在回顾与总结时一目了然。

【星级】根据做题情况，在打卡表上标记①②③④⑤五个星级。

星级	含义	做题时的思路	二刷时的处理
①	简单题	已经掌握了的知识点，比较顺利地做对了的题目	可以跳过
②	失误题	犯了低级错误的题，如抄错数字、正负号等	应引起对细节的重视
③	有点意思	历经一番思考最终成功做出来的题目，或者方法比参考答案更好，有解题技巧的题	再次复习（陶醉）一下自己的解题方法，享受学习的乐趣
④	小有难度	有思路并且几乎就要做出来了，但就是差一口气没做出来、做错，或是勉强做对，其实还是思路不对，技不如人	重温难点，拔高能力
⑤	太难了	完全不会的，之前没学过的知识；几乎没什么思路的题	开阔一下思路，或是先直接记住答案的套路

提示：推荐《考研数学复习全书·基础篇·高等数学基础》《考研数学复习全书·基础篇·线性代数基础》《考研数学复习全书·基础篇·概率论与数理统计基础》，请在做题前先阅读对应章节。

微积分

章名	分组	推荐必做重点题	星级
函数、极限、连续	A组	1 4 6 7 10 121 122 123 125 127 130 131 132 133 578 579	
	B组	11 12 13 16 19 135 137 138 143 144 146 147 617 618 620	
一元函数微分学	A组	21 22 23 26 28 31 149 150 151 154 155 158 159 581 582 622 623 625 628	
	B组	32 33 35 36 38 40 163 164 165 167 169 171 174	
一元函数积分学	A组	43 44 46 48 49 51 53 54 176 177 179 180 183 185 186 187 188 191 584 585 586	
	B组	58 60 61 63 68 69 194 195 196 197 199 201 203 205 208 629 630 633 635	
微分方程（差分方程）	A组	71 73 75 77 78 210 211 212 213 215 590 591 636 637 639	
	B组	79 80 82 84 218 220 221 224 592	
多元函数微分学	A组	88 89 90 92 94 226 227 229 230 233 234 235 237	
	B组	95 96 97 98 102 239 242 244 245 248 249 251	
二重积分	A组	103 106 108 109 111 254 256 258 260 262 264	
	B组	112 115 116 117 265 266 268 270 273 274	
无穷级数	A组	596 597 598 601 604 605 641 642 643 646 647 649	
	B组	606 608 609 611 612 614 651 654 656 658 660	

线性代数

章名	分组	推荐必做重点题	星级
行列式	A 组	277 278 279 280 336 338	
	B 组	281 282 340 342 344 345	
矩阵	A 组	284 285 286 287 288 289 347 348 349 350 351 352 354 357 360 362 363	
	B 组	291 292 293 294 295 297 298 299 364 365 366 368 369 372	
向量	A 组	301 302 304 305 306 307 374 375 376 377 379 380 382 383 384	
	B 组	309 310 311 312 385 386 388 389 390 392	
线性方程组	A 组	313 314 315 316 393 394 397 398	
	B 组	318 319 399 400 401 403	
特征值和特征向量	A 组	320 321 322 323 324 326 404 405 408 409 411 412	
	B 组	327 328 329 331 332 414 415 416	
二次型	A 组	335 417 418 420 421	
	B 组	422 423 424 425	

概率论与数理统计

章名	分组	推荐必做重点题	星级
随机事件与概率	A 组	427 428 429 431 486 487 488 490 491 492	
	B 组	432 433 434 435 493 494 495 496	
随机变量及其分布	A 组	437 438 439 440 441 442 498 499 500 501 502 503 505 506	
	B 组	444 445 446 507 508	
多维随机变量及其分布	A 组	447 448 449 450 451 452 453 454 510 511 512 513 514 515 516 517 518 519 520	
	B 组	455 457 459 522 524 525 527 528 529 531	
随机变量的数字特征	A 组	462 463 464 465 466 532 533 535 537 538 539 540 541 542	
	B 组	467 469 470 544 546 547 548 549 551	
大数定律和中心极限定理	A 组	471 472 473 553 555 556	
数理统计的基本概念	A 组	474 475 476 477 478 557 558 559 560 562	
	B 组	480 563 564 565 566 568 569 571	
参数估计	A 组	482 483 573	
	B 组	484 485 575	

日期：

错题题号： （推荐2刷及之后纠错使用）

星级： ② ③ ④ ⑤

正确解题：

总结：

知识点与方法

所属知识点： 函数

见《考研数学复习全书·基础篇·高等数学基础》____页

错误分析：

审题不清 □

知识点模糊 □

计算出错 □

没解题思路 □

其他：

日期：

错题题号： （推荐2刷及之后纠错使用）

星级： ② ③ ④ ⑤

正确解题：

总结：

知识点与方法

所属知识点：

见《考研数学复习全书·基础篇·高等数学基础》____页

错误分析：

审题不清 □

知识点模糊 □

计算出错 □

没解题思路 □

其他：

日期：

错题题号：（推荐2刷及之后纠错使用）

星级：②③④⑤

正确解题：

总结：

知识点与方法

所属知识点：

见《考研数学复习全书·基础篇·高等数学基础》____页

错误分析：

审题不清 □

知识点模糊 □

计算出错 □

没解题思路 □

其他：

日期：

错题题号：（推荐2刷及之后纠错使用）

星级：②③④⑤

正确解题：

总结：

知识点与方法

所属知识点：

见《考研数学复习全书·基础篇·高等数学基础》____页

错误分析：

审题不清 □

知识点模糊 □

计算出错 □

没解题思路 □

其他：

日期：

错题题号： （推荐2刷及之后纠错使用）

星级：②③④⑤

正确解题：

总结：

知识点与方法

所属知识点：

见《考研数学复习全书·基础篇·高等数学基础》____页

错误分析：

审题不清 □

知识点模糊 □

计算出错 □

没解题思路 □

其他：

日期：

错题题号： （推荐2刷及之后纠错使用）

星级：②③④⑤

正确解题：

总结：

知识点与方法

所属知识点：

见《考研数学复习全书·基础篇·高等数学基础》____页

错误分析：

审题不清 □

知识点模糊 □

计算出错 □

没解题思路 □

其他：

日期：

错题题号：（推荐 2 刷及之后纠错使用）

星级：② ③ ④ ⑤

正确解题：

总结：

知识点与方法

所属知识点：

见《考研数学复习全书·基础篇·高等数学基础》____页

错误分析：

审题不清 □

知识点模糊 □

计算出错 □

没解题思路 □

其他：

日期：

错题题号：（推荐 2 刷及之后纠错使用）

星级：② ③ ④ ⑤

正确解题：

总结：

知识点与方法

所属知识点：

见《考研数学复习全书·基础篇·高等数学基础》____页

错误分析：

审题不清 □

知识点模糊 □

计算出错 □

没解题思路 □

其他：

日期：

错题题号：（推荐2刷及之后纠错使用）

星级：②③④⑤

正确解题：

总结：

知识点与方法

所属知识点：

见《考研数学复习全书 · 基础篇 · 高等数学基础》____页

错误分析：

审题不清 □

知识点模糊 □

计算出错 □

没解题思路 □

其他：

日期：

错题题号：（推荐2刷及之后纠错使用）

星级：②③④⑤

正确解题：

总结：

知识点与方法

所属知识点：

见《考研数学复习全书 · 基础篇 · 高等数学基础》____页

错误分析：

审题不清 □

知识点模糊 □

计算出错 □

没解题思路 □

其他：

日期：

错题题号：　（推荐2刷及之后纠错使用）

星级：②③④⑤

正确解题：

总结：

知识点与方法

所属知识点：

见《考研数学复习全书·基础篇·高等数学基础》____页

错误分析：

审题不清 □

知识点模糊 □

计算出错 □

没解题思路 □

其他：

日期：

错题题号：　（推荐2刷及之后纠错使用）

星级：②③④⑤

正确解题：

总结：

知识点与方法

所属知识点：

见《考研数学复习全书·基础篇·高等数学基础》____页

错误分析：

审题不清 □

知识点模糊 □

计算出错 □

没解题思路 □

其他：

日期：

错题题号：

（推荐 2 刷及之后纠错使用）

星级：② ③ ④ ⑤

正确解题：

总结：

知识点与方法

所属知识点：

见《考研数学复习全书 · 基础篇 · 高等数学基础》____页

错误分析：

审题不清 □

知识点模糊 □

计算出错 □

没解题思路 □

其他：

日期：

错题题号：

（推荐 2 刷及之后纠错使用）

星级：② ③ ④ ⑤

正确解题：

总结：

知识点与方法

所属知识点：

见《考研数学复习全书 · 基础篇 · 高等数学基础》____页

错误分析：

审题不清 □

知识点模糊 □

计算出错 □

没解题思路 □

其他：

日期：

错题题号：（推荐2刷及之后纠错使用）

星级：②③④⑤

正确解题：

总结：

知识点与方法

所属知识点：

见《考研数学复习全书·基础篇·高等数学基础》____页

错误分析：

审题不清 □

知识点模糊 □

计算出错 □

没解题思路 □

其他：

日期：

错题题号：（推荐2刷及之后纠错使用）

星级：②③④⑤

正确解题：

总结：

知识点与方法

所属知识点：

见《考研数学复习全书·基础篇·高等数学基础》____页

错误分析：

审题不清 □

知识点模糊 □

计算出错 □

没解题思路 □

其他：

日期：

错题题号：（推荐2刷及之后纠错使用）

星级：②③④⑤

正确解题：

总结：

知识点与方法

所属知识点：

见《考研数学复习全书·基础篇·高等数学基础》____页

错误分析：

审题不清 □

知识点模糊 □

计算出错 □

没解题思路 □

其他：

日期：

错题题号：（推荐2刷及之后纠错使用）

星级：②③④⑤

正确解题：

总结：

知识点与方法

所属知识点：

见《考研数学复习全书·基础篇·高等数学基础》____页

错误分析：

审题不清 □

知识点模糊 □

计算出错 □

没解题思路 □

其他：

日期：

错题题号：（推荐2刷及之后纠错使用）

星级：②③④⑤

正确解题：

总结：

知识点与方法

所属知识点：

见《考研数学复习全书·基础篇·高等数学基础》____页

错误分析：

审题不清 □

知识点模糊 □

计算出错 □

没解题思路 □

其他：

日期：

错题题号：（推荐2刷及之后纠错使用）

星级：②③④⑤

正确解题：

总结：

知识点与方法

所属知识点：

见《考研数学复习全书·基础篇·高等数学基础》____页

错误分析：

审题不清 □

知识点模糊 □

计算出错 □

没解题思路 □

其他：

日期：

错题题号：（推荐2刷及之后纠错使用）

星级：② ③ ④ ⑤

正确解题：

总结：

知识点与方法

所属知识点：

见《考研数学复习全书 · 基础篇 · 线性代数基础》____页

错误分析：

审题不清 □

知识点模糊 □

计算出错 □

没解题思路 □

其他：

日期：

错题题号：（推荐2刷及之后纠错使用）

星级：② ③ ④ ⑤

正确解题：

总结：

知识点与方法

所属知识点：

见《考研数学复习全书 · 基础篇 · 线性代数基础》____页

错误分析：

审题不清 □

知识点模糊 □

计算出错 □

没解题思路 □

其他：

日期：

错题题号：

（推荐2刷及之后纠错使用）

星级：②③④⑤

正确解题：

总结：

知识点与方法

所属知识点：

见《考研数学复习全书·基础篇·线性代数基础》____页

错误分析：

审题不清 □

知识点模糊 □

计算出错 □

没解题思路 □

其他：

日期：

错题题号：

（推荐2刷及之后纠错使用）

星级：②③④⑤

正确解题：

总结：

知识点与方法

所属知识点：

见《考研数学复习全书·基础篇·线性代数基础》____页

错误分析：

审题不清 □

知识点模糊 □

计算出错 □

没解题思路 □

其他：

日期：

错题题号：（推荐2刷及之后纠错使用）

星级：②③④⑤

正确解题：

总结：

知识点与方法

所属知识点：

见《考研数学复习全书·基础篇·线性代数基础》____页

错误分析：

审题不清 □

知识点模糊 □

计算出错 □

没解题思路 □

其他：

日期：

错题题号：（推荐2刷及之后纠错使用）

星级：②③④⑤

正确解题：

总结：

知识点与方法

所属知识点：

见《考研数学复习全书·基础篇·线性代数基础》____页

错误分析：

审题不清 □

知识点模糊 □

计算出错 □

没解题思路 □

其他：

日期：

错题题号：（推荐 2 刷及之后纠错使用）

星级：②③④⑤

正确解题：

总结：

知识点与方法

所属知识点：

见《考研数学复习全书·基础篇·线性代数基础》____页

错误分析：

审题不清 □

知识点模糊 □

计算出错 □

没解题思路 □

其他：

日期：

错题题号：（推荐 2 刷及之后纠错使用）

星级：②③④⑤

正确解题：

总结：

知识点与方法

所属知识点：

见《考研数学复习全书·基础篇·线性代数基础》____页

错误分析：

审题不清 □

知识点模糊 □

计算出错 □

没解题思路 □

其他：

日期：

错题题号：（推荐2刷及之后纠错使用）

星级：② ③ ④ ⑤

正确解题：

总结：

知识点与方法

所属知识点：

见《考研数学复习全书·基础篇·线性代数基础》____页

错误分析：

审题不清 □

知识点模糊 □

计算出错 □

没解题思路 □

其他：

日期：

错题题号：（推荐2刷及之后纠错使用）

星级：② ③ ④ ⑤

正确解题：

总结：

知识点与方法

所属知识点：

见《考研数学复习全书·基础篇·线性代数基础》____页

错误分析：

审题不清 □

知识点模糊 □

计算出错 □

没解题思路 □

其他：

日期：

星级：②③④⑤

所属知识点：

见《考研数学复习全书·基础篇·线性代数基础》____页

错误分析：

审题不清 □

知识点模糊 □

计算出错 □

没解题思路 □

其他：

错题题号：（推荐2刷及之后纠错使用）

正确解题：

总结：

知识点与方法

日期：

星级：②③④⑤

所属知识点：

见《考研数学复习全书·基础篇·线性代数基础》____页

错误分析：

审题不清 □

知识点模糊 □

计算出错 □

没解题思路 □

其他：

错题题号：（推荐2刷及之后纠错使用）

正确解题：

总结：

知识点与方法

日期： **错题题号：** （推荐2刷及之后纠错使用）

星级： ② ③ ④ ⑤ **正确解题：** **总结：**

知识点与方法

所属知识点：

见《考研数学复习全书·基础篇·概率论与数理统计基础》____页

错误分析：

审题不清 □

知识点模糊 □

计算出错 □

没解题思路 □

其他：

日期： **错题题号：** （推荐2刷及之后纠错使用）

星级： ② ③ ④ ⑤ **正确解题：** **总结：**

知识点与方法

所属知识点：

见《考研数学复习全书·基础篇·概率论与数理统计基础》____页

错误分析：

审题不清 □

知识点模糊 □

计算出错 □

没解题思路 □

其他：

日期：

错题题号：（推荐 2 刷及之后纠错使用）

星级：②③④⑤

正确解题：

总结：

知识点与方法

所属知识点：

见《考研数学复习全书·基础篇·概率论与数理统计基础》____页

错误分析：

审题不清 □

知识点模糊 □

计算出错 □

没解题思路 □

其他：

日期：

错题题号：（推荐 2 刷及之后纠错使用）

星级：②③④⑤

正确解题：

总结：

知识点与方法

所属知识点：

见《考研数学复习全书·基础篇·概率论与数理统计基础》____页

错误分析：

审题不清 □

知识点模糊 □

计算出错 □

没解题思路 □

其他：

日期：

错题题号：（推荐2刷及之后纠错使用）

星级：②③④⑤

正确解题：

总结：

知识点与方法

所属知识点：

见《考研数学复习全书·基础篇·概率论与数理统计基础》____页

错误分析：

审题不清 □

知识点模糊 □

计算出错 □

没解题思路 □

其他：

日期：

错题题号：（推荐2刷及之后纠错使用）

星级：②③④⑤

正确解题：

总结：

知识点与方法

所属知识点：

见《考研数学复习全书·基础篇·概率论与数理统计基础》____页

错误分析：

审题不清 □

知识点模糊 □

计算出错 □

没解题思路 □

其他：

日期：

错题题号：（推荐 2 刷及之后纠错使用）

星级：② ③ ④ ⑤

正确解题：

总结：

知识点与方法

所属知识点：

见《考研数学复习全书·基础篇·概率论与数理统计基础》____页

错误分析：

审题不清 □

知识点模糊 □

计算出错 □

没解题思路 □

其他：

日期：

错题题号：（推荐 2 刷及之后纠错使用）

星级：② ③ ④ ⑤

正确解题：

总结：

知识点与方法

所属知识点：

见《考研数学复习全书·基础篇·概率论与数理统计基础》____页

错误分析：

审题不清 □

知识点模糊 □

计算出错 □

没解题思路 □

其他：

日期：

错题题号：（推荐2刷及之后纠错使用）

星级：②③④⑤

正确解题：

总结：

知识点与方法

所属知识点：

见《考研数学复习全书·基础篇·概率论与数理统计基础》____页

错误分析：

审题不清 □

知识点模糊 □

计算出错 □

没解题思路 □

其他：

日期：

错题题号：（推荐2刷及之后纠错使用）

星级：②③④⑤

正确解题：

总结：

知识点与方法

所属知识点：

见《考研数学复习全书·基础篇·概率论与数理统计基础》____页

错误分析：

审题不清 □

知识点模糊 □

计算出错 □

没解题思路 □

其他：

日期：

错题题号：（推荐2刷及之后纠错使用）

星级：② ③ ④ ⑤

正确解题：

总结：

知识点与方法

所属知识点：

见《考研数学复习全书·基础篇·概率论与数理统计基础》____页

错误分析：

审题不清 □

知识点模糊 □

计算出错 □

没解题思路 □

其他：

日期：

错题题号：（推荐2刷及之后纠错使用）

星级：② ③ ④ ⑤

正确解题：

总结：

知识点与方法

所属知识点：

见《考研数学复习全书·基础篇·概率论与数理统计基础》____页

错误分析：

审题不清 □

知识点模糊 □

计算出错 □

没解题思路 □

其他：

2026 考研专用

金榜時代 GLISTIME 明德·弘毅·惟精

金榜时代考研数学书课——上岸学习包

数学基础过关660题

（数学三）

答案册

编著◎李永乐 王式安 武忠祥 宋浩 薛威 刘喜波 姜晓千

中国农业出版社
CHINA AGRICULTURE PRESS
·北京·

目录
CONTENTS

基础过关 1 阶

微 积 分

填空题 …… 7
选择题 …… 49

线性代数

填空题 …… 113
选择题 …… 133

概率论与数理统计

填空题 …… 165
选择题 …… 182

基础过关 2 阶

微 积 分

填空题 …… 209
选择题 …… 225

1阶

基础过关

微积分水平自测一答案

本自测题极容易，你应当快速完成测试，毫无压力。

如果你解答这些题还有困难，请自行补课，推荐《考研数学复习全书·基础篇·高等数学基础》。

1.【答案】 D

【分析】
$$\lim_{n\to\infty}\frac{(3-n)^3}{(n+1)^2-(n+1)^3}=\lim_{n\to\infty}\frac{27-27n+9n^2-n^3}{n^2+2n+1-(n^3+3n^2+3n+1)}$$
$$=\lim_{n\to\infty}\frac{-n^3+9n^2-27n+27}{-n^3-2n^2-n}$$
$$=\lim_{n\to\infty}\frac{-1+\frac{9}{n}-\frac{27}{n^2}+\frac{27}{n^3}}{-1-\frac{2}{n}-\frac{1}{n^2}}$$
$$=1.$$

2.【答案】 C

【分析】 显然 $f(x)$ 可导，则极值点必然为驻点，又有
$$f'(x)=a\cos x+\cos 3x$$
故 $f'\left(\frac{\pi}{3}\right)=\frac{a}{2}-1=0$，故 $a=2$.

3.【答案】 C

【分析】 $y^{(n)}=(x^n+\mathrm{e}^x)^{(n)}=(x^n)^{(n)}+(\mathrm{e}^x)^{(n)}$，显然$(x^n)^{(n)}=n!$，$(\mathrm{e}^x)^{(n)}=\mathrm{e}^x$.
故有 $y^{(n)}=(x^n+\mathrm{e}^x)^{(n)}=n!+\mathrm{e}^x$.

4.【答案】 C

【分析】 $\int_1^{\mathrm{e}}\ln x\mathrm{d}x=x\ln x\Big|_1^{\mathrm{e}}-\int_1^{\mathrm{e}}1\mathrm{d}x=\mathrm{e}-\mathrm{e}+1=1.$

5.【答案】 A

【分析】 $\frac{\partial z}{\partial x}=\frac{x-y-(x+y)}{(x-y)^2}=-\frac{2y}{(x-y)^2}$，$\frac{\partial z}{\partial y}=\frac{x-y+x+y}{(x-y)^2}=\frac{2x}{(x-y)^2}$，

故
$$\mathrm{d}z=\frac{\partial z}{\partial x}\mathrm{d}x+\frac{\partial z}{\partial y}\mathrm{d}y=-\frac{2y\mathrm{d}x}{(x-y)^2}+\frac{2x\mathrm{d}y}{(x-y)^2}$$
$$=\frac{2(x\mathrm{d}y-y\mathrm{d}x)}{(x-y)^2}.$$

6.【答案】 D

【分析】 由幂级数的收敛半径计算公式可得

$$\rho=\lim_{n\to\infty}\frac{(n+1)^{n+1}}{3^{n+1}(n+1)!}\cdot\frac{3^n\cdot n!}{n^n}$$
$$=\lim_{n\to\infty}\left(1+\frac{1}{n}\right)^n\cdot\frac{1}{3}=\frac{\mathrm{e}}{3},$$

故幂级数的收敛半径 $R=\frac{1}{\rho}=\frac{3}{\mathrm{e}}$.

7.【答案】 1

【分析】 由洛必达法则和变限积分函数求导公式,可得

$$\lim_{x\to0}\frac{\int_0^x\sin t\mathrm{d}t}{\int_0^x t\mathrm{d}t}=\lim_{x\to0}\frac{\sin x}{x}=1.$$

8.【答案】 $\frac{\pi}{2}$

【分析】 显然 $f(x)$ 在$(-\infty,1)$ 和$(1,+\infty)$ 上均连续,下面讨论 $x=1$ 处的连续性.

$$f(1^-)=\lim_{x\to1^-}\frac{\sin[\pi(x-1)]}{x-1}=\lim_{x\to1^-}\pi\cdot\cos[\pi(x-1)]=\pi$$
$$f(1^+)=\lim_{x\to1^+}\left(\arcsin\frac{1}{x}+k\right)=\frac{\pi}{2}+k$$

若要使 $f(x)$ 在 $x=1$ 处连续,则应有 $f(1^-)=f(1^+)$,故 $k=\frac{\pi}{2}$.

9.【答案】 $y=\frac{x}{4}+1$

【分析】 $y=\sqrt{x}$,则 $y'=\frac{1}{2\sqrt{x}}$. $x=4$ 时,$y=2$,$y'=\frac{1}{4}$.

可得切线方程为 $y-2=\frac{1}{4}(x-4)=\frac{x}{4}-1$,即 $y=\frac{x}{4}+1$.

10.【答案】 $\int_1^{\mathrm{e}}\mathrm{d}y\int_0^{\ln y}f(x,y)\mathrm{d}x$

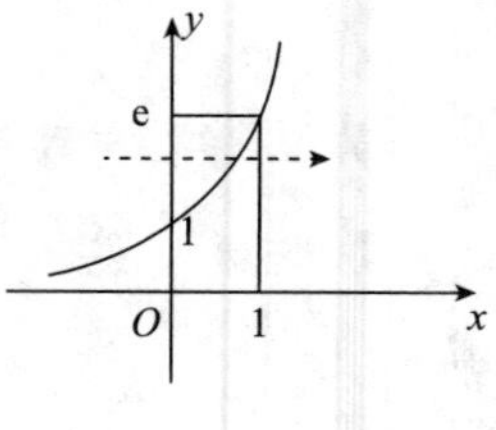

【分析】 根据二重积分画出来积分区域如右图,于是直接交换积分次序为

$$\int_1^{\mathrm{e}}\mathrm{d}y\int_0^{\ln y}f(x,y)\mathrm{d}x.$$

微积分水平自测二答案

本自测10个小题都是基本的概念与计算，难度不大。同学你应当在规定时间内完成解答，并且不感到有什么困难。如果确实有困难，请自行补课，推荐《考研数学复习全书·基础篇·高等数学基础》。

1.【答案】 C

【分析】 $\lim\limits_{x\to1}\dfrac{\tan(x^2-1)}{x^3-1}=\lim\limits_{x\to1}\dfrac{x^2-1}{x^3-1}=\lim\limits_{x\to1}\dfrac{(x-1)(x+1)}{(x-1)(x^2+x+1)}=\dfrac{2}{3}.$

2.【答案】 A

【分析】 记 $u=x^2$，则 $x=-1$ 时 $u=1$，

$$\left.\frac{\mathrm{d}y}{\mathrm{d}x}\right|_{x=-1}=\left.\left[\frac{\mathrm{d}}{\mathrm{d}u}f(u)\right]\right|_{u=1}\cdot\left.\frac{\mathrm{d}u}{\mathrm{d}x}\right|_{x=-1}=\frac{1}{2}\times(-2)=-1$$

所以 $\mathrm{d}y\,|_{x=-1}=-\mathrm{d}x.$

3.【答案】 C

【分析】 $\dfrac{\mathrm{d}}{\mathrm{d}x}\displaystyle\int_0^{x^2}\sin t\mathrm{d}t=\sin x^2\cdot\dfrac{\mathrm{d}}{\mathrm{d}x}(x^2)=2x\sin x^2.$

4.【答案】 D

【分析】 由已知，$\displaystyle\int f(x)\mathrm{d}x=\ln^2x+C,f(x)=\dfrac{2\ln x}{x}.$

$$\int xf'(x)\mathrm{d}x=\int x\mathrm{d}(f(x))=xf(x)-\int f(x)\mathrm{d}x=2\ln x-\ln^2x+C$$

答案选(D).

5.【答案】 B

【分析】 令 $t=\sqrt{2x-1}$，则 $\displaystyle\int_1^5\mathrm{e}^{\sqrt{2x-1}}\mathrm{d}x=\int_1^3\mathrm{e}^t t\,\mathrm{d}t=(\mathrm{e}^t t-\mathrm{e}^t)\Big|_1^3=2\mathrm{e}^3$，所以选(B).

6.【答案】 A

【分析】 $f(x+y,xy)=x^2+y^2=(x+y)^2-2xy.$

记 $u=x+y,v=xy,f(u,v)=u^2-2v$，或改记成 $f(x,y)=x^2-2y.$

$$\frac{\partial f(x,y)}{\partial x}+\frac{\partial f(x,y)}{\partial y}=2x-2.$$

7.【答案】 $-\dfrac{\arctan x}{x}+\dfrac{1}{2}\ln\dfrac{x^2}{1+x^2}-\dfrac{1}{2}(\arctan x)^2+C$

【分析】 $\int \frac{\arctan x}{x^2(1+x^2)}dx = \int \arctan x\left(\frac{1}{x^2}-\frac{1}{1+x^2}\right)dx = \int \frac{\arctan x}{x^2}dx - \int \frac{\arctan x}{1+x^2}dx.$

$$\int \frac{\arctan x}{x^2}dx = -\int \arctan x\,d\left(\frac{1}{x}\right) = -\frac{\arctan x}{x} + \int \frac{1}{x(1+x^2)}dx$$

$$= -\frac{\arctan x}{x} + \frac{1}{2}\int \frac{1}{x^2(1+x^2)}dx^2$$

$$= -\frac{\arctan x}{x} + \frac{1}{2}\int\left(\frac{1}{x^2}-\frac{1}{1+x^2}\right)dx^2$$

$$= -\frac{\arctan x}{x} + \frac{1}{2}\ln\frac{x^2}{1+x^2} + C_1.$$

$$\int \frac{\arctan x}{1+x^2}dx = \frac{1}{2}(\arctan x)^2 + C_2,$$

所以 $\int \frac{\arctan x}{x^2(1+x^2)}dx = -\frac{\arctan x}{x} + \frac{1}{2}\ln\frac{x^2}{1+x^2} - \frac{1}{2}(\arctan x)^2 + C.$

8.【答案】 $-9,13$

【分析】 由题设可知

$$f(1) = a+b+1 = 5$$

$$f'(1) = (3ax^2+2bx+1)\big|_{x=1} = 3a+2b+1 = 0$$

即

$$\begin{cases} a+b+1=5 \\ 3a+2b+1=0 \end{cases} \Rightarrow \begin{cases} 2a+2b+2=10 \\ 3a+2b+1=0 \end{cases} \Rightarrow \begin{cases} a=-9 \\ b=13 \end{cases}.$$

9.【答案】 0

【分析】 $\int_0^2 xf'(x)dx = \int_0^2 x\,df(x) = xf(x)\Big|_0^2 - \int_0^2 f(x)dx = 4-4=0.$

10.【答案】 $2xy^2\cos(2x+y) - 2x^2y^2\sin(2x+y), 2x^2y\cos(2x+y) - x^2y^2\sin(2x+y)$

【分析】 由二元函数求偏导的链式法则

$$\frac{\partial z}{\partial x} = \frac{\partial z}{\partial u}\cdot\frac{\partial u}{\partial x} + \frac{\partial z}{\partial v}\cdot\frac{\partial v}{\partial x} = 2u\cos v\cdot y - u^2\sin v\cdot 2$$

$$= 2xy^2\cos(2x+y) - 2x^2y^2\sin(2x+y)$$

$$\frac{\partial z}{\partial y} = \frac{\partial z}{\partial u}\cdot\frac{\partial u}{\partial y} + \frac{\partial z}{\partial v}\cdot\frac{\partial v}{\partial y} = 2u\cos v\cdot x - u^2\sin v\cdot 1$$

$$= 2x^2y\cos(2x+y) - x^2y^2\sin(2x+y).$$

微积分

填 空 题

函数、极限、连续

A组

1 【答案】$\begin{cases} \sin x, & 1<|x|\leqslant \dfrac{\pi}{2} \\ x, & |x|\leqslant 1 \text{或} |x|>\dfrac{\pi}{2} \end{cases}$

【分析】 当 $|x|\leqslant 1$ 时，

$\varphi(x)=\arcsin x,|\varphi(x)|=|\arcsin x|\leqslant \dfrac{\pi}{2},f[\varphi(x)]=\sin(\arcsin x)=x;$

当 $1<|x|\leqslant \dfrac{\pi}{2}$ 时，$\varphi(x)=x,|\varphi(x)|=|x|\leqslant \dfrac{\pi}{2},f[\varphi(x)]=\sin x;$

当 $|x|>\dfrac{\pi}{2}$ 时，$\varphi(x)=x,|\varphi(x)|=|x|>\dfrac{\pi}{2},f[\varphi(x)]=x$. 所以

$$f[\varphi(x)]=\begin{cases} \sin x, & 1<|x|\leqslant \dfrac{\pi}{2}, \\ x, & |x|\leqslant 1 \text{或} |x|>\dfrac{\pi}{2}. \end{cases}$$

2 【答案】 2

【分析】 方法1　先求出 $g(f(x))$

$$g(f(x))=\begin{cases} 2-f(x), & f(x)\leqslant 0, \\ 2+f(x), & f(x)>0, \end{cases}$$

由 $f(x)$ 的定义知，当 $x<0$ 时，$f(x)=x^2>0$；当 $x>0$ 时，$f(x)=-x<0$；当 $x=0$ 时，$f(x)=0$. 于是

$$g(f(x))=\begin{cases} 2+x^2, & x<0, \\ 2-(-x), & x\geqslant 0 \end{cases}=\begin{cases} 2+x^2, & x<0, \\ 2+x, & x\geqslant 0, \end{cases}$$

$$\lim_{x\to 0^+} g(f(x))=\lim_{x\to 0^+}(2+x)=2,$$

$$\lim_{x\to 0^-} g(f(x))=\lim_{x\to 0^-}(2+x^2)=2,$$

因此，　$\lim\limits_{x\to 0} g(f(x))=2$.

方法2　不必求出 $g(f(x))$.

$\lim\limits_{x\to 0^+} g(f(x))=\lim\limits_{x\to 0^+} g(-x)=\lim\limits_{x\to 0^+}[2-(-x)]=2,$

$\lim\limits_{x\to 0^-} g(f(x))=\lim\limits_{x\to 0^-} g(x^2)=\lim\limits_{x\to 0^-}(2+x^2)=2.$

因此，$\lim\limits_{x\to 0} g(f(x))=2$.

难吗？不会做？可以看
《考研数学复习全书·基础篇·
高等数学基础》第一章

3 【答案】 7

【分析】 $f\left(x+\dfrac{1}{x}\right)=x^2+\dfrac{1}{x^2}=\left(x+\dfrac{1}{x}\right)^2-2$，

所以 $f(x)=x^2-2, \lim\limits_{x\to 3}f(x)=7$.

4 【答案】 2

【分析】 由

$$\lim_{x\to 0}\frac{\ln\left(1+x+\dfrac{f(x)}{x}\right)}{x}=3 \tag{1}$$

当 $x\to 0$ 时，分母为无穷小，所以分子也为无穷小，进一步有 $\lim\limits_{x\to 0}\left(x+\dfrac{f(x)}{x}\right)=0$.

因此，当 $x\to 0$ 时

$$\ln\left(1+x+\frac{f(x)}{x}\right)\sim x+\frac{f(x)}{x}$$

所以(1)可写为 $\lim\limits_{x\to 0}\dfrac{x+\dfrac{f(x)}{x}}{x}=3$，因此 $\lim\limits_{x\to 0}\dfrac{f(x)}{x^2}=2$.

5 【答案】 $-1,0$

【分析】 由泰勒展开，当 $x\to\infty$ 时，

$$\sqrt[3]{1-x^6}=-x^2\left(1-\frac{1}{x^6}\right)^{\frac{1}{3}}=-x^2\left(1-\frac{1}{3x^6}+o(x^{-6})\right)$$

所以 $a=-1, b=0$.

6 【答案】 1

【分析】 方法1 分子有理化，

$$\lim_{x\to 0}\frac{\sqrt{1+\tan x}-\sqrt{1-\sin x}}{e^x-1}=\lim_{x\to 0}\frac{\sqrt{1+\tan x}-\sqrt{1-\sin x}}{x}$$

$$=\lim_{x\to 0}\frac{(1+\tan x)-(1-\sin x)}{x(\sqrt{1+\tan x}+\sqrt{1-\sin x})}=\frac{1}{2}\lim_{x\to 0}\frac{\tan x+\sin x}{x}=1.$$

方法2 等价无穷小替换，当 $x\to 0$ 时，

$$\sqrt{1+\tan x}-1\sim\frac{1}{2}\tan x, \sqrt{1-\sin x}-1\sim-\frac{1}{2}\sin x, e^x-1\sim x,$$

所以

$$\lim_{x\to 0}\frac{\sqrt{1+\tan x}-\sqrt{1-\sin x}}{e^x-1}=\lim_{x\to 0}\frac{(\sqrt{1+\tan x}-1)-(\sqrt{1-\sin x}-1)}{x}$$

$$=\lim_{x\to 0}\frac{\sqrt{1+\tan x}-1}{x}-\lim_{x\to 0}\frac{\sqrt{1-\sin x}-1}{x}$$

$$=\lim_{x\to 0}\frac{\frac{1}{2}\tan x}{x}-\lim_{x\to 0}\frac{-\frac{1}{2}\sin x}{x}=1.$$

【评注】（1）本题的另一种题型为：

当 $x\to 0$ 时，函数 $f(x)=\sqrt{1+\tan x}-\sqrt{1-\sin x}$ 的等价无穷小为________.

答案为：x.

（2）若本题改为：

$$\lim_{x\to 0}\frac{\sqrt{1+\tan x}-\sqrt{1+\sin x}}{(e^x-1)^3}=\_\_\_\_\_\_\_\_.$$

则分母还能用等价无穷小替换，$(e^x-1)^3\sim x^3$，$x\to 0$，分子则只能用分子有理化方法.

$$\begin{aligned}\lim_{x\to 0}\frac{\sqrt{1+\tan x}-\sqrt{1+\sin x}}{(e^x-1)^3}&=\lim_{x\to 0}\frac{\tan x-\sin x}{x^3(\sqrt{1+\tan x}+\sqrt{1+\sin x})}\\&=\frac{1}{2}\lim_{x\to 0}\frac{\sin x\left(\frac{1}{\cos x}-1\right)}{x^3}=\frac{1}{2}\lim_{x\to 0}\frac{1-\cos x}{x^2\cos x}\\&=\frac{1}{2}\lim_{x\to 0}\frac{1-\cos x}{x^2}=\frac{1}{4}.\end{aligned}$$

7　【答案】 0

【分析】

$$I=\lim_{x\to+\infty}\left(\frac{x}{e^{\frac{\beta}{\alpha}x}}\right)^{\alpha}$$

用洛必达法则求 $\frac{\infty}{\infty}$ 型极限

$$\lim_{x\to+\infty}\frac{x}{e^{\frac{\beta}{\alpha}x}}=\lim_{x\to+\infty}\frac{1}{\frac{\beta}{\alpha}e^{\frac{\beta}{\alpha}x}}=0$$

$\Rightarrow I=0$.

8　【答案】 $\frac{1}{2}$

【分析】

$$\begin{aligned}\lim_{x\to 0}\frac{1-(\cos x)^{\sin x}}{x^3}&=\lim_{x\to 0}\frac{1-e^{\sin x\ln\cos x}}{x^3}=\lim_{x\to 0}\frac{-\sin x\ln\cos x}{x^3}\\&=-\lim_{x\to 0}\frac{\sin x\ln[1+(\cos x-1)]}{x^3}\\&=-\lim_{x\to 0}\frac{\sin x(\cos x-1)}{x^3}=-\lim_{x\to 0}\frac{x\left(-\frac{1}{2}x^2\right)}{x^3}\\&=\frac{1}{2}.\end{aligned}$$

9　【答案】 $\begin{cases}0, & 0<a<1,\\ \frac{1}{2}, & a=1,\\ 1, & a>1\end{cases}$

【分析】 $\lim\limits_{x\to+\infty}\frac{a^x}{1+a^x}=\lim\limits_{x\to+\infty}\frac{1}{a^{-x}+1}$，分 $0<a<1$，$a=1$，$a>1$ 讨论，易知如上所填.

10 【答案】 -1

【分析】 $\lim\limits_{x\to 0^-} f(x)=6$. 记 $t=\arcsin x$,则

$$\lim_{x\to 0^+} f(x)=\lim_{x\to 0^+}\frac{e^{ax^3}-1}{x-\arcsin x}=\lim_{t\to 0^+}\frac{e^{a\sin^3 t}-1}{\sin t-t}=\lim_{t\to 0^+}\frac{a\sin^3 t}{\sin t-t}=\lim_{t\to 0^+}\frac{at^3}{\sin t-t}$$

$$=\lim_{t\to 0^+}\frac{3at^2}{\cos t-1}=-6a.$$

所以当 $a=-1$ 时 $f(x)$ 在 $x=0$ 点连续.

B 组

11 【答案】 1

【分析】 原式 $=\lim\limits_{x\to 0}\dfrac{\ln[(1+x^2)^2-x^2]}{\dfrac{1}{\cos x}(1-\cos^2 x)}=\lim\limits_{x\to 0}\dfrac{\ln(1+x^2+x^4)}{2(1-\cos x)}=\dfrac{1}{2}\lim\limits_{x\to 0}\dfrac{x^2+x^4}{\dfrac{1}{2}x^2}=1.$

12 【答案】 0

【分析】 这是$\dfrac{0}{0}$型极限,先作如下变形:

$$I=\lim_{x\to 0}\frac{x\sin x^2-2\sin x+\sin 2x}{x^4}$$

可用的方法是洛必达法则(计算较繁)与泰勒公式.

注意泰勒公式

$$\sin x=x-\frac{1}{6}x^3+o(x^4)\quad (x\to 0)\quad (x^4 \text{ 项系数为 } 0)$$

$\Rightarrow$
$$x\sin x^2=x(x^2+o(x^4))=x^3+o(x^5)$$

$$-2\sin x=-2\left(x-\frac{1}{6}x^3+o(x^4)\right)=-2x+\frac{1}{3}x^3+o(x^4)$$

$$\sin 2x=2x-\frac{1}{6}(2x)^3+o(x^4)=2x-\frac{4}{3}x^3+o(x^4)$$

相加得

$$x\sin x^2-2\sin x+\sin 2x=0+o(x^4)\quad (x\to 0)$$

因此
$$I=\lim_{x\to 0}\frac{o(x^4)}{x^4}=0.$$

【评注】 如果求

$$I=\lim_{x\to 0}\frac{x\sin x^2-2\sin x+\sin 2x}{x^5}$$

就要把 $\sin x$ 展开到 x^5 项:

$$\sin x=x-\frac{1}{6}x^3+\frac{1}{120}x^5+o(x^5)\quad (x\to 0)$$

然后可得

$$x\sin x^2-2\sin x+\sin 2x=\frac{1}{4}x^5+o(x^5)\quad (x\to 0)$$

于是

$$I=\lim_{x\to 0}\frac{\frac{1}{4}x^5+o(x^5)}{x^5}=\frac{1}{4}+0=\frac{1}{4}.$$

13 【答案】 0

【分析】 $$\lim_{x\to 0^+}\frac{e^{\frac{1}{x}}\arctan\frac{1}{x}}{1+e^{\frac{2}{x}}}=\frac{\pi}{2}\lim_{x\to 0^+}\frac{e^{\frac{1}{x}}}{1+e^{\frac{2}{x}}}=\frac{\pi}{2}\lim_{x\to 0^+}\frac{1}{e^{-\frac{1}{x}}+e^{\frac{1}{x}}}=0;$$

$$\lim_{x\to 0^-}\frac{e^{\frac{1}{x}}\arctan\frac{1}{x}}{1+e^{\frac{2}{x}}}=-\frac{\pi}{2}\lim_{x\to 0^-}\frac{e^{\frac{1}{x}}}{1+e^{\frac{2}{x}}}=-\frac{\pi}{2}\frac{\lim\limits_{x\to 0^-}e^{\frac{1}{x}}}{1+\lim\limits_{x\to 0^-}e^{\frac{2}{x}}}=0,$$

所以$\lim\limits_{x\to 0}\dfrac{e^{\frac{1}{x}}\arctan\frac{1}{x}}{1+e^{\frac{2}{x}}}=0$.

14 【答案】 2

【分析】 $$\frac{2}{x}-1<\left[\frac{2}{x}\right]\leqslant\frac{2}{x},$$

因此，当 $x>0$，$2-x<x\left[\dfrac{2}{x}\right]\leqslant 2$；

当 $x<0$，$2\leqslant x\left[\dfrac{2}{x}\right]<2-x$.

又$\lim\limits_{x\to 0}(2-x)=2$，于是

$$\lim_{x\to 0}x\left[\frac{2}{x}\right]=2.$$

15 【答案】 $\dfrac{f''(a)}{2[f'(a)]^2}$

【分析】 此为"$\infty-\infty$"型，先通分

$$\lim_{x\to a}\left[\frac{1}{f'(a)(x-a)}-\frac{1}{f(x)-f(a)}\right]=\lim_{x\to a}\frac{f(x)-f(a)-f'(a)(x-a)}{f'(a)(x-a)(f(x)-f(a))}.$$

以下有两个方法.

方法1 用洛必达法则.

$$\lim_{x\to a}\frac{f(x)-f(a)-f'(a)(x-a)}{f'(a)(x-a)[f(x)-f(a)]}=\lim_{x\to a}\frac{f'(x)-f'(a)}{f'(a)[f(x)-f(a)+(x-a)f'(x)]}$$

$$=\lim_{x\to a}\frac{\frac{f'(x)-f'(a)}{x-a}}{f'(a)\left[\frac{f(x)-f(a)}{x-a}+f'(x)\right]}=\frac{f''(a)}{f'(a)[f'(a)+f'(a)]}$$

$$=\frac{f''(a)}{2[f'(a)]^2}.$$

这里第一个等式之后不能再用洛必达法则，这是因为未设 $f''(x)$ 在 $x=a$ 的某邻域内存在，而

只设 $f''(a)$ 存在，所以应该改用凑二阶导数的定义的办法.

方法 2　用佩亚诺余项泰勒公式展开.

$$f(x)=f(a)+f'(a)(x-a)+\frac{1}{2}f''(a)(x-a)^2+o((x-a)^2)$$

代入分子

$$\lim_{x\to a}\frac{f(x)-f(a)-f'(a)(x-a)}{f'(a)(x-a)[f(x)-f(a)]}=\lim_{x\to a}\frac{\frac{f''(a)}{2}(x-a)^2+o((x-a)^2)}{f'(a)(x-a)[f(x)-f(a)]}$$

$$=\lim_{x\to a}\frac{\frac{f''(a)}{2}+\frac{o((x-a)^2)}{(x-a)^2}}{f'(a)\frac{f(x)-f(a)}{x-a}}=\frac{f''(a)}{2[f'(a)]^2}.$$

【评注】　错误做法：

$$\lim_{x\to a}\left[\frac{1}{f'(a)(x-a)}-\frac{1}{f(x)-f(a)}\right]=\lim_{x\to a}\left[\frac{1}{f'(a)(x-a)}-\frac{1}{f'(\xi)(x-a)}\right]$$

$$=\lim_{x\to a}\frac{f'(\xi)-f'(a)}{f'(a)f'(\xi)(x-a)}=\lim_{x\to a}\frac{\frac{f'(\xi)-f'(a)}{\xi-a}}{f'(a)f'(\xi)\frac{x-a}{\xi-a}}=\frac{f''(a)}{[f'(a)]^2\cdot 1}.$$

这里错误的原因是，误认为 $\lim\limits_{x\to a}\frac{x-a}{\xi-a}=1$.

16　【答案】　$e^{-2x}+\frac{1}{e^2-1}x^{\frac{2}{1-x}}$

【分析】　记 $\lim\limits_{x\to 1}f(x)=A$，于是有 $f(x)=e^{-2x}+x^{\frac{2}{1-x}}A$，

$$A=\lim_{x\to 1}f(x)=e^{-2}+A\lim_{x\to 1}x^{\frac{2}{1-x}}$$
$$=e^{-2}+A\lim_{x\to 1}e^{\frac{2\ln x}{1-x}},$$

而

$$\lim_{x\to 1}\frac{2\ln x}{1-x}=\lim_{x\to 1}\frac{\frac{2}{x}}{-1}=-2,$$

所以 $A=e^{-2}+Ae^{-2}$，解得

$$A=\frac{e^{-2}}{1-e^{-2}}=\frac{1}{e^2-1}.$$

$$f(x)=e^{-2x}+\frac{1}{e^2-1}x^{\frac{2}{1-x}}.$$

17　【答案】　$\frac{4}{e}$

【分析】　首先想到取对数，将连乘积化成求和. 由求和的形式考虑使用积分和式求极限. 命

$$u_n=\left[\left(1+\frac{1}{n}\right)\left(1+\frac{2}{n}\right)\cdots\left(1+\frac{n}{n}\right)\right]^{\frac{1}{n}},$$

$$\ln u_n=\frac{1}{n}\sum_{i=1}^{n}\ln\left(1+\frac{i}{n}\right)$$

由积分和式知，

$$\lim_{n\to\infty}\ln u_n = \lim_{n\to\infty}\frac{1}{n}\sum_{i=1}^{n}\ln\left(1+\frac{i}{n}\right)=\int_0^1\ln(1+x)\mathrm{d}x$$

$$=\left[(x+1)\ln(1+x)-x\right]\Big|_0^1 = 2\ln 2-1=\ln\frac{4}{\mathrm{e}}.$$

所以$\lim\limits_{n\to\infty}u_n=\frac{4}{\mathrm{e}}$.

18 【答案】 $\frac{1+\sqrt{5}}{2}$

【分析】 显然

$$0<x_n=\frac{2(1+x_{n-1})-1}{1+x_{n-1}}=2-\frac{1}{1+x_{n-1}}<2\quad(n=1,2,3,\cdots)$$

即$\{x_n\}$有界.

令 $f(x)=2-\frac{1}{1+x}\Rightarrow f(x)\nearrow(x\geqslant 0)\Rightarrow x_{n+1}=f(x_n)(n=1,2,3,\cdots)$ 单调.

因此$\{x_n\}$收敛，记$\lim\limits_{n\to\infty}x_n=a$.

对递归方程 $x_n=\frac{1+2x_{n-1}}{1+x_{n-1}}$ 两边取极限得 $a=\frac{1+2a}{1+a}$，即

$$a^2-a-1=0$$

解得 $a=\frac{1+\sqrt{5}}{2}$.

【评注】 也可按定义证明$\{x_n\}$单调. 考察

$$x_{n+1}-x_n=\left(2-\frac{1}{1+x_n}\right)-\left(2-\frac{1}{1+x_{n-1}}\right)=\frac{1}{1+x_{n-1}}-\frac{1}{1+x_n}$$

$$=\frac{x_n-x_{n-1}}{(1+x_n)(1+x_{n-1})}(n=1,2,3,\cdots)$$

又 $x_1=1<x_2=\frac{1+2}{1+1}=\frac{3}{2}$，由归纳法可知$\{x_n\}\nearrow$.

19 【答案】 $x=\pm 1$

【分析】 当 $|x|<1$ 时，$\lim\limits_{n\to\infty}x^{2n+1}=\lim\limits_{n\to\infty}x^n=0$，所以此时 $f(x)=\frac{1}{x+4}$；

当 $|x|>1$ 时，$f(x)=\lim\limits_{n\to\infty}\frac{x^{2n+1}+1}{x^{2n+1}-x^n+x+4}=\lim\limits_{n\to\infty}\frac{1+\frac{1}{x^{2n+1}}}{1-\frac{1}{x^{n+1}}+\frac{1}{x^{2n}}+\frac{4}{x^{2n+1}}}=1$；

当 $x=-1$ 时，$f(x)=\lim\limits_{n\to\infty}\frac{x^{2n+1}+1}{x^{2n+1}-x^n+x+4}=0$；

当 $x=1$ 时，$f(x)=\lim\limits_{n\to\infty}\frac{x^{2n+1}+1}{x^{2n+1}-x^n+x+4}=\frac{2}{5}$.

$$\text{综上}, f(x)=\begin{cases}1, & x<-1\\ 0, & x=-1\\ \dfrac{1}{x+4}, & -1<x<1\\ \dfrac{2}{5}, & x=1\\ 1 & x>1\end{cases}$$,所以 $x=\pm 1$ 为 $f(x)$ 的间断点.

20 【答案】 $(1,e)$

【分析】 $f(x)$ 只有间断点 $x=a, x=b$.

当 $a=1, b=e$ 时

$f(x)=\dfrac{e^x-e}{(x-1)(x-e)} \Rightarrow \lim\limits_{x\to 1}\dfrac{e^x-e}{(x-1)(x-e)}=\dfrac{1}{1-e}\lim\limits_{x\to 1}\dfrac{e^x-e}{x-1}=\dfrac{e}{1-e}$,

$x=1$ 为可去间断点.

$$\lim_{x\to e}\frac{e^x-e}{(x-1)(x-e)}=\infty$$

$x=e$ 为无穷间断点.

当 $a=e, b=1$ 时

$$f(x)=\frac{e^x-1}{(x-e)(x-1)}$$

$$\lim_{x\to 1}f(x)=\infty, \lim_{x\to e}f(x)=\infty.$$

$x=1, x=e$ 均为无穷间断点. 因此, $(a,b)=(1,e)$.

一元函数微分学

A 组

21 【答案】 $\begin{cases}\dfrac{-x-(1-x)\ln(1-x)}{x^2(1-x)}, & -\infty<x<1, x\neq 0\\ -\dfrac{1}{2}, & x=0\end{cases}$

【分析】 首先由 $f(x)$ 在 $x=0$ 连续确定 b 值:

$$\lim_{x\to 0}f(x)=\lim_{x\to 0}\frac{\ln(1+bx)}{x}=\lim_{x\to 0}\frac{bx}{x}=b=f(0)=-1$$

$\Rightarrow b=-1$.

$$f(x)=\begin{cases}\dfrac{\ln(1-x)}{x}, & -\infty<x<1, x\neq 0\\ -1, & x=0\end{cases}$$

$x\neq 0$ 时

$$f'(x)=\frac{\dfrac{-x}{1-x}-\ln(1-x)}{x^2}=\frac{-x-(1-x)\ln(1-x)}{x^2(1-x)}(-\infty<x<1, x\neq 0)$$

下求 $f'(0)$.

按定义求 $f'(0)$.

$$f'(0)=\lim_{x\to 0}\frac{f(x)-f(0)}{x}=\lim_{x\to 0}\frac{\frac{\ln(1-x)}{x}+1}{x}$$

$$=\lim_{x\to 0}\frac{\ln(1-x)+x}{x^2}\xlongequal[\text{洛必达法则}]{\frac{0}{0}}\lim_{x\to 0}\frac{\frac{-1}{1-x}+1}{2x}$$

$$=\lim_{x\to 0}\frac{-1+1-x}{2x}\cdot\frac{1}{1-x}=-\frac{1}{2}$$

或用泰勒公式

$$f'(0)=\lim_{x\to 0}\frac{\ln(1-x)+x}{x^2}=\lim_{x\to 0}\frac{-x-\frac{1}{2}x^2+o(x^2)+x}{x^2}=-\frac{1}{2}.$$

【评注】 求形如 $f(x)=\begin{cases}g(x), & x\neq x_0\\ A, & x=x_0\end{cases}$ 的分段函数在分段点处的导数时一般要用定义来求，或函数在分段点连续的条件下求导数的极限. 即用下面定理求分段函数在分段点的导数：(1) $f(x)$ 在 x_0 处连续；(2) $f(x)$ 在 x_0 的某空心邻域内可导；(3) $\lim\limits_{x\to x_0}f'(x)$ 存在，则 $f'(x_0)=\lim\limits_{x\to x_0}f'(x)$.

22 【答案】 $-\frac{1}{2}$

【分析】 $f'(x)$ 以 3 为周期且是奇函数：

$$f'(5)=f'(2)=-f'(-2)$$

现按导数定义求此极限.

$$\lim_{h\to 0}\frac{f(5-2\sin h)-f(5)}{h}=\lim_{h\to 0}\left[\frac{f(5-2\sin h)-f(5)}{-2\sin h}\times\frac{-2\sin h}{h}\right]$$
$$=-2f'(5)=-2\times[-f'(-2)]$$
$$=-2$$

因此，原极限 $=-\frac{1}{2}$.

23 【答案】 $x^{\sin x}\left(\cos x\cdot\ln x+\frac{\sin x}{x}\right)$

【分析】 $f(x)=x^{\sin x}=e^{\sin x\cdot\ln x}$,

$$f'(x)=e^{\sin x\cdot\ln x}(\sin x\cdot\ln x)'=x^{\sin x}\left(\cos x\cdot\ln x+\frac{\sin x}{x}\right).$$

24 【答案】 72

【分析】 记 $g(x)=(x+1)^2(x+2)^2(x+3)^2$，则

$f(x)=x^2g(x)$,

$f'(x)=2xg(x)+x^2g'(x)$,

$f''(x)=2g(x)+4xg'(x)+x^2g''(x)$,

所以 $f''(0)=2g(0)=72$.

知识点链接

《考研数学复习全书·基础篇·高等数学基础》第二章

25 【答案】 $\dfrac{2e^{2x}}{(e^{4x}+1)^{3/2}}dx$

【分析】 $dy=\dfrac{1}{2}\left(\dfrac{e^{4x}}{e^{4x}+1}\right)^{-\frac{1}{2}}d\left(\dfrac{e^{4x}}{e^{4x}+1}\right)$

$$=\frac{1}{2}\left(\frac{e^{4x}}{e^{4x}+1}\right)^{-\frac{1}{2}}\frac{(e^{4x}+1)4e^{4x}-e^{4x}\cdot 4e^{4x}}{(e^{4x}+1)^2}dx=\frac{2e^{2x}}{(e^{4x}+1)^{3/2}}dx.$$

26 【答案】 -70

【分析】 方法1 $f(x)=\ln\dfrac{1-2x}{1+3x}=\ln(1-2x)-\ln(1+3x)$，

$$f'(x)=-\frac{2}{1-2x}-\frac{3}{1+3x},$$

$$f''(x)=-\frac{4}{(1-2x)^2}+\frac{9}{(1+3x)^2},$$

$$f'''(x)=-\frac{16}{(1-2x)^3}-\frac{54}{(1+3x)^3},$$

所以 $f'''(0)=-70$.

方法2 用泰勒公式. 当 $x\to 0$ 时，

$$f(x)=\ln(1-2x)-\ln(1+3x)$$

$$=(-2x)-\frac{1}{2}(-2x)^2+\frac{1}{3}(-2x)^3-3x+\frac{1}{2}(3x)^2-\frac{1}{3}(3x)^3+o(x^3)$$

所以 $\dfrac{f'''(0)}{3!}=-\dfrac{2^3}{3}-\dfrac{3^3}{3}$，$f'''(0)=-70$.

27 【答案】 $y=x-1$

【分析】 直线 $x+y=2$ 的斜率为 $k_1=-1$，故与直线 $x+y=2$ 垂直的切线的斜率为 $k_2=1$. $y'=(\ln x)'=\dfrac{1}{x}=1$，解得 $x=1$. 所以曲线 $y=\ln x$ 上 $x=1$ 点处的切线与直线 $x+y=2$ 垂直. 此时切线方程为 $y=x-1$.

28 【答案】 $y=-\dfrac{1}{2}x$

【分析】 由连续性，$\lim\limits_{x\to 0}f(x)=f(0)$，又 $\lim\limits_{x\to 0}\dfrac{f(x)}{e^x-1}=2\Rightarrow\lim\limits_{x\to 0}f(x)=0$，于是 $f(0)=0$.

$$f'(0)=\lim_{x\to 0}\frac{f(x)-f(0)}{x}=\lim_{x\to 0}\frac{f(x)}{e^x-1}\cdot\frac{e^x-1}{x}=2\times 1=2$$

$\Rightarrow$ 曲线 $y=f(x)$ 在 $x=0$ 处的法线斜率为 $-\dfrac{1}{2}$，法线方程为 $y=-\dfrac{1}{2}x$.

29 【答案】 $y=\ln 2\left(x-\dfrac{\pi}{2}\right)$

【分析】 $f'(x)=\ln(1+\sin x)$，$f'\left(\dfrac{\pi}{2}\right)=\ln 2$，所以曲线 $y=f(x)$ 在点 $\left(\dfrac{\pi}{2},0\right)$ 处的切线方程为 $y=\ln 2\left(x-\dfrac{\pi}{2}\right)$.

30 【答案】 $(-\infty,-1],[3,+\infty)$；$[-1,1),(1,3]$；$f(-1)=-2$ 是极大值，$f(3)=0$ 是极小值；$(1,+\infty)$；$(-\infty,1)$

【分析】 $y=\dfrac{[(x-1)+(-2)]^2}{4(x-1)}=\dfrac{1}{4}(x-1)-1+\dfrac{1}{x-1}$

$$y'=\frac{1}{4}-\frac{1}{(x-1)^2}=\frac{(x-1)^2-4}{4(x-1)^2}=\frac{(x-3)(x+1)}{4(x-1)^2}$$

$$y''=\frac{2}{(x-1)^3}$$

$y'=0\Rightarrow x=3,x=-1$. $y''\neq 0$，$x=1$ 处 y 无定义. 现用 $x=-1,x=1,x=3$ 将定义域分成如下区间并列表：

x	$(-\infty,-1)$	-1	$(-1,1)$	1	$(1,3)$	3	$(3,+\infty)$
y'	$+$	0	$-$	无定义	$-$	0	$+$
y''	$-$	$-$	$-$		$+$	$+$	$+$
y		-2				0	

31 【答案】 $-3,-9$

【分析】 求出 $y''=6x+2a$.

$(1,3)$ 为该曲线拐点 $\Rightarrow$

$$y(1)=1+a+b+14=3$$
$$y''(1)=6+2a=0$$

$\Rightarrow$ $a=-3,b=-9$. 又

$$y''(x)=6x-6=6(x-1)\begin{cases}>0, & x>1\\ =0, & x=1\\ <0, & x<1\end{cases}$$

$\Rightarrow$ $a=-3,b=-9$ 时 $(1,3)$ 确为该曲线的拐点.

因此，$a=-3,b=-9$.

B 组

32 【答案】 $-2,1$

【分析】 $f(x)$ 在 $x=0$ 处可导，$f(x)$ 在 $x=0$ 处必连续，从而 $f(0^-)=f(0^+)=f(0)$. 于是由 $f(0)=b$ 及

$$f(0^-)=\lim_{x\to 0^-}f(x)=0+1=1,\ f(0^+)=\lim_{x\to 0^+}f(x)=b,$$

推知 $b=1$. 又 $f'(0)$ 存在，所以 $f'_-(0)=f'_+(0)$.

$$f'_-(0)=\lim_{x\to 0^-}\frac{f(x)-f(0)}{x-0}=\lim_{x\to 0^-}\frac{x^2\sin\dfrac{1}{x}+\cos x-1}{x}=0,$$

$$f'_+(0)=\lim_{x\to 0^+}\frac{f(x)-f(0)}{x-0}=\lim_{x\to 0^+}\frac{\ln(1+x)+ax+e^x-1}{x}$$

$$=\lim_{x\to 0^+}\frac{\ln(1+x)}{x}+a+\lim_{x\to 0^+}\frac{e^x-1}{x}$$

$$=1+a+1,$$

由 $f'_-(0)=f'_+(0)$ 推知 $0=1+a+1$，所以 $a=-2$.

【评注】 已知 $f(x)$ 在某点 x_0 处可导，讨论其中的参数，方法如下：如果该点是分段函数的分界点，那么先由连续性推知 $f(x_0^-)=f(x_0^+)=f(x_0)$，得到一些关系式. 再由可导性，又得到一些关系式 $f'_-(x_0)=f'_+(x_0)$，解之便可.

33 【答案】 $\begin{cases}\dfrac{1}{1+x^2}, & x\leqslant 1\\ \dfrac{1}{2}(2xe^{x^2-1}-1), & x>1\end{cases}$

【分析】 注意在 $x=1$ 处 $\arctan x\Big|_{x=1}=\left[\dfrac{1}{2}(e^{x^2-1}-x)+\dfrac{\pi}{4}\right]\Big|_{x=1}$. 易得

$$f'(x)=(\arctan x)'=\frac{1}{1+x^2},x<1$$

其中 $x=1$ 处，$f'_-(1)=\dfrac{1}{1+x^2}\Big|_{x=1}=\dfrac{1}{2}$.

$$f'(x)=\left[\frac{1}{2}(e^{x^2-1}-x)+\frac{\pi}{4}\right]'=\frac{1}{2}(2xe^{x^2-1}-1),x>1$$

其中 $x=1$ 处，$f'_+(1)=\dfrac{1}{2}(2xe^{x^2-1}-1)\Big|_{x=1}=\dfrac{1}{2}$.

因为 $f'_+(1)=f'_-(1)=\dfrac{1}{2}\Rightarrow f'(1)=\dfrac{1}{2}$.

因此 $f'(x)=\begin{cases}\dfrac{1}{1+x^2}, & x\leqslant 1\\ \dfrac{1}{2}(2xe^{x^2-1}-1), & x>1\end{cases}$.

34 【答案】 $\dfrac{1}{2}f''(a)$

【分析】 方法1
$$I=\lim_{h\to 0}\frac{f(a+h)-f(a)-hf'(a)}{h^2}\tag{1}$$
$$=\lim_{h\to 0}\frac{f'(a+h)-f'(a)}{2h}\tag{2}$$
$$=\frac{1}{2}f''(a).\tag{3}$$

(1) 式到(2) 式用了洛必达法则，(2) 式到(3) 式利用了 $f'(x)$ 在 $x=a$ 处的导数定义.

【评注】 由于题设中没有 $f''(x)$ 在 $x=a$ 的某邻域内存在及 $f''(x)$ 在 $x=a$ 是连续的，所以(2) 式到(3) 式不能利用洛必达法则. 由 $f''(a)$ 存在 $\Rightarrow f'(x)$ 在 $x=a$ 某邻域有定义，对(1) 式可用洛必达法则.

方法2 用泰勒公式.

$$f(a+h)=f(a)+f'(a)h+\frac{1}{2}f''(a)h^2+o(h^2)\qquad(h\to 0)$$

代入得

$$I=\lim_{h\to 0}\frac{\dfrac{f'(a)h+\dfrac{1}{2}f''(a)h^2+o(h^2)}{h}-f'(a)}{h}$$

$$=\lim_{h\to 0}\left[\frac{1}{2}f''(a)+\frac{o(h^2)}{h^2}\right]=\frac{1}{2}f''(a).$$

35 【答案】 1

【分析】 利用导数定义,转化为求极限

$$\lim_{x\to 0}\frac{f[1+\varphi(x)]-f(1)}{\varphi(x)}=f'(1)$$

其中$\lim\limits_{x\to 0}\varphi(x)=0$.

$$I=\lim_{x\to 0}\left[\frac{f(1+x)-f(1)}{x}\cdot\frac{x}{x+2\sin x}-\frac{f(1-2\sin x)-f(1)}{-2\sin x}\cdot\frac{-2\sin x}{x+2\sin x}\right]$$

$$=f'(1)\lim_{x\to 0}\frac{x}{x+2\sin x}+f'(1)\lim_{x\to 0}\frac{2\sin x}{x+2\sin x}$$

$$=f'(1)\cdot\frac{1}{3}+f'(1)\cdot\frac{2}{3}=f'(1)=1.$$

36 【答案】 $-\sum\limits_{k=1}^{n}\dfrac{2^k+(-1)^{k+1}3^k}{k}x^k$

【分析】 $f(x)=\ln\dfrac{1-2x}{1+3x}=\ln(1-2x)-\ln(1+3x)$

$$=-\sum_{k=1}^{n}\frac{2^k}{k}x^k-\sum_{k=1}^{n}\frac{(-1)^{k+1}3^k}{k}x^k+o(x^n),x\to 0,$$

所以 $f(x)$ 在 $x_0=0$ 点处的 n 次泰勒多项式为

$$-\sum_{k=1}^{n}\frac{2^k+(-1)^{k+1}3^k}{k}x^k.$$

37 【答案】 0

【分析】 方法1 若知道以下事实:由 $\lim\limits_{x\to+\infty}f'(x)=b>0(<0)\Rightarrow\lim\limits_{x\to+\infty}f(x)=+\infty(-\infty)$,立即可得 $b=0$. 否则由 $b>0$(或 $b<0$)$\Rightarrow\lim\limits_{x\to+\infty}f(x)=+\infty(-\infty)$ 与 $f(x)$ 在$(c,+\infty)$有界矛盾.

【评注】 实质上就是用反证法证明 $b=0$,不妨设 $b>0$,取 a 满足 $0<a<b$,由 $\lim\limits_{x\to+\infty}f'(x)=b>a$,则存在 $x_0>0$,当 $x\geqslant x_0$ 时 $f'(x)>a$,在$[x_0,x]$上用拉格朗日中值定理,

$$f(x)-f(x_0)=f'(\xi)(x-x_0)>a(x-x_0)\qquad(\xi\in(x_0,x))$$

即 $f(x)>a(x-x_0)+f(x_0)$,因

$$\lim_{x\to+\infty}[a(x-x_0)+f(x_0)]=+\infty$$

所以 $\lim\limits_{x\to+\infty}f(x)=+\infty$,从而 $f(x)$ 在$(c,+\infty)$上无界,这与 $f(x)$ 在$(c,+\infty)$上是有界函数矛盾.

方法2　因 $f(x)$ 在 $(c,+\infty)$ 可导，有界.

$$\lim_{x\to+\infty}\frac{f(x)}{x}=0$$

又　$\lim\limits_{x\to+\infty}\frac{f(x)}{x}=\lim\limits_{x\to+\infty}\frac{f'(x)}{x'}=\lim\limits_{x\to+\infty}f'(x)=b \Rightarrow b=0.$

【评注】　事实上有如下结论：设

(1) $f(x)$，$g(x)$ 在 $(c,+\infty)$ 可导，且 $g'(x)\neq 0$；

(2) $\lim\limits_{x\to+\infty}g(x)=\infty$；(3) $\lim\limits_{x\to+\infty}\frac{f'(x)}{g'(x)}=A$（$A$ 为有限或 ∞），

则 $\lim\limits_{x\to+\infty}\frac{f(x)}{g(x)}=\lim\limits_{x\to+\infty}\frac{f'(x)}{g'(x)}=A.$

也就是，在上述情形下，我们可不必验证分子 $f(x)$ 是否为无穷大量. 方法2中用到了这个结论.

38　【答案】　$x=1$

【分析】　将方程 $2y^3-2y^2+2xy-x^2=1$ 两边对 x 求导，得

$$6y^2y'-4yy'+2y+2xy'-2x=0$$

整理得

$$y'(3y^2-2y+x)=x-y \tag{1}$$

令 $y'=0$，有 $x=y$，将其代入 $2y^3-2y^2+2xy-x^2=1$ 得

$$2x^3-x^2-1=(x^3-1)+(x^3-x^2)=0$$

即 $(x-1)(2x^2+x+1)=0$，于是 $x=1$ 是唯一的驻点. 此时，$y=x=1$.

进一步判断 $x=1$ 是否是极值点：

对(1)求导　$y''(3y^2-2y+x)+y'(3y^2-2y+x)'_x=1-y'$

把 $x=1$，$y=1$，$y'(1)=0$ 代入上式，得 $y''(1)=\frac{1}{2}>0$，于是 $y(x)$ 只有极值点为 $x=1$，它是极小值点.

39　【答案】　3

【分析】　由于 $y(x)$ 二阶可导，$(x_0,3)$ 是拐点，则 $y(x_0)=3$，$y''(x_0)=0$.

先求 $\frac{d^2y}{dx^2}$：

$$\frac{d^2y}{dx^2}=(4-y)\beta y^{\beta-1}\frac{dy}{dx}-\frac{dy}{dx}y^{\beta}=\frac{dy}{dx}y^{\beta-1}[(4-y)\beta-y]$$

由 $\left.\frac{d^2y}{dx^2}\right|_{x=x_0}=0$，$\left.\frac{dy}{dx}\right|_{x=x_0}=[4-y(x_0)]y(x_0)^{\beta}=3^{\beta}\neq 0.$

$$[4-y(x_0)]\beta-y(x_0)=0$$

$$\beta=\frac{3}{4-3}=3.$$

40　【答案】　$y=\frac{1}{3}x-1$

【分析】　由极限与无穷小的关系有

$$\frac{[f(x)+1]x^2}{x-\sin x}=2+\alpha,\lim_{x\to 0}\alpha=0.$$

解得
$$f(x)=\frac{(2+\alpha)(x-\sin x)}{x^2}-1,$$
$$\lim_{x\to 0}f(x)=2\lim_{x\to 0}\frac{x-\sin x}{x^2}-1=0-1=-1.$$
由于 $f(x)$ 在 $x=0$ 处连续,所以 $f(0)=\lim\limits_{x\to 0}f(x)=-1$.
$$f'(0)=\lim_{x\to 0}\frac{f(x)-f(0)}{x-0}=\lim_{x\to 0}\frac{f(x)+1}{x}=\lim_{x\to 0}\frac{(2+\alpha)(x-\sin x)}{x^3}$$
$$=\frac{1}{3}\left(因\lim_{x\to 0}\frac{x-\sin x}{x^3}=\frac{1}{6}\right).$$
所以曲线在点$(0,f(0))$处的切线方程为 $y=\frac{1}{3}(x-0)-1=\frac{1}{3}x-1$.

【评注】 本题也可由佩亚诺余项泰勒公式,展开 $x-\sin x=\frac{1}{6}x^3+o(x^3)$ 求得 $f(0)$ 及 $f'(0)$. 读者不妨一试.

41 【答案】 $\left(\frac{1}{\sqrt{3}},\frac{2}{3}\right)$

【分析】 设切点坐标(ξ,η),其中 $\xi>0,\eta=1-\xi^2$. 切线方程为 $y-\eta=-2\xi(x-\xi)$. 在两坐标上的截距分别为
$$X=\frac{\eta}{2\xi}+\xi=\frac{1+\xi^2}{2\xi},\quad Y=\eta+2\xi^2=1+\xi^2.$$
三角形面积为
$$A=\frac{1}{2}XY=\frac{(1+\xi^2)^2}{2\xi},\quad 0<\xi<1.$$
$$\frac{\mathrm{d}A}{\mathrm{d}\xi}=\frac{(1+\xi^2)(3\xi^2-1)}{2\xi^2}.$$
命$\frac{\mathrm{d}A}{\mathrm{d}\xi}=0$,得 $\xi=\frac{1}{\sqrt{3}}$. 当 $0<\xi<\frac{1}{\sqrt{3}}$ 时,$\frac{\mathrm{d}A}{\mathrm{d}\xi}<0$;当 $\xi>\frac{1}{\sqrt{3}}$ 时,$\frac{\mathrm{d}A}{\mathrm{d}\xi}>0$. 所以当 $\xi=\frac{1}{\sqrt{3}}$ 时 A 取极小值. 由于驻点唯一,故此时 A 也是最小值. 相应地 $\eta=1-\xi^2=\frac{2}{3}$.

42 【答案】 $\left(-\infty,-\frac{1}{5}\right),-\frac{1}{5}$

【分析】 $f(x)$ 在$(-\infty,+\infty)$连续,下面求 $f'(x)$ 与 $f''(x)$.
$$f'(x)=x^{\frac{2}{3}}+\frac{2}{3}x^{-\frac{1}{3}}(x-1)=\frac{1}{3}x^{-\frac{1}{3}}(5x-2)\quad(x\neq 0)$$
$$f''(x)=\frac{1}{3}\left[5x^{-\frac{1}{3}}-\frac{1}{3}x^{-\frac{4}{3}}(5x-2)\right]$$
$$=\frac{10}{9}x^{-\frac{4}{3}}\left(x+\frac{1}{5}\right)\begin{cases}<0, & -\infty<x<-\frac{1}{5}\\ =0, & x=-\frac{1}{5}\\ >0, & -\frac{1}{5}<x<0\\ >0, & 0<x<+\infty\end{cases}$$

因此 $f(x)$ 的凸区间是 $\left(-\infty,-\frac{1}{5}\right)$，拐点的横坐标是 $x=-\frac{1}{5}$.

一元函数积分学

A 组

43 【答案】 $n+1$

【分析】 已知 $\lim\limits_{x\to a}\frac{f(x)}{(x-a)^n}=A\neq 0(\exists)$，求正数 k 使得 $\lim\limits_{x\to a}\frac{\int_a^x f(t)\mathrm{d}t}{(x-a)^k}\neq 0(\exists)$.

这是 $\frac{0}{0}$ 型极限，用洛必达法则得

$$\lim_{x\to a}\frac{\int_a^x f(t)\mathrm{d}t}{(x-a)^k}=\lim_{x\to a}\frac{f(x)}{k(x-a)^{k-1}}\xlongequal{\text{取 } k=n+1}\lim_{x\to a}\frac{f(x)}{(n+1)(x-a)^n}$$

$$=\frac{A}{n+1}\neq 0(\exists)$$

$\Rightarrow\int_a^x f(t)\mathrm{d}t$ 是 $(x-a)$ 的 $(n+1)$ 阶无穷小.

44 【答案】 6

【分析】 求 $n(>0)$ 使得

$$\lim_{x\to 0}\frac{\int_0^{x-\sin x}\ln(1+t)\mathrm{d}t}{x^n}\xlongequal{\frac{0}{0}}\lim_{x\to 0}\frac{\ln[1+(x-\sin x)](1-\cos x)}{nx^{n-1}}=\lim_{x\to 0}\frac{(x-\sin x)\frac{1}{2}x^2}{nx^{n-1}}$$

$$=\frac{1}{2}\lim_{x\to 0}\frac{x-\sin x}{nx^{n-3}}\xlongequal[n>3]{\frac{0}{0}}\frac{1}{2}\lim_{x\to 0}\frac{1-\cos x}{n(n-3)x^{n-4}}\xlongequal[\text{取 } n=6]{}\frac{1}{72}\neq 0.$$

其中

$$\ln[1+(x-\sin x)]\sim x-\sin x\qquad(x\to 0)$$

$$1-\cos x\sim\frac{1}{2}x^2\qquad(x\to 0)$$

应填 $n=6$.

45 【答案】 $-\frac{2}{\sqrt{x+1}}-\frac{2}{x+1}+C$，其中 C 为任意常数

【分析】 令 $t=\sqrt{x+1}$，则 $x=t^2-1$，$\mathrm{d}x=2t\mathrm{d}t$.

$I=\int\frac{t+2}{t^4}\cdot 2t\mathrm{d}t=2\int(t^{-2}+2t^{-3})\mathrm{d}t=-\frac{2}{t}-\frac{2}{t^2}+C=-\frac{2}{\sqrt{x+1}}-\frac{2}{x+1}+C$，其中 C 为任意常数.

46 【答案】 $F(x)=\begin{cases}-\cos x+x+1+C, & x>0,\\ \arctan x+C, & x\leqslant 0,\end{cases}$ 其中 C 为任意常数

【分析】 方法 1 记 $f(x)$ 的原函数为 $F(x)$，则

当 $x>0$ 时，$F(x)=\int(\sin x+1)\mathrm{d}x=-\cos x+x+C_2$；

当 $x\leqslant 0$ 时，$F(x)=\int\frac{1}{1+x^2}\mathrm{d}x=\arctan x+C_1$.

因为 $F(x)$ 为 $f(x)$ 的原函数，所以 $F(x)$ 在 $x=0$ 点连续，即

$$\lim_{x\to 0^-}(\arctan x+C_1)=\lim_{x\to 0^+}(-\cos x+x+C_2),$$

$C_1=C_2-1$. 故 $f(x)$ 的所有原函数为

$$F(x)=\begin{cases}-\cos x+x+1+C, & x>0,\\ \arctan x+C, & x\leqslant 0,\end{cases}$$ 其中 C 为任意常数.

方法 2 先求 $f(x)$ 的一个原函数 $F_0(x)=\int_0^x f(t)\mathrm{d}t$.

当 $x>0$ 时，$F_0(x)=\int_0^x(\sin t+1)\mathrm{d}t=-\cos t\Big|_0^x+x=1-\cos x+x$；

当 $x\leqslant 0$ 时，$F_0(x)=\int_0^x\frac{\mathrm{d}t}{1+t^2}=\arctan t\Big|_0^x=\arctan x$.

于是 $f(x)$ 的全体原函数为

$$F(x)=F_0(x)+C=\begin{cases}1-\cos x+x+C, & x>0,\\ \arctan x+C, & x\leqslant 0,\end{cases}$$

其中 C 为任意常数.

47 【答案】 $\begin{cases}x+C, & x\geqslant -1;\\ -x^2-x-1+C, & x<-1\end{cases}$

【分析】 先写出 $|x-|x+1||$ 的分段表达式.

$$|x-|x+1||=\begin{cases}1, & x\geqslant -1,\\ -2x-1, & x<-1.\end{cases}$$

因此，

$$\int|x-|x+1||\mathrm{d}x=\begin{cases}x+C_1, & x\geqslant -1,\\ -x^2-x+C_2, & x<-1.\end{cases}$$

再在分界点 $x=-1$ 处拼接成连续函数，从而

$$-1+C_1=-1-(-1)+C_2,$$

从而 $C_2=-1+C_1$，并记 C_1 为 C，于是如上所填.

【评注】 被积函数连续，所以原函数存在. **先按分段表达式分段积分，再在分界点处拼接成连续函数**. 如此拼成的函数，在分界点处不但连续，而且必定也是可导的，从而便得原函数.

例如求 $\int\min\{x^2,x\}\mathrm{d}x$ 也可以按上述办法处理.

48 【答案】 $x\arcsin\sqrt{\frac{x}{x+a}}-\sqrt{ax}+a\arcsin\sqrt{\frac{x}{x+a}}+C$

【分析】 方法 1 命 $\sqrt{\frac{x}{x+a}}=u$，有 $x=\frac{au^2}{1-u^2}$.

$$\int\arcsin\sqrt{\frac{x}{x+a}}\mathrm{d}x=\int\arcsin u\,\mathrm{d}\left(\frac{au^2}{1-u^2}\right)$$

$$= \frac{au^2}{1-u^2}\arcsin u - \int \frac{au^2}{(1-u^2)^{\frac{3}{2}}}\mathrm{d}u$$

$$= \frac{au^2}{1-u^2}\arcsin u - a\int u\mathrm{d}\,\frac{1}{(1-u^2)^{\frac{1}{2}}}$$

$$= \frac{au^2}{1-u^2}\arcsin u - a\left(\frac{u}{\sqrt{1-u^2}} - \int \frac{\mathrm{d}u}{\sqrt{1-u^2}}\right)$$

$$= \frac{au^2}{1-u^2}\arcsin u - \frac{au}{\sqrt{1-u^2}} + a\arcsin u + C$$

$$= x\arcsin\sqrt{\frac{x}{x+a}} - \sqrt{ax} + a\arcsin\sqrt{\frac{x}{x+a}} + C.$$

方法 2　命 $\arcsin\sqrt{\frac{x}{x+a}} = u$，有 $x = a\tan^2 u$.

$$\int \arcsin\sqrt{\frac{x}{x+a}}\mathrm{d}x = \int u\mathrm{d}a\tan^2 u = au\tan^2 u - a\int \tan^2 u\mathrm{d}u$$

$$= au\tan^2 u - a\int(\sec^2 u - 1)\mathrm{d}u$$

$$= au\tan^2 u - a\tan u + au + C$$

$$= x\arcsin\sqrt{\frac{x}{x+a}} - \sqrt{ax} + a\arcsin\sqrt{\frac{x}{x+a}} + C.$$

49　【答案】　$-\frac{1}{2}(\mathrm{e}^{-2x}\arctan \mathrm{e}^x + \mathrm{e}^{-x} + \arctan \mathrm{e}^x) + C$

【分析】　命 $\mathrm{e}^x = t$，

$$\int \mathrm{e}^{-2x}\arctan \mathrm{e}^x\mathrm{d}x = \int \frac{\arctan t}{t^3}\mathrm{d}t = -\frac{1}{2}\int \arctan t\mathrm{d}\left(\frac{1}{t^2}\right)$$

$$= -\frac{1}{2}\left[\frac{1}{t^2}\arctan t - \int \frac{1}{t^2(1+t^2)}\mathrm{d}t\right]$$

$$= -\frac{1}{2}\left(\frac{1}{t^2}\arctan t - \int \frac{1}{t^2}\mathrm{d}t + \int \frac{1}{t^2+1}\mathrm{d}t\right)$$

$$= -\frac{1}{2}\left(\frac{1}{t^2}\arctan t + \frac{1}{t} + \arctan t\right) + C$$

$$= -\frac{1}{2}(\mathrm{e}^{-2x}\arctan \mathrm{e}^x + \mathrm{e}^{-x} + \arctan \mathrm{e}^x) + C.$$

50　【答案】　$\frac{1}{2}\ln^2 x - \frac{x}{x-1}\ln x + \ln|x-1| + C$

【分析】

$$\int \frac{x^2-x+1}{x(x-1)^2}\ln x\mathrm{d}x = \int \frac{x^2-2x+1+x}{x(x-1)^2}\ln x\mathrm{d}x$$

$$= \int \frac{1}{x}\ln x\mathrm{d}x + \int \frac{1}{(x-1)^2}\ln x\mathrm{d}x$$

$$= \frac{1}{2}(\ln x)^2 - \int \ln x\mathrm{d}\left(\frac{1}{x-1}\right)$$

$$= \frac{1}{2}\ln^2 x - \frac{\ln x}{x-1} + \int \frac{1}{x(x-1)}\mathrm{d}x$$

$$= \frac{1}{2}\ln^2 x - \frac{\ln x}{x-1} + \int \frac{1}{x-1}dx - \int \frac{1}{x}dx$$

$$= \frac{1}{2}\ln^2 x - \frac{x}{x-1}\ln x + \ln|x-1| + C.$$

51 【答案】 $-\frac{1}{3}$

【分析】 因 $\lim\limits_{x\to1}\int_1^x y(t)dt = 0$，由洛必达法则，

$$\lim_{x\to1}\frac{\int_1^x y(t)dt}{(x-1)^3} = \lim_{x\to1}\frac{y(x)}{3(x-1)^2} \xlongequal{洛} \lim_{x\to1}\frac{y'(x)}{6(x-1)}.$$

由 $y^3 + xy + x^2 - 2x + 1 = 0$ 隐函数两侧求导，

$$3y^2y' + xy' + y + 2x - 2 = 0, \tag{*}$$

以 $x=1, y(1)=0$ 代入，得 $y'(1)=0$. 再用洛必达法则

$$\lim_{x\to1}\frac{y'(x)}{6(x-1)} = \frac{1}{6}y''(1).$$

由(*)可得 $6y(y')^2 + 3y^2y'' + y' + xy'' + y' + 2 = 0$. $y''(1) = -2$，所以原式 $= -\frac{1}{3}$.

52 【答案】 $\psi'(x) = \begin{cases} \frac{f(x)}{x} - \frac{\int_0^x f(u)du}{x^2}, & x \neq 0, \\ 1, & x = 0 \end{cases}$

【分析】 对 $\int_0^1 f(xt)dt$ 作换元后，再求 $\psi'(x)$.

由 $\lim\limits_{x\to0}\frac{f(x)}{x} = 2$ 及 $f(x)$ 连续，有 $\lim\limits_{x\to0}f(x) = f(0) = 0$.

当 $x=0$ 时，$\psi(0) = \int_0^1 f(0)dx = 0$.

当 $x\neq0$ 时，$\psi(x) = \int_0^1 f(xt)dt$，令 $xt = u$，则

$$\psi(x) = \int_0^1 f(xt)dt = \frac{1}{x}\int_0^x f(u)du.$$

所以 $\psi(x) = \begin{cases} \frac{1}{x}\int_0^x f(u)du, & x \neq 0, \\ 0, & x = 0. \end{cases}$

当 $x=0$ 时，$\psi'(0) = \lim\limits_{x\to0}\frac{\psi(x)-\psi(0)}{x-0} = \lim\limits_{x\to0}\frac{\int_0^x f(u)du}{x^2} = \lim\limits_{x\to0}\frac{f(x)}{2x} = 1$.

当 $x\neq0$ 时，$\psi'(x) = -\frac{1}{x^2}\int_0^x f(u)du + \frac{1}{x}f(x)$.

所以 $\psi'(x) = \begin{cases} \frac{f(x)}{x} - \frac{\int_0^x f(u)du}{x^2}, & x \neq 0, \\ 1, & x = 0. \end{cases}$

53 【答案】 $\tan\frac{1}{2}-\frac{1}{2}e^{-4}+\frac{1}{2}$

【分析】 先对$\int_1^4 f(x-2)dx$换元，再计算.

设 $x-2=t, dx=dt$，当 $x=1$ 时 $t=-1$；当 $x=4$ 时 $t=2$.

$$\int_1^4 f(x-2)dx=\int_{-1}^2 f(t)dt=\int_{-1}^0\frac{dt}{1+\cos t}+\int_0^2 te^{-t^2}dt$$
$$=\frac{1}{2}\int_{-1}^0\sec^2\frac{t}{2}dt-\frac{1}{2}\int_0^2 e^{-t^2}d(-t^2)$$
$$=\tan\frac{t}{2}\Big|_{-1}^0-\frac{1}{2}e^{-t^2}\Big|_0^2=\tan\frac{1}{2}-\frac{1}{2}e^{-4}+\frac{1}{2}.$$

54 【答案】 $\begin{cases}\frac{1}{3}x^3-\frac{5}{3}, & x<-1\\ x-1, & -1\leqslant x\leqslant 1\\ \frac{1}{3}x^3-\frac{1}{3}, & x>1\end{cases}$

【分析】 方法 1 因为

$$f(x)=\begin{cases}x^2, & x<-1\\ 1, & -1\leqslant x\leqslant 1.\\ x^2, & x>1\end{cases}$$

所以这是求分段函数的变限积分.

当 $x<-1$ 时，$\int_1^x f(t)dt=\int_1^{-1}f(t)dt+\int_{-1}^x f(t)dt=\int_1^{-1}1dt+\int_{-1}^x t^2dt$

$$=-2+\frac{1}{3}t^3\Big|_{-1}^x=\frac{1}{3}x^3-\frac{5}{3}.$$

当 $-1\leqslant x\leqslant 1$ 时，$\int_1^x f(t)dt=\int_1^x 1dt=x-1$.

当 $x>1$ 时，$\int_1^x f(t)dt=\int_1^x t^2dt=\frac{1}{3}x^3-\frac{1}{3}$.

因此，

$$\int_1^x f(t)dt=\begin{cases}\frac{1}{3}x^3-\frac{5}{3}, & x<-1\\ x-1, & -1\leqslant x\leqslant 1.\\ \frac{1}{3}x^3-\frac{1}{3}, & x>1\end{cases}$$

方法 2 $\int_1^x f(t)dt\xlongequal{(记)}F(x)$ 是 $f(x)$ 的一个原函数，满足 $F(1)=0$. 因而，也可用拼接法求得分段函数 $f(x)$ 的一个原函数，记为 $F_0(x)$，则有

$$F_0(x)=\begin{cases}\frac{1}{3}x^3, & x<-1\\ x+C_1, & -1\leqslant x\leqslant 1\\ \frac{1}{3}x^3+C_2, & x>1\end{cases}$$

其中 C_1, C_2 满足

$$\frac{1}{3}x^3\Big|_{x=-1} = (x+C_1)\Big|_{x=-1} \Rightarrow C_1 = \frac{2}{3}$$

$$(x+C_1)\Big|_{x=1} = (\frac{1}{3}x^3 + C_2)\Big|_{x=1} \Rightarrow C_2 = \frac{4}{3}$$

$\Rightarrow \int f(x)\mathrm{d}x = F_0(x) + C.$

现定出 C 使得 $0 = F_0(1) + C = 1 + \frac{2}{3} + C \Rightarrow C = -\frac{5}{3}.$

因此

$$\int_1^x f(t)\mathrm{d}t = F_0(x) - \frac{5}{3} = \begin{cases} \frac{1}{3}x^3 - \frac{5}{3}, & x < -1 \\ x-1, & -1 \leqslant x \leqslant 1. \\ \frac{1}{3}x^3 - \frac{1}{3}, & x > 1 \end{cases}$$

【评注】 若求分段函数 $f(x) = \max\{1, x^2\}$ 的不定积分 $\int f(x)\mathrm{d}x$，或由变限积分法先求得一个原函数 $F(x) = \int_1^x f(t)\mathrm{d}t$（这时要用分段积分法如方法 1），然后就可得

$$\int f(x)\mathrm{d}x = F(x) + C$$

或由方法 2 中的拼接法，先求得一个原函数，同样可得 $\int f(x)\mathrm{d}x$. 对于多个连接点的分段函数，也许拼接法更简便些.

55 【答案】 $\frac{\pi}{4}$

【分析】 方法 1 $\int_1^{+\infty} \frac{\mathrm{d}x}{x\sqrt{2x^2-1}} = \int_1^{+\infty} \frac{\mathrm{d}x}{\sqrt{2}x^2\sqrt{1-\left(\frac{1}{\sqrt{2}x}\right)^2}}$

$$= \int_1^{+\infty} \frac{-\mathrm{d}\left(\frac{1}{\sqrt{2}x}\right)}{\sqrt{1-\left(\frac{1}{\sqrt{2}x}\right)^2}} = -\arcsin\frac{1}{\sqrt{2}x}\Big|_1^{+\infty}$$

$$= \arcsin\frac{1}{\sqrt{2}} = \frac{\pi}{4}.$$

方法 2 $\int_1^{+\infty} \frac{\mathrm{d}x}{x\sqrt{2x^2-1}} \xlongequal{x=\frac{1}{\sqrt{2}}\frac{1}{\cos t}} \int_{\frac{\pi}{4}}^{\frac{\pi}{2}} \frac{\frac{1}{\sqrt{2}}\frac{\sin t}{\cos^2 t}}{\frac{1}{\sqrt{2}}\frac{1}{\cos t}\sqrt{\frac{1}{\cos^2 t}-1}}\mathrm{d}t = \int_{\frac{\pi}{4}}^{\frac{\pi}{2}} 1\mathrm{d}t = \frac{\pi}{4}.$

56 【答案】 $0;\left(\pm\frac{\sqrt{2}}{2}, \int_0^{\frac{1}{2}} \mathrm{e}^{-t^2}\mathrm{d}t\right)$

【分析】 由 $f'(x) = \mathrm{e}^{-x^4} \cdot 2x = 0$，得 $x = 0$.

当 $x < 0$ 时，$f'(x) < 0$，当 $x > 0$ 时，$f'(x) > 0$，所以，极小值点为 $x = 0$，极小值为 $f(0)$

$= 0.$

由 $f''(x) = 2e^{-x^4}(1-4x^4) = 0$，得 $x = \pm\frac{\sqrt{2}}{2}$.

当 $x \in \left(-\infty, -\frac{\sqrt{2}}{2}\right)$ 或 $x \in \left(\frac{\sqrt{2}}{2}, +\infty\right)$ 时，$f''(x) < 0$，当 $x \in \left(-\frac{\sqrt{2}}{2}, \frac{\sqrt{2}}{2}\right)$ 时，$f''(x) > 0$，因此，拐点坐标为 $\left(\pm\frac{\sqrt{2}}{2}, \int_0^{\frac{1}{2}} e^{-t^2}\,dt\right)$.

B 组

57 【答案】 $\frac{3}{8}x + \frac{1}{32}\sin 4x + \frac{1}{4}\sin 2x + C_1$，$\frac{3}{8}x + \frac{1}{32}\sin 4x - \frac{1}{4}\sin 2x + C_2$，其中 C_1, C_2 为任意常数

【分析】
$$I_1 + I_2 = \int\left[(\sin^2 x + \cos^2 x)^2 - \frac{1}{2}\sin^2 2x\right]dx$$
$$= \int\left[1 - \frac{1}{4}(1 - \cos 4x)\right]dx = \frac{3}{4}x + \frac{1}{16}\sin 4x + C_3,$$
$$I_1 - I_2 = \int(\cos^4 x - \sin^4 x)dx = \int\cos 2x\,dx = \frac{1}{2}\sin 2x + C_4,$$
因此
$$I_1 = \frac{1}{2}[(I_1 + I_2) + (I_1 - I_2)] = \frac{3}{8}x + \frac{1}{32}\sin 4x + \frac{1}{4}\sin 2x + C_1,$$
$$I_2 = \frac{1}{2}[(I_1 + I_2) - (I_1 - I_2)] = \frac{3}{8}x + \frac{1}{32}\sin 4x - \frac{1}{4}\sin 2x + C_2$$（其中 C_1, C_2 为任意常数）.

58 【答案】 $\frac{1}{9}$

【分析】 方法 1 由 $2f(x) + f(1-x) = x^2$ 可知
$$2f(1-x) + f(x) = (1-x)^2.$$
解方程组
$$\begin{cases} 2f(x) + f(1-x) = x^2, \\ 2f(1-x) + f(x) = (1-x)^2, \end{cases}$$
可得 $f(x) = \frac{1}{3}x^2 + \frac{2}{3}x - \frac{1}{3}$，故 $\int_0^1 f(x)dx = \frac{1}{9}$.

方法 2 因为 $2f(x) + f(1-x) = x^2$，所以
$$2\int_0^1 f(x)dx + \int_0^1 f(1-x)dx = \int_0^1 x^2 dx = \frac{1}{3}.$$
令 $t = 1-x$，则 $\int_0^1 f(1-x)dx = \int_1^0 f(t)(-dt) = \int_0^1 f(x)dx$，代入上式可得
$$\int_0^1 f(x)dx = \frac{1}{9}.$$

59 【答案】 $\frac{\pi}{4}$

【分析】 $\sum\limits_{i=1}^{n}\frac{n}{n^2 + i^2 + 1} = \sum\limits_{i=1}^{n}\frac{1}{n}\frac{1}{1 + \frac{i^2+1}{n^2}}$，而

$$\sum_{i=1}^{n}\frac{1}{n}\frac{1}{1+\frac{(i+1)^2}{n^2}}\leqslant\sum_{i=1}^{n}\frac{1}{n}\frac{1}{1+\frac{i^2+1}{n^2}}\leqslant\sum_{i=1}^{n}\frac{1}{n}\frac{1}{1+\frac{i^2}{n^2}}.$$

由定积分的定义知，$\lim\limits_{n\to\infty}\sum\limits_{i=1}^{n}\frac{1}{n}\frac{1}{1+\frac{i^2}{n^2}}=\int_0^1\frac{1}{1+x^2}\mathrm{d}x=\frac{\pi}{4}$，且

$$\sum_{i=1}^{n}\frac{1}{n}\frac{1}{1+\frac{(i+1)^2}{n^2}}=\sum_{i=1}^{n}\frac{1}{n}\frac{1}{1+\frac{i^2}{n^2}}-\frac{1}{n}\frac{1}{1+\frac{1}{n^2}}+\frac{1}{n}\frac{1}{1+\frac{(n+1)^2}{n^2}},$$

$$\lim_{n\to\infty}\sum_{i=1}^{n}\frac{1}{n}\frac{1}{1+\frac{(i+1)^2}{n^2}}=\lim_{n\to\infty}\sum_{i=1}^{n}\frac{1}{n}\frac{1}{1+\frac{i^2}{n^2}}-\lim_{n\to\infty}\frac{1}{n}\frac{1}{1+\frac{1}{n^2}}+\lim_{n\to\infty}\frac{1}{n}\frac{1}{1+\frac{(n+1)^2}{n^2}}=\frac{\pi}{4},$$

所以$\lim\limits_{n\to\infty}\sum\limits_{i=1}^{n}\frac{n}{n^2+i^2+1}=\frac{\pi}{4}$.

难吗？不会做？可以看《考研数学复习全书·基础篇·高等数学基础》第三章

60 【答案】 $\frac{1}{2\sqrt{2}-1}$

【分析】
$$\lim_{n\to\infty}\frac{\sum\limits_{k=1}^{n}\sqrt{k}}{\sum\limits_{k=1}^{n}\sqrt{n+k}}=\lim_{n\to\infty}\frac{\frac{1}{n\sqrt{n}}\sum\limits_{k=1}^{n}\sqrt{k}}{\frac{1}{n\sqrt{n}}\sum\limits_{k=1}^{n}\sqrt{n+k}}$$
$$=\lim_{n\to\infty}\frac{\frac{1}{n}\sum\limits_{k=1}^{n}\sqrt{\frac{k}{n}}}{\frac{1}{n}\sum\limits_{k=1}^{n}\sqrt{1+\frac{k}{n}}}=\frac{\int_0^1\sqrt{x}\mathrm{d}x}{\int_0^1\sqrt{1+x}\mathrm{d}x}=\frac{1}{2\sqrt{2}-1}.$$

61 【答案】 4

【分析】
$$\int_0^{2\pi}|\sin^2x-\cos^2x|\mathrm{d}x=\int_0^{2\pi}|\cos 2x|\mathrm{d}x$$
$$=4\int_{-\frac{\pi}{4}}^{\frac{\pi}{4}}|\cos 2x|\mathrm{d}x\quad(|\cos 2x|\text{以}\frac{\pi}{2}\text{为周期})$$
$$=8\int_0^{\frac{\pi}{4}}|\cos 2x|\mathrm{d}x\quad(|\cos 2x|\text{为偶函数})$$
$$=8\int_0^{\frac{\pi}{4}}\cos 2x\mathrm{d}x=4.$$

62 【答案】 ln 2

【分析】 方法1
$$\int_0^{+\infty}\frac{x\mathrm{e}^{-x}}{(1+\mathrm{e}^{-x})^2}\mathrm{d}x=\lim_{b\to+\infty}\int_0^b x\mathrm{d}\left(\frac{1}{1+\mathrm{e}^{-x}}\right)$$
$$=\lim_{b\to+\infty}\left(\frac{x}{1+\mathrm{e}^{-x}}\Bigg|_0^b-\int_0^b\frac{\mathrm{d}x}{1+\mathrm{e}^{-x}}\right)$$
$$=\lim_{b\to+\infty}\left[\frac{b}{1+\mathrm{e}^{-b}}-\ln(1+\mathrm{e}^x)\Bigg|_0^b\right]$$

$$= \ln 2 + \lim_{b \to +\infty}\left[\frac{b}{1+e^{-b}} - \ln(e^b+1)\right].$$

而
$$\lim_{b \to +\infty}\left[\frac{b}{1+e^{-b}} - \ln(e^b+1)\right] = \lim_{b \to +\infty}\frac{1}{1+e^{-b}}\left[b-(1+e^{-b})\ln(e^b+1)\right]$$
$$= \lim_{b \to +\infty}\left[\ln e^b - (1+e^b)\frac{\ln(1+e^b)}{e^b}\right]$$
$$= \lim_{b \to +\infty}\left[\ln\frac{e^b}{e^b+1} - \frac{\ln(1+e^b)}{e^b}\right]$$
$$= \ln 1 - 0 = 0.$$

或
$$\lim_{b \to +\infty}\left[\frac{b}{1+e^{-b}} - \ln(e^b+1)\right] = \lim_{b \to +\infty}\left[\frac{b(1+e^{-b}-e^{-b})}{1+e^{-b}} - \ln[e^b(1+e^{-b})]\right]$$
$$= \lim_{b \to +\infty}\left[b - \frac{be^{-b}}{1+e^{-b}} - b - \ln(1+e^{-b})\right]$$
$$= 0 - \ln 1 = 0.$$

因此$\int_0^{+\infty}\frac{xe^{-x}}{(1+e^{-x})^2}dx = \ln 2.$

方法 2　作恒等变形后，对无穷积分作分部积分.

$$\int_0^{+\infty}\frac{xe^{-x}}{(1+e^{-x})^2}dx = \int_0^{+\infty}\frac{xe^x}{(e^x+1)^2}dx = \int_0^{+\infty}\frac{xde^x}{(e^x+1)^2}$$
$$= -\int_0^{+\infty}xd\left(\frac{1}{e^x+1}\right) = -\frac{x}{e^x+1}\Big|_0^{+\infty} + \int_0^{+\infty}\frac{dx}{e^x+1}$$
$$= -\int_0^{+\infty}\frac{de^{-x}}{1+e^{-x}} = -\ln(1+e^{-x})\Big|_0^{+\infty} = \ln 2.$$

【评注】 $\int_0^{+\infty}\frac{xe^{-x}}{(1+e^{-x})^2}dx = \int_0^{+\infty}xd\left(\frac{1}{1+e^{-x}}\right)$

但不可对它直接用分部积分公式，因为

$$\lim_{x \to +\infty}\frac{x}{1+e^{-x}} = +\infty,\quad \int_0^{+\infty}\frac{dx}{1+e^{-x}}\text{ 发散}.$$

因此方法 1 中，先对$\int_0^b xd\left(\frac{1}{1+e^{-x}}\right)$用分部积分，然后再求

$$\lim_{b \to +\infty}\int_0^b xd\left(\frac{1}{1+e^{-x}}\right).$$

63　【答案】 $\sqrt{5}+\sqrt{7}$

【分析】
$$\int_2^4\frac{xdx}{\sqrt{|x^2-9|}} = \int_2^3\frac{x}{\sqrt{-x^2+9}}dx + \int_3^4\frac{x}{\sqrt{x^2-9}}dx$$
$$= -\frac{1}{2}\int_2^3\frac{d(9-x^2)}{\sqrt{9-x^2}} + \frac{1}{2}\int_3^4\frac{d(x^2-9)}{\sqrt{x^2-9}}$$
$$= -\frac{1}{2}\times 2\sqrt{9-x^2}\Big|_2^3 + \frac{1}{2}\times 2\sqrt{x^2-9}\Big|_3^4$$
$$= \sqrt{5}+\sqrt{7}.$$

64 【答案】 $\frac{2}{3}-\frac{3\sqrt{3}}{8}$

【分析】 这是反常积分,可以像定积分那样作积分变量变换处理.

$$\int_3^{+\infty}\frac{dx}{(x-1)^4\sqrt{x^2-2x}}=\int_3^{+\infty}\frac{dx}{(x-1)^4\sqrt{(x-1)^2-1}},$$

为消除根号,命 $x-1=\sec t,(x-1)^2-1=\sec^2 t-1=\tan^2 t$. 当 $x=3$ 时,$\sec t=2,t=\frac{\pi}{3}$;

当 $x\to+\infty$ 时,$t\to\frac{\pi}{2}$. 从而

$$\begin{aligned}\int_3^{+\infty}\frac{dx}{(x-1)^4\sqrt{(x-1)^2-1}}&=\int_{\frac{\pi}{3}}^{\frac{\pi}{2}}\frac{\sec t\tan t\,dt}{\sec^4 t\,|\tan t|}\\&=\int_{\frac{\pi}{3}}^{\frac{\pi}{2}}\cos^3 t\,dt=\int_{\frac{\pi}{3}}^{\frac{\pi}{2}}(1-\sin^2 t)\cos t\,dt\\&=\left(\sin t-\frac{1}{3}\sin^3 t\right)\Big|_{\frac{\pi}{3}}^{\frac{\pi}{2}}=1-\frac{1}{3}-\left(\frac{\sqrt{3}}{2}-\frac{1}{3}\cdot\frac{3\sqrt{3}}{8}\right)\\&=\frac{2}{3}-\frac{3\sqrt{3}}{8}.\end{aligned}$$

65 【答案】 $7\pi^2a^3$

【分析】 该曲线可表为 $y=y(x)(0\leqslant x\leqslant 2\pi a)$.

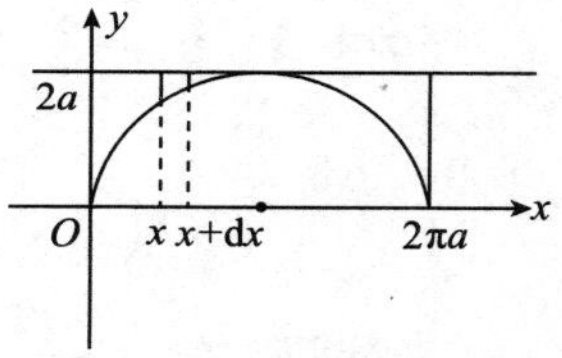

先求出摆线和直线 $y=2a,x=0,x=2\pi a$ 所围平面图形绕 $y=2a$ 旋转一周所成旋转体的体积 V_1.

任取 $[x,x+dx]\subset[0,2\pi a]$,对应的小窄条相应的体积微元

$$dV_1=\pi[2a-y(x)]^2dx$$

于是

$$\begin{aligned}V_1&=\pi\int_0^{2\pi a}(2a-y)^2dx\\&\xlongequal{x=a(t-\sin t)}\pi\int_0^{2\pi}[2a-a(1-\cos t)]^2a(1-\cos t)dt\\&=\pi a^3\int_0^{2\pi}(1+\cos t)^2(1-\cos t)dt\\&=8\pi a^3\int_0^{2\pi}\cos^4\frac{t}{2}\sin^2\frac{t}{2}dt=16\pi a^3\int_0^{\pi}\cos^4 s(1-\cos^2 s)ds\\&=16\pi a^3\int_{-\frac{\pi}{2}}^{\frac{\pi}{2}}\cos^4 s(1-\cos^2 s)ds\\&=32\pi a^3\left(\int_0^{\frac{\pi}{2}}\cos^4 s\,ds-\int_0^{\frac{\pi}{2}}\cos^6 s\,ds\right)\\&=32\pi a^3\left(\frac{3\times1}{4\times2}-\frac{5\times3\times1}{6\times4\times2}\right)\times\frac{\pi}{2}=\pi^2a^3.\end{aligned}$$

或

$$\begin{aligned}V_1&=\pi a^3\int_0^{2\pi}(1-\cos^2 t)(1+\cos t)dt\\&=\pi a^3\int_0^{2\pi}(1+\cos t-\cos^2 t-\cos^3 t)dt\\&=\pi a^3\left[2\pi-\pi-\int_0^{2\pi}(1-\sin^2 t)d\sin t\right]=\pi^2a^3.\end{aligned}$$

因此，$V = \pi(2a)^2 2\pi a - \pi^2 a^3 = 7\pi^2 a^3$.

66 【答案】 $-\frac{\pi}{2}a^2\ln 3$

【分析】 $I = \int_{-a}^{a} \sqrt{a^2 - x^2}\ln(x + \sqrt{1+x^2})\mathrm{d}x - \int_{-a}^{a} \sqrt{a^2 - x^2}\ln 3\mathrm{d}x$.

由于 $\ln(x + \sqrt{1+x^2})$ 是奇函数，所以

$$\int_{-a}^{a} \sqrt{a^2 - x^2}\ln(x + \sqrt{1+x^2})\mathrm{d}x = 0$$

由定积分的几何意义$\int_{-a}^{a} \sqrt{a^2 - x^2}\mathrm{d}x = \frac{\pi}{2}a^2$ （半径为 a 的半圆的面积），所以

$$\int_{-a}^{a} \sqrt{a^2 - x^2}\ln\frac{x + \sqrt{1+x^2}}{3}\mathrm{d}x = -\frac{1}{2}\pi a^2\ln 3.$$

【评注】 计算在对称区间上的定积分时，要注意被积函数的奇偶性. 利用$\int_0^a \sqrt{a^2 - x^2}\mathrm{d}x$ 是圆面积的$\frac{1}{4}$ 的几何意义会迅速得出正确答案.

67 【答案】 $2A$

【分析】 $\int_0^{2T} f(3x+T)\mathrm{d}x = \int_0^{2T} f(3x)\mathrm{d}x \xlongequal{t=3x} \frac{1}{3}\int_0^{6T} f(t)\mathrm{d}t$

$$= \frac{1}{3}\cdot 6\int_0^{T} f(t)\mathrm{d}t = 2A.$$

68 【答案】 $\frac{\pi^2}{2}$

【分析】 由于$\lim\limits_{x\to\infty} y = \lim\limits_{x\to\infty}\frac{x^2}{1+x^2} = 1$，则该曲线有唯一渐近线 $y = 1$，所求旋转体体积为

$$V = \pi\int_{-\infty}^{+\infty}\left(1 - \frac{x^2}{1+x^2}\right)^2\mathrm{d}x = \pi\int_{-\infty}^{+\infty}\left(\frac{1}{1+x^2}\right)^2\mathrm{d}x = 2\pi\int_0^{+\infty}\left(\frac{1}{1+x^2}\right)^2\mathrm{d}x$$

$$\xlongequal{x=\tan t} 2\pi\int_0^{\frac{\pi}{2}}\frac{\sec^2 t}{\sec^4 t}\mathrm{d}t = 2\pi\int_0^{\frac{\pi}{2}}\cos^2 t\mathrm{d}t = \frac{\pi^2}{2}.$$

69 【答案】 $\frac{16}{3}\pi$

【分析】 由图可见，实际只要求如图阴影部分绕 y 轴旋转一周所成的体积即可. 求出交点坐标为$(-1,1)$ 与$(2,4)$. 由旋转体体积公式，所求体积

$$V = \int_0^4 \pi x_2^2\mathrm{d}y - \int_2^4 \pi x_1^2\mathrm{d}y,$$

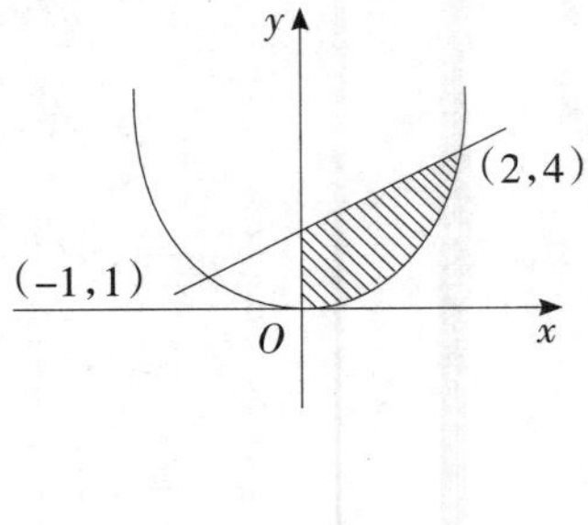

前一积分 $x_2^2 = y$，后一积分 $x_1^2 = (y-2)^2$. 于是

$$V = \pi\int_0^4 y\mathrm{d}y - \pi\int_2^4 (y-2)^2\mathrm{d}y = \frac{16}{3}\pi.$$

70 【答案】 $\dfrac{(b-a)^6}{60}$

【分析】 作换元 $x=a+t(b-a)$，则有

$$\begin{aligned}\int_a^b (x-a)^2(b-x)^3\mathrm{d}x &= \int_0^1 t^2(b-a)^2(1-t)^3(b-a)^3(b-a)\mathrm{d}t\\ &= (b-a)^6\int_0^1 t^2(1-t)^3\mathrm{d}t\\ &= (b-a)^6\int_0^1 (1-t)^2t^3\mathrm{d}t\\ &= (b-a)^6\int_0^1 (t^5-2t^4+t^3)\mathrm{d}t\\ &= (b-a)^6\left(\frac{1}{6}-\frac{2}{5}+\frac{1}{4}\right)\\ &= \frac{(b-a)^6}{60}.\end{aligned}$$

【评注】 其中$\int_0^1 t^2(1-t)^3\mathrm{d}t=\int_0^1(1-t)^2t^3\mathrm{d}t$是因为$\int_a^b f(x)\mathrm{d}x=\int_a^b f(a+b-x)\mathrm{d}x$(区间再现公式).

微分方程(差分方程)

A 组

71 【答案】 $y=x\tan(\ln x)$

【分析】 曲线 $y=y(x)$ 在点(x,y)处切线的斜率即函数 $y=y(x)$ 在点 x 处的导数 y'，由题设知函数 $y(x)$ 是如下微分方程初值问题的特解：

$$\begin{cases}y'=1+\dfrac{y}{x}+\left(\dfrac{y}{x}\right)^2\\ y(1)=0\end{cases}$$

这是齐次方程，设 $u=\dfrac{y}{x}$ 即 $y=ux$，$\dfrac{\mathrm{d}y}{\mathrm{d}x}=x\dfrac{\mathrm{d}u}{\mathrm{d}x}+u$ 可将以上问题化为$u(x)$满足的可分离变量类型的初值问题

$$\begin{cases}x\dfrac{\mathrm{d}u}{\mathrm{d}x}+u=1+u+u^2\\ u(1)=0\end{cases} \xLeftrightarrow{\text{(分离变量)}} \begin{cases}\dfrac{\mathrm{d}u}{1+u^2}=\dfrac{\mathrm{d}x}{x}\\ u(1)=0\end{cases}$$

求积分即得方程的通解 $\arctan u=\ln x+C$，由 $u(1)=0$ 可确定常数 $C=0$，故上述初值问题的解是

$$\arctan u=\ln x\Leftrightarrow \arctan\frac{y}{x}=\ln x\Leftrightarrow y=x\tan(\ln x).$$

【评注】 严格地讲所求曲线的方程应是 $y=x\tan(\ln x)(\mathrm{e}^{-\frac{\pi}{2}}<x<\mathrm{e}^{\frac{\pi}{2}})$，这是由于当 $x\in(\mathrm{e}^{-\frac{\pi}{2}},\mathrm{e}^{\frac{\pi}{2}})$ 时 $y=x\tan(\ln x)$ 的图象才是一条通过点$(1,0)$的连续可微曲线.

72 【答案】 $x=y^2(Ce^{\frac{1}{y}}+1)$，$C$ 为任意常数

【分析】 当 $y>0$ 时方程可改写为 $\frac{dx}{dy}+\left(\frac{1}{y^2}-\frac{2}{y}\right)x=1$，这是以 y 为自变量，x 为未知函数的一阶线性微分方程.

两边乘 $\mu(y)=e^{\int\left(\frac{1}{y^2}-\frac{2}{y}\right)dy}=e^{-\frac{1}{y}-2\ln y}=\frac{1}{y^2}e^{-\frac{1}{y}}$ 得

$$\frac{d}{dy}\left(\frac{1}{y^2}e^{-\frac{1}{y}}x\right)=\frac{1}{y^2}e^{-\frac{1}{y}}$$

积分得
$$\frac{1}{y^2}e^{-\frac{1}{y}}x=\int\frac{1}{y^2}e^{-\frac{1}{y}}dy+C=e^{-\frac{1}{y}}+C$$

通解为
$$x=y^2e^{\frac{1}{y}}(C+e^{-\frac{1}{y}})=y^2(Ce^{\frac{1}{y}}+1)\text{，其中 } C \text{ 是任意常数.}$$

【评注】 此题给我们的启示是：在解微分方程时，变量 x,y 地位可看作相同的，既可把 y 看作 x 的函数，又可把 x 看作 y 的函数.

73 【答案】 $y=\tan\left[\frac{1}{2}(1+x)^2+C\right]$

【分析】 由 $y'=1+x+y^2+xy^2$ 知

$$\frac{dy}{dx}=(1+x)(1+y^2)$$

则
$$\frac{dy}{1+y^2}=(1+x)dx,$$

$$\arctan y=\frac{1}{2}(1+x)^2+C,$$

$$y=\tan\left[\frac{1}{2}(1+x)^2+C.\right]$$

74 【答案】 $\tan\frac{y}{2x}=Cx$

【分析】 由 $xy'-x\sin\frac{y}{x}-y=0$ 知

$$y'-\sin\frac{y}{x}-\frac{y}{x}=0$$

令 $\frac{y}{x}=u$，则 $y=xu$，$y'=u+xu'$. $u+xu'-\sin u-u=0$

$$\frac{du}{\sin u}=\frac{dx}{x},\frac{du}{2\sin\frac{u}{2}\cos\frac{u}{2}}=\frac{dx}{x}$$

$$\int\frac{d\tan\frac{u}{2}}{\tan\frac{u}{2}}=\int\frac{dx}{x},\ln\left|\tan\frac{u}{2}\right|=\ln|x|+\ln C,$$

$$\tan\frac{u}{2}=Cx,\tan\frac{y}{2x}=Cx.$$

75 【答案】 $y=\frac{1}{x^2}(\sin x-x\cos x)$

【分析】 由 $xy'+2y=\sin x$ 知

$$y'+\frac{2}{x}y=\frac{\sin x}{x}$$

由通解公式知，

$$y=e^{-\int\frac{2}{x}dx}\left(\int\frac{\sin x}{x}e^{\int\frac{2}{x}dx}dx+C\right)=\frac{1}{x^2}\left(\int x\sin x dx+C\right)$$
$$=\frac{1}{x^2}(\sin x-x\cos x+C)$$

由 $y\big|_{x=\pi}=\frac{1}{\pi}$ 知 $C=0$.

76 【答案】 $(x+C)\cos x$

【分析】 本题所给方程是一阶线性方程.由线性方程通解公式得

$$y=e^{-\int\tan x dx}\left(\int\cos x\cdot e^{\int\tan x dx}dx+C\right)=(x+C)\cos x.$$

77 【答案】 $x=\frac{y^4}{3}\ln y-\frac{y^4}{9}+Cy$

【分析】 以 y 为自变量，将原方程变形为

$$\frac{dx}{dy}-\frac{x}{y}=y^3\ln y,$$

这是一阶线性微分方程，其通解为

$$x=e^{-\int\frac{-1}{y}dy}\left(\int y^3\ln y\cdot e^{\int\frac{-1}{y}dy}dy+C\right)$$
$$=y\left(\int y^2\ln y dy+C\right)=y\left(\frac{1}{3}\int\ln y dy^3+C\right)$$
$$=y\left[\frac{1}{3}\left(y^3\ln y-\int y^3 d\ln y\right)+C\right]=y\left[\frac{1}{3}\left(y^3\ln y-\frac{y^3}{3}\right)+C\right]$$
$$=\frac{y^4}{3}\ln y-\frac{y^4}{9}+Cy.$$

78 【答案】 $e^x(C_1\cos x+C_2\sin x+1)$，其中 C_1 与 C_2 是两个任意常数

【分析】 特征方程为 $r^2-2r+2=0$，解得 $r_{1,2}=1\pm i$，则对应齐次方程的通解为

$$Y=e^x(C_1\cos x+C_2\sin x).$$

原方程有形如 $y^*=Ae^x$ 的特解，代入原方程可得 $A=1$，所以原方程通解为

$$y=e^x(C_1\cos x+C_2\sin x+1).$$

B 组

79 【答案】 $x=y\left(\frac{1}{3}y^3+C\right)$

【分析】 将方程 $\frac{dy}{dx}=\frac{y}{x+y^4}$ 变形得

$$\frac{dx}{dy} = \frac{x + y^4}{y}$$

即$\dfrac{dx}{dy} - x \cdot \dfrac{1}{y} = y^3$. 这是一阶线性方程，由线性方程通解公式得

$$\begin{aligned} x &= e^{\int \frac{1}{y}dy}\left(\int y^3 \cdot e^{-\int \frac{1}{y}dy}dy + C\right) = y\left(\int y^2 dy + C\right) \\ &= y\left(\frac{1}{3}y^3 + C\right). \end{aligned}$$

80 【答案】 $(x^2+2)e^x + e^{-2x}$

【分析】 题设二阶常系数线性微分方程的特征方程是$\lambda^2+\lambda-2=0$，特征根是$\lambda_1=1$与$\lambda_2=-2$. 从而对应的齐次线性微分方程有线性无关的两个特解 e^x 与 e^{-2x}，且对应于方程非齐次项 $f(x)=(6x+2)e^x$，可考虑非齐次微分方程具有形为 $y^* = x(Ax+B)e^x = (Ax^2+Bx)e^x$ 的特解.

把 $y^* = (Ax^2+Bx)e^x$，$(y^*)' = (Ax^2+Bx+2Ax+B)e^x$ 与 $(y^*)'' = (Ax^2+Bx+4Ax+2B+2A)e^x$ 代入方程可得

$$(y^*)'' + (y^*)' - 2y^* = [3(2Ax+B)+2A]e^x \overset{令}{=\!=\!=} (6x+2)e^x$$

可确定常数 $A=1, B=0$，故非齐次方程具有特解 $y^* = x^2e^x$.

按通解结构定理，应设通解为 $y = C_1e^x + C_2e^{-2x} + x^2e^x$，其中 C_1 与 C_2 是两个任意常数. 利用初值 $y(0)=3$ 和 $y'(0)=0$ 可得

$$\begin{cases} y(0) = (C_1e^x + C_2e^{-2x} + x^2e^x)\Big|_{x=0} = C_1 + C_2 = 3 \\ y'(0) = [C_1e^x - 2C_2e^{-2x} + (x^2+2x)e^x]\Big|_{x=0} = C_1 - 2C_2 = 0 \end{cases}$$

解之即得 $C_1=2, C_2=1$. 故所求特解 $y^* = (x^2+2)e^x + e^{-2x}$.

81 【答案】 $\dfrac{1}{n^2}(2ma+b)$

【分析】 $y''+2my'+n^2y=0$ 的特征方程 $\lambda^2+2m\lambda+n^2=0$ 的特征根是

$$\lambda_1 = -m + \sqrt{m^2-n^2} = -(m-\sqrt{m^2-n^2}) < 0, \lambda_2 = -m - \sqrt{m^2-n^2} < 0.$$

由此可见微分方程的任何一个解 $y = C_1e^{\lambda_1x} + C_2e^{\lambda_2x}$ 都满足 $\lim\limits_{x\to+\infty} y = 0$.

又因 $y' = C_1\lambda_1e^{\lambda_1x} + C_2\lambda_2e^{\lambda_2x}$，从而又有 $\lim\limits_{x\to+\infty} y' = 0$. 故对于特解 $y=y(x)$ 满足 $y(0)=a$，$y'(0)=b$，有

$$\begin{aligned} 0 &= \int_0^{+\infty}[y''(x)+2my'(x)+n^2y(x)]dx \\ &= y'(x)\Big|_0^{+\infty} + 2my(x)\Big|_0^{+\infty} + n^2\int_0^{+\infty}y(x)dx \\ &= -y'(0) - 2my(0) + n^2\int_0^{+\infty}y(x)dx \\ &= -(2ma+b) + n^2\int_0^{+\infty}y(x)dx \end{aligned}$$

即$\displaystyle\int_0^{+\infty}y(x)dx = \frac{1}{n^2}(2ma+b)$.

82 【答案】 $y''-y'-2y=(1-2x)e^x$

【分析】 $y_1-y_3=e^{-x}$ 与 $y_1-y_2=e^{2x}-e^{-x}$ 都是对应齐次方程的解，$(y_1-y_3)+(y_1-y_2)=e^{2x}$ 也是对应齐次方程的解，e^{-x} 与 e^{2x} 是对应齐次方程两个线性无关的特解；而 $y_2-e^{-x}=xe^x$ 是非齐次方程的解.

下面求该微分方程：

方法1 由 e^{-x}，e^{2x} 是对应齐次方程线性无关的两个解知 $\lambda_1=-1$，$\lambda_2=2$ 是特征方程的两个根，从而特征方程为 $(\lambda+1)(\lambda-2)=0$ 即 $\lambda^2-\lambda-2=0$，故对应齐次微分方程为

$$y''-y'-2y=0$$

设所求非齐次方程为 $y''-y'-2y=f(x)$，把非齐次解 xe^x 代入，便得

$$f(x)=(xe^x)''-(xe^x)'-2(xe^x)=(1-2x)e^x$$

于是所求方程为 $y''-y'-2y=(1-2x)e^x$.

方法2 由前面求得该微分方程的一个特解 xe^x 及相应的齐次方程两个线性无关的解：e^{-x}，e^{2x}，于是该微分方程的通解为 $y=C_1e^{-x}+C_2e^{2x}+xe^x$，求出

$$y'=-C_1e^{-x}+2C_2e^{2x}+(x+1)e^x，y''=C_1e^{-x}+4C_2e^{2x}+(x+2)e^x$$

消去 C_1，C_2

$$y''-y'=2(C_1e^{-x}+C_2e^{2x}+xe^x)-2xe^x+e^x=2y+(1-2x)e^x$$

便得微分方程 $y''-y'-2y=(1-2x)e^x$.

83 【答案】 $y''-2y'+2y=0$

【分析】 由 $y=e^x(C_1\sin x+C_2\cos x)$ 为某齐次方程的通解知，该齐次方程的特征方程有一对共轭复根 $1\pm i$，从而特征方程为

$$r^2-2r+2=0$$

所求方程为

$$y''-2y'+2y=0.$$

84 【答案】 $y''+4y=\sin 2x$

【分析】 由二阶线性微分方程解的叠加原理可知，$y_1-y_2=\cos 2x-\sin 2x$ 是该方程对应的齐次方程[记为(*)]的一个解，于是 $\cos 2x-(\cos 2x-\sin 2x)=\sin 2x$ 也是方程(*)的解，即(*)有两个线性无关的解 $\cos 2x$ 和 $\sin 2x$，由此可见该方程的特征根为 $\pm 2i$，特征方程为 $\lambda^2+4=0$，从而知原方程为 $y''+4y=f(x)$.

注意到 $-\dfrac{x}{4}\cos 2x$ 是这个方程的一个解，从而 $f(x)=\left(-\dfrac{1}{4}x\cos 2x\right)''+4\left(-\dfrac{1}{4}x\cos 2x\right)=\sin 2x$ 因此，该方程为 $y''+4y=\sin 2x$.

【评注】 原题中给出某二阶线性常系数非齐次方程有两个特解 y_1 与 y_2，其实只要给出其中的一个，其余条件不变，仍可求出同样的结果.

由所求的二阶线性常系数非齐次方程相应的齐次方程有特解 $y_3=\cos 2x$，相应的特征根一定是 $\lambda=\pm 2i$(还有另一线性无关解 $y_4=\sin 2x$)，于是相应的特征方程是 $\lambda^2+4=0$，从而原方程为

$$y''+4y=f(x).$$

再由叠加原理知，$y^*=-\dfrac{1}{4}x\cos 2x$ 是原方程的特解，将它代入上述方程就可求出 $f(x)=\sin 2x$.

85 【答案】 $y=2+e^{-x}$

【分析】 方程 $y'''-y'=0$ 的特征方程为

$$r^3-r=0$$

即 $r(r^2-1)=0$， $r_1=0,r_2=1,r_3=-1$. 则原方程通解为

$$y=C_1+C_2e^{x}+C_3e^{-x}.$$

由初始条件得

$$\begin{cases}3=C_1+C_2+C_3\\-1=C_2-C_3\\1=C_2+C_3\end{cases}$$

解得 $C_2=0,C_3=1,C_1=2$. 故

$$y=2+e^{-x}.$$

多元函数微分学

A 组

86 【答案】 0

难吗？不会做？可以看《考研数学复习全书·基础篇·高等数学基础》第五章

【分析】 由于 $0\leqslant\left|\dfrac{xy^2}{x^2+y^2}\right|\leqslant|x|\to0$，由夹逼原理知

$$\lim_{\substack{x\to0\\y\to0}}\frac{xy^2}{x^2+y^2}=0.$$

87 【答案】 0

【分析】 由于 $0\leqslant\left|\dfrac{xy}{\sqrt{x^2+y^2}}\right|=\left|\dfrac{y}{\sqrt{x^2+y^2}}\right||x|\leqslant|x|\to0$，由夹逼原理知

$$\lim_{\substack{x\to0\\y\to0}}\frac{xy}{\sqrt{x^2+y^2}}=0$$

则 $a=0$.

88 【答案】 $\dfrac{1}{2}$

【分析】 $\dfrac{\partial z}{\partial x}=\dfrac{1}{2\sqrt{x}(\sqrt{x}+\sqrt{y})}$,

$\dfrac{\partial z}{\partial y}=\dfrac{1}{2\sqrt{y}(\sqrt{x}+\sqrt{y})}$,

$$x\frac{\partial z}{\partial x}+y\frac{\partial z}{\partial y}=\frac{x}{2\sqrt{x}(\sqrt{x}+\sqrt{y})}+\frac{y}{2\sqrt{y}(\sqrt{x}+\sqrt{y})}=\frac{1}{2}.$$

89 【答案】 2

【分析】 由 $f(x,y)=\dfrac{x^2+y^2}{e^{xy}+xy\sqrt{x^2+y^2}}$ 知，$f(x,0)=x^2$，则

$$f'_x(1,0)=2x\big|_{x=1}=2.$$

90 【答案】 $\dfrac{\pi(2+\pi)}{(1+\pi)^2}$

【分析】 按一、二阶偏导数的定义直接计算可得

$$\frac{\partial f}{\partial x}=\frac{1}{x+y}-y\cos(xy)$$

$$\frac{\partial^2 f}{\partial x\partial y}=-\frac{1}{(x+y)^2}-\cos(xy)+xy\sin(xy)$$

从而

$$\left.\frac{\partial^2 f}{\partial x\partial y}\right|_{(1,\pi)}=-\frac{1}{(1+\pi)^2}-\cos\pi+\pi\sin\pi$$

$$=1-\frac{1}{(1+\pi)^2}=\frac{\pi(2+\pi)}{(1+\pi)^2}.$$

91 【答案】 $e^{xy}+xye^{xy}+f''_{11}+(x+y)f''_{12}+xyf''_{22}+f'_2$

【分析】 由 $z=e^{xy}+f(x+y,xy)$ 知

$$\frac{\partial z}{\partial x}=ye^{xy}+f'_1+yf'_2$$

$$\frac{\partial^2 z}{\partial x\partial y}=e^{xy}+xye^{xy}+f''_{11}+xf''_{12}+f'_2+yf''_{21}+xyf''_{22}$$

$$=e^{xy}+xye^{xy}+f''_{11}+(x+y)f''_{12}+xyf''_{22}+f'_2.$$

92 【答案】 $-\dfrac{1}{3}(dx+2dy)$

【分析】 *方法1* 将 $x=0,y=0$ 代入 $e^{x+2y+3z}+xyz=1$ 中，得 $e^{3z}=1$，则 $z=0$。将方程 $e^{x+2y+3z}+xyz=1$ 两端微分得

$$e^{x+2y+3z}(dx+2dy+3dz)+yzdx+xzdy+xydz=0$$

将 $x=0,y=0,z=0$ 代入上式得

$$dx+2dy+3dz=0$$

则 $dz\big|_{(0,0)}=-\dfrac{1}{3}(dx+2dy)$.

方法2 将 $x=0,y=0$ 代入 $e^{x+2y+3z}+xyz=1$ 中，得 $e^{3z}=1$，则 $z=0$。由隐函数求导公式得

$$\frac{\partial z}{\partial x}=-\frac{e^{x+2y+3z}+yz}{3e^{x+2y+3z}+xy},\frac{\partial z}{\partial y}=-\frac{2e^{x+2y+3z}+xz}{3e^{x+2y+3z}+xy}$$

将 $x=0,y=0,z=0$ 代入上式得 $\left.\dfrac{\partial z}{\partial x}\right|_{(0,0)}=-\dfrac{1}{3},\left.\dfrac{\partial z}{\partial y}\right|_{(0,0)}=-\dfrac{2}{3}$.

则 $dz\big|_{(0,0)}=-\dfrac{1}{3}(dx+2dy)$.

方法3 将 $x=0,y=0$ 代入 $e^{x+2y+3z}+xyz=1$ 中，得 $e^{3z}=1$，则 $z=0$。将 $y=0$ 代入 $e^{x+2y+3z}+xyz=1$ 中，得 $e^{x+3z}=1$，该式两端对 x 求导得

$$e^{x+3z}(1+3z'_x)=0$$

将 $x=0,z=0$ 代入上式得 $\left.\frac{\partial z}{\partial x}\right|_{(0,0)}=-\frac{1}{3}$，同理可得 $\left.\frac{\partial z}{\partial y}\right|_{(0,0)}=-\frac{2}{3}$.

则 $\left.dz\right|_{(0,0)}=-\frac{1}{3}(dx+2dy)$.

【评注】 对于隐函数求具体点偏导数和全微分，仍然可采用先代后求的方法，即方法3.如果本题改为：

若函数 $z=z(x,y)$ 由方程 $e^{x+2y+3z}+\frac{xyz}{\sqrt{1+x^2+y^2+z^2}}=1$ 确定，则 $\left.dz\right|_{(0,0)}=$ ________.

此方法的优越性更加明显.

93 【答案】 $-(dx+dy)$

【分析】 方法1 由方程 $x^2+y^2+z^2=3$ 及公式

$$\frac{\partial z}{\partial x}=-\frac{F'_x}{F'_z},\frac{\partial z}{\partial y}=-\frac{F'_y}{F'_z}$$

知 $\frac{\partial z}{\partial x}=-\frac{x}{z},\frac{\partial z}{\partial y}=-\frac{y}{z}$，则

$$\left.\frac{\partial z}{\partial x}\right|_{(1,1,1)}=-1,\left.\frac{\partial z}{\partial y}\right|_{(1,1,1)}=-1$$

则 $dz\,|_{(1,1,1)}=-(dx+dy)$.

方法2 等式 $x^2+y^2+z^2=3$ 两端求微分得

$$2xdx+2ydy+2zdz=0$$

则 $dz=-\frac{xdx+ydy}{z}$，$dz\,|_{(1,1,1)}=-(dx+dy)$.

94 【答案】 $-\frac{1}{e}$

【分析】 $f'_x=2x(2+y^2)$，$f'_y=2x^2y+\ln y+1$.

令 $\begin{cases}f'_x=0\\f'_y=0\end{cases}$，解得驻点 $\left(0,\frac{1}{e}\right)$.

$$A=f''_{xx}\left(0,\frac{1}{e}\right)=2(2+y^2)\Big|_{\left(0,\frac{1}{e}\right)}=2\left(2+\frac{1}{e^2}\right)$$

$$B=f''_{xy}\left(0,\frac{1}{e}\right)=4xy\Big|_{\left(0,\frac{1}{e}\right)}=0$$

$$C=f''_{yy}\left(0,\frac{1}{e}\right)=\left(2x^2+\frac{1}{y}\right)\Big|_{\left(0,\frac{1}{e}\right)}=e$$

所以 $AC-B^2=2e\left(2+\frac{1}{e^2}\right)>0,A>0$，则 $f\left(0,\frac{1}{e}\right)$ 是 $f(x,y)$ 的极小值，极小值为 $f\left(0,\frac{1}{e}\right)=-\frac{1}{e}$.

B 组

95 【答案】 -2

【分析】 由题设知 $f(0,0)=0$,且

$$\lim_{(x,y)\to(0,0)}\frac{f(x,y)+3x-4y}{\sqrt{x^2+y^2}}=\lim_{(x,y)\to(0,0)}\left[\frac{f(x,y)+3x-4y}{x^2+y^2}\cdot\sqrt{x^2+y^2}\right]=0,$$

则 $f(x,y)+3x-4y=o(\sqrt{x^2+y^2})$,即

$$f(x,y)-f(0,0)=-3x+4y+o(\sqrt{x^2+y^2}).$$

由全微分的定义知 $f'_x(0,0)=-3,f'_y(0,0)=4$. 从而 $2f'_x(0,0)+f'_y(0,0)=-2$.

96 【答案】 $\dfrac{1}{\sqrt{2}}$

知识点链接

《考研数学复习全书·基础篇·高等数学基础》第五章

【分析】 $z(x,1)=\left(1+\dfrac{\sin x}{\sqrt{x^2+2}}\right)^{\sqrt{x^2+1}}$.

令 $z(x,1)=\varphi(x)$,则

$$\left.\frac{\partial z}{\partial x}\right|_{(0,1)}=\varphi'(0)$$

$$\varphi'(0)=\lim_{x\to0}\frac{\varphi(x)-\varphi(0)}{x}=\lim_{x\to0}\frac{\left(1+\dfrac{\sin x}{\sqrt{x^2+2}}\right)^{\sqrt{x^2+1}}-1}{x}$$

$$=\lim_{x\to0}\frac{\dfrac{\sin x}{\sqrt{x^2+2}}\cdot\sqrt{x^2+1}}{x}=\frac{1}{\sqrt{2}}.$$

97 【答案】 xy

【分析】 将题设的方程看成关于自变量 x,y 的恒等式并求一阶全微分即得

$$0=F'_1\cdot\left(dx+\frac{1}{y}dz-\frac{z}{y^2}dy\right)+F'_2\cdot\left(dy+\frac{1}{x}dz-\frac{z}{x^2}dx\right)$$

$$=\left(F'_1-\frac{z}{x^2}F'_2\right)dx+\left(F'_2-\frac{z}{y^2}F'_1\right)dy+\left(\frac{1}{y}F'_1+\frac{1}{x}F'_2\right)dz$$

$$=\frac{1}{x^2}(x^2F'_1-zF'_2)dx+\frac{1}{y^2}(y^2F'_2-zF'_1)dy+\frac{1}{xy}(xF'_1+yF'_2)dz.$$

由此可解出隐函数 $z=z(x,y)$ 的一阶全微分

$$dz=-\frac{xy}{x^2}\frac{(x^2F'_1-zF'_2)}{(xF'_1+yF'_2)}dx-\frac{xy}{y^2}\frac{(y^2F'_2-zF'_1)}{(xF'_1+yF'_2)}dy$$

$$=\frac{y(zF'_2-x^2F'_1)}{x(xF'_1+yF'_2)}dx+\frac{x(zF'_1-y^2F'_2)}{y(xF'_1+yF'_2)}dy.$$

故

$$z-x\frac{\partial z}{\partial x}-y\frac{\partial z}{\partial y}=z-\frac{y(zF'_2-x^2F'_1)}{xF'_1+yF'_2}-\frac{x(zF'_1-y^2F'_2)}{xF'_1+yF'_2}=xy.$$

98 【答案】 $\mathrm{d}z=\dfrac{yz\mathrm{e}^{-x^2y^2z^2}-1}{1-xy\mathrm{e}^{-x^2y^2z^2}}\mathrm{d}x+\dfrac{xz\mathrm{e}^{-x^2y^2z^2}-1}{1-xy\mathrm{e}^{-x^2y^2z^2}}\mathrm{d}y$

【分析】 将方程两端求一阶全微分，得

$$\mathrm{d}x+\mathrm{d}y+\mathrm{d}z=\mathrm{e}^{-x^2y^2z^2}\mathrm{d}(xyz)=\mathrm{e}^{-x^2y^2z^2}(yz\mathrm{d}x+xz\mathrm{d}y+xy\mathrm{d}z),$$

由此可得

$$(1-xy\mathrm{e}^{-x^2y^2z^2})\mathrm{d}z=(yz\mathrm{e}^{-x^2y^2z^2}-1)\mathrm{d}x+(xz\mathrm{e}^{-x^2y^2z^2}-1)\mathrm{d}y,$$

从而

$$\mathrm{d}z=\frac{yz\mathrm{e}^{-x^2y^2z^2}-1}{1-xy\mathrm{e}^{-x^2y^2z^2}}\mathrm{d}x+\frac{xz\mathrm{e}^{-x^2y^2z^2}-1}{1-xy\mathrm{e}^{-x^2y^2z^2}}\mathrm{d}y.$$

【评注】 也可以把 $\mathrm{d}z$ 写成如下形式：

$$\mathrm{d}z=\frac{yz-\mathrm{e}^{x^2y^2z^2}}{\mathrm{e}^{x^2y^2z^2}-xy}\mathrm{d}x+\frac{xz-\mathrm{e}^{x^2y^2z^2}}{\mathrm{e}^{x^2y^2z^2}-xy}\mathrm{d}y.$$

99 【答案】 $2\mathrm{d}x-\mathrm{d}y$

【分析】 由于$\lim\limits_{\substack{x\to0\\y\to1}}\dfrac{f(x,y)-2x+y-2}{\sqrt{x^2+(y-1)^2}}=0$，且$\lim\limits_{\substack{x\to0\\y\to1}}\sqrt{x^2+(y-1)^2}=0$，则

$$\lim_{\substack{x\to0\\y\to1}}[f(x,y)-2x+y-2]=0$$

又 $f(x,y)$ 连续，则

$$f(0,1)-0+1-2=0$$

$$f(0,1)=1$$

从而有$\lim\limits_{\substack{x\to0\\y\to1}}\dfrac{f(x,y)-f(0,1)-2x+(y-1)}{\sqrt{x^2+(y-1)^2}}=0$. 即

$$f(x,y)-f(0,1)=2x-(y-1)+o(\sqrt{x^2+(y-1)^2})$$

由微分定义知 $f(x,y)$ 在$(0,1)$处可微，且

$$f'_x(0,1)=2,f'_y(0,1)=-1$$

$$\mathrm{d}z\Big|_{(0,1)}=2\mathrm{d}x-\mathrm{d}y.$$

100 【答案】 $b\mathrm{d}x+c\mathrm{d}y$

【分析】 当$(x,y)\to(0,0)$时，$\ln(1+x^2+y^2)\sim x^2+y^2$，由求极限的等价无穷小因子替换得

$$\lim_{(x,y)\to(0,0)}\frac{f(x,y)-a-bx-cy}{x^2+y^2}=1$$

$\Rightarrow$ $$\lim_{(x,y)\to(0,0)}[f(x,y)-a-bx-cy]=0,\quad\lim_{(x,y)\to(0,0)}f(x,y)=a$$

又由 $f(x,y)$ 在$(0,0)$处连续即得 $f(0,0)=a$. 再由极限与无穷小的关系可知

$$\frac{f(x,y)-f(0,0)-bx-cy}{x^2+y^2}=1+o(1)\quad((x,y)\to(0,0))$$

($o(1)$ 为当$(x,y)\to(0,0)$时的无穷小量)$\Rightarrow$

$$f(x,y)-f(0,0)-bx-cy=x^2+y^2+(x^2+y^2)\cdot o(1)=o(\rho)$$

($\rho = \sqrt{x^2 + y^2} \to 0$) 即

$$f(x,y) - f(0,0) = bx + cy + o(\rho) \quad (\rho \to 0)$$

由可微性概念 $\Rightarrow$

$$\mathrm{d}f(x,y)\Big|_{(0,0)} = b\mathrm{d}x + c\mathrm{d}y.$$

101 【答案】 大;(1,1);6

【分析】 按隐函数微分法求偏导数.

$$2x + 2z\frac{\partial z}{\partial x} - 2 - 4\frac{\partial z}{\partial x} = 0$$

解得

$$\frac{\partial z}{\partial x} = \frac{1-x}{z-2} \tag{1}$$

由 x,y 的对称性知

$$\frac{\partial z}{\partial y} = \frac{1-y}{z-2} \tag{2}$$

由$\frac{\partial z}{\partial x} = 0, \frac{\partial z}{\partial y} = 0$ 得唯一驻点$(x,y) = (1,1)$.

将$(x,y) = (1,1)$ 代入方程中得到

$$z^2 - 4z - 12 = 0, (z-6)(z+2) = 0$$

由于 $z > 0 \Rightarrow z(1,1) = 6$.

为判断(1,1) 是否是极值点,进一步求 $z(x,y)$ 在(1,1) 处的二阶偏导数.

注意$\frac{\partial z}{\partial x}\Big|_{(1,1)} = \frac{\partial z}{\partial y}\Big|_{(1,1)} = 0$. 由(1) 式得

$$\frac{\partial^2 z}{\partial x^2} = \frac{-(z-2)-(1-x)\frac{\partial z}{\partial x}}{(z-2)^2}, A = \frac{\partial^2 z}{\partial x^2}\Big|_{(1,1)} = -\frac{1}{z-2}\Big|_{(1,1)} = -\frac{1}{4}$$

同样由(1) 式得

$$\frac{\partial^2 z}{\partial x \partial y} = \frac{(x-1)\frac{\partial z}{\partial y}}{(z-2)^2}, B = \frac{\partial^2 z}{\partial x \partial y}\Big|_{(1,1)} = 0$$

由(2) 式得

$$\frac{\partial^2 z}{\partial y^2} = \frac{-(z-2)-(1-y)\frac{\partial z}{\partial y}}{(z-2)^2}, C = \frac{\partial^2 z}{\partial y^2}\Big|_{(1,1)} = -\frac{1}{z-2}\Big|_{(1,1)} = -\frac{1}{4}$$

于是在(1,1) 处 $AC - B^2 = \frac{1}{16} > 0, A = -\frac{1}{4} < 0$,(1,1) 是 $z(x,y)$ 的极大值点,相应的极大值是 6.

102 【答案】 0;400

【分析】 首先求 $f(x,y)$ 在区域 D 内的驻点及至少有一个偏导数不存在的点处的函数值. 由于 f 在 D 内可导,因而不存在偏导数不存在的点. 令$\frac{\partial f}{\partial x} = 2x = 0$ 与$\frac{\partial f}{\partial y} = 2y = 0$,可得 f 在 D 内有且仅有一个驻点(0,0),且 $f(0,0) = 0$.

其次求 $f(x,y)$ 在区域 D 的边界 $x^2 + y^2 + 8x - 6y = 200$ 上的最大值与最小值,这是求函

数 $f(x,y)=x^2+y^2$ 在条件 $x^2+y^2+8x-6y-200=0$ 之下的最值问题，用拉格朗日乘数法，引入拉格朗日函数 $F(x,y,\lambda)=x^2+y^2+\lambda(x^2+y^2+8x-6y-200)$，求 $F(x,y,\lambda)$ 的驻点，令

$$\begin{cases}F'_x=2x+\lambda(2x+8)=0 & ①\\ F'_y=2y+\lambda(2y-6)=0 & ②\\ F'_\lambda=x^2+y^2+8x-6y-200=0 & ③\end{cases}$$

由于当 $\lambda=0$ 时由 ①，② 分别得到 $x=0,y=0$ 不可能满足条件 ③，因而 $\lambda\neq0$. 由 ①，② 消去 λ 即得

$$\frac{2x+8}{2x}=\frac{2y-6}{2y}\Leftrightarrow\frac{4}{x}=-\frac{3}{y}.$$

把 $x=-\frac{4}{3}y$ 代入方程 ③ 可得

$$\frac{25}{9}y^2-\frac{150}{9}y-200=0\Leftrightarrow y^2-6y-72=0.$$

进而可解出 $y_1=12,y_2=-6$，对应的 $x_1=-16,x_2=8$，即共有两个驻点 $(-16,12)$ 与 $(8,-6)$.

比较 $f(0,0)=0,f(-16,12)=400,f(8,-6)=100$，可见函数 $f(x,y)$ 在 D 上的最小值为 $f(0,0)=0$，最大值为 $f(-16,12)=400$.

【评注】 本题的几何意义是在区域 D 上求与原点距离最近与距离最远的点. 由于 D 的边界是圆 $C:(x+4)^2+(y-3)^2=15^2$，可见坐标原点 $(0,0)$ 在 D 内，显然它就是 D 上与原点距离最近的点. 而点 $(-16,12)$ 与 $(8,-6)$ 是圆 C 过原点 $(0,0)$ 的直径与圆 C 的两个交点. 由几何意义知它们分别是圆 C 上（即 D 的边界上）与原点 $(0,0)$ 距离最远与距离最近的点. 从而 $(-16,12)$ 是 D 上与原点 $(0,0)$ 距离最远的点.

二重积分

A 组

103 【答案】 $\int_0^a dx\int_{\frac{x^2}{a}}^{2a-x}f(x,y)dy$

【分析】 由题设知，对应的二重积分域由 $y=\frac{x^2}{a}$，$x+y=2a$ 及 y 轴所围成（如右图），按先 y 后 x 重新定限得

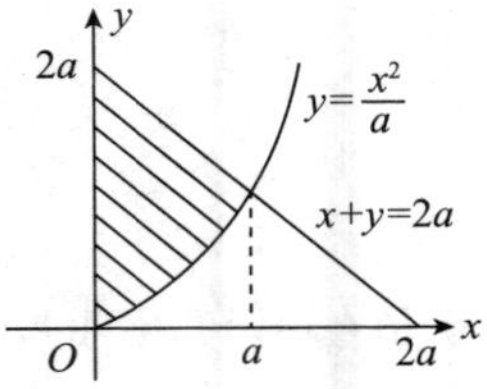

原式 $=\int_0^a dx\int_{\frac{x^2}{a}}^{2a-x}f(x,y)dy.$

104 【答案】 $\int_0^1 dy\int_{\sqrt{y}}^{3-2y}f(x,y)dx$

【分析】 由题设知对应的二重积分 $\iint\limits_D f(x,y)d\sigma$ 的积分区域 $D=D_1\cup D_2$，且

$D_1=\{(x,y)\mid 0\leqslant x\leqslant1,0\leqslant y\leqslant x^2\}$，

$D_2=\{(x,y)\mid 1\leqslant x\leqslant3,0\leqslant y\leqslant\frac{1}{2}(3-x)\}$，

画出积分区域 D 如图所示. 由此可见在区域 D 中最高点的纵坐标为 1, 最低点的纵坐标为 0, 左边界的方程是 $x=\sqrt{y}$, 右边界的方程是 $x=3-2y$, 从而积分区域 D 又可表示成

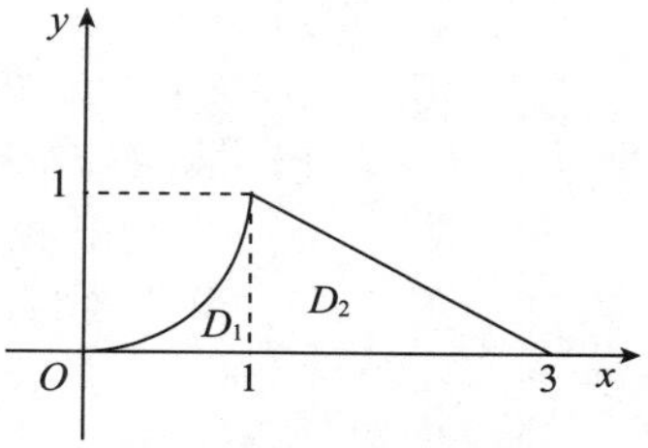

$$D=\{(x,y)\mid 0\leqslant y\leqslant 1,\sqrt{y}\leqslant x\leqslant 3-2y\}.$$

故交换积分次序得 $I=\int_0^1 \mathrm{d}y\int_{\sqrt{y}}^{3-2y} f(x,y)\mathrm{d}x$.

【评注】 二重积分 $\iint\limits_D f(x,y)\mathrm{d}\sigma$ 可化为累次积分 $\int_a^b \mathrm{d}x\int_{\varphi_1(x)}^{\varphi_2(x)} f(x,y)\mathrm{d}y$ 或 $\int_c^d \mathrm{d}y\int_{\psi_1(y)}^{\psi_2(y)} f(x,y)\mathrm{d}x$.

累次积分的基本特点是外层积分限为常数, 内层积分限为函数, 而且积分上限总是不小于积分下限.

105 【答案】 $\int_0^1 \mathrm{d}y\int_0^{2\sqrt{y}} f(x,y)\mathrm{d}x+\int_1^3 \mathrm{d}y\int_0^{3-y} f(x,y)\mathrm{d}x$

【分析】 首先画出积分域的草图, 然后按照先 x 后 y 定限便得结果.

106 【答案】 $2-\dfrac{\pi}{2}$

【分析】 本题在直角坐标下不易计算, 利用极坐标计算.

$$\begin{aligned}\int_0^1 \mathrm{d}x\int_{1-x}^{\sqrt{1-x^2}} \frac{x+y}{x^2+y^2}\mathrm{d}y &= \int_0^{\frac{\pi}{2}} \mathrm{d}\theta\int_{\frac{1}{\cos\theta+\sin\theta}}^{1} (\cos\theta+\sin\theta)\mathrm{d}r \\ &= \int_0^{\frac{\pi}{2}} (\cos\theta+\sin\theta)\mathrm{d}\theta-\frac{\pi}{2} \\ &= 2-\frac{\pi}{2}.\end{aligned}$$

107 【答案】 $-\dfrac{1}{9}(2\sqrt{2}-1)$

【分析】 交换积分次序得

$$\begin{aligned}\int_{-1}^0 \mathrm{d}x\int_{x^2}^1 xy\sqrt{1+y^3}\mathrm{d}y &= \int_0^1 \mathrm{d}y\int_{-\sqrt{y}}^0 xy\sqrt{1+y^3}\mathrm{d}x \\ &= -\frac{1}{2}\int_0^1 y^2\sqrt{1+y^3}\mathrm{d}y=-\frac{1}{9}(2\sqrt{2}-1).\end{aligned}$$

108 【答案】 2π

【分析】 本题直接用直角坐标或极坐标都不易计算, 应考虑平移加极坐标, 或奇偶性的平移.

方法 1　令 $x=1+r\cos\theta, y=1+r\sin\theta$, 则

$$\begin{aligned}\iint\limits_D xy\mathrm{d}x\mathrm{d}y &= \int_0^{2\pi} \mathrm{d}\theta\int_0^{\sqrt{2}} (1+r\cos\theta)(1+r\sin\theta)r\mathrm{d}r \\ &= \int_0^{2\pi} \mathrm{d}\theta\int_0^{\sqrt{2}} (1+r\cos\theta+r\sin\theta+r^2\sin\theta\cos\theta)r\mathrm{d}r\end{aligned}$$

$$=\int_0^{2\pi}\mathrm{d}\theta\int_0^{\sqrt{2}} r\mathrm{d}r=2\pi.$$

方法 2　由于区域 D 关于 $x=1,y=1$ 都对称，则

$$\begin{aligned}\iint_D xy\,\mathrm{d}x\mathrm{d}y&=\iint_D[(xy-x)+x]\mathrm{d}x\mathrm{d}y\\&=\iint_D[x(y-1)+(x-1)+1]\mathrm{d}x\mathrm{d}y\\&=\iint_D 1\mathrm{d}x\mathrm{d}y=2\pi.\end{aligned}$$

109　【答案】　$\dfrac{\pi}{4}$

【分析】　由于 $2y$ 是 y 的奇函数，而积分域 $x^2+y^2\leqslant 1$ 关于 x 轴对称，则

$$\iint\limits_{x^2+y^2\leqslant 1} 2y\mathrm{d}\sigma=0$$

$$\iint\limits_{x^2+y^2\leqslant 1} x^2\mathrm{d}\sigma=\frac{1}{2}\iint\limits_{x^2+y^2\leqslant 1}(x^2+y^2)\mathrm{d}\sigma\quad\text{（变量的对称性）}$$

$$=\frac{1}{2}\int_0^{2\pi}\mathrm{d}\theta\int_0^1\rho^3\mathrm{d}\rho=\frac{\pi}{4}.$$

110　【答案】　$1-\sin 1$

【分析】　交换积分次序得

$$\begin{aligned}\int_0^1\mathrm{d}x\int_x^{\sqrt{x}}\frac{\sin y}{y}\mathrm{d}y&=\int_0^1\mathrm{d}y\int_{y^2}^{y}\frac{\sin y}{y}\mathrm{d}x\\&=\int_0^1(1-y)\sin y\mathrm{d}y\\&=1-\sin 1.\end{aligned}$$

111　【答案】　$\dfrac{1}{3}(\sqrt{2}-1)$

【分析】　交换积分次序得

$$\begin{aligned}\int_0^1\mathrm{d}x\int_{x^2}^1\frac{xy}{\sqrt{1+y^3}}\mathrm{d}y&=\int_0^1\mathrm{d}y\int_0^{\sqrt{y}}\frac{xy}{\sqrt{1+y^3}}\mathrm{d}x\\&=\frac{1}{2}\int_0^1\frac{y^2}{\sqrt{1+y^3}}\mathrm{d}y=\frac{1}{3}(\sqrt{2}-1).\end{aligned}$$

B 组

112　【答案】　$\displaystyle\int_{\frac{\pi}{4}}^{\frac{\pi}{2}}\mathrm{d}\theta\int_0^R\mathrm{e}^{-r^2}r\mathrm{d}r=\frac{\pi}{8}(1-\mathrm{e}^{-R^2})$

【分析】　I 是二重积分 $\displaystyle\iint_D\mathrm{e}^{-(x^2+y^2)}\mathrm{d}\sigma$ 的累次积分，其中

$D=\left\{(x,y)\mid 0\leqslant y\leqslant\frac{\sqrt{2}}{2}R,0\leqslant x\leqslant y\right\}\cup\left\{(x,y)\mid\frac{\sqrt{2}}{2}R\leqslant y\leqslant R,\right.$ $\left.0\leqslant x\leqslant\sqrt{R^2-y^2}\right\}$，$D$ 如图所示.

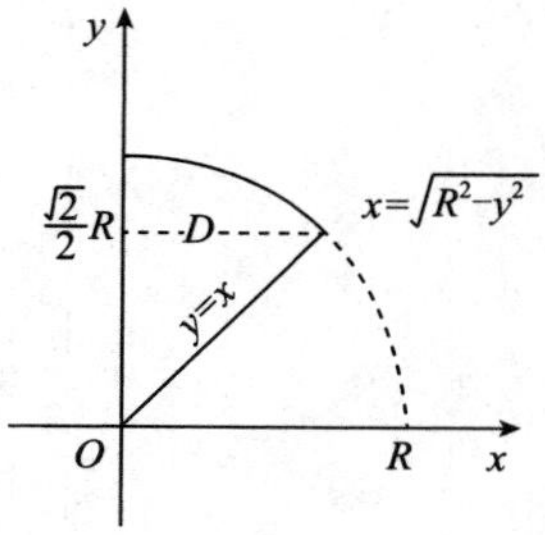

应作极坐标变换 $x=r\cos\theta,y=r\sin\theta$，可得

$$D=\left\{(x,y)\middle|0\leqslant r\leqslant R,\frac{\pi}{4}\leqslant\theta\leqslant\frac{\pi}{2}\right\}$$

于是 $I=\int_{\frac{\pi}{4}}^{\frac{\pi}{2}}\mathrm{d}\theta\int_0^R\mathrm{e}^{-r^2}r\mathrm{d}r=-\frac{1}{2}\times\frac{\pi}{4}\mathrm{e}^{-r^2}\Big|_0^R=\frac{\pi}{8}(1-\mathrm{e}^{-R^2})$.

113 【答案】 $\int_0^{\sqrt{2}}r\mathrm{d}r\int_{-\frac{\pi}{4}}^{\arccos\frac{r}{2}}f(r\cos\theta,r\sin\theta)\mathrm{d}\theta+\int_{\sqrt{2}}^{2}r\mathrm{d}r\int_{-\arccos\frac{r}{2}}^{\arccos\frac{r}{2}}f(r\cos\theta,r\sin\theta)\mathrm{d}\theta$

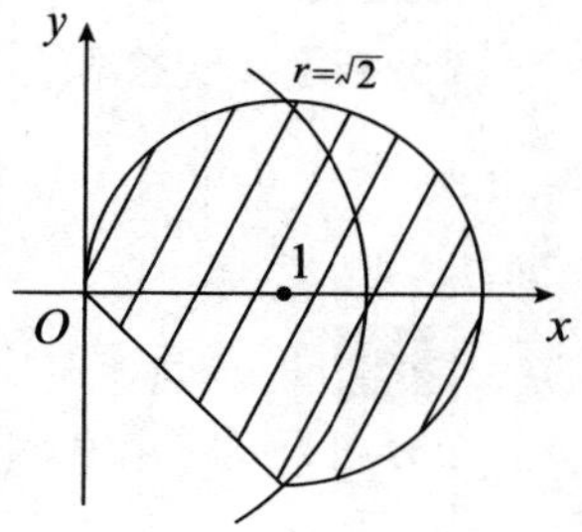

【分析】 由原题知，积分域如图所示，则

$$\text{原式}=\int_0^{\sqrt{2}}r\mathrm{d}r\int_{-\frac{\pi}{4}}^{\arccos\frac{r}{2}}f(r\cos\theta,r\sin\theta)\mathrm{d}\theta+\int_{\sqrt{2}}^{2}r\mathrm{d}r\int_{-\arccos\frac{r}{2}}^{\arccos\frac{r}{2}}f(r\cos\theta,r\sin\theta)\mathrm{d}\theta.$$

114 【答案】 $\frac{\sqrt{2}\pi}{6}$

【分析】 原式 $=\int_0^{\frac{\pi}{4}}\mathrm{d}\theta\int_0^{\sqrt{2}}r^2\mathrm{d}r=\frac{\sqrt{2}\pi}{6}$.

115 【答案】 $2\ln(1+\sqrt{2})$

【分析】 由于区域 D 关于直线 $y=x$ 对称，则

$$\iint_D\frac{\mathrm{d}x\mathrm{d}y}{\sqrt{x^2+y^2}}=2\iint_{D_1}\frac{\mathrm{d}x\mathrm{d}y}{\sqrt{x^2+y^2}}$$

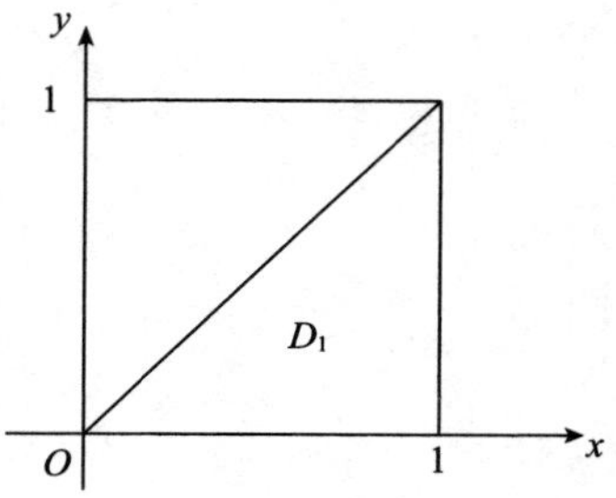

其中区域 D_1 如右图，为下半三角形区域，则

$$\iint_D\frac{\mathrm{d}x\mathrm{d}y}{\sqrt{x^2+y^2}}=2\int_0^{\frac{\pi}{4}}\mathrm{d}\theta\int_0^{\frac{1}{\cos\theta}}\mathrm{d}r=2\int_0^{\frac{\pi}{4}}\frac{\mathrm{d}\theta}{\cos\theta}$$

$$=2\ln(\sec\theta+\tan\theta)\Big|_0^{\frac{\pi}{4}}$$

$$=2\ln(1+\sqrt{2}).$$

116 【答案】 $\ln 2$

【分析】 由题设知积分区域 $D=\{(x,y)\mid 1\leqslant x\leqslant 2,0\leqslant y\leqslant\ln x\}$，从而

$$\iint_D\frac{\mathrm{e}^{xy}}{x^x-1}\mathrm{d}\sigma=\int_1^2\mathrm{d}x\int_0^{\ln x}\frac{\mathrm{e}^{xy}}{x^x-1}\mathrm{d}y$$

$$= \int_1^2 \frac{dx}{x^x - 1}\int_0^{\ln x} e^{xy} dy$$
$$= \int_1^2 \frac{dx}{x(x^x - 1)}\int_0^{\ln x} e^{xy} d(xy)$$
$$= \int_1^2 \frac{e^{xy}}{x(x^x - 1)}\Bigg|_{y=0}^{y=\ln x} dx$$
$$= \int_1^2 \frac{e^{x\ln x} - 1}{x(x^x - 1)}dx = \int_1^2 \frac{dx}{x} = \ln 2.$$

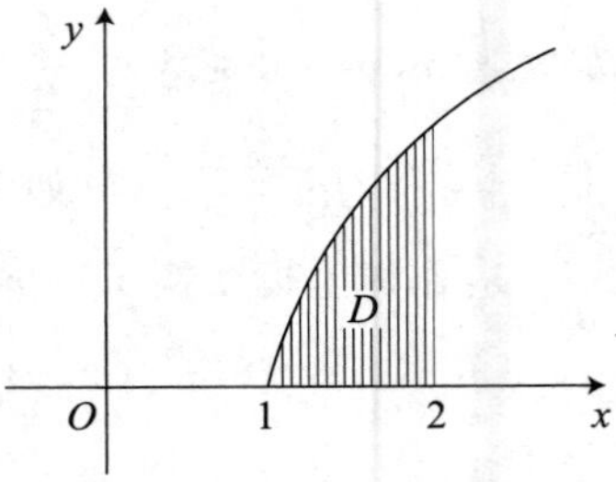

117 【答案】 $\frac{1}{2}(1 - e^{-4})$

【分析】 交换积分次序得

$$\int_0^2 dx\int_x^2 e^{-y^2} dy = \int_0^2 dy\int_0^y e^{-y^2} dx = \int_0^2 ye^{-y^2} dy = -\frac{1}{2}e^{-y^2}\Big|_0^2 = \frac{1}{2}(1 - e^{-4}).$$

118 【答案】 a^2

【分析】 在由 $0 \leqslant x \leqslant 1, 0 \leqslant y - x \leqslant 1$ 所确定的区域 D_1 内 $f(x)g(y-x) = a^2$，其余区域为零. 设 D_1 的面积为 S，易知 $S = 1$，则 $\iint\limits_D f(x)g(y-x)dxdy = \iint\limits_{D_1} a^2 dxdy = a^2 S = a^2$.

选　择　题

函数、极限、连续

A 组

119 【答案】 D

【分析】 当 $x<0$ 时，$-x>0$，$f(-x)=(-x)^2+(-x)=x^2-x$；
当 $x\geqslant 0$ 时，$-x\leqslant 0$，$f(-x)=(-x)^2=x^2$.

所以 $f(-x)=\begin{cases} x^2-x, & x<0, \\ x^2, & x\geqslant 0. \end{cases}$

(D) 选项正确.

120 【答案】 A

【分析】 由“若 $\lim\limits_{x\to x_0}f(x)=a$，则 $\lim\limits_{x\to x_0}|f(x)|=|a|$”可得“如果 $\lim\limits_{x\to x_0}f(x)=f(x_0)$，则 $\lim\limits_{x\to x_0}|f(x)|=|f(x_0)|$”. 因此，$f(x)$ 在 x_0 连续，则 $|f(x)|$ 在 x_0 连续，但 $|f(x)|$ 在 x_0 处连续，$f(x)$ 在 x_0 处不一定连续.

如 $f(x)=\begin{cases} -1, & x\geqslant 0 \\ 1, & x<0 \end{cases}$，在 $x=0$ 不连续，但 $|f(x)|=1$ 在 $x=0$ 处连续.

于是应选(A).

121 【答案】 B

【分析】 $\left(\dfrac{2}{\pi}\arctan x\right)^x=e^{x\ln\left(\frac{2}{\pi}\arctan x\right)}$，而 $\lim\limits_{x\to+\infty}\dfrac{2}{\pi}\arctan x=1$，所以

$$\lim_{x\to+\infty}x\ln\left(\frac{2}{\pi}\arctan x\right)=\lim_{x\to+\infty}x\ln\left[1+\left(\frac{2}{\pi}\arctan x-1\right)\right]=\lim_{x\to+\infty}x\left(\frac{2}{\pi}\arctan x-1\right)$$

$$=\lim_{x\to+\infty}\frac{\frac{2}{\pi}\arctan x-1}{\frac{1}{x}}=\lim_{x\to+\infty}\frac{\frac{2}{\pi}\frac{1}{1+x^2}}{-\frac{1}{x^2}}=-\frac{2}{\pi},$$

所以 $\lim\limits_{x\to+\infty}\left(\dfrac{2}{\pi}\arctan x\right)^x=e^{-\frac{2}{\pi}}$.

122 【答案】 C

【分析】 $\lim\limits_{x\to 0}\dfrac{\cos(\sin x)-\cos x}{(1-\cos x)\sin^2 x}=2\lim\limits_{x\to 0}\dfrac{\cos(\sin x)-\cos x}{x^4}$.

由三角函数公式可知，$\cos(\sin x)-\cos x=2\sin\dfrac{x+\sin x}{2}\sin\dfrac{x-\sin x}{2}$，所以当 $x\to 0$ 时，

$$\cos(\sin x)-\cos x\sim\frac{1}{2}(x+\sin x)(x-\sin x)$$

$$\lim_{x\to 0}\frac{\cos(\sin x)-\cos x}{(1-\cos x)\sin^2 x}=\lim_{x\to 0}\frac{(x+\sin x)(x-\sin x)}{x^4}=2\lim_{x\to 0}\frac{x-\sin x}{x^3}$$

$$= \frac{2}{3}\lim_{x\to 0}\frac{1-\cos x}{x^2} = \frac{1}{3}.$$

123 【答案】 B

【分析】 方法 1 用洛必达法则.

$$\lim_{x\to\pi}\frac{\sin x}{x^2-\pi^2} = \lim_{x\to\pi}\frac{\cos x}{2x} = -\frac{1}{2\pi}.$$

方法 2 作变量变换,命 $u = x - \pi$.

$$\lim_{x\to\pi}\frac{\sin x}{x^2-\pi^2} = \lim_{u\to 0}\frac{\sin(\pi+u)}{(u+\pi)^2-\pi^2}$$

$$= \lim_{u\to 0}\frac{-\sin u}{u^2+2\pi u} = -\lim_{u\to 0}\frac{u}{u^2+2\pi u}$$

$$= -\frac{1}{2\pi}.$$

124 【答案】 B

【分析】 由等价无穷小替换,当 $x\to 0$ 时 $1-\cos x\sim\frac{1}{2}x^2$, $\ln(1+x)\sim x$, $\tan x\sim x$,于是

$$\lim_{x\to 0}\frac{x(1-\cos x)}{\tan x\cdot\ln(1+x^2)} = \lim_{x\to 0}\frac{x\cdot\frac{1}{2}x^2}{x\cdot x^2} = \frac{1}{2}.$$

【评注】 熟记如下几个常用的等价无穷小(非常有用):

$x\to 0$ 时 $\sin x\sim x$, $1-\cos x\sim\frac{1}{2}x^2$, $e^x-1\sim x$, $\ln(1+x)\sim x$,

$(1+x)^\alpha-1\sim\alpha x$($\alpha$ 为常数), $\tan x\sim x$, $\arcsin x\sim x$.

125 【答案】 B

【分析】 此为“1^∞”型.

方法 1
$$\lim_{x\to 0}(e^x-x)^{\frac{1}{x^2}} = \lim_{x\to 0}(1+e^x-1-x)^{\frac{1}{x^2}}$$
$$= \lim_{x\to 0}e^{\frac{1}{x^2}\ln(1+e^x-1-x)}$$

而
$$\lim_{x\to 0}\frac{\ln(1+e^x-1-x)}{x^2} = \lim_{x\to 0}\frac{e^x-1-x}{x^2}$$
$$\overset{洛}{=\!=}\lim_{x\to 0}\frac{e^x-1}{2x}\overset{洛}{=\!=}\lim_{x\to 0}\frac{e^x}{2} = \frac{1}{2},$$

所以

$$原式 = e^{\frac{1}{2}} = \sqrt{e}.$$

方法 2 $\lim\limits_{x\to 0}(e^x-x)^{\frac{1}{x^2}} = \lim\limits_{x\to 0}(1+e^x-1-x)^{\frac{1}{e^x-1-x}\cdot\frac{e^x-1-x}{x^2}}$

而

$$\lim_{x\to 0}(1+e^x-1-x)^{\frac{1}{e^x-1-x}} = e,$$

$$\lim_{x\to 0}\frac{e^x-1-x}{x^2}=\frac{1}{2}\text{(参见方法 1)},$$

于是

$$\text{原式}=\lim_{x\to 0}\left[(1+e^x-1-x)^{\frac{1}{e^x-1-x}}\right]^{\lim\limits_{x\to 0}\frac{e^x-1-x}{x^2}}$$
$$=e^{\frac{1}{2}}=\sqrt{e}.$$

【评注】 本题为求"1^∞"型极限的典型方法. 式子简单一点的可以用方法 2,复杂一点的可以用方法 1.

126 【答案】 C

【分析】 此为"1^∞"型. 命 $y=\left(\frac{2+\cos x}{3}\right)^{\frac{1}{x^2}}$, $\ln y=\frac{1}{x^2}\ln\left(\frac{2+\cos x}{3}\right)$.

$$\lim_{x\to 0}\frac{1}{x^2}\ln\left(\frac{2+\cos x}{3}\right)=\lim_{x\to 0}\frac{1}{x^2}\ln\left(1+\frac{\cos x-1}{3}\right)\xlongequal{\text{等}}\lim_{x\to 0}\frac{\cos x-1}{3x^2}\xlongequal{\text{等}}\lim_{x\to 0}\frac{-\frac{1}{2}x^2}{3x^2}=-\frac{1}{6}.$$

所以原式 $=e^{-\frac{1}{6}}$.

【评注】 求$\lim u^v$ 形的极限,常化成先求$\lim v\ln u$. 若$\lim v\ln u=a$,则$\lim u^v=e^a$;若$\lim v\ln u=-\infty$,则$\lim u^v=0$;若$\lim v\ln u=+\infty$,则$\lim u^v=+\infty$.

127 【答案】 A

【分析】 此为"$\infty-\infty$"型. 一般先通分:

$$\lim_{x\to 0}\left(\frac{1}{x}-\cot x\right)=\lim_{x\to 0}\frac{\sin x-x\cos x}{x\sin x}\xlongequal{\text{等}}\lim_{x\to 0}\frac{\sin x-x\cos x}{x^2}$$
$$\xlongequal{\text{洛}}\lim_{x\to 0}\frac{\cos x-\cos x+x\sin x}{2x}=0.$$

128 【答案】 A

【分析】 命 $y=(2-\cos x)^{-\frac{1}{x^2}}$, $\ln y=-\frac{\ln(2-\cos x)}{x^2}$.

$$\lim_{x\to 0}\ln y=-\lim_{x\to 0}\frac{\ln(2-\cos x)}{x^2}\xlongequal{\text{等}}-\lim_{x\to 0}\frac{1-\cos x}{x^2}$$
$$=-\frac{1}{2}$$

所以$\lim\limits_{x\to 0}y=\frac{1}{\sqrt{e}}$.

129 【答案】 C

【分析】 方法 1

$$\text{原式}\xlongequal{①}\lim_{x\to 0}\frac{[\sin x-\sin(\sin x)]\sin x}{\sin^4 x}=\lim_{x\to 0}\frac{\sin x-\sin(\sin x)}{\sin^3 x}$$

$$\overset{②}{=\!=}\lim_{u\to 0}\frac{u-\sin u}{u^3}\overset{③}{=\!=}\lim_{u\to 0}\frac{1-\cos u}{3u^2}\overset{④}{=\!=}\frac{1}{6}.$$

其中①用等价无穷小替换，当 $x\to 0$ 时用 $\sin^4 x$ 替换 x^4. 一般只想到用 x^4 去替换 $\sin^4 x$，也可以用 $\sin^4 x$ 去替换 x^4. ② 作变量变换，命 $u=\sin x$. ③ 用洛必达法则. ④ 等价无穷小替换.

方法 2　将 $\sin x$ 看成 u，将 $\sin(\sin x)$ 按佩亚诺余项的泰勒公式展开至 $o(\sin^3 x)$，有

$$原式=\lim_{x\to 0}\frac{\sin x-\sin(\sin x)}{\sin^3 x}=\lim_{x\to 0}\frac{\sin x-\left[\sin x-\frac{1}{6}\sin^3 x+o(\sin^3 x)\right]}{\sin^3 x}=\frac{1}{6}.$$

方法 3

$$原式=\lim_{x\to 0}\frac{\sin x-\sin(\sin x)}{x^3}\overset{①}{=\!=}\lim_{x\to 0}\frac{\cos x-\cos(\sin x)\cdot\cos x}{3x^2}$$

$$=\lim_{x\to 0}\cos x\cdot\lim_{x\to 0}\frac{1-\cos(\sin x)}{3x^2}\overset{②}{=\!=}\lim_{x\to 0}\frac{\frac{1}{2}(\sin x)^2}{3x^2}=\frac{1}{6}.$$

其中 ① 用洛必达法则，② 用等价无穷小替换.

【评注】 (1) 读者用洛必达法则从头做到尾试试看，其简繁程度就一目了然.

(2) 以下做法是错误的.

$$原式=\lim_{x\to 0}\frac{\sin x-\sin(\sin x)}{x^3}\overset{①}{=\!=}\lim_{x\to 0}\frac{x-\sin x}{x^3}=\cdots=\frac{1}{6}.$$

① 这一步，认为 $x\to 0$ 时 $\sin x\sim x$，从而 $\sin(\sin x)\sim\sin x$，于是推知 $x\to 0$ 时 $\sin x-\sin(\sin x)\sim x-\sin x$，从而知 ① 成立，虽然结果是对的，但 ① 是错误的.

130　【答案】 C

【分析】 由洛必达法则，

$$\lim_{x\to+\infty}(\pi-2\arctan x)\ln x=\lim_{x\to+\infty}\frac{\pi-2\arctan x}{\frac{1}{\ln x}}=\lim_{x\to+\infty}\frac{2x\ln^2 x}{1+x^2}=0,$$

所以(C)为正确选项.

131　【答案】 A

【分析】 将已知条件改写成

$$I=a+\lim_{x\to 0}\frac{bx+1-e^{x^2-2x}}{x^2}=2$$

即

$$I_1=2-a$$

其中 $I_1=\lim\limits_{x\to 0}\dfrac{bx+1-e^{x^2-2x}}{x^2}$ 存在，由此定出参数 a 与 b.

方法 1　用洛必达法则.

$$I_1\xrightarrow[\text{洛必达法则}]{\frac{0}{0}}\lim_{x\to 0}\frac{b-(2x-2)e^{x^2-2x}}{2x}$$

分母极限为 0，分子极限为 $b+2$，若 $b+2\neq 0$，则极限 I_1 为 ∞，但极限 I_1 存在，故必有 $b+2=0$，即 $b=-2$，于是代入 $b=-2$ 后该极限为 $\frac{0}{0}$ 型，可用洛必达法则得

$$I_1 \xlongequal{b=-2} \lim_{x\to 0}\frac{-(2x-2)^2 e^{x^2-2x}-2e^{x^2-2x}}{2} \xlongequal{\text{代入 } x=0} \frac{-6}{2}=-3$$

因此 $2-a=-3, b=-2$. 即 $a=5, b=-2$. 选(A).

方法 2　用泰勒公式.

由极限与无穷小的关系

$$I_1=\lim_{x\to 0}\frac{bx+1-e^{x^2-2x}}{x^2}=2-a$$

可写成

$$bx+1-e^{x^2-2x}=(2-a)x^2+o(x^2)$$

由泰勒公式

$$e^t=1+t+\frac{1}{2!}t^2+o(t^2)(t\to 0)$$

令 $t=x^2-2x$,则

$$t^2=(x^2-2x)^2=x^4-4x^3+4x^2=4x^2+o(x^2)(x\to 0)$$

$$e^{x^2-2x}=1+(-2x+x^2)+\frac{1}{2}(4x^2)+o(x^2)$$

$$=1-2x+3x^2+o(x^2)$$

于是　$bx+1-e^{x^2-2x}=(b+2)x-3x^2+o(x^2)=(2-a)x^2+o(x^2)$

由此得 $b+2=0, -3=2-a$,即 $a=5, b=-2$. 选(A).

132　【答案】 D

【分析】

$$\frac{1}{n^2+n+n}+\frac{2}{n^2+n+n}+\cdots+\frac{n}{n^2+n+n}\leqslant\frac{1}{n^2+n+1}+\frac{2}{n^2+n+2}+\cdots+\frac{n}{n^2+n+n}$$

$$\leqslant\frac{1}{n^2+n+1}+\frac{2}{n^2+n+1}+\cdots+\frac{n}{n^2+n+1},$$

所以 $\dfrac{1+2+\cdots+n}{n^2+n+n}\leqslant\dfrac{1}{n^2+n+1}+\dfrac{2}{n^2+n+2}+\cdots+\dfrac{n}{n^2+n+n}\leqslant\dfrac{1+2+\cdots+n}{n^2+n+1}$.

而 $\lim\limits_{n\to\infty}\dfrac{1+2+\cdots+n}{n^2+n+n}=\lim\limits_{n\to\infty}\dfrac{\frac{1}{2}n(n+1)}{n^2+n+n}=\dfrac{1}{2}$, $\lim\limits_{n\to\infty}\dfrac{1+2+\cdots+n}{n^2+n+1}=\lim\limits_{n\to\infty}\dfrac{\frac{1}{2}n(n+1)}{n^2+n+1}=\dfrac{1}{2}$,

所以由夹逼定理, $\lim\limits_{n\to\infty}\left(\dfrac{1}{n^2+n+1}+\dfrac{2}{n^2+n+2}+\cdots+\dfrac{n}{n^2+n+n}\right)=\dfrac{1}{2}$.

133　【答案】 D

【分析】　由于(D)的等式⑦右边两个极限分别存在,并且之后的运算都正确,所以(D)正确.

【评注】　(A)的①加、减项用等价无穷小替换,是错误的.(B)的③,将一个极限中的某个部分先求极限,这是错误的,如果可以的话,那么

$$\lim_{x\to 0}\left(\frac{\sin x}{x}\right)^{\frac{1}{x^2}}=\lim_{x\to 0}1^{\frac{1}{x^2}}=1(1\text{ 的任意次方都是 }1).$$

而实际上，

$$\lim_{x\to 0}\left(\frac{\sin x}{x}\right)^{\frac{1}{x^2}}=\lim_{x\to 0}e^{\frac{1}{x^2}\ln\frac{\sin x}{x}},$$

$$\lim_{x\to 0}\frac{\ln\left(\frac{\sin x}{x}\right)}{x^2}\xlongequal{\text{洛}}-\frac{1}{6},$$

$$\text{原式}=e^{-\frac{1}{6}}.$$

(C) 的 ④ 根据极限的四则运算法则，是不对的. ⑤ 也是不对的.

B 组

134 【答案】 C

【分析】 若极限$\lim\limits_{n\to\infty}x_n$ 存在，则$\{x_n\}$ 有界. 这是我们应熟悉的基本定理，即 ① 正确. 关于 ②，③ 的正确性，从直观上理解即可.

$x_n: x_1, x_2, x_3, \cdots, x_n, \cdots$

$x_{n+l}: x_{1+l}, x_{2+l}, x_{3+l}, \cdots, x_{n+l}, \cdots$

$\{x_n\}$ 中去掉前 l 项即$\{x_{n+l}\}$.

$x_{2n-1}: x_1, x_3, x_5, \cdots, x_{2n-1}, \cdots$

$x_{2n}: x_2, x_4, x_6, \cdots, x_{2n}, \cdots$

它们一起涵盖了$\{x_n\}$ 的所有项.

难吗？不会做？可以看《考研数学复习全书·基础篇·高等数学基础》第一章

命题 ④ 是错的. 例如 $x_n=n$，$\lim\limits_{n\to\infty}\frac{x_{n+1}}{x_n}=\lim\limits_{n\to\infty}\frac{n+1}{n}=1$，但$\lim\limits_{n\to\infty}x_n=\infty$（不存在极限）.

因此选(C).

【评注】 设$\lim\limits_{n\to\infty}x_n=a$，若 $a\neq 0$，则

$$\lim_{n\to\infty}\frac{x_{n+1}}{x_n}=\frac{a}{a}=1$$

若 $a=0$，则$\lim\limits_{n\to\infty}\frac{x_{n+1}}{x_n}$ 可能存在，也可能不存在.

若$\lim\limits_{n\to\infty}\frac{x_{n+1}}{x_n}\xlongequal{\text{记}}C$ 存在，则必有 $C\in[-1,1]$（因为若 $|C|>1$，必有$\lim\limits_{n\to\infty}x_n=\infty$）.

例如 $x_n=\frac{1}{l^n}(|l|>1)\Rightarrow\lim\limits_{n\to\infty}x_n=0$，$\lim\limits_{n\to\infty}\frac{x_{n+1}}{x_n}=\frac{1}{l}$.

135 【答案】 B

【分析】 举反例说明 ①，②，③ 均错，例如

$$g(x)=\begin{cases}1, & x>0\\ -1, & x<0\end{cases}, h(x)=\begin{cases}-1, & x>0\\ 1, & x<0\end{cases}$$

则$\lim\limits_{x\to 0}g(x)$，$\lim\limits_{x\to 0}h(x)$ 均不存在，但

$$\lim_{x\to 0}(g(x)+h(x))=0, \lim_{x\to 0}(g(x)\cdot h(x))=-1$$

故 ②，③ 不正确.

若取 $f(x)=0$，则 $\lim\limits_{x\to 0}f(x)=0$，$\lim\limits_{x\to 0}f(x)g(x)=0$，故 ① 也不正确.

按题设，易知 $\lim\limits_{x\to a}(f(x)+g(x))$ 不存在(否则，若 $\lim\limits_{x\to a}(f(x)+g(x))$ 存在，则 $\lim\limits_{x\to a}g(x)=\lim\limits_{x\to a}[(f(x)+g(x))-f(x)]$ 存在，矛盾). 故 ④ 正确. 选(B).

【评注】 (1) 若 $\lim\limits_{x\to a}f(x)=A$，$\lim\limits_{x\to a}g(x)$ 不存在，则 $\lim\limits_{x\to a}[f(x)+g(x)]$ 不存在，当 $A\neq 0$ 时，又有 $\lim\limits_{x\to a}(f(x)g(x))$ 不存在；当 $A=0$ 时，$\lim\limits_{x\to a}(f(x)g(x))$ 可能存在，也可能不存在.

(2) 若 $\lim\limits_{x\to a}f(x)$，$\lim\limits_{x\to a}g(x)$ 均不存在，则 $\lim\limits_{x\to a}(f(x)+g(x))$，$\lim\limits_{x\to a}(f(x)g(x))$ 可能存在，也可能不存在.

136 【答案】 C

【分析】 用反证法，设 $\{x_n+z_n\}$ 有界，则存在 $M>0$ 与 $M_1>0$，对一切 n，$|x_n+z_n|\leqslant M$，且 $|z_n|\leqslant M_1$. 由不等式

$$|x_n|=|x_n+z_n-z_n|\leqslant|x_n+z_n|+|z_n|\leqslant M+M_1,$$

从而 $\{x_n\}$ 有界，与题设矛盾.

其他(A)(B)(D) 均可举出反例.

【评注】 有界数列与有界数列之和、差、积，均为有界，但其商未必有界；有界数列与无界数列之和或差必无界；有界数列与无界数列之积或商未必有界，也未必无界；无界数列与无界数列之和、差、积或商均未必无界也未必有界，应具体分析.

137 【答案】 A

【分析】
$$\lim_{x\to+\infty}x^n e^{-x}=\lim_{x\to+\infty}\frac{x^n}{e^x}\overset{洛}{=\!=}\lim_{x\to+\infty}\frac{nx^{n-1}}{e^x}.$$

若 n 为某正整数，则连续使用 n 次洛必达法则后，分子成为常数，分母仍为 e^x，从而极限为 0. 若 n 为某正数但非整数，则使用了 $[n]$ 次洛必达法则后，分子含 x^k，$k=n-[n]$，$0<k<1$. 再使用一次洛必达法则，可见极限为 0. 总之 $\lim\limits_{x\to+\infty}x^n e^{-x}=0$.

对于 $\lim\limits_{x\to+\infty}x^{-m}\ln x=\lim\limits_{x\to+\infty}\dfrac{\ln x}{x^m}\overset{洛}{=\!=}\lim\limits_{x\to+\infty}\dfrac{1}{mx^m}=0$.

再由和的极限等于极限的和，有

$$\lim_{x\to+\infty}(x^n e^{-x}+x^{-m}\ln x)=0.$$

【评注】 有时应将一个极限拆成若干有限个极限的和分别用洛必达法则计算，当然这里要求拆开之后的各个极限应分别存在才行.

138 【答案】 A

【分析】 为书写简单起见，记 $f(x)=(x+a)(x+b)(x+c)$，于是

$$\begin{aligned}原式&=\lim_{x\to\infty}(\sqrt[3]{f(x)}-x)\\&=\lim_{x\to\infty}\frac{\{[f(x)]^{\frac{1}{3}}-x\}\{[f(x)]^{\frac{2}{3}}+x[f(x)]^{\frac{1}{3}}+x^2\}}{[f(x)]^{\frac{2}{3}}+x[f(x)]^{\frac{1}{3}}+x^2}\end{aligned}$$

$$= \lim_{x\to\infty} \frac{f(x)-x^3}{[f(x)]^{\frac{2}{3}}+x[f(x)]^{\frac{1}{3}}+x^2}$$

$$= \lim_{x\to\infty} \frac{(a+b+c)x^2+(ab+bc+ca)x+abc}{[(x+a)(x+b)(x+c)]^{\frac{2}{3}}+x[(x+a)(x+b)(x+c)]^{\frac{1}{3}}+x^2}.$$

分子最高次幂为2，系数为$(a+b+c)$；分母最高次幂为2，系数之和为$1+1+1=3$. 从而知原式$=\frac{1}{3}(a+b+c)$.

【评注】 求“$\infty-\infty$”型极限一般有两个办法. 一是通分；二是如本例，分子分母同乘某式以消去分子中的根号，从而化为“$\frac{\infty}{\infty}$”型. 然后再提出成为“∞”的因子，约分后再处理. 也有十分特殊的题，提出“∞”的因式，化为“$\infty\cdot 0$”型处理.

139 【答案】 C

【分析】 由洛必达法则，

$$原式= \lim_{x\to 0} \frac{(1-\cos x\cos 2x\cos 3x)'}{(x^2)'}$$

$$= \lim_{x\to 0} \frac{\sin x\cos 2x\cos 3x+\cos x\cdot 2\sin 2x\cos 3x+\cos x\cos 2x\cdot 3\sin 3x}{2x}$$

$$= \frac{1}{2}(1+4+9)=7.$$

【评注】 这里用到$(uvw)'$的公式，自己可以推导一下，当u',v',w'均存在时，

$$(uvw)'=u'vw+uv'w+uvw'.$$

140 【答案】 C

【分析】
$$\lim_{x\to 0}\frac{\ln(1+x)-\sin x}{\sqrt[3]{1-x^2}-1} \xlongequal{等} \lim_{x\to 0}\frac{\ln(1+x)-\sin x}{-\frac{1}{3}x^2} \xlongequal{洛} \lim_{x\to 0}\frac{\frac{1}{1+x}-\cos x}{-\frac{2}{3}x}$$

$$\xlongequal{洛} \lim_{x\to 0}\frac{-\frac{1}{(1+x)^2}+\sin x}{-\frac{2}{3}}=\frac{3}{2}.$$

141 【答案】 C

【分析】
$$\lim_{x\to-\infty}\frac{\sqrt{4x^2+x+1}+x+1}{\sqrt{x^2+\sin x}} = \lim_{x\to-\infty}\frac{|x|\sqrt{4+\frac{1}{x}+\frac{1}{x^2}}+x\left(1+\frac{1}{x}\right)}{|x|\sqrt{1+\frac{\sin x}{x^2}}}$$

$$= \lim_{x\to-\infty}\frac{-\sqrt{4+\frac{1}{x}+\frac{1}{x^2}}+\left(1+\frac{1}{x}\right)}{-\sqrt{1+\frac{\sin x}{x^2}}}=1.$$

142 【答案】 D

【分析】 因为$\lim\limits_{x\to 0}\left(\frac{2+\cos x}{3}\right)^x=1$，所以所求极限为“$\infty\cdot 0$”型，也可看成是“$\frac{0}{0}$”型.

$$\lim_{x\to 0}\frac{1}{x^3}\left[\left(\frac{2+\cos x}{3}\right)^x-1\right]=\lim_{x\to 0}\frac{e^{x\ln\left(\frac{2+\cos x}{3}\right)}-1}{x^3}$$

$$\xlongequal{等}\lim_{x\to 0}\frac{x\ln\left(\frac{2+\cos x}{3}\right)}{x^3}$$

$$\xlongequal{等}\lim_{x\to 0}\frac{x\cdot\frac{\cos x-1}{3}}{x^3}$$

$$\xlongequal{等}\lim_{x\to 0}\frac{x\left(-\frac{1}{2}x^2\right)}{3x^3}=-\frac{1}{6}.$$

143 【答案】 B

【分析】 此为“$\frac{0}{0}$”型. 先作变形，

$$\lim_{x\to 0}\frac{(1+x)^{\frac{1}{x}}-e}{x}=\lim_{x\to 0}\frac{e^{\frac{1}{x}\ln(1+x)}-e}{x}=\lim_{x\to 0}\frac{e\left[e^{\frac{1}{x}\ln(1+x)-1}-1\right]}{x}.$$

由于$\lim\limits_{x\to 0}\frac{\ln(1+x)}{x}=1$，所以

$$\lim_{x\to 0}\frac{e^{\frac{1}{x}\ln(1+x)-1}-1}{x}\xlongequal{等}\lim_{x\to 0}\frac{\frac{1}{x}\ln(1+x)-1}{x}=\lim_{x\to 0}\frac{\ln(1+x)-x}{x^2}$$

$$\xlongequal{洛}\lim_{x\to 0}\frac{\frac{1}{1+x}-1}{2x}=\lim_{x\to 0}\frac{-x}{2x(1+x)}=-\frac{1}{2}.$$

所以原式 $=-\frac{e}{2}$.

【评注】 本题若一开始就用洛必达法则，会带来复杂的运算. 变形、化简与等价无穷小替换是首选的方法.

144 【答案】 C

【分析】
$$\lim_{x\to 0}\frac{\sqrt{1+x\sin x}-\sqrt{\cos 2x}}{\tan^2\frac{x}{2}}=\lim_{x\to 0}\frac{1+x\sin x-\cos 2x}{\tan^2\frac{x}{2}\cdot\left(\sqrt{1+x\sin x}+\sqrt{\cos 2x}\right)}$$

$$=\lim_{x\to 0}\frac{x\sin x+2\sin^2 x}{2\left(\frac{x}{2}\right)^2}=\lim_{x\to 0}\frac{x+2\sin x}{\frac{x}{2}}$$

$$=2\lim_{x\to 0}\frac{1+2\cos x}{1}=6.$$

145 【答案】 B

【分析】 先求 $\lim\limits_{n\to\infty}\left[\sin\left(\frac{\pi}{4}+\frac{1}{n}\right)\right]^n$. 当 $n>4$ 时，$\frac{\pi}{4}<\frac{\pi}{4}+\frac{1}{n}<\frac{\pi}{3}$，所以 $\frac{\sqrt{2}}{2}<\sin\left(\frac{\pi}{4}+\frac{1}{n}\right)<\frac{\sqrt{3}}{2}$，所以 $\lim\limits_{n\to\infty}\left[\sin\left(\frac{\pi}{4}+\frac{1}{n}\right)\right]^n=0$.

再求 $\lim\limits_{n\to\infty}\left[\sin\left(\frac{\pi}{2}+\frac{1}{n}\right)\right]^n$.

$$\lim_{n\to\infty}\left[\sin\left(\frac{\pi}{2}+\frac{1}{n}\right)\right]^n=\lim_{n\to\infty}\left(\cos\frac{1}{n}\right)^n$$
$$=\lim_{n\to\infty}\left[1+\left(\cos\frac{1}{n}-1\right)\right]^{\frac{1}{\cos\frac{1}{n}-1}\cdot n\left(\cos\frac{1}{n}-1\right)}=e^{\lim\limits_{n\to\infty}n\left(\cos\frac{1}{n}-1\right)}.$$

而 $\lim\limits_{n\to\infty}n\left(\cos\frac{1}{n}-1\right)=-\lim\limits_{n\to\infty}\dfrac{1-\cos\frac{1}{n}}{\frac{1}{n}}=-\lim\limits_{n\to\infty}\dfrac{\frac{1}{2n^2}}{\frac{1}{n}}=0$，所以 $\lim\limits_{n\to\infty}\left[\sin\left(\frac{\pi}{2}+\frac{1}{n}\right)\right]^n=1$，

$$\lim_{n\to\infty}\left\{\left[\sin\left(\frac{\pi}{4}+\frac{1}{n}\right)\right]^n+\left[\sin\left(\frac{\pi}{2}+\frac{1}{n}\right)\right]^n\right\}=1.$$

146 【答案】 D

【分析】
$$\lim_{x\to0}\frac{\cos 2x-\sqrt{\cos 2x}}{x^k}=\lim_{x\to0}\frac{(\cos 2x)^2-\cos 2x}{x^k(\cos 2x+\sqrt{\cos 2x})}$$
$$=\frac{1}{2}\lim_{x\to0}\frac{\cos 2x-1}{x^k}$$
$$=\frac{1}{2}\lim_{x\to0}\frac{-\frac{1}{2}(2x)^2}{x^k}=a\neq0$$

所以 $k=2, a=-1$.

147 【答案】 B

【分析】
$$\frac{\sin 6x-(\sin x)f(x)}{x^3}=\frac{\sin 6x-6\sin x+(\sin x)(6-f(x))}{x^3}$$
$$\lim_{x\to0}\frac{\sin 6x-(\sin x)f(x)}{x^3}=\lim_{x\to0}\frac{\sin 6x-6\sin x}{x^3}+\lim_{x\to0}\left[\frac{\sin x}{x}\cdot\frac{6-f(x)}{x^2}\right]=0,$$

由 $\lim\limits_{x\to0}\dfrac{\sin x}{x}=1\Rightarrow$

$$I\xlongequal{记}\lim_{x\to0}\frac{6-f(x)}{x^2}=\lim_{x\to0}\frac{6\sin x-\sin 6x}{x^3}\xlongequal{记}I_1.$$

方法 1 用洛必达法则求 I_1

$$I_1=\lim_{x\to0}\frac{6\cos x-6\cos 6x}{3x^2}=2\lim_{x\to0}\frac{-\sin x+6\sin 6x}{2x}=-1+36=35$$

因此 $I=35$. 选(B).

方法 2 用泰勒公式

$\sin x=x-\frac{1}{6}x^3+o(x^3)$，$6\sin x=6x-x^3+o(x^3)$

$$\sin 6x = 6x - \frac{1}{6}(6x)^3 + o(x^3), \ -\sin 6x = -6x + 36x^3 + o(x^3)$$

$$\Rightarrow \lim_{x \to 0} \frac{6\sin x - \sin 6x}{x^3} = \lim_{x \to 0} \frac{35x^3 + o(x^3)}{x^3} = 35.$$

因此 $I = 35$. 选(B).

148 【答案】 D

【分析】 （A）若用洛必达法则计算，$\lim\limits_{x \to \infty} \dfrac{x + \sin x}{x} = \lim\limits_{x \to \infty}(1 + \cos x)$ 不存在，而显然，

$$\lim_{x \to \infty} \frac{x + \sin x}{x} = \lim_{x \to \infty}\left(1 + \frac{\sin x}{x}\right) = 1.$$

故（A）不能用洛必达法则计算.

（B）由洛必达法则，$\lim\limits_{x \to +\infty} \dfrac{e^x - e^{-x}}{e^x + e^{-x}} = \lim\limits_{x \to +\infty} \dfrac{e^x + e^{-x}}{e^x - e^{-x}}$，而等号右侧的极限计算与等号左侧的极限计算难度一样. 故（B）不能用洛必达法则计算.

（C）由洛必达法则 $\lim\limits_{x \to 0} \dfrac{x^2 \sin \dfrac{1}{x}}{\sin x} = \lim\limits_{x \to 0} \dfrac{2x\sin \dfrac{1}{x} - \cos \dfrac{1}{x}}{\cos x}$ 不存在. 而显然

$$\lim_{x \to 0} \frac{x^2 \sin \dfrac{1}{x}}{\sin x} = \lim_{x \to 0} x \sin \frac{1}{x} = 0.$$

故（C）不能用洛必达法则计算.

（D）由洛必达法则

$$\lim_{x \to 0} \frac{e^x - e^{\sin x}}{x - \sin x} = \lim_{x \to 0} \frac{e^x - \cos x e^{\sin x}}{1 - \cos x} = \lim_{x \to 0} \frac{e^x - \cos^2 x e^{\sin x} + \sin x e^{\sin x}}{\sin x}$$

$$= \lim_{x \to 0}\left(\frac{e^x - \cos^2 x e^{\sin x}}{\sin x} + e^{\sin x}\right) = \lim_{x \to 0} \frac{e^x - \cos^2 x e^{\sin x}}{\sin x} + 1$$

$$= \lim_{x \to 0} \frac{e^x - \cos^3 x e^{\sin x} + \sin 2x e^{\sin x}}{\cos x} + 1 = 1.$$

故（D）能用洛必达法则计算.

一元函数微分学

A 组

149 【答案】 B

【分析】 当 $f(0) = 0$ 时，

$$f'(0) \text{ 存在} \Leftrightarrow \lim_{x \to 0} \frac{f(x) - f(0)}{x} = \lim_{x \to 0} \frac{f(x)}{x} \text{ 存在}$$

$$\lim_{x \to 0} \frac{f(x^2)}{x^2} \text{ 存在} \underset{t = x^2}{\Leftrightarrow} \lim_{t \to 0^+} \frac{f(t)}{t} = \lim_{t \to 0^+} \frac{f(t) - f(0)}{t} \text{ 存在} \Leftrightarrow f'_+(0) \text{ 存在}$$

若 $f'(0)$ 存在 $\Rightarrow f'_+(0)$ 存在 $\Rightarrow \lim\limits_{x \to 0} \dfrac{f(x^2)}{x^2}$ 存在. 反之，若 $\lim\limits_{x \to 0} \dfrac{f(x^2)}{x^2}$ 存在 $\Rightarrow f'_+(0)$ 存在 $\not\Rightarrow$ $f'(0)$ 存在. 因此选(B).

【评注】 例 $f(x)=|x|$，$\lim\limits_{x\to 0}\dfrac{f(x^2)}{x^2}=1$，但 $f(x)$ 在 $x=0$ 不可导.

150 【答案】 C

【分析】 由条件出发，按导数定义

$$f'(x_0)=\lim_{x\to x_0}\frac{f(x)-f(x_0)}{x-x_0}>0$$

及极限的不等式性质可知，$\exists\,\delta>0$，当 $x\in(x_0-\delta,x_0+\delta)$，$x\neq x_0$ 时，

$$\frac{f(x)-f(x_0)}{x-x_0}>0$$

$\Rightarrow$ 当 $x\in(x_0,x_0+\delta)$ 时 $f(x)-f(x_0)>0$，当 $x\in(x_0-\delta,x_0)$ 时 $f(x)-f(x_0)<0$.

因此，选(C).

【评注】 (1) 前面的分析方法，给出了如下结论的证明：

设 $f'(x_0)>0$，则存在 $\delta>0$，当 $x\in(x_0,x_0+\delta)$ 时 $f(x)>f(x_0)$，当 $x\in(x_0-\delta,x_0)$ 时 $f(x)<f(x_0)$.

作为选择题，有时我们可选用特殊选取法. 即特殊选取某具体的 $f(x)$ 满足题中的条件，若四个选项中，有三个选项不正确，一个选项正确，就选该项即可.

如取 $f(x)=x-x_0$，如右图，则 $f'(x)=1>0$，满足条件. 对此 $f(x)$，在 $(x_0-\delta,x_0+\delta)$ 上单调递增，且

$f(x)>f(x_0)=0\quad(x\in(x_0,x_0+\delta))$，

$f(x)<f(x_0)=0\quad(x\in(x_0-\delta,x_0))$.

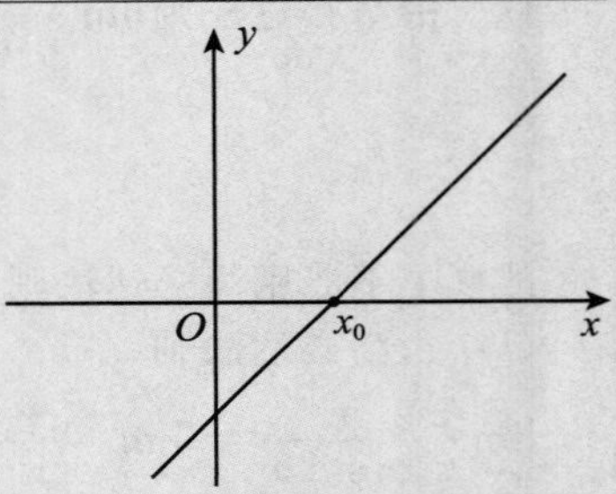

于是选项(B)(D)不正确，对此 $f(x)$，(A)(C)均正确. 但若(A)正确，则(C)一定正确，由"四选一"原则，(A)一定不正确，故选(C).

(2) 若 $f'(x_0)>0$ 且 $f'(x)$ 在 $x=x_0$ 连续 $\Rightarrow$ 存在 $\delta>0$，当 $x\in(x_0-\delta,x_0+\delta)$ 时 $f'(x)>0\Rightarrow f(x)$ 在 $(x_0-\delta,x_0+\delta)$ 单调递增.

151 【答案】 C

【分析】

$$\lim_{x\to 0^+}f(x)=\lim_{x\to 0^+}\frac{x}{1+e^{1/x}}=0,$$

$$\lim_{x\to 0^-}f(x)=\lim_{x\to 0^-}\frac{x}{1+e^{1/x}}=0,$$

而 $f(0)=0$，所以 $\lim\limits_{x\to 0}f(x)$ 存在，且 $\lim\limits_{x\to 0}f(x)=f(0)$，所以 $f(x)$ 在 $x=0$ 点连续.

下面讨论 $f(x)$ 在 $x=0$ 点的可导性.

$$\lim_{\Delta x\to 0^+}\frac{f(\Delta x)-f(0)}{\Delta x}=\lim_{\Delta x\to 0^+}\frac{1}{1+e^{1/\Delta x}}=0,$$

$$\lim_{\Delta x\to 0^-}\frac{f(\Delta x)-f(0)}{\Delta x}=\lim_{\Delta x\to 0^-}\frac{1}{1+e^{1/\Delta x}}=1,$$

所以 $f(x)$ 在 $x=0$ 点不可导. (C) 为正确选项.

152 【答案】 B

【分析】 将方程 $\ln(x^2+y)=x^3y+\sin x$ 中的 y 看成 x 的函数，两边对 x 求导数，有

$$\frac{2x+y'}{x^2+y}=3x^2y+x^3y'+\cos x.$$

解出 y'，

$$y'=\frac{(3x^2y+\cos x)(x^2+y)-2x}{1-x^3(x^2+y)}. \tag{*}$$

当 $x=0$ 时由原方程可得 $y=1$. 以此代入 y' 中，得 $y'(0)=1$.

【评注】 (1) 对于在一定条件下由方程 $F(x,y)=0$ 确定的隐函数 $y=y(x)$ 求导数，与多元函数微分学中方法类似，有公式

$$y'=-\frac{F'_x(x,y)}{F'_y(x,y)}, \tag{**}$$

其中求 $F'_x(x,y)$ 时 y 视作与 x 无关，求 $F'_y(x,y)$ 时 x 视作与 y 无关.

(2) 求 y'' 时，应由(*)得出的 y' 或由公式(**)得到的 y' 再对 x 求导. 此时右边的 y 均应视为 x 的函数处理.

(3) 为求导数在某 $x=x_0$ 处的值，题中一般只给出 $x=x_0$ 而未给出相应的 y 的值. 此时应从所给方程中计算出相应的 y 的值(如本例 $x=0$ 时 $y=1$)，而不能将 y 留在式子中未用它对应的值代入.

153 【答案】 B

【分析】 因 $\lim\limits_{x\to 0}\dfrac{e^{f(x)}-\cos x+\sin x}{x}=0$，所以存在 $\mathring{U}_\delta(0)$，当 $x\in\mathring{U}_\delta(0)$ 时，

$$\frac{e^{f(x)}-\cos x+\sin x}{x}=0+\alpha,\lim_{x\to 0}\alpha=0.$$

所以

$$f(x)=\ln(\alpha x+\cos x-\sin x).$$

由于 $f(x)$ 在 $x=0$ 处连续，所以

$$f(0)=\lim_{x\to 0}f(x)=\lim_{x\to 0}\ln(\alpha x+\cos x-\sin x)=0.$$

$$\begin{aligned}\lim_{x\to 0}\frac{f(x)-f(0)}{x-0}&=\lim_{x\to 0}\frac{1}{x}\ln(\alpha x+\cos x-\sin x) \qquad (*)\\&=\lim_{x\to 0}\frac{1}{x}\ln(1+\alpha x+\cos x-1-\sin x)\\&=\lim_{x\to 0}\frac{1}{x}(\alpha x+\cos x-1-\sin x)\\&=\lim_{x\to 0}\alpha+\lim_{x\to 0}\frac{\cos x-1}{x}-\lim_{x\to 0}\frac{\sin x}{x}=-1.\end{aligned}$$

所以 $f'(0)=-1$.

【评注】 求极限(*)时，不能直接用洛必达法则，因为不知道这里的 α 是否可求导数.

154 【答案】 D

【分析】 方法1 将 $f(x)$ 按佩亚诺余项的泰勒公式展开至 $o(x^3)$，有

$$f(x)=f(0)+f'(0)x+\frac{1}{2}f''(0)x^2+\frac{1}{6}f'''(0)x^3+o(x^3),$$

代入极限式的分子，其分母用等价无穷小替换：

$$\tan x-\sin x=\frac{(1-\cos x)\sin x}{\cos x}\sim\frac{1}{2}x^3(\text{当 } x\to 0),$$

于是

$$\lim_{x\to 0}\frac{f(x)}{\tan x-\sin x}=\lim_{x\to 0}\frac{f(0)+f'(0)x+\frac{1}{2}f''(0)x^2+\frac{1}{6}f'''(0)x^3+o(x^3)}{\frac{1}{2}x^3}=1$$

所以 $f(0)=0,f'(0)=0,f''(0)=0,f'''(0)=3$. 选(D).

方法2 用洛必达法则. 由于 $f(x)$ 在 $x=0$ 处存在 3 阶导数，所以存在 $\mathring{U}_\delta(0)$，当 $x\in\mathring{U}_\delta(0)$ 时，$f'(x)$ 与 $f''(x)$ 都存在，且连续.

$$I=\lim_{x\to 0}\frac{f(x)}{\tan x-\sin x}=\lim_{x\to 0}\frac{2f(x)}{x^3}.$$

因上述极限存在，所以 $\lim\limits_{x\to 0}f(x)=0$. 由洛必达法则

$$I=\lim_{x\to 0}\frac{2f'(x)}{3x^2}.$$

若 $\lim\limits_{x\to 0}f'(x)\neq 0$，则上述右边为 ∞，矛盾，所以 $\lim\limits_{x\to 0}f'(x)=0$. 再用洛必达法则，

$$I=\lim_{x\to 0}\frac{2f''(x)}{6x}=\lim_{x\to 0}\frac{f''(x)}{3x}.$$

若 $\lim\limits_{x\to 0}f''(x)\neq 0$，则上述右边为 ∞，矛盾，故 $\lim\limits_{x\to 0}f''(x)=f''(0)=0$. 于是

$$I=\lim_{x\to 0}\frac{f''(x)}{3x}=\lim_{x\to 0}\frac{f''(x)-f''(0)}{3(x-0)}=\frac{1}{3}f'''(0).$$

由题设 $I=1$，所以 $f'''(0)=3$. 选(D).

【评注】 上面最后计算 $\lim\limits_{x\to 0}\dfrac{f''(x)}{x}$ 时，不能再使用洛必达法则，其理由是，仅设 $f(x)$ 在 $x=0$ 处存在 3 阶导数，而未设存在 $\mathring{U}_\delta(0)$，当 $x\in\mathring{U}_\delta(0)$ 时 $f(x)$ 存在 3 阶导数. 对比方法 1 与方法 2 可见，方法 1 比方法 2 方便不少.

155 【答案】 C

【分析】 $f(x)=x^2e^{3x}=x^2\left(1+\frac{3}{1!}x+\frac{3^2}{2!}x^2+\cdots+\frac{3^{n-2}}{(n-2)!}x^{n-2}+o(x^{n-2})\right)$

$$=x^2+\frac{3}{1!}x^3+\frac{3^2}{2!}x^4+\cdots+\frac{3^{n-2}}{(n-2)!}x^n+o(x^n),\qquad n\to\infty$$

所以 $\dfrac{f^{(n)}(0)}{n!}=\dfrac{3^{n-2}}{(n-2)!}$，$f^{(n)}(0)=\dfrac{3^{n-2}n!}{(n-2)!}=3^{n-2}n(n-1)$.

156 【答案】 B

【分析】 设切点为 (x_0,y_0)，则因为 $y=x$ 为曲线 $y=a^x$ 的切线，

$$\begin{cases} a^{x_0} = x_0 \\ a^{x_0}\ln a = 1 \end{cases}$$

即$\begin{cases} a^{x_0}\ln a - 1 = 0 \\ x_0 \ln a - 1 = 0 \end{cases}$.

$$x_0 = \frac{1}{\ln a} = \frac{\ln \frac{1}{\ln a}}{\ln a}$$

$$a = e^{\frac{1}{e}}, x_0 = y_0 = e.$$

157 【答案】 B

【分析】 设 $f(x) = x^{\frac{1}{x}}, x \geqslant 1$,考察 $f(x)$ 的单调性并求 $f(x)$ 在$[1, +\infty)$ 的最大值.

$$f'(x) = (e^{\frac{1}{x}\ln x})' = x^{\frac{1}{x}} \cdot \frac{1-\ln x}{x^2} \begin{cases} > 0, 1 \leqslant x < e \\ = 0, x = e \\ < 0, x > e \end{cases}$$

于是 $1 \leqslant x \leqslant e$ 时 $f(x)\nearrow$,当 $x \geqslant e$ 时 $f(x)\searrow$. 因此在 $x = e$ 两侧的数列项是$\sqrt{2}$ 与$\sqrt[3]{3}$, $x = e$ 是 $f(x)$ 的最大值点.

比较$\sqrt{2}$ 与$\sqrt[3]{3}$ 的值$\sqrt{2} = \sqrt[6]{8} < \sqrt[6]{9} = \sqrt[3]{3}$.

所以数列的最大项为$\sqrt[3]{3}$. 选(B).

【评注】 不能对 $f(n) = n^{\frac{1}{n}}(n = 1,2,3,\cdots)$ 求导,因为数列没有导数概念.

158 【答案】 C

【分析】 令 $f'(x) = 3ax^2 - 12ax = 3ax(x-4) = 0$ 得 $x_1 = 0, x_2 = 4$(不合题意舍去).

$f(0) = b, f(-1) = -7a + b, f(2) = -16a + b$,由于 $a > 0$,所以,$f(0)$ 是最大值,$f(2)$ 是最小值.

$$\begin{cases} f(0) = b = 3 \\ f(2) = -16a + b = -29 \end{cases} \Rightarrow \begin{cases} b = 3 \\ a = 2 \end{cases}$$

所以选(C).

159 【答案】 C

【分析】 只须考察 $f''(x) = 0$ 的点与 $f''(x)$ 不存在的点.

$f''(x_1) = f''(x_4) = 0$,在 $x = x_1, x_4$ 两侧 $f''(x)$ 变号,故凹凸性相反 $\Rightarrow (x_1, f(x_1))$, $(x_4, f(x_4))$ 是 $y = f(x)$ 的拐点.

$x = 0$ 处 $f''(0)$ 不存在,但 $f(x)$ 在 $x = 0$ 连续,在 $x = 0$ 两侧 $f''(x)$ 变号,因此$(0, f(0))$ 也是 $y = f(x)$ 的拐点.

虽然 $f''(x_3) = 0$,但在 $x = x_3$ 两侧 $f''(x) > 0$, $y = f(x)$ 是凹的. $(x_3, f(x_3))$ 不是 $y = f(x)$ 的拐点. 因此总共有三个拐点. 选(C).

160 【答案】 B

【分析】 $y' = \frac{1}{3}(x-4)^{-\frac{2}{3}}, y'' = -\frac{2}{9}(x-4)^{-\frac{5}{3}}$.

所以当 $y \in (-\infty,4)$ 时，$y'' > 0$，曲线凹；当 $y \in (4,+\infty)$ 时，$y'' < 0$，曲线凸.
$(4,0)$ 为拐点.

161 【答案】 C

【分析】 令 $f'(x) = \dfrac{3}{x} - 1 = 0$，解得函数 $f(x)$ 的驻点为 $x = 3$.

函数 $f(x) = 3\ln x - x$ 在 $(0,3)$ 单调增，在 $(3,+\infty)$ 单调减.

$$\lim_{x\to 0^+} f(x) = -\infty, f(3) = 3\ln 3 - 3 > 0, \lim_{x\to+\infty} f(x) = -\infty,$$

所以函数 $f(x) = 3\ln x - x$ 在 $(0,3)$ 和 $(3,+\infty)$ 各有 1 个零点.

B 组

162 【答案】 C

【分析】 因为 $f(x) = |x-a| g(x)$ 在 $x = a$ 点处可导，所以

$$\lim_{h\to 0} \frac{f(a+h) - f(a)}{h} = \lim_{h\to 0} \frac{|h|}{h} g(a+h)$$

存在. 而函数 $g(x)$ 在 $x = a$ 点处连续，$\lim\limits_{h\to 0} g(a+h) = g(a)$，$\lim\limits_{h\to 0^\pm} \dfrac{|h|}{h} = \pm 1$，所以 $g(a) = 0$.

163 【答案】 C

【分析】 先分别考察左、右可导性.

显然，$f(0) = 0$.

$$f'_+(0) = \lim_{x\to 0^+} \frac{f(x) - f(0)}{x} = \lim_{x\to 0^+} \frac{1-\cos x^2}{x^4} = \lim_{x\to 0^+} \frac{\frac{1}{2}x^4}{x^4} = \frac{1}{2} (\Rightarrow f(x) \text{ 在 } x = 0 \text{ 右连续})$$

$$f'_-(0) = \lim_{x\to 0^-} \frac{f(x) - f(0)}{x} = \lim_{x\to 0^-} g(x) \frac{\arcsin^2 x}{x} \xlongequal{\text{有界变量与无穷小之积}} 0 (\Rightarrow f(x) \text{ 在 } x = 0 \text{ 左连续})$$

$f'_+(0) \neq f'_-(0)$. 因此 $f(x)$ 在 $x = 0$ 连续，但不可导. 选(C).

【评注】 函数 $f(x)$ 在 $x = x_0$ 左可导且右可导，则 $f(x)$ 在 $x = x_0$ 连续，从而它在 x_0 处的极限存在.

164 【答案】 A

【分析】 本题是(A)(B)(C)(D)4 个极限式中，哪个存在能保证 $f'(0)$ 存在. 因此应**将 $f'(0)$ 的定义式用所给的极限式表示**. 例如对于(A)，将(A) 的那个极限值记为 A，于是

$$\lim_{x\to 0} \frac{f(x) - f(0)}{x-0} = \lim_{x\to 0} \frac{f(x)}{x} \xlongequal{\text{令 } x = \ln(1-h)} \lim_{h\to 0} \frac{f[\ln(1-h)]}{\ln(1-h)}$$

$$= \lim_{h\to 0} \left[\frac{f(\ln(1-h))}{h} \cdot \frac{h}{\ln(1-h)} \right] = A \cdot (-1) = -A,$$

所以 $f'(0)$ 存在且等于 $-A$. (A) 的存在保证了 $f'(0)$ 存在，选(A).

【评注】 下面说明(B)(C)(D)的存在,不能保证 $f'(0)$ 存在. 讨论如下:设(B)存在,其极限值记为 B,

$$\lim_{x\to0}\frac{f(x)-f(0)}{x-0}=\lim_{x\to0}\frac{f(x)}{x}\xlongequal{令 x=\sqrt{1+h^2}-1}\lim_{h\to0}\frac{f(\sqrt{1+h^2}-1)}{\sqrt{1+h^2}-1}$$

$$=\lim_{h\to0}\left[\frac{f(\sqrt{1+h^2}-1)}{h^2}\cdot\frac{h^2}{\sqrt{1+h^2}-1}\right]=B\cdot2=2B.$$

看起来,好像(B)的存在也保证了 $f'(0)$ 存在. 其实不然,由于 $x=\sqrt{1+h^2}-1>0$,所以从上述讨论看出,只保证 $\lim\limits_{x\to0^+}\dfrac{f(x)}{x}$ 存在即 $f'_+(0)$ 存在,并不能保证 $f'(0)$ 存在. (B)不充分.

设(C)存在,其极限值记为 C,

$$\lim_{x\to0}\frac{f(x)-f(0)}{x-0}=\lim_{x\to0}\frac{f(x)}{x}\xlongequal{令 x=\tan h-\sin h}\lim_{h\to0}\frac{f(\tan h-\sin h)}{\tan h-\sin h}$$

$$=\lim_{h\to0}\left[\frac{f(\tan h-\sin h)}{h^2}\cdot\frac{h^2}{\tan h-\sin h}\right],$$

而

$$\lim_{h\to0}\frac{h^2}{\tan h-\sin h}=\lim_{h\to0}\frac{h^2\cos h}{\sin h\cdot(1-\cos h)}=\lim_{h\to0}\frac{h^2\cos h}{h\cdot\frac{1}{2}h^2}=\infty,$$

不能保证 $\lim\limits_{x\to0}\dfrac{f(x)-f(0)}{x-0}$ 存在.

对于(D)留给读者去讨论或举例说明(D)的存在不能保证 $\lim\limits_{x\to0}\dfrac{f(x)-f(0)}{x-0}$ 存在.

165 【答案】 D

【分析】 因为曲线 $y=f(x)$ 在原点与 $y=\sin x$ 相切,所以 $f(0)=0,f'(0)=(\sin x)'\big|_{x=0}=1$.

$$\lim_{n\to\infty}\sqrt{n}\cdot\sqrt{f\left(\frac{2}{n}\right)}=\lim_{n\to\infty}\sqrt{2}\sqrt{\frac{f\left(\frac{2}{n}\right)-f(0)}{\frac{2}{n}}}=\sqrt{2}\cdot\sqrt{f'(0)}=\sqrt{2}.$$

166 【答案】 D

【分析】 因为 $\lim\limits_{x\to+\infty}[f'(x)+f(x)]=1$,所以 $\lim\limits_{x\to+\infty}\dfrac{[e^xf(x)]'}{e^x}=1$,由洛必达法则,

$$\lim_{x\to+\infty}f(x)=\lim_{x\to+\infty}\frac{e^xf(x)}{e^x}=\lim_{x\to+\infty}\frac{[e^xf(x)]'}{e^x}=1,$$

故 $\lim\limits_{x\to+\infty}f'(x)=\lim\limits_{x\to+\infty}\{[f'(x)+f(x)]-f(x)\}=0$. (D)为正确选项.

167 【答案】 A

【分析】 *方法1* 由

$$0=\lim_{x\to0}\frac{\ln(1-x)+f(x)\sin x}{e^{x^2}-1}$$

$$=\lim_{x\to 0}\frac{\ln(1-x)+\sin x+[f(x)-1]\sin x}{x^2}$$

而
$$\lim_{x\to 0}\frac{\ln(1-x)+\sin x}{x^2}=\lim_{x\to 0}\frac{\frac{-1}{1-x}+\cos x}{2x}=\lim_{x\to 0}\frac{\frac{-1}{(1-x)^2}-\sin x}{2}=-\frac{1}{2}$$

则$\lim\limits_{x\to 0}\dfrac{[f(x)-1]\sin x}{x^2}=\dfrac{1}{2}$，即

$$\lim_{x\to 0}\frac{f(x)-1}{x}=\lim_{x\to 0}\frac{f(x)-f(0)}{x}=\frac{1}{2}$$

故 $f(x)$ 在 $x=0$ 处可导，且 $f'(0)=\dfrac{1}{2}$.

方法 2 由泰勒公式知

$$\ln(1-x)=-x-\frac{x^2}{2}+o(x^2),\sin x=x+o(x^2).$$

$$0=\lim_{x\to 0}\frac{\ln(1-x)+f(x)\sin x}{e^{x^2}-1}$$
$$=\lim_{x\to 0}\frac{\left[-x-\frac{x^2}{2}+o(x^2)\right]+f(x)[x+o(x^2)]}{x^2}$$
$$=\lim_{x\to 0}\left[\frac{-\frac{x^2}{2}+o(x^2)+f(x)\cdot o(x^2)}{x^2}+\frac{xf(x)-x}{x^2}\right]$$

而$\lim\limits_{x\to 0}\dfrac{-\frac{x^2}{2}+o(x^2)+f(x)\cdot o(x^2)}{x^2}=-\dfrac{1}{2}$，则

$$\lim_{x\to 0}\frac{xf(x)-x}{x^2}=\frac{1}{2}$$

即
$$\lim_{x\to 0}\frac{f(x)-1}{x}=\lim_{x\to 0}\frac{f(x)-f(0)}{x}=\frac{1}{2}$$

故 $f(x)$ 在 $x=0$ 处可导，且 $f'(0)=\dfrac{1}{2}$.

168 【答案】 C

【分析】 $\arcsin b-\arcsin 0=\dfrac{1}{\sqrt{1-\xi^2}}(b-0),0<\xi<b$，解出 ξ，

$$\xi=\sqrt{\frac{(\arcsin b)^2-b^2}{(\arcsin b)^2}},$$

$$\lim_{b\to 0}\frac{\xi^2}{b^2}=\lim_{b\to 0}\frac{(\arcsin b)^2-b^2}{b^2(\arcsin b)^2}=\lim_{t\to 0}\frac{t^2-(\sin t)^2}{(\sin t)^2t^2}$$
$$=\lim_{t\to 0}\frac{t^2-\sin^2 t}{t^4}=\lim_{t\to 0}\frac{2t-2\sin t\cos t}{4t^3}$$
$$=\lim_{t\to 0}\frac{2t-\sin 2t}{4t^3}=\lim_{t\to 0}\frac{2-2\cos 2t}{12t^2}=\lim_{t\to 0}\frac{(2t)^2}{12t^2}=\frac{1}{3}.$$

所以$\lim\limits_{b\to 0}\dfrac{\xi}{b}=\dfrac{1}{\sqrt{3}}$. 选(C).

【评注】 即使“中值”的极限,并非一定在“$\dfrac{1}{2}$”处.

169 【答案】 C

【分析】
$$\sqrt{x+1}-\sqrt{x}=\frac{1}{2\sqrt{x+\theta(x)}},$$
$$\theta(x)=\frac{1}{4}(\sqrt{x+1}+\sqrt{x})^2-x=\frac{1}{4}+\frac{1}{2}(\sqrt{x^2+x}-x).$$
$$\theta'(x)=\frac{1}{2}\left(\frac{2x+1}{2\sqrt{x^2+x}}-1\right)>0,$$
所以 $\theta(x)$ 单调增.
$$\lim_{x\to 0^+}\theta(x)=\frac{1}{4}+\frac{1}{2}\lim_{x\to 0^+}(\sqrt{x^2+x}-x)=\frac{1}{4},$$
$$\lim_{x\to+\infty}\theta(x)=\frac{1}{4}+\frac{1}{2}\lim_{x\to+\infty}(\sqrt{x^2+x}-x)=\frac{1}{4}+\frac{1}{2}\lim_{x\to+\infty}\frac{x}{\sqrt{x^2+x}+x}=\frac{1}{2}.$$
所以(C) 为正确选项.

170 【答案】 C

【分析】 因为 $f(x)$ 在$(-1,1)$ 内二阶可导,所以由拉格朗日中值定理知,$\forall x\in(-1,0)\cup(0,1)$,$\exists\theta(x)$ 介于 $0,x$ 之间,且满足 $f(x)-f(0)=xf'(\theta(x)x)$.

由泰勒公式,当 $x\to 0$ 时,
$$f(x)-f(0)=f'(0)x+\frac{1}{2}f''(0)x^2+o(x^2),$$
$$xf'(\theta(x)x)=x[f'(0)+f''(0)\theta(x)x+o(x)],$$
所以当 $x\to 0$ 时,
$$x[f'(0)+f''(0)\theta(x)x+o(x)]=f'(0)x+\frac{1}{2}f''(0)x^2+o(x^2),$$
$$f''(0)\theta(x)+o(1)=\frac{1}{2}f''(0)+o(1),$$
而由条件,$f''(0)\neq 0$,所以$\lim\limits_{x\to 0}\theta(x)=\dfrac{1}{2}$,(C) 为正确选项.

171 【答案】 D

【分析】 只有间断点 $x=\pm 1$
$$\lim_{x\to 1^+}y=\lim_{x\to 1^+}\frac{x^2+1}{\sqrt{x^2-1}}=+\infty$$
$$\lim_{x\to -1^-}y=\lim_{x\to -1^-}\frac{x^2+1}{\sqrt{x^2-1}}=+\infty$$
$\Rightarrow x=1$ 与 $x=-1$ 为铅直渐近线.

因为 $$\lim_{x\to\pm\infty}\frac{y}{x}=\lim_{x\to\pm\infty}\frac{x^2+1}{x\,|\,x\,|\sqrt{1-\frac{1}{x^2}}}=\pm 1$$

又 $$\lim_{x\to+\infty}(y-x)=\lim_{x\to+\infty}\left(\frac{x}{\sqrt{1-\frac{1}{x^2}}}-x+\frac{1}{\sqrt{x^2-1}}\right)$$

$$=\lim_{x\to+\infty}x\left[\left(1-\frac{1}{x^2}\right)^{-\frac{1}{2}}-1\right]+0$$

$$=\lim_{x\to+\infty}x\cdot\left(-\frac{1}{2}\right)\left(-\frac{1}{x^2}\right)=0$$

同理 $$\lim_{x\to-\infty}(y+x)=\lim_{x\to-\infty}\left(\frac{-x}{\sqrt{1-\frac{1}{x^2}}}+x+\frac{1}{\sqrt{x^2-1}}\right)=-\lim_{x\to-\infty}x\left[\left(1-\frac{1}{x^2}\right)^{-\frac{1}{2}}-1\right]$$

$$=0$$

$\Rightarrow x\to+\infty$ 时有斜渐近线 $y=x$，$x\to-\infty$ 时有斜渐近线 $y=-x$.

因此选(D).

【评注】 同是 $x\to+\infty$（或 $x\to-\infty$），如果曲线有斜渐近线就不可能有水平渐近线，如果曲线有水平渐近线，就不可能有斜渐近线.

172 【答案】 C

【分析】 方法1 显然 $f(x)$ 在 $(-\infty,+\infty)$ 连续.只须考察 $f(x)$ 在 $x=0$ 某空心邻域如 $x\in\left(-\frac{\pi}{2},\frac{\pi}{2}\right)$，$x\neq 0$ 时 $f'(x)$ 与 $f''(x)$ 的变化.

$$f'(x)=\begin{cases}\sin x<0, & -\frac{\pi}{2}<x<0\\ \frac{1}{2}\cdot\frac{1}{\sqrt{x}}>0, & 0<x<\frac{\pi}{2}\end{cases}$$

$$f''(x)=\begin{cases}\cos x>0, & -\frac{\pi}{2}<x<0\\ -\frac{1}{4}x^{-\frac{3}{2}}<0, & 0<x<\frac{\pi}{2}\end{cases}$$

由此可得 $x=0$ 是 $f(x)$ 的极值点，且 $(0,1)$ 是曲线 $y=f(x)$ 的拐点.因此选(C).

方法2 由 $y=\cos x$，$y=\sqrt{x}$ 的图形可得 $y=f(x)$ 的图形.

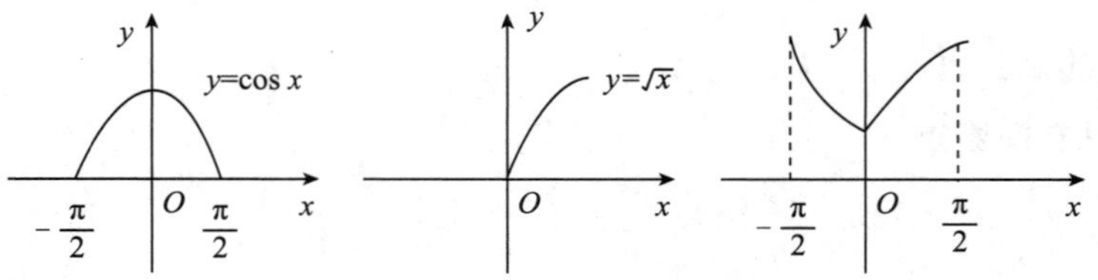

因此选(C).

【评注】 (1) 只须考察 $f(x)$ 在 $x=x_0$ 处的连续性及 $f(x)$ 在 $x=x_0$ 两侧 $f'(x)$,$f''(x)$ 是否变号,而不须考虑 $f'(x_0)$,$f''(x_0)$ 是否存在就可判定 $x=x_0$ 是否是 $f(x)$ 的极值点与拐点. 本题中 $f(x)$ 在 $x=0$ 处 $f'(0)$,$f''(0)$ 不存在,但 $f(x)$ 在 $x=0$ 处连续.

(2) $f(x)$ 在 $x=x_0$ 不可导,$x=x_0$ 与 $(x_0,f(x_0))$ 可以同时是 $y=f(x)$ 的极值点与拐点. 本题就是如此. 但对于可导函数,可以证明:若 $(x_0,f(x_0))$ 是 $y=f(x)$ 的拐点,则 $x=x_0$ 不可能是 $f(x)$ 的极值点.

173 【答案】 B

【分析】 记 $f(x)=\tan x-1+x$,则 $f(x)$ 在 $(0,1)$ 区间内连续.

$f(0)=-1<0$,$f(1)=\tan 1>0$,所以 $f(x)$ 在 $(0,1)$ 区间内至少有 1 个零点.

又 $x\in(0,1)$ 时,$f'(x)=\sec^2 x+1>0$,所以 $f(x)$ 在 $(0,1)$ 区间内有唯一的零点. (B) 选项正确.

174 【答案】 C

【分析】 因 $f'(x)=6x^2-18x+12=6(x-1)(x-2)$,

$$f''(x)=6(2x-3),f''(1)=-6<0,f''(2)=6>0,$$

故 $f(1)=5-a$ 为极大值,$f(2)=4-a$ 为极小值.

当 $a=4$ 时,$f(1)=5-4>0$,$\lim\limits_{x\to-\infty}f(x)=-\infty$,且在区间 $(-\infty,1)$ 内 $f'(x)>0$,$f(x)$ 单调增加,故 $f(x)$ 在 $(-\infty,1)$ 内有唯一零点. 同时,$f(2)=4-a=0$,即 $x=2$ 为 $f(x)$ 的另一零点,而在区间 $(1,2)$ 内,$f'(x)<0$,$f(x)$ 单调减少. 在区间 $(2,+\infty)$ 内 $f'(x)>0$,$f(x)$ 单调增加,所以 $f(x)$ 在 $(1,2)$ 和 $(2,+\infty)$ 内均大于零. 由此可知当 $a=4$ 时,$f(x)$ 恰有两个零点.

另外,当 $a=2$ 时,$f(1)=3>0$,$f(2)=2>0$,故 $f(x)$ 在 $(1,+\infty)$ 内均为正,没有零点,此时 $f(x)$ 只有一个零点. 类似可以讨论当 $a=6$ 或 8 时,$f(x)$ 只在 $(2,+\infty)$ 内有唯一零点,所以应选(C).

175 【答案】 C

【分析】 要讨论零点个数,免不了要考虑单调性,先求导数:

$$f'(x)=\frac{1}{x}-\frac{1}{\mathrm{e}}\overset{令}{=\!=}0,x=\mathrm{e}(唯一驻点).$$

当 $0<x<\mathrm{e}$ 时 $f'(x)>0$;当 $x>\mathrm{e}$ 时 $f'(x)<0$.

所以 $f(\mathrm{e})=1-1+1=1>0$ 为唯一极大值,即最大值. 将区间 $(0,+\infty)$ 划为两个区间 $(0,\mathrm{e}]$ 与 $[\mathrm{e},+\infty)$.

$$\lim_{x\to0^+}f(x)=-\infty,f(\mathrm{e})=1>0,$$

且当 $0<x<\mathrm{e}$(或写成 $0<x\leqslant\mathrm{e}$ 亦可),$f(x)$ 严格单调增,所以在区间 $(0,\mathrm{e})$(或写成 $(0,\mathrm{e}]$ 亦可)上 $f(x)$ 有唯一零点. 又

$$\lim_{x\to+\infty}f(x)=-\infty^{(注)},f(\mathrm{e})=1>0,$$

且当 $\mathrm{e}<x<+\infty$(或写成 $\mathrm{e}\leqslant x<+\infty$ 亦可),$f(x)$ 严格单调减,所以在区间 $(\mathrm{e},+\infty)$(或写成 $[\mathrm{e},+\infty)$ 亦可)上 $f(x)$ 亦有唯一零点. 所以在 $(0,+\infty)$ 上有且仅有 2 个零点. 选(C).

【评注】（1）讨论可导函数在区间上的零点个数一般就按本题解法，第一步：划分单调区间；第二步：在每一严格单调的区间上用连续函数零点定理，分别考虑两端点处$f(x)$的符号（同号无零点，反号存在唯一零点），考虑端点处符号时，在无穷区间上，用极限代替. 例如，如果$\lim\limits_{x\to+\infty} f(x)=-\infty$，就认为是负号.

（2）前面（注）中，

$$\begin{aligned}\lim_{x\to+\infty} f(x) &= \lim_{x\to+\infty}\left(\ln x-\frac{x}{\mathrm{e}}+1\right)\\ &= \lim_{x\to+\infty}(\ln x+\ln \mathrm{e}^{-\frac{x}{\mathrm{e}}}+1)\\ &= \lim_{x\to+\infty}(\ln x\mathrm{e}^{-\frac{x}{\mathrm{e}}}+1),\end{aligned}$$

而

$$\lim_{x\to+\infty} x\mathrm{e}^{-\frac{x}{\mathrm{e}}}=\lim_{x\to+\infty}\frac{x}{\mathrm{e}^{\frac{x}{\mathrm{e}}}}\xlongequal{\text{洛}}\lim_{x\to+\infty}\frac{1}{\frac{1}{\mathrm{e}}\mathrm{e}^{\frac{x}{\mathrm{e}}}}=0,$$

所以$\lim\limits_{x\to+\infty} f(x)=-\infty$. 下面几个常用的极限可以类似地处理，其结果可以记住

$$\lim_{x\to0^+}x(\ln x)^k=0,\ \lim_{x\to+\infty}x^k\mathrm{e}^{-x}=0,\ \lim_{x\to+\infty}\frac{(\ln x)^k}{x}=0,\text{其中 } k \text{ 为正数}.$$

一元函数积分学

A 组

176 【答案】 C

【分析】 逐一分析它们的阶.

（A）（考察等价无穷小）

$(1+x)^{x^2}-1\sim\ln[(1+x)^{x^2}-1+1]=x^2\ln(1+x)\sim x^3(x\to0)\Rightarrow(1+x)^{x^2}-1$是$x$的三阶无穷小.

（B）（考察等价无穷小）

$\mathrm{e}^{x^4-2x}-1\sim x^4-2x\sim-2x(x\to0)\Rightarrow\mathrm{e}^{x^4-2x}-1$是$x$的一阶无穷小.

（C）（待定阶数法）

$$\lim_{x\to0}\frac{\int_0^{x^2}\sin t^2\mathrm{d}t}{x^k}=\lim_{x\to0}\frac{2x\sin x^4}{kx^{k-1}}\xlongequal{k=6}\lim_{x\to0}\frac{x\cdot\sin x^4}{3x\cdot x^4}=\frac{1}{3}$$

$\Rightarrow\int_0^{x^2}\sin t^2\mathrm{d}t$是$x$的六阶无穷小.

（D）（待定阶数法或泰勒公式法）

$$\begin{aligned}\lim_{x\to0}\frac{(1+2x)^{\frac12}-(1+3x)^{\frac13}}{x^k}&=\lim_{x\to0}\frac{\frac12(1+2x)^{-\frac12}\times2-\frac13(1+3x)^{-\frac23}\times3}{kx^{k-1}}\\&=\lim_{x\to0}\frac{-\frac12(1+2x)^{-\frac32}\times2+\frac23(1+3x)^{-\frac53}\times3}{k(k-1)x^{k-2}}\xlongequal{k=2}\frac12\end{aligned}$$

$\Rightarrow\sqrt{1+2x}-\sqrt[3]{1+3x}$是$x$的二阶无穷小.

或用泰勒公式.已知

$$(1+t)^{\alpha}=1+\alpha t+\frac{1}{2}\alpha(\alpha-1)t^2+o(t^2)(t\to 0)$$

$$\Rightarrow(1+2x)^{\frac{1}{2}}-(1+3x)^{\frac{1}{3}}$$

$$=1+\frac{1}{2}\times 2x+\frac{1}{2}\times\frac{1}{2}\left(\frac{1}{2}-1\right)(2x)^2-\left[1+\frac{1}{3}\times 3x+\frac{1}{2}\times\frac{1}{3}\left(\frac{1}{3}-1\right)(3x)^2\right]+o(x^2)$$

$$=\left(-\frac{1}{2}+1\right)x^2+o(x^2)=\frac{1}{2}x^2+o(x^2)$$

$\Rightarrow\sqrt{1+2x}-\sqrt[3]{1+3x}$ 是 x 的二阶无穷小.因此选(C).

177 【答案】 C

【分析】 在 $\int\frac{x}{f(x)}\mathrm{d}x=\ln(\sqrt{1+x^2}-x)+C$ 两边求导可得

$$\frac{x}{f(x)}=\frac{1}{\sqrt{1+x^2}-x}\left(\frac{x}{\sqrt{1+x^2}}-1\right)=-\frac{1}{\sqrt{1+x^2}},$$

所以 $f(x)=-x\sqrt{1+x^2}$,$\int f(x)\mathrm{d}x=\int(-x\sqrt{1+x^2})\mathrm{d}x=-\frac{1}{3}(1+x^2)^{\frac{3}{2}}+C$,选择(C).

178 【答案】 B

【分析】

$$\begin{aligned}\int xf'(x)\mathrm{d}x&=\int x\mathrm{d}f(x)=xf(x)-\int f(x)\mathrm{d}x\\&=x(\sin x\ln|x|)'-\sin x\ln|x|+C\\&=x(\cos x\ln|x|+\frac{\sin x}{x})-\sin x\ln|x|+C\\&=x\cos x\ln|x|+\sin x-\sin x\ln|x|+C.\end{aligned}$$

其中 $\ln|x|=\begin{cases}\ln x, & x>0\\ \ln(-x), & x<0\end{cases}\Rightarrow(\ln|x|)'=\frac{1}{x}$.

因此选(B).

【评注】 若 $F(x)$ 是 $f(x)$ 的一个原函数,则

$$F'(x)=f(x),\int f(x)\mathrm{d}x=F(x)+C,C\text{ 为任意常数}.$$

179 【答案】 A

【分析】 由 $f(\ln x)=x+\ln^2 x$,命 $\ln x=u$,得

$$f(u)=\mathrm{e}^u+u^2,$$

从而 $f(x)=\mathrm{e}^x+2x$,由分部积分

$$\begin{aligned}\int xf'(x)\mathrm{d}x&=\int x\mathrm{d}f(x)=xf(x)-\int f(x)\mathrm{d}x\\&=x(\mathrm{e}^x+x^2)-\int(\mathrm{e}^x+x^2)\mathrm{d}x\\&=x\mathrm{e}^x+x^3-\mathrm{e}^x-\frac{1}{3}x^3+C\\&=(x-1)\mathrm{e}^x+\frac{2}{3}x^3+C.\end{aligned}$$

选(A).

180 【答案】 B

【分析】 $x_n=\frac{n}{n^2+1^2}+\frac{n}{n^2+2^2}+\cdots+\frac{n}{n^2+n^2}$

$$=\frac{1}{n}\left[\frac{1}{1+\left(\frac{1}{n}\right)^2}+\frac{1}{1+\left(\frac{2}{n}\right)^2}+\cdots+\frac{1}{1+\left(\frac{n}{n}\right)^2}\right]$$

这是函数 $f(x)=\frac{1}{1+x^2}$ 在[0,1]上的一个积分和：

$$\frac{1}{n}\left[f\left(\frac{1}{n}\right)+f\left(\frac{2}{n}\right)+\cdots+f\left(\frac{n-1}{n}\right)+f\left(\frac{n}{n}\right)\right]=\sum_{i=1}^{n}f(\xi_i)\frac{1}{n}$$

其中积分区间[0,1]被 n 等分，n 等分后每个小区间是 $\left[\frac{i-1}{n},\frac{i}{n}\right]$($i=1,2,\cdots,n$)，$\xi_i$ 是区间的右端点.因此

原式 $=\lim\limits_{n\to\infty}x_n=\int_0^1\frac{\mathrm{d}x}{1+x^2}=\arctan x\Big|_0^1=\frac{\pi}{4}$.

选(B).

181 【答案】 C

【分析】 当 $-1\leqslant x\leqslant 1$ 时，$\frac{x-\sqrt{1+x^2}}{x+\sqrt{1+x^2}}<0$，所以该积分为负，不等于零.

【评注】 (A)(B)(D) 中的被积函数均是奇函数，在对称区间上积分，它们的结果均为零.

182 【答案】 B

【分析】 由于 $f(x)$ 为分段表达式，所以按定积分的分段积分性质，分段积分：

$$\int_0^{\pi}f(x)\mathrm{d}x=\int_0^{\frac{\pi}{2}}\sin x\mathrm{d}x+\int_{\frac{\pi}{2}}^{\pi}x\mathrm{d}x=-\cos x\Big|_0^{\frac{\pi}{2}}+\frac{1}{2}x^2\Big|_{\frac{\pi}{2}}^{\pi}$$

$$=1+\frac{1}{2}\left(\pi^2-\frac{\pi^2}{4}\right)=1+\frac{3}{8}\pi^2.$$

183 【答案】 A

【分析】 记 $A=\int_0^2 f(x)\mathrm{d}x$，则

$$f(x)=\frac{1}{4+x^2}+\sqrt{4-x^2}\cdot A,$$

将此式两边在区间[0,2]上积分，得

$$A=\int_0^2 f(x)\mathrm{d}x=\int_0^2\frac{1}{4+x^2}\mathrm{d}x+A\int_0^2\sqrt{4-x^2}\mathrm{d}x$$

$$=\frac{1}{2}\arctan\frac{x}{2}\Big|_0^2+A\cdot\frac{1}{4}\cdot 4\pi=\frac{\pi}{8}+\pi A,$$

所以$(1-\pi)A=\frac{\pi}{8}$，$A=\frac{\pi}{8(1-\pi)}$，$\int_0^2 f(x)\mathrm{d}x=A=\frac{\pi}{8(1-\pi)}$.

【评注】 若题为求 $f(x)$，则 $f(x)=\frac{1}{4+x^2}+\frac{\pi}{8(1-\pi)}\sqrt{4-x^2}$. 本题为未知函数含于确定限的积分之中，要求此未知函数，就采用本题的方法. 另一类题是未知函数含于变限积分之中，应采用两边求导以清除变限积分，将来在微分方程中还会见到.

184 【答案】 A

【分析】 作变量代换 $u=x+t$，则

$$g(x)=\int_{-x}^0 tf(x+t)\mathrm{d}t=\int_0^x(u-x)f(u)\mathrm{d}u=\int_0^x uf(u)\mathrm{d}u-x\int_0^x f(u)\mathrm{d}u$$

$$g'(x)=xf(x)-\int_0^x f(u)\mathrm{d}u-xf(x)=-\int_0^x f(u)\mathrm{d}u.$$

185 【答案】 C

【分析】

$$\frac{\mathrm{d}}{\mathrm{d}x}\int_{\cos^2 x}^{2x^3}\frac{1}{\sqrt{1+t^2}}\mathrm{d}t=\frac{1}{\sqrt{1+4x^6}}(2x^3)'-\frac{1}{\sqrt{1+\cos^4 x}}(\cos^2 x)'$$
$$=\frac{6x^2}{\sqrt{1+4x^6}}+\frac{\sin 2x}{\sqrt{1+\cos^4 x}}.$$

选(C).

186 【答案】 C

【分析】 *方法 1* 先求出 $F(x)$ 再讨论之.

由 $F(x)=\int_{-1}^x f(t)\mathrm{d}t$，当 $x\in[-1,0]$ 时

$$F(x)=\int_{-1}^x f(t)\mathrm{d}t=\int_{-1}^x(1+t)\mathrm{d}t$$
$$=\frac{x^2}{2}+x+\frac{1}{2}$$

当 $x\in(0,1]$ 时

$$F(x)=\int_{-1}^0 f(t)\mathrm{d}t+\int_0^x f(t)\mathrm{d}t$$
$$=\int_{-1}^0(1+t)\mathrm{d}t+\int_0^x(-t)\mathrm{d}t=\frac{1}{2}-\frac{x^2}{2}.$$

即

$$F(x)=\begin{cases}\frac{x^2}{2}+x+\frac{1}{2}, & x\in[-1,0],\\ -\frac{x^2}{2}+\frac{1}{2}, & x\in(0,1].\end{cases}$$

$$F(0)=\frac{1}{2}=\lim_{x\to0^-}F(x)=\lim_{x\to0^+}F(x),$$

$F(x)$ 在 $x=0$ 处连续.

$$F'_-(0)=\lim_{x\to0^-}\frac{F(x)-F(0)}{x-0}=\lim_{x\to0^-}\frac{\frac{x^2}{2}+x+\frac{1}{2}-\frac{1}{2}}{x}=1,$$

$$F'_{+}(0)=\lim_{x\to 0^{+}}\frac{F(x)-F(0)}{x-0}=\lim_{x\to 0^{+}}\frac{-\frac{x^{2}}{2}+\frac{1}{2}-\frac{1}{2}}{x}=0.$$

$F'_{-}(0)\neq F'_{+}(0)$，所以选(C).

方法 2　用现成定理，定理如下：设 $f(x)$ 在 $[a,b]$ 上除点 $x=x_0\in(a,b)$ 外均连续，而在 $x=x_0$ 处 $f(x)$ 有跳跃间断点：

$$\lim_{x\to x_0^{-}}f(x)=f(x_0^{-}),\lim_{x\to x_0^{+}}f(x)=f(x_0^{+}),f(x_0^{-})\neq f(x_0^{+}),$$

则不论下式中 c 是否等于 x_0，$F(x)=\int_c^x f(t)\mathrm{d}t$ 有下述结论：

①$F(x)$ 在 $[a,b]$ 上连续；

②$F'(x)=f(x)$，当 $x\in(a,b)$，但 $x\neq x_0$；

③$F'_{-}(x_0)=f(x_0^{-})$，$F'_{+}(x_0)=f(x_0^{+})$.

直接套用此定理知选(C).

187　【答案】 B

【分析】　方程 $F(x)=0$ 的根，也称为函数 $F(x)$ 的零点. 如果 $F(x)$ 没有导数，一般(这里讲的是一般，而不是一定)用连续函数零点定理. 如果有导数，则要用到罗尔定理. 今 $F(x)$ 为两个变限函数的和：

$$F(x)=\int_0^x \mathrm{e}^{-t^2}\mathrm{d}t-\int_{\mathrm{e}^x}^2\frac{1}{t^4+1}\mathrm{d}t,x\in(-\infty,+\infty)$$

以连续函数零点定理试之：

$$F(0)=0-\int_1^2\frac{1}{t^4+1}\mathrm{d}t<0,$$

$$F(1)=\int_0^1\mathrm{e}^{-t^2}\mathrm{d}t-\int_{\mathrm{e}}^2\frac{1}{t^4+1}\mathrm{d}t=\int_0^1\mathrm{e}^{-t^2}\mathrm{d}t+\int_2^{\mathrm{e}}\frac{1}{t^4+1}\mathrm{d}t>0,$$

由连续函数零点定理知，至少存在一点 $\xi\in(0,1)$ 使 $F(\xi)=0$. 又

$$F'(x)=\mathrm{e}^{-x^2}+\frac{1}{\mathrm{e}^{4x}+1}\mathrm{e}^x>0,x\in(-\infty,+\infty),$$

所以 $F(x)$ 在 $(-\infty,+\infty)$ 上严格单调增加，于是推知 $F(x)$ 在 $(-\infty,+\infty)$ 上有且仅有 1 个零点. 选(B).

188　【答案】 C

【分析】　作积分变量变换 $\sqrt{x}=t$，有 $x=t^2$，$\mathrm{d}x=2t\mathrm{d}t$，

$$\int_0^{+\infty}\sqrt{x}\mathrm{e}^{-x}\mathrm{d}x=-\int_0^{+\infty}t\mathrm{d}\mathrm{e}^{-t^2}=-\left(t\mathrm{e}^{-t^2}\Big|_0^{+\infty}-\int_0^{+\infty}\mathrm{e}^{-t^2}\mathrm{d}t\right)$$

$$=0+\int_0^{+\infty}\mathrm{e}^{-t^2}\mathrm{d}t=\frac{\sqrt{\pi}}{2}.$$

189　【答案】 C

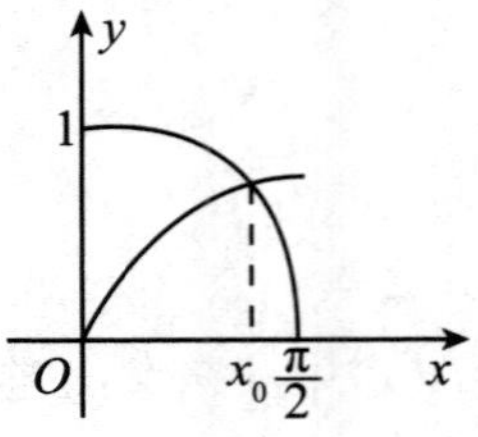

【分析】　先求 $y=\cos x$ 与 $y=a\sin x$ 的交点的横坐标 x_0.

由 $\cos x_0=a\sin x_0\Rightarrow\tan x_0=\frac{1}{a}$.

因$\int_0^{\frac{\pi}{2}}\cos x\mathrm{d}x=\sin x\Big|_0^{\frac{\pi}{2}}=1$,故

$$\int_0^{x_0}(\cos x-a\sin x)\mathrm{d}x=(\sin x+a\cos x)\Big|_0^{x_0}=\sin x_0+a\cos x_0-a$$
$$=(\tan x_0+a)\cos x_0-a=\left(\frac{1}{a}+a\right)\frac{1}{\sqrt{1+\tan^2 x_0}}-a$$
$$=\frac{1+a^2}{a}\cdot\frac{a}{\sqrt{1+a^2}}-a=\sqrt{1+a^2}-a=\frac{1}{2}.$$

由$\sqrt{1+a^2}-a=\frac{1}{2}\Rightarrow\sqrt{1+a^2}+a=2$,易得$a=\frac{3}{4}$.

选(C).

知识点链接

《考研数学复习全书·基础篇·高等数学基础》第三章

190 【答案】 C

【分析】 记$\int_0^1 f(t)\mathrm{d}t=a$,则$f(x)=x+2a$,两边在$[0,1]$上积分,则有

$$a=\int_0^1 f(x)\mathrm{d}x=\int_0^1(x+2a)\mathrm{d}x=\frac{1}{2}+2a,$$

所以
$$a=-\frac{1}{2},f(x)=x-1,$$

从而函数$xf(x)$在区间$[0,2]$上的平均值为

$$\frac{1}{2}\int_0^2 xf(x)\mathrm{d}x=\frac{1}{2}\int_0^2 x(x-1)\mathrm{d}x=\frac{1}{3}.$$

所以选择(C).

191 【答案】 C

【分析】 区域D的面积

$$S=\int_0^{\frac{\pi}{2}}\left(\sin x-\frac{2}{\pi}x\right)\mathrm{d}x=1-\frac{2}{\pi}\cdot\frac{1}{2}\frac{\pi^2}{4}=1-\frac{\pi}{4}.$$

区域D绕x轴旋转一周所得旋转体体积

$$V_x=\int_0^{\frac{\pi}{2}}\pi\sin^2 x\mathrm{d}x-\int_0^{\frac{\pi}{2}}\pi\left(\frac{2x}{\pi}\right)^2\mathrm{d}x$$
$$=\pi\cdot\frac{1}{2}\cdot\frac{\pi}{2}-\frac{4}{\pi}\cdot\frac{1}{3}\left(\frac{\pi}{2}\right)^3=\frac{\pi^2}{12}.$$

因此选择(C).

192 【答案】 D

【分析】 把曲线表成$x=x(y)$,要分成两条:

$$x=1\pm\sqrt{1-y}\quad(0\leqslant y\leqslant 1)$$

看成两个旋转体的体积之差:

$V_1=\pi\int_0^1(1+\sqrt{1-y})^2\mathrm{d}y$, $V_2=\pi\int_0^1(1-\sqrt{1-y})^2\mathrm{d}y$.

于是 $V=V_1-V_2=\pi\int_0^1[(1+\sqrt{1-y})^2-(1-\sqrt{1-y})^2]\mathrm{d}y$，

因此选(D).

【评注】 (1) 按公式计算得

$$V=\pi\int_0^1 4\sqrt{1-y}\mathrm{d}y=4\pi\left(-\frac{2}{3}(1-y)^{\frac{3}{2}}\right)\Big|_0^1=\frac{8}{3}\pi.$$

(2) 也可利用另一旋转体体积公式

设 $b>a\geqslant 0$，曲线 $y=f(x)(a\leqslant x\leqslant b)$ 与直线 $x=a,x=b$ 及 x 轴围成图形绕 y 轴旋转所得旋转体的体积 $V=\int_a^b 2\pi xf(x)\mathrm{d}x$

我们也可求出

$$V=2\pi\int_0^2 x[1-(x-1)^2]\mathrm{d}x=2\pi\int_0^2 x(2x-x^2)\mathrm{d}x=2\pi\left(\frac{2}{3}x^3-\frac{1}{4}x^4\right)\Big|_0^2=\frac{8}{3}\pi.$$

193 【答案】 C

【分析】 设切点坐标为 (x_0,y_0)，于是切线斜率为 $2x_0$，切线方程为

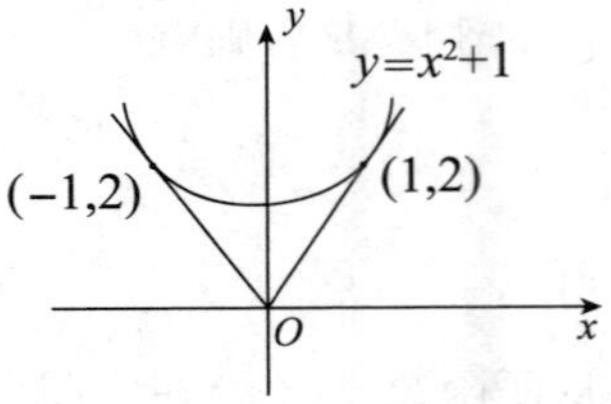

$$y-y_0=2x_0(x-x_0)$$

以 $x=0$ 时 $y=0$ 代入，得 $y_0=2x_0^2$. 又因点 (x_0,y_0) 在曲线 C 上，有 $y_0=x_0^2+1$. 解得切点坐标为 $(\pm 1,2)$. 切线方程为 $y=\pm 2x$，见右图. 求 V 有两个方法.

方法 1 以 y 为自变量，曲线表示为 $x=\sqrt{y-1}$，$x=\frac{1}{2}y$，V 是两旋转体体积相减：

$$V=\pi\int_0^2\left(\frac{y}{2}\right)^2\mathrm{d}y-\pi\int_1^2(y-1)\mathrm{d}y=\frac{\pi}{6}.$$

方法 2 以 x 为自变量，曲线表示为 $y=x^2+1$，$y=2x$. 任取 $[x,x+\mathrm{d}x]\subset[0,1]$ 对应的小竖窄条，高 x^2+1-2x，相应的体积微元 $\mathrm{d}V=2\pi x(x^2+1-2x)\mathrm{d}x$，于是

$$V=2\pi\int_0^1 x(x^2+1-2x)\mathrm{d}x=\frac{1}{6}\pi.$$

B 组

194 【答案】 B

【分析】 当 $x\to 0$ 时，设 $f(x)$ 为 x 的 p 阶无穷小，则

$$\lim_{x\to 0}\frac{f(x)}{x^p}=\lim_{x\to 0}\frac{\int_0^x t\mathrm{e}^{\sin t}\mathrm{d}t}{x^p}=\lim_{x\to 0}\frac{x\mathrm{e}^{\sin x}}{px^{p-1}}=\lim_{x\to 0}\frac{1}{px^{p-2}}$$

当 $p=2$ 时，$\lim\limits_{x\to 0}\frac{f(x)}{x^p}=\frac{1}{2}$ 为非零常数，所以当 $x\to 0$ 时，$f(x)$ 为 x 的二阶无穷小.

195 【答案】 A

【分析】 $\int_0^1\mathrm{e}^{t^2x}\mathrm{d}t$ 中的 x 含于被积函数之中，应设法将它变换到积分的限中或(和) 积分号外.

作积分变量变换，命 $t\sqrt{x}=u$，有 $\mathrm{d}t=\dfrac{1}{\sqrt{x}}\mathrm{d}u$，于是

$$\int_0^1 \mathrm{e}^{t^2 x}\mathrm{d}t=\frac{1}{\sqrt{x}}\int_0^{\sqrt{x}}\mathrm{e}^{u^2}\mathrm{d}u,$$

$$\begin{aligned}
\lim_{x\to0^+}\frac{g(x)}{x^k}&=\lim_{x\to0^+}\frac{\int_0^1 \mathrm{e}^{t^2x}\mathrm{d}t-\left(1+\frac{x}{3}+\frac{x^2}{10}\right)}{x^k}\\
&=\lim_{x\to0^+}\frac{\int_0^{\sqrt{x}}\mathrm{e}^{u^2}\mathrm{d}u-\left(x^{\frac{1}{2}}+\frac{1}{3}x^{\frac{3}{2}}+\frac{1}{10}x^{\frac{5}{2}}\right)}{x^{k+\frac{1}{2}}}\\
&=\lim_{x\to0^+}\frac{\mathrm{e}^x\cdot\frac{1}{2\sqrt{x}}-\left(\frac{1}{2}x^{-\frac{1}{2}}+\frac{1}{2}x^{\frac{1}{2}}+\frac{1}{4}x^{\frac{3}{2}}\right)}{\left(k+\frac{1}{2}\right)x^{k-\frac{1}{2}}}\\
&=\lim_{x\to0^+}\frac{\mathrm{e}^x-\left(1+x+\frac{1}{2}x^2\right)}{(2k+1)x^k}\\
&=\lim_{x\to0^+}\frac{\mathrm{e}^x-(1+x)}{(2k+1)kx^{k-1}}=\lim_{x\to0^+}\frac{\mathrm{e}^x-1}{(2k+1)k(k-1)x^{k-2}}\\
&=\lim_{x\to0^+}\frac{\mathrm{e}^x}{(2k+1)k(k-1)(k-2)x^{k-3}}
\end{aligned}$$

要使上式存在且不为零，取 $k=3$，从而

$$\lim_{x\to0^+}\frac{g(x)}{x^3}=\frac{1}{42}.$$

所以当 $x\to0^+$ 时 $g(x)\sim\dfrac{1}{42}x^3$. $k=3$，$A=\dfrac{1}{42}$.

196 【答案】 B

【分析】 因为 $\lim\limits_{x\to+\infty}\mathrm{e}^x=+\infty$，而题设 $\lim\limits_{x\to+\infty}\mathrm{e}^x\left(\int_0^{\sqrt{x}}\mathrm{e}^{-t^2}\mathrm{d}t+a\right)$存在，故必有

$$\lim_{x\to+\infty}\left(\int_0^{\sqrt{x}}\mathrm{e}^{-t^2}\mathrm{d}t+a\right)=0,$$

所以
$$a=-\lim_{x\to+\infty}\int_0^{\sqrt{x}}\mathrm{e}^{-t^2}\mathrm{d}t=-\int_0^{+\infty}\mathrm{e}^{-t^2}\mathrm{d}t=-\frac{\sqrt{\pi}}{2}.$$

(反常积分$\int_0^{+\infty}\mathrm{e}^{-t^2}\mathrm{d}t=\dfrac{\sqrt{\pi}}{2}$ 在概率论中非常重要，要求读者记住这个结果). 由洛必达法则，

$$\begin{aligned}
b&=\lim_{x\to+\infty}\mathrm{e}^x\left(\int_0^{\sqrt{x}}\mathrm{e}^{-t^2}\mathrm{d}t-\frac{\sqrt{\pi}}{2}\right)\\
&=\lim_{x\to+\infty}\frac{\int_0^{\sqrt{x}}\mathrm{e}^{-t^2}\mathrm{d}t-\frac{\sqrt{\pi}}{2}}{\mathrm{e}^{-x}}=\lim_{x\to+\infty}\frac{\mathrm{e}^{-x}\cdot\frac{1}{2\sqrt{x}}}{-\mathrm{e}^{-x}}\\
&=-\frac{1}{2}\lim_{x\to+\infty}\frac{1}{\sqrt{x}}=0.
\end{aligned}$$

选(B).

197 【答案】 D

【分析】 通过举反例可得出不选(A)(B)(C).

例如 $f(x)=x,\int_{-1}^{1}f(x)\mathrm{d}x=0$,但$\int_{-1}^{1}f^{2}(x)\mathrm{d}x=2\int_{0}^{1}x^{2}\mathrm{d}x=\frac{2}{3}\neq 0$,因此不选(A)(C).

例如 $f(x)=0$ 时,$\int_{a}^{b}f(x)\mathrm{d}x=0$,但$\int_{a}^{b}f^{2}(x)\mathrm{d}x=0$,因此不选(B).

由排除法,应选(D).

198 【答案】 C

【分析】 我们要逐一分析.

结论 ① 正确.由条件 $\Rightarrow \int_{a}^{x}f(t)\mathrm{d}t=0(\forall x\in[a,b])$

$$\left[\int_{a}^{x}f(t)\mathrm{d}t\right]'=f(t)=0(x\in[a,b])$$

结论 ② 正确.由条件 $\Rightarrow$

$$0\leqslant\int_{a}^{x}f(t)\mathrm{d}t\leqslant\int_{a}^{b}f(x)\mathrm{d}x=0(\forall x\in[a,b])$$

$$\Rightarrow\quad\int_{a}^{x}f(t)\mathrm{d}t=0(x\in[a,b])\Rightarrow f(x)=0(x\in[a,b]).$$

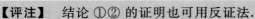

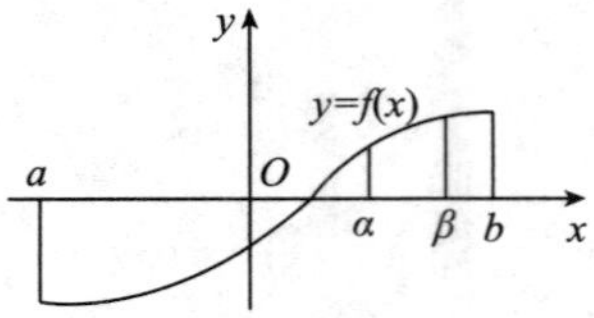

结论 ③ 错误,如图所示,由定积分几何意义知,

$$\int_{a}^{b}f(x)\mathrm{d}x<0,\int_{\alpha}^{\beta}f(x)\mathrm{d}x>0.$$

其中$[\alpha,\beta]\subset[a,b]$.因此选(C).

【评注】 结论 ①② 的证明也可用反证法.

若 $f(x)\not\equiv 0(x\in[a,b])$,则 $\exists x_0\in(a,b),f(x_0)\neq 0$,不妨设 $f(x_0)>0$,由连续性 $\Rightarrow\exists\delta>0$,当 $x\in(x_0-\delta,x_0+\delta)\subset(a,b)$ 时 $f(x)>0$

$$\Rightarrow\qquad\int_{x_0-\delta}^{x_0+\delta}f(x)\mathrm{d}x>0,$$

与 ① 中$[a,b]$的任意子区间$[\alpha,\beta]$上$\int_{\alpha}^{\beta}f(x)\mathrm{d}x=0$矛盾了,因此只能是

$$f(x)=0(\forall x\in[a,b]),$$

在 ② 中此时

$$\int_{a}^{b}f(x)\mathrm{d}x=\int_{a}^{x_0-\delta}f(x)\mathrm{d}x+\int_{x_0-\delta}^{x_0+\delta}f(x)\mathrm{d}x+\int_{x_0+\delta}^{b}f(x)\mathrm{d}x$$

$$\geqslant\int_{x_0-\delta}^{x_0+\delta}f(x)\mathrm{d}x>0.$$

与$\int_{a}^{b}f(x)\mathrm{d}x=0$矛盾了.因此 $f(x)=0(\forall x\in[a,b])$.

199 【答案】 C

【分析】 展开$(x+2|x|)^2=x^2+2x|x|+4x^2$,并注意到奇偶性,

$$\int_{-1}^{1}(x+2|x|)^2\sqrt{1-x^2}\mathrm{d}x=10\int_{0}^{1}x^2\sqrt{1-x^2}\mathrm{d}x$$

再命 $x=\sin t$,

原式 $= 10\int_0^{\frac{\pi}{2}} \sin^2 t\cos^2 t\mathrm{d}t = 10\int_0^{\frac{\pi}{2}} \sin^2 t(1-\sin^2 t)\mathrm{d}t = 10\int_0^{\frac{\pi}{2}} \sin^2 t\mathrm{d}t - 10\int_0^{\frac{\pi}{2}} \sin^4 t\mathrm{d}t$

$= 10 \cdot \frac{1}{2} \cdot \frac{\pi}{2} - 10 \cdot \frac{3}{4} \cdot \frac{1}{2} \cdot \frac{\pi}{2} = \frac{5}{8}\pi.$

【评注】 请随时注意：① 利用奇偶性化简对称区间上定积分再计算；② 利用华里士公式计算积分 $\int_0^{\frac{\pi}{2}} \sin^n x\mathrm{d}x$ 与 $\int_0^{\frac{\pi}{2}} \cos^n x\mathrm{d}x$.

200 【答案】 C

【分析】 这是一个反常积分，可以按定积分那样作变量变换.

命 $\sqrt{\frac{1-x}{1+x}} = t$，$x \to -1^+$ 时 $t \to +\infty$；$x = 1$ 时 $t = 0$. $x = \frac{1-t^2}{1+t^2}$，$\mathrm{d}x = \frac{-4t}{(1+t^2)^2}\mathrm{d}t$，

$$\int_{-1}^1 \sqrt{\frac{1-x}{1+x}}\mathrm{d}x = \int_{+\infty}^0 \frac{-4t^2}{(1+t^2)^2}\mathrm{d}t = -2\int_0^{+\infty} t\mathrm{d}\left(\frac{1}{1+t^2}\right)$$
$$= -2\left(\frac{t}{1+t^2}\Big|_0^{+\infty} - \int_0^{+\infty} \frac{1}{1+t^2}\mathrm{d}t\right)$$
$$= -2\left(0 - \arctan t\Big|_0^{+\infty}\right) = \pi.$$

另法 由 $\int_{+\infty}^0 \frac{-4t^2}{(1+t^2)^2}\mathrm{d}t$ 作变量变换，命 $t = \tan u$，有 $\mathrm{d}t = \sec^2 u\mathrm{d}u$，$t = 0$ 时 $u = 0$，$t \to +\infty$ 时 $u \to \frac{\pi}{2}$.

$$\int_{-1}^1 \sqrt{\frac{1-x}{1+x}}\mathrm{d}x = \int_{+\infty}^0 \frac{-4t^2}{(1+t^2)^2}\mathrm{d}t = \int_{\frac{\pi}{2}}^0 \frac{-4\tan^2 u}{\sec^4 u} \cdot \sec^2 u\mathrm{d}u$$
$$= 4\int_0^{\frac{\pi}{2}} \sin^2 u\mathrm{d}u = \int_0^{\frac{\pi}{2}} (2-2\cos 2u)\mathrm{d}u$$
$$= \left(2u - \sin 2u\right)\Big|_0^{\frac{\pi}{2}} = \pi.$$

201 【答案】 B

【分析】 方法 1 $I = \int_0^{\pi} x\,|\cos x|\,\sin x\mathrm{d}x = \int_0^{\frac{\pi}{2}} x\cos x\sin x\mathrm{d}x - \int_{\frac{\pi}{2}}^{\pi} x\cos x\sin x\mathrm{d}x$

$$= -\frac{1}{4}\int_0^{\frac{\pi}{2}} x\mathrm{d}\cos 2x + \frac{1}{4}\int_{\frac{\pi}{2}}^{\pi} x\mathrm{d}\cos 2x$$
$$= -\frac{1}{4}x\cos 2x\Big|_0^{\frac{\pi}{2}} + \frac{1}{4}\int_0^{\frac{\pi}{2}} \cos 2x\mathrm{d}x + \frac{1}{4}x\cos 2x\Big|_{\frac{\pi}{2}}^{\pi} - \frac{1}{4}\int_{\frac{\pi}{2}}^{\pi} \cos 2x\mathrm{d}x$$
$$= \frac{\pi}{8} + \frac{\pi}{4} + \frac{\pi}{8} = \frac{\pi}{2}.$$

方法 2 $I \xlongequal{x = t + \frac{\pi}{2}} \int_{-\frac{\pi}{2}}^{\frac{\pi}{2}} \left(t + \frac{\pi}{2}\right)\sqrt{\cos^2\left(t + \frac{\pi}{2}\right) - \cos^4\left(t + \frac{\pi}{2}\right)}\mathrm{d}t$

$$= 0 + \frac{\pi}{2}\int_{-\frac{\pi}{2}}^{\frac{\pi}{2}} \sqrt{\sin^2 t - \sin^4 t}\mathrm{d}t$$

$$= \pi\int_0^{\frac{\pi}{2}} \sin t\cos t\mathrm{d}t = \frac{\pi}{2}\sin^2 t\Big|_0^{\frac{\pi}{2}} = \frac{\pi}{2}.$$

方法 3　$\int_0^{\pi} x\sqrt{\cos^2 x - \cos^4 x}\mathrm{d}x = \frac{\pi}{2}\int_0^{\pi}\sqrt{\cos^2 x - \cos^4 x}\mathrm{d}x = \pi\int_0^{\frac{\pi}{2}}\sqrt{\cos^2 x - \cos^4 x}\mathrm{d}x$

$$= \pi\int_0^{\frac{\pi}{2}} \sin x\cos x\mathrm{d}x = \frac{\pi}{2}.$$

【评注】　若函数 $f(x)$ 在$[0,1]$上连续，则有

(1)$\int_0^{\pi} xf(\sin x)\mathrm{d}x = \frac{\pi}{2}\int_0^{\pi} f(\sin x)\mathrm{d}x$；

(2)$\int_0^{\pi} f(\sin x)\mathrm{d}x = 2\int_0^{\frac{\pi}{2}} f(\sin x)\mathrm{d}x$.

202　**【答案】** B

【分析】　比较 I_1 与 I_2 的大小，只须比较$\frac{\sin x}{x}$与$\frac{x}{\sin x}$的大小，又只须比较 $\sin^2 x$ 与 x^2 的大小.

已知 $x \in \left(0,\frac{\pi}{2}\right]$时，$\sin x < x$，

$\Rightarrow \quad \frac{\sin x}{x} < 1 < \frac{x}{\sin x}$，

$\Rightarrow \quad I_1 = \int_0^{\frac{\pi}{2}} \frac{\sin x}{x}\mathrm{d}x < \int_0^{\frac{\pi}{2}} \frac{x}{\sin x}\mathrm{d}x = I_2$.

现在进一步考察 I_1, I_2 与 1 的大小关系. 为了比较定积分，注意 $1 = \int_0^{\frac{\pi}{2}} \frac{2}{\pi}\mathrm{d}x$，转化为比较$\frac{\sin x}{x}$或$\frac{x}{\sin x}$与$\frac{2}{\pi}$的大小关系.

方法 1　注意$\frac{\sin x}{x}\Big|_{x=\frac{\pi}{2}} = \frac{2}{\pi}$. 考查$\frac{\sin x}{x}$在$\left(0,\frac{\pi}{2}\right]$的单调性

$$\left(\frac{\sin x}{x}\right)' = \frac{x\cos x - \sin x}{x^2},$$

令 $g(x) = x\cos x - \sin x \Rightarrow g'(x) = -x\sin x < 0 \quad \left(x \in \left(0,\frac{\pi}{2}\right]\right)$，

又 $g(0) = 0 \Rightarrow g(x) < 0 \quad \left(x \in \left(0,\frac{\pi}{2}\right]\right)$，

$\Rightarrow \quad \frac{2}{\pi} = \frac{\sin x}{x}\Big|_{x=\frac{\pi}{2}} < \frac{\sin x}{x} < \lim\limits_{x\to 0^+}\frac{\sin x}{x} = 1 \quad \left(x \in \left(0,\frac{\pi}{2}\right]\right)$，

$\Rightarrow \quad 1 = \int_0^{\frac{\pi}{2}} \frac{2}{\pi}\mathrm{d}x < \int_0^{\frac{\pi}{2}} \frac{\sin x}{x}\mathrm{d}x = I_1 < \int_0^{\frac{\pi}{2}} 1\mathrm{d}x = \frac{\pi}{2}$.

因此 $I_2 > I_1 > 1$. 选(B).

方法 2　比较$\frac{\sin x}{x}$与$\frac{2}{\pi}$的大小转化为比较 $\sin x$ 与$\frac{2}{\pi}x$ 的大小.

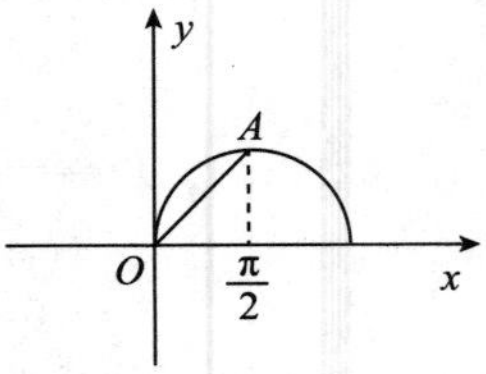

由于 $y = \sin x$ 在$\left[0,\frac{\pi}{2}\right]$是凸函数. 由凸函数的性质知，$O$ 与 $A\left(\frac{\pi}{2},1\right)$的连线在曲线 $y = \sin x$ 的下方$\left(x \in \left(0,\frac{\pi}{2}\right)\right)$

$$\Rightarrow \frac{2}{\pi}x < \sin x\left(x \in \left(0,\frac{\pi}{2}\right)\right) \quad \Rightarrow \frac{2}{\pi} < \frac{\sin x}{x}\left(x \in \left(0,\frac{\pi}{2}\right)\right)$$

$\Rightarrow I_1 = \int_0^{\frac{\pi}{2}} \frac{\sin x}{x}\mathrm{d}x > 1$. 因此选(B).

203 【答案】 C

【分析】 $M = \int_{-\frac{\pi}{2}}^{\frac{\pi}{2}} \frac{(1+x)^2}{1+x^2}\mathrm{d}x = \int_{-\frac{\pi}{2}}^{\frac{\pi}{2}} \frac{1+x^2+2x}{1+x^2}\mathrm{d}x = \pi$;

因为 $\mathrm{e}^x \geqslant 1+x, N = \int_{-\frac{\pi}{2}}^{\frac{\pi}{2}} \frac{1+x}{\mathrm{e}^x}\mathrm{d}x < \pi$;

又因为 $1+\sqrt{\cos x} \geqslant 1, x \in \left(-\frac{\pi}{2},\frac{\pi}{2}\right), K = \int_{-\frac{\pi}{2}}^{\frac{\pi}{2}} (1+\sqrt{\cos x})\mathrm{d}x > \pi$,故 $K > M > N$.

204 【答案】 B

【分析】 先求
$$F'(x) = \int_0^{x^2} \ln(1+t^2)\mathrm{d}t$$

再求
$$F''(x) = 2x\ln(1+x^4)\begin{cases} >0, & x>0 \\ =0, & x=0 \\ <0, & x<0 \end{cases}$$

$\Rightarrow y = F(x)$ 在 $(-\infty,0)$ 是凸的,在 $(0,+\infty)$ 是凹的. 因此,选(B).

205 【答案】 C

【分析】 作积分变量变换,命 $2x - t = u$,题目等式化为
$$2x\int_x^{2x} f(u)\mathrm{d}u - \int_x^{2x} uf(u)\mathrm{d}u = \frac{1}{2}\ln(1+x^2).$$

两边对 x 求导,得
$$2\int_x^{2x} f(u)\mathrm{d}u - xf(x) = \frac{x}{1+x^2}.$$

命 $x = 1$ 代入得 $2\int_1^2 f(u)\mathrm{d}u = f(1) + \frac{1}{2} = \frac{3}{2}$,所以 $\int_1^2 f(u)\mathrm{d}u = \frac{3}{4}$.

【评注】 上、下限都含变量时的变限积分函数求导定理如下:"设 $f(x)$ 连续,$\varphi_2(x)$ 与 $\varphi_1(x)$ 均可导,则
$$\left[\int_{\varphi_1(x)}^{\varphi_2(x)} f(u)\mathrm{d}u\right]_x' = f[\varphi_2(x)]\varphi_2'(x) - f[\varphi_1(x)]\varphi_1'(x)." \quad (*)$$

由
$$\int_{\varphi_1(x)}^{\varphi_2(x)} f(u)\mathrm{d}u = \int_a^{\varphi_2(x)} f(u)\mathrm{d}u + \int_{\varphi_1(x)}^a f(u)\mathrm{d}u$$
$$= \int_a^{\varphi_2(x)} f(u)\mathrm{d}u - \int_a^{\varphi_1(x)} f(u)\mathrm{d}u$$

即可获得(*)的证明.

206 【答案】 C

【分析】 因$\int_0^{+\infty} e^{|x|}\sin 2x\mathrm{d}x = \int_0^{+\infty} e^{x}\sin 2x\mathrm{d}x = \left.\frac{e^x(\sin 2x - 2\cos 2x)}{5}\right|_0^{+\infty}$

$$= \lim_{x\to+\infty}\frac{e^x(\sin 2x - 2\cos 2x)}{5} + \frac{2}{5}.$$

又因$\lim\limits_{x\to+\infty}\frac{e^x(\sin 2x - 2\cos 2x)}{5}$不存在，所以$\int_0^{+\infty} e^{|x|}\sin 2x\mathrm{d}x$发散，因此$\int_{-\infty}^{+\infty} e^{|x|}\sin 2x\mathrm{d}x$发散.

207 【答案】 B

【分析】

$$\int_1^{+\infty}\left[\frac{x^2+bx+1}{x(x+2)}-1\right]\mathrm{d}x = \int_1^{+\infty}\frac{(b-2)x+1}{x(x+2)}\mathrm{d}x.$$

若$b\neq 2$，则由

$$\lim_{x\to+\infty} x\cdot\frac{(b-2)x+1}{x(x+2)} = b-2\neq 0,$$

知$\int_1^{+\infty}\left[\frac{x^2+bx+1}{x(x+2)}-1\right]\mathrm{d}x$发散. 由于题设收敛，所以只能$b=2$.

取定$b=2$，

$$\int_1^{+\infty}\left[\frac{x^2+bx+1}{x(x+2)}-1\right]\mathrm{d}x = \int_1^{+\infty}\frac{1}{x(x+2)}\mathrm{d}x = \int_1^{+\infty}\frac{1}{x^2+2x+1-1}\mathrm{d}x$$

$$= \int_1^{+\infty}\frac{\mathrm{d}x}{(x+1)^2-1} = \left.\frac{1}{2}\ln\frac{x}{x+2}\right|_1^{+\infty} = -\frac{1}{2}\ln\frac{1}{3} = \frac{1}{2}\ln 3.$$

选(B).

【评注】 也可以不用判别法，直接计算积分：

$$\int_1^{+\infty}\frac{(b-2)x+1}{x(x+2)}\mathrm{d}x = \lim_{t\to+\infty}\left[\int_1^t\frac{(b-2)x}{x(x+2)}\mathrm{d}x + \int_1^t\frac{1}{x(x+2)}\mathrm{d}x\right]$$

对于前一个反常积分，若$b\neq 2$，

$$\lim_{t\to+\infty}\int_1^t\frac{(b-2)x}{x(x+2)}\mathrm{d}x = (b-2)\lim_{t\to+\infty}\int_1^t\frac{\mathrm{d}x}{x+2}$$

$$= (b-2)\lim_{t\to+\infty}[\ln(t+2)-\ln 3] = \infty\text{（发散）}$$

对于后一个反常积分

$$\lim_{t\to+\infty}\int_1^t\frac{\mathrm{d}x}{x(x+2)} = \lim_{t\to+\infty}\left.\frac{1}{2}\ln\frac{x}{x+1}\right|_1^t$$

$$= \lim_{t\to+\infty}\left(\frac{1}{2}\ln\frac{t}{t+1} - \frac{1}{2}\ln\frac{1}{3}\right) = \frac{1}{2}\ln 3.$$

所以当$b\neq 2$时原反常积分发散. 当$b=2$时，前一个积分为零，后一个积分为$\frac{1}{2}\ln 3$. 选(B).

208 【答案】 A

【分析】 方法1　$x=0$是(A)的瑕点.

$$\int_{-1}^1\frac{1}{\sin x}\mathrm{d}x = \int_{-1}^0\frac{1}{\sin x}\mathrm{d}x + \int_0^1\frac{1}{\sin x}\mathrm{d}x,$$

以$\int_0^1 \frac{1}{\sin x}dx$为例.

$$\int_0^1 \frac{1}{\sin x}dx = \int_0^1 \frac{dx}{2\tan\frac{x}{2}\cos^2\frac{x}{2}} = \int_0^1 \frac{d\left(\tan\frac{x}{2}\right)}{\tan\frac{x}{2}}$$

$$= \ln\tan\frac{x}{2}\Big|_{0^+}^{1} = \infty.$$

所以$\int_0^1 \frac{1}{\sin x}dx$发散，从而知$\int_{-1}^1 \frac{1}{\sin x}dx$发散. 选(A).

方法 2　用比较判别法，

因 $x \to 0$ 时 $\sin x \sim x \Rightarrow \lim\limits_{x\to 0} \frac{1}{\sin x}\Big/\frac{1}{x} = \lim\limits_{x\to 0}\frac{x}{\sin x} = 1.$

又$\int_0^1 \frac{dx}{x}$发散，由比较判别法的极限形式$\Rightarrow \int_0^1 \frac{dx}{\sin x}$发散，从而知$\int_{-1}^1 \frac{dx}{\sin x}$发散. 选(A).

方法 3　(B)$\int_{-1}^1 \frac{dx}{\sqrt{1-x^2}} = \arcsin x\Big|_{-1}^{1} = \pi.$

(C)$\int_0^{+\infty} e^{-x^2}dx = \frac{\sqrt{\pi}}{2}.$

(D)$\int_2^{+\infty} \frac{dx}{x\ln^2 x} = \int_2^{+\infty}\frac{d\ln x}{\ln^2 x} = -\frac{1}{\ln x}\Big|_2^{+\infty} = \frac{1}{\ln 2}.$

因此(B)(C)(D) 均收敛，选(A).

209　【答案】　A

【分析】　设总收益函数为 $R = R(Q)$，则 $R(0) = 0$，且边际收益函数

$$MR = \frac{dR}{dQ} = \frac{ab}{(Q+b)^2} - k$$

于是

$$R(Q) = R(0) + \int_0^Q \left[\frac{ab}{(q+b)^2} - k\right]dq = -\left(\frac{ab}{q+b} + kq\right)\Big|_0^Q$$

$$= -\left(\frac{ab}{Q+b} + kQ\right) + a = a\left(1 - \frac{b}{Q+b}\right) - kQ$$

$$= \frac{aQ}{Q+b} - kQ = Q\left(\frac{a}{Q+b} - k\right)$$

又因 $R(Q) = pQ$，从而 $p = \frac{a}{Q+b} - k \quad \Leftrightarrow \quad Q = \frac{a}{p+k} - b.$

故应选(A).

微分方程(差分方程)

A 组

210　【答案】　D

【分析】　由于 $y_1(x)$ 和 $y_2(x)$ 是方程 $y' + p(x)y = 0$ 的两个不同的特解，故 $y_1(x) -$

$y_2(x)$ 为该方程的一个非零解，则 $y = C(y_1(x) - y_2(x))$ 为该方程的通解.

【评注】 由于 $y_1(x)$ 和 $y_2(x)$ 都可能是原方程的零解，则(A) 和(B) 都不正确.

211 【答案】 C

【分析】 解线性方程 $xf'(x) = f(x) + \frac{3}{2}ax^2$ 得

$$f(x) = Cx + \frac{3}{2}ax^2$$

由题设知

$$2 = \int_0^1 f(x)\mathrm{d}x = \int_0^1 \left(Cx + \frac{3}{2}ax^2\right)\mathrm{d}x = \frac{C}{2} + \frac{a}{2}$$

则

$$C = 4 - a$$

$$f(x) = (4 - a)x + \frac{3}{2}ax^2.$$

212 【答案】 B

【分析】 注意到 $2y_1(x) - y_2(x)$ 是方程 $y'' + py' + qy = f(x)$ 的解，以及 $y_3(x) - 2y_4(x)$ 是方程 $y'' + py' + qy = -g(x)$ 的解.

由叠加原理，$2y_1(x) - y_2(x) + y_3(x) - 2y_4(x)$ 是方程 $y'' + py' + qy = f(x) - g(x)$ 的解，所以选择(B).

213 【答案】 D

【分析】 微分方程对应的齐次微分方程是：$y'' - 3y' + 2y = 0$，其特征方程为 $\lambda^2 - 3\lambda + 2 = 0$，其特征根为 $\lambda_1 = 1, \lambda_2 = 2$.

因此微分方程 $y'' - 3y' + 2y = -2\mathrm{e}^x$ 有形如 $y_1^* = cx\mathrm{e}^x$ 的特解.

又微分方程 $y'' - 3y' + 2y = 3x$ 有形如 $y_2^* = ax + b$ 的特解. 所以，由叠加原理知，原方程 $y'' - 3y' + 2y = 3x - 2\mathrm{e}^x$ 有形如 $y^* = y_1^* + y_2^* = cx\mathrm{e}^x + (ax + b)$ 的特解，应选(D).

【评注】 经计算可确定常数 $a = \frac{3}{2}, b = \frac{9}{4}, c = 2$.

214 【答案】 C

【分析】 由题设知 $y = y(x)$ 是 $y'' - 6y' + 9y = \mathrm{e}^{3x}$ 满足 $y(0) = 0, y'(0) = 2$ 的特解. 对应的特征方程为 $\lambda^2 - 6\lambda + 9 = 0$，特征根 $\lambda_1 = \lambda_2 = 3$. 从而对应的齐次微分方程的通解为 $y = C_1\mathrm{e}^{3x} + C_2x\mathrm{e}^{3x}$. 因非齐次项 $f(x) = \mathrm{e}^{3x}$，从而可设非齐次微分方程 $y'' - 6y' + 9y = \mathrm{e}^{3x}$ 具有形式为 $y^* = Ax^2\mathrm{e}^{3x}$ 的特解. 代入原方程可确定常数 $A = \frac{1}{2}$，即原方程的通解为

$$y = \left(C_1 + C_2x + \frac{1}{2}x^2\right)\mathrm{e}^{3x},$$

由 $y(0) = 0, y'(0) = 2$ 可确定 $C_1 = 0, C_2 = 2$. 故所求曲线的方程为

$$y = \left(2x + \frac{1}{2}x^2\right)\mathrm{e}^{3x} = \frac{x}{2}(x + 4)\mathrm{e}^{3x}.$$

应选(C).

【评注】 按选项特点((A)(B)(D) 中均含三角函数),求出特征根 $\lambda_1=\lambda_2=3$,写出通解形式 $y=C_1e^{3x}+C_2xe^{3x}+Ax^2e^{3x}$ 后不必再计算就可选(C).

215 **【答案】** D

【分析】 微分方程 $y''-2y'+5y=0$ 的特征方程是 $\lambda^2-2\lambda+5=0$,特征根是 $\lambda_1=1+2i$,$\lambda_2=1-2i$,方程的非齐次项 $f(x)=e^x\cos 2x=e^{\alpha x}\cos\beta x$,$\alpha\pm i\beta=1\pm 2i$ 是特征根.

按照选取特解的规则应设非齐次微分方程 $y''-2y'+5y=e^x\cos 2x$ 具有形式为 $y^*=xe^x(a\cos 2x+b\sin 2x)$ 的特解,其中 a 与 b 是待定常数.

记 $y_1=e^x\cos 2x$,$y_2=e^x\sin 2x$,则

$$y^*=x(ay_1+by_2),$$
$$y^{*\prime}=x(ay_1'+by_2')+(ay_1+by_2),$$
$$y^{*\prime\prime}=x(ay_1''+by_2'')+2(ay_1'+by_2'),$$

从而

$$\begin{aligned}&y^{*\prime\prime}-2y^{*\prime}+5y^*\\&=x[a(y_1''-2y_1'+5y_1)+b(y_2''-2y_2'+5y_2)]+2a(y_1'-y_1)+2b(y_2'-y_2)\\&=2a(y_1'-y_1)+2b(y_2'-y_2)\\&=2ae^x(\cos 2x-2\sin 2x-\cos 2x)+2be^x(\sin 2x+2\cos 2x-\sin 2x)\\&=-4ae^x\sin 2x+4be^x\cos 2x.\end{aligned}$$

要使 y^* 是方程的特解,待定系数应满足 $a=0,b=\dfrac{1}{4}$,即微分方程

$$y''-2y'+5y=e^x\cos 2x,$$

有特解

$$y^*=\frac{1}{4}xe^x\sin 2x.$$

故应选(D).

216 **【答案】** D

【分析】 方程的通解 $y=C_1\cos 3x+C_2\sin 3x$,按题意还满足:$y(\pi)=-1$,$y'(\pi)=1$ $\Rightarrow$ $C_1=1,C_2=-\dfrac{1}{3}$.应选(D).

217 **【答案】** A

【分析】 这是一阶线性微分方程,标准形式是 $y'-\dfrac{2x}{1+x^2}y=\dfrac{x}{1+x^2}$.

用 $\mu(x)=e^{-\int\frac{2x}{1+x^2}dx}=\dfrac{1}{1+x^2}$ 同乘方程两端即得

$$\frac{y'}{1+x^2}-\frac{2x}{(1+x^2)^2}y=\frac{x}{(1+x^2)^2}$$

即 $\left(\dfrac{y}{1+x^2}\right)'=\dfrac{x}{(1+x^2)^2}$,积分并用 $y^*(0)=1$ 求出特解 $y^*(x)$:

$$\int_0^x \left(\frac{y^*}{1+x^2}\right)' \mathrm{d}x = \int_0^x \frac{x}{(1+x^2)^2} \mathrm{d}x$$

$$\frac{y^*(x)}{1+x^2} - 1 = -\frac{1}{2}\frac{1}{1+x^2} + \frac{1}{2}$$

于是所求特解 $y^*(x) = \frac{3}{2}(1+x^2) - \frac{1}{2} = 1 + \frac{3}{2}x^2$. 求定积分可得

$$\int_0^1 y^*(x)\mathrm{d}x = \int_0^1 (1+\frac{3}{2}x^2)\mathrm{d}x = 1 + \frac{1}{2} = \frac{3}{2}$$

故应选(A).

B 组

218 【答案】 D

【分析】 当 $x \geqslant 2$ 时将题设的等式两边对 x 求导数，得

$$g[f(x)]f'(x) = x^2 f'(x) + 2xf(x) + 1. \qquad (*)$$

由于 $g[f(x)] \equiv x$,从(＊)式可得

$$xf'(x) = x^2 f'(x) + 2xf(x) + 1$$
$$\Leftrightarrow (x^2 - x)f'(x) + 2xf(x) = -1$$
$$\Leftrightarrow (x-1)f'(x) + 2f(x) = -\frac{1}{x}$$
$$\Leftrightarrow (x-1)^2 f'(x) + 2(x-1)f(x) = \frac{1}{x} - 1$$
$$\Leftrightarrow [(x-1)^2 f(x)]' = \frac{1}{x} - 1. \qquad (**)$$

将(＊＊)式两边在区间[2,4]上求定积分,并利用 $f(2) = 1$ 就有

$$(x-1)^2 f(x)\Big|_2^4 = \int_2^4 \left(\frac{1}{x} - 1\right)\mathrm{d}x$$
$$\Leftrightarrow 9f(4) - f(2) = \ln x\Big|_2^4 - 2$$
$$\Leftrightarrow f(4) = \frac{1}{9}(\ln 2 - 1).$$

故应选(D).

219 【答案】 D

【分析】 一阶线性微分方程 $xy' - 2y = -4x$ 可化为标准形式 $y' - \frac{2}{x}y = -4$,方程两边同乘 $\mathrm{e}^{\int -\frac{2}{x}\mathrm{d}x} = \frac{1}{x^2}$ 得 $\left(\frac{y}{x^2}\right)' = -\frac{4}{x^2}$,积分得

$$\frac{y}{x^2} = \frac{4}{x} + C,$$

于是得通解为 $y = Cx^2 + 4x$. 由于对任何常数 C 都有 $y(0) = 0$,从而由曲线 $y = Cx^2 + 4x$ 与直线 $x = 1$ 以及 x 轴所围成的平面图形绕 x 轴旋转一周所得旋转体的体积

$$V(C) = \pi\int_0^1 y^2 \mathrm{d}x = \pi\int_0^1 (Cx^2 + 4x)^2 \mathrm{d}x$$

$$=\pi\int_0^1 (C^2x^4+8Cx^3+16x^2)\mathrm{d}x=\pi\left(\frac{C^2}{5}+2C+\frac{16}{3}\right).$$

由于

$$V'(C)=\pi\left(\frac{2C}{5}+2\right)\begin{cases}<0, & C<-5\\ =0, & C=-5\\ >0, & C>-5\end{cases}$$

可见当 $C=-5$ 时 $V(C)$ 最小，即函数 $f(x)=4x-5x^2$.

220 【答案】 A

【分析】 方法 1　由二阶线性微分方程解的性质与结构知，相应的齐次方程 $y''+ay'+by=0$ 有两个线性无关的解：$y_1=\mathrm{e}^{-2x}$，$y_2=\mathrm{e}^x$，于是相应的特征根是 $\lambda_1=-2$，$\lambda_2=1$，特征方程是

$$(\lambda+2)(\lambda-1)=0\text{，即 }\lambda^2+\lambda-2=0$$

故 $a=1$，$b=-2$，$y^*=x^2\mathrm{e}^x$ 是方程

$$y''+y'-2y=(cx+d)\mathrm{e}^x$$

的解，$y^{*\prime}=(x^2+2x)\mathrm{e}^x$，$y^{*\prime\prime}=(x^2+4x+2)\mathrm{e}^x$，代入得

$$y^{*\prime\prime}+y^{*\prime}-2y^*=(6x+2)\mathrm{e}^x=(cx+d)\mathrm{e}^x,$$

$\Rightarrow c=6$，$d=2$.

因此选(A).

方法 2　把 $y^*=\mathrm{e}^{-2x}+(x^2+2)\mathrm{e}^x$，$(y^*)'=-2\mathrm{e}^{-2x}+(x^2+2x+2)\mathrm{e}^x$，$(y^*)''=4\mathrm{e}^{-2x}+(x^2+4x+4)\mathrm{e}^x$ 代入微分方程可得

$$\begin{aligned}&(y^*)''+a(y^*)'+by^*\\&=(4-2a+b)\mathrm{e}^{-2x}+(1+a+b)x^2\mathrm{e}^x+(4+2a)x\mathrm{e}^x+(4+2a+2b)\mathrm{e}^x\\&\overset{\text{令}}{=\!=\!=}(cx+d)\mathrm{e}^x\end{aligned}$$

就有

$$\begin{cases}4-2a+b=0\\1+a+b=0\\4+2a=c\\4+2a+2b=d\end{cases}$$

不难由前两个方程求得 $a=1$，$b=-2$，把它们代入后两个方程又可得到 $c=6$，$d=2$，故应选(A).

221 【答案】 B

【分析】 由 $y_1=\mathrm{e}^{-x}$，$y_2=2x\mathrm{e}^{-x}$，$y_3=3\mathrm{e}^x$ 是所求方程的三个特解知，$r=-1,-1,1$ 为所求三阶常系数线性齐次微分方程的特征方程的三个根，则其特征方程为

$$(r-1)(r+1)^2=0$$

即

$$r^3+r^2-r-1=0$$

对应的微分方程为

$$y'''+y''-y'-y=0$$

故应选(B).

222 【答案】 D

【分析】 方法 1　按题设，存在某二元函数 $u(x,y)$，

$$du=[f(x)-e^x]\sin y dx-f(x)\cos y dy$$

即$\dfrac{\partial u}{\partial x}=[f(x)-e^x]\sin y,\dfrac{\partial u}{\partial y}=-f(x)\cos y$.

由于 $f(x)$ 有一阶连续导数，可知 $u(x,y)$ 有连续的二阶偏导数，于是

$$\frac{\partial^2 u}{\partial x\partial y}=\frac{\partial^2 u}{\partial y\partial x}$$

即$\dfrac{\partial}{\partial x}(-f(x)\cos y)=\dfrac{\partial}{\partial y}([f(x)-e^x]\sin y)$. 由此得 $f'(x)+f(x)=e^x$，解此方程得 $f(x)=e^{-x}\left(\dfrac{1}{2}e^{2x}+C\right)$，由 $f(0)=0$ 得 $C=-\dfrac{1}{2}$，故 $f(x)=\dfrac{e^x-e^{-x}}{2}$.

应选 (D).

方法 2　按题设，存在某二元函数 $u(x,y)$ 使得

$$\frac{\partial u}{\partial x}=[f(x)-e^x]\sin y \quad ①$$

$$\frac{\partial u}{\partial y}=-f(x)\cos y \quad ②$$

由式 ② 对 y 积分得

$$u(x,y)=-f(x)\sin y+C(x)$$

再对 x 求偏导数并由式 ① 得

$$\frac{\partial u}{\partial x}=-f'(x)\sin y+C'(x)=[f(x)-e^x]\sin y$$

于是得

$$[f'(x)+f(x)-e^x]\sin y-C'(x)=0$$

即

$$f'(x)+f(x)=e^x,C(x)=C(\text{任意常数}).$$

由此及 $f(0)=0$ 解得 $f(x)=\dfrac{e^x-e^{-x}}{2}$，选(D).

223　【答案】 A

【分析】　二阶常系数线性微分方程 $y''-y=x^2$ 的特征方程与特征根分别是 $\lambda^2-1=0$ 与 $\lambda_1=1,\lambda_2=-1$. 又方程有形如 $y^*=Ax^2+Bx+C$ 的特解，代入方程得

$$2A-(Ax^2+Bx+C)=x^2,$$

于是可确定 $A=-1,B=0,C=2A=-2$. 故方程 $y''-y=x^2$ 的通解为

$$y=C_1e^x+C_2e^{-x}-x^2-2.$$

为了得到符合题目要求的解 $\varphi(x)$，只需从条件

$$\lim_{x\to 0}\frac{C_1e^x+C_2e^{-x}-x^2-2}{x^2}=0\Leftrightarrow\lim_{x\to 0}\frac{C_1e^x+C_2e^{-x}-2}{x^2}=1$$

确定其中的常数 C_1 和 C_2. 利用极限的四则运算法则有

$$\begin{cases}\lim\limits_{x\to 0}(C_1e^x+C_2e^{-x}-2)=\lim\limits_{x\to 0}\dfrac{C_1e^x+C_2e^{-x}-2}{x^2}\cdot x^2=1\cdot 0=0 & ①\\ \lim\limits_{x\to 0}\dfrac{C_1e^x+C_2e^{-x}-2}{x}=\lim\limits_{x\to 0}\dfrac{C_1e^x+C_2e^{-x}-2}{x^2}\cdot x=1\cdot 0=0 & ②\end{cases}$$

于是有

$$0=\lim_{x\to 0}(C_1e^x+C_2e^{-x}-2)=C_1+C_2-2,$$

即 $C_1+C_2=2$. 把它代入 ②，又有

$$0=\lim_{x\to 0}\frac{C_1\mathrm{e}^x+C_2\mathrm{e}^{-x}-2}{x}=\lim_{x\to 0}\frac{C_1\mathrm{e}^x+C_2\mathrm{e}^{-x}-C_1-C_2}{x}$$

$$=C_1\lim_{x\to 0}\frac{\mathrm{e}^x-1}{x}+C_2\lim_{x\to 0}\frac{\mathrm{e}^{-x}-1}{x}=C_1-C_2,$$

即 $C_1=C_2$. 综合即得 $C_1=C_2=1$. 故所求的解 $\varphi(x)=\mathrm{e}^x+\mathrm{e}^{-x}-x^2-2$.

【评注】 直接计算可得

$$\lim_{x\to 0}\frac{\varphi(x)}{x^2}=\lim_{x\to 0}\frac{\mathrm{e}^x+\mathrm{e}^{-x}-x^2-2}{x^2}=-1+\lim_{x\to 0}\frac{\mathrm{e}^x+\mathrm{e}^{-x}-2}{x^2}$$

$$=-1+\lim_{x\to 0}\frac{\mathrm{e}^x-\mathrm{e}^{-x}}{2x}=-1+\frac{1}{2}\lim_{x\to 0}(\mathrm{e}^x+\mathrm{e}^{-x})=0.$$

即 $\varphi(x)$ 确实是符合题目要求的特解.

224 【答案】 B

【分析】 线性常系数齐次微分方程 $y''-2y'+y=0$ 的特征方程为 $\lambda^2-2\lambda+1=0$，特征值为 $\lambda=1$(二重)，所以微分方程 $y''-2y'+y=0$ 的通解为 $y=C_1\mathrm{e}^x+C_2x\mathrm{e}^x$.

微分方程 $y''-2y'+y=0$ 满足 $y(0)=1,y'(0)=2$ 的解为 $y=\mathrm{e}^x+x\mathrm{e}^x$.

$$\frac{\mathrm{d}x}{\mathrm{d}y}=\frac{1}{\frac{\mathrm{d}y}{\mathrm{d}x}}=\frac{1}{2\mathrm{e}^x+x\mathrm{e}^x},$$

$$\frac{\mathrm{d}^2x}{\mathrm{d}y^2}=\frac{\mathrm{d}}{\mathrm{d}y}\left(\frac{\mathrm{d}x}{\mathrm{d}y}\right)=\frac{\mathrm{d}}{\mathrm{d}y}\left(\frac{1}{2\mathrm{e}^x+x\mathrm{e}^x}\right)=\frac{\mathrm{d}}{\mathrm{d}x}\left(\frac{1}{2\mathrm{e}^x+x\mathrm{e}^x}\right)\cdot\frac{\mathrm{d}x}{\mathrm{d}y}=-\frac{3\mathrm{e}^x+x\mathrm{e}^x}{(2\mathrm{e}^x+x\mathrm{e}^x)^3}.$$

多元函数微分学

A 组

225 【答案】 D

【分析】 因为

$$f\left(\frac{1}{y},\frac{1}{x}\right)=\frac{xy-x^2}{x-2y}=\frac{\frac{1}{x}-\frac{1}{y}}{\frac{1}{xy}-\frac{2}{x^2}}.$$

令 $\frac{1}{y}=u,\frac{1}{x}=v$，则 $f(u,v)=\frac{v-u}{uv-2v^2}$，所以，$f(x,y)=\frac{y-x}{xy-2y^2}$. 故选(D).

226 【答案】 D

【分析】 由于 $\lim\limits_{\substack{y=x\\x\to 0}}f(x,y)=\lim\limits_{x\to 0}\frac{x^3}{x^4+x^2}=0$,

$$\lim_{\substack{y=x^2\\x\to 0}}f(x,y)=\lim_{x\to 0}\frac{x^4}{2x^4}=\frac{1}{2},$$

则 $\lim\limits_{(x,y)\to(0,0)}f(x,y)$ 不存在，从而 $f(x,y)$ 在(0,0)点不连续，从而不可微，故应选(D).

227 【答案】 B

【分析】
$$f'_x(0,0)=\lim_{\Delta x\to 0}\frac{f(\Delta x,0)-f(0,0)}{\Delta x}=\lim_{\Delta x\to 0}\frac{0-0}{\Delta x}=0$$

由对称性知,$f'_y(0,0)=0$.而
$$\lim_{\substack{\Delta x\to 0\\ \Delta y\to 0}}\frac{f(\Delta x,\Delta y)-f(0,0)-[f'_x(0,0)\Delta x+f'_y(0,0)\Delta y]}{\sqrt{(\Delta x)^2+(\Delta y)^2}}=\lim_{\substack{\Delta x\to 0\\ \Delta y\to 0}}\frac{\Delta x\Delta y}{(\Delta x)^2+(\Delta y)^2}$$
不存在.

事实上
$$\lim_{\substack{\Delta x\to 0\\ \Delta y=k\Delta x}}\frac{\Delta x\Delta y}{(\Delta x)^2+(\Delta y)^2}=\lim_{\Delta x\to 0}\frac{k(\Delta x)^2}{(\Delta x)^2+k^2(\Delta x)^2}=\frac{k}{1+k^2}$$

故 $f(x,y)$ 在 $(0,0)$ 点不可微.应选(B).

【评注】 本题中的函数给出了一个偏导数存在但不可微的例子.

228 【答案】 D

【分析】 由于偏导数本质上就是一元函数的导数,则由$\frac{\partial f(x,y)}{\partial x}>0$,$\frac{\partial f(x,y)}{\partial y}<0$可知,$f(x,y)$ 关于变量 x 是单调增加的,而关于变量 y 是单调减的.因此,当 $x_1<x_2,y_1>y_2$ 时
$$f(x_1,y_1)<f(x_2,y_1),f(x_2,y_1)<f(x_2,y_2)$$
从而有
$$f(x_1,y_1)<f(x_2,y_2)$$
故应选(D).

229 【答案】 D

【分析】
$$z'_x=\frac{x}{\sqrt{x^2+y^2}}f\left(\frac{y}{x}\right)-\frac{y\sqrt{x^2+y^2}}{x^2}f'\left(\frac{y}{x}\right),$$
$$z'_y=\frac{y}{\sqrt{x^2+y^2}}f\left(\frac{y}{x}\right)+\frac{\sqrt{x^2+y^2}}{x}f'\left(\frac{y}{x}\right),$$

$x\frac{\partial z}{\partial x}+y\frac{\partial z}{\partial y}=\sqrt{x^2+y^2}f\left(\frac{y}{x}\right)$,则
$$\sqrt{x^2+y^2}f\left(\frac{y}{x}\right)=\frac{2y^2}{\sqrt{x^2+y^2}},$$
$$f\left(\frac{y}{x}\right)=\frac{2y^2}{x^2+y^2}=\frac{2\left(\frac{y}{x}\right)^2}{1+\left(\frac{y}{x}\right)^2},$$
$$f(x)=\frac{2x^2}{1+x^2}.$$

则 $f(1)=1,f'(1)=1$,故应选(D).

230 【答案】 C

【分析】 因为 $f(x+y,x-y)=x^2-y^2=(x+y)(x-y)$,令 $x+y=u,x-y=v$,则有 $f(u,v)=uv$,故 $f(x,y)=xy$,所以$\frac{\partial f(x,y)}{\partial x}+\frac{\partial f(x,y)}{\partial y}=y+x=x+y$.故应选(C).

231 【答案】 C

【分析】 令 $F(x,y,z)=y+z-xf(y^2-z^2)$，于是

$$\frac{\partial z}{\partial x}=-\frac{F'_x}{F'_z}=-\frac{-f}{1+2xzf'}=\frac{f}{1+2xzf'}$$

$$\frac{\partial z}{\partial y}=-\frac{F'_y}{F'_z}=-\frac{1-2xyf'}{1+2xzf'},$$

所以 $x\frac{\partial z}{\partial x}+z\frac{\partial z}{\partial y}=\frac{xf-z+2xyzf'}{1+2xzf'}=\frac{xf-xf+y+2xyzf'}{1+2xzf'}=y.$

故应选(C).

232 【答案】 B

【分析】 将方程两边求全微分，得

$$\mathrm{d}z-\mathrm{d}y+2\mathrm{e}^{z-x-y}\mathrm{d}x+2x\mathrm{e}^{z-x-y}(\mathrm{d}z-\mathrm{d}x-\mathrm{d}y)=0, \tag{$*$}$$

在上式中令 $x=0,y=1$ 并利用 $z(0,1)=(y-2x\mathrm{e}^{z-x-y})\Big|_{(0,1)}=1$ 即得

$$\mathrm{d}z\Big|_{(0,1)}-\mathrm{d}y+2\mathrm{e}^{1-0-1}\mathrm{d}x=0,$$

故 $\mathrm{d}z\Big|_{(0,1)}=-2\mathrm{d}x+\mathrm{d}y$，即应选(B).

【评注】 (1) 因为本题要求 z 在点(0,1)处的全微分，从而在求出($*$)式后不必先解出 $\mathrm{d}z$ 而后再令 $x=0,y=1,z=1$. 直接在($*$)式中令 $x=0,y=1,z=1$ 并解出 $\mathrm{d}z$ 较简.

(2) 也可以先求出$\frac{\partial z}{\partial x}\Big|_{(0,1)}$与$\frac{\partial z}{\partial y}\Big|_{(0,1)}$而后写出 $\mathrm{d}z$. 不过这比【分析】中给出的计算方法要麻烦一些. 读者可以自己算一算作为练习.

233 【答案】 A

【分析】 由 $z=xf(x-y)+yg(x+y)$ 得

$$\frac{\partial z}{\partial x}=f+xf'+yg',\frac{\partial z}{\partial y}=-xf'+g+yg',$$

所以
$$\frac{\partial^2 z}{\partial x^2}=f'+f'+xf''+yg''=2f'+xf''+yg'',$$

$$\frac{\partial^2 z}{\partial y^2}=xf''+g'+g'+yg''=xf''+2g'+yg'',$$

故
$$\frac{\partial^2 z}{\partial x^2}-\frac{\partial^2 z}{\partial y^2}=2f'-2g'=2(f'-g'),$$

应选(A).

234 【答案】 B

【分析】 将方程两边求全微分，可得

$$3(x\mathrm{d}y+y\mathrm{d}x)+2\mathrm{d}x-4\mathrm{d}y-\mathrm{d}z=\mathrm{e}^z\mathrm{d}z,$$

由此即知

$$\mathrm{d}z=\frac{1}{1+\mathrm{e}^z}[(2+3y)\mathrm{d}x+(3x-4)\mathrm{d}y],$$

于是$\frac{\partial z}{\partial x}=\frac{2+3y}{1+e^z},\frac{\partial z}{\partial y}=\frac{3x-4}{1+e^z}$以及$\frac{\partial z}{\partial x}\Big|_{(1,1)}=\frac{5}{2},\frac{\partial z}{\partial y}\Big|_{(1,1)}=-\frac{1}{2}$.

继续求二阶混合偏导数$\frac{\partial^2 z}{\partial x\partial y}$，有

$$\frac{\partial^2 z}{\partial x\partial y}=\frac{\partial}{\partial y}\left(\frac{2+3y}{1+e^z}\right)=\frac{3}{1+e^z}-\frac{2+3y}{(1+e^z)^2}\cdot e^z\frac{\partial z}{\partial y},$$

在上式中令$x=1,y=1$，并利用$z(1,1)=0$与$\frac{\partial z}{\partial y}\Big|_{(1,1)}=-\frac{1}{2}$即得

$$\frac{\partial^2 z}{\partial x\partial y}\Big|_{(1,1)}=\frac{3}{2}-\frac{5}{4}\times\left(-\frac{1}{2}\right)=\frac{3}{2}+\frac{5}{8}=\frac{17}{8}=2\frac{1}{8}.$$

故应选(B).

235 【答案】 D

【分析】 $f'_x=2kx,f'_y=3y^2-3$，显然

$$f'_x(0,1)=0,f'_y(0,1)=0$$

$$A=f''_{xx}(0,1)=2k,C=f''_{yy}(0,1)=6,B=f''_{xy}(0,1)=0$$

$AC-B^2=12k$，则$f(x,y)$在点$(0,1)$处是否取得极值与k的取值有关.

236 【答案】 D

【分析】 $f'_x(x,y)=y(a-x-y)-xy$

$f'_y(x,y)=x(a-x-y)-xy$

$f''_{xx}(x,y)=-2y,f''_{xy}(x,y)=a-2x-2y,f''_{yy}(x,y)=-2x.$

显然$(0,0),(0,a),\left(\frac{a}{3},\frac{a}{3}\right)$都是驻点.

在$(0,a)$处，$AC-B^2=-a^2<0(a\neq0)$，则$f(x,y)$在点$(0,a)$不取得极值；

在$\left(\frac{a}{3},\frac{a}{3}\right)$处，$AC-B^2=\frac{a^2}{3},A=-\frac{2a}{3}$，则当$a>0$时，$f(x,y)$在点$\left(\frac{a}{3},\frac{a}{3}\right)$取极大值；当$a<0$时，$f(x,y)$在点$\left(\frac{a}{3},\frac{a}{3}\right)$取极小值.

在$(0,0)$处，$AC-B^2=-a^2<0(a\neq0)$，则$f(x,y)$在点$(0,0)$不取得极值，当$a=0$时，$f(x,y)=-(x^2y+xy^2)$，此时$f(0,0)=0,f(x,x)=-2x^3$在$(0,0)$点的任意邻域内可正可负，则$f(x,y)$在点$(0,0)$不取得极值，故应选(D).

237 【答案】 A

【分析】 显然$f(x,y)=1+x+y$在区域$x^2+y^2\leqslant1$内无驻点，令

$$F(x,y,\lambda)=1+x+y+\lambda(x^2+y^2-1)$$

令$\begin{cases}F'_x=1+2\lambda x=0\\F'_y=1+2\lambda y=0\\F'_\lambda=x^2+y^2-1=0\end{cases}$，得$x=y=\pm\frac{1}{\sqrt{2}}$.

$f\left(\frac{1}{\sqrt{2}},\frac{1}{\sqrt{2}}\right)=1+\sqrt{2}$为最大值，$f\left(-\frac{1}{\sqrt{2}},-\frac{1}{\sqrt{2}}\right)=1-\sqrt{2}$为最小值，$(1+\sqrt{2})(1-\sqrt{2})=-1$.

故应选(A).

238 【答案】 C

【分析】 因为 $\mathrm{d}U=P(x,y)\mathrm{d}x+Q(x,y)\mathrm{d}y$，于是$\frac{\partial U}{\partial x}=P(x,y)$，$\frac{\partial U}{\partial y}=Q(x,y)$.

$$\frac{\partial P}{\partial y}=\frac{\partial^2 U}{\partial x\partial y},\quad \frac{\partial Q}{\partial x}=\frac{\partial^2 U}{\partial y\partial x}.$$

又因 $U(x,y)$ 具有二阶连续偏导数，故$\frac{\partial^2 U}{\partial x\partial y}$与$\frac{\partial^2 U}{\partial y\partial x}$连续，从而它们相等，即

$$\frac{\partial Q}{\partial x}-\frac{\partial P}{\partial y}=\frac{\partial^2 U}{\partial y\partial x}-\frac{\partial^2 U}{\partial x\partial y}=0.$$

故应选(C).

B 组

239 【答案】 A

【分析】 这是讨论函数 $f(x,y)$ 的连续性，偏导数存在性，可微性及偏导数的连续性之间的关系.

由于 $f(x,y)$ 的两个偏导数都在点(x_0,y_0)处连续是 $f(x,y)$ 在点(x_0,y_0)处可微的充分条件，$f(x,y)$ 在点(x_0,y_0)处可微则必在该点处连续，因此(A)成立.

240 【答案】 A

【分析】 由二元函数 $f(x,y)$ 在某点(x_0,y_0)的可微性和它的偏导数的关系可知：函数 $f(x,y)$ 的两个偏导数在点(x_0,y_0)处连续是函数 $f(x,y)$ 在该点处可微的充分但非必要条件.

因此选(A).

【评注】 (1) 要熟悉基本定理. 若 $z=f(x,y)$ 的偏导数$\frac{\partial f}{\partial x}$，$\frac{\partial f}{\partial y}$在$(x_0,y_0)$连续，则 $f(x,y)$ 在(x_0,y_0)可微，即$\frac{\partial f}{\partial x}$，$\frac{\partial f}{\partial y}$在$(x_0,y_0)$的连续性是 $f(x,y)$ 在(x_0,y_0)可微的充分条件，但 $f(x,y)$ 在(x_0,y_0)可微不能保证$\frac{\partial f}{\partial x}$，$\frac{\partial f}{\partial y}$在$(x_0,y_0)$连续. 例如

$$f(x,y)=\begin{cases}(x^2+y^2)\sin\frac{1}{x^2+y^2}, & x^2+y^2\neq 0\\ 0, & x^2+y^2=0\end{cases}$$

易求

$$\frac{\partial f}{\partial x}=\begin{cases}2x\sin\frac{1}{x^2+y^2}-\frac{2x}{x^2+y^2}\cos\frac{1}{x^2+y^2}, & x^2+y^2\neq 0\\ 0, & x^2+y^2=0\end{cases}$$

$$\frac{\partial f}{\partial y}=\begin{cases}2y\sin\frac{1}{x^2+y^2}-\frac{2y}{x^2+y^2}\cos\frac{1}{x^2+y^2}, & x^2+y^2\neq 0\\ 0, & x^2+y^2=0\end{cases}$$

$\frac{\partial f}{\partial x}$，$\frac{\partial f}{\partial y}$在$(0,0)$不连续，但

$$f(x,y)-f(0,0)=(x^2+y^2)\sin\frac{1}{x^2+y^2}=\rho\cdot\rho\sin\frac{1}{\rho^2}=o(\rho)$$

其中 $\rho=\sqrt{x^2+y^2}\to 0$，即 $f(x,y)$ 在 $(0,0)$ 可微.

(2) 若想通过考察 $\frac{\partial f}{\partial x},\frac{\partial f}{\partial y}$ 在 (x_0,y_0) 的连续性来讨论 $f(x,y)$ 在 (x_0,y_0) 的可微性时，只能由 $\frac{\partial f}{\partial x},\frac{\partial f}{\partial y}$ 在 (x_0,y_0) 连续时，可知 $f(x,y)$ 在 (x_0,y_0) 可微，但若 $\frac{\partial f}{\partial x},\frac{\partial f}{\partial y}$ 在 (x_0,y_0) 不连续时，此时不足以判断 $f(x,y)$ 在 (x_0,y_0) 是否可微，该方法失效.

241 【答案】 C

【分析】 由于 $0\leqslant\left|\frac{x^2y}{x^2+y^2}\right|\leqslant|y|\to 0$，则

$$\lim_{(x,y)\to(0,0)}\frac{x^2y}{x^2+y^2}=0$$

则 $f(x,y)$ 在点 $(0,0)$ 处连续，(A) 不正确.

$$f'_x(0,0)=\lim_{\Delta x\to 0}\frac{f(\Delta x,0)-f(0,0)}{\Delta x}=\lim_{\Delta x\to 0}\frac{0-0}{\Delta x}=0$$

$$f'_y(0,0)=\lim_{\Delta y\to 0}\frac{f(0,\Delta y)-f(0,0)}{\Delta y}=\lim_{\Delta y\to 0}\frac{0-0}{\Delta y}=0$$

所以，$f(x,y)$ 在点 $(0,0)$ 处偏导数存在，(B) 不正确.

又 $\lim\limits_{(\Delta x,\Delta y)\to(0,0)}\dfrac{f(\Delta x,\Delta y)-f'_x(0,0)\Delta x-f'_y(0,0)\Delta y}{\rho}=\lim\limits_{(\Delta x,\Delta y)\to(0,0)}\dfrac{(\Delta x)^2\Delta y}{[(\Delta x)^2+(\Delta y)^2]^{3/2}}$

由于 $\lim\limits_{\substack{(\Delta x,\Delta y)\to(0,0)\\ \Delta y=\Delta x}}\dfrac{(\Delta x)^2\Delta y}{[(\Delta x)^2+(\Delta y)^2]^{3/2}}=\lim\limits_{\Delta x\to 0}\dfrac{(\Delta x)^3}{2\sqrt{2}\,|\Delta x|^3}$ 不存在，则

$$\lim_{(\Delta x,\Delta y)\to(0,0)}\frac{(\Delta x)^2\Delta y}{[(\Delta x)^2+(\Delta y)^2]^{3/2}}$$

不存在，故 $f(x,y)$ 在 $(0,0)$ 点不可微，故应选(C).

【评注】 用定义判定 $f(x,y)$ 在点 (x_0,y_0) 是否可微分以下两步进行：

(1) 用定义判断 $f'_x(x_0,y_0)$，$f'_y(x_0,y_0)$ 是否都存在，如果都存在则进行下一步，否则，$f(x,y)$ 在 (x_0,y_0) 处不可微.

(2) 考察极限 $\lim\limits_{(\Delta x,\Delta y)\to(0,0)}\dfrac{f(x_0+\Delta x,y_0+\Delta y)-f(x_0,y_0)-[f'_x(x_0,y_0)\Delta x+f'_y(x_0,y_0)\Delta y]}{\rho}$ 是否为零. 如果此极限为零，则函数 $f(x,y)$ 在点 (x_0,y_0) 处可微，否则不可微.

242 【答案】 B

【分析】 $f'_x(0,0)=\lim\limits_{x\to 0}\dfrac{f(x,0)-f(0,0)}{x}=\lim\limits_{x\to 0}\dfrac{1-1}{x}=0$

或

$$f'_x(0,0)=\frac{\mathrm{d}}{\mathrm{d}x}[f(x,0)]\Big|_{x=0}=\frac{\mathrm{d}}{\mathrm{d}x}(1)\Big|_{x=0}=0$$

由对称性知 $f'_y(0,0)=0$，则命题(1) 是正确的.

又 $f'_x(x,0)=\dfrac{\mathrm{d}}{\mathrm{d}x}[f(x,0)]=\dfrac{\mathrm{d}}{\mathrm{d}x}(1)=0$，则

$$\lim_{x\to 0} f'_x(x,0) = 0 = f'_x(0,0).$$

由对称性知$\lim\limits_{y\to 0} f'_y(0,y) = f'_y(0,0)$，则命题(2) 也是正确的.

当 $x \neq 0$ 时

$$f'_y(x,0) = \lim_{y\to 0}\frac{f(x,y)-f(x,0)}{y} = \lim_{y\to 0}\frac{xy-1}{y} = \infty,$$

则 $\lim\limits_{(x,y)\to(0,0)} f'_y(x,y)$ 不存在，从而 $f'_y(x,y)$ 在(0,0) 点不连续，由对称性知 $f'_x(x,y)$ 在(0,0) 点不连续，则(3) 不正确.

由于$\lim\limits_{\substack{y=x\\x\to 0}} f(x,y) = \lim\limits_{x\to 0} x^2 = 0$. 而 $f(0,0) = 1$，则 $f(x,y)$ 在(0,0) 点不连续，从而 $f(x,y)$ 在(0,0) 点不可微，则(4) 不正确. 故应选(B).

243 【答案】 D

【分析】 先求 f'_x 和 f'_y.

$x^2 + y^2 \neq 0$ 时

$$f'_x = \frac{4x^3(x^2+y^2) - 2x(x^4-y^4)}{(x^2+y^2)^2}$$

$$f'_y = \frac{-4y^3(x^2+y^2) - 2y(x^4-y^4)}{(x^2+y^2)^2}$$

由 $$f(x,0) = x^2(\forall x), f(0,y) = -y^2(\forall y)$$

$\Rightarrow$ $$f'_x(0,0) = 0, f'_y(0,0) = 0$$

注意 $$\left|\frac{x^2}{x^2+y^2}\right| \leqslant 1, \left|\frac{y^2}{x^2+y^2}\right| \leqslant 1$$

$\Rightarrow$ $$|f'_x| \leqslant 4|x| + 2|x| + 2|x| = 8|x|$$

$$|f'_y| \leqslant 4|y| + 2|y| + 2|y| = 8|y|$$

$\Rightarrow$ $$\lim_{(x,y)\to(0,0)} f'_x = 0 = f'_x(0,0), \quad \lim_{(x,y)\to(0,0)} f'_y = 0 = f'_y(0,0)$$

因此 $f'_x(x,y), f'_y(x,y)$ 在(0,0) 连续，从而 $f(x,y)$ 在(0,0) 可微. 选(D).

244 【答案】 D

【分析】 由 $\lim\limits_{(x,y)\to(0,0)} f'_x(x,y) = f'_x(0,0)$ 和 $\lim\limits_{(x,y)\to(0,0)} f'_y(x,y) = f'_y(0,0)$ 可知 $f(x,y)$ 的两个一阶偏导数$f'_x(x,y)$ 和 $f'_y(x,y)$ 在(0,0) 点连续，则 $f(x,y)$ 在(0,0) 点可微，故应选(D).

245 【答案】 D

【分析】 由题设知 $y = y(x)$ 与 $z = z(x)$ 是由方程组

$$\begin{cases} z = x^2 + 2y^2 \\ x^2 - xy + y^2 = 1 \end{cases}$$

确定的两个隐函数，将方程组中每个方程看成关于 x 的恒等式并对 x 求导数，得

$$\begin{cases} z' = 2x + 4yy' \\ 2x - y - xy' + 2yy' = 0 \end{cases} \qquad (*)$$

用 $x = 1, y(1) = 1$ 代入(*) 可得

$$\begin{cases} z'(1) = 2 + 4y'(1) \\ 2 - 1 - y'(1) + 2y'(1) = 0 \end{cases} \Rightarrow \begin{cases} y'(1) = -1 \\ z'(1) = -2 \end{cases}$$

将方程组（*）中每个方程看成关于 x 的恒等式，对 x 求导数，得

$$\begin{cases} z'' = 2 + 4(y')^2 + 4yy'' \\ 2 - y' - y' - xy'' + 2(y')^2 + 2yy'' = 0 \end{cases}$$

用 $x = 1, y(1) = 1$ 和 $y'(1) = -1$ 代入上面所得的方程组即得

$$\begin{cases} z''(1) = 2 + 4 + 4y''(1) \\ 2 + 2 - y''(1) + 2 + 2y''(1) = 0 \end{cases} \Rightarrow \begin{cases} y''(1) = -6 \\ z''(1) = -18 \end{cases}$$

故应选(D).

246 【答案】 D

【分析】 将方程组中每个方程两端求全微分，得

$$\begin{cases} dx = du + zdv + vdz, \\ dy = -2udu + dv + dz, \end{cases}$$

由此可解出

$$du = \frac{1}{2uz+1}[dx - zdy + (z-v)dz],$$

$$dv = \frac{1}{2uz+1}[2udx + dy - (2uv+1)dz],$$

从而

$$\frac{\partial u}{\partial x} = \frac{1}{2uz+1}, \frac{\partial u}{\partial z} = \frac{z-v}{2uz+1}, \frac{\partial v}{\partial y} = \frac{1}{2uz+1}.$$

在点(2,1,1)处 $u(2,1,1)$ 与 $v(2,1,1)$ 满足方程组

$$\begin{cases} u(2,1,1) + v(2,1,1) = 2, \\ u^2(2,1,1) - v(2,1,1) = 0, \end{cases}$$

由此可解得满足 $u(2,1,1) > 0$ 的函数值分别是 $u(2,1,1) = v(2,1,1) = 1$，代入即得

$$\left(\frac{\partial u}{\partial x} + \frac{\partial v}{\partial y} + \frac{\partial u}{\partial z}\right)\Big|_{(2,1,1)} = \frac{z-v+2}{2uz+1}\Big|_{(2,1,1)} = \frac{2}{3}$$

故应选(D).

247 【答案】 A

【分析】 求 $F(x,y,z) = 0$ 的全微分得

$$\begin{aligned} 0 &= dF(x,y,z) = F'_x dx + F'_y dy + F'_z dz \\ &= F'_x dx + F'_y dy + F'_z(z'_x dx + z'_y dy) \\ &= (F'_x + F'_z z'_x)dx + (F'_y + F'_z z'_y)dy \end{aligned} \quad (*)$$

在（*）式令 $x = 1, y = 1, z(1,1) = 1$ 即得

$$0 = [-2 + z'_x(1,1)F'_z(1,1,1)]dx + [2 + 3F'_z(1,1,1)]dy$$

$$\Leftrightarrow \begin{cases} z'_x(1,1)F'_z(1,1,1) = 2 \\ 3F'_z(1,1,1) = -2, \end{cases}$$

$$\Rightarrow z'_x(1,1) = \frac{2}{F'_z(1,1,1)} = 2 \times \left(-\frac{3}{2}\right) = -3.$$

故应选(A).

248 【答案】 C

【分析】 $f'_y(0,0) = \lim\limits_{y \to 0} \dfrac{f(0,y) - f(0,0)}{y} = \lim\limits_{y \to 0} \dfrac{0-0}{y} = 0,$

当 $x\neq 0$ 时，

$$f'_y(x,0)=\lim_{y\to 0}\frac{f(x,y)-f(x,0)}{y}$$
$$=\lim_{y\to 0}\frac{x(x^2-y^2)}{x^2+y^2}=x,$$

即 $f'_y(x,0)=x$（对一切 x 都成立）

$$f''_{yx}(0,0)=\frac{\mathrm{d}}{\mathrm{d}x}f'_y(x,0)\Big|_{x=0}=1,$$

由对称性知 $f''_{xy}(0,0)=-1$，故应选(C).

249 【答案】 C

【分析】 方法 1　由题设知

$$\frac{\partial f}{\partial x}=2y^2+2xy+3x^2,\frac{\partial f}{\partial y}=4xy+x^2$$

由$\frac{\partial f}{\partial x}=2y^2+2xy+3x^2$ 知

$$f(x,y)=\int(2y^2+2xy+3x^2)\mathrm{d}x=2xy^2+x^2y+x^3+\varphi(y)$$

由$\frac{\partial f}{\partial y}=4xy+x^2$ 知，$4xy+x^2=4xy+x^2+\varphi'(y),\varphi'(y)=0,\varphi(y)=C$，则

$$f(x,y)=2xy^2+x^2y+x^3+C.$$

方法 2　$\mathrm{d}f(x,y)=(2y^2+2xy+3x^2)\mathrm{d}x+(4xy+x^2)\mathrm{d}y$
$=(2y^2\mathrm{d}x+4xy\mathrm{d}y)+(2xy\mathrm{d}x+x^2\mathrm{d}y)+3x^2\mathrm{d}x$
$=\mathrm{d}(2xy^2)+\mathrm{d}(x^2y)+\mathrm{d}x^3$

则 $f(x,y)=2xy^2+x^2y+x^3+C$.

【评注】 方法 1 是利用偏积分，方法 2 是利用凑微分. 这两种方法是已知某个函数的全微分或两个一阶偏导数求原函数的两种常用方法.

250 【答案】 B

【分析】 由于

$$\begin{cases}\dfrac{\partial f}{\partial x}=3x^2-8x+2y=0\\[2mm]\dfrac{\partial f}{\partial y}=2x-2y=0\end{cases}$$

的解为(0,0)，(2,2). 只有(0,0) 在 D 内.

又因为 $A=f''_{xx}=6x-8,B=f''_{xy}=2,C=f''_{yy}=-2$，可得在点(0,0) 处 $A=-8$，$AC-B^2>0$，所以点(0,0) 是极大值点.

注意 $f(0,0)=0$，在 D 的边界上点(4,1) 处 $f(4,1)=7>f(0,0)$，即 $f(0,0)$ 不是 $f(x,y)$ 在 D 的最大值，(0,0) 不是 $f(x,y)$ 在 D 的最大值点. 因此选(B).

【评注】 (1) 本题考察当二元函数的两个偏导数都存在的条件下取得极值的必要条件和充分条件.

(2) 该题表明了多元函数与一元函数的一个区别：区域 D 上的连续的二元函数 $f(x,y)$ 在 D 内有唯一的极值点，若是极小(大) 值点，不一定是 $f(x,y)$ 的最小(大) 值点.

251 【答案】 D

【分析】 此问题归结为求函数

$$u = xyz(x>0,y>0,z>0)$$

在条件 $x+y+z=a$ 下的最大值.

方法 1 用拉格朗日乘数法.

令
$$F(x,y,z,\lambda) = xyz + \lambda(x+y+z-a)$$

解方程组

$$\begin{cases} \dfrac{\partial F}{\partial x} = yz + \lambda = 0 \\ \dfrac{\partial F}{\partial y} = xz + \lambda = 0 \\ \dfrac{\partial F}{\partial z} = xy + \lambda = 0 \\ \dfrac{\partial F}{\partial \lambda} = x+y+z-a = 0 \end{cases}$$

用 x,y,z 分别乘第一、二、三个方程得 $x=y=z$，再代入最后一个方程式得

$$x = y = z = \frac{a}{3}$$

由题意最大值一定存在，因此当 $x=y=z=\dfrac{a}{3}$ 时 u 取最大值 $\left(\dfrac{a}{3}\right)^3 = \dfrac{a^3}{27}$.

方法 2 化为简单最值问题.

从条件 $x+y+z=a$ 中解得 $z=a-x-y$，代入 $u=xyz$ 得 $u=xy(a-x-y)$，转化为求函数 $u=xy(a-x-y)$ 在开区域

$$D = \{(x,y) \mid x>0, y>0, x+y<a\}$$

中的最大值. 这个最大值一定存在，它在 D 内的驻点达到. 令

$$\begin{cases} \dfrac{\partial u}{\partial x} = y(a-x-y) - xy = 0 \\ \dfrac{\partial u}{\partial y} = x(a-x-y) - xy = 0 \end{cases} \Rightarrow \begin{cases} x = y \\ 2x + y = a \end{cases}$$

解得
$$x = \frac{a}{3}, y = \frac{a}{3}$$

即 $\left(\dfrac{a}{3},\dfrac{a}{3}\right)$ 是唯一驻点，也就是最大值点. 因此 u 的最大值是 $u = \dfrac{a}{3} \cdot \dfrac{a}{3}\left(a - \dfrac{a}{3} - \dfrac{a}{3}\right) = \dfrac{a^3}{27}$.

252 【答案】 A

【分析】 $\begin{cases} \dfrac{\partial z}{\partial x} = 2x - 6 \\ \dfrac{\partial z}{\partial y} = 2y + 8 \end{cases}$. 令 $\begin{cases} \dfrac{\partial z}{\partial x} = 0 \\ \dfrac{\partial z}{\partial y} = 0 \end{cases}$ 得 $\begin{cases} x = 3, \\ y = -4. \end{cases}$

点 $(3,-4)$ 在圆域内，且 $z(3,-4) = -25$.

函数在圆域的边界线 $x^2+y^2=100$ 上的极值问题实际上是函数 $z=x^2+y^2-6x+8y$ 在满足条件 $x^2+y^2=100$ 下的极值问题.

可用拉格朗日乘数法求解.

作拉格朗日函数 $F(x,y,\lambda)=x^2+y^2-6x+8y+\lambda(x^2+y^2-100)$,并令

$$\begin{cases}\dfrac{\partial F}{\partial x}=2x-6+2\lambda x=0\\ \dfrac{\partial F}{\partial y}=2y+8+2\lambda y=0\\ \dfrac{\partial F}{\partial \lambda}=x^2+y^2-100=0\end{cases}$$

有 $\begin{cases}(1+\lambda)x-3=0\\(1+\lambda)y+4=0\\x^2+y^2=100\end{cases}$ 解得 $\begin{cases}x=6\\y=-8\end{cases}$ 及 $\begin{cases}x=-6\\y=8\end{cases}$.

于是得到函数在约束条件下可能的极值点分别是$(6,-8)$与$(-6,8)$.

计算得 $z(6,-8)=0,z(-6,8)=200$.

由比较可知最大值 $\max\{0,200,-25\}=200$;最小值 $\min\{0,200,-25\}=-25$.

【评注】 (1) 设函数 $z=f(x,y)$ 在有界闭区域 D 上连续.求其在 D 上的最大值或最小值的步骤如下:

① 求出函数 $z=f(x,y)$ 在 D 内的所有驻点处及至少有一个偏导数不存在的点处的函数值.

② 设 D 是由边界曲线 $F_i(x,y)=0(i=1,2,\cdots,n)$ 所围成,求出函数 $z=f(x,y)$ 在约束条件 $F_i(x,y)=0(i=1,2,\cdots,n)$ 下的所有可能的驻点,并计算出其函数值.

③ 比较①,②两组中已计算出的函数值,其中最大者就是函数 $z=f(x,y)$ 在 D 上的最大值,最小者就是函数 $z=f(x,y)$ 在 D 上的最小值.

(2) 条件极值应用问题的求解方法.

条件极值应用问题的求解常用拉格朗日乘数法.

例如:求函数 $z=f(x,y)$ 在约束条件 $\varphi(x,y)=0$ 之下的条件极值的步骤为:

① 引入拉格朗日函数 $F(x,y,\lambda)=f(x,y)+\lambda\varphi(x,y)$.

② 求拉格朗日函数 $F(x,y,\lambda)$ 的驻点,即解方程组

$$\begin{cases}F'_x=f'_x+\lambda\varphi'_x=0,\\F'_y=f'_y+\lambda\varphi'_y=0,\\F'_\lambda=\varphi=0.\end{cases}$$

③ 在考研试题中通常是条件最大值或最小值的应用问题,常由问题的实际意义可知存在最大值或最小值.若驻点唯一即为所求.

又如:求函数 $u=f(x,y,z)$ 在约束条件 $\varphi(x,y,z)=0$ 与 $\psi(x,y,z)=0$ 之下的条件极值的步骤为:

① 引入拉格朗日函数 $F(x,y,z,\lambda,\mu)=f(x,y,z)+\lambda\varphi(x,y,z)+\mu\psi(x,y,z)$.

② 求拉格朗日函数 $F(x,y,z,\lambda,\mu)$ 的驻点,即解方程组 $\begin{cases}F'_x=f'_x+\lambda\varphi'_x+\mu\psi'_x=0,\\F'_y=f'_y+\lambda\varphi'_y+\mu\psi'_y=0,\\F'_z=f'_z+\lambda\varphi'_z+\mu\psi'_z=0,\\F'_\lambda=\varphi=0,\\F'_\mu=\psi=0.\end{cases}$

③ 判定各驻点是否为最大、最小值点.

二重积分

A组

253 【答案】 C

【分析】 原积分域为直线 $y=x, x+y=2$，与 y 轴围成的三角形区域，故应选(C).

254 【答案】 C

【分析】 原积分域应为由 $x^2+y^2\leqslant 2y$ 与 $x\geqslant 0$ 所确定的右半圆，故应选(C).

255 【答案】 A

【分析】 设 $\int_0^2 dx\int_0^{x^2} f(x,y)dy=\iint\limits_D f(x,y)d\sigma$，由累次积分限，可得二重积分的积分区域 $D=\{(x,y)\mid 0\leqslant x\leqslant 2, 0\leqslant y\leqslant x^2\}=\{(x,y)\mid 0\leqslant y\leqslant 4, \sqrt{y}\leqslant x\leqslant 2\}$，然后再交换积分次序即得(A).

256 【答案】 A

【分析】 引入极坐标 $x=r\cos\theta, y=r\sin\theta$，则 $D=\left\{(r,\theta)\,\middle|\, -\frac{\pi}{2}\leqslant\theta\leqslant\frac{\pi}{2}, 0\leqslant r\leqslant\cos\theta\right\}$，故

$$
\begin{aligned}
I&=\int_{-\frac{\pi}{2}}^{\frac{\pi}{2}}d\theta\int_0^{\cos\theta}(r\cos\theta+r^2\sin^2\theta)r\,dr\\
&=\int_{-\frac{\pi}{2}}^{\frac{\pi}{2}}\left(\frac{r^3}{3}\cos\theta+\frac{r^4}{4}\sin^2\theta\right)\Bigg|_{r=0}^{r=\cos\theta}d\theta\\
&=\frac{1}{3}\int_{-\frac{\pi}{2}}^{\frac{\pi}{2}}\cos^4\theta d\theta+\frac{1}{4}\int_{-\frac{\pi}{2}}^{\frac{\pi}{2}}\sin^2\theta\cos^4\theta d\theta\\
&=\frac{2}{3}\int_0^{\frac{\pi}{2}}\cos^4\theta d\theta+\frac{1}{2}\int_0^{\frac{\pi}{2}}(1-\cos^2\theta)\cos^4\theta d\theta\\
&=\left(\frac{2}{3}+\frac{1}{2}\right)\int_0^{\frac{\pi}{2}}\cos^4\theta d\theta-\frac{1}{2}\int_0^{\frac{\pi}{2}}\cos^6\theta d\theta\\
&=\frac{7}{6}\cdot\frac{3}{4}\cdot\frac{1}{2}\cdot\frac{\pi}{2}-\frac{1}{2}\cdot\frac{5}{6}\cdot\frac{3}{4}\cdot\frac{1}{2}\cdot\frac{\pi}{2}=\frac{9}{64}\pi.
\end{aligned}
$$

【评注】 在二重积分的计算中有时需要用到公式

$$
\int_0^{\frac{\pi}{2}}\sin^n x\,dx=\int_0^{\frac{\pi}{2}}\cos^n x\,dx=\begin{cases}\dfrac{n-1}{n}\cdot\dfrac{n-3}{n-2}\cdot\cdots\cdot\dfrac{2}{3}\cdot 1, n\text{ 是正奇数},\\[2ex] \dfrac{n-1}{n}\cdot\dfrac{n-3}{n-2}\cdot\cdots\cdot\dfrac{1}{2}\cdot\dfrac{\pi}{2}, n\text{ 是正偶数}.\end{cases}
$$

257 【答案】 A

【分析】 由于不易求得被积函数$\dfrac{1}{\sqrt{1+x^3}}$的原函数，因而考虑交换累次积分的积分次序．令 $D=\{(x,y)\mid 0\leqslant y\leqslant 1,y\leqslant x\leqslant 1\}$，如图．由于 D 又可表示为 $D=\{(x,y)\mid 0\leqslant x\leqslant 1,0\leqslant y\leqslant x\}$，故

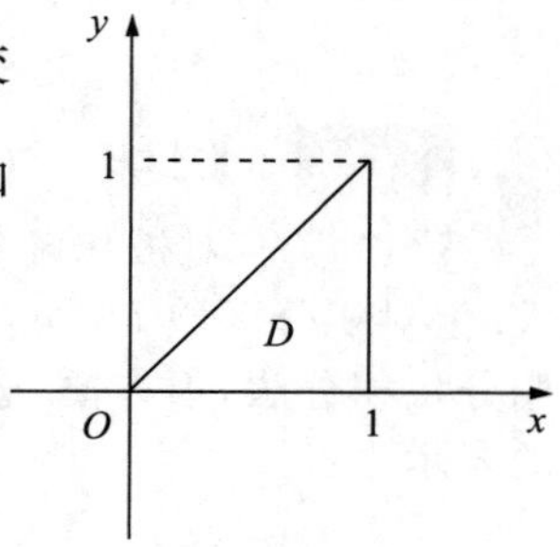

$$\int_0^1 \mathrm{d}y\int_y^1 \frac{y}{\sqrt{1+x^3}}\mathrm{d}x=\iint\limits_D \frac{y}{\sqrt{1+x^3}}\mathrm{d}\sigma=\int_0^1 \mathrm{d}x\int_0^x \frac{y}{\sqrt{1+x^3}}\mathrm{d}y$$

$$=\int_0^1 \frac{\mathrm{d}x}{\sqrt{1+x^3}}\int_0^x y\mathrm{d}y=\frac{1}{2}\int_0^1 \frac{x^2\mathrm{d}x}{\sqrt{1+x^3}}=\frac{1}{6}\int_0^1 \frac{\mathrm{d}(1+x^3)}{\sqrt{1+x^3}}$$

$$=\frac{1}{3}\sqrt{1+x^3}\Big|_0^1=\frac{1}{3}(\sqrt{2}-1).$$

258 【答案】 A

【分析】 连接 OB，将原积分域分为两部分，$\triangle CBO$，记为 D_2，$\triangle BOA$，记为 D_3．

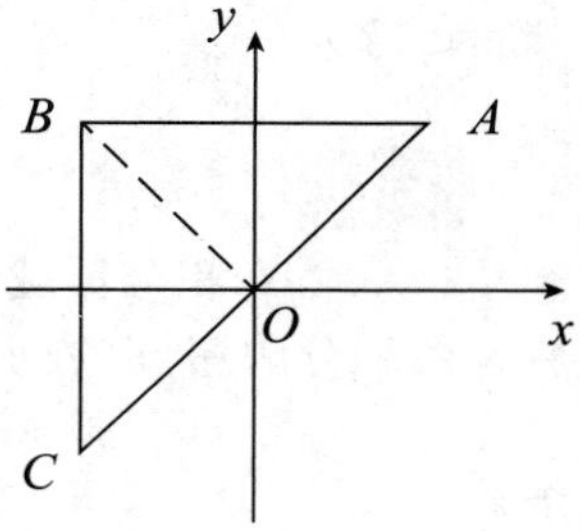

由于 D_2 关于 x 轴对称，而 $xy+\cos x\sin y$ 是 y 的奇函数，则

$$\iint\limits_{D_2}(xy+\cos x\sin y)\mathrm{d}\sigma=0$$

而 D_3 关于 y 轴对称，xy 是 x 的奇函数，$\cos x\sin y$ 是 x 的偶函数，则

$$\iint\limits_{D_3} xy\,\mathrm{d}\sigma=0,\iint\limits_{D_3}\cos x\sin y\mathrm{d}\sigma=2\iint\limits_{D_1}\cos x\sin y\mathrm{d}\sigma$$

故应选(A)．

259 【答案】 D

【分析】 从题设知$\iint\limits_D y\,\mathrm{d}\sigma=\iint\limits_{D_1} y\mathrm{d}\sigma-\iint\limits_{D_2} y\mathrm{d}\sigma$.

设 $x=r\cos\theta,y=r\sin\theta$ 引入极坐标，在极坐标系(r,θ) 中 D_2 可表示为$\{(r,\theta)\mid 0\leqslant\theta\leqslant\frac{\pi}{2},0\leqslant r\leqslant 2\cos\theta\}$，从而

$$\iint\limits_{D_2} y\mathrm{d}\sigma=\int_0^{\frac{\pi}{2}}\mathrm{d}\theta\int_0^{2\cos\theta} r^2\sin\theta\mathrm{d}\theta=\frac{8}{3}\int_0^{\frac{\pi}{2}}\cos^3\theta\sin\theta\mathrm{d}\theta=-\frac{2}{3}\cos^4\theta\Big|_0^{\frac{\pi}{2}}=\frac{2}{3}.$$

记点$(1,0)$ 为 N，则两个直角三角形 $\triangle PMN$ 与 $\triangle OPQ$ 相似，从而有

$$\frac{PN}{PM}=\frac{PQ}{PO}\Leftrightarrow\frac{a-1}{1}=\frac{\sqrt{2}a}{a}\Rightarrow a=1+\sqrt{2}.$$

于是

$$\iint\limits_{D_1} y\mathrm{d}\sigma=\int_0^a \mathrm{d}x\int_0^{a-x} y\mathrm{d}y=\frac{1}{2}\int_0^a (a-x)^2\mathrm{d}x=-\frac{1}{6}(a-x)^3\Big|_0^a$$

$$=\frac{a^3}{6}=\frac{(1+\sqrt{2})^3}{6}=\frac{1+3\sqrt{2}+3\cdot 2+2\sqrt{2}}{6}=\frac{7}{6}+\frac{5}{6}\sqrt{2}.$$

故$\iint\limits_D y\mathrm{d}\sigma=\frac{7}{6}+\frac{5}{6}\sqrt{2}-\frac{2}{3}=\frac{1}{2}+\frac{5}{6}\sqrt{2}$,即应选(D).

260 【答案】 C

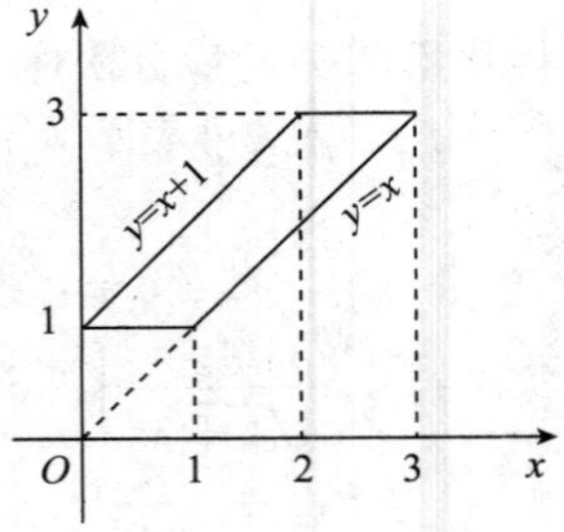

【分析】 对被积函数而言,先积 x 还是先积 y,繁简程度差别不大.但对积分区域 D,如右图,若先积 y 后积 x,D 的边界分段表示,要用分块积分法,不方便.选择先积 x 后积 y 的积分顺序则不必分块,D 的表示是:

$$1\leqslant y\leqslant 3,y-1\leqslant x\leqslant y$$

于是

$$\iint\limits_D y\mathrm{d}\sigma=\int_1^3\mathrm{d}y\int_{y-1}^{y}y\mathrm{d}x=\int_1^3 y\mathrm{d}y=\frac{1}{2}y^2\Big|_1^3=4$$

选(C).

261 【答案】 C

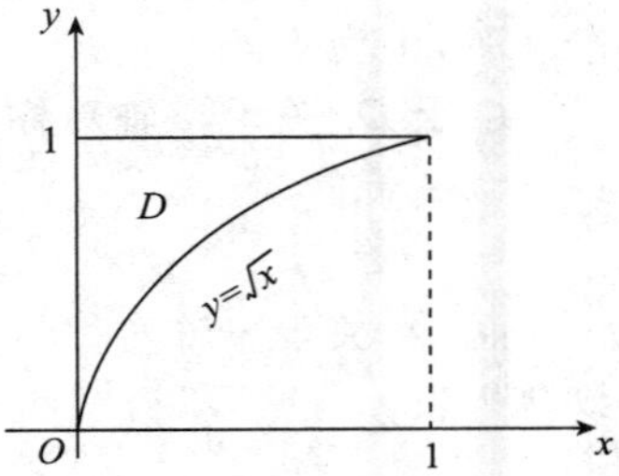

【分析】 积分区域 D 如图.由被积函数的特点,应选择先 x 后 y 的积分顺序,D 表示为

$$0\leqslant y\leqslant 1,0\leqslant x\leqslant y^2$$

于是

$$\begin{aligned}\iint\limits_D\frac{1}{\sqrt{x}}\mathrm{e}^{-y^2}\mathrm{d}x\mathrm{d}y&=\int_0^1\mathrm{d}y\int_0^{y^2}\mathrm{e}^{-y^2}\frac{1}{\sqrt{x}}\mathrm{d}x\\&=\int_0^1\mathrm{e}^{-y^2}2\sqrt{x}\Big|_{x=0}^{x=y^2}\mathrm{d}y=\int_0^1 2y\mathrm{e}^{-y^2}\mathrm{d}y\\&=-\mathrm{e}^{-y^2}\Big|_0^1=1-\frac{1}{\mathrm{e}}.\end{aligned}$$

应选(C).

262 【答案】 C

【分析】 由题设知 $D=\{(x,y)\mid 0\leqslant y\leqslant 1,y^2\leqslant x\leqslant y\}$,如图所示.从而

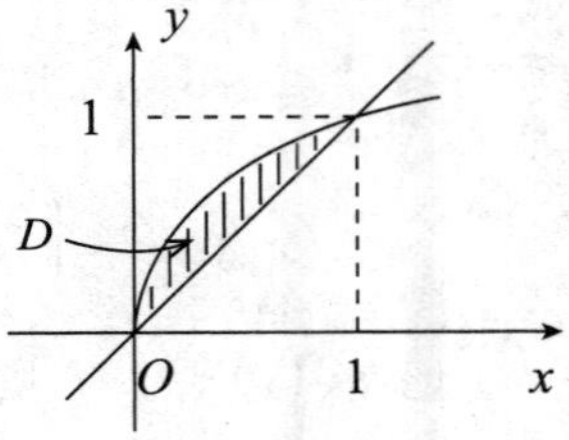

$$\begin{aligned}\iint\limits_D\frac{\sin\pi y}{y}\mathrm{d}\sigma&=\int_0^1\mathrm{d}y\int_{y^2}^{y}\frac{\sin\pi y}{y}\mathrm{d}x=\int_0^1\frac{\sin\pi y}{y}\mathrm{d}y\int_{y^2}^{y}\mathrm{d}x\\&=\int_0^1(1-y)\sin\pi y\mathrm{d}y=-\frac{1}{\pi}\int_0^1(1-y)\mathrm{d}(\cos\pi y)\\&=-\frac{1}{\pi}\left[(1-y)\cos\pi y\Big|_0^1-\int_0^1\cos\pi y\mathrm{d}(1-y)\right]\\&=-\frac{1}{\pi}\left(-1+\int_0^1\cos\pi y\mathrm{d}y\right)=\frac{1}{\pi}-\frac{1}{\pi}\int_0^1\cos\pi y\mathrm{d}y\\&=\frac{1}{\pi}-\frac{1}{\pi^2}\sin\pi y\Big|_0^1=\frac{1}{\pi}.\end{aligned}$$

故应选(C).

263 【答案】 C

【分析】 显然在 D 上 $0 < x+y \leqslant 1$，则

$$\ln(x+y)^3 \leqslant 0, 0 < \sin(x+y)^3 < (x+y)^3$$

从而有

$$\iint_D \ln(x+y)^3 \mathrm{d}x\mathrm{d}y < \iint_D \sin(x+y)^3 \mathrm{d}x\mathrm{d}y < \iint_D (x+y)^3 \mathrm{d}x\mathrm{d}y$$

故应选(C).

【评注】 本题用到一个常用的不等式，即

$$\sin x < x < \tan x, \quad x \in \left(0, \frac{\pi}{2}\right).$$

264 【答案】 C

【分析】 等式 $f(x,y) = xy + \iint_D f(u,v)\mathrm{d}u\mathrm{d}v$ 两端积分得

$$\iint_D f(x,y)\mathrm{d}x\mathrm{d}y = \iint_D xy\mathrm{d}x\mathrm{d}y + \iint_D f(u,v)\mathrm{d}u\mathrm{d}v \cdot \iint_D \mathrm{d}x\mathrm{d}y$$

$$\iint_D xy\mathrm{d}x\mathrm{d}y = \int_0^1 \mathrm{d}x \int_0^{x^2} xy\mathrm{d}y = \frac{1}{12}$$

$$\iint_D \mathrm{d}x\mathrm{d}y = \int_0^1 \mathrm{d}x \int_0^{x^2} \mathrm{d}y = \frac{1}{3}$$

则

$$\iint_D f(x,y)\mathrm{d}x\mathrm{d}y = \frac{1}{8},$$

$$f(x,y) = xy + \frac{1}{8}.$$

B 组

265 【答案】 B

【分析】 首先确定被积函数，由于在极坐标系 (r,θ) 中面积元 $\mathrm{d}\sigma = r\mathrm{d}r\mathrm{d}\theta$，从而题设二重积分的被积函数应是 $\frac{1}{r}f(r\cos\theta, r\sin\theta)$. 其次由题设知二重积分的积分区域 D 在极坐标系 (r,θ) 中的不等式表示是

$$D = \left\{(r,\theta) \mid 0 \leqslant \theta \leqslant \frac{\pi}{2}, \frac{1}{\cos\theta + \sin\theta} \leqslant r \leqslant 1\right\}$$

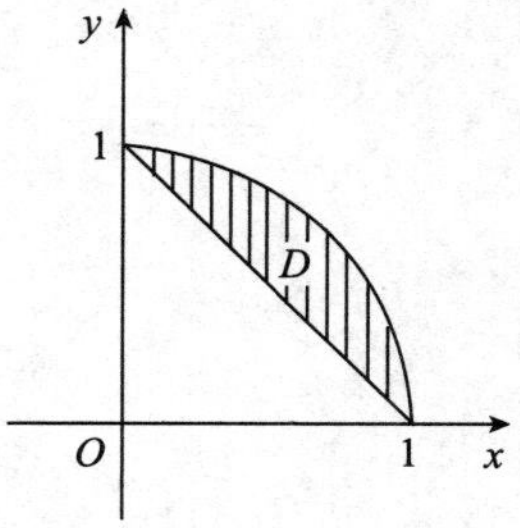

这表明 D 在满足 $x = r\cos\theta, y = r\sin\theta$ 的直角坐标系 xOy 中位于第一象限，且内外边界分别是 $r\cos\theta + r\sin\theta = 1$ 即 $x + y = 1$ 与 $r = 1$ 即 $x^2 + y^2 = 1$，从而积分区域 $D = \{(x,y) \mid 0 \leqslant x \leqslant 1, 1 - x \leqslant y \leqslant \sqrt{1-x^2}\}$，如图所示. 故

$$\int_0^{\frac{\pi}{2}} \mathrm{d}\theta \int_{\frac{1}{\cos\theta+\sin\theta}}^1 f(r\cos\theta, r\sin\theta)\mathrm{d}r = \iint_D \frac{f(x,y)}{\sqrt{x^2+y^2}}\mathrm{d}\sigma$$

$$= \int_0^1 dx \int_{1-x}^{\sqrt{1-x^2}} \frac{f(x,y)}{\sqrt{x^2+y^2}} dy$$

应选(B).

266 【答案】 B

【分析】 因为 $x^2+y^2 \leqslant 2x+2y \Leftrightarrow (x-1)^2+(y-1)^2 \leqslant 2$，从而可引入坐标轴的平移 $x-1=u, y-1=v$ 即 $x=u+1, y=v+1$，这时区域 $D=\{(x,y) \mid x^2+y^2 \leqslant 2x+2y\}$ 变为区域 $D_1=\{(u,v) \mid u^2+v^2 \leqslant 2\}$.

二重积分

$$\begin{aligned}\iint_D (x^2+xy+y^2)d\sigma &= \iint_{D_1} [(u+1)^2+(u+1)(v+1)+(v+1)^2]dudv \\ &= \iint_{D_1} [u^2+uv+v^2+3(u+v)+3]dudv \\ &= \iint_{D_1} (u^2+v^2)dudv + \iint_{D_1} [uv+3(u+v)]dudv + 3\iint_{D_1} dudv\end{aligned}$$

利用 D_1 关于 u 轴或 v 轴的对称性与函数 $uv+3(u+v)$ 关于 v 或 u 是奇函数的性质可得 $\iint_{D_1} [uv+3(u+v)]dudv = 0$，利用二重积分的几何意义可得 $\iint_{D_1} dudv = D_1$ 的面积 $= 2\pi$.

最后，在 D_1 中引入极坐标 $u=r\cos\theta, v=r\sin\theta$，则 $D_1=\{(r,\theta) \mid 0 \leqslant \theta \leqslant 2\pi, 0 \leqslant r \leqslant \sqrt{2}\}$，于是 $\iint_{D_1} (u^2+v^2)dudv = \int_0^{2\pi} d\theta \int_0^{\sqrt{2}} r^2 \cdot r dr = 2\pi \int_0^{\sqrt{2}} r^3 dr = \frac{\pi}{2}(\sqrt{2})^4 = 2\pi$.

故 $\iint_{D_1} (x^2+xy+y^2)d\sigma = 2\pi+6\pi = 8\pi$. 故应选(B).

267 【答案】 D

【分析】 由于 $x^2 \int_0^{\sin x} \sqrt{1-y^2}dy$ 是 x 的奇函数，$\cos x \int_0^{\sin x} y\sqrt{1-y^2}dy$ 是 x 的偶函数，则

$$\begin{aligned}\text{原式} &= 2\int_0^{\frac{\pi}{2}} dx \int_0^{\sin x} y\cos x \sqrt{1-y^2}dy \\ &= \frac{2}{3}\int_0^{\frac{\pi}{2}} (\cos x - \cos^4 x)dx \\ &= \frac{2}{3}\left(1-\frac{3}{4}\cdot\frac{1}{2}\cdot\frac{\pi}{2}\right) \\ &= \frac{2}{3}-\frac{\pi}{8}\end{aligned}$$

故应选(D).

268 【答案】 B

【分析】 引入极坐标 (r,θ)，令 $x=r\cos\theta, y=r\sin\theta$，则

$$D=\left\{(r,\theta) \mid \frac{\pi}{6} \leqslant \theta \leqslant \frac{\pi}{3}, 1 \leqslant r \leqslant 3\right\}, \text{且} \arctan\frac{y}{x}=\theta,$$

故

$$\iint_D \arctan\frac{y}{x}\mathrm{d}\sigma=\int_{\frac{\pi}{6}}^{\frac{\pi}{3}}\theta\mathrm{d}\theta\int_1^3 r\mathrm{d}r=\frac{\pi^2}{2}\left(\frac{1}{9}-\frac{1}{36}\right)\times\frac{1}{2}(9-1)=\frac{\pi^2}{6}.$$

269 【答案】 D

【分析】 直接计算内层积分比较麻烦，应先将累次积分表成$\iint_D \sqrt{x^2-y^2}\mathrm{d}x\mathrm{d}y$，并求出 D，然后交换积分顺序. 显然

$$D=\{(x,y)\mid y\leqslant x\leqslant 1,0\leqslant y\leqslant 1\}=\{(x,y)\mid 0\leqslant y\leqslant x,0\leqslant x\leqslant 1\}.$$

所以
$$I=\int_0^1\mathrm{d}y\int_y^1\sqrt{x^2-y^2}\mathrm{d}x=\iint_D\sqrt{x^2-y^2}\mathrm{d}x\mathrm{d}y$$
$$=\int_0^1\mathrm{d}x\int_0^x\sqrt{x^2-y^2}\mathrm{d}y=\int_0^1\frac{1}{4}\pi x^2\mathrm{d}x=\frac{\pi}{12}.$$

应选(D).

270 【答案】 D

【分析】 由于

$$I=\iint_D(2-x)(2-y)(1-|x|-|y|)\mathrm{d}\sigma$$
$$=4\iint_D(1-|x|-|y|)\mathrm{d}\sigma-2\iint_D x(1-|x|-|y|)\mathrm{d}\sigma$$
$$-2\iint_D y(1-|x|-|y|)\mathrm{d}\sigma+\iint_D xy(1-|x|-|y|)\mathrm{d}\sigma,$$

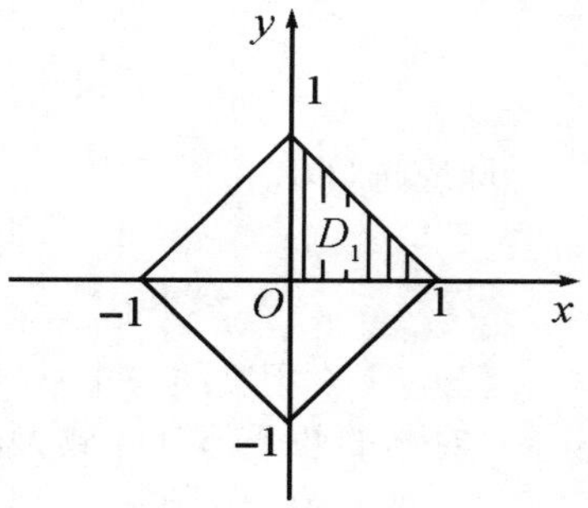

而其中后三个二重积分中的被积函数分别是关于 x 或关于 y 的奇函数，且积分区域 D 分别关于 y 轴或 x 轴对称，如图. 故后三个二重积分的积分值都是零. 在第一个二重积分中被积函数 $1-|x|-|y|$ 分别关于 x 或 y 是偶函数，利用积分区域 D 分别关于 x 轴与 y 轴的对称性可得原二重积分

$$I=\iint_D(2-x)(2-y)(1-|x|-|y|)\mathrm{d}\sigma=16\iint_{D_1}(1-|x|-|y|)\mathrm{d}\sigma,$$

其中 D_1 是区域 D 在第一象限部分，即

$$D_1=\{(x,y)\mid x\geqslant 0,y\geqslant 0,x+y\leqslant 1\}=\{(x,y)\mid 0\leqslant x\leqslant 1,0\leqslant y\leqslant 1-x\},$$

故
$$I=16\int_0^1\mathrm{d}x\int_0^{1-x}(1-x-y)\mathrm{d}y$$
$$=16\int_0^1\left[(1-x)^2-\frac{(1-x)^2}{2}\right]\mathrm{d}x=8\int_0^1(1-x)^2\mathrm{d}x$$
$$=-\frac{8}{3}(1-x)^3\Big|_0^1=\frac{8}{3}.$$

即应选(D).

271 【答案】 D

【分析】 作坐标系的平移，设 $u=x,v=y-2$，则区域 D 变为新直角坐标系(u,v) 中的区域 $D_1=\{(u,v)\mid u^2+v^2\leqslant 4\}$，且

$$\iint\limits_D x^2 y\mathrm{d}\sigma = \iint\limits_{D_1} u^2(v+2)\mathrm{d}u\mathrm{d}v = \iint\limits_{D_1} u^2 v\mathrm{d}u\mathrm{d}v + 2\iint\limits_{D_1} u^2\mathrm{d}u\mathrm{d}v.$$

由于 D_1 关于 u 轴对称，而函数 u^2v 关于 v 是奇函数，从而

$$\iint\limits_{D_1} u^2 v\mathrm{d}u\mathrm{d}v = 0.$$

而函数 u^2 分别关于 u 与 v 都是偶函数，从而又有

$$\iint\limits_{D_1} u^2\mathrm{d}u\mathrm{d}v = 4\iint\limits_{D_2} u^2\mathrm{d}u\mathrm{d}v,$$

其中 D_2 是 D_1 在 $u\geqslant 0, v\geqslant 0$ 的部分区域，即 $D_2=\{(u,v)\mid 0\leqslant u\leqslant 2, 0\leqslant v\leqslant \sqrt{4-u^2}\}$，故

$$\begin{aligned}\iint\limits_D x^2 y\mathrm{d}\sigma &= 8\iint\limits_{D_2} u^2\mathrm{d}u\mathrm{d}v = 8\int_0^2 u^2\mathrm{d}u\int_0^{\sqrt{4-u^2}}\mathrm{d}v\\
&= 8\int_0^2 u^2\sqrt{4-u^2}\mathrm{d}u \xlongequal{u=2\sin\theta} 8\int_0^{\frac{\pi}{2}} 4\sin^2\theta\sqrt{4-4\sin^2\theta}\mathrm{d}(2\sin\theta)\\
&= 128\int_0^{\frac{\pi}{2}}\sin^2\theta\cos^2\theta\mathrm{d}\theta = 128\int_0^{\frac{\pi}{2}}\sin^2\theta(1-\cos^2\theta)\mathrm{d}\theta\\
&= 128\left(\int_0^{\frac{\pi}{2}}\sin^2\theta\mathrm{d}\theta - \int_0^{\frac{\pi}{2}}\sin^4\theta\mathrm{d}\theta\right) = 128\left(\frac{1}{2}\cdot\frac{\pi}{2} - \frac{3}{4}\cdot\frac{1}{2}\cdot\frac{\pi}{2}\right) = \frac{128}{16}\pi = 8\pi.\end{aligned}$$

即应选(D).

272 【答案】 C

【分析】 用直线 $x+y=0$ 把区域 D 分割成关于直线 $x+y=0$ 对称的两个部分区域 $D_+=\{(x,y)\mid(x,y)\in D$ 且 $x+y\geqslant 0\}=\{(x,y)\mid -1\leqslant x\leqslant 1, -x\leqslant y\leqslant 1\}$ 与 $D_-=\{(x,y)\mid (x,y)\in D$ 且 $x+y\leqslant 0\}=\{(x,y)\mid -1\leqslant x\leqslant 1, -1\leqslant y\leqslant -x\}$，如图. 由于被积函数

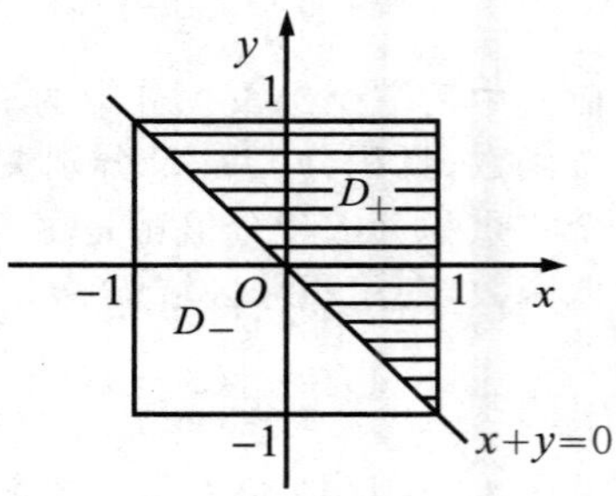

$$|x+y| = \begin{cases} x+y, & (x,y)\in D_+,\\ -(x+y), & (x,y)\in D_-,\end{cases}$$

从而用分块积分法可得

$$\iint\limits_D |x+y|\mathrm{d}\sigma = \iint\limits_{D_+}(x+y)\mathrm{d}\sigma + \iint\limits_{D_-}[-(x+y)]\mathrm{d}\sigma = I_+ + I_-.$$

分别计算 I_+ 与 I_- 可得

$$\begin{aligned}\iint\limits_{D_+}(x+y)\mathrm{d}\sigma &= \int_{-1}^1\mathrm{d}x\int_{-x}^1(x+y)\mathrm{d}y = \int_{-1}^1\left(xy+\frac{y^2}{2}\right)\Bigg|_{y=-x}^{y=1}\mathrm{d}x\\
&= \int_{-1}^1\left(x+\frac{1}{2}+x^2-\frac{x^2}{2}\right)\mathrm{d}x = \frac{1}{2}\int_{-1}^1(1+x^2)\mathrm{d}x = \int_0^1(1+x^2)\mathrm{d}x\\
&= 1+\frac{1}{3} = \frac{4}{3}.\end{aligned}$$

$$\iint\limits_{D_-}[-(x+y)]\mathrm{d}\sigma = -\int_{-1}^1\mathrm{d}x\int_{-1}^{-x}(x+y)\mathrm{d}y = -\int_{-1}^1\left(xy+\frac{y^2}{2}\right)\Bigg|_{y=-1}^{y=-x}\mathrm{d}x$$

$$=-\int_{-1}^{1}\left(-x^2+\frac{x^2}{2}+x-\frac{1}{2}\right)dx=\frac{1}{2}\int_{-1}^{1}(1+x^2)dx=\frac{4}{3}.$$

代入即知

$$\iint_D |x+y|\,d\sigma=\frac{4}{3}+\frac{4}{3}=\frac{8}{3}=2\,\frac{2}{3}.$$

应选(C).

【评注】 由于积分区域 D 关于直线 $x+y=0$ 对称，而被积函数 $f(x,y)=|x+y|$ 是关于 $x+y$ 的偶函数，所以直接可得

$$\iint_{D_+}|x+y|\,d\sigma=\iint_{D_-}|x+y|\,d\sigma\Rightarrow\iint_D|x+y|\,d\sigma=2\iint_{D_+}|x+y|\,d\sigma$$

$$=2I_+=2\times\frac{4}{3}=\frac{8}{3}.$$

273 【答案】 B

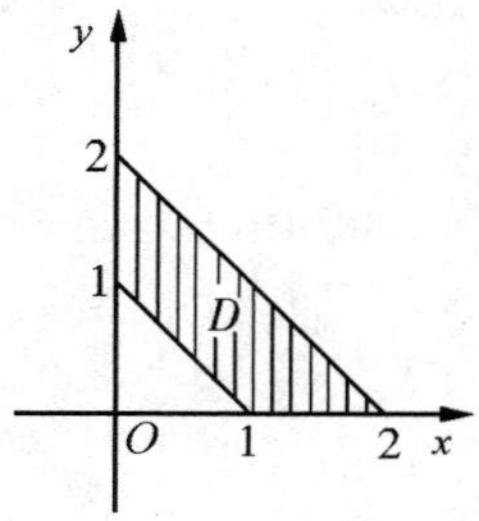

【分析】 令 $x=r\cos\theta, y=r\sin\theta$，在极坐标系 (r,θ) 中积分区域 $D=\left\{(r,\theta)\left|0\leqslant\theta\leqslant\frac{\pi}{2},\frac{1}{\cos\theta+\sin\theta}\leqslant r\leqslant\frac{2}{\cos\theta+\sin\theta}\right.\right\}$，从而

$$\iint_D\frac{d\sigma}{\sqrt{x^2+y^2}}=\int_0^{\frac{\pi}{2}}d\theta\int_{\frac{1}{\cos\theta+\sin\theta}}^{\frac{2}{\cos\theta+\sin\theta}}dr=\int_0^{\frac{\pi}{2}}\frac{d\theta}{\cos\theta+\sin\theta}.$$

为计算所得的定积分，可作变换 $\tan\frac{\theta}{2}=t$，于是 $\theta=2\arctan t$，从而 $d\theta=\frac{2dt}{1+t^2}$，$\sin\theta=\frac{2t}{1+t^2}$，$\cos\theta=\frac{1-t^2}{1+t^2}$，且 $\theta:0\to\frac{\pi}{2}\Leftrightarrow t:0\to1$. 代入即得

$$\int_0^{\frac{\pi}{2}}\frac{d\theta}{\cos\theta+\sin\theta}=\int_0^1\frac{2dt}{1+2t-t^2}=\int_0^1\frac{2dt}{2-(1-t)^2}.$$

再令 $1-t=u$，即得

$$\int_0^{\frac{\pi}{2}}\frac{d\theta}{\cos\theta+\sin\theta}=\int_0^1\frac{2du}{2-u^2}=\frac{1}{\sqrt{2}}\ln\frac{\sqrt{2}+u}{\sqrt{2}-u}\bigg|_0^1=\frac{1}{\sqrt{2}}\ln\frac{\sqrt{2}+1}{\sqrt{2}-1}=\sqrt{2}\ln(\sqrt{2}+1).$$

274 【答案】 B

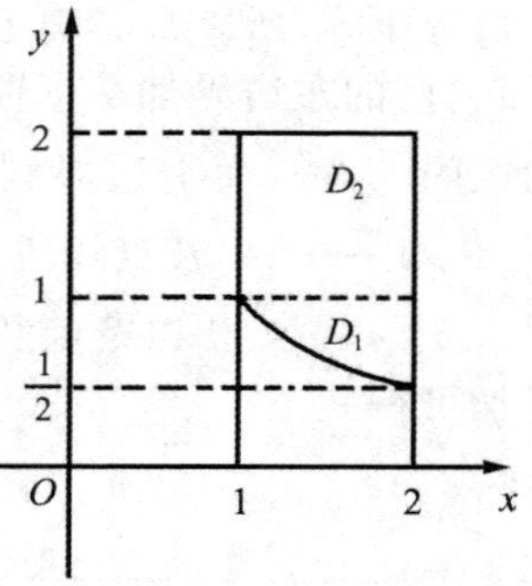

【分析】 如按原积分次序不易积分，故可考虑先对 x 积分. 又因为要由原累次积分的上下限得积分区域，但原题中内层积分下限大于上限，不符合二重积分定限原则，故利用定积分性质将积分上下限交换. 由

$$I=\int_1^2dx\int_2^{\frac{1}{x}}ye^{xy}dy=-\int_1^2dx\int_{\frac{1}{x}}^2ye^{xy}dy$$

可得积分区域 $D=\left\{(x,y)\left|\frac{1}{x}\leqslant y\leqslant2,1\leqslant x\leqslant2\right.\right\}$. 交换积分次序，$D$ 可写成 $D=D_1+D_2$，且

$$D_1=\left\{(x,y)\mid \frac{1}{2}\leqslant y\leqslant 1,\frac{1}{y}\leqslant x\leqslant 2\right\},$$

$$D_2=\{(x,y)\mid 1\leqslant y\leqslant 2,1\leqslant x\leqslant 2\},$$

从而

$$I=-\iint\limits_D y\mathrm{e}^{xy}\mathrm{d}x\mathrm{d}y=-\left(\int_{\frac{1}{2}}^{1}\mathrm{d}y\int_{\frac{1}{y}}^{2}y\mathrm{e}^{xy}\mathrm{d}x+\int_{1}^{2}\mathrm{d}y\int_{1}^{2}y\mathrm{e}^{xy}\mathrm{d}x\right)$$

$$=-\int_{\frac{1}{2}}^{1}(\mathrm{e}^{2y}-\mathrm{e})\mathrm{d}y-\int_{1}^{2}(\mathrm{e}^{2y}-\mathrm{e}^{y})\mathrm{d}y=-\frac{1}{2}\mathrm{e}^4+\mathrm{e}^2.$$

275 【答案】 D

【分析】 方法1 三个积分区域 D_1,D_2 与 D_3 都是分别关于 x 轴与 y 轴对称的，记它们在第一象限的部分区域分别为 D_{11},D_{21} 与 D_{31}，由于被积函数 $|xy|$ 分别是自变量 x 与自变量 y 的偶函数，故有

$$I_1=4\iint\limits_{D_{11}}|xy|\mathrm{d}\sigma=4\iint\limits_{D_{11}}xy\mathrm{d}\sigma,I_2=4\iint\limits_{D_{21}}|xy|\mathrm{d}\sigma=4\iint\limits_{D_{21}}xy\mathrm{d}\sigma,$$

$$I_3=4\iint\limits_{D_{31}}|xy|\mathrm{d}\sigma=4\iint\limits_{D_{31}}xy\mathrm{d}\sigma.$$

其中 $D_{11}=\{(x,y)\mid 0\leqslant x\leqslant 1,0\leqslant y\leqslant\sqrt{1-x^2}\}$，$D_{21}=\{(x,y)\mid 0\leqslant x\leqslant 1,0\leqslant y\leqslant\sqrt[4]{1-x^4}\}$，$D_{31}=\{(x,y)\mid 0\leqslant x\leqslant 1,0\leqslant y\leqslant 1-x\}$，从而

$$I_1=4\int_0^1 x\mathrm{d}x\int_0^{\sqrt{1-x^2}}y\mathrm{d}y=2\int_0^1 x(1-x^2)\mathrm{d}x=2\left(\int_0^1 x\mathrm{d}x-\int_0^1 x^3\mathrm{d}x\right)=\frac{1}{2}.$$

$$I_2=4\int_0^1 x\mathrm{d}x\int_0^{\sqrt[4]{1-x^4}}y\mathrm{d}y=2\int_0^1 x\sqrt{1-x^4}\mathrm{d}x=\int_0^1\sqrt{1-x^4}\mathrm{d}(x^2)=\int_0^1\sqrt{1-t^2}\mathrm{d}t$$

$$\xlongequal{t=\sin\theta}\int_0^{\frac{\pi}{2}}\cos^2\theta\mathrm{d}\theta=\frac{1}{2}\cdot\frac{\pi}{2}=\frac{\pi}{4}.$$

$$I_3=4\int_0^1 x\mathrm{d}x\int_0^{1-x}y\mathrm{d}y=2\int_0^1 x(1-x)^2\mathrm{d}x=2\int_0^1 x(1-2x+x^2)\mathrm{d}x=2\left(\frac{1}{2}-\frac{2}{3}+\frac{1}{4}\right)$$

$$=2\left(\frac{3}{4}-\frac{2}{3}\right)=\frac{2}{12}=\frac{1}{6}.$$

故 $I_3<I_1<I_2$，即应选(D).

方法2 可以不计算二重积分 I_1,I_2,I_3 的值而直接得出结论. 因为在 D_{11},D_{21} 与 D_{31} 上被积函数同为 xy 且 $xy\geqslant 0$ 并不恒等于零，所以只需确定积分区域 D_{11},D_{21} 与 D_{31} 的包含关系. 它们的左边界都是 y 轴上的区间$[0,1]$，下边界都是 x 轴上的区间$[0,1]$，而上边界则分别是圆弧 $y=\sqrt{1-x^2}$，曲线段 $y=\sqrt[4]{1-x^4}$ 以及直线段 $y=1-x$. 当 $0<x<1$ 时由 $0<x^4<x^2<x<1$ 以及函数 $y=\sqrt{x}$ 与 $y=\sqrt[4]{x}$ 在$[0,1]$上单调增加可得

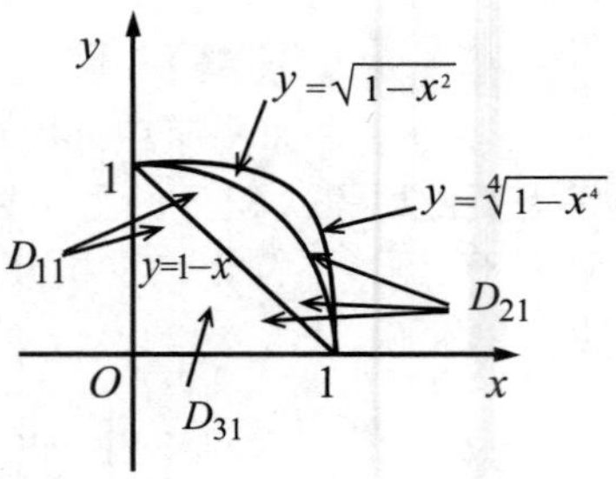

$$0<1-x<1-x^2<\sqrt{1-x^2}<\sqrt{1-x^4}<\sqrt[4]{1-x^4}<1,$$

即当 $0<x<1$ 时有 $0<1-x<\sqrt{1-x^2}<\sqrt[4]{1-x^4}<1$，这表明 D_{11},D_{21} 与 D_{31} 有如图的包含关系，故 $I_3<I_1<I_2$.

线性代数水平自测一答案

本自测题极容易，你应当快速完成测试，毫无压力。
如果你解答这些题还有困难，请自行补课，推荐《考研数学复习全书·基础篇·线性代数基础》。

1.【答案】 D

【分析】 $2|\boldsymbol{A}|\boldsymbol{A}=-4\boldsymbol{A}$，则 $|-4\boldsymbol{A}|=(-4)^4|\boldsymbol{A}|=2^8|\boldsymbol{A}|=-2^9$.

2.【答案】 C

【分析】 若矩阵 $\boldsymbol{A}$ 的秩为 r，则 $\boldsymbol{A}$ 至少有一个 r 阶子式不等于 0，且 $\boldsymbol{A}$ 的所有 $r+1$ 阶子式均等于 0. 故选项(C) 正确.

3.【答案】 C

【分析】 显然 $\begin{vmatrix}1&1&-1\\0&2&2\\0&0&3\end{vmatrix}\neq 0$，于是矩阵 $(\boldsymbol{\alpha}_1,\boldsymbol{\alpha}_2,\boldsymbol{\alpha}_3)$ 的秩为 3，故 $\boldsymbol{\alpha}_1,\boldsymbol{\alpha}_2,\boldsymbol{\alpha}_3$ 总线性无关.

4.【答案】 A

【分析】 显然有 $\boldsymbol{A\eta}_1=\boldsymbol{b},\boldsymbol{A\eta}_2=\boldsymbol{b}$，则

$\boldsymbol{A}(\boldsymbol{\eta}_1+\boldsymbol{\eta}_2)=\boldsymbol{A\eta}_1+\boldsymbol{A\eta}_2=2\boldsymbol{b}$，故 $\boldsymbol{\eta}_1+\boldsymbol{\eta}_2$ 不是 $\boldsymbol{Ax}=\boldsymbol{0}$ 的解.

$\boldsymbol{A}\left(\frac{1}{2}\boldsymbol{\eta}_1+\frac{1}{2}\boldsymbol{\eta}_2\right)=\frac{1}{2}\boldsymbol{A\eta}_1+\frac{1}{2}\boldsymbol{A\eta}_2=\frac{\boldsymbol{b}}{2}+\frac{\boldsymbol{b}}{2}=\boldsymbol{b}$，故 $\frac{1}{2}\boldsymbol{\eta}_1+\frac{1}{2}\boldsymbol{\eta}_2$ 是 $\boldsymbol{Ax}=\boldsymbol{b}$ 的一个解.

$\boldsymbol{A}(\boldsymbol{\eta}_1-\boldsymbol{\eta}_2)=\boldsymbol{A\eta}_1-\boldsymbol{A\eta}_2=\boldsymbol{b}-\boldsymbol{b}=\boldsymbol{0}$，故 $(\boldsymbol{\eta}_1-\boldsymbol{\eta}_2)$ 是 $\boldsymbol{Ax}=\boldsymbol{0}$ 的一个解.

$\boldsymbol{A}(2\boldsymbol{\eta}_1-\boldsymbol{\eta}_2)=2\boldsymbol{A\eta}_1-\boldsymbol{A\eta}_2=2\boldsymbol{b}-\boldsymbol{b}=\boldsymbol{b}$，故 $2\boldsymbol{\eta}_1-\boldsymbol{\eta}_2$ 是 $\boldsymbol{Ax}=\boldsymbol{b}$ 的一个解.

5.【答案】 B

【分析】 已知实对称矩阵不同特征值对应的特征向量相互正交，因为 $|\boldsymbol{A}|<0$，故 $\boldsymbol{A}$ 有两个不同的特征值. 而 $\begin{pmatrix}1\\3\end{pmatrix}$ 与 $\begin{pmatrix}-3\\1\end{pmatrix}$ 相互正交，故 $\begin{pmatrix}1\\3\end{pmatrix}$ 为 $\boldsymbol{A}$ 的另一个特征值所对应的特征向量.

而对于(A) 选项，当 $k=0$ 时显然 $k\begin{pmatrix}-3\\1\end{pmatrix}$ 不是 $\boldsymbol{A}$ 的特征向量.

对于(C) 选项，不同特征值对应特征向量的线性组合显然不是特征向量.

(D) 选项包含(C) 选项，(D) 也不正确.

6.【答案】 C

【分析】 当 $\boldsymbol{A}$ 是正定矩阵时，二次型 $f(\boldsymbol{x})=\boldsymbol{x}^{\mathrm{T}}\boldsymbol{Ax}$ 的正惯性指数为 n，故 $\boldsymbol{A}$ 合同于单位矩阵.

7.【答案】 -5

【分析】
$$\begin{aligned}|4\boldsymbol{\gamma}-\boldsymbol{\alpha},\boldsymbol{\beta}-2\boldsymbol{\gamma},2\boldsymbol{\alpha}|&=|4\boldsymbol{\gamma},\boldsymbol{\beta}-2\boldsymbol{\gamma},2\boldsymbol{\alpha}|-|\boldsymbol{\alpha},\boldsymbol{\beta}-2\boldsymbol{\gamma},2\boldsymbol{\alpha}|\\&=|4\boldsymbol{\gamma},\boldsymbol{\beta},2\boldsymbol{\alpha}|-|4\boldsymbol{\gamma},2\boldsymbol{\gamma},2\boldsymbol{\alpha}|\\&=8|\boldsymbol{\gamma},\boldsymbol{\beta},\boldsymbol{\alpha}|=-8|\boldsymbol{\alpha},\boldsymbol{\beta},\boldsymbol{\gamma}|=40.\end{aligned}$$

故 $|\boldsymbol{\alpha},\boldsymbol{\beta},\boldsymbol{\gamma}|=-5$.

8.【答案】 -32

【分析】 $AA^* = |A|E, A^* = |A|A^{-1}$，$|A^*| = ||A|A^{-1}| = |A|^2|A^{-1}| = |A| = 2$，$|-2B| = (-2)^3|B| = -8\times 2 = -16$.

$$\begin{vmatrix} O & A^* \\ -2B & O \end{vmatrix} = (-1)^6|A^*||-2B| = 2\times(-16) = -32.$$

9.【答案】 $\lambda \neq -\dfrac{4}{5}$ 且 $\lambda \neq 1$

【分析】 线性方程组的增广矩阵为

$$\begin{bmatrix} 1 & -\lambda & -2 & -1 \\ 1 & -1 & \lambda & 2 \\ 5 & -5 & -4 & \lambda \end{bmatrix} \to \begin{bmatrix} 1 & -\lambda & -2 & -1 \\ 0 & \lambda-1 & 2+\lambda & 3 \\ 0 & 5\lambda-5 & 6 & 5+\lambda \end{bmatrix} \to \begin{bmatrix} 1 & -\lambda & -2 & -1 \\ 0 & \lambda-1 & 2+\lambda & 3 \\ 0 & 0 & -5\lambda-4 & \lambda-10 \end{bmatrix}$$

当 $-5\lambda-4\neq 0, \lambda\neq -\dfrac{4}{5}$ 且 $\lambda-1\neq 0, \lambda\neq 1$ 时，$r(A) = r(\overline{A}) = 3$，显然只有唯一解.

10.【答案】 $-\dfrac{1}{\sqrt{2}} < t < \dfrac{1}{\sqrt{2}}$

【分析】 若要使二次型 f 是正定的，则应有系数矩阵的各阶顺序主子式全为正.

二次型的系数矩阵为 $A = \begin{bmatrix} 2 & 1 & 0 \\ 1 & 1 & t \\ 0 & t & 1 \end{bmatrix}$，其各阶顺序主子式

$$D_1 = 2, D_2 = 1, D_3 = \begin{vmatrix} 2 & 1 & 0 \\ 1 & 1 & t \\ 0 & t & 1 \end{vmatrix} = 1-2t^2 > 0$$

故 $-\dfrac{1}{\sqrt{2}} < t < \dfrac{1}{\sqrt{2}}$.

线性代数水平自测二答案

本自测10个小题都是基本的概念与计算，难度不大。同学你应当在规定时间内完成解答，并且不感到有什么困难。如果确实有困难，请自行补课，推荐《考研数学复习全书·基础篇·线性代数基础》。

1.【答案】 A

【分析】 构造行列式

$$D_1 = \begin{vmatrix} 1 & 0 & 4 & 0 \\ 2 & -1 & -1 & 2 \\ 0 & -6 & 0 & 0 \\ 1 & 1 & 1 & 1 \end{vmatrix}$$

则 $$D_1 = 1\cdot A_{41} + 1\cdot A_{42} + 1\cdot A_{43} + 1\cdot A_{44}.$$

而对 D_1 按第3行展开，得

$$D_1 = -6\cdot(-1)^{3+2}\begin{vmatrix} 1 & 4 & 0 \\ 2 & -1 & 2 \\ 1 & 1 & 1 \end{vmatrix} = 6\begin{vmatrix} 1 & 4 & 0 \\ 0 & -3 & 0 \\ 1 & 1 & 1 \end{vmatrix} = -18$$

故选(A).

2.【答案】 D

【分析】 $\boldsymbol{A}+\boldsymbol{B}=(\boldsymbol{\alpha}+\boldsymbol{\beta},2\boldsymbol{\gamma}_2,2\boldsymbol{\gamma}_3,2\boldsymbol{\gamma}_4)$.

$$\begin{aligned}|\boldsymbol{A}+\boldsymbol{B}|&=|\boldsymbol{\alpha}+\boldsymbol{\beta},2\boldsymbol{\gamma}_2,2\boldsymbol{\gamma}_3,2\boldsymbol{\gamma}_4|=8|\boldsymbol{\alpha}+\boldsymbol{\beta},\boldsymbol{\gamma}_2,\boldsymbol{\gamma}_3,\boldsymbol{\gamma}_4|\\&=8(|\boldsymbol{\alpha},\boldsymbol{\gamma}_2,\boldsymbol{\gamma}_3,\boldsymbol{\gamma}_4|+|\boldsymbol{\beta},\boldsymbol{\gamma}_2,\boldsymbol{\gamma}_3,\boldsymbol{\gamma}_4|)\\&=8(|\boldsymbol{A}|+|\boldsymbol{B}|)=40.\end{aligned}$$

3.【答案】 D

【分析】 本题相当于讨论方程组

$$x_1\boldsymbol{\alpha}_1+x_2\boldsymbol{\alpha}_2+x_3\boldsymbol{\alpha}_3+x_4\boldsymbol{\alpha}_4=\boldsymbol{\beta}$$

无解时,a,b 应满足的条件.

对方程组的增广矩阵 $\overline{\boldsymbol{A}}$ 作初等行变换,

$$\overline{\boldsymbol{A}}=\left[\begin{array}{cccc:c}1&-3&4&-1&0\\-1&4&-5&a&b\\2&-1&3&3&5\\-1&2&-3&0&-1\end{array}\right]\to\left[\begin{array}{cccc:c}1&-3&4&-1&0\\0&-1&1&-1&-1\\0&5&-5&5&5\\0&1&-1&a-1&b\end{array}\right]$$

$$\to\left[\begin{array}{cccc:c}1&0&1&2&3\\0&1&-1&1&1\\0&0&0&a-2&b-1\\0&0&0&0&0\end{array}\right].$$

当 $a=2$ 且 $b\neq1$ 时,$r(\boldsymbol{A})=2\neq r(\overline{\boldsymbol{A}})=3$,方程组无解,即 $\boldsymbol{\beta}$ 不能由 $\boldsymbol{\alpha}_1,\boldsymbol{\alpha}_2,\boldsymbol{\alpha}_3,\boldsymbol{\alpha}_4$ 线性表示. 选(D).

4.【答案】 A

【分析】 n 个方程 n 个未知数的齐次方程组 $\boldsymbol{Ax}=\boldsymbol{0}$ 有非零解 $\Leftrightarrow|\boldsymbol{A}|=0$,

$$|\boldsymbol{A}|=\begin{vmatrix}1&1&0\\2&3&1\\1&a&1\end{vmatrix}=\begin{vmatrix}1&0&0\\2&1&1\\1&a-1&1\end{vmatrix}=1\cdot(-1)^{1+1}\begin{vmatrix}1&1\\a-1&1\end{vmatrix}=2-a.$$

5.【答案】 A

【分析】 本题考查判断矩阵相似对角化的原理.

矩阵 $\begin{bmatrix}1&1\\0&1\end{bmatrix}$ 的特征值为 1,1,且 $\lambda=1$ 只有一个线性无关的特征向量,故(A)不能相似对角化.

矩阵 $\begin{bmatrix}1&1\\0&2\end{bmatrix}$ 的特征值为 1,2,矩阵 $\begin{bmatrix}1&2\\1&2\end{bmatrix}$ 的特征值为 3,0,都是有 2 个不同的特征值,必与对角矩阵相似,而 $\begin{bmatrix}1&1\\1&2\end{bmatrix}$ 是对称矩阵必与对角矩阵相似.

6.【答案】 B

【分析】 由已知有

$$\boldsymbol{PA}=\boldsymbol{B},\boldsymbol{BP}^{\mathrm{T}}=\boldsymbol{C}$$

故 $\boldsymbol{PAP}^{\mathrm{T}}=\boldsymbol{C}$,选(B).

7.【答案】 $a^4-3a^2b+b^2$

【分析】 直接展开

$$D=a(-1)^{1+1}\begin{vmatrix}a&1&0\\b&a&1\\0&b&a\end{vmatrix}+b(-1)^{1+2}\begin{vmatrix}1&0&0\\b&a&1\\0&b&a\end{vmatrix}$$

$$=a(a^3-2ab)-b(a^2-b)$$
$$=a^4-3a^2b+b^2$$

或各列加到第 1 列，有

$$D=\begin{vmatrix}0&1&0&0\\b-a^2&a&1&0\\-ab&b&a&1\\0&0&b&a\end{vmatrix}=\begin{vmatrix}0&1&0&0\\0&a&1&0\\-ab+a(a^2-b)&b&a&1\\b(a^2-b)&0&b&a\end{vmatrix}$$
$$=\begin{vmatrix}0&1&0&0\\0&a&1&0\\0&b&a&1\\-a^4+3a^2b-b^2&0&b&a\end{vmatrix}=a^4-3a^2b+b^2.$$

8.【答案】 $\begin{bmatrix}0&2&1\\0&0&0\\0&0&0\end{bmatrix}$

【分析】 由 $\boldsymbol{A}^2-\boldsymbol{AB}=\boldsymbol{E}$，有

$$\boldsymbol{AB}=\boldsymbol{A}^2-\boldsymbol{E}$$

因 $|\boldsymbol{A}|=-1$，矩阵 $\boldsymbol{A}$ 可逆，上式左乘 $\boldsymbol{A}^{-1}$，所以

$$\boldsymbol{B}=\boldsymbol{A}-\boldsymbol{A}^{-1}=\begin{bmatrix}1&1&-1\\0&1&1\\0&0&-1\end{bmatrix}-\begin{bmatrix}1&1&-1\\0&1&1\\0&0&-1\end{bmatrix}^{-1}$$
$$=\begin{bmatrix}1&1&-1\\0&1&1\\0&0&-1\end{bmatrix}-\begin{bmatrix}1&-1&-2\\0&1&1\\0&0&-1\end{bmatrix}=\begin{bmatrix}0&2&1\\0&0&0\\0&0&0\end{bmatrix}.$$

9.【答案】 $-\dfrac{3}{2}$

【分析】 $(\boldsymbol{\beta}_1,\boldsymbol{\beta}_2,\boldsymbol{\beta}_3)=(\boldsymbol{\alpha}_1+2\boldsymbol{\alpha}_2,2\boldsymbol{\alpha}_2+k\boldsymbol{\alpha}_3,3\boldsymbol{\alpha}_3+2\boldsymbol{\alpha}_1)$

$$=(\boldsymbol{\alpha}_1,\boldsymbol{\alpha}_2,\boldsymbol{\alpha}_3)\begin{bmatrix}1&0&2\\2&2&0\\0&k&3\end{bmatrix}$$

因 $\boldsymbol{\alpha}_1,\boldsymbol{\alpha}_2,\boldsymbol{\alpha}_3$ 线性无关，故 $r(\boldsymbol{\beta}_1,\boldsymbol{\beta}_2,\boldsymbol{\beta}_3)=r\begin{bmatrix}1&0&2\\2&2&0\\0&k&3\end{bmatrix}<3\Leftrightarrow\begin{vmatrix}1&0&2\\2&2&0\\0&k&3\end{vmatrix}=0.$

所以 $k=-\dfrac{3}{2}$.

10.【答案】 -1

【分析】 由 $|\boldsymbol{A}|=\prod\lambda_i$，知 $|\boldsymbol{A}|=1\times2=2$.

$$|\boldsymbol{A}-3\boldsymbol{A}^{-1}|=|\boldsymbol{EA}-3\boldsymbol{A}^{-1}|=|\boldsymbol{A}^{-1}(\boldsymbol{A}^2-3\boldsymbol{E})|=|\boldsymbol{A}^{-1}|\times|\boldsymbol{A}^2-3\boldsymbol{E}|$$

因矩阵 $\boldsymbol{A}$ 的特征值为 1,2，知 $\boldsymbol{A}^2$ 的特征值为 1,4，故 $\boldsymbol{A}^2-3\boldsymbol{E}$ 的特征值为 -2,1.

所以 $|\boldsymbol{A}-3\boldsymbol{A}^{-1}|=\dfrac{1}{2}\times(-2)=-1$.

线性代数

填空题

行列式

A组

276 【答案】 -4

【分析】 方法1 $\begin{vmatrix}1&0&2&0\\0&3&0&4\\3&0&4&0\\0&1&0&2\end{vmatrix}=-\begin{vmatrix}1&0&2&0\\3&0&4&0\\0&3&0&4\\0&1&0&2\end{vmatrix}=\begin{vmatrix}1&2&0&0\\3&4&0&0\\0&0&3&4\\0&0&1&2\end{vmatrix}$

$$=\begin{vmatrix}1&2\\3&4\end{vmatrix}\cdot\begin{vmatrix}3&4\\1&2\end{vmatrix}=(-2)\times 2=-4.$$

方法2 按第1行直接展开

$$D=1\cdot\begin{vmatrix}3&0&4\\0&4&0\\1&0&2\end{vmatrix}+2\begin{vmatrix}0&3&4\\3&0&0\\0&1&2\end{vmatrix}=4\begin{vmatrix}3&4\\1&2\end{vmatrix}-6\begin{vmatrix}3&4\\1&2\end{vmatrix}=8-12=-4.$$

277 【答案】 -48

【分析】 由于行列式每一列元素和均为6,首先各行加到第一行上,再用行列式的性质计算.

$$\begin{vmatrix}6&6&6&6\\2&0&2&2\\2&2&0&2\\2&2&2&0\end{vmatrix}=6\begin{vmatrix}1&1&1&1\\2&0&2&2\\2&2&0&2\\2&2&2&0\end{vmatrix}=6\begin{vmatrix}1&1&1&1\\0&-2&0&0\\0&0&-2&0\\0&0&0&-2\end{vmatrix}=-48.$$

【评注】 利用本题的方法可以计算类似的 n 阶行列式

$$D=\begin{vmatrix}a&b&\cdots&b\\b&a&\cdots&b\\\vdots&\vdots&&\vdots\\b&b&\cdots&a\end{vmatrix}.$$

这个行列式每一列均有一个 a，$(n-1)$ 个 b，首先将各行加到第一行，第一行元素均变为 $a+(n-1)b$，之后用行列式的性质计算。

$$D=\begin{vmatrix} a & b & \cdots & b \\ b & a & \cdots & b \\ \vdots & \vdots & & \vdots \\ b & b & \cdots & a \end{vmatrix}=\begin{vmatrix} a+(n-1)b & a+(n-1)b & \cdots & a+(n-1)b \\ b & a & \cdots & b \\ \vdots & \vdots & & \vdots \\ b & b & \cdots & a \end{vmatrix}$$

$$=[a+(n-1)b]\begin{vmatrix} 1 & 1 & \cdots & 1 \\ b & a & \cdots & b \\ \vdots & \vdots & & \vdots \\ b & b & \cdots & a \end{vmatrix}$$

$$=[a+(n-1)b]\begin{vmatrix} 1 & 1 & \cdots & 1 \\ 0 & a-b & \cdots & 0 \\ \vdots & \vdots & & \vdots \\ 0 & 0 & \cdots & a-b \end{vmatrix}$$

$$=[a+(n-1)b](a-b)^{n-1}.$$

278 【答案】 -120

【分析】 把第一行加到第四行，提出公因数 10，再把第四行逐行互换到第一行，由范德蒙行列式，得

$$D=10\begin{vmatrix} 1 & 2 & 3 & 4 \\ 1 & 2^2 & 3^2 & 4^2 \\ 1 & 2^3 & 3^3 & 4^3 \\ 1 & 1 & 1 & 1 \end{vmatrix}=-10\begin{vmatrix} 1 & 1 & 1 & 1 \\ 1 & 2 & 3 & 4 \\ 1 & 2^2 & 3^2 & 4^2 \\ 1 & 2^3 & 3^3 & 4^3 \end{vmatrix}$$

$$=-10(2-1)(3-1)(4-1)(3-2)(4-2)(4-3)$$

$$=-120.$$

279 【答案】 -13

【分析】 由行列式的定义知含 x^2 的有两项，一项为 $a_{11}a_{22}a_{33}a_{44}=3x^2$，符号为正，另一项为 $a_{14}a_{22}a_{33}a_{41}=16x^2$，符号为负，故 x^2 项的系数为 -13.

本题也可以通过计算行列式的值求得 x^2 项的系数，不过计算量较大.

280 【答案】 $(-1)^{n+1}\cdot\dfrac{2}{3}$

【分析】 由 $|k\boldsymbol{A}|=k^n|\boldsymbol{A}|$，$|\boldsymbol{AB}|=|\boldsymbol{A}|\cdot|\boldsymbol{B}|$，$|\boldsymbol{A}^{\mathrm{T}}|=|\boldsymbol{A}|$，$|\boldsymbol{A}^{-1}|=\dfrac{1}{|\boldsymbol{A}|}$ 有

$$|-\boldsymbol{A}^{\mathrm{T}}\boldsymbol{B}^{-1}|=(-1)^n|\boldsymbol{A}^{\mathrm{T}}\boldsymbol{B}^{-1}|=(-1)^n|\boldsymbol{A}^{\mathrm{T}}|\cdot|\boldsymbol{B}^{-1}|$$

$$=(-1)^n|\boldsymbol{A}|\cdot\frac{1}{|\boldsymbol{B}|}=(-1)^{n+1}\cdot\frac{2}{3}.$$

B 组

281 【答案】 11

【分析】 方法 1 按定义直接计算各元素的代数余子式：

$$A_{11}=(-1)^{1+1}\begin{vmatrix}2&0\\0&3\end{vmatrix}=6,A_{12}=(-1)^{1+2}\begin{vmatrix}0&0\\0&3\end{vmatrix}=0,A_{13}=(-1)^{1+3}\begin{vmatrix}0&2\\0&0\end{vmatrix}=0.$$

类似地：$A_{21}=0,A_{22}=3,A_{23}=0,A_{31}=0,A_{32}=0,A_{33}=2$.

从而 $\sum\limits_{i,j=1}^{3}A_{ij}=11$.

方法 2 对于三阶矩阵 $\boldsymbol{A}$，其伴随矩阵 $\boldsymbol{A}^*=\begin{bmatrix}A_{11}&A_{21}&A_{31}\\A_{12}&A_{22}&A_{32}\\A_{13}&A_{23}&A_{33}\end{bmatrix}$，所以 $\sum\limits_{i,j=1}^{3}A_{ij}$ 为 $\boldsymbol{A}^*$ 所有元素之和.

由于 $\boldsymbol{A}=\begin{bmatrix}1&&\\&2&\\&&3\end{bmatrix}$，于是 $\boldsymbol{A}^{-1}=\begin{bmatrix}1&&\\&\frac{1}{2}&\\&&\frac{1}{3}\end{bmatrix}$，$|\boldsymbol{A}|=6$，所以

$$\boldsymbol{A}^*=|\boldsymbol{A}|\boldsymbol{A}^{-1}=6\begin{bmatrix}1&0&0\\0&\frac{1}{2}&0\\0&0&\frac{1}{3}\end{bmatrix}=\begin{bmatrix}6&0&0\\0&3&0\\0&0&2\end{bmatrix},$$

从而 $\sum\limits_{i,j=1}^{3}A_{ij}=11$.

【评注】 第一种方法比较直接，易于理解，但计算量比较大，相比之下第二种方法考核的知识点略多，但计算量比较少. 如果给出的是 4 阶行列式，建议用第二种方法.

282 【答案】 1

【分析】 由于 $(\boldsymbol{\alpha}_1+\boldsymbol{\alpha}_2,\boldsymbol{\alpha}_2+\boldsymbol{\alpha}_3,\boldsymbol{\alpha}_3+\boldsymbol{\alpha}_1)=(\boldsymbol{\alpha}_1,\boldsymbol{\alpha}_2,\boldsymbol{\alpha}_3)\begin{bmatrix}1&0&1\\1&1&0\\0&1&1\end{bmatrix}$，所以

$$|\boldsymbol{\alpha}_1+\boldsymbol{\alpha}_2,\boldsymbol{\alpha}_2+\boldsymbol{\alpha}_3,\boldsymbol{\alpha}_3+\boldsymbol{\alpha}_1|=|\boldsymbol{\alpha}_1,\boldsymbol{\alpha}_2,\boldsymbol{\alpha}_3|\begin{vmatrix}1&0&1\\1&1&0\\0&1&1\end{vmatrix}=\frac{1}{2}\cdot 2=1.$$

也可以用行列式的性质求解，将第 2 列的(−1) 倍加到第 1 列，再将第 3 列的 1 倍加到第 1 列得

$$|\boldsymbol{\alpha}_1+\boldsymbol{\alpha}_2,\boldsymbol{\alpha}_2+\boldsymbol{\alpha}_3,\boldsymbol{\alpha}_3+\boldsymbol{\alpha}_1|=|\boldsymbol{\alpha}_1-\boldsymbol{\alpha}_3,\boldsymbol{\alpha}_2+\boldsymbol{\alpha}_3,\boldsymbol{\alpha}_3+\boldsymbol{\alpha}_1|=|2\boldsymbol{\alpha}_1,\boldsymbol{\alpha}_2+\boldsymbol{\alpha}_3,\boldsymbol{\alpha}_3+\boldsymbol{\alpha}_1|.$$

将第 1 列的 $\left(-\frac{1}{2}\right)$ 倍加到第 3 列，再将第 3 列的(−1) 倍加到第 2 列得

$$|\boldsymbol{\alpha}_1+\boldsymbol{\alpha}_2,\boldsymbol{\alpha}_2+\boldsymbol{\alpha}_3,\boldsymbol{\alpha}_3+\boldsymbol{\alpha}_1|=|2\boldsymbol{\alpha}_1,\boldsymbol{\alpha}_2+\boldsymbol{\alpha}_3,\boldsymbol{\alpha}_3|=|2\boldsymbol{\alpha}_1,\boldsymbol{\alpha}_2,\boldsymbol{\alpha}_3|=2|\boldsymbol{\alpha}_1,\boldsymbol{\alpha}_2,\boldsymbol{\alpha}_3|=1.$$

【评注】 利用矩阵的分块乘法可得到等式

$$(\boldsymbol{\alpha}_1+\boldsymbol{\alpha}_2,\boldsymbol{\alpha}_2+\boldsymbol{\alpha}_3,\boldsymbol{\alpha}_3+\boldsymbol{\alpha}_1)=(\boldsymbol{\alpha}_1,\boldsymbol{\alpha}_2,\boldsymbol{\alpha}_3)\begin{bmatrix}1&0&1\\1&1&0\\0&1&1\end{bmatrix},$$

这点在试题中常常用到，注意掌握.

矩阵

A 组

283 【答案】 $\begin{bmatrix}0&2&-6\\-4&0&-18\\14&24&0\end{bmatrix}$

【分析】 $$\boldsymbol{A\Lambda}=\begin{bmatrix}1&2&3\\4&5&6\\7&8&9\end{bmatrix}\begin{bmatrix}1&&\\&2&\\&&-1\end{bmatrix}=\begin{bmatrix}1&4&-3\\4&10&-6\\7&16&-9\end{bmatrix}$$

$$\boldsymbol{\Lambda A}=\begin{bmatrix}1&&\\&2&\\&&-1\end{bmatrix}\begin{bmatrix}1&2&3\\4&5&6\\7&8&9\end{bmatrix}=\begin{bmatrix}1&2&3\\8&10&12\\-7&-8&-9\end{bmatrix}$$

$$\boldsymbol{A\Lambda}-\boldsymbol{\Lambda A}=\begin{bmatrix}0&2&-6\\-4&0&-18\\14&24&0\end{bmatrix}.$$

【评注】 由本题可引申到：

设 $\boldsymbol{A}=[a_{ij}]$ 是 n 阶矩阵，$\boldsymbol{\Lambda}=\begin{bmatrix}\lambda_1&&&\\&\lambda_2&&\\&&\ddots&\\&&&\lambda_n\end{bmatrix}$，则 $\boldsymbol{A\Lambda}=[\lambda_j a_{ij}]$，$\boldsymbol{\Lambda A}=[\lambda_i a_{ij}]$.

284 【答案】 $\begin{bmatrix}8&0&0\\24&0&0\\-16&0&0\end{bmatrix}$

【分析】 因为 $\boldsymbol{A}=\boldsymbol{\alpha\beta}^{\mathrm{T}}=\begin{bmatrix}1\\3\\-2\end{bmatrix}[2,0,0]=\begin{bmatrix}2&0&0\\6&0&0\\-4&0&0\end{bmatrix}$.

又因 $\boldsymbol{\beta}^{\mathrm{T}}\boldsymbol{\alpha}=[2,0,0]\begin{bmatrix}1\\3\\-2\end{bmatrix}=2$，所以

$$\boldsymbol{A}^3=(\boldsymbol{\alpha\beta}^{\mathrm{T}})(\boldsymbol{\alpha\beta}^{\mathrm{T}})(\boldsymbol{\alpha\beta}^{\mathrm{T}})=\boldsymbol{\alpha}(\boldsymbol{\beta}^{\mathrm{T}}\boldsymbol{\alpha})(\boldsymbol{\beta}^{\mathrm{T}}\boldsymbol{\alpha})\boldsymbol{\beta}^{\mathrm{T}}=4\boldsymbol{\alpha\beta}^{\mathrm{T}}=4\boldsymbol{A}.$$

【评注】 矩阵的运算要正确、熟练．注意，若 $\boldsymbol{\alpha}=(a_1,a_2,a_3)^{\mathrm{T}}$，$\boldsymbol{\beta}=(b_1,b_2,b_3)^{\mathrm{T}}$，则

$$\boldsymbol{A}=\boldsymbol{\alpha\beta}^{\mathrm{T}}=\begin{bmatrix}a_1\\a_2\\a_3\end{bmatrix}[b_1,b_2,b_3]=\begin{bmatrix}a_1b_1&a_1b_2&a_1b_3\\a_2b_1&a_2b_2&a_2b_3\\a_3b_1&a_3b_2&a_3b_3\end{bmatrix}$$

$$\boldsymbol{\beta}^{\mathrm{T}}\boldsymbol{\alpha}=[b_1,b_2,b_3]\begin{bmatrix}a_1\\a_2\\a_3\end{bmatrix}=a_1b_1+a_2b_2+a_3b_3$$

前者 $\boldsymbol{\alpha\beta}^{\mathrm{T}}$ 是秩为 1 的三阶矩阵，而 $\boldsymbol{\beta}^{\mathrm{T}}\boldsymbol{\alpha}$ 是一个数．

当秩 $r(\boldsymbol{A})=1$ 时，$\boldsymbol{A}^2=l\boldsymbol{A}$，其中 $l=\boldsymbol{\beta}^{\mathrm{T}}\boldsymbol{\alpha}=\boldsymbol{\alpha}^{\mathrm{T}}\boldsymbol{\beta}=\sum a_{ii}$，进而 $\boldsymbol{A}^m=l^{m-1}\boldsymbol{A}$.

285 【答案】 $\begin{bmatrix}0&1&0&0\\1&0&0&0\\0&0&2^4&-2^4\\0&0&-2^4&2^4\end{bmatrix}$

【分析】 $\begin{bmatrix}\boldsymbol{A}&\boldsymbol{O}\\\boldsymbol{O}&\boldsymbol{B}\end{bmatrix}^n=\begin{bmatrix}\boldsymbol{A}^n&\boldsymbol{O}\\\boldsymbol{O}&\boldsymbol{B}^n\end{bmatrix}$

(1) $\begin{bmatrix}0&1\\1&0\end{bmatrix}$是两行互换的初等矩阵

$$\begin{bmatrix}0&1\\1&0\end{bmatrix}^{2n}=\boldsymbol{E},\begin{bmatrix}0&1\\1&0\end{bmatrix}^{2n+1}=\begin{bmatrix}0&1\\1&0\end{bmatrix}$$

(2) 如 $r(\boldsymbol{A})=1$，则 $\boldsymbol{A}^n=l^{n-1}\boldsymbol{A}$，$l=\sum a_{ii}$.

286 【答案】 $\boldsymbol{E}$

【分析】 因为矩阵 $\boldsymbol{P}$ 可逆，由 $\boldsymbol{PA}=\boldsymbol{BP}$ 得 $\boldsymbol{A}=\boldsymbol{P}^{-1}\boldsymbol{BP}$，那么

$$\boldsymbol{A}^2=(\boldsymbol{P}^{-1}\boldsymbol{BP})(\boldsymbol{P}^{-1}\boldsymbol{BP})=\boldsymbol{P}^{-1}\boldsymbol{B}^2\boldsymbol{P}$$

归纳得

$$\boldsymbol{A}^{100}=\boldsymbol{P}^{-1}\boldsymbol{B}^{100}\boldsymbol{P}=\boldsymbol{P}^{-1}\boldsymbol{EP}=\boldsymbol{E}.$$

【评注】 $\begin{bmatrix}a_1&&\\&a_2&\\&&a_3\end{bmatrix}^n=\begin{bmatrix}a_1^n&&\\&a_2^n&\\&&a_3^n\end{bmatrix}$.

287 【答案】 $\begin{bmatrix}1&0&0\\-2&1&0\\0&0&1\end{bmatrix}$

【分析】 由初等变换与初等矩阵的关系可得 $\begin{bmatrix}1&0&0\\2&1&0\\0&0&1\end{bmatrix}\boldsymbol{A}=\boldsymbol{B}$，于是

$$\boldsymbol{AB}^{-1}=\begin{bmatrix}1&0&0\\2&1&0\\0&0&1\end{bmatrix}^{-1}=\begin{bmatrix}1&0&0\\-2&1&0\\0&0&1\end{bmatrix}.$$

288 【答案】 $\begin{bmatrix} 0 & 0 & 3 \\ -2 & 1 & 0 \\ 3 & 0 & 0 \end{bmatrix}$

【分析】 $(k\boldsymbol{A})^{-1} = \frac{1}{k}\boldsymbol{A}^{-1}, (\boldsymbol{ABC})^{-1} = \boldsymbol{C}^{-1}\boldsymbol{B}^{-1}\boldsymbol{A}^{-1}$.

$$\left(\frac{1}{3}\boldsymbol{A}\right)^{-1} = 3\boldsymbol{A}^{-1} = 3\begin{bmatrix} 1 & 0 & 0 \\ 0 & 3 & 0 \\ 0 & 0 & 1 \end{bmatrix}^{-1}\begin{bmatrix} 1 & 0 & 0 \\ 0 & 1 & 2 \\ 0 & 0 & 1 \end{bmatrix}^{-1}\begin{bmatrix} 0 & 0 & 1 \\ 0 & 1 & 0 \\ 1 & 0 & 0 \end{bmatrix}^{-1}$$

$$= 3\begin{bmatrix} 1 & 0 & 0 \\ 0 & \frac{1}{3} & 0 \\ 0 & 0 & 1 \end{bmatrix}\begin{bmatrix} 1 & 0 & 0 \\ 0 & 1 & -2 \\ 0 & 0 & 1 \end{bmatrix}\begin{bmatrix} 0 & 0 & 1 \\ 0 & 1 & 0 \\ 1 & 0 & 0 \end{bmatrix} = \begin{bmatrix} 0 & 0 & 3 \\ -2 & 1 & 0 \\ 3 & 0 & 0 \end{bmatrix}$$

记住初等矩阵逆矩阵的 3 个公式，以及左乘行变换右乘列变换的法则.

289 【答案】 $\begin{bmatrix} 1 & 0 & 0 \\ 1 & 1 & 1 \\ -1 & -2 & -1 \end{bmatrix}$

【分析】 由 $\boldsymbol{AX} = \boldsymbol{B} + 2\boldsymbol{X}$，得 $(\boldsymbol{A} - 2\boldsymbol{E})\boldsymbol{X} = \boldsymbol{B}$.

由于 $\boldsymbol{A} - 2\boldsymbol{E} = \begin{bmatrix} 1 & 0 & 0 \\ 0 & -1 & -1 \\ 0 & 2 & 1 \end{bmatrix}$ 可逆，且 $(\boldsymbol{A} - 2\boldsymbol{E})^{-1} = \begin{bmatrix} 1 & 0 & 0 \\ 0 & 1 & 1 \\ 0 & -2 & -1 \end{bmatrix}$，所以

$$\boldsymbol{X} = (\boldsymbol{A} - 2\boldsymbol{E})^{-1}\boldsymbol{B} = \begin{bmatrix} 1 & 0 & 0 \\ 0 & 1 & 1 \\ 0 & -2 & -1 \end{bmatrix}\begin{bmatrix} 1 & 0 & 0 \\ 0 & 1 & 0 \\ 1 & 0 & 1 \end{bmatrix} = \begin{bmatrix} 1 & 0 & 0 \\ 1 & 1 & 1 \\ -1 & -2 & -1 \end{bmatrix}.$$

【评注】 由于矩阵乘法不满足交换律，所以本题要注意在等式 $(\boldsymbol{A} - 2\boldsymbol{E})\boldsymbol{X} = \boldsymbol{B}$ 两端左乘 $(\boldsymbol{A} - 2\boldsymbol{E})^{-1}$，得 $\boldsymbol{X} = (\boldsymbol{A} - 2\boldsymbol{E})^{-1}\boldsymbol{B}$，不能右乘.

290 【答案】 $a \neq 3$

【分析】 经初等变换矩阵秩不变

$$\boldsymbol{A} \to \begin{bmatrix} 1 & 1 & a & 4 \\ 0 & 1 & a-2 & 4-a \\ 0 & 0 & (a+1)(3-a) & a(a-3) \end{bmatrix}$$

$r(\boldsymbol{A}) = 3 \Leftrightarrow (a+1)(3-a)$ 与 $a(a-3)$ 不全为 $0 \Leftrightarrow a \neq 3$.

B 组

291 【答案】 $-3^9\boldsymbol{A}$

【分析】 由 $r(\boldsymbol{A}) = 1$，有 $\boldsymbol{A}^2 = l\boldsymbol{A}$，其中 $l = \sum a_{ii}$，则 $\boldsymbol{A}^n = l^{n-1}\boldsymbol{A}$.

现在 $l = 2 + (-2) + (-3) = -3$，所以 $\boldsymbol{A}^{10} = -3^9\boldsymbol{A}$.

292 【答案】 $\begin{bmatrix}1&2&0&0\\3&4&0&0\\0&0&\frac{1}{2}&0\\0&0&0&2\end{bmatrix}$

【分析】 因为 $AA^*=|A|E$，故 $A=|A|(A^*)^{-1}$，由已知得 $|A^*|=-8$，又 $|A^*|=|A|^3$，得 $|A|=-2$.

$$\text{又}\quad (A^*)^{-1}=\begin{bmatrix}4&-2&0&0\\-3&1&0&0\\0&0&-4&0\\0&0&0&-1\end{bmatrix}^{-1}=\begin{bmatrix}-\frac{1}{2}&-1&0&0\\-\frac{3}{2}&-2&0&0\\0&0&-\frac{1}{4}&0\\0&0&0&-1\end{bmatrix}$$

所以 $A=|A|(A^*)^{-1}=\begin{bmatrix}1&2&0&0\\3&4&0&0\\0&0&\frac{1}{2}&0\\0&0&0&2\end{bmatrix}$.

【评注】 由 A 可求 A^*，由 A^* 也应会求 A. 本题求 $(A^*)^{-1}$ 时，既可用初等行变换也可用分块矩阵求逆公式.

293 【答案】 $\begin{bmatrix}-1&1&1\\1&-1&1\\1&1&-1\end{bmatrix}$

【分析】 由 $AA^*=|A|E$，有

$$(A^*)^{-1}=\frac{1}{|A|}A=|A^{-1}|A$$

因为 $(A^{-1})^{-1}=A$，求出 A^{-1} 的逆矩阵就是求出矩阵 A.

$$(A^{-1}\mid E)=\left[\begin{array}{ccc|ccc}0&1&1&1&0&0\\1&0&1&0&1&0\\1&1&0&0&0&1\end{array}\right]\rightarrow\left[\begin{array}{ccc|ccc}1&0&1&0&1&0\\0&1&1&1&0&0\\1&1&0&0&0&1\end{array}\right]\rightarrow\left[\begin{array}{ccc|ccc}1&0&1&0&1&0\\0&1&1&1&0&0\\0&1&-1&0&-1&1\end{array}\right]$$

$$\rightarrow\left[\begin{array}{ccc|ccc}1&0&1&0&1&0\\0&1&1&1&0&0\\0&0&-2&-1&-1&1\end{array}\right]\rightarrow\left[\begin{array}{ccc|ccc}1&0&0&-\frac{1}{2}&\frac{1}{2}&\frac{1}{2}\\0&1&0&\frac{1}{2}&-\frac{1}{2}&\frac{1}{2}\\0&0&1&\frac{1}{2}&\frac{1}{2}&-\frac{1}{2}\end{array}\right]$$

$$=(E\mid A)$$

可知 $A=\frac{1}{2}\begin{bmatrix}-1&1&1\\1&-1&1\\1&1&-1\end{bmatrix}$. 又因 $|A^{-1}|=2$，故

$$(A^*)^{-1}=|A^{-1}|A=\begin{bmatrix}-1&1&1\\1&-1&1\\1&1&-1\end{bmatrix}.$$

294 【答案】 $-(A+2E)$

【分析】 由于 $A^2+3A+3E=O$,所以,

$$A^2+A+2A+2E+E=O,$$
$$A(A+E)+2(A+E)=-E,$$
$$(A+2E)(A+E)=-E,$$

故 $(A+E)^{-1}=-(A+2E)$.

295 【答案】 27

【分析】 由初等矩阵知,$A\begin{bmatrix}1&0&0\\-5&1&0\\0&0&1\end{bmatrix}=B$. 于是

$$A^*B=A^*A\begin{bmatrix}1&0&0\\-5&1&0\\0&0&1\end{bmatrix}=|A|E\begin{bmatrix}1&0&0\\-5&1&0\\0&0&1\end{bmatrix}=3\begin{bmatrix}1&0&0\\-5&1&0\\0&0&1\end{bmatrix}$$

故 $|A^*B|=3^3\begin{vmatrix}1&0&0\\-5&1&0\\0&0&1\end{vmatrix}=27.$

296 【答案】 $\begin{bmatrix}2&5&13\\1&-3&-6\end{bmatrix}$

【分析】 利用分块矩阵,有

$$A[\boldsymbol{\alpha}_1,\boldsymbol{\alpha}_2,\boldsymbol{\alpha}_3]=[A\boldsymbol{\alpha}_1,A\boldsymbol{\alpha}_2,A\boldsymbol{\alpha}_3]=\begin{bmatrix}2&-1&3\\1&1&-4\end{bmatrix}$$

其中 $|\boldsymbol{\alpha}_1,\boldsymbol{\alpha}_2,\boldsymbol{\alpha}_3|=\begin{vmatrix}1&1&-1\\0&2&1\\0&-1&0\end{vmatrix}=1\neq 0$,$[\boldsymbol{\alpha}_1,\boldsymbol{\alpha}_2,\boldsymbol{\alpha}_3]$ 可逆. 上式两边右乘 $[\boldsymbol{\alpha}_1,\boldsymbol{\alpha}_2,\boldsymbol{\alpha}_3]^{-1}$.

那么 $$A=\begin{bmatrix}2&-1&3\\1&1&-4\end{bmatrix}\begin{bmatrix}1&1&-1\\0&2&1\\0&-1&0\end{bmatrix}^{-1}$$

$$=\begin{bmatrix}2&-1&3\\1&1&-4\end{bmatrix}\begin{bmatrix}1&1&3\\0&0&-1\\0&1&2\end{bmatrix}=\begin{bmatrix}2&5&13\\1&-3&-6\end{bmatrix}.$$

【评注】 当 $|\boldsymbol{\alpha}_1,\boldsymbol{\alpha}_2,\boldsymbol{\alpha}_3|=0$,$[\boldsymbol{\alpha}_1,\boldsymbol{\alpha}_2,\boldsymbol{\alpha}_3]$ 不可逆时,你能求出来 A 吗?

297 【答案】 $\begin{bmatrix}2&-4&0&0\\-2&-2&0&0\\0&0&2&2\\0&0&-1&2\end{bmatrix}$

【分析】 化简矩阵方程,矩阵方程两边左乘 A^{-1}、右乘 A 有

$$2B = BA + 6E$$

于是 $B(2E - A) = 6E$.

所以 $B = 6(2E - A)^{-1} = 6\begin{bmatrix} 1 & -2 & 0 & 0 \\ -1 & -1 & 0 & 0 \\ 0 & 0 & 2 & -2 \\ 0 & 0 & 1 & 2 \end{bmatrix}^{-1}$

$$= 6\begin{bmatrix} \frac{1}{3} & -\frac{2}{3} & 0 & 0 \\ -\frac{1}{3} & -\frac{1}{3} & 0 & 0 \\ 0 & 0 & \frac{1}{3} & \frac{1}{3} \\ 0 & 0 & -\frac{1}{6} & \frac{1}{3} \end{bmatrix} = \begin{bmatrix} 2 & -4 & 0 & 0 \\ -2 & -2 & 0 & 0 \\ 0 & 0 & 2 & 2 \\ 0 & 0 & -1 & 2 \end{bmatrix}.$$

【评注】 求二阶矩阵的伴随矩阵有规律:主对角线对调,副对角线变号,即

$$\begin{bmatrix} a & b \\ c & d \end{bmatrix}^* = \begin{bmatrix} d & -b \\ -c & a \end{bmatrix}$$

因此二阶矩阵求逆用 $A^{-1} = \dfrac{A^*}{|A|}$ 是简捷的.

对于分块矩阵,要会用两个公式

$$\begin{bmatrix} A & O \\ O & B \end{bmatrix}^{-1} = \begin{bmatrix} A^{-1} & O \\ O & B^{-1} \end{bmatrix}, \begin{bmatrix} O & A \\ B & O \end{bmatrix}^{-1} = \begin{bmatrix} O & B^{-1} \\ A^{-1} & O \end{bmatrix}.$$

另外 $kA = [ka_{ij}]$ 不要出错,不要与行列式性质混淆.

求矩阵 A 一般有两种思路:

(1) 求逆矩阵和矩阵运算得到矩阵 A;(2) 解方程组,用方程组的解构造矩阵 A.

298 【答案】 3 或 4

【分析】 矩阵 A 和 B 等价 $\Leftrightarrow r(A) = r(B)$. 由

$$|A| = \begin{vmatrix} 1 & 2 & 1 \\ 2 & 3 & a+2 \\ 1 & a & -2 \end{vmatrix} = -(a+1)(a-3)$$

$$|B| = \begin{vmatrix} 1 & 1 & a \\ -1 & a & 1 \\ 1 & -1 & 2 \end{vmatrix} = (a+1)(4-a)$$

当 $a = 3$ 时,$r(A) = 2, r(B) = 3$,当 $a = 4$ 时,$r(A) = 3, r(B) = 2$,所以 $a = 3$ 或 $a = 4$ 时,矩阵 A 和 B 不等价.

299 【答案】 2

【分析】 由 $AB + 2A = A(B + 2E)$,而

$$B+2E=\begin{bmatrix}2&1&-1&2\\0&1&2&3\\0&0&3&4\\0&0&0&4\end{bmatrix}$$

是可逆矩阵，故 $r(AB+2A)=r(A(B+2E))=r(A)$.

经初等变换矩阵的秩不变，易见

$$A=\begin{bmatrix}1&2&3&4\\2&3&4&5\\3&4&5&6\\4&5&6&7\end{bmatrix}\to\begin{bmatrix}1&2&3&4\\1&1&1&1\\1&1&1&1\\1&1&1&1\end{bmatrix}\to\begin{bmatrix}1&2&3&4\\0&-1&-2&-3\\0&0&0&0\\0&0&0&0\end{bmatrix}$$

所以 $r(AB+2A)=2$.

向量

A 组

300 【答案】 5

【分析】 n 个 n 维向量 $\boldsymbol{\alpha}_1,\boldsymbol{\alpha}_2,\cdots,\boldsymbol{\alpha}_n$ 线性相关 $\Leftrightarrow|\boldsymbol{\alpha}_1,\boldsymbol{\alpha}_2,\cdots,\boldsymbol{\alpha}_n|=0$.

$$|\boldsymbol{\alpha}_1,\boldsymbol{\alpha}_2,\boldsymbol{\alpha}_3|=\begin{vmatrix}1&3&2\\2&-1&3\\3&2&t\end{vmatrix}=\begin{vmatrix}1&3&2\\0&-7&-1\\0&-7&t-6\end{vmatrix}=-7(t-5)$$

所以 $t=5$.

301 【答案】 $(-\infty,+\infty)$

【分析】 由于本题向量的个数与维数不一样，不能用行列式去分析，而要用齐次方程组只有零解，或矩阵的秩来进行分析.

$$A=[\boldsymbol{\alpha}_1,\boldsymbol{\alpha}_2,\boldsymbol{\alpha}_3]=\begin{bmatrix}1&2&0\\2&0&-4\\-1&t&5\\1&0&t\end{bmatrix}\to\begin{bmatrix}1&2&0\\0&-4&-4\\0&t+2&5\\0&-2&t\end{bmatrix}\to\begin{bmatrix}1&2&0\\0&1&1\\0&0&3-t\\0&0&t+2\end{bmatrix}$$

由于 $\forall t$，恒有 $r(A)=3$，所以向量组 $\boldsymbol{\alpha}_1,\boldsymbol{\alpha}_2,\boldsymbol{\alpha}_3$ 必线性无关.

【评注】 $\boldsymbol{\alpha}_1,\boldsymbol{\alpha}_2,\cdots,\boldsymbol{\alpha}_s$ 线性无关 $\Leftrightarrow$ 秩 $r(\boldsymbol{\alpha}_1,\boldsymbol{\alpha}_2,\cdots,\boldsymbol{\alpha}_s)=s\Leftrightarrow$ 方程组 $x_1\boldsymbol{\alpha}_1+x_2\boldsymbol{\alpha}_2+\cdots+x_s\boldsymbol{\alpha}_s=\mathbf{0}$ 只有零解.

n 个 n 维向量 $\boldsymbol{\alpha}_1,\boldsymbol{\alpha}_2,\cdots,\boldsymbol{\alpha}_n$ 线性无关 $\Leftrightarrow|\boldsymbol{\alpha}_1,\boldsymbol{\alpha}_2,\cdots,\boldsymbol{\alpha}_n|\neq0$.

302 【答案】 -1 或 -2

【分析】 n 个 n 维向量 $\boldsymbol{\alpha}_1,\boldsymbol{\alpha}_2,\cdots,\boldsymbol{\alpha}_n$ 线性相关 $\Leftrightarrow|\boldsymbol{\alpha}_1,\boldsymbol{\alpha}_2,\cdots,\boldsymbol{\alpha}_n|=0$.

$$|\boldsymbol{\alpha}_1,\boldsymbol{\alpha}_2,\boldsymbol{\alpha}_3|=\begin{vmatrix}a+1&a&a-1\\1&-2&-3\\a&2-a&4-a\end{vmatrix}=\begin{vmatrix}2a+2&0&0\\1&-2&-3\\a&2-a&4-a\end{vmatrix}$$

$$=-2(a+1)(a+2)$$

本题把每行都加到第 1 行略简便.

303 【答案】 $a\neq\frac{1}{9}$

【分析】 由于

$$[\boldsymbol{\alpha}_1-3\boldsymbol{\alpha}_3,a\boldsymbol{\alpha}_1+\boldsymbol{\alpha}_2+2\boldsymbol{\alpha}_3,2\boldsymbol{\alpha}_1+3\boldsymbol{\alpha}_2+\boldsymbol{\alpha}_3]=[\boldsymbol{\alpha}_1,\boldsymbol{\alpha}_2,\boldsymbol{\alpha}_3]\begin{bmatrix}1&a&2\\0&1&3\\-3&2&1\end{bmatrix}$$

那么$\boldsymbol{\alpha}_1-3\boldsymbol{\alpha}_3,a\boldsymbol{\alpha}_1+\boldsymbol{\alpha}_2+2\boldsymbol{\alpha}_3,2\boldsymbol{\alpha}_1+3\boldsymbol{\alpha}_2+\boldsymbol{\alpha}_3$ 线性无关$\Leftrightarrow$

$r[\boldsymbol{\alpha}_1-3\boldsymbol{\alpha}_3,a\boldsymbol{\alpha}_1+\boldsymbol{\alpha}_2+2\boldsymbol{\alpha}_3,2\boldsymbol{\alpha}_1+3\boldsymbol{\alpha}_2+\boldsymbol{\alpha}_3]=3$

因 $\boldsymbol{\alpha}_1,\boldsymbol{\alpha}_2,\boldsymbol{\alpha}_3$ 线性无关,秩 $r(\boldsymbol{\alpha}_1,\boldsymbol{\alpha}_2,\boldsymbol{\alpha}_3)=3$. 所以

$r[\boldsymbol{\alpha}_1-3\boldsymbol{\alpha}_3,a\boldsymbol{\alpha}_1+\boldsymbol{\alpha}_2+2\boldsymbol{\alpha}_3,2\boldsymbol{\alpha}_1+3\boldsymbol{\alpha}_2+\boldsymbol{\alpha}_3]=3$

$\Leftrightarrow$ 矩阵$\begin{bmatrix}1&a&2\\0&1&3\\-3&2&1\end{bmatrix}$可逆$\Leftrightarrow\begin{vmatrix}1&a&2\\0&1&3\\-3&2&1\end{vmatrix}=1-9a\neq0.$

304 【答案】 $a\neq1$

【分析】 $\boldsymbol{\alpha}_1,\boldsymbol{\alpha}_2,\boldsymbol{\alpha}_3$ 可表示任一个三维向量

$\Leftrightarrow\boldsymbol{\alpha}_1,\boldsymbol{\alpha}_2,\boldsymbol{\alpha}_3$ 与 $\boldsymbol{\varepsilon}_1=(1,0,0)^{\mathrm{T}},\boldsymbol{\varepsilon}_2=(0,1,0)^{\mathrm{T}},\boldsymbol{\varepsilon}_3=(0,0,1)^{\mathrm{T}}$ 等价

$\Leftrightarrow$ 秩 $r(\boldsymbol{\alpha}_1,\boldsymbol{\alpha}_2,\boldsymbol{\alpha}_3)=3$

$\Leftrightarrow|\boldsymbol{\alpha}_1,\boldsymbol{\alpha}_2,\boldsymbol{\alpha}_3|\neq0$

由$\begin{vmatrix}1&2&0\\4&7&1\\2&3&a\end{vmatrix}=\begin{vmatrix}1&0&0\\4&-1&1\\2&-1&a\end{vmatrix}=1-a\neq0$,所以 $a\neq1$.

【评注】 若 $\boldsymbol{\alpha}_1,\boldsymbol{\alpha}_2,\cdots,\boldsymbol{\alpha}_n$ 可以表示任一个 n 维向量,那么 $\boldsymbol{\alpha}_1,\boldsymbol{\alpha}_2,\cdots,\boldsymbol{\alpha}_n$ 可以表示

$$\boldsymbol{\varepsilon}_1=(1,0,0,\cdots,0)^{\mathrm{T}},\boldsymbol{\varepsilon}_2=(0,1,0,\cdots,0)^{\mathrm{T}},\cdots,\boldsymbol{\varepsilon}_n=(0,0,0,\cdots,1)^{\mathrm{T}}$$

显然,$\boldsymbol{\varepsilon}_1,\boldsymbol{\varepsilon}_2,\cdots,\boldsymbol{\varepsilon}_n$ 亦可表示 $\boldsymbol{\alpha}_1,\boldsymbol{\alpha}_2,\cdots,\boldsymbol{\alpha}_n$. 于是 $\boldsymbol{\alpha}_1,\boldsymbol{\alpha}_2,\cdots,\boldsymbol{\alpha}_n$ 与 $\boldsymbol{\varepsilon}_1,\boldsymbol{\varepsilon}_2,\cdots,\boldsymbol{\varepsilon}_n$ 可互相线性表出,从而它们有相同的秩. 故

$$r(\boldsymbol{\alpha}_1,\boldsymbol{\alpha}_2,\cdots,\boldsymbol{\alpha}_n)=r(\boldsymbol{\varepsilon}_1,\boldsymbol{\varepsilon}_2,\cdots,\boldsymbol{\varepsilon}_n)=n$$

所以 $\boldsymbol{\alpha}_1,\boldsymbol{\alpha}_2,\cdots,\boldsymbol{\alpha}_n$ 线性无关.

反之,若 $\boldsymbol{\alpha}_1,\boldsymbol{\alpha}_2,\cdots,\boldsymbol{\alpha}_n$ 线性无关,则因 $\boldsymbol{\alpha}_1,\boldsymbol{\alpha}_2,\cdots,\boldsymbol{\alpha}_n,\boldsymbol{\beta}$ 是 $n+1$ 个 n 维向量必线性相关,从而 $\boldsymbol{\beta}$ 可由 $\boldsymbol{\alpha}_1,\boldsymbol{\alpha}_2,\cdots,\boldsymbol{\alpha}_n$ 线性表出.

即 $\boldsymbol{\alpha}_1,\boldsymbol{\alpha}_2,\cdots,\boldsymbol{\alpha}_n$ 线性无关的充分必要条件是 $\boldsymbol{\alpha}_1,\boldsymbol{\alpha}_2,\cdots,\boldsymbol{\alpha}_n$ 可表示任一个 n 维向量.

305 【答案】 $-\frac{1}{2}$

【分析】 秩 $r(\boldsymbol{\alpha}_1,\boldsymbol{\alpha}_2,\boldsymbol{\alpha}_3)=2$ 说明向量组 $\boldsymbol{\alpha}_1,\boldsymbol{\alpha}_2,\boldsymbol{\alpha}_3$ 线性相关.

$$|\boldsymbol{\alpha}_1,\boldsymbol{\alpha}_2,\boldsymbol{\alpha}_3|=\begin{vmatrix}a&a&1\\a&1&a\\1&a&a\end{vmatrix}=\begin{vmatrix}2a+1&2a+1&2a+1\\a&1&a\\1&a&a\end{vmatrix}$$

$$=-(2a+1)(a-1)^2=0$$

当 $a=1$ 时,$\boldsymbol{\alpha}_1=\boldsymbol{\alpha}_2=\boldsymbol{\alpha}_3$,秩 $r(\boldsymbol{\alpha}_1,\boldsymbol{\alpha}_2,\boldsymbol{\alpha}_3)=1$ 不合题意.

所以 $a=-\frac{1}{2}$ 时 $\boldsymbol{\alpha}_1,\boldsymbol{\alpha}_2,\boldsymbol{\alpha}_3$ 线性相关，秩为 2.

或者，经初等变换向量组的秩不变，有

$$[\boldsymbol{\alpha}_1,\boldsymbol{\alpha}_2,\boldsymbol{\alpha}_3]=\begin{bmatrix}a&a&1\\a&1&a\\1&a&a\end{bmatrix}\to\begin{bmatrix}1&a&a\\a&1&a\\a&a&1\end{bmatrix}\to\begin{bmatrix}1&a&a\\0&1-a^2&a-a^2\\0&a-1&1-a\end{bmatrix}$$

如 $a=1$，秩 $r(\boldsymbol{\alpha}_1,\boldsymbol{\alpha}_2,\boldsymbol{\alpha}_3)=1$.

下设 $a\neq 1$，有

$$[\boldsymbol{\alpha}_1,\boldsymbol{\alpha}_2,\boldsymbol{\alpha}_3]\to\begin{bmatrix}1&a&a\\0&1+a&a\\0&1&-1\end{bmatrix}\to\begin{bmatrix}1&a&a\\0&1&-1\\0&0&2a+1\end{bmatrix}$$

所以 $r(\boldsymbol{\alpha}_1,\boldsymbol{\alpha}_2,\boldsymbol{\alpha}_3)=2\Leftrightarrow a=-\frac{1}{2}$.

306 【答案】 $\boldsymbol{\alpha}_1,\boldsymbol{\alpha}_2,\boldsymbol{\alpha}_5$

【分析】 对 $[\boldsymbol{\alpha}_1,\boldsymbol{\alpha}_2,\boldsymbol{\alpha}_3,\boldsymbol{\alpha}_4,\boldsymbol{\alpha}_5]$ 作初等行变换，有

$$\begin{bmatrix}2&1&3&5&0\\1&2&3&1&0\\3&1&4&8&2\end{bmatrix}\to\begin{bmatrix}1&2&3&1&0\\2&1&3&5&0\\3&1&4&8&2\end{bmatrix}\to\begin{bmatrix}1&2&3&1&0\\0&1&1&-1&0\\0&0&0&0&1\end{bmatrix}$$

第一，二，五列三阶子式不为 0，故极大无关组可以是 $\boldsymbol{\alpha}_1,\boldsymbol{\alpha}_2,\boldsymbol{\alpha}_5$.

307 【答案】 $-\frac{1}{3}$

【分析】 $\boldsymbol{\beta}+\boldsymbol{\alpha}_1,\boldsymbol{\beta}+\boldsymbol{\alpha}_2,a\boldsymbol{\beta}+\boldsymbol{\alpha}_3$ 线性相关，存在不全为零的数 k_1,k_2,k_3，使得

$$k_1(\boldsymbol{\beta}+\boldsymbol{\alpha}_1)+k_2(\boldsymbol{\beta}+\boldsymbol{\alpha}_2)+k_3(a\boldsymbol{\beta}+\boldsymbol{\alpha}_3)=\mathbf{0}$$

整理有

$$(k_1+k_2+k_3a)\boldsymbol{\beta}+(k_1\boldsymbol{\alpha}_1+k_2\boldsymbol{\alpha}_2+k_3\boldsymbol{\alpha}_3)=\mathbf{0}$$

因已知 $2\boldsymbol{\alpha}_1-\boldsymbol{\alpha}_2+3\boldsymbol{\alpha}_3=\mathbf{0}$，且 $\boldsymbol{\beta}$ 是任意向量，使上式成立，只需取 $k_1=2,k_2=-1,k_3=3$，则有 $2\boldsymbol{\alpha}_1-\boldsymbol{\alpha}_2+3\boldsymbol{\alpha}_3=\mathbf{0}$，且令 $\boldsymbol{\beta}$ 的系数为 0，即 $k_1+k_2+ak_3=2-1+3a=0$，即 $a=-\frac{1}{3}$.

B 组

308 【答案】 -1

【分析】 因为 $\boldsymbol{\alpha}_1+2\boldsymbol{\alpha}_2+\boldsymbol{\alpha}_3,\boldsymbol{\alpha}_1+a\boldsymbol{\alpha}_2,3\boldsymbol{\alpha}_2+\boldsymbol{\alpha}_3$ 线性相关，故有不全为 0 的 x_1,x_2,x_3 使

$$x_1(\boldsymbol{\alpha}_1+2\boldsymbol{\alpha}_2+\boldsymbol{\alpha}_3)+x_2(\boldsymbol{\alpha}_1+a\boldsymbol{\alpha}_2)+x_3(3\boldsymbol{\alpha}_2+\boldsymbol{\alpha}_3)=\mathbf{0}$$

即 $(x_1+x_2)\boldsymbol{\alpha}_1+(2x_1+ax_2+3x_3)\boldsymbol{\alpha}_2+(x_1+x_3)\boldsymbol{\alpha}_3=\mathbf{0}$.

由于 $\boldsymbol{\alpha}_1,\boldsymbol{\alpha}_2,\boldsymbol{\alpha}_3$ 线性无关，故必有

$$\begin{cases}x_1+x_2=0\\2x_1+ax_2+3x_3=0\\x_1+x_3=0\end{cases}$$

因为 x_1,x_2,x_3 不全为 0，所以上述齐次方程组有非零解，系数行列式必为 0，于是

$$\begin{vmatrix}1&1&0\\2&a&3\\1&0&1\end{vmatrix}=\begin{vmatrix}1&0&0\\2&a-2&3\\1&-1&1\end{vmatrix}=a+1=0$$

从而 $a=-1$.

【评注】 若看清行列式 $\begin{vmatrix}1&1&0\\2&a&3\\1&0&1\end{vmatrix}$ 的书写规律,这一类填空题就很容易计算了.

另外$[\boldsymbol{\alpha}_1+2\boldsymbol{\alpha}_2+\boldsymbol{\alpha}_3,\boldsymbol{\alpha}_1+a\boldsymbol{\alpha}_2,3\boldsymbol{\alpha}_2+\boldsymbol{\alpha}_3]=[\boldsymbol{\alpha}_1,\boldsymbol{\alpha}_2,\boldsymbol{\alpha}_3]\begin{bmatrix}1&1&0\\2&a&3\\1&0&1\end{bmatrix}$,$r(\boldsymbol{\alpha}_1,\boldsymbol{\alpha}_2,\boldsymbol{\alpha}_3)=3$,下面如何处理?

309 【答案】 3

【分析】 设 $x_1\boldsymbol{\alpha}_1+x_2\boldsymbol{\alpha}_2+x_3\boldsymbol{\alpha}_3=\boldsymbol{\beta}$,由题意

$\boldsymbol{\beta}$ 可由 $\boldsymbol{\alpha}_1,\boldsymbol{\alpha}_2,\boldsymbol{\alpha}_3$ 线性表示且表示法不唯一$\Leftrightarrow$ 方程组 $\boldsymbol{A}\boldsymbol{x}=\boldsymbol{\beta}$ 有无穷多解

$$\Leftrightarrow r(\boldsymbol{A})=r(\overline{\boldsymbol{A}})<3$$

$$\overline{\boldsymbol{A}}=[\boldsymbol{\alpha}_1,\boldsymbol{\alpha}_2,\boldsymbol{\alpha}_3\mid\boldsymbol{\beta}]=\left[\begin{array}{ccc:c}1&2&1&1\\2&3&a+2&3\\1&a&-2&0\end{array}\right]\to\left[\begin{array}{ccc:c}1&2&1&1\\0&-1&a&1\\0&0&a^2-2a-3&a-3\end{array}\right]$$

可见 $r(\boldsymbol{A})=r(\overline{\boldsymbol{A}})<3\Leftrightarrow a=3$.

310 【答案】 $a\neq 0$

【分析】 $\boldsymbol{\beta}$ 不能由 $\boldsymbol{\alpha}_1,\boldsymbol{\alpha}_2,\boldsymbol{\alpha}_3$ 线性表示 $\Leftrightarrow$ 方程组 $x_1\boldsymbol{\alpha}_1+x_2\boldsymbol{\alpha}_2+x_3\boldsymbol{\alpha}_3=\boldsymbol{\beta}$ 无解.

$$\left[\begin{array}{ccc:c}1&2&5&7\\3&-1&1&a\\2&4&6&14\\0&1&2&3\end{array}\right]\to\left[\begin{array}{ccc:c}1&2&5&7\\0&1&2&3\\0&-7&-14&a-21\\0&0&-4&0\end{array}\right]\to\left[\begin{array}{ccc:c}1&2&5&7\\0&1&2&3\\0&0&1&0\\0&0&0&a\end{array}\right].$$

311 【答案】 4

【分析】 $\boldsymbol{\alpha}_1,\boldsymbol{\alpha}_2,\boldsymbol{\alpha}_3$ 是3个3维向量,若其线性无关,则任一个3维向量均可由 $\boldsymbol{\alpha}_1,\boldsymbol{\alpha}_2,\boldsymbol{\alpha}_3$ 线性表示,现存在 $\boldsymbol{\gamma}$ 不能由 $\boldsymbol{\alpha}_1,\boldsymbol{\alpha}_2,\boldsymbol{\alpha}_3$ 线性表示. 故必有

$$|\boldsymbol{\alpha}_1,\boldsymbol{\alpha}_2,\boldsymbol{\alpha}_3|=\begin{vmatrix}1&1&a\\1&-1&2\\-1&a&1\end{vmatrix}=(a-4)(a+1)=0$$

如 $a=-1$,

$$(\boldsymbol{\alpha}_1,\boldsymbol{\alpha}_2,\boldsymbol{\alpha}_3,\boldsymbol{\beta})=\left[\begin{array}{ccc:c}1&1&-1&4\\1&-1&2&-4\\-1&-1&1&1\end{array}\right]\to\left[\begin{array}{ccc:c}1&1&-1&4\\0&-2&3&-8\\0&0&0&5\end{array}\right]$$

$\boldsymbol{\beta}$ 不能由 $\boldsymbol{\alpha}_1,\boldsymbol{\alpha}_2,\boldsymbol{\alpha}_3$ 线性表示,故 $a=4$.

当然也可以

$$(\boldsymbol{\alpha}_1,\boldsymbol{\alpha}_2,\boldsymbol{\alpha}_3,\boldsymbol{\beta})=\left[\begin{array}{ccc:c}1&1&a&4\\1&-1&2&-4\\-1&a&1&a^2\end{array}\right]\to\left[\begin{array}{ccc:c}1&1&a&4\\0&2&a-2&8\\0&0&(a+1)(a-4)&2a(4-a)\end{array}\right]$$

再分析判断.

312 【答案】 3

【分析】 由于 $\boldsymbol{\alpha}_1,\boldsymbol{\alpha}_2$ 线性无关，$\boldsymbol{\alpha}_4$ 不能由 $\boldsymbol{\alpha}_1,\boldsymbol{\alpha}_2$ 线性表示，所以 $\boldsymbol{\alpha}_1,\boldsymbol{\alpha}_2,\boldsymbol{\alpha}_4$ 线性无关. 由题设 $\boldsymbol{\alpha}_3$ 可由 $\boldsymbol{\alpha}_1,\boldsymbol{\alpha}_2$ 线性表示，所以可由 $\boldsymbol{\alpha}_1,\boldsymbol{\alpha}_2,\boldsymbol{\alpha}_4$ 线性表示，故 $\boldsymbol{\alpha}_1,\boldsymbol{\alpha}_2,\boldsymbol{\alpha}_4$ 为向量组 $\boldsymbol{\alpha}_1,\boldsymbol{\alpha}_2,\boldsymbol{\alpha}_3,\boldsymbol{\alpha}_4$ 的极大线性无关组，于是向量组 $\boldsymbol{\alpha}_1,\boldsymbol{\alpha}_2,\boldsymbol{\alpha}_3,\boldsymbol{\alpha}_4$ 的秩为 3，从而 $r(\boldsymbol{A})=3$.

【评注】 矩阵的秩等于其行向量组的秩，也等于其列向量组的秩.

线性方程组

A 组

313 【答案】 $(-1,-1,1,0)^{\mathrm{T}},(1,-1,0,1)^{\mathrm{T}}$

【分析】 对系数矩阵加减消元，有

$$\boldsymbol{A}=\begin{bmatrix}1&2&3&1\\2&-1&1&-3\\1&0&1&-1\end{bmatrix}\to\begin{bmatrix}1&0&1&-1\\0&1&1&1\\0&0&0&0\end{bmatrix}$$

$$n-r(\boldsymbol{A})=4-2=2$$

令 $x_3=1,x_4=0$ 得 $x_2=-1,x_1=-1$.

令 $x_3=0,x_4=1$ 得 $x_2=-1,x_1=1$.

所以基础解系为 $(-1,-1,1,0)^{\mathrm{T}},(1,-1,0,1)^{\mathrm{T}}$.

314 【答案】 -5 或 -6

【分析】 齐次方程组 $\boldsymbol{Ax}=\mathbf{0}$ 有无穷多解的充分必要条件是 $r(\boldsymbol{A})<n$（n 是未知量的个数）. 现在是三个未知数三个方程的齐次方程组，故可以用系数行列式 $|\boldsymbol{A}|=0$.

$$|\boldsymbol{A}|=\begin{vmatrix}a&-3&3\\1&a+2&3\\2&1&-1\end{vmatrix}=\begin{vmatrix}a&0&3\\1&a+5&3\\2&0&-1\end{vmatrix}$$

$$=(a+5)\begin{vmatrix}a&3\\2&-1\end{vmatrix}=(a+5)(-a-6)=0$$

故 $a=-5$ 或 $a=-6$.

【评注】 对 n 个未知数 n 个方程的齐次线性方程组作是否有非零解的判定时，既可以用秩也可以用行列式. 如果方程个数与未知数个数不相等，那么一定用秩.

315 【答案】 2

【分析】 $r(\boldsymbol{A}^{\mathrm{T}})=r(\boldsymbol{A})$，又齐次方程组 $\boldsymbol{Ax}=\mathbf{0}$ 的基础解系中，解向量的个数为 $n-r(\boldsymbol{A})$. 因 $n-r(\boldsymbol{A})=4-r(\boldsymbol{A})=2$ 知 $r(\boldsymbol{A})=2$，故 $r(\boldsymbol{A}^{\mathrm{T}})=2$.

316 【答案】 $k_1(1,2,0)^T + k_2(-2,1,1)^T, k_1, k_2$ 是任意实数

【分析】 易见行列式 $|\boldsymbol{A}| = 0$，秩 $r(\boldsymbol{A}) = 2$. 那么 $r(\boldsymbol{A}^*) = 1$.

从而 $n - r(\boldsymbol{A}^*) = 2$，齐次方程组 $\boldsymbol{A}^*\boldsymbol{x} = \boldsymbol{0}$ 通解形式为 $k_1\boldsymbol{\eta}_1 + k_2\boldsymbol{\eta}_2$.

又 $\boldsymbol{A}^*\boldsymbol{A} = |\boldsymbol{A}|\boldsymbol{E} = \boldsymbol{O}$，所以 $\boldsymbol{A}$ 的列向量是齐次方程组 $\boldsymbol{A}^*\boldsymbol{x} = \boldsymbol{0}$ 的解.

B 组

317 【答案】 $k(-3,-1,1,2)^T + (-2,1,4,2)^T$，其中 k 是任意常数

【分析】 方程组(1)$\boldsymbol{Ax} = \boldsymbol{b}$ 有唯一解，故 $r(\boldsymbol{A}) = r(\boldsymbol{A} \mid \boldsymbol{b}) = 3$. 显然 $r(\boldsymbol{B}) = r(\boldsymbol{B} \mid \boldsymbol{b}) = 3$，且 $\boldsymbol{\eta}_1 = (1,2,3,0)^T$ 是方程组 $\boldsymbol{B}_{3\times4}\boldsymbol{y} = \boldsymbol{b}$ 的另一个特解.

$\boldsymbol{B}$ 是 3×4 矩阵，故对应齐次方程组 $\boldsymbol{Bx} = \boldsymbol{0}$ 的基础解系只由一个线性无关向量组成，且是 $\boldsymbol{\eta} - \boldsymbol{\eta}_1$. 故(2)的通解为

$$k(\boldsymbol{\eta} - \boldsymbol{\eta}_1) + \boldsymbol{\eta} = k(-3,-1,1,2)^T + (-2,1,4,2)^T\text{，其中 } k \text{ 是任意常数.}$$

318 【答案】 $(1,0,1)^T + k(1,1,0)^T$

【分析】 因方程组 $\boldsymbol{Ax} = \boldsymbol{b}$ 有两个不同的解，有

$$r(\boldsymbol{A}) = r(\overline{\boldsymbol{A}}) < 3$$

又 $\boldsymbol{A}$ 中存在 $\begin{vmatrix} -1 & 2 \\ 5 & -4 \end{vmatrix} \neq 0$，知 $r(\boldsymbol{A}) \geqslant 2$.

故必有 $r(\boldsymbol{A}) = 2, n - r(\boldsymbol{A}) = 3 - 2 = 1$，通解为 $\boldsymbol{\alpha} + k\boldsymbol{\eta}$.

由解的性质 $\boldsymbol{\alpha}_2 - \boldsymbol{\alpha}_1 = (1,1,0)^T$ 是 $\boldsymbol{Ax} = \boldsymbol{0}$ 的解.

本题当然也可用解的概念求出 a, b，再来求解.

319 【答案】 $\begin{bmatrix} 2k & 2l & 2\lambda \\ k & l & \lambda \\ -k & -l & -\lambda \end{bmatrix}$，其中 k, l, λ 是任意常数

【分析】 将 $\boldsymbol{B}$ 按列分块，设 $\boldsymbol{B} = [\boldsymbol{\beta}_1, \boldsymbol{\beta}_2, \boldsymbol{\beta}_3]$ 则

$\boldsymbol{AB} = \boldsymbol{A}[\boldsymbol{\beta}_1, \boldsymbol{\beta}_2, \boldsymbol{\beta}_3] = [\boldsymbol{A\beta}_1, \boldsymbol{A\beta}_2, \boldsymbol{A\beta}_3] = \boldsymbol{O} \Leftrightarrow \boldsymbol{A\beta}_1 = \boldsymbol{0}, \boldsymbol{A\beta}_2 = \boldsymbol{0}, \boldsymbol{A\beta}_3 = \boldsymbol{0}$，故 $\boldsymbol{\beta}_1, \boldsymbol{\beta}_2, \boldsymbol{\beta}_3$ 都是齐次线性方程组 $\boldsymbol{Ax} = \boldsymbol{0}$ 的解向量.

对齐次线性方程组 $\boldsymbol{Ax} = \boldsymbol{0}$，求出其通解，有

$$\boldsymbol{A} = \begin{bmatrix} 1 & -2 & 0 \\ 2 & 1 & 5 \\ 0 & 1 & 1 \end{bmatrix} \to \begin{bmatrix} 1 & -2 & 0 \\ 0 & 5 & 5 \\ 0 & 1 & 1 \end{bmatrix} \to \begin{bmatrix} 1 & -2 & 0 \\ 0 & 1 & 1 \\ 0 & 0 & 0 \end{bmatrix}$$

$\boldsymbol{Ax} = \boldsymbol{0}$ 有通解 $k[2,1,-1]^T$，取 $\boldsymbol{\beta}_i, i = 1,2,3$ 为 $\boldsymbol{Ax} = \boldsymbol{0}$ 的通解，再合并成 $\boldsymbol{B}$，得

$$\boldsymbol{B} = \begin{bmatrix} 2k & 2l & 2\lambda \\ k & l & \lambda \\ -k & -l & -\lambda \end{bmatrix}\text{，其中 } k, l, \lambda \text{ 是任意常数.}$$

【评注】 $AB=O$时，B的每一列都是$Ax=0$的解，反之将$Ax=0$的解合并成矩阵B，则有$AB=O$，题设要求所有满足$AB=O$的B，故应取不同的任意常数k,l,λ，将$Ax=0$和$AB=O$联系起来是重要的.

本题若已知A，求满足$BA=O$的所有的B，该如何求？

特征值和特征向量

A 组

320 【答案】 4

【分析】 基础考题，由特征多项式

$$|\lambda E-A|=\begin{vmatrix}\lambda & 2 & 2\\-2 & \lambda-2 & 2\\2 & 2 & \lambda-2\end{vmatrix}=\begin{vmatrix}\lambda & 2 & 2\\-2 & \lambda-2 & 2\\0 & \lambda & \lambda\end{vmatrix}$$

$$=\begin{vmatrix}\lambda & 0 & 2\\-2 & \lambda-4 & 2\\0 & 0 & \lambda\end{vmatrix}=\lambda^2(\lambda-4).$$

321 【答案】 -5

【分析】 设α是矩阵A^{-1}属于特征值λ_0的特征向量，按定义有$A^{-1}\alpha=\lambda_0\alpha$，于是$\alpha=\lambda_0A\alpha$. 即

$$\begin{bmatrix}a\\1\\1\end{bmatrix}=\lambda_0\begin{bmatrix}-1 & 2 & 2\\2 & a & -2\\2 & -2 & -1\end{bmatrix}\begin{bmatrix}a\\1\\1\end{bmatrix}$$

即
$$\begin{cases}\lambda_0(-a+2+2)=a & (1)\\\lambda_0(2a+a-2)=1 & (2)\\\lambda_0(2a-2-1)=1 & (3)\end{cases}$$

由(2)或(3)知$\lambda_0\neq0$，(2)－(3)易见$a=-1$，那么$\lambda_0=-\dfrac{1}{5}$. 因为A和A^{-1}的同一个特征向量对应的特征值互为倒数，故α是矩阵A中$\lambda=-5$所对应的特征向量.

【评注】 若已知A的特征向量，通常可用定义法，由$A\alpha=\lambda\alpha$建立方程组来求参数. 本题不要去求A^{-1}，而要通过转换.

322 【答案】 $-2,-\dfrac{1}{2}$

【分析】 由于矩阵$A+2E$与$2A+E$均不可逆，所以$|A+2E|=0$，$|2A+E|=0$，于是$|-2E-A|=0$，$\left|-\dfrac{1}{2}E-A\right|=0$，从而矩阵$A$的特征值为$-2,-\dfrac{1}{2}$.

【评注】 特征值为特征方程$f(\lambda)=|\lambda E-A|=0$的根，所以由$|2A+E|=0$推出$\left|-\dfrac{1}{2}E-A\right|=0$，得到$-\dfrac{1}{2}$为矩阵$A$的一个特征值.

323 【答案】 $k(1,1,1)^{\mathrm{T}},k\neq 0$

【分析】 矩阵 $\boldsymbol{A}$ 各行元素之和均为 5,即

$$\begin{cases}a_{11}+a_{12}+a_{13}=5\\a_{21}+a_{22}+a_{23}=5\\a_{31}+a_{32}+a_{33}=5\end{cases} \quad 即 \quad \begin{bmatrix}a_{11}&a_{12}&a_{13}\\a_{21}&a_{22}&a_{23}\\a_{31}&a_{32}&a_{33}\end{bmatrix}\begin{bmatrix}1\\1\\1\end{bmatrix}=\begin{bmatrix}5\\5\\5\end{bmatrix} \quad 即 \quad \boldsymbol{A}\begin{bmatrix}1\\1\\1\end{bmatrix}=5\begin{bmatrix}1\\1\\1\end{bmatrix}.$$

324 【答案】 8

【分析】 由 $\boldsymbol{A}\sim\boldsymbol{B}$ 有 $\boldsymbol{A}+k\boldsymbol{E}\sim\boldsymbol{B}+k\boldsymbol{E}$,进而 $|\boldsymbol{A}+k\boldsymbol{E}|=|\boldsymbol{B}+k\boldsymbol{E}|$,故

$$|\boldsymbol{A}+2\boldsymbol{E}|=\begin{vmatrix}2&1\\2&5\end{vmatrix}=8.$$

325 【答案】 $k_1\boldsymbol{\alpha}_1+k_2\boldsymbol{\alpha}_2,k_1,k_2$ 不全为 0

【分析】 因 $\boldsymbol{P}^{-1}\boldsymbol{AP}=\boldsymbol{\Lambda}$,知 $\boldsymbol{\Lambda}$ 的主对角线元素是 $\boldsymbol{A}$ 的特征值,故 $\boldsymbol{A}$ 的特征值为 $1,1,-1$. 当 $\boldsymbol{P}^{-1}\boldsymbol{AP}=\boldsymbol{\Lambda}$ 时,$\boldsymbol{P}=(\boldsymbol{\alpha}_1,\boldsymbol{\alpha}_2,\boldsymbol{\alpha}_3)$ 的每列是 $\boldsymbol{A}$ 的相应的特征向量,从而 $\lambda=1$ 的特征向量为 $k_1\boldsymbol{\alpha}_1+k_2\boldsymbol{\alpha}_2,k_1,k_2$ 不全为 0.

326 【答案】 -2

【分析】 因为 $|\lambda\boldsymbol{E}-\boldsymbol{A}|=\begin{vmatrix}\lambda-3&-1&-2\\0&\lambda-2&-a\\0&0&\lambda-3\end{vmatrix}=(\lambda-2)(\lambda-3)^2$,

所以矩阵 $\boldsymbol{A}$ 的特征值为 2,3,3. 因为矩阵 $\boldsymbol{A}$ 的特征值有二重根,所以

$\boldsymbol{A}\sim\boldsymbol{\Lambda}\Leftrightarrow\lambda=3$ 有两个线性无关的特征向量

$\Leftrightarrow(3\boldsymbol{E}-\boldsymbol{A})\boldsymbol{x}=\boldsymbol{0}$ 有两个线性无关的解

$\Leftrightarrow r(3\boldsymbol{E}-\boldsymbol{A})=1$.

那么 $3\boldsymbol{E}-\boldsymbol{A}=\begin{bmatrix}0&-1&-2\\0&1&-a\\0&0&0\end{bmatrix}\rightarrow\begin{bmatrix}0&-1&-2\\0&0&-a-2\\0&0&0\end{bmatrix}$,可见 $a=-2$.

【评注】 $\boldsymbol{A}$ 是上三角阵,可直接得出其对角元素即是其特征值.

B 组

327 【答案】 $9,-1,-1$

【分析】

$$\boldsymbol{A}=\boldsymbol{\alpha\alpha}^{\mathrm{T}}=\begin{bmatrix}1\\0\\2\end{bmatrix}(1,0,2)=\begin{bmatrix}1&0&2\\0&0&0\\2&0&4\end{bmatrix}$$

$2\boldsymbol{A}$ 的特征值:10,0,0.

从而 $2\boldsymbol{A}-\boldsymbol{E}$ 的特征值:$10-1,0-1,0-1$.

【评注】 $\boldsymbol{\alpha}^{\mathrm{T}}\boldsymbol{\alpha}=(1,0,2)\begin{bmatrix}1\\0\\2\end{bmatrix}=1+0+4=\sum a_{ii}$.

$\boldsymbol{\alpha}^{\mathrm{T}}\boldsymbol{\alpha}$ 是矩阵 $\boldsymbol{\alpha}\boldsymbol{\alpha}^{\mathrm{T}}$ 的非零特征值.

328 【答案】 $k(0,1,1)^{\mathrm{T}},k\neq 0$

【分析】 因为 $\boldsymbol{A}$ 是实对称矩阵，不同特征值对应的特征向量相互正交，设 $\lambda=-2$ 的特征向量是 $\boldsymbol{\alpha}_3=(x_1,x_2,x_3)^{\mathrm{T}}$，那么

$$\begin{cases}\boldsymbol{\alpha}_1^{\mathrm{T}}\boldsymbol{\alpha}_2=4-2-2a=0\\ \boldsymbol{\alpha}_3^{\mathrm{T}}\boldsymbol{\alpha}_1=x_1+2x_2-2x_3=0\\ \boldsymbol{\alpha}_3^{\mathrm{T}}\boldsymbol{\alpha}_2=4x_1-x_2+ax_3=0\end{cases}$$

可先求出 $a=1$，再由

$$\begin{cases}x_1+2x_2-2x_3=0\\ 4x_1-x_2+x_3=0\end{cases}$$

得到基础解系 $(0,1,1)^{\mathrm{T}}$，所以 $\boldsymbol{\alpha}_3=(0,k,k)^{\mathrm{T}},k\neq 0$.

329 【答案】 $k_1(\boldsymbol{\alpha}_1+\boldsymbol{\alpha}_2)+k_2(-2\boldsymbol{\alpha}_1+\boldsymbol{\alpha}_3)$，$k_1,k_2$ 不全为 0

【分析】 由于 $|\lambda\boldsymbol{E}-\boldsymbol{B}|=\begin{vmatrix}\lambda-1&1&-2\\-2&\lambda+2&-4\\-1&1&\lambda-2\end{vmatrix}=\lambda^2(\lambda-1)$

对于 $\lambda=0$，由 $(0\boldsymbol{E}-\boldsymbol{B})=\begin{bmatrix}-1&1&-2\\-2&2&-4\\-1&1&-2\end{bmatrix}\rightarrow\begin{bmatrix}1&-1&2\\0&0&0\\0&0&0\end{bmatrix}$ 得基础解系

$$\boldsymbol{\beta}_1=(1,1,0)^{\mathrm{T}},\boldsymbol{\beta}_2=(-2,0,1)^{\mathrm{T}}.$$

所以矩阵 $\boldsymbol{A}$ 关于 $\lambda=0$ 的特征向量：

$$\boldsymbol{P\beta}_1=(\boldsymbol{\alpha}_1,\boldsymbol{\alpha}_2,\boldsymbol{\alpha}_3)\begin{bmatrix}1\\1\\0\end{bmatrix}=\boldsymbol{\alpha}_1+\boldsymbol{\alpha}_2,\boldsymbol{P\beta}_2=(\boldsymbol{\alpha}_1,\boldsymbol{\alpha}_2,\boldsymbol{\alpha}_3)\begin{bmatrix}-2\\0\\1\end{bmatrix}=-2\boldsymbol{\alpha}_1+\boldsymbol{\alpha}_3.$$

【评注】 如 $\boldsymbol{P}^{-1}\boldsymbol{AP}=\boldsymbol{B},\boldsymbol{B\alpha}=\lambda\boldsymbol{\alpha}$ 有 $\boldsymbol{P}^{-1}\boldsymbol{AP\alpha}=\lambda\boldsymbol{\alpha}$ 即有 $\boldsymbol{A}(\boldsymbol{P\alpha})=\lambda(\boldsymbol{P\alpha})$.

330 【答案】 4

【分析】 由 $\boldsymbol{A}\sim\boldsymbol{B}$ 有 $\boldsymbol{A}+k\boldsymbol{E}\sim\boldsymbol{B}+k\boldsymbol{E}$，进而 $r(\boldsymbol{A}+k\boldsymbol{E})=r(\boldsymbol{B}+k\boldsymbol{E})$.

于是 $\boldsymbol{A}-\boldsymbol{E}\sim\boldsymbol{B}-\boldsymbol{E}=\begin{bmatrix}0&0&0\\0&0&2\\0&2&0\end{bmatrix},\boldsymbol{A}+\boldsymbol{E}\sim\boldsymbol{B}+\boldsymbol{E}=\begin{bmatrix}2&0&0\\0&2&2\\0&2&2\end{bmatrix}$.

从而 $r(\boldsymbol{A}-\boldsymbol{E})+r(\boldsymbol{A}+\boldsymbol{E})=r(\boldsymbol{B}-\boldsymbol{E})+r(\boldsymbol{B}+\boldsymbol{E})=2+2=4$.

331 【答案】 $-1,-1,2$

【分析】 由题设得 $\boldsymbol{A}(\boldsymbol{\alpha}_1,\boldsymbol{\alpha}_2,\boldsymbol{\alpha}_3)=(\boldsymbol{A\alpha}_1,\boldsymbol{A\alpha}_2,\boldsymbol{A\alpha}_3)=(\boldsymbol{\alpha}_2+\boldsymbol{\alpha}_3,\boldsymbol{\alpha}_1+\boldsymbol{\alpha}_3,\boldsymbol{\alpha}_1+\boldsymbol{\alpha}_2)=(\boldsymbol{\alpha}_1,$

$\boldsymbol{\alpha}_2,\boldsymbol{\alpha}_3)\begin{bmatrix}0&1&1\\1&0&1\\1&1&0\end{bmatrix}$. 由于 $\boldsymbol{\alpha}_1,\boldsymbol{\alpha}_2,\boldsymbol{\alpha}_3$ 线性无关，矩阵 $\boldsymbol{P}=(\boldsymbol{\alpha}_1,\boldsymbol{\alpha}_2,\boldsymbol{\alpha}_3)$ 可逆，于是 $\boldsymbol{P}^{-1}\boldsymbol{AP}=$ $\begin{bmatrix}0&1&1\\1&0&1\\1&1&0\end{bmatrix}$,即矩阵 $\boldsymbol{A}$ 与 $\boldsymbol{B}=\begin{bmatrix}0&1&1\\1&0&1\\1&1&0\end{bmatrix}$ 相似. 又 $|\lambda\boldsymbol{E}-\boldsymbol{B}|=(\lambda+1)^2(\lambda-2)$,所以矩阵 $\boldsymbol{A}$ 与 $\boldsymbol{B}$ 的特征值均为 $-1,-1,2$.

332 【答案】 $\begin{bmatrix}\frac{1}{\sqrt{2}}&\frac{1}{\sqrt{6}}&\frac{1}{\sqrt{3}}\\0&\frac{2}{\sqrt{6}}&-\frac{1}{\sqrt{3}}\\-\frac{1}{\sqrt{2}}&\frac{1}{\sqrt{6}}&\frac{1}{\sqrt{3}}\end{bmatrix}$

【分析】 因为实对称矩阵特征值不同特征向量相互正交.

设 $\boldsymbol{\alpha}_3=(x_1,x_2,x_3)^{\mathrm{T}}$ 是矩阵 $\boldsymbol{A}$ 属于 $\lambda=6$ 的特征向量,则

$$\begin{cases}\boldsymbol{\alpha}_3^{\mathrm{T}}\boldsymbol{\alpha}_1=x_1\quad-x_3=0\\\boldsymbol{\alpha}_3^{\mathrm{T}}\boldsymbol{\alpha}_2=\quad x_2+x_3=0\end{cases}\Rightarrow\boldsymbol{\alpha}_3=(1,-1,1)^{\mathrm{T}}$$

由于 $\lambda=3$ 的特征向量 $\boldsymbol{\alpha}_1,\boldsymbol{\alpha}_2$ 不正交,故需正交化处理.

令 $\boldsymbol{\beta}_1=\boldsymbol{\alpha}_1=\begin{pmatrix}1\\0\\-1\end{pmatrix},\boldsymbol{\beta}_2=\boldsymbol{\alpha}_2-\dfrac{(\boldsymbol{\alpha}_2,\boldsymbol{\beta}_1)}{(\boldsymbol{\beta}_1,\boldsymbol{\beta}_1)}\boldsymbol{\beta}_1=\begin{pmatrix}0\\1\\1\end{pmatrix}+\dfrac{1}{2}\begin{pmatrix}1\\0\\-1\end{pmatrix}=\dfrac{1}{2}\begin{pmatrix}1\\2\\1\end{pmatrix}$,再单位化得

$$\boldsymbol{\gamma}_1=\frac{1}{\sqrt{2}}\begin{pmatrix}1\\0\\-1\end{pmatrix},\boldsymbol{\gamma}_2=\frac{1}{\sqrt{6}}\begin{pmatrix}1\\2\\1\end{pmatrix},\boldsymbol{\gamma}_3=\frac{1}{\sqrt{3}}\begin{pmatrix}1\\-1\\1\end{pmatrix}$$

那么 $\boldsymbol{Q}=\begin{bmatrix}\frac{1}{\sqrt{2}}&\frac{1}{\sqrt{6}}&\frac{1}{\sqrt{3}}\\0&\frac{2}{\sqrt{6}}&-\frac{1}{\sqrt{3}}\\-\frac{1}{\sqrt{2}}&\frac{1}{\sqrt{6}}&\frac{1}{\sqrt{3}}\end{bmatrix}$ 为所求.

二次型

A 组

333 【答案】 0 或 5

【分析】 二次型矩阵 $\boldsymbol{A}=\begin{bmatrix}a&3&0\\3&2&1\\0&1&a\end{bmatrix}$

二次型的秩为 2,即矩阵 $\boldsymbol{A}$ 的秩 $r(\boldsymbol{A})=2$.

由 $|A| = \begin{vmatrix} a & 3 & 0 \\ 3 & 2 & 1 \\ 0 & 1 & a \end{vmatrix} = 2a^2 - 10a$，且 A 中有二阶子式 $\begin{vmatrix} 3 & 2 \\ 0 & 1 \end{vmatrix} \neq 0$.

所以 $a = 0$ 或 $a = 5$ 时，二次型的秩为 2.

334 【答案】 $z_1^2 - z_2^2$

【分析】 方法 1 对 $f(x_1, x_2, x_3) = 2x_1x_2$ 作可逆线性变换 $\begin{cases} x_1 = y_1 + y_2, \\ x_2 = y_1 - y_2, \\ x_3 = y_3, \end{cases}$ 二次型化为 $2y_1^2 - 2y_2^2$，从而其规范形为 $z_1^2 - z_2^2$.

方法 2 二次型 $f(x_1, x_2, x_3) = 2x_1x_2$ 的矩阵为 $A = \begin{bmatrix} 0 & 1 & 0 \\ 1 & 0 & 0 \\ 0 & 0 & 0 \end{bmatrix}$，由于

$$|\lambda E - A| = \begin{vmatrix} \lambda & -1 & 0 \\ -1 & \lambda & 0 \\ 0 & 0 & \lambda \end{vmatrix} = \lambda(\lambda^2 - 1) = \lambda(\lambda - 1)(\lambda + 1),$$

故矩阵 A 的特征值为 $1, 0, -1$，即正惯性指数为 1，负惯性指数为 1，从而规范形为 $z_1^2 - z_2^2$.

【评注】 如果仅仅求二次型的规范形，只需求出正负惯性指数. 有两种方法确定二次型的正负惯性指数，方法 1，配方法求出二次型的标准形，正（负）平方项的个数 = 正（负）惯性指数. 方法 2，求出二次型矩阵的特征值，正（负）特征值的个数 = 正（负）惯性指数.

335 【答案】 $a > \frac{5}{2}$

【分析】 二次型 f 的矩阵为 $A = \begin{bmatrix} a & 3 & 0 \\ 3 & 4 & 1 \\ 0 & 1 & a \end{bmatrix}$，因为 f 正定 $\Leftrightarrow A$ 的顺序主子式全大于零，即

$$\Delta_1 = a > 0,$$

$$\Delta_2 = \begin{vmatrix} a & 3 \\ 3 & 4 \end{vmatrix} = 4a - 9 > 0,$$

$$\Delta_3 = |A| = 4a^2 - 10a > 0,$$

故 f 正定 $\Leftrightarrow a > \frac{5}{2}$.

【评注】 二次型 x^TAx 正定 $\Leftrightarrow \forall x \neq 0$，恒有 $x^TAx > 0 \Leftrightarrow A$ 的特征值全大于 $0 \Leftrightarrow$ 二次型的正惯性指数 $p = n \Leftrightarrow A$ 与 E 合同，即有可逆矩阵 C 使 $A = C^TC \Leftrightarrow A$ 的顺序主子式全大于 0.

二次型 x^TAx 正定的必要条件：$a_{ii} > 0$ 与 $|A| > 0$.

选　择　题

行列式

A组

336 【答案】 B

【分析】 行列式是不同行不同列元素乘积的代数和,其一般项是

$$(-1)^{\tau(j_1 j_2 \cdots j_n)} a_{1j_1} a_{2j_2} \cdots a_{nj_n}$$

本题中作为 x^4 项,必须每行元素都要有 x 项出现,因而只能是 $a_{14}a_{23}a_{32}a_{41}=x^4$,又

$$\tau(4321)=3+2+1=6$$

于是 x^4 的系数为 $+1$.

对于 x^3 项,必须有 1 行(列)不出现 x 项,因而只能是

$$a_{11}a_{23}a_{32}a_{44}=x^3$$

此时 $\tau(1324)=1$,从而 x^3 的系数为 -1.

$$或\ f(x)=\begin{vmatrix}1&2&3&x\\1&2&x&3\\1&x&2&3\\x&1&2&x\end{vmatrix}=\begin{vmatrix}1&2&3&x-1\\1&2&x&2\\1&x&2&2\\x&1&2&0\end{vmatrix}$$

再分析逆序 $a_{14}a_{23}a_{32}a_{41}=x^3(x-1)$.

对于逆序不熟悉的同学,也可考虑通过计算行列式来处理.

337 【答案】 B

【分析】 方法 1　用行列式的性质与展开定理计算,由于第二行的元素为 1,1,0,0,我们将第一列的(−1)倍加到第二列,将 a_{22} 位置的元素变为零,之后按第二行展开,变为计算三阶行列式,

$$\begin{vmatrix}0&1&2&3\\1&1&0&0\\2&0&2&0\\3&0&0&3\end{vmatrix}=\begin{vmatrix}0&1&2&3\\1&0&0&0\\2&-2&2&0\\3&-3&0&3\end{vmatrix}=-\begin{vmatrix}1&2&3\\-2&2&0\\-3&0&3\end{vmatrix}=-\begin{vmatrix}1&3&3\\-2&0&0\\-3&-3&3\end{vmatrix}=-2\begin{vmatrix}3&3\\-3&3\end{vmatrix}=-36.$$

方法 2　这是一个爪形行列式,用主对角线上的元素将第一列除 a_{11} 位置以外的元素消为零.为此将第二列的(−1)倍加到第一列,将第三列的(−1)倍加到第一列,再将第四列的(−1)倍加到第一列,得

$$\begin{vmatrix}0&1&2&3\\1&1&0&0\\2&0&2&0\\3&0&0&3\end{vmatrix}=\begin{vmatrix}-6&1&2&3\\0&1&0&0\\0&0&2&0\\0&0&0&3\end{vmatrix}=-36.$$

【评注】 方法 2 可以用来计算一般的爪形行列式，例如 $D=\begin{vmatrix} a_1 & b & \cdots & b \\ b & a_2 & \cdots & 0 \\ \vdots & \vdots & & \vdots \\ b & 0 & \cdots & a_n \end{vmatrix}$，$a_i\neq 0(i=1,2,\cdots,n)$. 我们将第 i 列的 $-\dfrac{b}{a_i}$ 加到第一列 $(i=2,\cdots,n)$，将其化为上三角形行列式，

$$D=\begin{vmatrix} a_1 & b & \cdots & b \\ b & a_2 & \cdots & 0 \\ \vdots & \vdots & & \vdots \\ b & 0 & \cdots & a_n \end{vmatrix}=\begin{vmatrix} a_1-\sum\limits_{i=2}^{n}\dfrac{b^2}{a_i} & b & \cdots & b \\ 0 & a_2 & \cdots & 0 \\ \vdots & \vdots & & \vdots \\ 0 & 0 & \cdots & a_n \end{vmatrix}=\left(a_1-\sum_{i=2}^{n}\frac{b^2}{a_i}\right)a_2\cdots a_n.$$

338 【答案】 D

【分析】 $A_{11}+A_{12}+A_{13}+A_{14}=\begin{vmatrix} 1&1&1&1\\0&2&2&0\\0&0&3&3\\4&0&0&4 \end{vmatrix}=\begin{vmatrix} 2&2&0\\0&3&3\\0&0&4 \end{vmatrix}-4\begin{vmatrix} 1&1&1\\2&2&0\\0&3&3 \end{vmatrix}=0.$

本题也可以直接计算代数余子式，计算量较大.

【评注】 由于行列式 $\begin{vmatrix} 1&1&0&0\\0&2&2&0\\0&0&3&3\\4&0&0&4 \end{vmatrix}$ 与行列式 $\begin{vmatrix} 1&1&1&1\\0&2&2&0\\0&0&3&3\\4&0&0&4 \end{vmatrix}$ 只有第一行元素不同，从而这两个行列式第一行元素的代数余子式相同.

339 【答案】 D

【分析】 $|\boldsymbol{B}|=(-1)^{\frac{1}{2}\cdot4\cdot3}4!=24$

$$|\boldsymbol{C}|=4(-1)^{4+4}\begin{vmatrix} 0&1&0\\2&0&2\\3&0&0 \end{vmatrix}=24$$

$$|\boldsymbol{D}|=1\cdot(-1)^{1+2}\begin{vmatrix} 0&0&2\\3&0&0\\0&4&0 \end{vmatrix}=-24.$$

B 组

340 【答案】 D

【分析】 由于 $3\boldsymbol{A}-\boldsymbol{B}=(3\boldsymbol{\alpha}_1,3\boldsymbol{\alpha}_2,3\boldsymbol{\beta}_1)-(\boldsymbol{\alpha}_1,\boldsymbol{\alpha}_2,\boldsymbol{\beta}_2)=(2\boldsymbol{\alpha}_1,2\boldsymbol{\alpha}_2,3\boldsymbol{\beta}_1-\boldsymbol{\beta}_2)$，所以 $|3\boldsymbol{A}-\boldsymbol{B}|=|2\boldsymbol{\alpha}_1,2\boldsymbol{\alpha}_2,3\boldsymbol{\beta}_1-\boldsymbol{\beta}_2|=4|\boldsymbol{\alpha}_1,\boldsymbol{\alpha}_2,3\boldsymbol{\beta}_1-\boldsymbol{\beta}_2|$

$$= 4(|\boldsymbol{\alpha}_1,\boldsymbol{\alpha}_2,3\boldsymbol{\beta}_1| + |\boldsymbol{\alpha}_1,\boldsymbol{\alpha}_2,-\boldsymbol{\beta}_2|) = 4(3a-b).$$

【评注】 注意 $|\boldsymbol{A}+\boldsymbol{B}| \neq |\boldsymbol{A}| + |\boldsymbol{B}|$.

341 【答案】 B

【分析】 因 $(\boldsymbol{A}-\boldsymbol{E})^{-1} = \boldsymbol{A}^2+\boldsymbol{A}+\boldsymbol{E}$. 有

$$(\boldsymbol{A}-\boldsymbol{E})(\boldsymbol{A}^2+\boldsymbol{A}+\boldsymbol{E}) = \boldsymbol{E}, \text{即 } \boldsymbol{A}^3 = 2\boldsymbol{E}$$

那么 $|\boldsymbol{A}|^3 = |\boldsymbol{A}^3| = |2\boldsymbol{E}| = 2^3|\boldsymbol{E}| = 2^3$,故 $|\boldsymbol{A}| = 2$.

342 【答案】 C

【分析】 由于 $\boldsymbol{A}$ 是 3 阶可逆矩阵,所以 $\boldsymbol{A}^* = |\boldsymbol{A}|\boldsymbol{A}^{-1} = 2\boldsymbol{A}^{-1}$,于是

$$|\boldsymbol{A}^{-1}+\boldsymbol{A}^*| = |\boldsymbol{A}^{-1}+2\boldsymbol{A}^{-1}| = |3\boldsymbol{A}^{-1}| = 3^3|\boldsymbol{A}^{-1}| = \frac{27}{2}.$$

343 【答案】 C

【分析】 因 $(\boldsymbol{\alpha}_3,2\boldsymbol{\alpha}_1+\boldsymbol{\alpha}_2,3\boldsymbol{\alpha}_2) = (\boldsymbol{\alpha}_1,\boldsymbol{\alpha}_2,\boldsymbol{\alpha}_3)\begin{bmatrix}0&2&0\\0&1&3\\1&0&0\end{bmatrix}$,故

$$|\boldsymbol{B}| = |\boldsymbol{A}|\cdot\begin{vmatrix}0&2&0\\0&1&3\\1&0&0\end{vmatrix} = 6|\boldsymbol{A}| = 12$$

或者,用行列式性质

$$\begin{aligned}|\boldsymbol{B}| &= |\boldsymbol{\alpha}_3,2\boldsymbol{\alpha}_1+\boldsymbol{\alpha}_2,3\boldsymbol{\alpha}_2| = 3|\boldsymbol{\alpha}_3,2\boldsymbol{\alpha}_1+\boldsymbol{\alpha}_2,\boldsymbol{\alpha}_2|\\ &= 3|\boldsymbol{\alpha}_3,2\boldsymbol{\alpha}_1,\boldsymbol{\alpha}_2| = 6|\boldsymbol{\alpha}_3,\boldsymbol{\alpha}_1,\boldsymbol{\alpha}_2|\\ &= 6|\boldsymbol{\alpha}_1,\boldsymbol{\alpha}_2,\boldsymbol{\alpha}_3| = 6|\boldsymbol{A}| = 12.\end{aligned}$$

344 【答案】 C

【分析】 本题考查行列式的性质,分别对每个行列式作适当的列变换,向 $|\boldsymbol{\alpha}_1,\boldsymbol{\alpha}_2,\boldsymbol{\alpha}_3|$ 靠拢.

(A) $|\boldsymbol{\alpha}_1-\boldsymbol{\alpha}_2,\boldsymbol{\alpha}_2-\boldsymbol{\alpha}_3,\boldsymbol{\alpha}_3-\boldsymbol{\alpha}_1| = |\boldsymbol{0},\boldsymbol{\alpha}_2-\boldsymbol{\alpha}_3,\boldsymbol{\alpha}_3-\boldsymbol{\alpha}_1| = 0$.

(B) $$\begin{aligned}|\boldsymbol{\alpha}_1+\boldsymbol{\alpha}_2,\boldsymbol{\alpha}_2+\boldsymbol{\alpha}_3,\boldsymbol{\alpha}_3+\boldsymbol{\alpha}_1| &= |2(\boldsymbol{\alpha}_1+\boldsymbol{\alpha}_2+\boldsymbol{\alpha}_3),\boldsymbol{\alpha}_2+\boldsymbol{\alpha}_3,\boldsymbol{\alpha}_3+\boldsymbol{\alpha}_1|\\ &= 2|\boldsymbol{\alpha}_1+\boldsymbol{\alpha}_2+\boldsymbol{\alpha}_3,\boldsymbol{\alpha}_2+\boldsymbol{\alpha}_3,\boldsymbol{\alpha}_3+\boldsymbol{\alpha}_1|\\ &= 2|\boldsymbol{\alpha}_1,\boldsymbol{\alpha}_2+\boldsymbol{\alpha}_3,\boldsymbol{\alpha}_3+\boldsymbol{\alpha}_1|\\ &= 2|\boldsymbol{\alpha}_1,\boldsymbol{\alpha}_2+\boldsymbol{\alpha}_3,\boldsymbol{\alpha}_3| = 2|\boldsymbol{A}|.\end{aligned}$$

(C) $|\boldsymbol{\alpha}_1+2\boldsymbol{\alpha}_2,\boldsymbol{\alpha}_3,\boldsymbol{\alpha}_1+\boldsymbol{\alpha}_2| = |\boldsymbol{\alpha}_2,\boldsymbol{\alpha}_3,\boldsymbol{\alpha}_1+\boldsymbol{\alpha}_2| = |\boldsymbol{\alpha}_2,\boldsymbol{\alpha}_3,\boldsymbol{\alpha}_1| = |\boldsymbol{A}|$.

(D) $|\boldsymbol{\alpha}_1,\boldsymbol{\alpha}_2+\boldsymbol{\alpha}_3,\boldsymbol{\alpha}_1+\boldsymbol{\alpha}_2| = |\boldsymbol{\alpha}_1,\boldsymbol{\alpha}_2+\boldsymbol{\alpha}_3,\boldsymbol{\alpha}_2| = |\boldsymbol{\alpha}_1,\boldsymbol{\alpha}_3,\boldsymbol{\alpha}_2| = -|\boldsymbol{A}|$.

请说出每个等号成立的理由,作的什么变换,用的什么性质.

或对(C) 如上题有 $(\boldsymbol{\alpha}_1+2\boldsymbol{\alpha}_2,\boldsymbol{\alpha}_3,\boldsymbol{\alpha}_1+\boldsymbol{\alpha}_2) = (\boldsymbol{\alpha}_1,\boldsymbol{\alpha}_2,\boldsymbol{\alpha}_3)\begin{bmatrix}1&0&1\\2&0&1\\0&1&0\end{bmatrix}$,则

$$|\boldsymbol{C}| = |\boldsymbol{\alpha}_1,\boldsymbol{\alpha}_2,\boldsymbol{\alpha}_3|\begin{vmatrix}1&0&1\\2&0&1\\0&1&0\end{vmatrix} = |\boldsymbol{A}|\cdot 1 = |\boldsymbol{A}|$$

故应选(C).

345 【答案】 D

【分析】 若 $\boldsymbol{A}=\begin{bmatrix}a_{11} & a_{12}\\ a_{21} & a_{22}\end{bmatrix},\boldsymbol{B}=\begin{bmatrix}b_{11} & b_{12}\\ b_{21} & b_{22}\end{bmatrix}$,则由行列式的性质得

$$|\boldsymbol{A}+\boldsymbol{B}|=\begin{vmatrix}a_{11}+b_{11} & a_{12}+b_{12}\\ a_{21}+b_{21} & a_{22}+b_{22}\end{vmatrix}=\begin{vmatrix}a_{11} & a_{12}\\ a_{21} & a_{22}\end{vmatrix}+\begin{vmatrix}a_{11} & b_{12}\\ a_{21} & b_{22}\end{vmatrix}+\begin{vmatrix}b_{11} & a_{12}\\ b_{21} & a_{22}\end{vmatrix}+\begin{vmatrix}b_{11} & b_{12}\\ b_{21} & b_{22}\end{vmatrix},$$

故选项(A) 不正确.

由于 $||\boldsymbol{A}|\boldsymbol{B}|$ 中 $|\boldsymbol{A}|$ 是数,所以 $||\boldsymbol{A}|\boldsymbol{B}|=|\boldsymbol{A}|^n|\boldsymbol{B}|$,故选项(B) 不正确.

由于 $\boldsymbol{A}^*\boldsymbol{A}=|\boldsymbol{A}|\boldsymbol{E}$,所以 $|\boldsymbol{A}^*\boldsymbol{A}|=||\boldsymbol{A}|\boldsymbol{E}|=|\boldsymbol{A}|^n|\boldsymbol{E}|=|\boldsymbol{A}|^n$,于是 $|\boldsymbol{A}^*||\boldsymbol{A}|=|\boldsymbol{A}|^n$,当矩阵 $\boldsymbol{A}$ 可逆时, $|\boldsymbol{A}^*|=|\boldsymbol{A}|^{n-1}$,故选项(C) 不正确.

由行列式的性质知,行列式转置后其值不变,所以 $|\boldsymbol{A}^{\mathrm{T}}|=|\boldsymbol{A}|$,选项(D) 正确.

【评注】 当矩阵 $\boldsymbol{A}$ 可逆时,我们有 $|\boldsymbol{A}^*|=|\boldsymbol{A}|^{n-1}$. 若矩阵 $\boldsymbol{A}$ 不可逆,则 $|\boldsymbol{A}|=0$,此时 $|\boldsymbol{A}^*|=0$,因为 $r(\boldsymbol{A}^*)=\begin{cases}n, & r(\boldsymbol{A})=n\\ 1, & r(\boldsymbol{A})=n-1.\\ 0, & r(\boldsymbol{A})<n-1\end{cases}$

346 【答案】 B

【分析】 由 $|k\boldsymbol{A}|=k^n|\boldsymbol{A}|$, $|\boldsymbol{A}^*|=|\boldsymbol{A}|^{n-1}$,知

$$\left|\frac{1}{3}\boldsymbol{A}^*\right|=\left(\frac{1}{3}\right)^3|\boldsymbol{A}^*|=\frac{1}{27}(|\boldsymbol{A}|)^2=\frac{4}{27}.$$

矩阵

A 组

347 【答案】 B

【分析】 设 $\boldsymbol{\alpha}=(a_1,a_2,a_3)^{\mathrm{T}},\boldsymbol{\beta}=(b_1,b_2,b_3)^{\mathrm{T}}$,

$$\boldsymbol{\alpha}^{\mathrm{T}}\boldsymbol{\beta}=(a_1,a_2,a_3)\begin{bmatrix}b_1\\ b_2\\ b_3\end{bmatrix}=a_1b_1+a_2b_2+a_3b_3$$

$$\boldsymbol{\beta}^{\mathrm{T}}\boldsymbol{\alpha}=(b_1,b_2,b_3)\begin{bmatrix}a_1\\ a_2\\ a_3\end{bmatrix}=a_1b_1+a_2b_2+a_3b_3$$

所以(B) 正确.

注意:$\boldsymbol{A}=\boldsymbol{\alpha}\boldsymbol{\beta}^{\mathrm{T}},\boldsymbol{B}=\boldsymbol{\beta}\boldsymbol{\alpha}^{\mathrm{T}}$ 都是 n 阶矩阵,$\boldsymbol{A}^{\mathrm{T}}=\boldsymbol{B}$,故(A) 不一定正确. (C) 中一个是矩阵,一个是数不可能相等. (D) 中其实是 $k\boldsymbol{\alpha}^{\mathrm{T}}$ 与 $k\boldsymbol{\beta}^{\mathrm{T}}$(其中 $k=a_1b_1+a_2b_2+\cdots+a_nb_n$),也不一定相同.

348 【答案】 C

【分析】 利用行列式代数余子式的定理有 $\boldsymbol{A}\boldsymbol{A}^*=\boldsymbol{A}^*\boldsymbol{A}=|\boldsymbol{A}|\boldsymbol{E}$,

按矩阵乘法定义,有

$$\begin{bmatrix}a_1&0&0\\0&a_2&0\\0&0&a_3\end{bmatrix}\begin{bmatrix}b_1&0&0\\0&b_2&0\\0&0&b_3\end{bmatrix}=\begin{bmatrix}a_1b_1&0&0\\0&a_2b_2&0\\0&0&a_3b_3\end{bmatrix}=\begin{bmatrix}b_1&0&0\\0&b_2&0\\0&0&b_3\end{bmatrix}\begin{bmatrix}a_1&0&0\\0&a_2&0\\0&0&a_3\end{bmatrix}$$

因为矩阵乘法有结合律:$\boldsymbol{A}^m\boldsymbol{A}^t=\boldsymbol{A}^{m+t}=\boldsymbol{A}^t\cdot\boldsymbol{A}^m$. 又

$$(\boldsymbol{A}+\boldsymbol{E})(\boldsymbol{A}-\boldsymbol{E})=\boldsymbol{A}^2-\boldsymbol{E}=(\boldsymbol{A}-\boldsymbol{E})(\boldsymbol{A}+\boldsymbol{E})$$

请你举例说明 $\boldsymbol{A}\boldsymbol{A}^{\mathrm{T}}$ 与 $\boldsymbol{A}^{\mathrm{T}}\boldsymbol{A}$,$\boldsymbol{A}\boldsymbol{A}_1$ 与 $\boldsymbol{A}_1\boldsymbol{A}$ 可以不相等.

349 【答案】 D

【分析】 矩阵的乘法不满足交换律,$\boldsymbol{A},\boldsymbol{B}$ 可逆不能保证 $\boldsymbol{AB}=\boldsymbol{BA}$,例如

$$\boldsymbol{A}=\begin{bmatrix}1&1\\0&1\end{bmatrix},\boldsymbol{B}=\begin{bmatrix}1&0\\0&2\end{bmatrix}$$

有 $\boldsymbol{AB}=\begin{bmatrix}1&2\\0&2\end{bmatrix}$ 而 $\boldsymbol{BA}=\begin{bmatrix}1&1\\0&2\end{bmatrix}$,可知(A)(C) 均不正确.

$\boldsymbol{A},\boldsymbol{B}$ 可逆时,$\boldsymbol{A}+\boldsymbol{B}$ 不一定可逆,即使 $\boldsymbol{A}+\boldsymbol{B}$ 可逆,其逆一般也不等于 $\boldsymbol{A}^{-1}+\boldsymbol{B}^{-1}$. 例如

$$\boldsymbol{A}=\begin{bmatrix}1&1\\0&1\end{bmatrix},\boldsymbol{B}=\begin{bmatrix}1&0\\0&2\end{bmatrix}\text{有}(\boldsymbol{A}+\boldsymbol{B})^{-1}=\begin{bmatrix}2&1\\0&3\end{bmatrix}^{-1}=\frac{1}{6}\begin{bmatrix}3&-1\\0&2\end{bmatrix},$$

而 $\boldsymbol{A}^{-1}+\boldsymbol{B}^{-1}=\begin{bmatrix}1&-1\\0&1\end{bmatrix}+\begin{bmatrix}1&0\\0&\frac{1}{2}\end{bmatrix}=\begin{bmatrix}2&-1\\0&\frac{3}{2}\end{bmatrix}$,所以(B) 不正确.

因为 $\boldsymbol{A}$ 可逆时,$\boldsymbol{A}^*=|\boldsymbol{A}|\boldsymbol{A}^{-1}$,故

$(\boldsymbol{AB})^*=|\boldsymbol{AB}|(\boldsymbol{AB})^{-1}=|\boldsymbol{A}||\boldsymbol{B}|\boldsymbol{B}^{-1}\boldsymbol{A}^{-1}=(|\boldsymbol{B}|\boldsymbol{B}^{-1})(|\boldsymbol{A}|\boldsymbol{A}^{-1})=\boldsymbol{B}^*\boldsymbol{A}^*$,

即(D) 正确.

【评注】 因为矩阵乘法不满足交换律,所以中学代数的乘法公式不能用,但$(\boldsymbol{A}+\boldsymbol{E})^n$ 可用乘法公式展开.

350 【答案】 D

【分析】 由 $r(\boldsymbol{A}^{\mathrm{T}}\boldsymbol{A})=r(\boldsymbol{A})$,因 $\boldsymbol{A}^{\mathrm{T}}\boldsymbol{A}=\boldsymbol{O}$,有 $r(\boldsymbol{A})=r(\boldsymbol{A}^{\mathrm{T}}\boldsymbol{A})=0$,

故必有 $\boldsymbol{A}=\boldsymbol{O}$. 即(D) 正确.

若 $\boldsymbol{A}=\begin{bmatrix}1&0\\0&-1\end{bmatrix}$ 有 $\boldsymbol{A}^2=\boldsymbol{E}$,但 $\boldsymbol{A}\neq\boldsymbol{E}$ 且 $\boldsymbol{A}\neq-\boldsymbol{E}$,即(A) 错误.

若 $\boldsymbol{A}=\begin{bmatrix}0&1\\0&0\end{bmatrix}$ 有 $\boldsymbol{A}^2=\boldsymbol{O}$,但 $\boldsymbol{A}\neq\boldsymbol{O}$,即(B) 错误.

若 $\boldsymbol{A}=\begin{bmatrix}1&0\\0&0\end{bmatrix}$ 有 $\boldsymbol{A}^2=\boldsymbol{A}$ 且 $\boldsymbol{A}\neq\boldsymbol{O}$,但 $\boldsymbol{A}\neq\boldsymbol{E}$,即(C) 错误.

351 【答案】 D

【分析】 如果 $\boldsymbol{A},\boldsymbol{B}$ 均是 n 阶矩阵,命题(1) 当然正确,而现在的问题是题中没有 n 阶矩阵这一条件,故(1) 不正确. 例如

$$\begin{bmatrix}1&0&0\\0&1&0\end{bmatrix}\begin{bmatrix}1&0\\0&1\\0&0\end{bmatrix}=\begin{bmatrix}1&0\\0&1\end{bmatrix},$$

显然 $\boldsymbol{A}$ 不可逆．类似地，对于 $\boldsymbol{AB}=\boldsymbol{E}$，虽然 $|\boldsymbol{AB}|=1$，但能否用行列式乘法公式呢？应检查 $\boldsymbol{A}$，$\boldsymbol{B}$ 是否均为 n 阶矩阵，有的考生不注意公式成立时的条件，随意用公式是不妥的．

$\boldsymbol{A},\boldsymbol{B}$ 是 n 阶矩阵，$(\boldsymbol{AB})^2=\boldsymbol{E}$，即 $(\boldsymbol{AB})(\boldsymbol{AB})=\boldsymbol{E}$，可知 $\boldsymbol{A},\boldsymbol{B}$ 均可逆．

于是 $\boldsymbol{ABA}=\boldsymbol{B}^{-1}$，从而 $\boldsymbol{BABA}=\boldsymbol{E}$. 即 $(\boldsymbol{BA})^2=\boldsymbol{E}$. 即(2) 正确．

设 $\boldsymbol{A}=\begin{bmatrix}1&0\\0&0\end{bmatrix}$，$\boldsymbol{B}=\begin{bmatrix}0&0\\0&2\end{bmatrix}$，虽然 $\boldsymbol{A},\boldsymbol{B}$ 都不可逆，

但 $\boldsymbol{A}+\boldsymbol{B}=\begin{bmatrix}1&0\\0&2\end{bmatrix}$ 可逆，可知(3) 不正确．

由于 $\boldsymbol{A},\boldsymbol{B}$ 均为 n 阶不可逆矩阵，知 $|\boldsymbol{A}|=|\boldsymbol{B}|=0$，那么由行列式乘法公式知

$$|\boldsymbol{AB}|=|\boldsymbol{A}||\boldsymbol{B}|=0,$$

故 $\boldsymbol{AB}$ 必不可逆．(4) 正确．

【评注】 若 $\boldsymbol{A},\boldsymbol{B},\boldsymbol{C}$ 是 n 阶矩阵，且 $\boldsymbol{ABC}=\boldsymbol{E}$. 则

$$|\boldsymbol{A}|\cdot|\boldsymbol{B}|\cdot|\boldsymbol{C}|=1\Rightarrow \boldsymbol{A},\boldsymbol{B},\boldsymbol{C}\text{ 均可逆}.$$

那么 $\boldsymbol{ABC}=\boldsymbol{E}\xrightarrow{\text{左乘 }\boldsymbol{A}^{-1}}\boldsymbol{BC}=\boldsymbol{A}^{-1}\xrightarrow{\text{右乘 }\boldsymbol{A}}\boldsymbol{BCA}=\boldsymbol{E}$

$\boldsymbol{ABC}=\boldsymbol{E}\xrightarrow{\text{右乘 }\boldsymbol{C}^{-1}}\boldsymbol{AB}=\boldsymbol{C}^{-1}\xrightarrow{\text{左乘 }\boldsymbol{C}}\boldsymbol{CAB}=\boldsymbol{E}$

要会这种“旋转”变形法．

352 【答案】 D

【分析】 (A)(B)(C) 是基本公式. 关于(D)

$$\begin{bmatrix}\boldsymbol{O}&\boldsymbol{A}\\\boldsymbol{B}&\boldsymbol{O}\end{bmatrix}^2=\begin{bmatrix}\boldsymbol{O}&\boldsymbol{A}\\\boldsymbol{B}&\boldsymbol{O}\end{bmatrix}\begin{bmatrix}\boldsymbol{O}&\boldsymbol{A}\\\boldsymbol{B}&\boldsymbol{O}\end{bmatrix}=\begin{bmatrix}\boldsymbol{AB}&\boldsymbol{O}\\\boldsymbol{O}&\boldsymbol{BA}\end{bmatrix}$$

$$\begin{bmatrix}\boldsymbol{O}&\boldsymbol{A}\\\boldsymbol{B}&\boldsymbol{O}\end{bmatrix}^3=\begin{bmatrix}\boldsymbol{AB}&\boldsymbol{O}\\\boldsymbol{O}&\boldsymbol{BA}\end{bmatrix}\begin{bmatrix}\boldsymbol{O}&\boldsymbol{A}\\\boldsymbol{B}&\boldsymbol{O}\end{bmatrix}=\begin{bmatrix}\boldsymbol{O}&\boldsymbol{ABA}\\\boldsymbol{BAB}&\boldsymbol{O}\end{bmatrix}$$

$$\begin{bmatrix}\boldsymbol{O}&\boldsymbol{A}\\\boldsymbol{B}&\boldsymbol{O}\end{bmatrix}^4=\begin{bmatrix}\boldsymbol{AB}&\boldsymbol{O}\\\boldsymbol{O}&\boldsymbol{BA}\end{bmatrix}^2=\begin{bmatrix}(\boldsymbol{AB})^2&\boldsymbol{O}\\\boldsymbol{O}&(\boldsymbol{BA})^2\end{bmatrix}$$

……

353 【答案】 C

【分析】 $(\boldsymbol{A}+\boldsymbol{A}^{\mathrm T})^{\mathrm T}=\boldsymbol{A}^{\mathrm T}+(\boldsymbol{A}^{\mathrm T})^{\mathrm T}=\boldsymbol{A}+\boldsymbol{A}^{\mathrm T}$

$(\boldsymbol{AA}^{\mathrm T})^{\mathrm T}=(\boldsymbol{A}^{\mathrm T})^{\mathrm T}\boldsymbol{A}^{\mathrm T}=\boldsymbol{AA}^{\mathrm T}$

$(\boldsymbol{A}^{\mathrm T}\boldsymbol{A})^{\mathrm T}=\boldsymbol{A}^{\mathrm T}(\boldsymbol{A}^{\mathrm T})^{\mathrm T}=\boldsymbol{A}^{\mathrm T}\boldsymbol{A}$

又 $\boldsymbol{AA}^*=|\boldsymbol{A}|\boldsymbol{E}$，所以 ①③④⑤ 均是对称矩阵．

而 $(\boldsymbol{A}-\boldsymbol{A}^{\mathrm T})^{\mathrm T}=\boldsymbol{A}^{\mathrm T}-(\boldsymbol{A}^{\mathrm T})^{\mathrm T}=-(\boldsymbol{A}-\boldsymbol{A}^{\mathrm T})$ 是反对称矩阵．

354 【答案】 C

【分析】 (A) 中零行(第二行) 不在矩阵的最下面．

(B) 中主元所在的列(第四列) 其余元素不全为 0.
(D) 中非零行的第 1 个非零元(第二行) 不是 1.

355 【答案】 D

【分析】 单位矩阵经过一次初等变换所得到的矩阵是初等矩阵,而(A)(B)(C) 均需要单位矩阵作两次初等变换才能得到.

356 【答案】 C

【分析】 $$\boldsymbol{P}_2\boldsymbol{A}\boldsymbol{P}_1=\begin{bmatrix}1&0&0\\0&1&-1\\0&0&1\end{bmatrix}\begin{bmatrix}1&2&3\\4&5&6\\7&8&9\end{bmatrix}\begin{bmatrix}1&0&0\\0&1&0\\0&-1&1\end{bmatrix}$$
$$=\begin{bmatrix}1&2&3\\-3&-3&-3\\7&8&9\end{bmatrix}\begin{bmatrix}1&0&0\\0&1&0\\0&-1&1\end{bmatrix}=\begin{bmatrix}1&-1&3\\-3&0&-3\\7&-1&9\end{bmatrix}$$

注意(A) 是 $\boldsymbol{P}_1\boldsymbol{A}\boldsymbol{P}_2$,(B) 是 $\boldsymbol{P}_2\boldsymbol{P}_1\boldsymbol{A}$,(D) 是 $\boldsymbol{A}\boldsymbol{P}_2\boldsymbol{P}_1$.

357 【答案】 A

【分析】 按已知条件,有

$$\begin{bmatrix}0&1&0\\1&0&0\\0&0&1\end{bmatrix}\boldsymbol{A}=\boldsymbol{B},\boldsymbol{B}\begin{bmatrix}1&0&0\\0&1&0\\-2&0&1\end{bmatrix}=\boldsymbol{E},\text{即}\begin{bmatrix}0&1&0\\1&0&0\\0&0&1\end{bmatrix}\boldsymbol{A}\begin{bmatrix}1&0&0\\0&1&0\\-2&0&1\end{bmatrix}=\boldsymbol{E},$$

$$\text{故 }\boldsymbol{A}=\begin{bmatrix}0&1&0\\1&0&0\\0&0&1\end{bmatrix}^{-1}\boldsymbol{E}\begin{bmatrix}1&0&0\\0&1&0\\-2&0&1\end{bmatrix}^{-1}=\begin{bmatrix}0&1&0\\1&0&0\\0&0&1\end{bmatrix}\begin{bmatrix}1&0&0\\0&1&0\\2&0&1\end{bmatrix}=\begin{bmatrix}0&1&0\\1&0&0\\2&0&1\end{bmatrix}.$$

358 【答案】 A

【分析】 $\boldsymbol{A}_{3\times3}\cong\boldsymbol{B}_{3\times3}\Rightarrow r(\boldsymbol{A})=r(\boldsymbol{B})$

$$\text{其中}\boldsymbol{B}=\begin{bmatrix}1&0&1\\2&-1&0\\4&-1&2\end{bmatrix}\to\begin{bmatrix}1&0&1\\0&-1&-2\\0&-1&-2\end{bmatrix}\to\begin{bmatrix}1&0&1\\0&-1&-2\\0&0&0\end{bmatrix},r(\boldsymbol{B})=2$$

$$\boldsymbol{A}=\begin{bmatrix}1&0&1\\-1&-2&2\\0&2&a\end{bmatrix}\to\begin{bmatrix}1&0&1\\0&-2&3\\0&2&a\end{bmatrix}\to\begin{bmatrix}1&0&1\\0&-2&3\\0&0&a+3\end{bmatrix},r(\boldsymbol{A})=2\Rightarrow a=-3.$$

故 $\boldsymbol{A}\cong\boldsymbol{B}\Rightarrow a=-3$.
故选(A).

359 【答案】 D

【分析】 注意对矩阵秩概念的理解. 当 $r(\boldsymbol{A})=r$ 时:
$\boldsymbol{A}$ 中一定有 r 阶子式不为 0,但并不要求所有的 r 阶子式都不为 0.
$\boldsymbol{A}$ 中 $r-1$ 阶子式一定有不为 0 的,也不要求所有的 $r-1$ 阶子式全不为 0.

而 $r+1$ 阶子式则必须全为 0.

360 【答案】 D

【分析】 (A) 中三阶子式 $\begin{vmatrix} 1 & 0 & 1 \\ 0 & 1 & a \\ 0 & 0 & 1 \end{vmatrix} \neq 0$，且没有四阶子式，其秩必为 3.

(B) 中 $\forall a$，由于 $\begin{vmatrix} 1 & 0 & 1 \\ 0 & 1 & a \\ 0 & 0 & a \end{vmatrix} = a$，$\begin{vmatrix} 1 & 0 & 0 \\ 0 & 1 & 0 \\ 0 & 0 & a+1 \end{vmatrix} = a+1$，至少有 1 个三阶子式不为 0，其秩必为 3.

类似地(C) 中 a 和 $a+1$ 不可能同时为 0，必有三阶子式不为 0，而四阶子式一定为 0，故其秩必为 3.

当 $a+1=0$ 时，可见(D) 的秩为 2.

361 【答案】 C

【分析】 因 $\boldsymbol{A},\boldsymbol{B}$ 均为四阶非零矩阵，那么 $1 \leqslant r(\boldsymbol{A}) \leqslant 4$，$1 \leqslant r(\boldsymbol{B}) \leqslant 4$.

又 $\boldsymbol{AB}=\boldsymbol{O}$，有 $r(\boldsymbol{A})+r(\boldsymbol{B}) \leqslant 4$.

所以 $r(\boldsymbol{A})=3$ 时，必有 $r(\boldsymbol{B})=1$，即(C) 正确.

当 $r(\boldsymbol{A})=4$ 时，只有 $r(\boldsymbol{B})=0$，(D) 一定不可能.

当 $r(\boldsymbol{A})=1$ 时，$r(\boldsymbol{B})$ 可能为 1，可能为 2，也可能为 3. 即(A) 不一定必成立.

例如 $\boldsymbol{A}=\begin{bmatrix} 1 & 1 & 1 & 1 \\ 1 & 1 & 1 & 1 \\ 1 & 1 & 1 & 1 \\ 1 & 1 & 1 & 1 \end{bmatrix}$，$\boldsymbol{B}$ 可以是

$$\begin{bmatrix} 1 & 0 & 0 & 0 \\ -1 & 0 & 0 & 0 \\ 0 & 0 & 0 & 0 \\ 0 & 0 & 0 & 0 \end{bmatrix},\begin{bmatrix} 1 & 1 & 0 & 0 \\ -1 & 0 & 0 & 0 \\ 0 & -1 & 0 & 0 \\ 0 & 0 & 0 & 0 \end{bmatrix},\begin{bmatrix} 1 & 1 & 1 & 0 \\ -1 & 0 & 0 & 0 \\ 0 & -1 & 0 & 0 \\ 0 & 0 & -1 & 0 \end{bmatrix},\cdots$$

同理(B) 也不是必然的.

【评注】 本题考查矩阵秩的概念以及 $\boldsymbol{AB}=\boldsymbol{O}$ 中关于秩的信息.

若 $\boldsymbol{AB}=\boldsymbol{O}$，将 $\boldsymbol{B}$ 按列分块，$\boldsymbol{B}=[\boldsymbol{\beta}_1,\boldsymbol{\beta}_2,\cdots,\boldsymbol{\beta}_n]$，有

$$\boldsymbol{AB}=\boldsymbol{A}[\boldsymbol{\beta}_1,\boldsymbol{\beta}_2,\cdots,\boldsymbol{\beta}_n]=[\boldsymbol{A\beta}_1,\boldsymbol{A\beta}_2,\cdots,\boldsymbol{A\beta}_n]=[\boldsymbol{0},\boldsymbol{0},\cdots,\boldsymbol{0}]$$

从而 $\boldsymbol{A\beta}_i=\boldsymbol{0}(i=1,2,\cdots,n)$，即 $\boldsymbol{\beta}_i$ 是方程组 $\boldsymbol{Ax}=\boldsymbol{0}$ 的解. 这样向量组 $\boldsymbol{\beta}_1,\boldsymbol{\beta}_2,\cdots,\boldsymbol{\beta}_n$ 可由 $\boldsymbol{Ax}=\boldsymbol{0}$ 的基础解系线性表出，从而 $r([\boldsymbol{\beta}_1,\boldsymbol{\beta}_2,\cdots,\boldsymbol{\beta}_n]) \leqslant n-r(\boldsymbol{A})$. 故有 $r(\boldsymbol{A})+r(\boldsymbol{B}) \leqslant n$. 以上得到的命题"若 $\boldsymbol{AB}=\boldsymbol{O}$，则 $r(\boldsymbol{A})+r(\boldsymbol{B}) \leqslant n$"在考试中可直接使用. 由这一命题及 $r(\boldsymbol{A})>0$，$r(\boldsymbol{B})>0$，立刻可得出 $\boldsymbol{A}$ 与 $\boldsymbol{B}$ 的秩均小于 n.

362 【答案】 A

【分析】 因 $\boldsymbol{B} \neq \boldsymbol{O}$，必有 $r(\boldsymbol{B}) \geqslant 1$.

又因 $\boldsymbol{A}^* \neq \boldsymbol{O}$，即存在 $A_{ij} \neq 0$，于是 $\boldsymbol{A}$ 中有 2 阶子式非零，知 $r(\boldsymbol{A}) \geqslant 2$.

由 $\boldsymbol{AB}=\boldsymbol{O}$,有 $r(\boldsymbol{A})+r(\boldsymbol{B})\leqslant 3$,故必有 $r(\boldsymbol{A})=2,r(\boldsymbol{B})=1$.

363 【答案】 D

【分析】 $\boldsymbol{A}$ 是四阶矩阵,那么由伴随矩阵秩的公式

$$r(\boldsymbol{A}^*)=\begin{cases}n, & r(\boldsymbol{A})=n\\1, & r(\boldsymbol{A})=n-1\\0, & r(\boldsymbol{A})<n-1\end{cases}$$

可见 $r(\boldsymbol{A}^*)=1\Leftrightarrow r(\boldsymbol{A})=3$.

对矩阵 $\boldsymbol{A}$ 作初等变换,有

$$\begin{bmatrix}1&1&1&1\\0&1&-1&a\\2&3&a&4\\3&5&1&9\end{bmatrix}\to\begin{bmatrix}1&1&1&1\\0&1&-1&a\\0&1&a-2&2\\0&2&-2&6\end{bmatrix}\to\begin{bmatrix}1&1&1&1\\0&1&-1&a\\0&0&a-1&2-a\\0&0&0&6-2a\end{bmatrix}$$

若 $a=3$,则 $\boldsymbol{A}\to\begin{bmatrix}1&1&1&1\\&1&-1&3\\&&2&-1\\&&&0\end{bmatrix}$,秩 $r(\boldsymbol{A})=3$.

若 $a=2$,则 $\boldsymbol{A}\to\begin{bmatrix}1&1&1&1\\&1&-1&2\\&&1&0\\&&&2\end{bmatrix}$,秩 $r(\boldsymbol{A})=4$.

若 $a=1$,则 $\boldsymbol{A}\to\begin{bmatrix}1&1&1&1\\&1&-1&1\\&&&1\\&&&4\end{bmatrix}\to\begin{bmatrix}1&1&1&1\\&1&-1&1\\&&&1\\&&&0\end{bmatrix}$,秩 $r(\boldsymbol{A})=3$.

所以,$a=1$ 或 $a=3$ 时均有 $r(\boldsymbol{A}^*)=1$.应选(D).

B 组

364 【答案】 D

【分析】 由 $\boldsymbol{AB}=\boldsymbol{A}+\boldsymbol{B}$ 有$(\boldsymbol{A}-\boldsymbol{E})\boldsymbol{B}=\boldsymbol{A}$.若 $\boldsymbol{A}$ 可逆,则

$$|\boldsymbol{A}-\boldsymbol{E}|\cdot|\boldsymbol{B}|=|\boldsymbol{A}|\neq 0$$

知 $|\boldsymbol{B}|\neq 0$.即矩阵 $\boldsymbol{B}$ 可逆,从而命题(1) 正确.

类似于(1) 由 $\boldsymbol{B}$ 可逆 $\Rightarrow\boldsymbol{A}$ 可逆,从而 $\boldsymbol{AB}$ 可逆,那么 $\boldsymbol{A}+\boldsymbol{B}=\boldsymbol{AB}$ 可逆,知命题(2) 正确.

因为 $\boldsymbol{AB}=\boldsymbol{A}+\boldsymbol{B}$,$\boldsymbol{A}$,$\boldsymbol{B}$ 地位等同,由(1) 知,命题(3) 也正确.

关于(4),用分组因式分解有:

$$\boldsymbol{AB}-\boldsymbol{A}-\boldsymbol{B}+\boldsymbol{E}=\boldsymbol{E}\quad 即(\boldsymbol{A}-\boldsymbol{E})(\boldsymbol{B}-\boldsymbol{E})=\boldsymbol{E}$$

所以 $\boldsymbol{A}-\boldsymbol{E}$ 恒可逆,命题(4) 正确,故应选(D).

365 【答案】 B

【分析】 按 $A^* = \begin{bmatrix} A_{11} & A_{21} & A_{31} \\ A_{12} & A_{22} & A_{32} \\ A_{13} & A_{23} & A_{33} \end{bmatrix}$ 本题只要计算出 A_{31}, A_{22}, A_{13} 中两个代数余子式的值即可.因 $A_{31} = (-1)^{3+1}\begin{vmatrix} 0 & a \\ b & 0 \end{vmatrix} = -ab$ 可排除(A)(C).

再由 $A_{22} = (-1)^{2+2}\begin{vmatrix} 0 & a \\ c & 0 \end{vmatrix} = -ac$ 可知选(B).

或者作为选择题增强条件,假设 A 是可逆的.有

$$A^* = |A|A^{-1} = -abc\begin{bmatrix} 0 & 0 & \frac{1}{c} \\ 0 & \frac{1}{b} & 0 \\ \frac{1}{a} & 0 & 0 \end{bmatrix}$$

亦知选(B).

366 【答案】 B

【分析】 由 $|A^{-1}| = \begin{vmatrix} 1 & -1 & 1 \\ 0 & 2 & -1 \\ 1 & 0 & 2 \end{vmatrix} = 3$,知 $|A| = \frac{1}{3}$,于是

$$A^* = |A|A^{-1} = \frac{1}{3}\begin{bmatrix} 1 & -1 & 1 \\ 0 & 2 & -1 \\ 1 & 0 & 2 \end{bmatrix}$$

故 $A_{11} + A_{12} + A_{13} = \frac{1}{3} + 0 + \frac{1}{3} = \frac{2}{3}$.

367 【答案】 C

【分析】 $XA + 2E = X + B$ 有 $X(A - E) = B - 2E$,于是

$$X = (B - 2E)(A - E)^{-1} = \begin{bmatrix} 0 & 2 \\ 1 & -3 \end{bmatrix}\begin{bmatrix} 0 & 2 \\ 1 & 0 \end{bmatrix}^{-1}$$

$$= \begin{bmatrix} 0 & 2 \\ 1 & -3 \end{bmatrix}\begin{bmatrix} 0 & 1 \\ \frac{1}{2} & 0 \end{bmatrix} = \begin{bmatrix} 1 & 0 \\ -\frac{3}{2} & 1 \end{bmatrix}$$

如果你选的是(A),检查一下是哪里出错了,注意矩阵乘法!如果你选的是(B)或(D),又是哪里的问题?

368 【答案】 B

【分析】 矩阵 A 作两次行变换可得到矩阵 B,而 AP_3P_2,AP_1P_3 描述的是矩阵 A 作列变换,故应排除.

把矩阵 A 第一行的 2 倍加至第三行后,再一、二两行互换可得到 B.

或者把矩阵 A 的一、二两行互换后,再把第二行的 2 倍加至第三行亦可得到 B,而 P_2P_3A 正

是后者.所以应选(B).

【评注】 本题考查行变换是左乘初等矩阵,列变换是右乘初等矩阵.希望能看清楚

$$P_1P_3A=\begin{bmatrix}a_{21}&a_{22}&a_{23}\\a_{11}&a_{12}&a_{13}\\a_{31}+2a_{21}&a_{32}+2a_{22}&a_{33}+2a_{23}\end{bmatrix},$$

$$AP_3P_2=AP_1P_3=\begin{bmatrix}a_{12}&a_{11}+2a_{13}&a_{13}\\a_{22}&a_{21}+2a_{23}&a_{23}\\a_{32}&a_{31}+2a_{33}&a_{33}\end{bmatrix},$$

$$AP_3P_1=AP_2P_3=\begin{bmatrix}a_{12}+2a_{13}&a_{11}&a_{13}\\a_{22}+2a_{23}&a_{21}&a_{23}\\a_{32}+2a_{33}&a_{31}&a_{33}\end{bmatrix}.$$

369 【答案】 B

【分析】 由已知条件,有

$$\begin{bmatrix}-2&&\\&1&\\&&1\end{bmatrix}A=B$$

那么 $B^{-1}=\left(\begin{bmatrix}-2&&\\&1&\\&&1\end{bmatrix}A\right)^{-1}=A^{-1}\begin{bmatrix}-2&&\\&1&\\&&1\end{bmatrix}^{-1}=A^{-1}\begin{bmatrix}-\frac{1}{2}&&\\&1&\\&&1\end{bmatrix}$,

所以 A^{-1} 的第一列乘以 $-\frac{1}{2}$ 得矩阵 B^{-1}.故应选(B).

370 【答案】 C

【分析】 由于$\begin{bmatrix}E&O\\C&E\end{bmatrix}\begin{bmatrix}E&O\\-C&E\end{bmatrix}=\begin{bmatrix}E&O\\O&E\end{bmatrix}$,所以 $P^{-1}=\begin{bmatrix}E&O\\-C&E\end{bmatrix}$. 又

$$P^{-1}A=\begin{bmatrix}E&O\\-C&E\end{bmatrix}\begin{bmatrix}A_1&A_2\\A_3&A_4\end{bmatrix}=\begin{bmatrix}A_1&A_2\\-CA_1+A_3&-CA_2+A_4\end{bmatrix},$$

故正确选项为(C).

371 【答案】 C

【分析】 由于 $\boldsymbol{\alpha}_1=\boldsymbol{\alpha}_2+\boldsymbol{\alpha}_3$,所以向量 $\boldsymbol{\alpha}_1,\boldsymbol{\alpha}_2,\boldsymbol{\alpha}_3$ 线性相关,故向量组 $\boldsymbol{\alpha}_1,\boldsymbol{\alpha}_2,\boldsymbol{\alpha}_3$ 的秩 $\leqslant 2$,于是 $r(A)\leqslant 2$. 另一方面,由题设 $A^*\neq O$,所以矩阵 A 中有 2 阶非零子式,故 $r(A)\geqslant 2$.

综上,$r(A)=2$.

372 【答案】 D

【分析】 由 $2AB=A$ 得 $A(2B-E)=O$. 于是

$$r(A)+r(2B-E)\leqslant 4$$

又因 $\boldsymbol{A}$ 是 5×4 矩阵且 $\boldsymbol{A}$ 的列向量线性无关，有 $r(\boldsymbol{A})=4$，从而 $r(2\boldsymbol{B}-\boldsymbol{E})=0$ 即 $2\boldsymbol{B}-\boldsymbol{E}=\boldsymbol{O}$.

于是 $\boldsymbol{B}=\dfrac{1}{2}\boldsymbol{E}$，$r(\boldsymbol{B})=4$，故 $r(\boldsymbol{B}^*)=4$.

向量

A 组

373 【答案】 C

【分析】 由于向量组 $\boldsymbol{\alpha}_1,\boldsymbol{\alpha}_2,\cdots,\boldsymbol{\alpha}_s$ 线性相关，则存在不全为零的 $k_1,k_2,\cdots,k_s$ 使得

$$k_1\boldsymbol{\alpha}_1+k_2\boldsymbol{\alpha}_2+\cdots+k_s\boldsymbol{\alpha}_s=\boldsymbol{0},$$

不妨设 $k_i\neq0$，则有 $\boldsymbol{\alpha}_i=-\dfrac{k_1}{k_i}\boldsymbol{\alpha}_1-\cdots-\dfrac{k_{i-1}}{k_i}\boldsymbol{\alpha}_{i-1}-\dfrac{k_{i+1}}{k_i}\boldsymbol{\alpha}_{i+1}-\cdots-\dfrac{k_s}{k_i}\boldsymbol{\alpha}_s$，故选项(C) 正确.

选项(A)(B)(D) 为充分条件，不是必要条件.

374 【答案】 C

【分析】 $\boldsymbol{\alpha}_1,\boldsymbol{\alpha}_2,\boldsymbol{\alpha}_3$ 相关$\Leftrightarrow|\boldsymbol{\alpha}_1,\boldsymbol{\alpha}_2,\boldsymbol{\alpha}_3|=0$

$$\Leftrightarrow\begin{vmatrix}1&1&t\\1&t&1\\t&1&1\end{vmatrix}=-(t+2)(t-1)^2=0$$

故 $t=1$ 或 -2.

$\boldsymbol{\beta}_1,\boldsymbol{\beta}_2,\boldsymbol{\beta}_3$ 无关$\Leftrightarrow|\boldsymbol{\beta}_1,\boldsymbol{\beta}_2,\boldsymbol{\beta}_3|\neq0$

$$\Leftrightarrow\begin{vmatrix}1&2&0\\3&7&t+2\\2&t+4&3\end{vmatrix}=\begin{vmatrix}1&0&0\\3&1&t+2\\2&t&3\end{vmatrix}=-(t+3)(t-1)\neq0$$

$t\neq-3$ 且 $t\neq1$.

375 【答案】 A

【分析】 $\boldsymbol{\alpha}_1,\boldsymbol{\alpha}_2,\cdots,\boldsymbol{\alpha}_n$ 线性相关$\Leftrightarrow(\boldsymbol{\alpha}_1,\boldsymbol{\alpha}_2,\cdots,\boldsymbol{\alpha}_n)\boldsymbol{x}=\boldsymbol{0}$ 有非零解

$$\Leftrightarrow|\boldsymbol{\alpha}_1,\boldsymbol{\alpha}_2,\cdots,\boldsymbol{\alpha}_n|=0$$

故(A) 正确，(C)(D) 均为充分条件，不是必要的.

376 【答案】 D

【分析】 必要性(反证法) 如果 $\boldsymbol{\alpha}_i=k_1\boldsymbol{\alpha}_1+\cdots+k_{i-1}\boldsymbol{\alpha}_{i-1}+k_{i+1}\boldsymbol{\alpha}_{i+1}+\cdots+k_s\boldsymbol{\alpha}_s$，则

$$k_1\boldsymbol{\alpha}_1+\cdots+k_{i-1}\boldsymbol{\alpha}_{i-1}-\boldsymbol{\alpha}_i+k_{i+1}\boldsymbol{\alpha}_{i+1}+\cdots+k_s\boldsymbol{\alpha}_s=\boldsymbol{0}.$$

因为 $k_1,\cdots,k_{i-1},-1,k_{i+1},\cdots,k_s$ 不全为0. 于是 $\boldsymbol{\alpha}_1,\boldsymbol{\alpha}_2,\cdots,\boldsymbol{\alpha}_s$ 线性相关. 矛盾.

充分性(反证法) 如果 $\boldsymbol{\alpha}_1,\boldsymbol{\alpha}_2,\cdots,\boldsymbol{\alpha}_s$ 线性相关，则有不全为0的 $k_1,k_2,\cdots,k_s$ 使 $k_1\boldsymbol{\alpha}_1+k_2\boldsymbol{\alpha}_2+\cdots+k_s\boldsymbol{\alpha}_s=\boldsymbol{0}$，不妨设 $k_s\neq0$，则有 $\boldsymbol{\alpha}_s=-\dfrac{1}{k_s}(k_1\boldsymbol{\alpha}_1+k_2\boldsymbol{\alpha}_2+\cdots+k_{s-1}\boldsymbol{\alpha}_{s-1})$. 矛盾.

注意(A)(B) 都是必要条件，不是充分条件. 例如(1,0)，(0,1)，(1,1).

而(C)是充分条件.

由 $\boldsymbol{\alpha}_1,\boldsymbol{\alpha}_2,\cdots,\boldsymbol{\alpha}_s,\boldsymbol{\alpha}_{s+1}$ 线性无关 $\Rightarrow \boldsymbol{\alpha}_1,\boldsymbol{\alpha}_2,\cdots,\boldsymbol{\alpha}_s$ 线性无关,

但由 $\boldsymbol{\alpha}_1,\boldsymbol{\alpha}_2,\cdots,\boldsymbol{\alpha}_s$ 线性无关 $\nRightarrow \boldsymbol{\alpha}_1,\boldsymbol{\alpha}_2,\cdots,\boldsymbol{\alpha}_s,\boldsymbol{\alpha}_{s+1}$ 线性无关.

377 【答案】 D

【分析】 若 $\boldsymbol{\alpha}_1=(1,0,0)^{\mathrm{T}},\boldsymbol{\alpha}_2=(0,1,0)^{\mathrm{T}}$,则 $\boldsymbol{\alpha}_1,\boldsymbol{\alpha}_2$ 线性无关.

当 $\boldsymbol{\alpha}_3=(1,1,0)^{\mathrm{T}}$ 时,$\boldsymbol{\alpha}_1,\boldsymbol{\alpha}_2,\boldsymbol{\alpha}_3$ 线性相关;当 $\boldsymbol{\alpha}_3=(0,0,1)^{\mathrm{T}}$ 时,$\boldsymbol{\alpha}_1,\boldsymbol{\alpha}_2,\boldsymbol{\alpha}_3$ 线性无关.

可知当(Ⅰ)线性无关时,(Ⅱ)既可能线性无关亦可能线性相关,所以(A)(B)均错误.(C)是(A)的逆否命题,当然是错误的.

【评注】 要区分向量个数的增减与向量分量的增减,两者不要混淆.

378 【答案】 D

【分析】 用观察法

(A) $(\boldsymbol{\alpha}_1+\boldsymbol{\alpha}_2)-(\boldsymbol{\alpha}_2+\boldsymbol{\alpha}_3)+(\boldsymbol{\alpha}_3+\boldsymbol{\alpha}_4)-(\boldsymbol{\alpha}_4+\boldsymbol{\alpha}_1)=\mathbf{0}$

(B) $(\boldsymbol{\alpha}_1-\boldsymbol{\alpha}_2)+(\boldsymbol{\alpha}_2-\boldsymbol{\alpha}_3)+(\boldsymbol{\alpha}_3-\boldsymbol{\alpha}_4)+(\boldsymbol{\alpha}_4-\boldsymbol{\alpha}_1)=\mathbf{0}$

(C) $(\boldsymbol{\alpha}_1+\boldsymbol{\alpha}_2)-(\boldsymbol{\alpha}_2-\boldsymbol{\alpha}_3)-(\boldsymbol{\alpha}_3-\boldsymbol{\alpha}_4)-(\boldsymbol{\alpha}_4+\boldsymbol{\alpha}_1)=\mathbf{0}$

知(A)(B)(C)均线性相关,故应选(D).

或者

$$(\boldsymbol{\alpha}_1+\boldsymbol{\alpha}_2,\boldsymbol{\alpha}_2-\boldsymbol{\alpha}_3,\boldsymbol{\alpha}_3-\boldsymbol{\alpha}_4,\boldsymbol{\alpha}_4-\boldsymbol{\alpha}_1)=(\boldsymbol{\alpha}_1,\boldsymbol{\alpha}_2,\boldsymbol{\alpha}_3,\boldsymbol{\alpha}_4)\begin{bmatrix}1&0&0&-1\\1&1&0&0\\0&-1&1&0\\0&0&-1&1\end{bmatrix}$$

由 $\begin{vmatrix}1&0&0&-1\\1&1&0&0\\0&-1&1&0\\0&0&-1&1\end{vmatrix}=2\neq0$,故

$$r(\boldsymbol{\alpha}_1+\boldsymbol{\alpha}_2,\boldsymbol{\alpha}_2-\boldsymbol{\alpha}_3,\boldsymbol{\alpha}_3-\boldsymbol{\alpha}_4,\boldsymbol{\alpha}_4-\boldsymbol{\alpha}_1)=r(\boldsymbol{\alpha}_1,\boldsymbol{\alpha}_2,\boldsymbol{\alpha}_3,\boldsymbol{\alpha}_4)=4$$

故(D)必线性无关.

379 【答案】 A

【分析】 因 $(\boldsymbol{\alpha}_1-\boldsymbol{\alpha}_2)+(\boldsymbol{\alpha}_2-\boldsymbol{\alpha}_3)+(\boldsymbol{\alpha}_3-\boldsymbol{\alpha}_1)=\mathbf{0}$,

$(\boldsymbol{\alpha}_1+\boldsymbol{\alpha}_2)-(\boldsymbol{\alpha}_2-\boldsymbol{\alpha}_3)-(\boldsymbol{\alpha}_3+\boldsymbol{\alpha}_1)=\mathbf{0}$,

$(\boldsymbol{\alpha}_1+\boldsymbol{\alpha}_2)+(\boldsymbol{\alpha}_2+\boldsymbol{\alpha}_3)-(\boldsymbol{\alpha}_1+2\boldsymbol{\alpha}_2+\boldsymbol{\alpha}_3)=\mathbf{0}$,

知(B)(C)(D)都线性相关.

或者 $(\boldsymbol{\alpha}_1+\boldsymbol{\alpha}_2,\boldsymbol{\alpha}_2+\boldsymbol{\alpha}_3,\boldsymbol{\alpha}_3+\boldsymbol{\alpha}_1)=(\boldsymbol{\alpha}_1,\boldsymbol{\alpha}_2,\boldsymbol{\alpha}_3)\begin{bmatrix}1&0&1\\1&1&0\\0&1&1\end{bmatrix}$,

由于 $\begin{bmatrix}1&0&1\\1&1&0\\0&1&1\end{bmatrix}$ 是可逆矩阵,那么

$$r(\boldsymbol{\alpha}_1+\boldsymbol{\alpha}_2,\boldsymbol{\alpha}_2+\boldsymbol{\alpha}_3,\boldsymbol{\alpha}_3+\boldsymbol{\alpha}_1)=r(\boldsymbol{\alpha}_1,\boldsymbol{\alpha}_2,\boldsymbol{\alpha}_3)=3$$

亦知(A)正确.

380 【答案】 C

【分析】
$$k_1\boldsymbol{\alpha}_1+k_2\boldsymbol{\alpha}_2=(k_1,0,5k_2)^{\mathrm{T}}$$

若$\boldsymbol{\beta}$是$\boldsymbol{\alpha}_1,\boldsymbol{\alpha}_2$的线性组合，则$\boldsymbol{\beta}$的第2个元素必须是0，第1个、第3个元素是独立的，故选(C).

381 【答案】 D

【分析】 由$\boldsymbol{\alpha}_1,\boldsymbol{\alpha}_2,\boldsymbol{\alpha}_3$线性无关，知$\boldsymbol{\alpha}_1,\boldsymbol{\alpha}_2$必线性无关，又因$\boldsymbol{\alpha}_1,\boldsymbol{\alpha}_2,\boldsymbol{\alpha}_4$线性相关，故$\boldsymbol{\alpha}_4$必可由$\boldsymbol{\alpha}_1,\boldsymbol{\alpha}_2$线性表示. 因此$\boldsymbol{\alpha}_4$必可由$\boldsymbol{\alpha}_1,\boldsymbol{\alpha}_2,\boldsymbol{\alpha}_3$线性表示. 故应选(D).

如 $\boldsymbol{\alpha}_1=(1,0,0)^{\mathrm{T}},\boldsymbol{\alpha}_2=(0,1,0)^{\mathrm{T}},\boldsymbol{\alpha}_3=(0,0,1)^{\mathrm{T}},\boldsymbol{\alpha}_4=(0,0,0)^{\mathrm{T}}$，

可知(A)(B)(C)均不正确.

382 【答案】 B

【分析】 因$\boldsymbol{\alpha}_1,\boldsymbol{\alpha}_2,\cdots,\boldsymbol{\alpha}_s$可由$\boldsymbol{\beta}_1,\boldsymbol{\beta}_2,\cdots,\boldsymbol{\beta}_s$线性表出，有

$$r(\boldsymbol{\alpha}_1,\boldsymbol{\alpha}_2,\cdots,\boldsymbol{\alpha}_s)\leqslant r(\boldsymbol{\beta}_1,\boldsymbol{\beta}_2,\cdots,\boldsymbol{\beta}_s)$$

若$\boldsymbol{\alpha}_1,\boldsymbol{\alpha}_2,\cdots,\boldsymbol{\alpha}_s$线性无关，则$r(\boldsymbol{\alpha}_1,\boldsymbol{\alpha}_2,\cdots,\boldsymbol{\alpha}_s)=s$，于是$s\leqslant r(\boldsymbol{\beta}_1,\boldsymbol{\beta}_2,\cdots,\boldsymbol{\beta}_s)$.

又$r(\boldsymbol{\beta}_1,\boldsymbol{\beta}_2,\cdots,\boldsymbol{\beta}_s)\leqslant s$，从而$r(\boldsymbol{\beta}_1,\boldsymbol{\beta}_2,\cdots,\boldsymbol{\beta}_s)=s$，即$\boldsymbol{\beta}_1,\boldsymbol{\beta}_2,\cdots,\boldsymbol{\beta}_s$线性无关.

但当$\boldsymbol{\alpha}_1,\boldsymbol{\alpha}_2,\cdots,\boldsymbol{\alpha}_s$可由$\boldsymbol{\beta}_1,\boldsymbol{\beta}_2,\cdots,\boldsymbol{\beta}_s$线性表出且$\boldsymbol{\beta}_1,\boldsymbol{\beta}_2,\cdots,\boldsymbol{\beta}_s$线性无关时并不要求$\boldsymbol{\alpha}_1,\boldsymbol{\alpha}_2,\cdots,\boldsymbol{\alpha}_s$一定是线性无关的.

例如$\boldsymbol{\alpha}_1=(1,0,0)^{\mathrm{T}},\boldsymbol{\alpha}_2=(2,0,0)^{\mathrm{T}}$和$\boldsymbol{\beta}_1=(1,0,0)^{\mathrm{T}},\boldsymbol{\beta}_2=(0,1,0)^{\mathrm{T}}$.

可见这是充分但不必要的条件.

383 【答案】 D

【分析】 按向量组秩的定义

$$\begin{aligned}r(\boldsymbol{\alpha}_1,\boldsymbol{\alpha}_2,\cdots,\boldsymbol{\alpha}_s)=r&\Leftrightarrow \boldsymbol{\alpha}_1,\boldsymbol{\alpha}_2,\cdots,\boldsymbol{\alpha}_s\text{ 的极大线性无关组有 }r\text{ 个向量}\\&\Leftrightarrow \boldsymbol{\alpha}_1,\boldsymbol{\alpha}_2,\cdots,\boldsymbol{\alpha}_s\text{ 中存在 }r\text{ 个向量线性无关而任意 }r+1\text{ 个必线性相关,}\end{aligned}$$

故应选(D).

例如向量组(0,0,0,0)，(1,0,0,0)，(0,1,0,0)，(0,0,1,0)的秩为3，包含零向量的两个或三个向量组成的向量组线性相关，(A)(B)都不正确.

又如向量组(1,0,0,0)，(0,1,0,0)，(0,0,1,0)，(1,1,1,0)的秩为3，任何两个向量都线性无关，(C)不正确.

384 【答案】 C

【分析】 列向量作行变换，有

$$[\boldsymbol{\alpha}_1,\boldsymbol{\alpha}_2,\boldsymbol{\alpha}_3,\boldsymbol{\alpha}_4,\boldsymbol{\alpha}_5]=\begin{bmatrix}1&2&6&7&3\\3&-1&4&7&2\\5&-3&4&9&2\\-1&4&6&1&3\end{bmatrix}\to\begin{bmatrix}1&2&6&7&3\\0&-7&-14&-14&-7\\0&-13&-26&-26&-13\\0&6&12&8&6\end{bmatrix}$$

$$\rightarrow \begin{bmatrix} 1 & 2 & 6 & 7 & 3 \\ 0 & 1 & 2 & 2 & 1 \\ 0 & 0 & 0 & 2 & 0 \\ 0 & 0 & 0 & 0 & 0 \end{bmatrix}$$

可见秩 $r(\boldsymbol{\alpha}_1,\boldsymbol{\alpha}_2,\boldsymbol{\alpha}_3,\boldsymbol{\alpha}_4,\boldsymbol{\alpha}_5)=3$.

因为三阶子式

$$\begin{vmatrix} 2 & 6 & 7 \\ 1 & 2 & 2 \\ 0 & 0 & 2 \end{vmatrix} \neq 0$$

所以 $\boldsymbol{\alpha}_2,\boldsymbol{\alpha}_3,\boldsymbol{\alpha}_4$ 是极大线性无关组，故选(C).

【评注】 多数情况下向量组的极大线性无关组是不唯一的.例如，本题中 $\boldsymbol{\alpha}_1,\boldsymbol{\alpha}_2,\boldsymbol{\alpha}_4$ 与 $\boldsymbol{\alpha}_1,\boldsymbol{\alpha}_3,\boldsymbol{\alpha}_4$ 及 $\boldsymbol{\alpha}_1,\boldsymbol{\alpha}_4,\boldsymbol{\alpha}_5$ 和 $\boldsymbol{\alpha}_2,\boldsymbol{\alpha}_4,\boldsymbol{\alpha}_5$ 等.通常对列向量作初等行变换在将矩阵化成阶梯形矩阵之后，选每行第一个非0的数所在的列（本题是一、二、四列）为极大线性无关组较简便.可略去行列式不为0的思考.

B 组

385 【答案】 D

【分析】 向量组①是四个三维向量，从而线性相关，可排除(B).

由于(1,0,0),(0,2,0),(0,0,3)线性无关，添上两个分量就可得向量组②，故向量组②线性无关.所以应排除(C).向量组③中前两个向量之差与最后一个向量对应分量成比例，于是 $\boldsymbol{\alpha}_1,\boldsymbol{\alpha}_2,\boldsymbol{\alpha}_4$ 线性相关，那么添加 $\boldsymbol{\alpha}_3$ 后，向量组③必线性相关.应排除(A)，由排除法，应选(D).

【评注】 关于向量组④亦可直接计算行列式，由

$$\begin{vmatrix} 1 & -1 & 2 & 4 \\ 0 & 3 & 1 & 2 \\ 3 & 0 & 7 & 14 \\ 1 & -2 & 2 & 5 \end{vmatrix} = \begin{vmatrix} 1 & -1 & 2 & 0 \\ 0 & 3 & 1 & 0 \\ 3 & 0 & 7 & 0 \\ 1 & -2 & 2 & 1 \end{vmatrix} = \begin{vmatrix} 1 & -1 & 2 \\ 0 & 3 & 1 \\ 3 & 0 & 7 \end{vmatrix} = \begin{vmatrix} 1 & -1 & 2 \\ 0 & 3 & 1 \\ 0 & 3 & 1 \end{vmatrix} = 0$$

而知其线性相关.

386 【答案】 C

【分析】 n 个 n 维向量 $\boldsymbol{\alpha}_1,\boldsymbol{\alpha}_2,\cdots,\boldsymbol{\alpha}_n$ 线性相关 $\Leftrightarrow$ 行列式 $|\boldsymbol{\alpha}_1,\boldsymbol{\alpha}_2,\cdots,\boldsymbol{\alpha}_n|=0$.

由 $|\boldsymbol{\alpha}_1,\boldsymbol{\alpha}_3,\boldsymbol{\alpha}_4| = \begin{vmatrix} 0 & 1 & -1 \\ 0 & -1 & 1 \\ c_1 & c_3 & c_4 \end{vmatrix} = 0$ （一、二两行成比例）.

注意 $|\boldsymbol{\alpha}_1,\boldsymbol{\alpha}_2,\boldsymbol{\alpha}_3|=-c_1$，$|\boldsymbol{\alpha}_1,\boldsymbol{\alpha}_2,\boldsymbol{\alpha}_4|=c_1$，$|\boldsymbol{\alpha}_2,\boldsymbol{\alpha}_3,\boldsymbol{\alpha}_4|=-c_3-c_4$.

387 【答案】 B

【分析】 由于(A)(C)两个命题互为逆否命题，一个命题与它的逆否命题要正确就全正确，要错误就全错误.按本题的要求仅有一个命题是正确的，所以(A)(C)均谬误.其实亦可考查下面的例子：

$\boldsymbol{\alpha}_1=(1,0,0),\boldsymbol{\alpha}_2=(0,1,0),\boldsymbol{\alpha}_3=(0,0,0)$ 与 $\boldsymbol{\beta}_1=(1,0,0,0),\boldsymbol{\beta}_2=(0,1,0,0),\boldsymbol{\beta}_3=(0,0,0,1)$.

显然 $r(\boldsymbol{\alpha}_1,\boldsymbol{\alpha}_2,\boldsymbol{\alpha}_3)=2,r(\boldsymbol{\beta}_1,\boldsymbol{\beta}_2,\boldsymbol{\beta}_3)=3$. 即当 $\boldsymbol{\alpha}_1,\boldsymbol{\alpha}_2,\boldsymbol{\alpha}_3$ 线性相关时，其延伸组 $\boldsymbol{\beta}_1,\boldsymbol{\beta}_2,\boldsymbol{\beta}_3$ 可以线性无关. 所以(A)(C) 错误.

如果 $\boldsymbol{\beta}_1,\boldsymbol{\beta}_2,\boldsymbol{\beta}_3$ 线性相关，有不全为 0 的 x_1,x_2,x_3 使 $x_1\boldsymbol{\beta}_1+x_2\boldsymbol{\beta}_2+x_3\boldsymbol{\beta}_3=\mathbf{0}$，即

$$\begin{cases}a_{11}x_1+a_{21}x_2+a_{31}x_3=0\\a_{12}x_1+a_{22}x_2+a_{32}x_3=0\\a_{13}x_1+a_{23}x_2+a_{33}x_3=0\\a_{14}x_1+a_{24}x_2+a_{34}x_3=0\end{cases}$$

有非零解，那么齐次方程组

$$\begin{cases}a_{11}x_1+a_{21}x_2+a_{31}x_3=0\\a_{12}x_1+a_{22}x_2+a_{32}x_3=0\\a_{13}x_1+a_{23}x_2+a_{33}x_3=0\end{cases}$$

必有非零解，即 $\boldsymbol{\alpha}_1,\boldsymbol{\alpha}_2,\boldsymbol{\alpha}_3$ 线性相关. 所以(D) 错误.

【评注】 要会用定理：若(Ⅰ)无关，则(Ⅱ)无关，即若向量组 $\boldsymbol{\alpha}_1,\boldsymbol{\alpha}_2,\cdots,\boldsymbol{\alpha}_s$ 线性无关，则其延伸组 $\boldsymbol{\beta}_1,\boldsymbol{\beta}_2,\cdots,\boldsymbol{\beta}_s$ 必线性无关.

388 【答案】 B

【分析】 (Ⅲ) 线性相关 $\Leftrightarrow|\boldsymbol{AB}|=0\Leftrightarrow|\boldsymbol{A}|=0$ 或 $|\boldsymbol{B}|=0$.

可见应选(B).

【评注】 本题选项中，若(A) 或(C) 或(D) 成立，则(B) 成立. 因是四选一的选择题，只能有一个选项正确. 故(A)(C)(D) 均可排除，应选(B).

389 【答案】 A

【分析】 $\boldsymbol{\beta}_1,\boldsymbol{\beta}_2$ 可由 $\boldsymbol{\alpha}_1,\boldsymbol{\alpha}_2$ 线性表示 $\Leftrightarrow x_1\boldsymbol{\alpha}_1+x_2\boldsymbol{\alpha}_2=\boldsymbol{\beta}_1,y_1\boldsymbol{\alpha}_1+y_2\boldsymbol{\alpha}_2=\boldsymbol{\beta}_2$ 都有解.

$$\left[\begin{array}{cc:cc}1&-2&4&7\\2&1&-2&b\\3&-1&a&4\end{array}\right]\to\left[\begin{array}{cc:cc}1&-2&4&7\\0&5&-10&b-14\\0&5&a-12&-17\end{array}\right]\to\left[\begin{array}{cc:cc}1&-2&4&7\\0&5&-10&b-14\\0&0&a-2&-b-3\end{array}\right]$$

所以 $a=2,b=-3$.

390 【答案】 B

【分析】 由于 $\boldsymbol{\alpha}_1,\boldsymbol{\alpha}_2,\boldsymbol{\alpha}_3$ 线性无关，$\boldsymbol{\beta}_2$ 不能由 $\boldsymbol{\alpha}_1,\boldsymbol{\alpha}_2,\boldsymbol{\alpha}_3$ 线性表示知 $\boldsymbol{\alpha}_1,\boldsymbol{\alpha}_2,\boldsymbol{\alpha}_3,\boldsymbol{\beta}_2$ 线性无关，从而部分组 $\boldsymbol{\alpha}_1,\boldsymbol{\alpha}_2,\boldsymbol{\beta}_2$ 线性无关，故应选(B).

取 $\boldsymbol{\alpha}_1=(1,0,0,0)^{\mathrm{T}},\boldsymbol{\alpha}_2=(0,1,0,0)^{\mathrm{T}},\boldsymbol{\alpha}_3=(0,0,1,0)^{\mathrm{T}},\boldsymbol{\beta}_2=(0,0,0,1)^{\mathrm{T}},\boldsymbol{\beta}_1=\boldsymbol{\alpha}_1$，知(A) 与(C) 选项错误.

关于选项(D)，由于 $\boldsymbol{\alpha}_1,\boldsymbol{\alpha}_2,\boldsymbol{\alpha}_3$ 线性无关，若 $\boldsymbol{\alpha}_1,\boldsymbol{\alpha}_2,\boldsymbol{\alpha}_3,\boldsymbol{\beta}_1+\boldsymbol{\beta}_2$ 线性相关，则 $\boldsymbol{\beta}_1+\boldsymbol{\beta}_2$ 可由 $\boldsymbol{\alpha}_1,\boldsymbol{\alpha}_2,\boldsymbol{\alpha}_3$ 线性表示，而 $\boldsymbol{\beta}_1$ 可由 $\boldsymbol{\alpha}_1,\boldsymbol{\alpha}_2,\boldsymbol{\alpha}_3$ 线性表示，从而 $\boldsymbol{\beta}_2$ 可由 $\boldsymbol{\alpha}_1,\boldsymbol{\alpha}_2,\boldsymbol{\alpha}_3$ 线性表示，与假设矛盾，从而(D) 错误.

【评注】 若仅 $\boldsymbol{\beta}$ 不能由 $\boldsymbol{\alpha}_1,\boldsymbol{\alpha}_2,\boldsymbol{\alpha}_3$ 线性表出是不能推导出 $\boldsymbol{\alpha}_1,\boldsymbol{\alpha}_2,\boldsymbol{\alpha}_3,\boldsymbol{\beta}$ 线性无关的，请考查 $\boldsymbol{\alpha}_1=(1,0,0)^{\mathrm{T}},\boldsymbol{\alpha}_2=(2,0,0)^{\mathrm{T}},\boldsymbol{\alpha}_3=(3,0,0)^{\mathrm{T}},\boldsymbol{\beta}=(0,1,0)^{\mathrm{T}}$.

391 【答案】 B

【分析】 $$[\boldsymbol{\alpha}_1,\boldsymbol{\alpha}_2,\boldsymbol{\alpha}_3,\boldsymbol{\alpha}_4]=\begin{bmatrix}1&1&a&-2\\1&a&1&-2\\a&1&1&a+6\end{bmatrix}\to\begin{bmatrix}1&1&a&-2\\0&a-1&1-a&0\\0&1-a&1-a^2&3a+6\end{bmatrix}$$
$$\to\begin{bmatrix}1&1&a&-2\\0&a-1&1-a&0\\0&0&(1-a)(a+2)&3a+6\end{bmatrix}.$$

当 $a=1$ 时，秩 $r(\boldsymbol{\alpha}_1,\boldsymbol{\alpha}_2,\boldsymbol{\alpha}_3,\boldsymbol{\alpha}_4)=2$，

而当 $a=-2$ 时亦有秩 $r(\boldsymbol{\alpha}_1,\boldsymbol{\alpha}_2,\boldsymbol{\alpha}_3,\boldsymbol{\alpha}_4)=2$，

所以 $a=1$ 是秩 $r(\boldsymbol{\alpha}_1,\boldsymbol{\alpha}_2,\boldsymbol{\alpha}_3,\boldsymbol{\alpha}_4)=2$ 的充分而非必要条件.

392 【答案】 C

【分析】 若向量组 $\boldsymbol{\alpha}_1,\boldsymbol{\alpha}_2,\boldsymbol{\alpha}_3$ 与向量组 $\boldsymbol{\beta}_1,\boldsymbol{\beta}_2,\boldsymbol{\beta}_3$ 等价，则这两个向量组的秩相同，于是矩阵 $\boldsymbol{A}$ 与 $\boldsymbol{B}$ 的秩相同，故矩阵 $\boldsymbol{A}$ 与矩阵 $\boldsymbol{B}$ 等价，选项(A) 的命题正确.

若 $r(\boldsymbol{A})=r(\boldsymbol{B})=3$，则向量组 $\boldsymbol{\alpha}_1,\boldsymbol{\alpha}_2,\boldsymbol{\alpha}_3$ 与向量组 $\boldsymbol{\beta}_1,\boldsymbol{\beta}_2,\boldsymbol{\beta}_3$ 的秩均为 3，于是三维向量组 $\boldsymbol{\alpha}_1,\boldsymbol{\alpha}_2,\boldsymbol{\alpha}_3$ 线性无关，三维向量组 $\boldsymbol{\beta}_1,\boldsymbol{\beta}_2,\boldsymbol{\beta}_3$ 也线性无关，故向量组 $\boldsymbol{\alpha}_1,\boldsymbol{\alpha}_2,\boldsymbol{\alpha}_3$ 与向量组 $\boldsymbol{\beta}_1,\boldsymbol{\beta}_2,\boldsymbol{\beta}_3$ 可以相互线性表示，即这两个向量组等价，选项(B) 的命题正确.

若 $\boldsymbol{A}=\begin{bmatrix}1&0&0\\0&1&0\\0&0&0\end{bmatrix},\boldsymbol{B}=\begin{bmatrix}0&0&0\\0&1&0\\0&0&1\end{bmatrix}$，满足 $r(\boldsymbol{A})=r(\boldsymbol{B})=2$，但矩阵 $\boldsymbol{A}$ 的列向量组 $\begin{pmatrix}1\\0\\0\end{pmatrix},\begin{pmatrix}0\\1\\0\end{pmatrix},\begin{pmatrix}0\\0\\0\end{pmatrix}$ 与矩阵 $\boldsymbol{B}$ 的列向量组 $\begin{pmatrix}0\\0\\0\end{pmatrix},\begin{pmatrix}0\\1\\0\end{pmatrix},\begin{pmatrix}0\\0\\1\end{pmatrix}$ 不等价，选项(C) 的命题不正确.

若 $r(\boldsymbol{A},\boldsymbol{B})=r(\boldsymbol{B})$，则向量组 $\boldsymbol{\alpha}_1,\boldsymbol{\alpha}_2,\boldsymbol{\alpha}_3,\boldsymbol{\beta}_1,\boldsymbol{\beta}_2,\boldsymbol{\beta}_3$ 与向量组 $\boldsymbol{\beta}_1,\boldsymbol{\beta}_2,\boldsymbol{\beta}_3$ 的秩相同，从而向量组 $\boldsymbol{\beta}_1,\boldsymbol{\beta}_2,\boldsymbol{\beta}_3$ 的极大线性无关组也是向量组 $\boldsymbol{\alpha}_1,\boldsymbol{\alpha}_2,\boldsymbol{\alpha}_3,\boldsymbol{\beta}_1,\boldsymbol{\beta}_2,\boldsymbol{\beta}_3$ 的极大线性无关组，从而 $\boldsymbol{\alpha}_1,\boldsymbol{\alpha}_2,\boldsymbol{\alpha}_3,\boldsymbol{\beta}_1,\boldsymbol{\beta}_2,\boldsymbol{\beta}_3$ 可由 $\boldsymbol{\beta}_1,\boldsymbol{\beta}_2,\boldsymbol{\beta}_3$ 线性表示. 显然 $\boldsymbol{\beta}_1,\boldsymbol{\beta}_2,\boldsymbol{\beta}_3$ 可由 $\boldsymbol{\alpha}_1,\boldsymbol{\alpha}_2,\boldsymbol{\alpha}_3,\boldsymbol{\beta}_1,\boldsymbol{\beta}_2,\boldsymbol{\beta}_3$ 线性表示，故两个向量组等价，选项(D) 的命题正确.

【评注】 两个 $m\times n$ 矩阵 $\boldsymbol{A},\boldsymbol{B}$ 等价的充分必要条件是 $r(\boldsymbol{A})=r(\boldsymbol{B})$. 等价的向量组有相同的秩，但秩相同的向量组不一定等价.

线性方程组

A 组

393 【答案】 C

【分析】 因 $r(\boldsymbol{A})=3,n-r(\boldsymbol{A})=5-3=2$，知未知数有 2 个自由变量. 去掉第三和第五

列的三阶行列式$\begin{vmatrix}1&-2&3\\0&0&5\\0&0&2\end{vmatrix}=0$，故 x_3,x_5 不能是自由变量.

而$\begin{vmatrix}1&2&3\\0&1&5\\0&0&2\end{vmatrix}\neq 0$，$\begin{vmatrix}-2&2&3\\0&1&5\\0&0&2\end{vmatrix}\neq 0$，$\begin{vmatrix}1&3&-4\\0&5&-2\\0&2&0\end{vmatrix}\neq 0$，说明 x_2,x_5 或 x_1,x_5 或 x_2,x_3 都可以为自由变量.

394 【答案】 B

【分析】 由于 $\boldsymbol{A\alpha}_1=\boldsymbol{b},\boldsymbol{A\alpha}_2=\boldsymbol{b}$，那么

$$\boldsymbol{A}(3\boldsymbol{\alpha}_1-2\boldsymbol{\alpha}_2)=3\boldsymbol{A\alpha}_1-2\boldsymbol{A\alpha}_2=3\boldsymbol{b}-2\boldsymbol{b}=\boldsymbol{b},$$

$$\boldsymbol{A}\left[\frac{1}{3}(\boldsymbol{\alpha}_1+2\boldsymbol{\alpha}_2)\right]=\frac{1}{3}\boldsymbol{A\alpha}_1+\frac{2}{3}\boldsymbol{A\alpha}_2=\frac{1}{3}\boldsymbol{b}+\frac{2}{3}\boldsymbol{b}=\boldsymbol{b},$$

$$\boldsymbol{A}\left[\frac{1}{2}(\boldsymbol{\alpha}_1+\boldsymbol{\alpha}_2)\right]=\frac{1}{2}\boldsymbol{A\alpha}_1+\frac{1}{2}\boldsymbol{A\alpha}_2=\frac{1}{2}\boldsymbol{b}+\frac{1}{2}\boldsymbol{b}=\boldsymbol{b},$$

可知 $3\boldsymbol{\alpha}_1-2\boldsymbol{\alpha}_2,\frac{1}{3}(\boldsymbol{\alpha}_1+2\boldsymbol{\alpha}_2),\frac{1}{2}(\boldsymbol{\alpha}_1+\boldsymbol{\alpha}_2)$ 均是 $\boldsymbol{Ax}=\boldsymbol{b}$ 的解.

而 $\boldsymbol{A}(\boldsymbol{\alpha}_1-\boldsymbol{\alpha}_2)=\boldsymbol{A\alpha}_1-\boldsymbol{A\alpha}_2=\boldsymbol{b}-\boldsymbol{b}=\boldsymbol{0}$，所以 $\boldsymbol{\alpha}_1-\boldsymbol{\alpha}_2$ 是 $\boldsymbol{Ax}=\boldsymbol{0}$ 的解，不是 $\boldsymbol{Ax}=\boldsymbol{b}$ 的解，故应选(B).

【评注】 若 $\boldsymbol{\alpha}_1,\boldsymbol{\alpha}_2,\cdots,\boldsymbol{\alpha}_t$ 是 $\boldsymbol{Ax}=\boldsymbol{b}$ 的解，$k_1+k_2+\cdots+k_t=1$，则 $k_1\boldsymbol{\alpha}_1+k_2\boldsymbol{\alpha}_2+\cdots+k_t\boldsymbol{\alpha}_t$ 仍是 $\boldsymbol{Ax}=\boldsymbol{b}$ 的解. 知道这一点，$3\boldsymbol{\alpha}_1-2\boldsymbol{\alpha}_2,\frac{1}{3}(\boldsymbol{\alpha}_1+2\boldsymbol{\alpha}_2),\frac{1}{2}(\boldsymbol{\alpha}_1+\boldsymbol{\alpha}_2)$ 是 $\boldsymbol{Ax}=\boldsymbol{b}$ 的解也就一目了然了.

395 【答案】 A

【分析】 由 $\boldsymbol{A\alpha}_i=\boldsymbol{b}(i=1,2,3)$ 有

$$\boldsymbol{A}(\boldsymbol{\alpha}_1-\boldsymbol{\alpha}_2)=\boldsymbol{A\alpha}_1-\boldsymbol{A\alpha}_2=\boldsymbol{b}-\boldsymbol{b}=\boldsymbol{0},$$

$$\boldsymbol{A}(\boldsymbol{\alpha}_1+\boldsymbol{\alpha}_2-2\boldsymbol{\alpha}_3)=\boldsymbol{A\alpha}_1+\boldsymbol{A\alpha}_2-2\boldsymbol{A\alpha}_3=\boldsymbol{b}+\boldsymbol{b}-2\boldsymbol{b}=\boldsymbol{0},$$

$$\boldsymbol{A}\left[\frac{2}{3}(\boldsymbol{\alpha}_2-\boldsymbol{\alpha}_1)\right]=\frac{2}{3}\boldsymbol{A\alpha}_2-\frac{2}{3}\boldsymbol{A\alpha}_1=\frac{2}{3}\boldsymbol{b}-\frac{2}{3}\boldsymbol{b}=\boldsymbol{0},$$

$$\boldsymbol{A}(\boldsymbol{\alpha}_1-3\boldsymbol{\alpha}_2+2\boldsymbol{\alpha}_3)=\boldsymbol{A\alpha}_1-3\boldsymbol{A\alpha}_2+2\boldsymbol{A\alpha}_3=\boldsymbol{b}-3\boldsymbol{b}+2\boldsymbol{b}=\boldsymbol{0},$$

所以，$\boldsymbol{\alpha}_1-\boldsymbol{\alpha}_2,\boldsymbol{\alpha}_1+\boldsymbol{\alpha}_2-2\boldsymbol{\alpha}_3,\frac{2}{3}(\boldsymbol{\alpha}_2-\boldsymbol{\alpha}_1),\boldsymbol{\alpha}_1-3\boldsymbol{\alpha}_2+2\boldsymbol{\alpha}_3$ 均是齐次方程组 $\boldsymbol{Ax}=\boldsymbol{0}$ 的解.

【评注】 若 $\boldsymbol{\alpha}_1,\boldsymbol{\alpha}_2,\cdots,\boldsymbol{\alpha}_t$ 是非齐次线性方程组 $\boldsymbol{Ax}=\boldsymbol{b}$ 的解，若 $k_1+k_2+\cdots+k_t=0$，则 $k_1\boldsymbol{\alpha}_1+k_2\boldsymbol{\alpha}_2+\cdots+k_t\boldsymbol{\alpha}_t$ 仍是导出组 $\boldsymbol{Ax}=\boldsymbol{0}$ 的解. 知道这一关系式立即可看出本题应当选(A).

396 【答案】 C

【分析】 $\boldsymbol{Ax}=\boldsymbol{0}$ 有非零解 $\Leftrightarrow|\boldsymbol{A}|=0$. 现

$$|\boldsymbol{A}|=\begin{vmatrix}1&2&-2\\2&-1&a\\3&1&-1\end{vmatrix}=\begin{vmatrix}1&2&0\\2&-1&a-1\\3&1&0\end{vmatrix}=5(a-1)$$

所以 $a=1$.

397 【答案】 C

【分析】 齐次方程组 $\boldsymbol{Ax}=\mathbf{0}$ 的基础解系有3层含义:(1) 齐次方程组的解;(2) 线性无关;(3) 解向量个数为 $n-r(\boldsymbol{A})$.

观察4个选项,本题(B) 中两个向量线性相关,肯定不是基础解系,要排除. 易见本题秩 $r(\boldsymbol{A})=2$,那么 $n-r(\boldsymbol{A})=4-2=2$,即解向量个数应为2,故要排除(D). 至于(A) 和(C) 必有一个正确,因此$(-2,2,1,0)^{\mathrm{T}}$ 肯定是解. 那么$(1,2,0,1)^{\mathrm{T}}$ 与$(2,2,-3,-4)^{\mathrm{T}}$ 中必有一个不是解,故要从解的角度来分析判断. 将(A) 中的$(1,2,0,1)^{\mathrm{T}}$ 代入方程,知不是方程组的解,故去除(A)(或将(C) 的$(2,2,-3,-4)^{\mathrm{T}}$ 代入方程,满足方程),所以要选(C).

398 【答案】 D

【分析】 由已知条件知 $\boldsymbol{Ax}=\mathbf{0}$ 的基础解系是由 $\boldsymbol{Ax}=\mathbf{0}$ 的3个线性无关的解向量所构成,现 $\boldsymbol{\alpha}_1,\boldsymbol{\alpha}_1+\boldsymbol{\alpha}_2,\boldsymbol{\alpha}_1+\boldsymbol{\alpha}_2+\boldsymbol{\alpha}_3$ 都是 $\boldsymbol{Ax}=\mathbf{0}$ 的解,且

$$(\boldsymbol{\alpha}_1,\boldsymbol{\alpha}_1+\boldsymbol{\alpha}_2,\boldsymbol{\alpha}_1+\boldsymbol{\alpha}_2+\boldsymbol{\alpha}_3)=(\boldsymbol{\alpha}_1,\boldsymbol{\alpha}_2,\boldsymbol{\alpha}_3)\begin{bmatrix}1&1&1\\0&1&1\\0&0&1\end{bmatrix}$$

因 $\begin{bmatrix}1&1&1\\0&1&1\\0&0&1\end{bmatrix}$ 可逆,知 $r(\boldsymbol{\alpha}_1,\boldsymbol{\alpha}_1+\boldsymbol{\alpha}_2,\boldsymbol{\alpha}_1+\boldsymbol{\alpha}_2+\boldsymbol{\alpha}_3)=r(\boldsymbol{\alpha}_1,\boldsymbol{\alpha}_2,\boldsymbol{\alpha}_3)=3$,即 $\boldsymbol{\alpha}_1,\boldsymbol{\alpha}_1+\boldsymbol{\alpha}_2,\boldsymbol{\alpha}_1+\boldsymbol{\alpha}_2+\boldsymbol{\alpha}_3$ 线性无关. 那么 $\boldsymbol{\alpha}_1,\boldsymbol{\alpha}_1+\boldsymbol{\alpha}_2,\boldsymbol{\alpha}_1+\boldsymbol{\alpha}_2+\boldsymbol{\alpha}_3$ 是 $\boldsymbol{Ax}=\mathbf{0}$ 的3个线性无关的解向量. 从而也是 $\boldsymbol{Ax}=\mathbf{0}$ 的基础解系,故应选(D).

(A) 中等价向量组的向量个数不一定是3. 例如 $\boldsymbol{\alpha}_1,\boldsymbol{\alpha}_2,\boldsymbol{\alpha}_3,\boldsymbol{\alpha}_1+\boldsymbol{\alpha}_2+\boldsymbol{\alpha}_3$ 就是 $\boldsymbol{\alpha}_1,\boldsymbol{\alpha}_2,\boldsymbol{\alpha}_3$ 的等价向量组.

(B) 中的解向量 $\boldsymbol{\alpha}_1-\boldsymbol{\alpha}_2,\boldsymbol{\alpha}_2-\boldsymbol{\alpha}_3,\boldsymbol{\alpha}_3-\boldsymbol{\alpha}_1$ 线性相关.

(C) 等秩的向量组不一定是 $\boldsymbol{Ax}=\mathbf{0}$ 的解.

B 组

399 【答案】 B

【分析】 如果(A) 是 $\boldsymbol{Ax}=\mathbf{0}$ 的解,则(D) 必是 $\boldsymbol{Ax}=\mathbf{0}$ 的解. 因此(A)(D) 均不是 $\boldsymbol{Ax}=\mathbf{0}$ 的解.

由于 $\boldsymbol{\alpha}_1,\boldsymbol{\alpha}_2$ 是 $\boldsymbol{Ax}=\mathbf{0}$ 的基础解系,那么 $\boldsymbol{\alpha}_1,\boldsymbol{\alpha}_2$ 可表示 $\boldsymbol{Ax}=\mathbf{0}$ 的任何一个解 $\boldsymbol{\eta}$,亦即方程组 $x_1\boldsymbol{\alpha}_1+x_2\boldsymbol{\alpha}_2=\boldsymbol{\eta}$ 必有解. 因为

$$\left[\begin{array}{cc:cc}1&1&2&2\\1&2&1&2\\-1&0&-3&-5\end{array}\right]\to\left[\begin{array}{cc:cc}1&1&2&2\\0&1&-1&0\\0&1&-1&-3\end{array}\right]\to\left[\begin{array}{cc:cc}1&1&2&2\\0&1&-1&0\\0&0&0&-3\end{array}\right]$$

可见第2个方程组无解,即$(2,2,-5)^{\mathrm{T}}$ 不能由 $\boldsymbol{\alpha}_1,\boldsymbol{\alpha}_2$ 线性表示,故(C) 不成立,应选(B).

【评注】 本题知道正确的选项必在(B) 和(C) 中,其实只要解其中的一个方程组就可以了,是没有必要像现在这样解两个方程组的,但如果有的题目确实需要解两个系数矩阵一样的方程组时,用本题的方法是简捷可取的.

400 【答案】 C

【分析】 由于 $\boldsymbol{A}$ 是 $m\times n$ 矩阵，知 $\boldsymbol{A}^{\mathrm{T}}$ 是 $n\times m$ 矩阵，那么 $\boldsymbol{A}^{\mathrm{T}}\boldsymbol{x}=\boldsymbol{0}$ 是 n 个方程 m 个未知数的齐次线性方程组，从而 $m-r(\boldsymbol{A}^{\mathrm{T}})=t$.

又因 $r(\boldsymbol{A})=r(\boldsymbol{A}^{\mathrm{T}})$，所以 $r(\boldsymbol{A})=m-t$，即应当选(C).

【评注】 要搞清楚齐次方程组基础解系中解向量的个数与系数矩阵秩之间的关系. 对于用矩阵形式给出的方程组要看清方程的个数以及未知数的个数（即若 $\boldsymbol{A}$ 是 $m\times n$ 矩阵，则 $\boldsymbol{A}\boldsymbol{x}=\boldsymbol{0}$ 是 m 个方程 n 个未知数的方程组），本题还涉及 $r(\boldsymbol{A})=r(\boldsymbol{A}^{\mathrm{T}})$ 这一关系式.

401 【答案】 B

【分析】 因为 $\boldsymbol{\alpha}_1,\boldsymbol{\alpha}_2$ 线性无关，所以 $\boldsymbol{A}\boldsymbol{x}=\boldsymbol{0}$ 至少有两个线性无关的解，故

$$n-r(\boldsymbol{A})\geqslant 2,\quad 即\ r(\boldsymbol{A})\leqslant 3-2=1$$

因此排除(A)(C).

对于(B)和(D)，因为 $\boldsymbol{\alpha}_2$ 不是方程组(D)的解，因此排除(D).

【评注】 先利用秩来排除，再利用解的概念来选择比较方便. 如果每个都直接代入验算是不是解会比较麻烦.

402 【答案】 A

【分析】 $\boldsymbol{A}^{\mathrm{T}}\boldsymbol{A}$ 是 n 阶矩阵

$$r(\boldsymbol{A}^{\mathrm{T}}\boldsymbol{A})=r(\boldsymbol{A})\leqslant \min(m,n)$$

若 $m<n$，则 $r(\boldsymbol{A}^{\mathrm{T}}\boldsymbol{A})\leqslant m<n$，因此 $\boldsymbol{A}^{\mathrm{T}}\boldsymbol{A}\boldsymbol{x}=\boldsymbol{0}$ 必有非零解.

即 $m<n$ 是 $\boldsymbol{A}^{\mathrm{T}}\boldsymbol{A}\boldsymbol{x}=\boldsymbol{0}$ 有非零解的充分条件.

但不是必要条件. 因为当 $m=n$ 时，若 $\boldsymbol{A}$ 不可逆，$\boldsymbol{A}^{\mathrm{T}}\boldsymbol{A}\boldsymbol{x}=\boldsymbol{0}$ 仍有非零解.

403 【答案】 D

【分析】 因 $\boldsymbol{\eta}_1,\boldsymbol{\eta}_2$ 是 $\boldsymbol{A}\boldsymbol{x}=\boldsymbol{0}$ 的基础解系，有 $n-r(\boldsymbol{A})=2$.

又 $\boldsymbol{A}$ 是四阶矩阵，故 $r(\boldsymbol{A})=2$.

于是(A)(C)均不正确.

由 $\boldsymbol{A}\boldsymbol{\eta}_2=(\boldsymbol{\alpha}_1,\boldsymbol{\alpha}_2,\boldsymbol{\alpha}_3,\boldsymbol{\alpha}_4)\begin{bmatrix}0\\1\\0\\-2\end{bmatrix}=\boldsymbol{0}$，有 $\boldsymbol{\alpha}_2=2\boldsymbol{\alpha}_4$，排除(B)，故应选(D).

直接地，由 $\boldsymbol{A}\boldsymbol{\eta}_1=\boldsymbol{0},\boldsymbol{A}\boldsymbol{\eta}_2=\boldsymbol{0}$ 得

$$\begin{cases}\boldsymbol{\alpha}_1-2\boldsymbol{\alpha}_2+3\boldsymbol{\alpha}_3+\boldsymbol{\alpha}_4=\boldsymbol{0}\\ \boldsymbol{\alpha}_2-2\boldsymbol{\alpha}_4=\boldsymbol{0}\end{cases}$$

如 $\boldsymbol{\alpha}_3,\boldsymbol{\alpha}_4$ 线性相关，不妨设 $\boldsymbol{\alpha}_3=k\boldsymbol{\alpha}_4$，则 $\boldsymbol{\alpha}_1=(3-3k)\boldsymbol{\alpha}_4,\boldsymbol{\alpha}_2=2\boldsymbol{\alpha}_4,\boldsymbol{\alpha}_3=k\boldsymbol{\alpha}_4$，与 $r(\boldsymbol{\alpha}_1,\boldsymbol{\alpha}_2,\boldsymbol{\alpha}_3,\boldsymbol{\alpha}_4)=2$ 相矛盾.

特征值和特征向量

A 组

404 【答案】 D

【分析】 由特征值的性质：$\sum\lambda_i = \sum a_{ii}$.

现在

$$\sum a_{ii} = 1+(-3)+1=-1$$

故可排除(C).

显然，矩阵 $\boldsymbol{A}$ 中第 2、第 3 两列成比例，易知行列式 $|\boldsymbol{A}|=0$，故 $\lambda=0$ 必是 $\boldsymbol{A}$ 的特征值，因此可排除(B).

对于(A) 和(D) 的选择，我们可以用特殊值法，由于

$$|\boldsymbol{E}-\boldsymbol{A}|=\begin{vmatrix}0&-2&2\\-4&4&-3\\-2&1&0\end{vmatrix}=\begin{vmatrix}0&0&2\\-4&1&-3\\-2&1&0\end{vmatrix}=-4\neq 0$$

说明 $\lambda=1$ 不是矩阵 $\boldsymbol{A}$ 的特征值，故可排除(A).

【评注】 这一类题目最直接方法是计算 $\boldsymbol{A}$ 的特征多项式

$$|\lambda\boldsymbol{E}-\boldsymbol{A}|=\begin{vmatrix}\lambda-1&-2&2\\-4&\lambda+3&-3\\-2&1&\lambda-1\end{vmatrix}=\begin{vmatrix}\lambda-1&0&2\\-4&\lambda&-3\\-2&\lambda&\lambda-1\end{vmatrix}=\cdots$$

另一个方法是验算、代入 λ 值. 看哪个选项中 λ 满足 $|\lambda\boldsymbol{E}-\boldsymbol{A}|=0$.

但是应当会用：$\sum\lambda_i=\sum a_{ii}$，$\prod\lambda_i=|\boldsymbol{A}|$，及特殊值法来排除. 也许会更方便.

405 【答案】 A

【分析】 由 $\boldsymbol{A\alpha}=\lambda\boldsymbol{\alpha}$，$\boldsymbol{\alpha}\neq\boldsymbol{0}$ 可得到：

$$\boldsymbol{A}^2\boldsymbol{\alpha}=\lambda^2\boldsymbol{\alpha},\quad \boldsymbol{A}^{-1}\boldsymbol{\alpha}=\frac{1}{\lambda}\boldsymbol{\alpha},\quad (\boldsymbol{A}-\boldsymbol{E})\boldsymbol{\alpha}=(\lambda-1)\boldsymbol{\alpha}$$

说明 $\boldsymbol{A}^2$，$\boldsymbol{A}^{-1}$，$\boldsymbol{A}-\boldsymbol{E}$ 与 $\boldsymbol{A}$ 的特征值是不一样的(但 $\boldsymbol{A}$ 的特征向量也是它们的特征向量). 由排除法应选(A).

或由于 $|\lambda\boldsymbol{E}-\boldsymbol{A}^{\mathrm{T}}|=|(\lambda\boldsymbol{E}-\boldsymbol{A})^{\mathrm{T}}|=|\lambda\boldsymbol{E}-\boldsymbol{A}|$，

$\boldsymbol{A}$ 与 $\boldsymbol{A}^{\mathrm{T}}$ 有相同的特征多项式，所以 $\boldsymbol{A}$ 与 $\boldsymbol{A}^{\mathrm{T}}$ 有相同的特征值.

406 【答案】 C

【分析】 若非零向量 $\boldsymbol{\alpha}$ 为矩阵 $\boldsymbol{A}$ 的特征向量，λ 为对应的特征值，则有 $\boldsymbol{A\alpha}=\lambda\boldsymbol{\alpha}$，即向量 $\boldsymbol{A\alpha}$ 与 $\boldsymbol{\alpha}$ 线性相关.

由于 $\boldsymbol{A}\begin{pmatrix}2\\0\\1\end{pmatrix}=\begin{bmatrix}3&-4&-4\\0&1&0\\2&-4&-3\end{bmatrix}\begin{pmatrix}2\\0\\1\end{pmatrix}=\begin{pmatrix}2\\0\\1\end{pmatrix}$，$\boldsymbol{A}\begin{pmatrix}2\\1\\0\end{pmatrix}=\begin{bmatrix}3&-4&-4\\0&1&0\\2&-4&-3\end{bmatrix}\begin{pmatrix}2\\1\\0\end{pmatrix}=\begin{pmatrix}2\\1\\0\end{pmatrix}$，所以向量 $(2,0,1)^{\mathrm{T}}$ 与 $(2,1,0)^{\mathrm{T}}$ 均为矩阵 $\boldsymbol{A}$ 属于特征值 1 的特征向量.

由于 $A\begin{pmatrix}1\\1\\0\end{pmatrix}=\begin{bmatrix}3&-4&-4\\0&1&0\\2&-4&-3\end{bmatrix}\begin{pmatrix}1\\1\\0\end{pmatrix}=\begin{pmatrix}-1\\1\\-2\end{pmatrix}$，向量 $\begin{pmatrix}1\\1\\0\end{pmatrix}$ 与 $\begin{pmatrix}-1\\1\\-2\end{pmatrix}$ 线性无关，所以 $\begin{pmatrix}1\\1\\0\end{pmatrix}$ 不是矩阵 A 的特征向量.

由于 $A\begin{pmatrix}1\\0\\1\end{pmatrix}=\begin{bmatrix}3&-4&-4\\0&1&0\\2&-4&-3\end{bmatrix}\begin{pmatrix}1\\0\\1\end{pmatrix}=\begin{pmatrix}-1\\0\\-1\end{pmatrix}=-\begin{pmatrix}1\\0\\1\end{pmatrix}$，所以向量 $(1,0,1)^T$ 为矩阵 A 属于特征值 -1 的特征向量.

综上，正确选项为(C).

407 【答案】 D

【分析】 若 $\boldsymbol{\alpha}$ 是 $2A$ 的特征向量. 即 $(2A)\boldsymbol{\alpha}=\lambda\boldsymbol{\alpha},\boldsymbol{\alpha}\neq\mathbf{0}$.

那么 $A\boldsymbol{\alpha}=\dfrac{\lambda}{2}\boldsymbol{\alpha}$，所以 $\boldsymbol{\alpha}$ 是矩阵 A 属于特征值 $\dfrac{\lambda}{2}$ 的特征向量. 即(D) 正确.

由于方程组 $(\lambda E-A^T)x=\mathbf{0}$，$(\lambda E-A^*)x=\mathbf{0}$，$(\lambda E-A^2)x=\mathbf{0}$ 与 $(\lambda E-A)x=\mathbf{0}$ 不一定同解，所以 $\boldsymbol{\alpha}$ 不一定是 A 的特征向量.

如 $A=\begin{bmatrix}0&1&0\\0&0&1\\0&0&0\end{bmatrix}$ 的特征向量是 $(1,0,0)^T$，而 $A^T=\begin{bmatrix}0&0&0\\1&0&0\\0&1&0\end{bmatrix}$ 有 $\boldsymbol{\alpha}_1=\begin{bmatrix}0\\0\\1\end{bmatrix}$，

$A^2=A^*=\begin{bmatrix}0&0&1\\0&0&0\\0&0&0\end{bmatrix}$，有 $\boldsymbol{\alpha}_2=\begin{bmatrix}0\\1\\0\end{bmatrix}$，均不是 A 的特征向量.

408 【答案】 B

【分析】 (A) 有 3 个不同的特征值必和对角矩阵相似. (D) 是对称矩阵必和对角矩阵相似. (B)(C) 特征值都是 $1,1,-1$，特征值 $\lambda=1$ 是 2 重根.

对于选项(B)，记为矩阵 B

$E-B=\begin{bmatrix}0&-2&-3\\0&0&-2\\0&0&2\end{bmatrix}$，有 $r(E-B)=2,n-r(E-B)=3-2=1$

即齐次方程组 $(E-B)x=\mathbf{0}$ 只有 1 个线性无关的解，亦 $\lambda=1$ 只有 1 个线性无关的特征向量，所以 B 不能对角化.

而对于选项(C)，记为 C

$E-C=\begin{bmatrix}0&0&0\\0&0&0\\-3&-2&2\end{bmatrix}$，$r(E-C)=1,n-r(E-C)=2$

故 $\lambda=1$ 有 2 个线性无关的特征向量，可以相似对角化.

409 【答案】 C

【分析】 由相似的性质：$\sum a_{ii}=\sum b_{ii}$ 及 $|A|=|B|$，有

$$\begin{cases}3+a+3=3+4+(-1)\\3(3a-2b)=-12\end{cases}$$

可解出 $b=2$.
故选(C).

410 【答案】 B

【分析】 相似的必要条件:

$$|\boldsymbol{A}|=|\boldsymbol{B}|,\lambda_{\boldsymbol{A}}=\lambda_{\boldsymbol{B}},r(\boldsymbol{A})=r(\boldsymbol{B}),\sum a_{ii}=\sum b_{ii}$$

(A) 中,$r(\boldsymbol{A})\neq r(\boldsymbol{B})$.(C) 中 $\sum a_{ii}\neq\sum b_{ii}$,所以排除(A)(C).

(B) 中,矩阵 $\boldsymbol{A},\boldsymbol{B}$ 的特征值都是 1,2,有两个不同的特征值,那么

$$\boldsymbol{A}\sim\begin{bmatrix}1&\\&2\end{bmatrix},\boldsymbol{B}\sim\begin{bmatrix}1&\\&2\end{bmatrix},故\ \boldsymbol{A}\sim\boldsymbol{B}.$$

(D) 中,矩阵 $\boldsymbol{A},\boldsymbol{B}$ 的特征值都是 3,3,二重根.

而 $3\boldsymbol{E}-\boldsymbol{B}=\begin{bmatrix}0&0\\-1&0\end{bmatrix},r(3\boldsymbol{E}-\boldsymbol{B})=1,n-r(3\boldsymbol{E}-\boldsymbol{B})=2-1=1$.

即 $\lambda=3$ 只有 1 个线性无关的特征向量,所以 $\boldsymbol{B}$ 不能对角化,故 $\boldsymbol{A}$ 和 $\boldsymbol{B}$ 不相似.

411 【答案】 D

【分析】 由题设 $\boldsymbol{\alpha}_i$ 是方程组 $\boldsymbol{Ax}=(i-1)\boldsymbol{\alpha}_i$ 的解,$i=1,2,3$,于是

$\boldsymbol{A\alpha}_1=(1-1)\boldsymbol{\alpha}_1=0\boldsymbol{\alpha}_1,\boldsymbol{A\alpha}_2=(2-1)\boldsymbol{\alpha}_2=\boldsymbol{\alpha}_2,\boldsymbol{A\alpha}_3=(3-1)\boldsymbol{\alpha}_3=2\boldsymbol{\alpha}_3$,

所以矩阵 $\boldsymbol{A}$ 的特征值为 0,1,2,故矩阵 $\boldsymbol{A}^2+\boldsymbol{E}$ 的特征值为 1,2,5,于是 $\boldsymbol{A}^2+\boldsymbol{E}$ 的迹为 8,正确选项为(D).

【评注】 矩阵 $\boldsymbol{A}$ 的迹为其主对角线上的所有元素和,也为其所有特征值的和,即 $\mathrm{tr}(\boldsymbol{A})=a_{11}+a_{22}+a_{33}=\lambda_1+\lambda_2+\lambda_3$. 若 λ 为矩阵 $\boldsymbol{A}$ 的特征值,则 $\varphi(\lambda)$ 为矩阵 $\varphi(\boldsymbol{A})$ 的特征值.

412 【答案】 A

【分析】 由于矩阵 $\boldsymbol{A}$ 可逆,有

$$\boldsymbol{A}^{-1}(\boldsymbol{AB})\boldsymbol{A}=\boldsymbol{BA}$$

按相似定义知 $\boldsymbol{AB}\sim\boldsymbol{BA}$. 即命题 ① 正确.

因为 $\boldsymbol{A}\sim\boldsymbol{B}$,故存在可逆矩阵 $\boldsymbol{P}$ 使 $\boldsymbol{P}^{-1}\boldsymbol{AP}=\boldsymbol{B}$,那么

$$\boldsymbol{B}^2=(\boldsymbol{P}^{-1}\boldsymbol{AP})(\boldsymbol{P}^{-1}\boldsymbol{AP})=\boldsymbol{P}^{-1}\boldsymbol{A}^2\boldsymbol{P}$$

$$\boldsymbol{B}^{-1}=(\boldsymbol{P}^{-1}\boldsymbol{AP})^{-1}=\boldsymbol{P}^{-1}\boldsymbol{A}^{-1}(\boldsymbol{P}^{-1})^{-1}=\boldsymbol{P}^{-1}\boldsymbol{A}^{-1}\boldsymbol{P}$$

$$\boldsymbol{B}^{\mathrm{T}}=(\boldsymbol{P}^{-1}\boldsymbol{AP})^{\mathrm{T}}=\boldsymbol{P}^{\mathrm{T}}\boldsymbol{A}^{\mathrm{T}}(\boldsymbol{P}^{-1})^{\mathrm{T}}=[(\boldsymbol{P}^{-1})^{\mathrm{T}}]^{-1}\boldsymbol{A}^{\mathrm{T}}(\boldsymbol{P}^{-1})^{\mathrm{T}}$$

按相似定义知命题 ②③④ 也均正确. 故应选(A).

【评注】 要会用定义法来分析问题.

B 组

413 【答案】 B

【分析】 由于 k 重特征值最多有 k 个线性无关的特征向量，那么当 $r(\boldsymbol{A}_{3\times3})=1$ 时，$(0\boldsymbol{E}-\boldsymbol{A})\boldsymbol{x}=\boldsymbol{0}$ 必有两个线性无关的解，故 $\lambda=0$ 的重数 $\geqslant 2$，即 $\lambda=0$ 至少是二重特征值. 当然也可能是三重. 例 $\boldsymbol{A}=\begin{bmatrix}0&0&1\\0&0&0\\0&0&0\end{bmatrix}$，$r(\boldsymbol{A})=1$，但 $\lambda=0$ 是三重特征值.

故应选(B).

414 【答案】 A

【分析】 设 $\boldsymbol{\alpha}$ 是矩阵 $\boldsymbol{A}$ 属于特征值 λ 的特征向量，按定义有

$$\begin{bmatrix}3&2&-1\\a&-2&2\\3&b&-1\end{bmatrix}\begin{bmatrix}1\\-2\\3\end{bmatrix}=\lambda\begin{bmatrix}1\\-2\\3\end{bmatrix}$$

对应分量相等，即有
$$\begin{cases}3-4-3=\lambda\\a+4+6=-2\lambda\\3-2b-3=3\lambda\end{cases}$$

可见 $\lambda=-4$，$a=-2$，$b=6$，所以应选(A).

【评注】 利用特征值、特征向量的定义建立方程组，然后求出参数的值. 这种方法是基本的，也是重要的.

415 【答案】 A

【分析】 方法1 由 $\boldsymbol{A\alpha}_2=3\boldsymbol{\alpha}_2$，有 $\boldsymbol{A}(-\boldsymbol{\alpha}_2)=3(-\boldsymbol{\alpha}_2)$，即当 $\boldsymbol{\alpha}_2$ 是矩阵 $\boldsymbol{A}$ 属于特征值 $\lambda=3$ 的特征向量时，$-\boldsymbol{\alpha}_2$ 仍是矩阵 $\boldsymbol{A}$ 属于特征值 $\lambda=3$ 的特征向量. 同理 $2\boldsymbol{\alpha}_3$ 仍是矩阵 $\boldsymbol{A}$ 属于特征值 $\lambda=-2$ 的特征向量.

当 $\boldsymbol{P}^{-1}\boldsymbol{AP}=\boldsymbol{\Lambda}$ 时，$\boldsymbol{P}$ 由 $\boldsymbol{A}$ 的特征向量所构成，$\boldsymbol{\Lambda}$ 由 $\boldsymbol{A}$ 的特征值所构成，且 $\boldsymbol{P}$ 与 $\boldsymbol{\Lambda}$ 的位置是对应一致的. 现在，矩阵 $\boldsymbol{A}$ 的特征值是 $1,3,-2$，故对角矩阵 $\boldsymbol{\Lambda}$ 应当由 $1,3,-2$ 构成，因此排除(B)(C). 由于 $2\boldsymbol{\alpha}_3$ 是属于 $\lambda=-2$ 的特征向量，所以 -2 在对角矩阵 $\boldsymbol{\Lambda}$ 中应当是第二列，故应选(A).

方法2 由题设条件知，若取 $\boldsymbol{Q}=[\boldsymbol{\alpha}_1,\boldsymbol{\alpha}_2,\boldsymbol{\alpha}_3]$，则有

$$\boldsymbol{Q}^{-1}\boldsymbol{AQ}=\begin{bmatrix}1&&\\&3&\\&&-2\end{bmatrix}$$

现取 $\boldsymbol{P}=[\boldsymbol{\alpha}_1,2\boldsymbol{\alpha}_3,-\boldsymbol{\alpha}_2]=[\boldsymbol{\alpha}_1,\boldsymbol{\alpha}_2,\boldsymbol{\alpha}_3]\begin{bmatrix}1&0&0\\0&0&-1\\0&2&0\end{bmatrix}\xlongequal{\text{记}}\boldsymbol{QC}$

则 $\boldsymbol{P}^{-1}\boldsymbol{AP}=(\boldsymbol{QC})^{-1}\boldsymbol{AQC}=\boldsymbol{C}^{-1}(\boldsymbol{Q}^{-1}\boldsymbol{AQ})\boldsymbol{C}$

$$=\boldsymbol{C}^{-1}\begin{bmatrix}1&&\\&3&\\&&-2\end{bmatrix}\boldsymbol{C},$$

其中 $C=\begin{bmatrix}1&0&0\\0&0&-1\\0&2&0\end{bmatrix}$，$C^{-1}=\begin{bmatrix}1&0&0\\0&0&\frac{1}{2}\\0&-1&0\end{bmatrix}$，

得 $P^{-1}AP=\begin{bmatrix}1&0&0\\0&0&\frac{1}{2}\\0&-1&0\end{bmatrix}\begin{bmatrix}1&&\\&3&\\&&-2\end{bmatrix}\begin{bmatrix}1&0&0\\0&0&-1\\0&2&0\end{bmatrix}=\begin{bmatrix}1&&\\&-2&\\&&3\end{bmatrix}$.

故应选(A).

【评注】 当 $P^{-1}AP=B$ 时，P 中列向量不是矩阵 A 的特征向量. 当 $P^{-1}AP=\Lambda$ 时，P 中列向量是矩阵 A 的特征向量，Λ 中的主对角线元素是矩阵 A 的特征值，且 P 与 Λ 中特征向量与特征值位置要对应正确.

416 【答案】 D

【分析】 由 $\boldsymbol{\alpha}_2,\boldsymbol{\alpha}_3$ 是 A 不同特征值的特征向量，于是 $\boldsymbol{\alpha}_2+\boldsymbol{\alpha}_3$ 不是 A 的特征向量. 所以不能是(D).

如 $\boldsymbol{\alpha}_1,\boldsymbol{\alpha}_2$ 是 A 关于 λ 的特征向量，则 $k_1\boldsymbol{\alpha}_1+k_2\boldsymbol{\alpha}_2\neq\mathbf{0}$ 仍是 A 关于 λ 的特征向量. 故 $\boldsymbol{\alpha}_1+\boldsymbol{\alpha}_2$，$\boldsymbol{\alpha}_1-\boldsymbol{\alpha}_2$，$-\boldsymbol{\alpha}_1$，$5\boldsymbol{\alpha}_1$ 仍是 A 关于 $\lambda=2$ 的特征向量. 又因 $\boldsymbol{\alpha}_1,\boldsymbol{\alpha}_2$ 线性无关，保证 $\boldsymbol{\alpha}_2,-\boldsymbol{\alpha}_1$ 线性无关，$\boldsymbol{\alpha}_1+\boldsymbol{\alpha}_2,5\boldsymbol{\alpha}_1$ 线性无关，$\boldsymbol{\alpha}_1+\boldsymbol{\alpha}_2,\boldsymbol{\alpha}_1-\boldsymbol{\alpha}_2$ 亦线性无关，即(A)(B)(C) 均可逆.

二次型

A 组

417 【答案】 A

【分析】 二次型的矩阵为 $A=\begin{bmatrix}a&1&1\\1&a&1\\1&1&a\end{bmatrix}$，由于二次型的秩为 2，所以 $|A|=0$.

$$|A|=\begin{vmatrix}a&1&1\\1&a&1\\1&1&a\end{vmatrix}=(a+2)\begin{vmatrix}1&1&1\\1&a&1\\1&1&a\end{vmatrix}=(a+2)\begin{vmatrix}1&1&1\\0&a-1&0\\0&0&a-1\end{vmatrix}=(a+2)(a-1)^2,$$

于是 $a=-2$ 或 $a=1$.

当 $a=-2$ 时，$A=\begin{bmatrix}-2&1&1\\1&-2&1\\1&1&-2\end{bmatrix}$，其二阶子式 $\begin{vmatrix}-2&1\\1&-2\end{vmatrix}=3$，$|A|=\begin{vmatrix}-2&1&1\\1&-2&1\\1&1&-2\end{vmatrix}=0$，此时 $r(A)=2$.

当 $a=1$ 时，$A=\begin{bmatrix}1&1&1\\1&1&1\\1&1&1\end{bmatrix}$，此时 $r(A)=1$，不符合题意，舍去.

综上，$a=-2$. 选(A).

418 【答案】 B

【分析】 二次型 f 的矩阵为

$$\boldsymbol{A}=\begin{bmatrix} a & -1 & 1 \\ -1 & 0 & b \\ 1 & b & -2 \end{bmatrix},$$

由题设，二次型 f 在正交变换下的标准形为 $y_1^2-3y_2^2$，所以矩阵 $\boldsymbol{A}$ 的特征值为

$$\lambda_1=1,\lambda_2=-3,\lambda_3=0.$$

由于 $\operatorname{tr}(\boldsymbol{A})=\lambda_1+\lambda_2+\lambda_3$，$|\boldsymbol{A}|=\lambda_1\lambda_2\lambda_3$，又

$$|\boldsymbol{A}|=\begin{vmatrix} a & -1 & 1 \\ -1 & 0 & b \\ 1 & b & -2 \end{vmatrix}=-2b-ab^2+2,$$

所以

$$\begin{cases} a-2=1-3 \\ -2b-ab^2+2=0 \end{cases},$$

解得 $a=0,b=1$.

【评注】 二次型 $f(x_1,x_2,x_3)=\boldsymbol{x}^{\mathrm{T}}\boldsymbol{A}\boldsymbol{x}$ 经过正交变换化为标准形时，标准形的系数为二次型矩阵 $\boldsymbol{A}$ 的特征值.

419 【答案】 A

【分析】 方法 1　用特征值

$$|\lambda\boldsymbol{E}-\boldsymbol{A}|=\begin{vmatrix} \lambda-1 & 1 & 0 \\ 1 & \lambda & 1 \\ 0 & 1 & \lambda-1 \end{vmatrix}=\begin{vmatrix} \lambda-1 & 0 & 1-\lambda \\ 1 & \lambda & 1 \\ 0 & 1 & \lambda-1 \end{vmatrix}=(\lambda-1)(\lambda-2)(\lambda+1)$$

二次型经正交变换标准形是 $y_1^2+2y_2^2-y_3^2$，故规范形是 $z_1^2+z_2^2-z_3^2$.

方法 2　用配方法

$$\begin{aligned} f&=(x_1^2-2x_1x_2+x_2^2)-x_2^2+x_3^2-2x_2x_3 \\ &=(x_1-x_2)^2-(x_2^2+2x_2x_3+x_3^2)+2x_3^2 \\ &=(x_1-x_2)^2-(x_2+x_3)^2+2x_3^2 \end{aligned}$$

亦知 $p=2,q=1$，规范形为 $z_1^2+z_2^2-z_3^2$.

420 【答案】 A

【分析】 由于

$$\begin{aligned} f(x_1,x_2,x_3)&=(x_1+x_2)^2+(x_2+x_3)^2+(x_3-x_1)^2 \\ &=2x_1^2+2x_2^2+2x_3^2+2x_1x_2+2x_2x_3-2x_1x_3 \\ &=2x_1^2+2x_1(x_2-x_3)+\frac{1}{2}(x_2-x_3)^2-\frac{1}{2}(x_2-x_3)^2+2x_2^2+2x_3^2+2x_2x_3 \\ &=2\left(x_1+\frac{1}{2}x_2-\frac{1}{2}x_3\right)^2+\frac{3}{2}x_2^2+\frac{3}{2}x_3^2+3x_2x_3 \\ &=2\left(x_1+\frac{1}{2}x_2-\frac{1}{2}x_3\right)^2+\frac{3}{2}(x_2+x_3)^2, \end{aligned}$$

所以规范形为 $z_1^2+z_2^2$，正确的选项为(A).

【评注】 本题常见错误的做法是作线性变换 $\begin{cases} z_1=x_1+x_2, \\ z_2=x_2+x_3, \\ z_3=x_3-x_1, \end{cases}$ 二次型化为规范形 $z_1^2+z_2^2+z_3^2$. 注意由于矩阵 $\begin{bmatrix} 1 & 1 & 0 \\ 0 & 1 & 1 \\ -1 & 0 & 1 \end{bmatrix}$ 不可逆，所以变换 $\begin{cases} z_1=x_1+x_2, \\ z_2=x_2+x_3, \\ z_3=x_3-x_1 \end{cases}$ 不是可逆线性变换.

421 【答案】 B

【分析】 由 $\boldsymbol{A}$ 的特征多项式

$$|\lambda\boldsymbol{E}-\boldsymbol{A}|=\begin{vmatrix} \lambda & 1 & -1 \\ 1 & \lambda & 1 \\ -1 & 1 & \lambda-2 \end{vmatrix}=\lambda(\lambda+1)(\lambda-3)$$

知 $\boldsymbol{A}$ 的特征值是 $3,-1,0$，从而 $p=1,q=1$.

B 组

422 【答案】 C

【分析】 利用特征值

$$|\lambda\boldsymbol{E}-\boldsymbol{A}|=\begin{vmatrix} \lambda-a & 1 & -a \\ 1 & \lambda-2a+1 & 1 \\ -a & 1 & \lambda-a \end{vmatrix}=\begin{vmatrix} \lambda & 0 & -\lambda \\ 1 & \lambda-2a+1 & 1 \\ -a & 1 & \lambda-a \end{vmatrix}$$

$$=\begin{vmatrix} \lambda & 0 & 0 \\ 1 & \lambda-2a+1 & 2 \\ -a & 1 & \lambda-2a \end{vmatrix}=\lambda(\lambda-2a+2)(\lambda-2a-1)$$

$\boldsymbol{A}$ 的特征值：$0,2a-2,2a+1$，

$$p=1\Leftrightarrow\begin{cases} 2a+1>0 \\ 2a-2\leqslant 0 \end{cases}.$$

423 【答案】 D

【分析】 二次型经正交变换得标准形为 $y_1^2+3y_2^2-y_3^2$.

说明二次型矩阵 $\boldsymbol{A}$ 的特征值是：$1,3,-1$.

分别求每个矩阵的特征值

$$\begin{bmatrix} 0 & 0 & 1 \\ 0 & 3 & 0 \\ 1 & 0 & 0 \end{bmatrix},\begin{bmatrix} 1 & 2 & 0 \\ 2 & 1 & 0 \\ 0 & 0 & 1 \end{bmatrix},\begin{bmatrix} 2 & 1 & 0 \\ 1 & 2 & 0 \\ 0 & 0 & -1 \end{bmatrix},\begin{bmatrix} 1 & -2 & 0 \\ -2 & 1 & -2 \\ 0 & -2 & 1 \end{bmatrix}$$

可知应选(D).

424 【答案】 C

【分析】 二次型正定的必要条件是：$a_{ii}>0$.

在(D)选项中，由于 $a_{33}=0$，易知 $f(0,0,1)=0$ 与 $\boldsymbol{x}\neq\boldsymbol{0}, \boldsymbol{x}^{\mathrm{T}}\boldsymbol{A}\boldsymbol{x}>0$ 相矛盾.

二次型正定的充分必要条件是顺序主子式全大于零. 在(A)中，二阶主子式

$$\Delta_2=\begin{vmatrix}1&2\\2&4\end{vmatrix}=0$$

在(B)选项中，三阶主子式 $\Delta_3=|\boldsymbol{A}|=-1$.

因此选项(A)(B)(D)中的矩阵均不是正定矩阵. 故应选(C).

对(C)选项，因 $D_1=2>0, D_2=\begin{vmatrix}2&2\\2&5\end{vmatrix}=6>0$,

$$D_3=\begin{vmatrix}2&2&-2\\2&5&-4\\-2&-4&5\end{vmatrix}=\begin{vmatrix}2&2&-2\\0&3&-2\\0&-2&3\end{vmatrix}=10>0$$

故选项(C)中的矩阵是正定矩阵.

【评注】 利用正定的必要条件，先排除不正定的矩阵是方便的. 关于(C)，用顺序主子式判别最简捷. 当然，利用特征值或配方化标准形来看正惯性指数是否为 n 也是可以的.

425 **【答案】** B

【分析】 由

$$|\lambda\boldsymbol{E}-\boldsymbol{A}|=\begin{vmatrix}\lambda&0&-1\\0&\lambda-1&0\\-1&0&\lambda\end{vmatrix}=(\lambda-1)(\lambda^2-1)$$

知矩阵 $\boldsymbol{A}$ 的特征值为 $1,1,-1$.

$\boldsymbol{A}+k\boldsymbol{E}$ 的特征值为：$k+1, k+1, k-1$.

$$\begin{cases}k+1>0\\k-1>0\end{cases}\Rightarrow k>1.$$

概率论与数理统计水平自测一答案

本自测题极容易，你应当快速完成测试，毫无压力。

如果你解答这些题还有困难，请自行补课，推荐《考研数学复习全书·基础篇·概率论与数理统计基础》。

1.【答案】 A

【分析】 第二次取得新球，有两种情况.

第一种情况是第一次取得旧球，第二次取得新球，概率为$\frac{2}{5}\times\frac{3}{4}=\frac{3}{10}$.

第二种情况是第一次取得新球，第二次取得新球，概率为$\frac{3}{5}\times\frac{2}{4}=\frac{3}{10}$.

故第二次取到新球的概率为$\frac{3}{10}+\frac{3}{10}=\frac{3}{5}$.

2.【答案】 A

【分析】 因为$B\subset A$，故$AB=B$，而$P(A-B)=P(A)-P(AB)=P(A)-P(B)$.

3.【答案】 B

【分析】 由概率密度的性质可知$\int_0^1(c+x)\mathrm{d}x=cx+\frac{x^2}{2}\Big|_0^1=\frac{1}{2}+c=1$，故$c=\frac{1}{2}$.

4.【答案】 B

【分析】 $E(2-X^2)=E(2)-E(X^2)=2-E(X^2)=-4,E(X^2)=6$.

又因为$D(X)=E(X^2)-[E(X)]^2$，设泊松分布的参数为λ，则$E(X)=D(X)=\lambda$，故

$$\lambda=6-\lambda^2,\lambda=2,\lambda=-3(\text{舍去})$$

故X服从泊松分布$P(2)$. $P\{X<1\}=P\{X=0\}=\frac{2^0\cdot\mathrm{e}^{-2}}{0!}=\mathrm{e}^{-2}$.

5.【答案】 A

【分析】 因为随机变量X,Y都服从$[0,1]$上的均匀分布，因此有$E(X)=E(Y)=\frac{1}{2}$.

故$E(X+Y)=E(X)+E(Y)=\frac{1}{2}+\frac{1}{2}=1$.

6.【答案】 D

【分析】 随机变量X服从参数为0.5的指数分布，其方差$D(X)=4$，期望$E(X)=2$.

切比雪夫不等式为$P\{|X-E(X)|\geqslant\varepsilon\}\leqslant\frac{D(X)}{\varepsilon^2}$，代入可得

$$P\{|X-2|\geqslant 3\}\leqslant\frac{4}{9}.$$

7.【答案】 0.9

【分析】 $P(B \mid A)=\dfrac{P(AB)}{P(A)}=\dfrac{P(AB)}{0.5}=0.8$，故 $P(AB)=0.4$.

$P(A+B)=P(A)+P(B)-P(AB)=0.5+0.8-0.4=0.9$.

8.【答案】 4

【分析】 因为随机变量 $X \sim N(0,1)$，故 $D(X)=1$.

$D(Y)=D(2X+10)=4D(X)=4$.

9.【答案】 $\dfrac{2}{9},\dfrac{1}{9}$

【分析】 设 $P\{X=1\}=a_1, P\{X=2\}=a_2, P\{Y=1\}=b_1, P\{Y=2\}=b_2, P\{Y=3\}=b_3$.

$P\{X=1,Y=1\}+P\{X=1,Y=2\}+P\{X=1,Y=3\}=a_1=\dfrac{1}{3}, a_2=\dfrac{2}{3}$

$P\{X=1,Y=1\}+P\{X=2,Y=1\}=b_1=\dfrac{1}{2}$,

$P\{X=1,Y=2\}=a_1b_2=\dfrac{1}{3}b_2=\dfrac{1}{9}, b_2=\dfrac{1}{3}$，故 $b_3=\dfrac{1}{6}$.

$\alpha=P\{X=2,Y=2\}=P\{X=2\}P\{Y=2\}=a_2b_2=\dfrac{2}{3}\times\dfrac{1}{3}=\dfrac{2}{9}$,

$\beta=P\{X=2,Y=3\}=P\{X=2\}P\{Y=3\}=a_2b_3=\dfrac{2}{3}\times\dfrac{1}{6}=\dfrac{1}{9}$.

10.【答案】 $\dfrac{1}{n}\sum\limits_{i=1}^{n}X_i$

【分析】 $$E(X)=\int_{-\infty}^{+\infty}xf(x)\,\mathrm{d}x=\int_{0}^{+\infty}\frac{x}{\theta}\mathrm{e}^{-\frac{x}{\theta}}\,\mathrm{d}x=\int_{0}^{+\infty}x\,\mathrm{d}(-\mathrm{e}^{-\frac{x}{\theta}})$$
$$=x(-\mathrm{e}^{-\frac{x}{\theta}})\Big|_{0}^{+\infty}+\int_{0}^{+\infty}\mathrm{e}^{-\frac{x}{\theta}}\,\mathrm{d}x=\theta\int_{0}^{+\infty}\mathrm{e}^{-\frac{x}{\theta}}\,\mathrm{d}\left(\frac{x}{\theta}\right)=-\theta\mathrm{e}^{-\frac{x}{\theta}}\Big|_{0}^{+\infty}=\theta$$

故 $\hat{\theta}=\dfrac{1}{n}\sum\limits_{i=1}^{n}X_i$.

概率论与数理统计水平自测二答案

本自测10个小题都是基本的概念与计算，难度不大。同学你应当在规定时间内完成解答，并且不感到有什么困难。如果确实有困难，请自行补课，推荐《考研数学复习全书·基础篇·概率论与数理统计基础》。

1.【答案】 B

【分析】 这是一个古典型概率 $P\{X=4\}=\dfrac{n_A}{n}=\dfrac{\text{事件 } A\text{:“}x=4\text{”中样本点数}}{\Omega\text{ 中样本点总数}}$.

方法1 取球有先后次序，取了两个总共有可能 $n=4\cdot 3$.

$x=4$，取一个为4号，另一个为1，2，3中一个，共有可能 $1\cdot 3$，再考虑先后，应有总的可能 $n_A=2\cdot 1\cdot 3$,

故 $P\{X=4\}=\dfrac{2\cdot 1\cdot 3}{4\cdot 3}=\dfrac{1}{2}=0.5$.

方法 2　不考虑取球次序，取了两个球总共有可能 $n = C_4^2$，取上 4 号，1 种可能，再在 1，2，3 中另取一个，总的可能 $1 \cdot C_3^1$，故 $P\{X=4\} = \frac{1 \cdot C_3^1}{C_4^2} = \frac{1}{2} = 0.5$.

方法 3　只考虑 4 号球：一种是被取出，另一种是不被取出.

由于取出两只球，余下也是两只球，因而 4 号球被取出与不取出等可能.

$P\{X=4\} = \frac{1}{2} = 0.5$.

2.【答案】 C

【分析】 设随机事件 $A = \left\{X \leqslant \frac{1}{2}\right\}$，则

$$P(A) = P\left\{X \leqslant \frac{1}{2}\right\} = \int_{-\infty}^{\frac{1}{2}} f(x)\mathrm{d}x = \int_0^{\frac{1}{2}} 2x\mathrm{d}x = x^2 \Big|_0^{\frac{1}{2}} = \frac{1}{4}$$

Y 表示对 X 的三次独立重复观察中 A 出现的次数，所以 $Y \sim B\left(3, \frac{1}{4}\right)$.

因此 $P\{Y=2\} = C_3^2 \left(\frac{1}{4}\right)^2 \left(\frac{3}{4}\right) = \frac{9}{64}$. 答案应选(C).

3.【答案】 C

【分析】 方法 1　分布函数必满足 $F(-\infty) = 0, F(+\infty) = 1$.

(A) $F_1(+\infty) + F_2(+\infty) = 2$. (B) $F_1(+\infty) - F_2(+\infty) = 0$. (D) $\frac{F_1(-\infty)}{F_2(-\infty)}$ 结果不确定.

答案选(C).

方法 2　记 $X = \max(X_1, X_2)$，则 X 的分布函数

$$\begin{aligned} F_X(x) &= P\{X \leqslant x\} = P\{\max(X_1, X_2) \leqslant x\} = P\{X_1 \leqslant x, X_2 \leqslant x\} \\ &= P\{X_1 \leqslant x\} P\{X_2 \leqslant x\} = F_1(x) \cdot F_2(x) \end{aligned}$$

所以(C) 是 $X = \max(X_1, X_2)$ 的分布函数.

4.【答案】 D

【分析】 当 $X \sim N(\mu, \sigma^2)$，则 $\frac{X-\mu}{\sigma} \sim N(0,1)$，记 $N(0,1)$ 的分布为 $\Phi(x)$，

所以

$$\begin{aligned} P\{|X-\mu| \leqslant \sigma\} &= P\left\{\left|\frac{X-\mu}{\sigma}\right| \leqslant 1\right\} = P\left\{-1 \leqslant \frac{X-\mu}{\sigma} \leqslant 1\right\} \\ &= P\left\{-1 < \frac{X-\mu}{\sigma} \leqslant 1\right\} \\ &= P\left\{\frac{X-\mu}{\sigma} \leqslant 1\right\} - P\left\{\frac{X-\mu}{\sigma} \leqslant -1\right\} \\ &= \Phi(1) - \Phi(-1) = \Phi(1) - [1 - \Phi(1)] = 2\Phi(1) - 1. \end{aligned}$$

因 $P\{|X-\mu| \leqslant \sigma\}$ 为常数 $2\Phi(1) - 1$. 答案选(D).

5.【答案】 D

【分析】 $D(X) = 4, D(Y) = 4, X, Y$ 独立，所以 $2X$ 与 $3Y$ 也独立，

$D(2X - 3Y) = D(2X) + D(3Y) = 4D(X) + 9D(Y) = 4 \cdot 4 + 9 \cdot 4 = 52$.

6.【答案】 B

【分析】 (1)$(X_1-X_2)\sim N(0,2\sigma^2)$,故$\dfrac{X_1-X_2}{\sqrt{2}\sigma}\sim N(0,1)$.

(2) $\dfrac{X_3^2+X_4^2}{\sigma^2}=\left(\dfrac{X_3}{\sigma}\right)^2+\left(\dfrac{X_4}{\sigma}\right)^2$,$\dfrac{X_3}{\sigma}$与$\dfrac{X_4}{\sigma}$均服从$N(0,1)$,且相互独立,

所以$\dfrac{X_3^2+X_4^2}{\sigma^2}\sim\chi^2(2)$.

(3) $\dfrac{X_1-X_2}{\sqrt{2}\sigma}$与$\dfrac{X_3^2+X_4^2}{\sigma^2}$相互独立,故$\dfrac{(X_1-X_2)/\sqrt{2}\sigma}{\sqrt{\dfrac{X_3^2+X_4^2}{\sigma^2}\Big/2}}=\dfrac{X_1-X_2}{\sqrt{X_3^2+X_4^2}}\sim t(2)$.

答案选(B).

7.【答案】 $\dfrac{1}{64}$

【分析】 每掷骰子一次得不是偶数点的概率应为$\dfrac{3}{6}=\dfrac{1}{2}$,或若更简单理解,投一次骰子就两个等可能结果 —— 奇数、偶数,概率均为$\dfrac{1}{2}$,投各次所得的奇偶性是相互独立的.

方法1 设A—— 前4次没有出现偶数,B—— 前10次没出现偶数.

显然$A\supset B$. $P(B\mid A)=\dfrac{P(AB)}{P(A)}=\dfrac{P(B)}{P(A)}=\dfrac{\left(\frac{1}{2}\right)^{10}}{\left(\frac{1}{2}\right)^4}=\left(\dfrac{1}{2}\right)^6=\dfrac{1}{64}$.

方法2 前4次没出现偶数点这事件,对后6次没出现偶数点的概率没影响,所以前4次没出现偶数条件下,前10次均没出现偶数的概率等价于前4次没出现偶数条件下,后6次没出现偶数的概率,就等于后6次没出现偶数的概率:$\left(\dfrac{1}{2}\right)^6=\dfrac{1}{64}$.

8.【答案】 $\dfrac{4}{27}$

【分析】 $P\{X\leqslant 2\}=P\{X=1\}+P\{X=2\}=\theta+\theta(1-\theta)=\dfrac{5}{9}$.

即$\theta^2-2\theta+\dfrac{5}{9}=\left(\theta-\dfrac{5}{3}\right)\left(\theta-\dfrac{1}{3}\right)=0$,$\theta=\dfrac{5}{3}>1$不可能,取$\theta=\dfrac{1}{3}$.

$P\{X=3\}=\theta(1-\theta)^2=\dfrac{1}{3}\left(\dfrac{2}{3}\right)^2=\dfrac{4}{27}$.

9.【答案】 $\mu\sigma^2+\mu^3$

【分析】 $(X,Y)\sim N(\mu,\mu;\sigma^2,\sigma^2;0)$. 即有$X\sim N(\mu,\sigma^2)$,$Y\sim N(\mu,\sigma^2)$,且$X$与$Y$相互独立,$EX=EY=\mu$,$DX=DY=\sigma^2$,

$E(XY^2)=EX\cdot EY^2=\mu[DY+(EY)^2]=\mu(\sigma^2+\mu^2)=\mu\sigma^2+\mu^3$.

10.【答案】 10

【分析】 $S^2=\dfrac{1}{n-1}\sum\limits_{i=1}^{n}(X_i-\overline{X})^2$,则$E(S^2)=DX=1$.

$E\left[\sum\limits_{i=1}^{n}(X_i-\overline{X})^2\right]=E[(n-1)S^2]=(n-1)\cdot 1=n-1=\dfrac{9n}{10}$,$10n-10=9n$,$n=10$.

概率论与数理统计

填 空 题

随机事件与概率

A 组

426 【答案】 $(1-a)(1-b)$

【分析】 所求的概率为 $P(\overline{A}\,\overline{B}\,\overline{C})$，已知"事件 C 发生必导致 A、B 同时发生"，显然是用于化简 $\overline{A}\,\overline{B}\,\overline{C}$ 的. 事实上已知 $C \subset AB$，故 $\overline{AB} = \overline{A} \cup \overline{B} \subset \overline{C}$，所以，$\overline{A}\,\overline{B}\,\overline{C} = \overline{A}\,\overline{B}$，又 A 与 B 独立，故所求的概率为 $P(\overline{A}\,\overline{B}\,\overline{C}) = P(\overline{A}\,\overline{B}) = P(\overline{A})P(\overline{B}) = (1-a)(1-b)$.

427 【答案】 0.9

【分析】 由题设 $P(A\overline{B} \cup \overline{A}B) = 0.3$，又 $A\overline{B}$ 与 $\overline{A}B$ 互斥，所以

$$P(A\overline{B} \cup \overline{A}B) = P(A\overline{B}) + P(\overline{A}B) = P(A) - P(AB) + P(B) - P(AB)$$
$$= P(A) + P(B) - 2P(AB) = 0.3,$$

又 $P(A) + P(B) = 0.5$，于是 $P(AB) = 0.1$，那么所求的概率为

$$P(\overline{A} \cup \overline{B}) = P(\overline{AB}) = 1 - P(AB) = 1 - 0.1 = 0.9.$$

428 【答案】 0.3

【分析】 $P(A\overline{B}) = P(A-B) = P(A) - P(AB)$,

$$P(A \cup B) = P(A) + P(B) - P(AB) = 0.4 + 0.3 - P(AB) = 0.6,$$

所以 $P(AB) = 0.1$.

总之，$P(A\overline{B}) = P(A) - P(AB) = 0.4 - 0.1 = 0.3$.

429 【答案】 $\frac{8}{15}$

【分析】 记 $A =$"经过两次交换，甲袋中白球数不变"，$B =$"从甲袋中取出的放入乙袋的球为白球"，$C =$"从乙袋中取出放入甲袋的球为白球"，则 $A = BC \cup \overline{BC}$.

那么，$P(A) = P(BC) + P(\overline{BC}) = P(B)P(C|B) + P(\overline{B})P(\overline{C}|\overline{B})$

$$= \frac{3}{9} \times \frac{6}{10} + \frac{6}{9} \times \frac{5}{10} = \frac{8}{15}.$$

【评注】 (1) 如果题目有"随机试验"，我们首先要分析该试验所对应的概型：是古典概型，还是几何概型、独立试验序列概型. 在此基础上应用相应公式、概率性质及其他有关公式计算所求的概率.

(2) 如果要计算某个结果 —— 事件 A 的概率，而当 A 的发生总是与某些前提条件或原因相联系，这时我们总是将 A 对其前提条件作全集分解，应用全概率公式计算 $P(A)$.

430 【答案】 $\frac{5}{8}$

【分析】 掷硬币是独立重复试验，记 X 为将硬币掷5次中出现正面向上的次数，而出现反面向上的次数 $Y = 5 - X$，且 $X \sim B\left(5, \frac{1}{2}\right)$.

记正、反面都至少出现 2 次为事件 A，则 $A = \{X = 2\} \cup \{X = 3\}$，所以

$P(A) = P\{X = 2\} + P\{X = 3\} = C_5^2\left(\frac{1}{2}\right)^5 + C_5^3\left(\frac{1}{2}\right)^5 = 10 \times \left(\frac{1}{2}\right)^5 + 10 \times \left(\frac{1}{2}\right)^5 = \frac{5}{8}$.

431 【答案】 0.2

【分析】 A, B 独立，则 $A, \overline{B}$ 相互独立，$\overline{A}, B$ 也相互独立.

$0.3 = P(A - B) = P(A\overline{B}) = P(A)P(\overline{B}) = P(A)[1 - P(B)] = 0.6 \cdot P(A)$,

所以 $P(A) = 0.5$.

$P(B - A) = P(B\overline{A}) = P(B)P(\overline{A}) = 0.4 \cdot [1 - P(A)] = 0.4 \cdot 0.5 = 0.2$.

B 组

432 【答案】 $\frac{1}{4}$

【分析】 $P(\overline{A} \cup \overline{B} \mid C) = 1 - P(AB \mid C) = 1 - \frac{P(ABC)}{P(C)}$

$$= 1 - \frac{P(AB)}{\frac{2}{3}} = 1 - \frac{\frac{1}{2}}{\frac{2}{3}} = 1 - \frac{3}{4} = \frac{1}{4}.$$

433 【答案】 $\frac{15}{16}$

【分析】 可以把射击看成独立重复试验，设每次射击命中率为 p，则不中率为 $1 - p$.

记A =“射击四次至少命中一次”，B =“射击四次至少没命中一次”.

则 $\overline{A}$ =“射击四次一次都没命中”，显然 $P(\overline{A}) = 1 - P(A) = 1 - \frac{15}{16} = \frac{1}{16}$.

独立射击四次都没命中，$P(\overline{A}) = (1 - p)^4$，即$(1 - p)^4 = \frac{1}{16}$，解得 $p = 1 - p = \frac{1}{2}$.

现求 $P(B)$，$P(B) = 1 - P(\overline{B})$，$P(\overline{B})$ 为四次都命中的概率.

$P(\overline{B}) = p^4 = \frac{1}{16}$，故 $P(B) = 1 - \frac{1}{16} = \frac{15}{16}$.

【评注】 从 $P(A) = \frac{15}{16}$ 求得 $p = 1 - p = \frac{1}{2}$，即中与不中的概率一样，按对称性可以马上得出 $P(B) = P(A) = \frac{15}{16}$.

434 【答案】 $\left(\frac{4}{7}\right)^{k-1}\frac{3}{7}$

【分析】 若记 A_i ="第 i 次取出 4 个球为 2 白 2 黑",由于是有放回取球,因而 A_i 相互独立,根据超几何分布知 $P(A_i)=\frac{C_3^2C_5^2}{C_8^4}=\frac{3}{7}$,所以

$$P\{X=k\}=P(\overline{A}_1\cdots\overline{A}_{k-1}A_k)=\left(1-\frac{3}{7}\right)^{k-1}\cdot\frac{3}{7}=\left(\frac{4}{7}\right)^{k-1}\cdot\frac{3}{7}(k=1,2,\cdots).$$

435 【答案】 $\frac{11}{24}$

【分析】 $X=2$,则由两个合格品,一个不合格品组成,有三种情况.

第一个为次品:$\frac{1}{2}\cdot\frac{2}{3}\cdot\frac{3}{4}$,第二个为次品:$\frac{1}{2}\cdot\frac{1}{3}\cdot\frac{3}{4}$,第三个为次品:$\frac{1}{2}\cdot\frac{2}{3}\cdot\frac{1}{4}$.

$$P\{X=2\}=\frac{1}{2}\cdot\frac{2}{3}\cdot\frac{3}{4}+\frac{1}{2}\cdot\frac{1}{3}\cdot\frac{3}{4}+\frac{1}{2}\cdot\frac{2}{3}\cdot\frac{1}{4}=\frac{1}{4}+\frac{1}{8}+\frac{1}{12}=\frac{11}{24}.$$

436 【答案】 $\frac{1}{4}$

【分析】 本题为古典概型,用概率公式 $P(A)=\frac{m}{n}$.

n 计算:恰好取 3 次停止,每次有 2 种不同颜色,又有放回的,所以总的情况 $n=2^3=8$.

m 计算:第 3 次取得颜色一定不同于前 2 种颜色,这样第 3 次颜色有 2 种可能,而前 2 次必同色且与第 3 次不同色,共有 2 种可能.

所求概率为 $\frac{2}{8}=\frac{1}{4}$.

随机变量及其分布

A 组

437 【答案】 $\frac{1}{2}\ln 2$

【分析】 应用独立试验序列概型,可求得结果.

事实上已知 $X\sim f(x)=\begin{cases}\lambda e^{-\lambda x}, & x>0,\\ 0, & x\leqslant 0,\end{cases}$ 记 $A=\{X>2\}$,Y 为对 X 作三次独立重复观察事件 A 发生的次数,则 $Y\sim B(3,p)$,其中 $p=P\{X>2\}=\int_2^{+\infty}\lambda e^{-\lambda x}\mathrm{d}x=e^{-2\lambda}$.

依题意 $P\{Y\geqslant 1\}=1-P\{Y=0\}=1-(1-p)^3=\frac{7}{8}$,故 $1-p=\frac{1}{2}$,$p=\frac{1}{2}$,又 $p=e^{-2\lambda}$,由 $\frac{1}{2}=e^{-2\lambda}$ 解得 $\lambda=\frac{1}{2}\ln 2$.

438 【答案】 $e^{-1}-e^{-2}$

【分析】
$$\begin{aligned}P\{3>X>2\mid X>1\}&=P\{X>2\mid X>1\}-P\{X\geqslant 3\mid X>1\}\\&=P\{X>1\}-P\{X>3\mid X>1\}=e^{-1}-P\{X>2\}=e^{-1}-e^{-2}.\end{aligned}$$

【评注】 本题求解直接应用了指数分布两个常用的公式：

当 $X \sim E(\lambda)$ 时，① $P\{X > t\} = \int_t^{+\infty} \lambda e^{-\lambda x} dx = e^{-\lambda t}, t > 0$；

$$②P\{X > t+s \mid X > s\} = \frac{P\{X > t+s, X > s\}}{P\{X > s\}} = \frac{P\{X > t+s\}}{P\{X > s\}} = \frac{e^{-\lambda(t+s)}}{e^{-\lambda s}}$$
$$= e^{-\lambda t} = P\{X > t\}, t, s > 0.$$

439 【答案】 $\frac{19}{27}$

【分析】 $P\{X_1 \geqslant 1\} = 1 - P\{X_1 < 1\} = 1 - P\{X_1 = 0\} = 1 - (1-p)^2 = \frac{5}{9}$

解得
$$(1-p)^2 = \frac{4}{9}, 1-p = \frac{2}{3}.$$

$$P\{X_2 \geqslant 1\} = 1 - P\{X_2 < 1\} = 1 - P\{X_2 = 0\} = 1 - (1-p)^3 = 1 - \left(\frac{2}{3}\right)^3 = 1 - \frac{8}{27} = \frac{19}{27}.$$

440 【答案】 0.2

【分析】 $f(1+x) = f(1-x)$，即密度函数 $f(x)$ 在 $x = 1$ 处对称.

方法 1

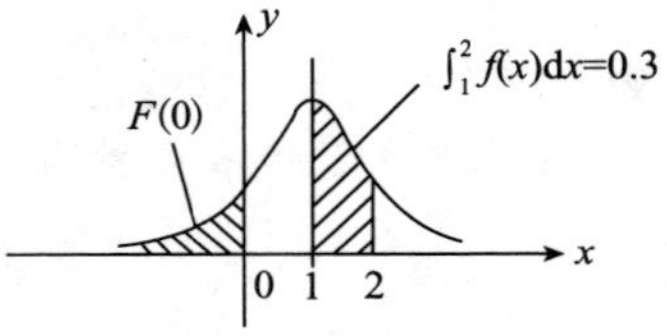

$$F(0) = P\{X \leqslant 0\} = \int_{-\infty}^{0} f(x) dx = \frac{1}{2} - 0.3 = 0.2.$$

方法 2 $F(0) = P\{X \leqslant 0\} = \int_{-\infty}^{0} f(x) dx = 1 - \int_0^{+\infty} f(x) dx$

$$= 1 - \int_0^1 f(x) dx - \int_1^{+\infty} f(x) dx$$
$$= 1 - \int_0^1 f(1-t) d(1-t) - \int_1^{+\infty} f(x) dx$$
$$= 1 - \int_0^1 f(1-t) dt - \int_1^{+\infty} f(x) dx$$
$$= 1 - \int_0^1 f(1+t) dt - \int_1^{+\infty} f(x) dx$$
$$= 1 - \int_1^2 f(x) dx - \int_1^{+\infty} f(x) dx = 1 - 0.3 - 0.5 = 0.2.$$

441 【答案】 $\begin{cases} \frac{1}{4\sqrt{y}}, & 0 < y < 4 \\ 0, & 其他 \end{cases}$

【分析】 先求出在 $(0,4)$ 上 Y 的分布函数 $F_Y(y)$. 当 $0 < y < 4$ 时，

$$F_Y(y) = P\{Y \leqslant y\} = P\{X^2 \leqslant y\} = P\{-\sqrt{y} \leqslant X \leqslant \sqrt{y}\}$$
$$= \int_{-\sqrt{y}}^{\sqrt{y}} f(x) dx = \int_0^{\sqrt{y}} \frac{1}{2} dx = \frac{\sqrt{y}}{2}$$

故 $f_Y(y)=F'_Y(y)=\dfrac{1}{4\sqrt{y}}$.

442 【答案】 $\dfrac{1}{2}$

【分析】 $F_Y\left(\dfrac{1}{2}\right)=P\left\{Y\leqslant\dfrac{1}{2}\right\}=P\left\{1-e^{-X}\leqslant\dfrac{1}{2}\right\}$

$$=P\left\{e^{-X}\geqslant\frac{1}{2}\right\}=P\{e^X\leqslant 2\}$$

$$=P\{X\leqslant\ln 2\}=\int_{-\infty}^{\ln 2}f_X(x)dx$$

$$=\int_0^{\ln 2}e^{-x}dx=1-\frac{1}{2}=\frac{1}{2}.$$

【评注】 $P\{X\leqslant\ln 2\}=1-P\{X>\ln 2\}=1-e^{-1\cdot\ln 2}=1-\dfrac{1}{2}=\dfrac{1}{2}$.

B 组

443 【答案】 1

【分析】 方法 1

$$F(\mu+x\sigma)+F(\mu-x\sigma)$$
$$=P\{X\leqslant\mu+x\sigma\}+P\{X\leqslant\mu-x\sigma\}$$
$$=P\left\{\frac{X-\mu}{\sigma}\leqslant x\right\}+P\left\{\frac{X-\mu}{\sigma}\leqslant -x\right\}$$
$$=\Phi(x)+\Phi(-x)$$
$$=\Phi(x)+[1-\Phi(x)]=1.$$

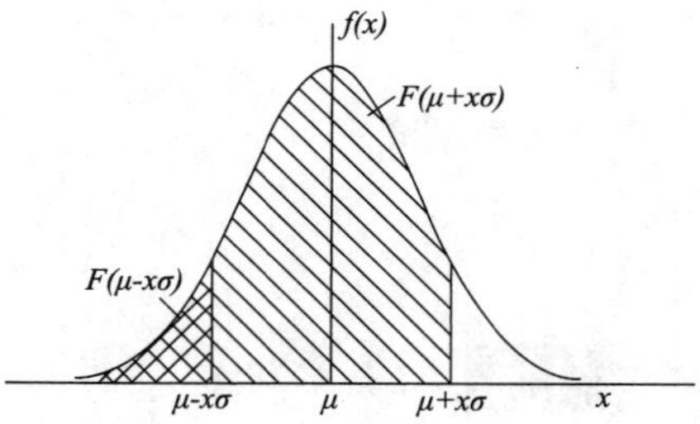

方法 2 由正态分布密度函数的对称性，如图显示，$F(\mu+x\sigma)+F(\mu-x\sigma)=1$.

444 【答案】 -1

【分析】 由题设 X 与 Y 独立得 $X-Y\sim N(-\mu,\sigma_1^2+\sigma_2^2)$，即随机变量 $X-Y$ 的密度的对称轴 $x=-\mu$.

现 $P\{X-Y\geqslant 1\}=\dfrac{1}{2}$，即对称轴在 $x=1$ 处，$-\mu=1$，就有 $\mu=-1$.

445 【答案】 $1-e^{-1}$

【分析】 方法 1 $P\{X\leqslant 2\mid X\geqslant 1\}=\dfrac{P\{X\geqslant 1,X\leqslant 2\}}{P\{X\geqslant 1\}}=\dfrac{P\{1\leqslant X\leqslant 2\}}{\int_1^{+\infty}e^{-x}dx}$

$$=\frac{\int_1^2 e^{-x}dx}{\int_1^{+\infty}e^{-x}dx}=\frac{e^{-1}-e^{-2}}{e^{-1}}=1-e^{-1}.$$

方法 2 $P\{X\leqslant 2 \mid X\geqslant 1\}=1-P\{X>2 \mid X\geqslant 1\}=1-P\{X\geqslant 2 \mid X\geqslant 1\}$
$=1-P\{X\geqslant 1\}=1-\mathrm{e}^{-1}.$

【评注】 当随机变量 X 服从指数分布 $E(\lambda)$ 时，必具有性质：无记忆性，即

$$P\{X\geqslant s+t \mid X\geqslant t\}=P\{X\geqslant s\}，其中 s,t\geqslant 0.$$

方法 2 就用了该性质.

该性质证明：$P\{X\geqslant t\}=\int_t^{+\infty}f(x)\mathrm{d}x=\int_t^{+\infty}\lambda\mathrm{e}^{-\lambda x}\mathrm{d}x=\mathrm{e}^{-\lambda t},t\geqslant 0.$

$$P\{X\geqslant s+t \mid X\geqslant t\}=\frac{P\{X\geqslant s+t\}}{P\{X\geqslant t\}}=\frac{\mathrm{e}^{-\lambda(s+t)}}{\mathrm{e}^{-\lambda t}}=\mathrm{e}^{-\lambda s}=P\{X\geqslant s\},s,t\geqslant 0.$$

446 【答案】 $\frac{17}{18}$

【分析】 由 $P\{X=k\}=\frac{1}{3}$ 知 $\sum_{k=1}^{3}P\{X=k\}=1$，根据全概率公式得

$$\begin{aligned}P\{Y\leqslant 2.5\}&=\sum_{k=1}^{3}P\{Y\leqslant 2.5,X=k\}\\&=\sum_{k=1}^{3}P\{X=k\}P\{Y\leqslant 2.5 \mid X=k\}\\&=\frac{1}{3}\left(1+1+\frac{2.5}{3}\right)=\frac{8.5}{9}=\frac{17}{18}.\end{aligned}$$

多维随机变量及其分布

A 组

447 【答案】 e^{-2}

【分析】 $P\{\min(X,Y)\geqslant 1\}=P\{X\geqslant 1,Y\geqslant 1\}=P\{X\geqslant 1\}P\{Y\geqslant 1\}$
$=\mathrm{e}^{-1}\cdot\mathrm{e}^{-1}=\mathrm{e}^{-2}.$

448 【答案】 $1+\mathrm{e}^{-1}-2\mathrm{e}^{-\frac{1}{2}}$

【分析】 应用公式 $P\{(X,Y)\in D\}=\iint\limits_D f(x,y)\mathrm{d}x\mathrm{d}y$ 即可求得结果.

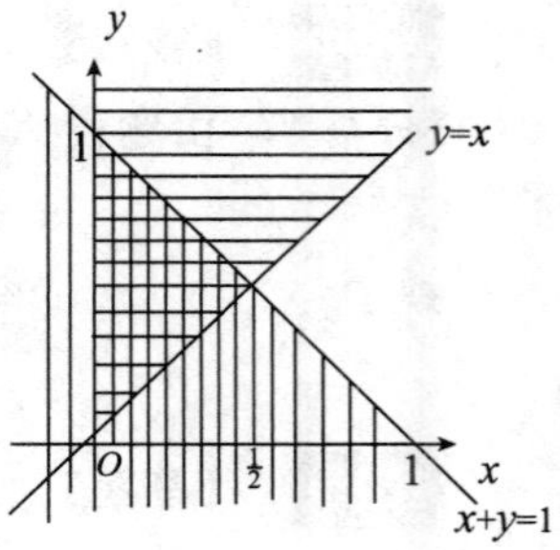

事实上，

$$\begin{aligned}P\{X+Y\leqslant 1\}&=\iint\limits_{x+y\leqslant 1}f(x,y)\mathrm{d}x\mathrm{d}y\\&=\int_0^{\frac{1}{2}}\mathrm{d}x\int_x^{1-x}\mathrm{e}^{-y}\mathrm{d}y\\&=\int_0^{\frac{1}{2}}(\mathrm{e}^{-x}-\mathrm{e}^{x-1})\mathrm{d}x\\&=1+\mathrm{e}^{-1}-2\mathrm{e}^{-\frac{1}{2}}.\end{aligned}$$

【评注】 在应用公式 $P\{(X,Y)\in D\}=\iint\limits_D f(x,y)\mathrm{d}x\mathrm{d}y$ 计算概率时，实际上就是求积分 $\iint\limits_D f(x,y)\mathrm{d}x\mathrm{d}y$，其中积分区域 $D:x+y\leqslant 1$ 就是由随机变量的范围 $X+Y\leqslant 1$ 而来的. 由于被积函数 $f(x,y)\neq 0$ 的范围是 $0<x<y$，因此实际要积分的区域应该是 $0<x<y$ 与 $x+y\leqslant 1$ 的公共部分，即图中水平阴影线与垂直阴影线的交集，这种计算方法在计算概率和求随机变量函数分布时是经常要遇到的.

449 【答案】 $\frac{1}{4}F(y)+\frac{3}{4}F(y-1)$

【分析】 $X_1\sim B(1,\frac{3}{4})$，即

X_1	0	1
P	$\frac{1}{4}$	$\frac{3}{4}$

.

由全概率公式

$$\begin{aligned}F_Y(y)&=P\{X_1+X_2\leqslant y\}\\&=P\{X_1=0\}P\{X_1+X_2\leqslant y\mid X_1=0\}+P\{X_1=1\}P\{X_1+X_2\leqslant y\mid X_1=1\}\\&=\frac{1}{4}P\{X_2\leqslant y\mid X_1=0\}+\frac{3}{4}P\{1+X_2\leqslant y\mid X_1=1\}\\&=\frac{1}{4}P\{X_2\leqslant y\}+\frac{3}{4}P\{X_2\leqslant y-1\}\\&=\frac{1}{4}F(y)+\frac{3}{4}F(y-1).\end{aligned}$$

【评注】 如果 X_1+X_2 中有一个是离散型的随机变量，则一般对离散型的随机变量可能取值用全概率公式来求解，就如本题所用的方法.

450 【答案】 $\frac{1}{2}$

【分析】 $P\{X=1\mid X+Y=2\}=\dfrac{P\{X=1,X+Y=2\}}{P\{X+Y=2\}}$.

$$\begin{aligned}P\{X+Y=2\}&=\sum_{k=0}^{2}P\{X=k,Y=2-k\}=\sum_{k=0}^{2}P\{X=k\}P\{Y=2-k\}\\&=\sum_{k=0}^{2}\frac{\mathrm{e}^{-1}}{k!}\cdot\frac{\mathrm{e}^{-1}}{(2-k)!}=\mathrm{e}^{-2}\sum_{k=0}^{2}\frac{1}{k!(2-k)!}=\mathrm{e}^{-2}(\frac{1}{2}+1+\frac{1}{2})\\&=2\cdot\mathrm{e}^{-2}.\end{aligned}$$

$$\begin{aligned}P\{X=1,X+Y=2\}&=P\{X=1,Y=1\}=P\{X=1\}P\{Y=1\}\\&=\mathrm{e}^{-1}\cdot\mathrm{e}^{-1}=\mathrm{e}^{-2}.\end{aligned}$$

所以 $P\{X=1\mid X+Y=2\}=\dfrac{\mathrm{e}^{-2}}{2\cdot\mathrm{e}^{-2}}=\dfrac{1}{2}$.

【评注】 可以证明：当相互独立的随机变量 X 和 Y 均服从 $P(\lambda)$ 分布，则 $X+Y\sim P(2\lambda)$，这时 $P\{X+Y=2\}=\dfrac{(2\lambda)^2}{2!}\mathrm{e}^{-2\lambda}$.

451 【答案】 $\frac{1}{2}$

【分析】 $(X,Y)\sim N(1,-2;\sigma^2,\sigma^2;0)$，所以 X 与 Y 相互独立，且

$$X\sim N(1,\sigma^2)\text{ 和 }Y\sim N(-2,\sigma^2),$$

也就有 $(X-1)\sim N(0,\sigma^2)$ 与 $(Y+2)\sim N(0,\sigma^2)$，且 $(X-1)$ 与 $(Y+2)$ 也相互独立.

$$\begin{aligned}P\{XY<2-2X+Y\}&=P\{XY+2X-Y-2<0\}=P\{(X-1)(Y+2)<0\}\\&=P\{X-1<0,Y+2>0\}+P\{X-1>0,Y+2<0\}\\&=P\{X-1<0\}P\{Y+2>0\}+P\{X-1>0\}P\{Y+2<0\}\end{aligned}$$

根据正态分布的对称性：

$$P\{X-1<0\}=P\{X-1>0\}=P\{Y+2>0\}=P\{Y+2<0\}=\frac{1}{2}$$

所以 $\quad P\{XY<2-2X+Y\}=\frac{1}{2}\cdot\frac{1}{2}+\frac{1}{2}\cdot\frac{1}{2}=\frac{1}{2}.$

452 【答案】 $\Phi\left(\frac{y}{\sqrt{2}}\right)$

【分析】 $F_Y(y)=P\{X_1+X_2X_3\leqslant y\}$. 根据全概率公式：

$$\begin{aligned}F_Y(y)&=P\{X_3=-1\}P\{X_1+X_2X_3\leqslant y\mid X_3=-1\}\\&\quad+P\{X_3=1\}P\{X_1+X_2X_3\leqslant y\mid X_3=1\}\\&=\frac{1}{2}P\{X_1-X_2\leqslant y\mid X_3=-1\}+\frac{1}{2}P\{X_1+X_2\leqslant y\mid X_3=1\},\end{aligned}$$

而 X_3 同 X_1,X_2 是独立的. 故

$$F_Y(y)=\frac{1}{2}P\{X_1-X_2\leqslant y\}+\frac{1}{2}P\{X_1+X_2\leqslant y\}.$$

又因为 X_2,X_3 也是独立的，均为 $N(0,1)$ 分布，所以

$$X_1-X_2\sim N(0,2)\text{ 和 }X_1+X_2\sim N(0,2).$$

因此 $\quad F_Y(y)=\frac{1}{2}P\left\{\frac{X_1-X_2}{\sqrt{2}}\leqslant\frac{y}{\sqrt{2}}\right\}+\frac{1}{2}P\left\{\frac{X_1+X_2}{\sqrt{2}}\leqslant\frac{y}{\sqrt{2}}\right\}$

$$=\frac{1}{2}\Phi\left(\frac{y}{\sqrt{2}}\right)+\frac{1}{2}\Phi\left(\frac{y}{\sqrt{2}}\right)=\Phi\left(\frac{y}{\sqrt{2}}\right).$$

453 【答案】 $\frac{1}{2}$

【分析】 由分布函数定义得

$$\begin{aligned}F\left(\frac{1}{2},1\right)&=P\left\{X\leqslant\frac{1}{2},Y\leqslant 1\right\}=P\{X=0,Y=0\}+P\{X=0,Y=1\}\\&=\frac{1}{4}+\frac{1}{4}=\frac{1}{2}.\end{aligned}$$

454 【答案】 $\frac{1}{2}$

【分析】 首先要求出 $f(x)$ 中的未知参数 a,b；而后由 $P\{|X|<\sqrt{2}\}=\int_{-\sqrt{2}}^{\sqrt{2}}f(x)\mathrm{d}x$ 求得概率.

因为 $1=\int_{-\infty}^{+\infty} f(x)\mathrm{d}x=\int_a^b x\mathrm{d}x=\frac{b^2-a^2}{2}$ (1)

又 $2=EX^2=\int_a^b x^3\mathrm{d}x=\frac{b^4-a^4}{4}=\frac{b^2+a^2}{2}\cdot\frac{b^2-a^2}{2}=\frac{b^2+a^2}{2}$ (2)

由(1)(2)求得 $a=1,b=\sqrt{3}$.所以 $f(x)=\begin{cases}x, & 1<x<\sqrt{3}\\ 0, & \text{其他}\end{cases}$.

$$P\{|X|<\sqrt{2}\}=P\{-\sqrt{2}<X<\sqrt{2}\}=\int_1^{\sqrt{2}} x\mathrm{d}x=\frac{x^2}{2}\Big|_1^{\sqrt{2}}=\frac{1}{2}.$$

B 组

455 【答案】 0.3

【分析】 由于 $0.1+0.2+\alpha+\beta+0.1+0.2=0.6+\alpha+\beta=1$,即 $\alpha+\beta=0.4$,又

$$\begin{aligned}0.5=P\{X^2+Y^2=1\}&=P\{X^2=0,Y^2=1\}+P\{X^2=1,Y^2=0\}\\&=P\{X=0,Y=1\}+P\{X=0,Y=-1\}+P\{X=1,Y=0\}\\&=\alpha+0.1+0.1=\alpha+0.2.\end{aligned}$$

故 $\alpha=0.3$ 也就有 $\beta=0.1$;

$$\begin{aligned}P\{X^2Y^2=1\}=P\{X^2=1,Y^2=1\}&=P\{X=1,Y=1\}+P\{X=1,Y=-1\}\\&=0.2+\beta=0.3.\end{aligned}$$

本题所给条件 X^2,Y^2,所以本题也可以转换成:

已知

X^2 \ Y^2	0	1
0	0.2	$\alpha+0.1$
1	0.1	$\beta+0.2$

,且 $P\{X^2+Y^2=1\}=0.5$,求 $P\{X^2Y^2=1\}$.

显然 $\alpha+0.1+\beta+0.2=0.7,\alpha+\beta=0.4$,又 $P\{X^2+Y^2=1\}=\alpha+0.1+0.1=0.5$,即 $\alpha=0.3$,则 $P\{X^2Y^2=1\}=\beta+0.2=0.3$.

456 【答案】 0

【分析】

$$\begin{aligned}&P\{\max(X,Y)>\mu\}-P\{\min(X,Y)<\mu\}\\&=1-P\{\max(X,Y)\leqslant\mu\}-[1-P\{\min(X,Y)\geqslant\mu\}]\\&=-P\{\max(X,Y)\leqslant\mu\}+P\{\min(X,Y)\geqslant\mu\}\\&=-P\{X\leqslant\mu,Y\leqslant\mu\}+P\{X\geqslant\mu,Y\geqslant\mu\}\\&=-P\{X\leqslant\mu\}P\{Y\leqslant\mu\}+P\{X\geqslant\mu\}P\{Y\geqslant\mu\}\\&=-\frac{1}{2}\cdot\frac{1}{2}+\frac{1}{2}\cdot\frac{1}{2}=0.\end{aligned}$$

【评注】 如果本题 X 与 Y 不相互独立,结论也一样,推导稍麻烦些.

457 【答案】 $\frac{1}{3}$

【分析】 $P\{1<\max(X,Y)\leqslant 2\}=P\{\max(X,Y)\leqslant 2\}-P\{\max(X,Y)\leqslant 1\}$

$$= P\{X \leqslant 2, Y \leqslant 2\} - P\{X \leqslant 1, Y \leqslant 1\}$$
$$= P\{X \leqslant 2\}P\{Y \leqslant 2\} - P\{X \leqslant 1\}P\{Y \leqslant 1\}$$
$$= \frac{2}{3} \times \frac{2}{3} - \frac{1}{3} \times \frac{1}{3} = \frac{1}{3}.$$

458 【答案】 μ_2

【分析】 $(X,Y) \sim N(\mu_1, \mu_2; \sigma_1^2, \sigma_2^2; 0)$，所以 X, Y 相互独立.

$$F(x,y) = F_X(x)F_Y(y), X \sim N(\mu_1, \sigma_1^2), Y \sim N(\mu_2, \sigma_2^2)$$

由正态分布的密度函数对称性，$F_X(\mu_1) = P\{X \leqslant \mu_1\} = \frac{1}{2}$.

$F(\mu_1, y) = F_X(\mu_1)F_Y(y) = \frac{1}{2}F_Y(y) = \frac{1}{4}$，就有 $F_Y(y) = \frac{1}{2}$，即 $y = \mu_2$.

459 【答案】 $\Phi(x)$

【分析】 将事件“$Y=-1$”和“$Y=1$”看成一完备事件组，则由全概率公式

$$\begin{aligned}
F(x) &= P\{Z \leqslant x\} = P\{XY \leqslant x\} \\
&= P\{Y=-1\}P\{XY \leqslant x \mid Y=-1\} + P\{Y=1\}P\{XY \leqslant x \mid Y=1\} \\
&= \frac{1}{2}P\{-X \leqslant x \mid Y=-1\} + \frac{1}{2}P\{X \leqslant x \mid Y=1\} \\
&= \frac{1}{2}P\{-X \leqslant x\} + \frac{1}{2}P\{X \leqslant x\} = \frac{1}{2}P\{X \geqslant -x\} + \frac{1}{2}\Phi(x) \\
&= \frac{1}{2}[1 - P\{X < -x\}] + \frac{1}{2}\Phi(x) = \frac{1}{2}[1 - P\{X \leqslant -x\}] + \frac{1}{2}\Phi(x) \\
&= \frac{1}{2}[1 - \Phi(-x)] + \frac{1}{2}\Phi(x) \\
&= \frac{1}{2}\Phi(x) + \frac{1}{2}\Phi(x) = \Phi(x).
\end{aligned}$$

【评注】 本题解法常用于两独立随机变量其中一个为离散型的情况，一般先处理离散用全概率公式.

460 【答案】 $N(0, \mu_2; 1, \sigma_2^2; \rho)$

【分析】 显然 $\left(\frac{X-\mu_1}{\sigma_1}, Y\right)$ 也服从二维正态.

由于 $E\left(\frac{X-\mu_1}{\sigma_1}\right) = 0, D\left(\frac{X-\mu_1}{\sigma_1}\right) = 1$. 故 $\left(\frac{X-\mu_1}{\sigma_1}, Y\right) \sim N(0, \mu_2; 1, \sigma_2^2; \rho_1)$，

其中 ρ_1 是 $\frac{X-\mu_1}{\sigma_1}$ 与 Y 的相关系数.

$$\rho_1 = \frac{\operatorname{Cov}\left(\frac{X-\mu_1}{\sigma_1}, Y\right)}{\sqrt{D\left(\frac{X-\mu_1}{\sigma_1}\right)}\sqrt{DY}} = \frac{\operatorname{Cov}(X-\mu_1, Y)}{\sigma_1\sigma_2} = \frac{\operatorname{Cov}(X,Y)}{\sigma_1\sigma_2} = \rho.$$

随机变量的数字特征

A 组

461 【答案】 $\sigma^2(\sigma^2+2\mu^2)$

【分析】 $D(X_1X_2)=E(X_1X_2)^2-[E(X_1X_2)]^2=E(X_1^2X_2^2)-(EX_1EX_2)^2$.

显然 X_1^2 与 X_2^2 也相互独立. $EX_1=EX_2=\mu$,所以

$D(X_1X_2)=EX_1^2\cdot EX_2^2-\mu^4=(\sigma^2+\mu^2)^2-\mu^4=\sigma^4+2\sigma^2\mu^2=\sigma^2(\sigma^2+2\mu^2)$.

【评注】 X_1 与 X_2 独立,$E(X_1X_2)=EX_1\cdot EX_2$,而 $D(X_1X_2)\neq DX_1\cdot DX_2$.

462 【答案】 $\dfrac{\sqrt{\mathrm{e}}}{2(\sqrt{\mathrm{e}}-1)}$

【分析】 记 $c=\dfrac{1}{\sqrt{\mathrm{e}}-1},\lambda=\dfrac{1}{2}$,则 $P\{X=k\}=\dfrac{\lambda^k}{k!}c,k=1,2,\cdots$

$$E(X)=\sum_{k=1}^{\infty}k\cdot\frac{c\lambda^k}{k!}=\sum_{k=0}^{\infty}k\cdot\frac{c\lambda^k}{k!}=\left(\sum_{k=0}^{\infty}k\cdot\frac{\lambda^k}{k!}\mathrm{e}^{-\lambda}\right)\mathrm{e}^{\lambda}\cdot c=\lambda\cdot\mathrm{e}^{\lambda}\cdot c$$
$$=\frac{1}{2}\mathrm{e}^{\frac{1}{2}}\cdot\frac{1}{\sqrt{\mathrm{e}}-1}=\frac{\sqrt{\mathrm{e}}}{2(\sqrt{\mathrm{e}}-1)}.$$

这里用到泊松分布的期望公式 $\sum\limits_{k=0}^{\infty}k\cdot\dfrac{\lambda^k}{k!}\mathrm{e}^{-\lambda}=\lambda$.

463 【答案】 1

【分析】 $DX=DY=\dfrac{1}{4}$,

$$1=D(X+Y)=DX+DY+2\mathrm{Cov}(X,Y)=\frac{1}{4}+\frac{1}{4}+2\mathrm{Cov}(X,Y),$$

解得 $\mathrm{Cov}(X,Y)=\dfrac{1}{4},\rho=\dfrac{\mathrm{Cov}(X,Y)}{\sqrt{DX}\sqrt{DY}}=\dfrac{\frac{1}{4}}{\sqrt{\frac{1}{4}}\sqrt{\frac{1}{4}}}=1$.

464 【答案】 1

【分析】 $F(x)=\begin{cases}a-\mathrm{e}^{-bx}, & x>0\\ c, & x\leqslant 0\end{cases}$,则 $f(x)=F'(x)=\begin{cases}b\mathrm{e}^{-bx}, & x>0\\ 0, & x\leqslant 0\end{cases}$.

对比指数分布的概率密度函数 $f(x)=\begin{cases}\lambda\mathrm{e}^{-\lambda x}, & x>0\\ 0, & x\leqslant 0\end{cases}$,$E(X)=\dfrac{1}{\lambda}$.

得 $\lambda=1=b$. $D(X)=\dfrac{1}{\lambda^2}=1$.

465 【答案】 1

【分析】 $E[(X-1)(X-2)]=E(X^2-3X+2)=E(X^2)-3E(X)+2$
$$=D(X)+(EX)^2-3\lambda+2$$
$$=\lambda+\lambda^2-3\lambda+2=\lambda^2-2\lambda+2=1$$
即 $\lambda^2-2\lambda+1=0,(\lambda-1)^2=0,\lambda=1.$

466 【答案】 $(n-2)\sigma^2$

【分析】 $\mathrm{Cov}(Y_1,Y_n)=\mathrm{Cov}(\sum\limits_{i=2}^{n}X_i,\sum\limits_{j=1}^{n-1}X_j)=\sum\limits_{i=2}^{n}\sum\limits_{j=1}^{n-1}\mathrm{Cov}(X_i,X_j)$
$$=\sum_{j=1}^{n-1}\mathrm{Cov}(X_n,X_j)+\sum_{i=2}^{n-1}\sum_{j=2}^{n-1}\mathrm{Cov}(X_i,X_j)+\sum_{i=2}^{n}\mathrm{Cov}(X_i,X_1)$$
$$=0+\sum_{k=2}^{n-1}\mathrm{Cov}(X_k,X_k)+0=(n-2)\sigma^2.$$

B 组

467 【答案】 2

【分析】 已知 $X_i\sim P(\lambda_i)$ 且 X_1 与 X_2 相互独立，所以 $EX_i=DX_i=\lambda_i(i=1,2)$.
$$E(X_1+X_2)^2=E(X_1^2+2X_1X_2+X_2^2)=EX_1^2+2EX_1EX_2+EX_2^2$$
$$=\lambda_1+\lambda_1^2+2\lambda_1\lambda_2+\lambda_2+\lambda_2^2=\lambda_1+\lambda_2+(\lambda_1+\lambda_2)^2$$
为求得最终结果我们需要由已知条件计算出 $\lambda_1+\lambda_2$.

因为 $P\{X_1+X_2>0\}=1-P\{X_1+X_2\leqslant 0\}=1-P\{X_1+X_2=0\}$
$$=1-P\{X_1=0,X_2=0\}=1-P\{X_1=0\}P\{X_2=0\}$$
$$=1-\mathrm{e}^{-\lambda_1}\cdot\mathrm{e}^{-\lambda_2}=1-\mathrm{e}^{-(\lambda_1+\lambda_2)}=1-\mathrm{e}^{-1}$$
所以 $\lambda_1+\lambda_2=1$.

故 $E(X_1+X_2)^2=(\lambda_1+\lambda_2)+(\lambda_1+\lambda_2)^2=2.$

468 【答案】 $\dfrac{n-1}{n}\sigma^2$

【分析】 $D(X_1-\overline{X})=D\left(X_1-\dfrac{1}{n}\sum\limits_{i=1}^{n}X_i\right)=D\left(\dfrac{n-1}{n}X_1-\dfrac{1}{n}\sum\limits_{i=2}^{n}X_i\right)$
$$=\frac{(n-1)^2}{n^2}DX_1+\frac{1}{n^2}\sum_{i=2}^{n}DX_i=\frac{(n-1)^2}{n^2}\sigma^2+(n-1)\frac{\sigma^2}{n^2}=\frac{n-1}{n}\sigma^2.$$

【评注】 本题计算 $D(X_i-\overline{X})$ 充分利用 $X_1,\cdots,X_n$ 的相互独立性，计算量较小，如果用其他方法会加大计算量，例如：
$$D(X_1-\overline{X})=DX_1+D\overline{X}-2\mathrm{Cov}(X_1,\overline{X})=\cdots;$$
$$D(X_1-\overline{X})=E(X_1-\overline{X})^2-[E(X_1-\overline{X})]^2=\cdots.$$
所以本题的方法应作为基本方法加以掌握.

469 【答案】 $1-e^{-1}$

【分析】 如果把 Y 看成 X 的函数，先求出 Y 的概率密度，然后求 $E(Y)$ 会较麻烦. 可以直接用公式：

$E(g(X))=\int_{-\infty}^{+\infty}g(x)f(x)\mathrm{d}x$，其中 $f(x)$ 为 X 的密度函数.

现 $E(Y)=E(\min\{|X|,1\})=\int_{-\infty}^{+\infty}\min(|x|,1)f(x)\mathrm{d}x$

$$=\int_{0}^{+\infty}\min(|x|,1)e^{-x}\mathrm{d}x=\int_{0}^{1}xe^{-x}\mathrm{d}x+\int_{1}^{+\infty}1\cdot e^{-x}\mathrm{d}x$$
$$=1-2e^{-1}+e^{-1}=1-e^{-1}.$$

470 【答案】 $1-\frac{2}{\pi}$

【分析】 X_1 与 X_2 独立均服从 $N\left(0,\frac{1}{2}\right)$，记 $Z=X_1-X_2$，则 $Z\sim N(0,1)$，有概率密度函数 $\varphi(z)=\frac{1}{\sqrt{2\pi}}e^{-\frac{z^2}{2}}$.

$$D(|X_1-X_2|)=D(|Z|)=E(|Z|^2)-(E|Z|)^2=E(Z^2)-(E|Z|)^2$$
$$=D(Z)+[E(Z)]^2-(E|Z|)^2$$

显然，$D(Z)=1$，$E(Z)=0$，

$$E|Z|=\int_{-\infty}^{+\infty}|z|\varphi(z)\mathrm{d}z=\int_{-\infty}^{+\infty}|z|\frac{1}{\sqrt{2\pi}}e^{-\frac{z^2}{2}}\mathrm{d}z=\frac{2}{\sqrt{2\pi}}\int_{0}^{+\infty}z\cdot e^{-\frac{z^2}{2}}\mathrm{d}z$$
$$=\sqrt{\frac{2}{\pi}}\int_{0}^{+\infty}e^{-\frac{z^2}{2}}\mathrm{d}\left(\frac{z^2}{2}\right)=\sqrt{\frac{2}{\pi}}.$$

因此，$D(|X_1-X_2|)=1+0-\frac{2}{\pi}=1-\frac{2}{\pi}$.

大数定律和中心极限定理

A 组

471 【答案】 2

【分析】 切比雪夫不等式为 $P\{|X-EX|\geqslant\varepsilon\}\leqslant\frac{DX}{\varepsilon^2}$，现 $EX=\frac{b-1}{2}=1$，即 $b=3$.

所以 $X\sim U[-1,3]$. 故 $DX=\frac{(3+1)^2}{12}=\frac{4}{3}$.

现 $\frac{DX}{\varepsilon^2}=\frac{1}{3}$，即 $\frac{4}{3\varepsilon^2}=\frac{1}{3}$，$\varepsilon=2$.

472 【答案】 $\frac{7}{2}$

【分析】 题目要求我们计算 $\overline{X}=\frac{1}{n}\sum_{i=1}^{n}X_i\xrightarrow{P}?$为此我们需要应用大数定律或依概率收敛的定义与性质来计算. 由题设知 $X_1,\cdots,X_n$ 独立同分布：

$$X_i\sim\begin{pmatrix}1&2&3&4&5&6\\ \frac{1}{6}&\frac{1}{6}&\frac{1}{6}&\frac{1}{6}&\frac{1}{6}&\frac{1}{6}\end{pmatrix}$$

且
$$EX_i=\frac{1}{6}(1+2+3+4+5+6)=\frac{21}{6}=\frac{7}{2}$$

根据辛钦大数定律：$\overline{X}\xrightarrow{P}\frac{7}{2}(n\to\infty)$.

473 【答案】 $N\left(0,\frac{2n}{\lambda^2}\right)$

【分析】 显然 $Z_1,Z_2,\cdots,Z_n,\cdots$ 独立同分布. $EZ_i=E(X_{2i}-X_{2i-1})=0$,

$$DZ_i=D(X_{2i}-X_{2i-1})=DX_{2i}+DX_{2i-1}=\frac{1}{\lambda^2}+\frac{1}{\lambda^2}=\frac{2}{\lambda^2}.$$

根据中心极限定理，当 n 充分大时，$\sum_{i=1}^{n}Z_i$ 近似服从 $N\left(0,\frac{2n}{\lambda^2}\right)$.

数理统计的基本概念

A 组

474 【答案】 $N\left(0,\frac{n-1}{n}\right)$

【分析】 $X_1-\overline{X}=X_1-\frac{1}{n}\sum_{i=1}^{n}X_i=X_1-\frac{1}{n}X_1-\frac{1}{n}\sum_{i=2}^{n}X_i=\frac{n-1}{n}X_1-\frac{1}{n}\sum_{i=2}^{n}X_i$

所以 $X_1-\overline{X}$ 是相互独立的 n 个标准正态分布随机变量的线性组合，$X_1-\overline{X}$ 必服从正态分布 $N(*,*)$.

$$E(X_1-\overline{X})=\frac{n-1}{n}EX_1-\frac{1}{n}\sum_{i=2}^{n}EX_i=0;$$

$$D(X_1-\overline{X})=\frac{(n-1)^2}{n^2}DX_1+\frac{1}{n^2}\sum_{i=2}^{n}DX_i=\frac{(n-1)^2}{n^2}+\frac{n-1}{n^2}=\frac{n^2-n}{n^2},$$

所以 $(X_1-\overline{X})\sim N\left(0,\frac{n-1}{n}\right)$.

475 【答案】 $[F(y)]^n$

【分析】
$$\begin{aligned}F_Y(y)&=P\{Y\leqslant y\}=P\{\max(X_1,X_2,\cdots,X_n)\leqslant y\}\\&=P\{X_1\leqslant y,X_2\leqslant y,\cdots,X_n\leqslant y\}\\&=P\{X_1\leqslant y\}P\{X_2\leqslant y\}\cdots P\{X_n\leqslant y\}\\&=F(y)F(y)\cdots F(y)=[F(y)]^n.\end{aligned}$$

476 【答案】 2

【分析】 显然 $E(S^2)=D(X)$，而 $DX=E(X-EX)^2$.

现求 $EX=\int_{-\infty}^{+\infty}xf(x)\mathrm{d}x=\int_{-\infty}^{+\infty}x\cdot\frac{1}{2}\mathrm{e}^{-|x-\mu|}\mathrm{d}x=\frac{1}{2}\left(\int_{-\infty}^{\mu}x\cdot\mathrm{e}^{x-\mu}\mathrm{d}x+\int_{\mu}^{+\infty}x\mathrm{e}^{\mu-x}\mathrm{d}x\right)$

$$=\frac{1}{2}\left[\mathrm{e}^{-\mu}(x\mathrm{e}^{x}-\mathrm{e}^{x})\Big|_{-\infty}^{\mu}+\mathrm{e}^{\mu}(-x\mathrm{e}^{-x}-\mathrm{e}^{-x})\Big|_{\mu}^{+\infty}\right]=\mu.$$

$$DX=\int_{-\infty}^{+\infty}(x-\mu)^2\cdot\frac{1}{2}\mathrm{e}^{-|x-\mu|}\mathrm{d}x=\int_{0}^{+\infty}t^2\mathrm{e}^{-t}\mathrm{d}t=2\int_{0}^{+\infty}t\mathrm{e}^{-t}\mathrm{d}t=2.$$

【评注】 EX 可以由 $f(x)$ 在 $x=\mu$ 处的对称性，直接得出 $EX=\mu$.

477 【答案】 2 和 4

【分析】 $\left(\frac{X_1}{\sigma}\right)^2+\left(\frac{X_2}{\sigma}\right)^2\sim\chi^2(2)$，$\left(\frac{X_3}{\sigma}\right)^2+\left(\frac{X_4}{\sigma}\right)^2+\left(\frac{X_5}{\sigma}\right)^2+\left(\frac{X_6}{\sigma}\right)^2\sim\chi^2(4)$，

且它们是相互独立的. 故

$$\frac{\left(\frac{X_1}{\sigma}\right)^2+\left(\frac{X_2}{\sigma}\right)^2}{2}\Bigg/\frac{\left(\frac{X_3}{\sigma}\right)^2+\left(\frac{X_4}{\sigma}\right)^2+\left(\frac{X_5}{\sigma}\right)^2+\left(\frac{X_6}{\sigma}\right)^2}{4}=2\,\frac{X_1^2+X_2^2}{X_3^2+X_4^2+X_5^2+X_6^2}\sim F(2,4).$$

478 【答案】 $\frac{2}{\lambda^2}$

【分析】 $ET=\frac{1}{n}\sum_{i=1}^{n}E(X_i^2)=\frac{1}{n}\sum_{i=1}^{n}[DX_i+(EX_i)^2]$

$$=\frac{1}{n}\sum_{i=1}^{n}\left(\frac{1}{\lambda^2}+\frac{1}{\lambda^2}\right)=\frac{2}{\lambda^2}.$$

479 【答案】 $\frac{\lambda-1}{\lambda^2}$

【分析】 总体 $X\sim E(\lambda)$，$E(X)=\frac{1}{\lambda}$，$D(X)=\frac{1}{\lambda^2}$.

$$ET=E(\overline{X}-S^2)=E(\overline{X})-E(S^2)$$

$$=E(X)-D(X)=\frac{1}{\lambda}-\frac{1}{\lambda^2}=\frac{\lambda-1}{\lambda^2}.$$

B 组

480 【答案】 $C_n^k\left(\frac{1}{2}\right)^n$

【分析】 $X_i\sim B\left(1,\frac{1}{2}\right)$，$X_i$ 为一次伯努利试验的结果，X_i 相互独立，$i=1,2,\cdots,n$.

所以 $X_1+X_2+\cdots+X_n$ 可以看成 n 次独立重复试验. 即 $\sum_{i=1}^{n}X_i\sim B\left(n,\frac{1}{2}\right)$.

$P\left\{\overline{X}=\frac{k}{n}\right\}=P\{n\overline{X}=k\}=P\left\{\sum_{i=1}^{n}X_i=k\right\}=C_n^k\left(\frac{1}{2}\right)^k\left(\frac{1}{2}\right)^{n-k}=C_n^k\left(\frac{1}{2}\right)^n$.

481 【答案】 0.8

【分析】 $X\sim t(n)$，所以根据 $t(n)$ 分布随机变量的典型模式. 可以表示

$$X=\frac{X_1}{\sqrt{Y_1/n}}\sim t(n)$$

其中 ①$X_1\sim N(0,1)$；②$Y_1\sim\chi^2(n)$；③X_1,Y_1 相互独立.

现来考虑 $X^2=\frac{X_1^2}{Y_1/n}=\frac{X_1^2/1}{Y_1/n}\sim F(1,n)$，其中 ①$X_1^2\sim\chi^2(1)$；②$Y_1\sim\chi^2(n)$；③$X_1^2,Y_1$ 相互独立.

由于 $t(n)$ 的概率密度是偶函数，故 $P\{X>C\}=0.6$，可知 $C<0$.

$$\begin{aligned}P\{Y>C^2\}&=P\{X^2>C^2\}=P\{X>-C\}+P\{X<C\}=2P\{X<C\}\\&=2[1-P\{X\geqslant C\}]=2[1-P\{X>C\}]=2(1-0.6)=0.8.\end{aligned}$$

参数估计

A 组

482 【答案】 $\sqrt{\frac{3}{n}\sum_{i=1}^{n}X_i^2}$

【分析】 由于 $EX=0$，总体一阶矩没有包含未知参数 a，故采用二阶矩.

总体二阶矩 $EX^2=DX+(EX)^2=\frac{(2a)^2}{12}=\frac{a^2}{3}$，样本二阶矩为 $\frac{1}{n}\sum_{i=1}^{n}X_i^2$，

$$EX^2=\frac{1}{n}\sum_{i=1}^{n}X_i^2\text{，即}\frac{a^2}{3}=\frac{1}{n}\sum_{i=1}^{n}X_i^2,a=\sqrt{\frac{3}{n}\sum_{i=1}^{n}X_i^2}.$$

483 【答案】 $\max\limits_{1\leqslant i\leqslant n}X_i$

【分析】 $X\sim f(x)=\begin{cases}\frac{1}{\theta}, & 0\leqslant x\leqslant\theta,\\ 0, & \text{其他}.\end{cases}$ 似然函数 $L(\theta)=\prod_{i=1}^{n}f(x_i)=\begin{cases}\theta^{-n}, & 0\leqslant\begin{matrix}x_1\\x_2\\\vdots\\x_n\end{matrix}\leqslant\theta,\\ 0, & \text{其他}.\end{cases}$

要使 $L(\theta)$ 最大，只有使 θ 最小，但由于 $x_i\leqslant\theta,i=1,2,\cdots$.

所以，取 $\theta=\max\limits_{1\leqslant i\leqslant n}x_i$ 最小了，即最大似然估计量 $\hat{\theta}=\max\limits_{1\leqslant i\leqslant n}X_i$.

或者 $\hat{\theta}=\max(X_1,X_2,\cdots,X_n)$.

B 组

484 【答案】 $\frac{9}{20}$

【分析】 只有一个参数 θ,矩估计量用 $EX = \overline{X}$.

$$EX = 0 \cdot \theta^2 + 1 \cdot 2\theta(1-\theta) + 2 \cdot (1-\theta)^2 = 2(1-\theta)$$

$$\overline{x} = \frac{1}{10}\sum_{i=1}^{10} x_i = \frac{1}{10}(5 \cdot 1 + 3 \cdot 2 + 2 \cdot 0) = \frac{11}{10}$$

总之,$2(1-\theta) = \frac{11}{10}, \hat{\theta} = \frac{9}{20}$.

485 【答案】 $\frac{2}{\overline{X}}$

【分析】 似然函数 $L = \prod_{i=1}^{n} f(x_i) = \lambda^{2n} \prod_{i=1}^{n} x_i \cdot e^{-\lambda \sum_{i=1}^{n} x_i}, x_i > 0$.

等式两端取对数,$\ln L = 2n\ln\lambda + \sum_{i=1}^{n} \ln x_i - \lambda \sum_{i=1}^{n} x_i$.

$$\frac{\mathrm{d}\ln L}{\mathrm{d}\lambda} = \frac{2n}{\lambda} - \sum_{i=1}^{n} x_i, \lambda = \frac{2n}{\sum_{i=1}^{n} x_i} = \frac{2n}{n\overline{x}} = \frac{2}{\overline{x}} = 0,$$

解得 $\hat{\lambda} = \frac{2}{\overline{X}}$.

选　择　题

随机事件与概率

A组

486 【答案】 B

【分析】 因为 $A\cup B=\overline{A}\cup\overline{B}$，所以 $A\cup(A\cup B)=A\cup(\overline{A}\cup\overline{B})$.

即 $A\cup B=\Omega\cup\overline{B}=\Omega$，因而 $\overline{A}\cup\overline{B}=A\cup B=\Omega$.

故 $\overline{\overline{A}\cup\overline{B}}=\overline{\Omega}$，即 $AB=\varnothing$. 答案应选(B).

487 【答案】 A

【分析】 设 $P(A)=x$，则 $P(A)=P(B)=P(C)=x$，且

$$P(AB)=P(BC)=P(AC)=x^2.$$

由公式

$$P(A\cup B\cup C)=P(A)+P(B)+P(C)-P(AB)-P(BC)-P(AC)+P(ABC)$$

得 $\dfrac{9}{16}=3x-3x^2+0$，所以 $x^2-x+\dfrac{3}{16}=0$，解得 $x=\dfrac{1}{4}$ 或 $\dfrac{3}{4}$.

$x=\dfrac{3}{4}$ 是不可能的，因为 $P(A\cup B\cup C)\geqslant P(A)$，不可能 $\dfrac{9}{16}\geqslant\dfrac{3}{4}$，故只能有 $x=\dfrac{1}{4}$.

488 【答案】 D

【分析】 已知 $AB=\varnothing$，我们无法断言 $\overline{A}\,\overline{B}=\varnothing$ 或 $\neq\varnothing$，因此(A)(B) 不能选. 由于 $AB=\varnothing\Leftrightarrow A\subset\overline{B}$，所以 $A\cup\overline{B}=\overline{B}$，选择(D).

【评注】 $P(\overline{A}\,\overline{B})=0$ 与 $P(\overline{A}\,\overline{B})\neq 0$，并非是逻辑关系中的“非此即彼”，因为 A,B 并不是事先给出的确定的事件，而是满足条件“$AB=\varnothing$”的无穷多个事件，所以 $P(\overline{A}\,\overline{B})=0$ 有时成立，有时不成立. 例如 $A=\overline{B}$，则 $AB=\overline{B}B=\varnothing$，$\overline{A}\,\overline{B}=B\overline{B}=\varnothing$，所以 $P(\overline{A}\,\overline{B})=0$；又如事件 $A=\left\{0\leqslant X\leqslant\dfrac{1}{2}\right\}$，$B=\left\{\dfrac{3}{4}\leqslant X\leqslant 1\right\}$，其中随机变量 X 在$[0,1]$上服从均匀分布，则 $AB=\varnothing$，而 $\overline{A}\,\overline{B}=\{-\infty<X<0\}\cup\left\{\dfrac{1}{2}<X<\dfrac{3}{4}\right\}\cup\{1<X<+\infty\}$，$P(\overline{A}\,\overline{B})=\int_{\frac{1}{2}}^{\frac{3}{4}}\mathrm{d}x=\dfrac{1}{4}\neq 0$.

489 【答案】 A

【分析】 由于 $AB=\varnothing$，就有 $A\subset\overline{B}$，也就有 $P(A)\leqslant P(\overline{B})$.

若 $P(A)=1$，则 $P(\overline{B})\geqslant P(A)=1$，即 $P(\overline{B})=1$. 答案选(A).

若 $P(A)=0$，则只能得到 $P(\overline{B})\geqslant 0$.

490 【答案】 B

【分析】 这是一道考查概率性质的选择题，应用概率运算性质知，$P(A\cup B)=P(A)+$

$P(B)-P(AB)\leqslant P(A)+P(B)$，选项(A) 不成立. $P(A-B)=P(A)-P(AB)\geqslant P(A)-P(B)$，故正确选项为(B). 而$P(A|B)=\dfrac{P(AB)}{P(B)}\leqslant\dfrac{P(A)}{P(B)}$，所以(D) 不成立. 至于选项(C)，它可能成立也可能不成立，例如 $AB=\varnothing$，$P(A)>0$，$P(B)>0$，则 $P(AB)=0<P(A)P(B)$；如果 $A\subset B$，则 $P(AB)=P(A)\geqslant P(A)P(B)$.

491 【答案】 C

【分析】 $P(B\mid A)=\dfrac{P(AB)}{P(A)}=1$，即 $P(AB)=P(A)$，所以

$$P(A-B)=P(A)-P(AB)=0.$$

答案应选(C).

492 【答案】 D

【分析】 $P(AB)\geqslant\dfrac{P(A)+P(B)}{2}$，即 $2P(AB)\geqslant P(A)+P(B)$，

也就有 $P(AB)\geqslant P(A)+P(B)-P(AB)=P(A\cup B)$. 显然 $P(AB)\leqslant P(A\cup B)$.

所以必有 $P(AB)=P(A\cup B)$，也必有 $P(AB)=P(A)=P(B)=P(A\cup B)$.

$P(A-B)=P(A)-P(AB)=0$. 答案应选(D).

B 组

493 【答案】 B

【分析】 由题设知，试验的基本事件共有 4 个：

$w_1=$“正，正”，$w_2=$“正，反”，$w_3=$“反，正”，$w_4=$“反，反”，

所以 $A=$“w_1,w_2”，$B=$“w_2,w_4”，$C=$“w_2,w_3,w_4”，$P(A)=P(B)=\dfrac{2}{4}=\dfrac{1}{2}$，$P(C)=\dfrac{3}{4}$，显然 A 与 B 独立，$B\subset C$，故 B，C 不独立，选项(A) 不成立.

又 $BC=B$，$ABC=AB$，$P(ABC)=P(AB)=P(A)P(B)=P(A)P(BC)$，即 A 与 BC 独立，选项(B) 正确.

而 $P(ABC)=P(A)P(B)=\dfrac{1}{4}\neq P(B)P(AC)=\dfrac{1}{2}\times\dfrac{1}{4}$，$P(ABC)=\dfrac{1}{4}\neq P(C)P(AB)=\dfrac{3}{4}\times\dfrac{1}{4}$，故选项(C)(D) 不正确.

494 【答案】 C

【分析】 已知 $P(\overline{A}\mid B)=P(B\mid\overline{A})$，$\dfrac{P(\overline{A}B)}{P(B)}=\dfrac{P(B\overline{A})}{P(\overline{A})}$，即 $P(B)=P(\overline{A})=1-P(A)$，所以 $P(A)+P(B)=1$. 选项(A)(B) 是 A 与 B 独立的充要条件，因此不能选. 由“对称性”知选项(C) 正确，应选(C).

事实上，$P(\overline{B}\mid A)=P(A\mid\overline{B})$，$\dfrac{P(\overline{B}A)}{P(A)}=\dfrac{P(A\overline{B})}{P(\overline{B})}$，即 $P(A)=P(\overline{B})=1-P(B)$，所以 $P(A)+P(B)=1$.

选项(D) 未必成立，这是因为 $P(A \mid B) = P(\overline{A} \mid B) = 1 - P(A \mid B) \Leftrightarrow P(A \mid B) = \frac{1}{2}$ 即 $\frac{P(AB)}{P(B)} = \frac{1}{2}$，$P(AB) = \frac{1}{2}P(B)$，此与 $P(\overline{A} \mid B) = P(B \mid \overline{A})$ 不等价.

495 【答案】 C

【分析】 A,B,C 已两两独立，只要满足 $P(ABC) = P(A)P(B)P(C)$ 就有 A,B,C 相互独立. 现 $A-B$ 和 C 独立，即有 $P(A\overline{B}C) = P(A\overline{B})P(C)$. 又因为 A,B 独立，所以 $A,\overline{B}$ 也独立，$P(A\overline{B}) = P(A)P(\overline{B})$. 所以 $P(A\overline{B}C) = P(A)P(\overline{B})P(C)$. 又 A,B,C 两两独立，即有 $A,\overline{B},C$ 两两独立，所以 $A,\overline{B},C$ 相互独立，也就有 A,B,C 相互独立，答案应选(C).

496 【答案】 B

【分析】 $P[(A_1 \cup A_2) \mid B] = \frac{P[(A_1 \cup A_2)B]}{P(B)} = \frac{P(A_1B \cup A_2B)}{P(B)}$，而

$$P(A_1 \mid B) + P(A_2 \mid B) = \frac{P(A_1B)}{P(B)} + \frac{P(A_2B)}{P(B)}$$

故 $P(A_1 \cup A_2 \mid B) = P(A_1 \mid B) + P(A_2 \mid B)$，就有 $P(A_1B \cup A_2B) = P(A_1B) + P(A_2B)$.

答案应选(B).

随机变量及其分布

A 组

497 【答案】 D

【分析】 由图形立即得到正确选项为(D)，事实上，由题设知

$$X \sim f(x) = \begin{cases} 1, & 0 \leqslant x \leqslant 1, \\ 0, & \text{其他}, \end{cases}$$

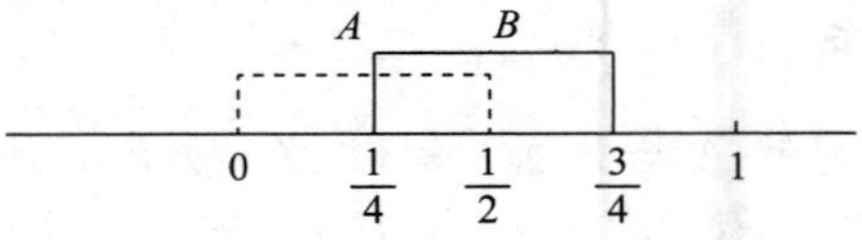

所以 $P(A) = P\left\{0 \leqslant X \leqslant \frac{1}{2}\right\} = \int_0^{\frac{1}{2}} f(x)\mathrm{d}x = \frac{1}{2}$，

$P(B) = P\left\{\frac{1}{4} \leqslant X \leqslant \frac{3}{4}\right\} = \int_{\frac{1}{4}}^{\frac{3}{4}} f(x)\mathrm{d}x = \frac{1}{2}$，

$P(AB) = P\left\{\frac{1}{4} \leqslant X \leqslant \frac{1}{2}\right\} = \int_{\frac{1}{4}}^{\frac{1}{2}} f(x)\mathrm{d}x = \frac{1}{4}$，

因此成立 $P(AB) = P(A)P(B)$，即 A 与 B 相互独立.

498 【答案】 C

【分析】 由于 $F(x)$ 是单调不减的非负函数，所以(A)(B) 不成立. 已知 $f(x)$ 是偶函数，因此有 $F(-x) = \int_{-\infty}^{-x} f(t)\mathrm{d}t = \int_x^{+\infty} f(t)\mathrm{d}t$，$F(x) + F(-x) = \int_{-\infty}^{x} f(t)\mathrm{d}t + \int_x^{+\infty} f(t)\mathrm{d}t = 1$，选择(C). 而 $2F(x) - F(-x) = 2\int_{-\infty}^{x} f(t)\mathrm{d}t - \int_x^{+\infty} f(t)\mathrm{d}t = 2 - 3\int_x^{+\infty} f(t)\mathrm{d}t \neq 1$，选项(D) 不成立.

499 【答案】 B

【分析】 由于 $F(x)$ 是右连续函数,故 $F(a)=\lim\limits_{x\to a^+}F(x)=\lim\limits_{x\to a^+}1=1.$

所以应选(B).

$F(x)$ 不一定左连续,所以当 $x<a$ 时,$F(x)=0$ 不能推出 $F(a)=0$.(A) 不正确.

因 $F(a)=P\{X\leqslant a\}=P\{X<a\}+P\{X=a\}=\dfrac{1}{2}+P\{X=a\}$.故(C) 不正确.

$P\{X\geqslant a\}=\dfrac{1}{2}$ 即 $P\{X<a\}=\dfrac{1}{2}$.同(C),故(D) 也不正确.

500 【答案】 C

【分析】 函数 $F(x)$ 成为分布函数的充要条件为:

①$F(x)$ 单调不减;② $\lim\limits_{x\to-\infty}F(x)=0$, $\lim\limits_{x\to+\infty}F(x)=1$;③$F(x)$ 右连续.

(A)$F(ax)$ 当 $a<0$ 时,①,②,③ 都不满足,故 $F(ax)$ 不是分布函数.

(B)$F(x^2+1)$ 不满足条件 $\lim\limits_{x\to-\infty}F(x)=0$,不是分布函数.

(C)$F(x^3-1)$ 条件 ①,②,③ 均成立,是分布函数.

(D)$F(|x|)$ 不满足条件 $\lim\limits_{x\to-\infty}F(x)=0$,不是分布函数.

501 【答案】 B

【分析】 函数 $f(x)$ 为概率密度函数的充要条件为 ①$f(x)\geqslant 0$,②$\int_{-\infty}^{+\infty}f(x)\mathrm{d}x=1$.

(A)$f(2x)$ 不是概率密度函数.因$\int_{-\infty}^{+\infty}f(2x)\mathrm{d}x=\dfrac{1}{2}\int_{-\infty}^{+\infty}f(2x)\mathrm{d}(2x)=\dfrac{1}{2}\neq 1$.

(B)$f(2-x)$ 是概率密度函数.因 $f(2-x)\geqslant 0$,且

$$\int_{-\infty}^{+\infty}f(2-x)\mathrm{d}x=-\int_{-\infty}^{+\infty}f(2-x)\mathrm{d}(2-x)=\int_{-\infty}^{+\infty}f(t)\mathrm{d}t=1$$

对(C)(D) 容易举出反例,使$\int_{-\infty}^{+\infty}f^2(x)\mathrm{d}x$ 和$\int_{-\infty}^{+\infty}f(x^2)\mathrm{d}x$ 均不为 1.

例如 $f(x)=\begin{cases}\dfrac{1}{2}, & 0<x<2\\ 0, & 其他\end{cases}$,是概率密度函数.

但 $f^2(x)=\begin{cases}\dfrac{1}{4}, & 0<x<2\\ 0, & 其他\end{cases}$和 $f(x^2)=\begin{cases}\dfrac{1}{2}, & -\sqrt{2}<x<\sqrt{2}\\ 0, & 其他\end{cases}$,

显然都不是概率密度函数.

502 【答案】 C

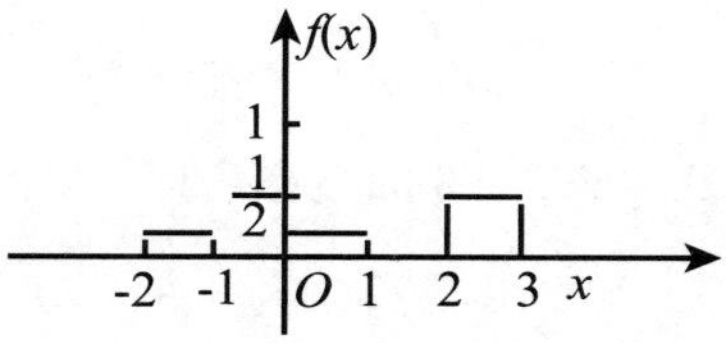

【分析】 由题设 $P\{X>k\}=P\{X<k\}$,$P\{X=k\}=0$.

又 $P\{X>k\}+P\{X<k\}+P\{X=k\}=1$,所以 k 应使

$$P\{X<k\}=\frac{1}{2},$$

即

$$\int_{-\infty}^{k}f(x)\mathrm{d}x=\frac{1}{2}.$$

由密度函数图形及概率的几何意义知正确选项是(C). 如果通过计算$\int_{-\infty}^{k} f(x)\mathrm{d}x = \frac{1}{2}$来确定正确选项，此时需要按 k 的取值不同来计算，其结果是一样的.

503 【答案】 C

【分析】 $P\{-2 < X < 0\} = \frac{1}{4}$ 和 $P\{1 < X < 3\} = \frac{1}{2}$，则

$$0 < P\{0 < X < 1\} \leqslant 1 - \frac{1}{2} - \frac{1}{4} = \frac{1}{4}$$

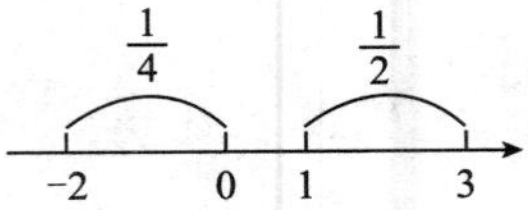

从$\begin{cases} P\{1 < X < 3\} = \frac{1}{2} \\ 0 < P\{0 < X < 1\} \leqslant \frac{1}{4} \end{cases}$，得到 $P\{0<X<1\} = \frac{1}{4}$. 进一步有 $P\{-1<X<0\} = \frac{1}{4}$，

即$\begin{cases} a = -1 \\ b = 3 \end{cases}$. 答案应选(C).

504 【答案】 C

【分析】 记 $-X$ 的分布函数和概率密度分别为 $F_1(x)$ 和 $f_1(x)$. 则

$$F_1(x) = P\{-X \leqslant x\} = P\{X \geqslant -x\} = 1 - P\{X < -x\}$$
$$= 1 - P\{X \leqslant -x\} = 1 - F(-x)$$
$$f_1(x) = F_1'(x) = [1 - F(-x)]' = f(-x)$$

故答案选(C).

【评注】 X 为连续型随机变量，必有 $F_1'(x) = f_1(x)$，只有(C) 满足此条件.

505 【答案】 B

【分析】 $\lim\limits_{x\to+\infty} F(x) = 1$，所以 $\lim\limits_{x\to+\infty}(a + b\mathrm{e}^{-x}) = a = 1$. $F(x)$ 为连续型随机变量 X 的分布函数，故 $F(x)$ 必连续，$F(x)$ 在 $x = 0$ 连续，且 $\lim\limits_{x\to0^+} F(x) = 0$，即 $a + b = 0$，$b = -1$.

506 【答案】 A

【分析】 设 $Y = 2X + 3$，则 Y 的分布函数 $F_Y(y)$ 为

$$F_Y(x) = P\{Y \leqslant x\} = P\{2X + 3 \leqslant x\} = P\left\{X \leqslant \frac{x-3}{2}\right\} = \int_{-\infty}^{\frac{x-3}{2}} f(x)\mathrm{d}x$$

$Y = 2X + 3$ 的概率密度

$$f_Y(x) = F_Y'(x) = \left[\int_{-\infty}^{\frac{x-3}{2}} f(x)\mathrm{d}x\right]' = f\left(\frac{x-3}{2}\right)\cdot\frac{1}{2} = \frac{1}{2}f\left(\frac{x-3}{2}\right)$$

答案应选(A).

B 组

507 【答案】 B

【分析】 分布律必定成立$\sum_{k=0}^{\infty}P\{X=k\}=1$,即$1=\sum_{k=0}^{\infty}\frac{C}{k!}e^{-2}=Ce^{-2}\sum_{k=0}^{\infty}\frac{1}{k!}=C\cdot e^{-1}$,所以$C=e$.这里用到了公式$e^{x}=\sum_{k=0}^{\infty}\frac{x^{k}}{k!},-\infty<x<+\infty$.

本题也可对比泊松分布$P\{X=k\}=\frac{\lambda^{k}}{k!}e^{-\lambda},k=0,1,2,\cdots$.

可以看出当$\lambda=1$时,就有$P\{X=k\}=\frac{1}{k!}e^{-1},k=0,1,2,\cdots$,即$C=e$,选(B).

508 【答案】 D

【分析】 由$\int_{-\infty}^{+\infty}f(x)dx=a\int_{-\infty}^{+\infty}f_1(x)dx+b\int_{-\infty}^{+\infty}f_2(x)dx=a+b=1$,知四个选项均符合这个要求,因此只好通过$F(0)=\frac{1}{8}$确定正确选项.

$$\begin{aligned}\text{由于 }F(0)&=\int_{-\infty}^{0}f(x)dx=a\int_{-\infty}^{0}f_1(x)dx+b\int_{-\infty}^{0}f_2(x)dx\\&=\frac{a}{2}+0=\frac{a}{2}=\frac{1}{8}.\end{aligned}$$

所以$a=\frac{1}{4}$,正确选项为(D).

509 【答案】 C

【分析】 X落入$(-\infty,x_1),(x_1,x_2),(x_2,x_3),(x_3,x_4),(x_4,+\infty)$的概率应为$\frac{7}{100},\frac{24}{100},\frac{38}{100},\frac{24}{100},\frac{7}{100}$,即0.07,0.24,0.38,0.24,0.07.

$$P\{X\leqslant x_4\}=1-P\{X>x_4\}=1-0.07=0.93=\Phi(1.5).$$

而$X\sim N(15,4)$,所以$\frac{X-15}{2}\sim N(0,1)$.

$$P\{X\leqslant x_4\}=P\left\{\frac{X-15}{2}\leqslant\frac{x_4-15}{2}\right\}=\Phi\left(\frac{x_4-15}{2}\right).$$

所以$\frac{x_4-15}{2}=1.5$,解得$x_4=18$.又

$$P\{X\leqslant x_3\}=1-P\{X>x_3\}=1-0.24-0.07=0.69=\Phi(0.5)$$
$$P\{X\leqslant x_3\}=P\left\{\frac{X-15}{2}\leqslant\frac{x_3-15}{2}\right\}=\Phi\left(\frac{x_3-15}{2}\right)$$

得$\frac{x_3-15}{2}=0.5$,故$x_3=16$.

由对称性x_1与x_4,x_2与x_3都关于15对称.

所以

$$x_1=15-(x_4-15)=12,x_2=15-(x_3-15)=14.$$

A 组

510 【答案】 D

【分析】 记 $Y = \max(X_1, X_2)$ 的分布为 $F_Y(x)$，概率密度为 $f_Y(x)$，则

$$F_Y(x) = P\{Y \leqslant x\} = P\{\max(X_1, X_2) \leqslant x\} = P\{X_1 \leqslant x, X_2 \leqslant x\}$$
$$= P\{X_1 \leqslant x\}P\{X_2 \leqslant x\} = F_1(x)F_2(x)$$
$$f_Y(x) = F'_Y(x) = [F_1(x)F_2(x)]' = f_1(x)F_2(x) + f_2(x)F_1(x)$$

答案选(D).

511 【答案】 D

【分析】 设标准正态分布的分布函数为 $\Phi(x)$，则

$$F(x,y) = P\{X \leqslant x, Y \leqslant y\} = P\{X \leqslant x, X \leqslant y\}$$
$$= P\{X \leqslant \min(x,y)\} = \Phi(\min(x,y))$$

所以，$F(a,b) = \Phi(\min(a,b)) = \dfrac{1}{2}$，即 $\min(a,b) = 0$.

512 【答案】 D

【分析】 显然我们可以通过计算每个选项中的随机变量的分布来确定正确选项，这样会有大量计算. 我们也可以利用指数分布的一些性质来判断.

如果 $X \sim E(\lambda)$，则 $EX = \dfrac{1}{\lambda}$.

$$E(X+Y) = EX + EY = \frac{2}{\lambda} \neq \frac{1}{2\lambda},$$
$$E(X-Y) = EX - EY = 0 \neq \frac{1}{2\lambda},$$

所以(A) 不对，(B) 也不对；当 X, Y 独立时，$\max(X,Y)$ 的分布函数为

$$F(x) = \begin{cases} (1-\mathrm{e}^{-\lambda x})^2, & x > 0 \\ 0, & x \leqslant 0 \end{cases},$$

显然不等于 $E(2\lambda)$ 的分布函数 $F_1(x) = \begin{cases} 1-\mathrm{e}^{-2\lambda x}, & x > 0 \\ 0, & x \leqslant 0 \end{cases}$，所以选择(D).

事实上，$\min(X,Y)$ 的分布函数

$$P\{\min(X,Y) \leqslant x\} = 1 - P\{\min(X,Y) > x\}$$
$$= 1 - P\{X > x, Y > x\} = 1 - P\{X > x\}P\{Y > x\}$$
$$= 1 - [1 - F(x)]^2 = \begin{cases} 1-\mathrm{e}^{-2\lambda x}, & x > 0 \\ 0, & x \leqslant 0 \end{cases},$$

即 $\min(X,Y) \sim E(2\lambda)$.

【评注】 应用数字特征可以判断随机变量不服从某种分布.

513 【答案】 B

【分析】 两个随机变量即使是独立同分布，也不能认为 $X = Y$，所以不能选(A).

事实上,$P\{X=Y\}=P\{X=Y=1\}+P\{X=Y=0\}$

$$=P\{X=1,Y=1\}+P\{X=0,Y=0\}$$
$$=P\{X=1\}P\{Y=1\}+P\{X=0\}P\{Y=0\}$$
$$=\frac{1}{2}\times\frac{1}{2}+\frac{1}{2}\times\frac{1}{2}=\frac{1}{2}.$$

514 【答案】 C

【分析】 由题设知 $P\{X_1+X_2\neq 0\}=0$,而

$P\{X_1+X_2\neq 0\}=P\{X_1=-1,X_2=-1\}+P\{X_1=-1,X_2=0\}+P\{X_1=0,X_2=-1\}+P\{X_1=0,X_2=1\}+P\{X_1=1,X_2=0\}+P\{X_1=1,X_2=1\}$,

所以等式中的各加项概率都等于零,据此可求得 (X_1,X_2) 的联合分布表,并算得

$P\{X_1=X_2\}=P\{X_1=-1,X_2=-1\}+P\{X_1=0,X_2=0\}+P\{X_1=1,X_2=1\}=\frac{1}{2}$,选择(C).

X_2 \ X_1	-1	0	1	
-1	0	0	$\frac{1}{4}$	$\frac{1}{4}$
0	0	$\frac{1}{2}$	0	$\frac{1}{2}$
1	$\frac{1}{4}$	0	0	$\frac{1}{4}$
	$\frac{1}{4}$	$\frac{1}{2}$	$\frac{1}{4}$	

515 【答案】 B

【分析】 $P\left\{\frac{X+Y}{2}+1=0\right\}=P\left\{\frac{X+Y}{2}=-1\right\}=P\{X+Y=-2\}$

$$=P\{X=-1,Y=-1\}=P\{X=-1\}P\{Y=-1\}$$
$$=\frac{1}{2}\cdot\frac{1}{2}=\frac{1}{4}.$$

$$P\left\{\frac{X+Y}{2}+1=1\right\}=P\{X+Y=0\}=P\{X=1,Y=-1\}+P\{X=-1,Y=1\}$$
$$=P\{X=1\}P\{Y=-1\}+P\{X=-1\}P\{Y=1\}$$
$$=\frac{1}{2}\cdot\frac{1}{2}+\frac{1}{2}\cdot\frac{1}{2}=\frac{1}{2}.$$

$$P\left\{\frac{X+Y}{2}+1=2\right\}=P\{X+Y=2\}=P\{X=1,Y=1\}=P\{X=1\}P\{Y=1\}=\frac{1}{4}.$$

所以 $\frac{X+Y}{2}+1$ 服从分布 $B(2,\frac{1}{2})$.

不难计算出(A),(C),(D) 的分布律,它们均不服从二项分布.

$X+Y+2$	0	2	4
P	$\frac{1}{4}$	$\frac{1}{2}$	$\frac{1}{4}$

,

$X-Y+2$	0	2	4
P	$\frac{1}{4}$	$\frac{1}{2}$	$\frac{1}{4}$

,

$\frac{X-Y}{2}-1$	-2	-1	0
P	$\frac{1}{4}$	$\frac{1}{2}$	$\frac{1}{4}$

.

516 【答案】 D

【分析】 为确定选项,必须知道相应事件中随机变量的分布,由题设 $\Rightarrow X+Y\sim N(0,2)$, $X-Y\sim N(0,2)$ 所以选项(A)(B) 都不成立,否则若(A) 成立,则(B) 必成立(事实上,$P\{X+Y\geqslant 0\}=P\{X-Y\geqslant 0\}=\frac{1}{2}$).

而对于(D)，有

$$P\{\min(X,Y)\geqslant 0\}=P\{X\geqslant 0,Y\geqslant 0\}=P\{X\geqslant 0\}P\{Y\geqslant 0\}$$
$$=\frac{1}{2}\cdot\frac{1}{2}=\frac{1}{4},$$

所以正确选项是(D).

至于(C)，概率

$$P\{\max(X,Y)\geqslant 0\}=1-P\{\max(X,Y)<0\}=1-P\{X<0,Y<0\}$$
$$=1-P\{X<0\}P\{Y<0\}=1-\frac{1}{2}\cdot\frac{1}{2}=\frac{3}{4}\neq\frac{1}{4}.$$

【评注】 如果将已知分布改为 $X\sim\begin{bmatrix}0&1\\\frac{1}{4}&\frac{3}{4}\end{bmatrix}$，$Y\sim\begin{bmatrix}-1&1\\\frac{3}{4}&\frac{1}{4}\end{bmatrix}$，那么正确选项是什么?我们应用一般模式求解，即将$(X,Y)$的分布写成矩阵形式，从而求出$Z=g(X,Y)$的分布，进而便可确定正确选项. 依题设$X,Y$独立，因而$(X,Y)$的分布及其函数的分布为

p_{ij}	$\frac{3}{16}$	$\frac{1}{16}$	$\frac{9}{16}$	$\frac{3}{16}$
(X,Y)	$(0,-1)$	$(0,1)$	$(1,-1)$	$(1,1)$
$X+Y$	-1	1	0	2
$X-Y$	1	-1	2	0
$\max(X,Y)$	0	1	1	1
$\min(X,Y)$	-1	0	-1	1

由此可知$P\{X+Y\geqslant 0\}=\frac{13}{16}$，$P\{X-Y\geqslant 0\}=\frac{15}{16}$，$P\{\max(X,Y)\geqslant 0\}=1$，$P\{\min(X,Y)\geqslant 0\}=\frac{1}{16}+\frac{3}{16}=\frac{1}{4}$. 选择(D).

如果将已知条件改为:X,Y独立，X概率分布为$P\{X=-1\}=P\{X=1\}=\frac{1}{2}$. $Y\sim N(0,1)$，那么正确答案是什么?(答案为(D)).

517 【答案】 A

【分析】 $\rho=\dfrac{\mathrm{Cov}(X,Y)}{\sqrt{DX}\,\sqrt{DY}}$，$EX=EY=\frac{1}{2}$，$DX=DY=\frac{1}{4}$

所以$1=\dfrac{\mathrm{Cov}(X,Y)}{\frac{1}{2}\cdot\frac{1}{2}}$，即$\mathrm{Cov}(X,Y)=\frac{1}{4}$，但$\mathrm{Cov}(X,Y)=E(XY)-EX\cdot EY$，即

$$\frac{1}{4}=E(XY)-\frac{1}{2}\cdot\frac{1}{2},$$

所以$E(XY)=\frac{1}{2}$，由于XY的取值只有0和1.

因此，$P\{XY=1\}=\frac{1}{2}$ 即 $P\{X=1,Y=1\}=\frac{1}{2}$，

$$P\{X=0,Y=1\}=P\{Y=1\}-P\{X=1,Y=1\}=\frac{1}{2}-\frac{1}{2}=0.$$

518 【答案】 C

【分析】 由题设知 $XY \sim \begin{pmatrix} 0 & 1 \\ 1-P\{X=1,Y=1\} & P\{X=1,Y=1\} \end{pmatrix}$，所以

$E(XY) = P\{X=1,Y=1\} = \frac{5}{8}$，

$P\{X+Y \leqslant 1\} = 1 - P\{X+Y > 1\} = 1 - P\{X=1,Y=1\} = 1 - \frac{5}{8} = \frac{3}{8}$，

故选择(C).

519 【答案】 D

【分析】
$$\begin{aligned} P\{X \leqslant 2Y\} &= P\{X=0\} + P\{X=1,Y=1\} \\ &= \frac{2}{3} + P\{X=1\}P\{Y=1\} = \frac{2}{3} + \frac{1}{3} \times \frac{1}{3} = \frac{7}{9}. \end{aligned}$$

520 【答案】 C

【分析】
$$\begin{aligned} F_Z(x) &= P\{Z \leqslant x\} = P\{\min(X,Y) \leqslant x\} = 1 - P\{\min(X,Y) > x\} \\ &= 1 - P\{X > x, Y > x\} = 1 - P\{X > x\}P\{Y > x\} \\ &= 1 - [1 - P\{X \leqslant x\}][1 - P\{Y \leqslant x\}] \\ &= 1 - [1 - F(x)][1 - F(x)] \\ &= 1 - [1 - F(x)]^2. \end{aligned}$$

答案应选(C).

【评注】 可以验证(A)$F^2(x)$ 是 $Z = \max(X,Y)$ 的分布函数.

(B)$F(x)F(y)$ 是(X,Y) 的分布函数，而(D)$[1-F(x)][1-F(y)]$不是分布函数，因为它不满足分布函数的充要条件.

521 【答案】 C

【分析】
$$\begin{aligned} P\{\min(X,Y) > 1\} &= P\{X > 1, Y > 1\} = P\{X > 1\}P\{Y > 1\} \\ &= \mathrm{e}^{-\lambda} \cdot \mathrm{e}^{-(\lambda+2)} = \mathrm{e}^{-2(\lambda+1)}. \end{aligned}$$

【评注】 利用公式：$X \sim E(\lambda)$ 时，$P\{X > t\} = \mathrm{e}^{-\lambda t}(t > 0)$.

B 组

522 【答案】 A

【分析】 如果 $F_Z(z)$ 在 $z = a$ 有间断点，即 $F_Z(a) - F_Z(a-0) > 0$，也就有 $P\{Z = a\} = F_Z(a) - F_Z(a-0) > 0$.

由全概率公式知，对任意实数 a

$$\begin{aligned} P\{X+Y=a\} &= P\{X+Y=a, Y=1\} + P\{X+Y=a, Y=-1\} \\ &= P\{X=a-1, Y=1\} + P\{X=a+1, Y=-1\} \\ &= P\{X=a-1\}P\{Y=1\} + P\{X=a+1\}P\{Y=-1\} \end{aligned}$$

$$=\frac{1}{2}[P\{X=a-1\}+P\{X=a+1\}]=\frac{1}{2}(0+0)=0$$

所以 $X+Y=Z$ 的分布函数 $F_Z(z)$ 是连续函数.选择(A).

【评注】 本题也可用直接求出 $F_Z(z)$ 来确定 $F_Z(z)$ 是连续函数.

523 【答案】 C

【分析】 记事件 $A=\{X\leqslant x\}, B=\{Y\leqslant y\}$，则

$$\begin{aligned}P\{X>x,Y>y\}&=P(\overline{A}\,\overline{B})=1-P(A\cup B)=1-P(A)-P(B)+P(AB)\\&=1-P\{X\leqslant x\}-P\{Y\leqslant y\}+P\{X\leqslant x,Y\leqslant y\}\\&=1-F_X(x)-F_Y(y)+F(x,y).\end{aligned}$$

524 【答案】 A

【分析】

$$\begin{aligned}P\{X=Y\}&=\sum_{k=1}^{\infty}P\{X=Y=k\}=\sum_{k=1}^{\infty}P\{X=k,Y=k\}\\&=\sum_{k=1}^{\infty}P\{X=k\}P\{Y=k\}=\sum_{k=1}^{\infty}p^2q^{2(k-1)}\\&=p^2\sum_{k=1}^{\infty}(q^2)^{k-1}=p^2\cdot\frac{1}{1-q^2}=\frac{p^2}{(1+q)(1-q)}\\&=\frac{p}{1+q}=\frac{p}{2-p}.\end{aligned}$$

525 【答案】 C

【分析】 显然，我们需由等式 $P\{X+Y\leqslant 1\}=\frac{1}{2}$ 确定 μ，为此需要知道 $X+Y$ 的分布.由题设 X 与 Y 独立知 $X+Y\sim N(2\mu,1)$，所以由正态分布概率密度对称性知 $P\{X+Y\leqslant 2\mu\}=\frac{1}{2}$，得到 $2\mu=1,\mu=\frac{1}{2}$，选择(C).

526 【答案】 A

【分析】

$$(X,Y)\sim f(x,y)=\frac{1}{2\pi}e^{-\frac{x^2+y^2}{2}}=\frac{1}{\sqrt{2\pi}}e^{-\frac{x^2}{2}}\cdot\frac{1}{\sqrt{2\pi}}e^{-\frac{y^2}{2}},$$

可以看出 $X\sim N(0,1), Y\sim N(0,1)$，且 X 与 Y 相互独立.

$$f_X(x)=\frac{1}{\sqrt{2\pi}}e^{-\frac{x^2}{2}},f_Y(y)=\frac{1}{\sqrt{2\pi}}e^{-\frac{y^2}{2}},f(x,y)=f_X(x)f_Y(y)$$

$$f_{X|Y}(x\mid y)=\frac{f(x,y)}{f_Y(y)}=\frac{f_X(x)f_Y(y)}{f_Y(y)}=f_X(x)$$

显然 $f_Y(y)>0$.答案应选(A).

527 【答案】 B

【分析】 方法1 由于联合分布决定边缘分布，但边缘分布不能决定联合分布.因此(A)

不成立，由(A)不成立，可以推知(C)(D)不一定成立，所以选择(B).

方法2　也可以举例给以说明. 例如

$(X,Y)\sim$

$X \backslash Y$	0	1	
0	$\frac{1}{2}$	0	$\frac{1}{2}$
1	0	$\frac{1}{2}$	$\frac{1}{2}$
	$\frac{1}{2}$	$\frac{1}{2}$	

和$(U,V)\sim$

$U \backslash V$	0	1	
0	0	$\frac{1}{2}$	$\frac{1}{2}$
1	$\frac{1}{2}$	0	$\frac{1}{2}$
	$\frac{1}{2}$	$\frac{1}{2}$	

显然，(X,Y)与(U,V)具有相同的边缘分布，均服从$B(1,\frac{1}{2})$，但联合分布不同. 且

$X+Y$	0	2
P	$\frac{1}{2}$	$\frac{1}{2}$

，

$U+V$	1
P	1

以及

$X-Y$	0
P	1

，

$U-V$	-1	1
P	$\frac{1}{2}$	$\frac{1}{2}$

.

528　【答案】 D

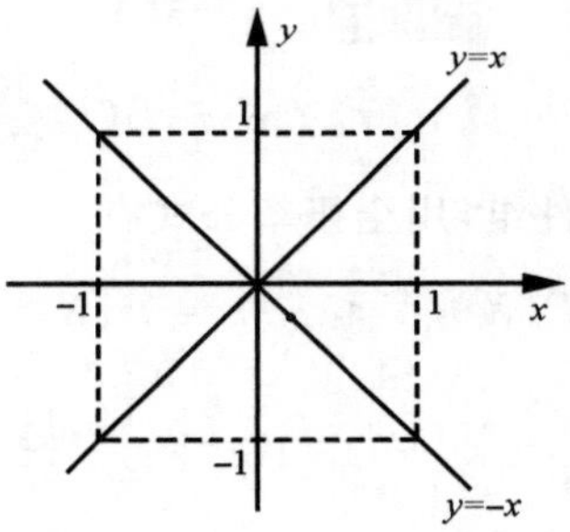

【分析】　显然这是一道计算性选择题，需要通过计算才能确定正确选项. 由题设知(X,Y)的概率密度函数

$$f(x,y)=\begin{cases}\frac{1}{4}, & -1<x<1,-1<y<1,\\ 0, & \text{其他}.\end{cases}$$

选项(C)、(D)易于计算，且$P\{\min(X,Y)\geqslant 0\}=P\{X\geqslant 0,Y\geqslant 0\}=\iint\limits_{\substack{x\geqslant 0\\ y\geqslant 0}} f(x,y)\mathrm{d}x\mathrm{d}y=\int_0^1\mathrm{d}x\int_0^1\frac{1}{4}\mathrm{d}y=\frac{1}{4}$，选择(D).

又 $P\{\max(X,Y)\geqslant 0\}=1-P\{\max(X,Y)<0\}=1-P\{X<0,Y<0\}$

$$=1-\int_{-1}^0\mathrm{d}x\int_{-1}^0\frac{1}{4}\mathrm{d}y=1-\frac{1}{4}=\frac{3}{4}.$$

$$P\{X+Y\geqslant 0\}=\iint\limits_{x+y\geqslant 0} f(x,y)\mathrm{d}x\mathrm{d}y$$

$$=\int_{-1}^1\mathrm{d}x\int_{-x}^1\frac{1}{4}\mathrm{d}y=\frac{1}{4}\int_{-1}^1(1+x)\mathrm{d}x=\frac{2}{4}=\frac{1}{2}.$$

$$P\{X-Y\geqslant 0\}=\iint\limits_{x-y\geqslant 0} f(x,y)\mathrm{d}x\mathrm{d}y$$

$$=\int_{-1}^1\mathrm{d}x\int_{-1}^x\frac{1}{4}\mathrm{d}y=\frac{1}{4}\int_{-1}^1(x+1)\mathrm{d}x=\frac{2}{4}=\frac{1}{2}.$$

所以选项(A)(B)(C)都不正确.

【评注】 如果将已知条件改为：(X,Y) 的概率分布为

$X \backslash Y$	1	2
-1	$\frac{1}{4}$	$\frac{1}{2}$
1	0	$\frac{1}{4}$

，那么正确选项是什么？

由题设不难计算出：

$P\{\mathrm{mix}(X,Y)\geqslant 0\}=P\{X\geqslant 0,Y\geqslant 0\}=P\{X=1,Y=1\}+P\{X=1,Y=2\}=\frac{1}{4}.$

$P\{\max(X,Y)\geqslant 0\}=1-P\{\max(X,Y)<0\}=1-P\{X<0,Y<0\}=1.$

$P\{X+Y\geqslant 0\}=P\{X=-1,Y=1\}+P\{X=-1,Y=2\}+P\{X=1,Y=1\}$
$+P\{X=1,Y=2\}=1.$

$P\{X-Y\geqslant 0\}=P\{X\geqslant Y\}=P\{X=1,Y=1\}=0.$

选项(D) 正确，其他选项均不正确.

529 【答案】 A

【分析】 $X\sim B(1,\frac{1}{2})$，X 的取值只能是 $X=0$ 或 $X=1$，将 $X=0$ 和 $X=1$ 看成完备事件组，用全概率公式有

$$P\{X+Y\leqslant\frac{1}{3}\}=P\{X=0\}P\left\{X+Y\leqslant\frac{1}{3}\mid X=0\right\}+P\{X=1\}P\left\{X+Y\leqslant\frac{1}{3}\mid X=1\right\}$$
$$=\frac{1}{2}P\left\{Y\leqslant\frac{1}{3}\mid X=0\right\}+\frac{1}{2}P\left\{1+Y\leqslant\frac{1}{3}\mid X=1\right\}$$
$$=\frac{1}{2}P\left\{Y\leqslant\frac{1}{3}\right\}+\frac{1}{2}P\left\{Y\leqslant-\frac{2}{3}\right\}=\frac{1}{2}\times\frac{1}{3}+\frac{1}{2}\times 0=\frac{1}{6}.$$

530 【答案】 B

【分析】 设(X_1,X_2) 的分布函数为 $F_1(x_1,x_2)$，(Y_1,Y_2) 的分布函数为 $F_2(y_1,y_2)$.

$$F_2(y_1,y_2)=P\{Y_1\leqslant y_1,Y_2\leqslant y_2\}=P\{2X_1\leqslant y_1,\frac{1}{3}X_2\leqslant y_2\}$$
$$=P\{X_1\leqslant\frac{y_1}{2},X_2\leqslant 3y_2\}=F_1\left(\frac{y_1}{2},3y_2\right)$$

所以 $f_2(y_1,y_2)=\frac{3}{2}f_1\left(\frac{y_1}{2},3y_2\right)$.

531 【答案】 B

【分析】 (X,Y) 服从二维正态分布，则$(X+Y,X-Y)$ 也服从二维正态分布，故两个边缘分布 $X+Y$ 和 $X-Y$ 的分布也是正态分布.

$E(X+Y)=EX+EY=0+0=0,$

$D(X+Y)=DX+DY+2\mathrm{Cov}(X,Y)=\sigma^2+\sigma^2+2\rho\sqrt{DX}\sqrt{DY}=2\sigma^2(1+\rho).$

$E(X-Y)=EX-EY=0-0=0.$

$D(X-Y)=DX+DY-2\mathrm{Cov}(X,Y)=\sigma^2+\sigma^2-2\rho\sqrt{DX}\sqrt{DY}=2\sigma^2(1-\rho).$

所以 $(X+Y)\sim N(0,2\sigma^2(1+\rho)),(X-Y)\sim N(0,2\sigma^2(1-\rho))$

$X+Y$ 与 $X-Y$ 不同分布.

$$\begin{aligned}\mathrm{Cov}(X+Y,X-Y)&=\mathrm{Cov}(X,X)-\mathrm{Cov}(X,Y)+\mathrm{Cov}(Y,X)-\mathrm{Cov}(Y,Y)\\&=\sigma^2-\mathrm{Cov}(X,Y)+\mathrm{Cov}(X,Y)-\sigma^2=0\end{aligned}$$

故 $X+Y$ 与 $X-Y$ 的相关系数为 0，$(X+Y,X-Y)$ 服从二维正态分布，所以 $X+Y$ 与 $X-Y$ 相互独立.

【评注】 (X,Y) 服从二维正态分布，则 $(aX+bY,cX+dY)$ 当 $\begin{vmatrix}a & b\\ c & d\end{vmatrix}\neq 0$ 时，也服从二维正态分布，其边缘分布 $aX+bY$ 与 $cX+dY$ 的分布也是正态分布.

(X,Y) 服从二维正态分布时，X 与 Y 相互独立等价于 $\mathrm{Cov}(X,Y)=0$.

随机变量的数字特征

A 组

532 【答案】 D

【分析】

$$\begin{aligned}E[X(X+Y-2)]&=E(X^2+XY-2X)=E(X^2)+E(XY)-E(2X)\\&=DX+(EX)^2+EX\cdot EY-2EX=3+4+2-4=5.\end{aligned}$$

533 【答案】 B

【分析】 当(B)成立时，即 $\int_{-\infty}^{+\infty}xf(x+a)\mathrm{d}x=0.$

令 $x+a=t$，

$$\begin{aligned}\int_{-\infty}^{+\infty}xf(x+a)\mathrm{d}x&=\int_{-\infty}^{+\infty}(t-a)f(t)\mathrm{d}t=\int_{-\infty}^{+\infty}tf(t)\mathrm{d}t-a\int_{-\infty}^{+\infty}f(t)\mathrm{d}t\\&=E(X)-a=0\end{aligned}$$

即 $E(X)=a$.

534 【答案】 D

【分析】 $E(X)=\int_{-\infty}^{+\infty}xf(x)\mathrm{d}x=2$，令 $t=\dfrac{x}{2}$，则有

$$\int_{-\infty}^{+\infty}xf(x)\mathrm{d}x=\int_{-\infty}^{+\infty}2tf(2t)\mathrm{d}(2t)=4\int_{-\infty}^{+\infty}tf(2t)\mathrm{d}t=2,$$

即

$$\int_{-\infty}^{+\infty}xf(2x)\mathrm{d}x=\frac{1}{2}.$$

535 【答案】 A

【分析】 $D(X^2)=E(X^4)-(EX^2)^2.$

$EX^2=\int_{-\infty}^{+\infty}x^2f(x)\mathrm{d}x=2\int_0^{+\infty}x^2\cdot\frac{1}{2}\mathrm{e}^{-|x|}\mathrm{d}x=\int_0^{+\infty}x^2\mathrm{e}^{-x}\mathrm{d}x=2!,$

$$EX^4=\int_{-\infty}^{+\infty}x^4f(x)\mathrm{d}x=2\int_0^{+\infty}x^4\cdot\frac{1}{2}\mathrm{e}^{-|x|}\mathrm{d}x=\int_0^{+\infty}x^4\mathrm{e}^{-x}\mathrm{d}x=4!,$$

$D(X^2)=4!-(2!)^2=24-4=20.$

【评注】 利用 $f(x)$ 是偶函数，具有对称性，可以简化计算. 记住公式 $\int_0^{+\infty}x^n\mathrm{e}^{-x}\mathrm{d}x=n!$.

536 【答案】 B

【分析】 直接计算 Y 与 Z 的相关系数 ρ_{ZY} 来确定正确选项. 由于

$\mathrm{Cov}(Y,Z)=\mathrm{Cov}(Y,aX+b)=a\mathrm{Cov}(X,Y),DZ=D(aX+b)=a^2DX,$

$\rho_{ZY}=\dfrac{\mathrm{Cov}(Y,Z)}{\sqrt{DY}\sqrt{DZ}}=\dfrac{a\mathrm{Cov}(X,Y)}{\sqrt{DY}\sqrt{a^2DX}}=\dfrac{a}{|a|}\rho_{XY}$，$\rho_{ZY}=\rho_{XY}$ 就有 $\dfrac{a}{|a|}=1$，即 $a>0$. 选择(B).

537 【答案】 D

【分析】 直接用定义通过计算确定正确选项，已知 $DX=DY$，故

$$\rho=\frac{\mathrm{Cov}(X,Y)}{\sqrt{DX}\sqrt{DY}}=\frac{\mathrm{Cov}(X,Y)}{\mathrm{Cov}(X,X)}=1,$$

即 $\mathrm{Cov}(X,Y)=\mathrm{Cov}(X,X)$，所以 $\mathrm{Cov}(X,X-Y)=\mathrm{Cov}(X,X)-\mathrm{Cov}(X,Y)=0$，即 $\mathrm{Cov}(X-Y,X)=0$，选择(D).

其余选项均不正确，这是因为当 $DX=DY$ 时必有

$$\begin{aligned}\mathrm{Cov}(X+Y,X-Y)&=\mathrm{Cov}(X,X)-\mathrm{Cov}(X,Y)+\mathrm{Cov}(Y,X)-\mathrm{Cov}(Y,Y)\\&=DX-DY=0,\end{aligned}$$

选项(C)成立，不能推出 $\rho=1$. 选项(A)(B)可推出

$\mathrm{Cov}(X,Y)=-\mathrm{Cov}(X,X)=-DX$ 或 $\mathrm{Cov}(X,Y)=-\mathrm{Cov}(Y,Y)=-DY$,

由此得
$$\rho=\frac{\mathrm{Cov}(X,Y)}{\sqrt{DX}\sqrt{DY}}=\frac{-DX}{DX}=-1.$$

538 【答案】 D

【分析】 应用公式 $D(X\pm Y)=DX+DY\pm2\mathrm{Cov}(X,Y)$ 确定正确选项.

由于 X 与 Y 的相关系数 $\rho=\dfrac{\mathrm{Cov}(X,Y)}{\sqrt{DX}\sqrt{DY}}$，故 $\rho>0$ 就是 $\mathrm{Cov}(X,Y)>0$. 所以

$$D(X+Y)=DX+DY+2\mathrm{Cov}(X,Y)>DX+DY.$$
$$D(X-Y)=DX+DY-2\mathrm{Cov}(X,Y)<DX+DY.$$

选择(D).

539 【答案】 A

【分析】 直接通过计算协方差来判断.

已知 X 与 Y 独立，故 $\mathrm{Cov}(X,Y)=0$,

$$\mathrm{Cov}(X,X+Y)=\mathrm{Cov}(X,X)+\mathrm{Cov}(X,Y)=DX>0.$$

所以 X 与 $X+Y$ 一定相关，选择(A).

又由于

$$\mathrm{Cov}(X,XY)=E(X^2Y)-EX\cdot E(XY)=EX^2\cdot EY-(EX)^2\cdot EY$$
$$=[EX^2-(EX)^2]EY=DXEY\begin{cases}=0, & EY=0\\ \neq 0, & EY\neq 0\end{cases}.$$

故选项(C)(D)有时成立,有时不成立.

【评注】 如果将选项中的"相关"改为"独立","不相关"改为"不独立",那么正确选项应该是(　　)

由原题计算知 X 与 $X+Y$ 一定相关,从而推知 X 与 $X+Y$ 一定不独立,选择(B).

540 【答案】 B

【分析】 根据分布函数的充要条件 $\lim\limits_{x\to+\infty}F(x)=1$. 所以,常数 b 必不可能小于 0,b 也不可能为 0,因为 $b=0$ 就不可能有 $D(X)=4$.

由此得到 $a=1,b>0$.

$F(x)=\begin{cases}1-\mathrm{e}^{-bx}, & x>0\\ 0, & x\leqslant 0\end{cases}$,即有 $f(x)=F'(x)=\begin{cases}b\mathrm{e}^{-bx}, & x>0\\ 0, & x\leqslant 0\end{cases}$.

因此 $X\sim E(\lambda),DX=\dfrac{1}{\lambda^2}=4$,即 $\lambda=\dfrac{1}{2}$,也就有 $b=\dfrac{1}{2}$.

答案应选(B).

541 【答案】 D

【分析】 由于 X 与 Y 相互独立,故 e^X 与 $2Y+1$ 相互独立,选择(D).

事实上,当 $x>0$ 时,

$$P\{\mathrm{e}^X\leqslant x,2Y+1\leqslant y\}=P\left\{X\leqslant \ln x,Y\leqslant\frac{y-1}{2}\right\}$$
$$=P\{X\leqslant\ln x\}\cdot P\left\{Y\leqslant\frac{y-1}{2}\right\}=P\{\mathrm{e}^X\leqslant x\}\cdot P\{2Y+1\leqslant y\}.$$

而当 $x\leqslant 0$ 时,$P\{\mathrm{e}^X\leqslant x\}=0$,

所以 $P\{\mathrm{e}^X\leqslant x,2Y+1\leqslant y\}=0=P\{\mathrm{e}^X\leqslant x\}\cdot P\{2Y+1\leqslant y\}$,由此可知 e^X 与 $2Y+1$ 相互独立.

选项(A)(B)(C)不成立,是由于 $\mathrm{Cov}(3X+1,4Y-2)=12\mathrm{Cov}(X,Y)=0$,所以 $3X+1$ 与 $4Y-2$ 不相关;$\mathrm{Cov}(X+Y,X-Y)=\mathrm{Cov}(X,X)-\mathrm{Cov}(Y,Y)=DX-DY\neq 0$ 得出 $X+Y$ 与 $X-Y$ 并非不相关;$\mathrm{Cov}(X+Y,2Y+1)=2\mathrm{Cov}(X,Y)+2\mathrm{Cov}(Y,Y)=2DY\neq 0$ 得出 $X+Y$ 与 $2Y+1$ 并非不相关,也就有 $X+Y$ 与 $2Y+1$ 不相互独立.

542 【答案】 A

【分析】 X_1 的分布律有对称性,所以 $EX_1=n+1$.

$$D(X_1)=E[X_1-(n+1)]^2$$
$$=[n-(n+1)]^2\cdot 0.3+[(n+1)-(n+1)]^2\cdot 0.4+[(n+2)-(n+1)]^2\cdot 0.3$$
$$=0.3+0+0.3=0.6$$

答案选(A).

543 【答案】 A

【分析】 $\rho_{XY}=\dfrac{\mathrm{Cov}(X,Y)}{\sqrt{DX}\sqrt{DY}}=\dfrac{E(XY)-EX\cdot EY}{\sqrt{DX}\sqrt{DY}}$，$X+Y=2$.

X,Y 均服从 $B\left(2,\dfrac{1}{2}\right)$分布，$EX=EY=1$，$DX=DY=\dfrac{1}{2}$.

XY 的分布为

XY	0	1
P	$\frac{1}{2}$	$\frac{1}{2}$

，$E(XY)=\dfrac{1}{2}$

总之，$\rho_{XY}=\dfrac{\frac{1}{2}-1\cdot 1}{\sqrt{\frac{1}{2}}\sqrt{\frac{1}{2}}}=-1$. 答案选(A).

【评注】 本题也可以更简单解为 $X+Y=2$，$Y=2-X$.

$$\rho_{XY}=\frac{\mathrm{Cov}(X,Y)}{\sqrt{DX}\sqrt{DY}}=\frac{\mathrm{Cov}(X,2-X)}{\sqrt{DX}\sqrt{D(2-X)}}=\frac{\mathrm{Cov}(X,2)-\mathrm{Cov}(X,X)}{DX}=\frac{-DX}{DX}=-1.$$

如果对相关系数性质了解，由 $Y=2-X$ 可以直接得出 $\rho_{XY}=-1$.

B 组

544 【答案】 C

【分析】

$$E(X)E\left(\frac{1}{1+X}\right)=\lambda\cdot\sum_{k=0}^{\infty}\frac{1}{1+k}\cdot\frac{\lambda^k}{k!}e^{-\lambda}=\lambda\cdot\sum_{k=0}^{\infty}\frac{\lambda^k}{(k+1)!}e^{-\lambda}$$
$$=\sum_{k=0}^{\infty}\frac{\lambda^{k+1}}{(k+1)!}e^{-\lambda}=\sum_{i=1}^{\infty}\frac{\lambda^i}{i!}e^{-\lambda}$$
$$=\sum_{i=0}^{\infty}\frac{\lambda^i}{i!}e^{-\lambda}-\frac{\lambda^0}{0!}e^{-\lambda}=1-e^{-\lambda}$$

答案选(C).

545 【答案】 D

【分析】 由于 $DX=EX^2-(EX)^2\geqslant 0$，故 $EX^2\geqslant(EX)^2$，选择(D). 选项(A)(B) 对某些随机变量可能成立，对某些随机变量可能不成立. 例如，随机变量 X 在区间$[0,1]$上服从均匀分布，则 $EX=\dfrac{1}{2}$，$DX=\dfrac{1}{12}$，$EX^2=DX+(EX)^2=\dfrac{1}{12}+\dfrac{1}{4}=\dfrac{1}{3}<\dfrac{1}{2}=EX$，选项(A) 成立. 此时(B) 不成立. 又如 $X\sim N(\mu,\sigma^2)$，$EX=\mu$，$DX=\sigma^2$，$EX^2=\sigma^2+\mu^2$，取$\sigma\geqslant\mu=\dfrac{1}{2}$，则 $EX^2\geqslant 2\mu^2=2\cdot\dfrac{1}{4}=\dfrac{1}{2}=EX$，即选项(B) 成立. 此时(A) 不成立.

546 【答案】 C

【分析】 由于 $DX=D(X-c)=E(X-c)^2-[E(X-c)]^2$，所以

$$E(X-c)^2=DX+[E(X-c)]^2,$$

选择(C).

或者是,由于

$$E(X-c)^2=E(X^2-2cX+c^2)=E(X^2)-2cEX+c^2,$$
$$[E(X-c)]^2=(EX-c)^2=(EX)^2-2cEX+c^2,$$

故 $E(X-c)^2-[E(X-c)]^2=E(X^2)-(EX)^2=DX,E(X-c)^2=DX+[E(X-c)]^2$

选择(C).

547 【答案】 C

【分析】 $F(x)=0.4\Phi\left(\frac{x-5}{2}\right)+0.6\Phi\left(\frac{x+1}{3}\right)$,故

$$f(x)=F'(x)=0.4\varphi\left(\frac{x-5}{2}\right)\cdot\frac{1}{2}+0.6\varphi\left(\frac{x+1}{3}\right)\cdot\frac{1}{3}=0.2\varphi\left(\frac{x-5}{2}\right)+0.2\varphi\left(\frac{x+1}{3}\right),$$

其中 $\varphi(x)$ 为标准正态分布的概率密度.

$$\begin{aligned}E(X)&=\int_{-\infty}^{+\infty}xf(x)\mathrm{d}x=\int_{-\infty}^{+\infty}0.2x\varphi\left(\frac{x-5}{2}\right)\mathrm{d}x+\int_{-\infty}^{+\infty}0.2x\varphi\left(\frac{x+1}{3}\right)\mathrm{d}x\\&=0.4\int_{-\infty}^{+\infty}(2t+5)\varphi(t)\mathrm{d}t+0.6\int_{-\infty}^{+\infty}(3t-1)\varphi(t)\mathrm{d}t\\&=0.4\cdot5+0.6\cdot(-1)=2.0-0.6=1.4.\end{aligned}$$

答案应选(C).

【评注】 当随机变量 $X\sim N(\mu,\sigma^2)$ 时,$(\sigma>0)$,其分布函数

$$F(x)=P\{X\leqslant x\}=P\left\{\frac{X-\mu}{\sigma}\leqslant\frac{x-\mu}{\sigma}\right\}=\Phi\left(\frac{x-\mu}{\sigma}\right),$$

$E(X)=\mu.$

所以,当 X 的分布函数为 $\Phi\left(\frac{x-\mu}{\sigma}\right)$ 时,$E(X)=\mu$.

进一步推广:当 $F(x)=c_1\Phi\left(\frac{x-\mu_1}{\sigma_1}\right)+c_2\Phi\left(\frac{x-\mu_2}{\sigma_2}\right)$ 时,$c_1+c_2=1$,则必有

$$E(X)=c_1\mu_1+c_2\mu_2.$$

本题 $F(x)=0.4\Phi\left(\frac{x-5}{2}\right)+0.6\Phi\left(\frac{x+1}{3}\right)$. 则

$$E(X)=0.4\cdot5+0.6\cdot(-1)=1.4.$$

548 【答案】 C

【分析】
$$\begin{aligned}E[(X-2)^2\mathrm{e}^{2X}]&=\int_{-\infty}^{+\infty}(x-2)^2\mathrm{e}^{2x}\cdot\frac{1}{\sqrt{2\pi}}\mathrm{e}^{-\frac{x^2}{2}}\mathrm{d}x\\&=\mathrm{e}^2\int_{-\infty}^{+\infty}(x-2)^2\frac{1}{\sqrt{2\pi}}\mathrm{e}^{-\frac{(x-2)^2}{2}}\mathrm{d}x=\mathrm{e}^2,\end{aligned}$$

所以选择(C). 上式最后一步是因为 $\frac{1}{\sqrt{2\pi}}\mathrm{e}^{-\frac{(x-2)^2}{2}}$ 是正态 $N(2,1)$ 的概率密度,

而 $\int_{-\infty}^{+\infty}(x-2)^2\frac{1}{\sqrt{2\pi}}\mathrm{e}^{-\frac{(x-2)^2}{2}}\mathrm{d}x$ 恰是它的方差,等于 1.

549 【答案】 C

【分析】 $D(XY)=E(XY)^2-(EXY)^2$

$=E(X^2Y^2)-(EXEY)^2$

$=EX^2\cdot EY^2-(1\cdot 1)^2$

$=[DX+(EX)^2][DY+(EY)^2]-1$

$=(2+1^2)(2+1^2)-1$

$=8.$

故应选(C).

550 【答案】 D

【分析】 $\begin{vmatrix}\sigma_{11} & \sigma_{12}\\ \sigma_{21} & \sigma_{22}\end{vmatrix}=\sigma_{11}\sigma_{22}-\sigma_{12}\sigma_{21}$

$=\mathrm{Cov}(X_1,X_1)\mathrm{Cov}(X_2,X_2)-\mathrm{Cov}(X_1,X_2)\mathrm{Cov}(X_2,X_1)$

$=DX_1DX_2-[\mathrm{Cov}(X_1,X_2)]^2=0$

$\begin{vmatrix}\sigma_{11} & \sigma_{12}\\ \sigma_{21} & \sigma_{22}\end{vmatrix}=0$ 等价于 $\left[\dfrac{\mathrm{Cov}(X_1,X_2)}{\sqrt{DX_1}\sqrt{DX_2}}\right]^2=\rho^2=1$，即 $|\rho|=1$，选择(D).

551 【答案】 D

【分析】 $\mathrm{Cov}(X,Y)=E(XY)-EX\cdot EY=\left(1\cdot\dfrac{1}{12}+0\cdot\dfrac{11}{12}\right)-\dfrac{1}{4}\cdot\dfrac{1}{3}=0$，

所以 $\rho=0$，(A)(B) 不成立.

$P\{X=1,Y=1\}=P\{XY=1\}=\dfrac{1}{12}=P\{X=1\}P\{Y=1\}$；

$P\{X=0,Y=1\}=P\{Y=1\}-P\{X=1,Y=1\}$

$=\dfrac{1}{3}-\dfrac{1}{12}=\dfrac{1}{4}=P\{X=0\}P\{Y=1\}$；

同理可以证明 $P\{X=1,Y=0\}=P\{X=1\}P\{Y=0\}$

$P\{X=0,Y=0\}=P\{X=0\}P\{Y=0\}$

总之 X,Y 相互独立.

【评注】 对 $X\sim B(1,p_1)$，$Y\sim B(1,p_2)$ 的两随机变量的独立性，应该验证

$$\begin{cases}P\{X=1,Y=1\}=P\{X=1\}P\{Y=1\};\\ P\{X=0,Y=1\}=P\{X=0\}P\{Y=1\};\\ P\{X=1,Y=0\}=P\{X=1\}P\{Y=0\};\\ P\{X=0,Y=0\}=P\{X=0\}P\{Y=0\}.\end{cases}$$

但实际上只要验证以上四个等式中一个成立，其他三个等式就一定成立.

例如 $P\{X=1,Y=1\}=P\{X=1\}P\{Y=1\}$ 成立，

$P\{X=0,Y=1\}=P\{Y=1\}-P\{X=1,Y=1\}=P\{Y=1\}-P\{X=1\}P\{Y=1\}$

$=P\{Y=1\}[1-P\{X=1\}]=P\{X=0\}P\{Y=1\}.$

$P\{X=0,Y=0\}=P\{X=0\}-P\{X=0,Y=1\}=P\{X=0\}-P\{X=0\}P\{Y=1\}$

$=P\{X=0\}[1-P\{Y=1\}]=P\{X=0\}P\{Y=0\}.$

552 【答案】 D

【分析】 $E(X-c)^2 = E[(X-\mu)+(\mu-c)]^2$
$= E[(X-\mu)^2+2(X-\mu)(\mu-c)+(\mu-c)^2]$
$= E(X-\mu)^2+2(\mu-c)E(X-\mu)+E(\mu-c)^2$
$= E(X-\mu)^2+2(\mu-c)\cdot 0+E(\mu-c)^2$
$\geqslant E(X-\mu)^2$

答案应选(D).

大数定律和中心极限定理

A 组

553 【答案】 B

【分析】 显然,$EX=1,DX=1$.

$P\{X\geqslant 3\}=P\{X-1\geqslant 2\}=P\{|X-1|\geqslant 2\}-P\{X-1\leqslant -2\}$

$=P\{|X-1|\geqslant 2\}+0=P\{|X-EX|\geqslant 2\}\leqslant \dfrac{DX}{2^2}=\dfrac{1}{4}.$

答案应选(B).

【评注】 如果直接计算 $P\{X\geqslant 3\}$,就有 $P\{X\geqslant 3\}=\int_3^{+\infty}f(x)\mathrm{d}x=\mathrm{e}^{-3}$. 比用切比雪夫不等式的估计要更精确,但切比雪夫不等式不用涉及 X 的分布,较简单.

554 【答案】 C

【分析】 直接应用辛钦大数定律的条件进行判断,选择(C). 事实上,应用辛钦大数定律,随机变量序列 $X_1\cdots,X_n,\cdots$ 必须是:"独立同分布且数学期望存在",选项(A) 缺少同分布条件,选项(B)(D) 虽然服从同一分布但不能保证期望存在. 因此选择(C).

555 【答案】 D

【分析】 切比雪夫大数定律为:$X_1,X_2,\cdots,X_n,\cdots$ 两两不相关,存在常数 c,使 $D(X_i)\leqslant c$,$(i=1,2,\cdots)$,则对任意 $\varepsilon>0$

$$\lim_{n\to\infty}P\left\{\left|\frac{1}{n}\sum_{i=1}^{n}X_i-\frac{1}{n}\sum_{i=1}^{n}E(X_i)\right|<\varepsilon\right\}=1$$

现 $X_1,X_2,\cdots,X_n,\cdots$ 两两独立推出不相关,但从(A),(B),(C) 得不出 $D(X_i)\leqslant c$,甚至 $D(X_i)$ 可能不存在.

当(D) 成立时,$D(X_{2i})=\lambda_2,D(X_{2i-1})=\lambda_1$,显然 $D(X_i)\leqslant\lambda_1+\lambda_2=c$. 答案选(D).

556 【答案】 C

【分析】 由题设知 $X_n\sim B(n,\frac{1}{2})$,根据"二项分布以正态分布为其极限分布"定理得:

$$\lim_{n\to\infty}P\left\{\frac{X_n-\frac{1}{2}n}{\sqrt{\frac{1}{4}n}}\leqslant x\right\}=\lim_{n\to\infty}P\left\{\frac{2X_n-n}{\sqrt{n}}\leqslant x\right\}=\Phi(x).$$ 选择(C).

数理统计的基本概念

A 组

557 【答案】 B

【分析】 由于 $X_i\sim N(\mu,1),i=1,2,\cdots,n$ 相互独立.

$(X_n-X_1)\sim N(0,2)$， $\frac{X_n-X_1}{\sqrt{2}}\sim N(0,1)$， $\frac{(X_n-X_1)^2}{2}\sim\chi^2(1)$.

显然，$2(X_n-X_1)^2$ 并不服从 χ^2 分布，答案应选(B).

558 【答案】 A

【分析】 由题设知，$X_i\sim N(0,\sigma^2)$， $\overline{X}=\frac{1}{n}\sum_{i=1}^{n}X_i\sim N\left(0,\frac{\sigma^2}{n}\right)$， $\frac{\sqrt{n}\overline{X}}{\sigma}\sim N(0,1)$，

$\frac{(n-1)S^2}{\sigma^2}\sim\chi^2(n-1)$，$\overline{X}$ 与 S^2 独立，所以 $\frac{\frac{\sqrt{n}\overline{X}}{\sigma}}{\sqrt{\frac{(n-1)S^2}{\sigma^2}/n-1}}=\frac{\sqrt{n}\overline{X}}{S}\sim t(n-1)$.

选择(A).

559 【答案】 C

【分析】 由题设知，$X_i\sim N(0,\sigma^2)$，$\frac{X_i}{\sigma}\sim N(0,1)$，且相互独立，$i=1,2,\cdots,11$.

由 χ^2 分布，t 分布，F 分布的典型模式知，$\frac{X_1^2}{\sigma^2}\sim\chi^2(1)$，所以，(A) 不成立.

$\frac{10Y^2}{\sigma^2}=\sum_{i=2}^{11}\left(\frac{X_i}{\sigma}\right)^2\sim\chi^2(10)$，所以，(B) 不成立.

$\frac{\frac{X_1}{\sigma}}{\sqrt{\frac{10Y^2}{\sigma^2}/10}}=\frac{X_1}{Y}\sim t(10)$，故(C) 成立.

而 $\frac{\frac{X_1^2}{\sigma^2}/1}{\frac{10Y^2}{\sigma^2}/10}=\frac{X_1^2}{Y^2}\sim F(1,10)$，(D) 不成立. 所以选择(C).

560 【答案】 C

【分析】 由题设得 $\overline{X}\sim N\left(0,\frac{\sigma^2}{n}\right)$，$\frac{\sqrt{n}\ \overline{X}}{\sigma}\sim N(0,1)$，$\frac{n\overline{X}^2}{\sigma^2}\sim\chi^2(1)$，$\frac{(n-1)S^2}{\sigma^2}\sim\chi^2(n-1)$，$\overline{X}$

与 S^2 相互独立，所以 $\dfrac{\dfrac{n\overline{X}^2}{\sigma^2}/1}{\dfrac{(n-1)S^2}{\sigma^2}/(n-1)}=\dfrac{n\overline{X}^2}{S^2}\sim F(1,n-1)$. 选择(C).

561 【答案】 B

【分析】 因为 $X\sim F(n,n)$，所以 $\dfrac{1}{X}\sim F(n,n)$，即 X 与 $\dfrac{1}{X}$ 具有相同的分布，因此有

$$p_1=P\{X\geqslant 1\}=P\left\{\frac{1}{X}\leqslant 1\right\}=P\{X\leqslant 1\}=p_2$$

选择(B).

562 【答案】 D

【分析】 $\dfrac{(n-1)S_X^2}{\sigma^2}\sim\chi^2(n-1)$，$\dfrac{(n-1)S_Y^2}{\sigma^2}\sim\chi^2(n-1)$ 且它们相互独立，所以

$$\begin{aligned}DT&=\sigma^4 D\left[\frac{n-1}{\sigma^2}(S_X^2+S_Y^2)\right]=\sigma^4\left[D(\frac{n-1}{\sigma^2}S_X^2)+D(\frac{n-1}{\sigma^2}S_Y^2)\right]\\&=\sigma^4[2(n-1)+2(n-1)]=4(n-1)\sigma^4.\end{aligned}$$

B 组

563 【答案】 D

【分析】 通过计算协方差来确定正确选项. 由于 X_i 相互独立，故

$$\mathrm{Cov}(X_i,X_j)=0\ (i\neq j),\mathrm{Cov}(\overline{X},\overline{X})=D\overline{X}=D\left(\frac{1}{n}\sum_{i=1}^{n}X_i\right)=\frac{1}{n^2}\sum_{i=1}^{n}DX_i=\frac{\sigma^2}{n}.$$

$$\begin{aligned}\mathrm{Cov}(X_1-\overline{X},X_2-\overline{X})&=\mathrm{Cov}(X_1,X_2)-\mathrm{Cov}(X_1,\overline{X})-\mathrm{Cov}(\overline{X},X_2)+\mathrm{Cov}(\overline{X},\overline{X})\\&=-\frac{1}{n}\sum_{i=1}^{n}\mathrm{Cov}(X_1,X_i)-\frac{1}{n}\sum_{i=1}^{n}\mathrm{Cov}(X_i,X_2)+D\overline{X}\\&=-\frac{1}{n}\sigma^2-\frac{1}{n}\sigma^2+\frac{\sigma^2}{n}\neq 0.\end{aligned}$$

所以 $X_1-\overline{X}$ 与 $X_2-\overline{X}$ 相关. 因此 $X_1-\overline{X}$ 与 $X_2-\overline{X}$ 不独立，选择(D).

564 【答案】 B

【分析】 X_1-X_2 和 X_1+X_2 均服从 $N(0,2\sigma^2)$.

$$\begin{aligned}\mathrm{Cov}(X_1+X_2,X_1-X_2)&=\mathrm{Cov}(X_1,X_1)+\mathrm{Cov}(X_2,X_1)-\mathrm{Cov}(X_1,X_2)-\mathrm{Cov}(X_2,X_2)\\&=D(X_1)-D(X_2)=\sigma^2-\sigma^2=0\end{aligned}$$

所以 X_1-X_2 与 X_1+X_2 相互独立且同服从 $N(0,2\sigma^2)$.

同理 X_3-X_4 和 X_3+X_4 也相互独立且均服从 $N(0,2\sigma^2)$.

显然 $X_1-X_2,X_1+X_2,X_3-X_4,X_3+X_4$ 相互独立均服从 $N(0,2\sigma^2)$.

$$Y=\frac{(X_1-X_2)^2+(X_3-X_4)^2}{(X_1+X_2)^2+(X_3+X_4)^2}=\frac{\left[\dfrac{(X_1-X_2)^2}{2\sigma^2}+\dfrac{(X_3-X_4)^2}{2\sigma^2}\right]\Big/2}{\left[\dfrac{(X_1+X_2)^2}{2\sigma^2}+\dfrac{(X_3+X_4)^2}{2\sigma^2}\right]\Big/2}\sim F(2,2)$$

答案应选(B).

565 【答案】 D

【分析】 应用 t 分布典型模式来确定正确选项.由于 $\sum_{i=1}^{m} X_i \sim N(0,m\sigma^2)$，$U=\dfrac{\sum_{i=1}^{m} X_i}{\sqrt{m}\sigma} \sim N(0,1)$，

而 $\dfrac{Y_i}{\sigma} \sim N(0,1)$ 且相互独立，所以 $V=\sum_{i=1}^{n}\left(\dfrac{Y_i}{\sigma}\right)^2 \sim \chi^2(n)$，$U$ 与 V 相互独立，根据 t 分布典型

模式知，$\dfrac{U}{\sqrt{V/n}}=\sqrt{\dfrac{n}{m}}\dfrac{\sum_{i=1}^{m} X_i}{\sqrt{Y_1^2+\cdots+Y_n^2}} \sim t(n)$，依题设知 $\sqrt{\dfrac{n}{m}}=2$，即 $\dfrac{m}{n}=\dfrac{1}{4}$，选择(D).

566 【答案】 B

【分析】 $\overline{X} \sim N(\mu,\dfrac{\sigma^2}{n})$，所以 $\dfrac{\overline{X}-\mu}{\sigma/\sqrt{n}} \sim N(0,1)$.

$S^2=\dfrac{1}{n-1}\sum_{i=1}^{n}(X_i-\overline{X})^2$，已知 S^2 与 $\overline{X}$ 相互独立，且 $\dfrac{(n-1)S^2}{\sigma^2} \sim \chi^2(n-1)$.

根据 t 分布典型模式：$\dfrac{\dfrac{\overline{X}-\mu}{\sigma/\sqrt{n}}}{\sqrt{\dfrac{(n-1)S^2}{\sigma^2}/(n-1)}}=\dfrac{\sqrt{n}(\overline{X}-\mu)}{S} \sim t(n-1)$.

答案选(B).

【评注】 本题应该直接背出选(B).

567 【答案】 B

【分析】 由于 $\dfrac{\overline{X}}{\sigma/\sqrt{n}} \sim N(0,1)$，$\dfrac{nS_2^2}{\sigma^2} \sim \chi^2(n-1)$，且这两个随机变量相互独立，故

$\dfrac{\overline{X}/\dfrac{\sigma}{\sqrt{n}}}{\sqrt{\dfrac{nS_2^2}{\sigma^2}\Big/n-1}}=\dfrac{\overline{X}}{S_2/\sqrt{n-1}} \sim t(n-1)$ 因此选(B).而 $\dfrac{\overline{X}}{S_1/\sqrt{n}} \sim t(n-1)$ 故(A)不正确.

(C)和(D)也不正确，因为 S_3 或 S_4 与 $\overline{X}$ 不独立.

568 【答案】 C

【分析】 我们要通过 $P\{|X-\mu|<a\}=P\{|\overline{X}-\mu|<b\}$ 来确定正确选项，为此需要先求出 $X-\mu$ 与 $\overline{X}-\mu$ 的分布.

依题设 $X \sim N(\mu,\sigma^2)$，$\overline{X} \sim N\left(\mu,\dfrac{\sigma^2}{n}\right)$ 标准化得 $\dfrac{X-\mu}{\sigma} \sim N(0,1)$，$\dfrac{\sqrt{n}(\overline{X}-\mu)}{\sigma} \sim N(0,1)$，

由此可知：如果 $P\{|X-\mu|<a\}=P\{|\overline{X}-\mu|<b\}$，

则有

$$P\left\{\frac{|X-\mu|}{\sigma}<\frac{a}{\sigma}\right\}=P\left\{\frac{\sqrt{n}\,|\overline{X}-\mu|}{\sigma}<\frac{\sqrt{n}b}{\sigma}\right\},$$

所以 $\frac{a}{\sigma}=\frac{\sqrt{n}b}{\sigma}$，即 $\frac{a}{b}=\sqrt{n}$，比值 $\frac{a}{b}$ 与 σ 无关，与 n 有关，选择(C).

569 【答案】 B

【分析】 应用已知性质 $E\overline{X}^2=D\overline{X}+(E\overline{X})^2=\frac{\sigma^2}{n}+0=\frac{\sigma^2}{n}$，$ES^2=D(X)=\sigma^2$，即可计算得正确选项.

由于 $ET_k=\frac{n}{k}E\overline{X}^2+\frac{1}{k}ES^2=\frac{n}{k}\cdot\frac{\sigma^2}{n}+\frac{1}{k}\sigma^2=\frac{2}{k}\sigma^2$，故 $ET_k=\frac{2}{k}\sigma^2=\sigma^2$，即 $k=2$. 选择(B).

570 【答案】 A

【分析】
$$E\left\{(\sum_{i=1}^{n}X_i)\left[\sum_{j=1}^{n}(nX_j-\sum_{k=1}^{n}X_k)^2\right]\right\}=E[n\overline{X}\cdot n^2(n-1)S^2]$$
$$=n^3(n-1)E(\overline{X}\cdot S^2)=n^3(n-1)\mu\cdot\sigma^2.$$

因 $\overline{X}$，S^2 是相互独立的.

571 【答案】 B

【分析】 设 $X\sim N(\mu,\sigma^2)$，则 $Y_1\sim N(\mu,\frac{\sigma^2}{6})$，$Y_2\sim N(\mu,\frac{\sigma^2}{3})$，$Y_1-Y_2\sim N(0,\frac{\sigma^2}{2})$，

$\frac{Y_1-Y_2}{\sigma/\sqrt{2}}\sim N(0,1)$

由 $\frac{(n-1)S^2}{\sigma^2}\sim\chi^2(n-1)$，且 S^2 与 Y_2 相互独立，当然也和 Y_1-Y_2 相互独立.

现 $n=3$，$T=\dfrac{\frac{Y_1-Y_2}{\sigma/\sqrt{2}}}{\sqrt{\frac{(n-1)S^2}{\sigma^2}\cdot\frac{1}{n-1}}}\sim t(n-1)$

即 $\frac{\sqrt{2}(Y_1-Y_2)}{S}\sim t(2)$.

参数估计

A 组

572 【答案】 D

【分析】 X 的密度函数为 $f(x)=\begin{cases}\frac{1}{2}, & \theta-1\leqslant x\leqslant\theta+1;\\ 0, & \text{其他}.\end{cases}$

似然函数为

$$L=\begin{cases}\left(\frac{1}{2}\right)^n, & \theta-1\leqslant \begin{matrix}X_1\\ \vdots\\ X_n\end{matrix}\leqslant\theta+1;\\ 0, & 其他.\end{cases}$$

对样本 $X_1,X_2,\cdots,X_n$ 来说，$L=\left(\frac{1}{2}\right)^n$ 是常数，只要 θ 满足 $\theta-1\leqslant X_i\leqslant\theta+1$，所以必有 $\theta-1\leqslant\min\limits_{1\leqslant i\leqslant n}X_i$，同时 $\theta+1\geqslant\max\limits_{1\leqslant i\leqslant n}X_i$，也就有 $\theta\leqslant\min\limits_{1\leqslant i\leqslant n}(X_i+1)$，同时 $\theta\geqslant\max\limits_{1\leqslant i\leqslant n}(X_i-1)$，总之 $\max\limits_{1\leqslant i\leqslant n}(X_i-1)\leqslant\hat{\theta}\leqslant\min\limits_{1\leqslant i\leqslant n}(X_i+1)$.

573 【答案】 D

【分析】 由于 $E(X)=(-1)\cdot\theta+0\cdot(1-2\theta)+1\cdot\theta=0$，不包含未知参数 θ.

没法用 $EX=\overline{X}$ 来估计 θ.

考虑用二阶矩. $E(X^2)=\frac{1}{n}\sum\limits_{i=1}^{n}X_i^2$ 来求解未知参数 θ.

由于 $E(X^2)=(-1)^2\cdot\theta+0^2\cdot(1-2\theta)+1^2\cdot\theta=2\theta$.

故 $E(X^2)=2\theta=\frac{1}{n}\sum\limits_{i=1}^{n}X_i^2$，解得 $\hat{\theta}=\frac{1}{2n}\sum\limits_{i=1}^{n}X_i^2$.

574 【答案】 D

【分析】 根据矩估计量的定义确定选项，由于 $EX^2=DX+(EX)^2$，而 DX 与 EX 的矩估计量分别为 $\frac{1}{n}\sum\limits_{i=1}^{n}(X_i-\overline{X})^2=\frac{n-1}{n}S^2$ 与 $\overline{X}=\frac{1}{n}\sum\limits_{i=1}^{n}X_i$，所以 EX^2 的矩估计量为 $\frac{n-1}{n}S^2+\overline{X}^2$. 选择(D).

【评注】 $\frac{n-1}{n}S^2+\overline{X}^2=\frac{1}{n}\sum\limits_{i=1}^{n}(X_i-\overline{X})^2+\overline{X}^2=\frac{1}{n}\sum\limits_{i=1}^{n}X_i^2$，按定义，此即为 EX^2 的矩估计量.

B 组

575 【答案】 B

【分析】 似然函数 $L=\prod\limits_{i=1}^{n}f(x_i)=\frac{1}{(2\sigma)^n}e^{-\frac{\sum\limits_{i=1}^{n}|x_i|}{\sigma}}$，

$$\ln L=-n\ln 2-n\ln\sigma-\frac{\sum\limits_{i=1}^{n}|x_i|}{\sigma},$$

令 $\frac{\partial\ln L}{\partial\sigma}=0-\frac{n}{\sigma}+\frac{\sum\limits_{i=1}^{n}|x_i|}{\sigma^2}=0$，解得 $\sigma=\frac{1}{n}\sum\limits_{i=1}^{n}|x_i|$

所以 σ 的最大似然估计量 $\hat{\sigma}=\frac{1}{n}\sum\limits_{i=1}^{n}|X_i|$. 答案选(B).

2阶

基础过关

微积分

填 空 题

函数、极限、连续

A组

576 【答案】 $f(x)=\begin{cases}x^2+7x+11, & -2<x<-1\\ -x^2+3x-1, & -1<x<0\\ 0, & x=-2,-1,0\end{cases}$

【分析】 当 $-2<x<-1$ 时，$2<x+4<3$，由周期为 2，故

$$f(x)=f(x+4)=(x+4)^2-(x+4)-1=x^2+7x+11.$$

当 $-1<x<0$ 时，$0<-x<1$，$2<-x+2<3$，由周期为 2 且为奇函数，故

$$\begin{aligned}f(x)&=-f(-x)=-f(-x+2)=-[(-x+2)^2-(-x+2)-1]\\&=-x^2+3x-1.\end{aligned}$$

又因 $f(x)$ 是周期为 2 的奇函数，在 $x=-1,0,1,2$ 处均有定义，所以 $f(0)=0$，$f(2)=f(0)=0$，$f(-1)=-f(1)$，且 $f(-1)=f(1)$，从而 $f(-1)=f(1)=0$. 于是

$$f(x)=\begin{cases}x^2+7x+11, & -2<x<-1\\ -x^2+3x-1, & -1<x<0\\ 0, & x=-2,-1,0\end{cases}.$$

【评注】 关键是由 $x\in[-2,0]$ 一步步过渡到 $x\in(2,3)$，并且利用周期为 2 以及奇函数的性质，计算出 $f(0)$，$f(1)$ 等的值.

577 【答案】 $\dfrac{x}{\sqrt{1+2x^2}}$

【分析】 $f[f(x)]=\dfrac{\dfrac{x}{\sqrt{1+x^2}}}{\sqrt{1+\left(\dfrac{x}{\sqrt{1+x^2}}\right)^2}}=\dfrac{x}{\sqrt{1+2x^2}}.$

578 【答案】 $-\dfrac{1}{2}$

【分析】 由洛必达法则，

$$\lim_{x\to0}\frac{x-(x+1)\ln(x+1)}{x^2}=\lim_{x\to0}\frac{1-1-\ln(x+1)}{2x}=-\lim_{x\to0}\frac{\ln(x+1)}{2x}=-\frac{1}{2}.$$

579 【答案】 $\dfrac{1}{6}$

【分析】 $\lim\limits_{x\to0}\cot x\left(\dfrac{1}{\sin x}-\dfrac{1}{x}\right)=\lim\limits_{x\to0}\dfrac{\cos x(x-\sin x)}{x\sin^2 x}=\lim\limits_{x\to0}\dfrac{x-\sin x}{x^3}$

$$= \lim_{x\to 0}\frac{1-\cos x}{3x^2}=\frac{1}{6}.$$

一元函数微分学

A组

580 【答案】 0

【分析】 $$f'(0)=\lim_{x\to 0}\frac{f(x)-f(0)}{x-0}=\lim_{x\to 0}\frac{h(x)\sin\frac{1}{x}}{x} \qquad (\Delta)$$

因 $h(0)=0, h'(0)=0$，由佩亚诺余项泰勒公式，有

$$h(x)=h(0)+h'(0)x+o(x)=o(x)$$

其中 $\lim\limits_{x\to 0}\frac{o(x)}{x}=0$，代入($\Delta$)中，

$$f'(0)=\lim_{x\to 0}\frac{o(x)\sin\frac{1}{x}}{x}=0$$

这是因为当 $x\to 0$ 时，$\frac{o(x)}{x}$ 为无穷小量，$\sin\frac{1}{x}$ 有界.

【评注】 因未设 $x\in \mathring{U}_\delta(0)$ 时 $h(x)$ 可导，所以不能用洛必达法则. 本题也可以不用佩亚诺余项泰勒公式，而改用如下办法，实质是一样的.

$$0=h'(0)=\lim_{x\to 0}\frac{h(x)-h(0)}{x-0}=\lim_{x\to 0}\frac{h(x)}{x}$$

所以(Δ)中 $\frac{h(x)}{x}$ 为无穷小（当 $x\to 0$），从而 $f'(0)=0$.

581 【答案】 $(-1)^n n!\left[\frac{1}{(x+3)^{n+1}}+\frac{1}{(x-1)^{n+1}}\right]$

【分析】 $y=\frac{1}{x+3}+\frac{1}{x-1}$

$$\frac{d^n y}{dx^n}=\left(\frac{1}{x+3}\right)^{(n)}+\left(\frac{1}{x-1}\right)^{(n)}=\frac{(-1)^n n!}{(x+3)^{n+1}}+\frac{(-1)^n n!}{(x-1)^{n+1}}.$$

582 【答案】 2

【分析】 应先写出 $f(x)$ 的分段表达式：

当 $|x|<1$ 时，$f(x)=x$；当 $x=1$ 时，$f(x)=1$；当 $x=-1$ 时，$f(x)=-1$；当 $|x|>1$ 时，

$$f(x)=\lim_{n\to\infty}\frac{x^{2n-1}(1+x^{-2n+2})}{x^{2n}(1+x^{-2n})}=\frac{1}{x}$$

读者不妨自己画出 $f(x)$ 的图像可知，在 $x=\pm 1$ 处 $f(x)$ 不可导.

【评注】 由极限式定义的函数要讨论其性质，应分两步走.

583 【答案】 12

【分析】 $f'(x)=2x+\dfrac{16}{x^2}$，解方程 $f'(x)=0$ 得函数 $f(x)=x^2-\dfrac{16}{x}$ 在$(-\infty,0)$上的驻点为 $x=-2$.

当 $x\in(-\infty,-2)$ 时，$f'(x)<0$，函数 $f(x)=x^2-\dfrac{16}{x}$ 单调减少；

当 $x\in(-2,0)$ 时，$f'(x)>0$，函数 $f(x)=x^2-\dfrac{16}{x}$ 单调增加.

所以 $x=-2$ 为函数 $f(x)=x^2-\dfrac{16}{x}$ 在$(-\infty,0)$上的最小值点，最小值为 $f(-2)=12$.

一元函数积分学

A 组

584 【答案】 1

【分析】 $\lim\limits_{x\to0}\dfrac{\int_0^{\sqrt[3]{x}}f(t)\mathrm{d}t}{x^k}=\lim\limits_{x\to0}\dfrac{\dfrac{f(\sqrt[3]{x})}{3\sqrt[3]{x^2}}}{kx^{k-1}}$.

因为当 $x\to0$ 时，连续函数 $f(x)$ 为 2 阶无穷小，所以 $\lim\limits_{x\to0}\dfrac{f(\sqrt[3]{x})}{3\sqrt[3]{x^2}}=C$，

其中 C 为非零常数，当 $k=1$ 时，$\lim\limits_{x\to0}\dfrac{\int_0^{\sqrt[3]{x}}f(t)\mathrm{d}t}{x^k}=C_1$，其中 C_1 为非零常数.

585 【答案】 3

【分析】 因为 $x=\int_1^{y-x}\sin^2\left(\dfrac{\pi}{4}t\right)\mathrm{d}t$，所以当 $x=0$ 时，$y=1$. 方程

$$x=\int_1^{y(x)-x}\sin^2\left(\frac{\pi}{4}t\right)\mathrm{d}t$$

两边同时对 x 求导，得

$$1=\sin^2\left[\frac{\pi}{4}(y-x)\right]\left(\frac{\mathrm{d}y}{\mathrm{d}x}-1\right),$$

由 $x=0,y=1$，故 $\left.\dfrac{\mathrm{d}y}{\mathrm{d}x}\right|_{x=0}=3$.

586 【答案】 $\dfrac{9}{2},\dfrac{72\pi}{5}$

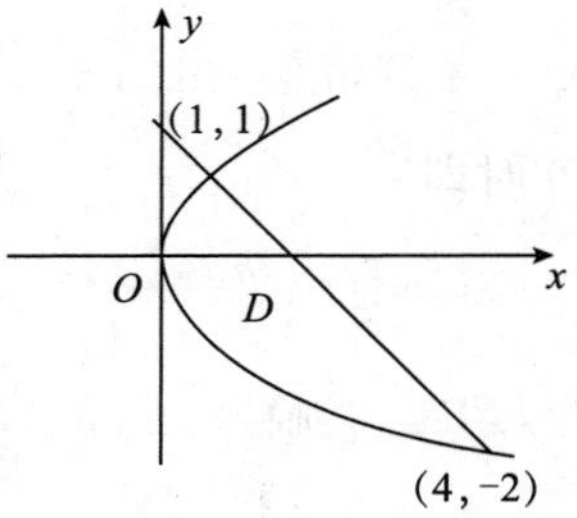

【分析】 区域 D 如右图. $y^2=x$ 与 $x+y=2$ 的交点是$(4,-2)$与$(1,1)$.

D 的面积

$$S=\int_{-2}^{1}[(2-y)-y^2]\mathrm{d}y$$
$$=-\frac{1}{2}(2-y)^2\Big|_{-2}^{1}-\frac{1}{3}y^3\Big|_{-2}^{1}$$

$$= \frac{15}{2} - 3 = \frac{9}{2}$$

D 绕 y 轴旋转形成的旋转体体积为两个旋转体体积之差

$$V = \int_{-2}^{1} \pi(2-y)^2 \mathrm{d}y - \int_{-2}^{1} \pi y^4 \mathrm{d}y$$
$$= \frac{\pi}{3}(y-2)^3 \Big|_{-2}^{1} - \frac{\pi}{5} y^5 \Big|_{-2}^{1} = 21\pi - \frac{33\pi}{5} = \frac{72\pi}{5}.$$

587 【答案】 $\frac{1}{100}$

【分析】 $w(9) - w(4) = \int_4^9 w'(x)\mathrm{d}x = \int_4^9 \frac{1}{200\sqrt{x}}\mathrm{d}x$

$$= \frac{1}{200} \cdot 2\sqrt{x}\Big|_4^9 = \frac{1}{100}.$$

588 【答案】 $-\frac{1}{3}x^3 + 6x^2 - 11x - 50$

【分析】 $C(x) = C(0) + \int_0^x C'(t)\mathrm{d}t$

$$= 50 + \int_0^x (t^2 - 14t + 111)\mathrm{d}t$$
$$= \frac{1}{3}x^3 - 7x^2 + 111x + 50$$

$R(x) = R(0) + \int_0^x R'(t)\mathrm{d}t$

$$= \int_0^x (100 - 2t)\mathrm{d}t$$
$$= 100x - x^2$$

⇒ 总利润

$$L(x) = R(x) - C(x) = -\frac{1}{3}x^3 + 6x^2 - 11x - 50.$$

微分方程(差分方程)

A 组

589 【答案】 $y = \frac{1}{2}(x^2 - 1)$

【分析】 由 $(y + \sqrt{x^2+y^2})\mathrm{d}x - x\mathrm{d}y = 0$ 可改写成 $\left(\frac{y}{x} + \frac{1}{x}\sqrt{x^2+y^2}\right) - \frac{\mathrm{d}y}{\mathrm{d}x} = 0$，当 $x > 0$ 时即

$$\left[\frac{y}{x} + \sqrt{1 + \left(\frac{y}{x}\right)^2}\right] - \frac{\mathrm{d}y}{\mathrm{d}x} = 0\text{(齐次方程)},$$

令 $\frac{y}{x} = u$，则 $y = xu$，$\frac{\mathrm{d}y}{\mathrm{d}x} = u + x\frac{\mathrm{d}u}{\mathrm{d}x}$ 代入上述方程化为可分离变量型的

$$(u + \sqrt{1+u^2}) - u - x\frac{\mathrm{d}u}{\mathrm{d}x} = 0,$$

分离变量得
$$\frac{\mathrm{d}u}{\sqrt{1+u^2}}=\frac{\mathrm{d}x}{x},$$
积分得
$$\ln(u+\sqrt{1+u^2})=\ln x+\ln C,$$
$$u+\sqrt{1+u^2}=Cx,$$
$$\frac{y}{x}+\sqrt{1+\left(\frac{y}{x}\right)^2}=Cx\text{，即 }y+\sqrt{x^2+y^2}=Cx^2,$$
由 $y|_{x=1}=0$ 知 $C=1$，则 $y+\sqrt{x^2+y^2}=x^2$，又可改写成 $\sqrt{x^2+y^2}-y=1$，

因此 $y=\frac{1}{2}(x^2-1)$.

【评注】 $x<0$ 时得同样结果.

590 【答案】 $x^2=Cy^6+y^4$，C 为任意常数

【分析】 将方程改写为
$$2(y^4-3x^2)\mathrm{d}y+y\mathrm{d}x^2=0,$$
$$\frac{\mathrm{d}x^2}{\mathrm{d}y}-\frac{6}{y}x^2=-2y^3,$$
把 x^2 看成 y 的函数，它是一阶线性微分方程. 两边乘 $\mu(y)=\mathrm{e}^{-\int\frac{6}{y}\mathrm{d}y}=\frac{1}{y^6}$ 得
$$\frac{\mathrm{d}}{\mathrm{d}y}\left(\frac{x^2}{y^6}\right)=-\frac{2}{y^3},$$
积分得
$$\frac{x^2}{y^6}=\frac{1}{y^2}+C,$$
通解为
$$x^2=Cy^6+y^4\text{，}C\text{ 为任意常数.}$$

591 【答案】 $y=\frac{x}{4}\sin 2x+C_1\cos 2x+C_2\sin 2x$，$C_1,C_2$ 是两个任意常数

【分析】 $y''+4y=\cos 2x$ 对应的齐次方程的特征方程是 $\lambda^2+4=0$. 它的两个特征根为 $\lambda_{1,2}=\pm 2\mathrm{i}$.

因此对应的齐次方程的通解为 $Y=C_1\cos 2x+C_2\sin 2x$.

又因 $\pm\omega\mathrm{i}=\pm 2\mathrm{i}$ 是特征方程的根，所以，应设非齐次方程的特解为
$$y^*=x(A\cos 2x+B\sin 2x),$$
则 $(y^*)'=x(-2A\sin 2x+2B\cos 2x)+A\cos 2x+B\sin 2x$，

$(y^*)''=-x(4A\cos 2x+4B\sin 2x)-4A\sin 2x+4B\cos 2x$.

将上两式代入方程 $y''+4y=\cos 2x$ 得
$$-4A\sin 2x+4B\cos 2x=\cos 2x,$$
比较系数得 $A=0$，$B=\frac{1}{4}$. 因此通解为 $y=C_1\cos 2x+C_2\sin 2x+\frac{x}{4}\sin 2x$.

【评注】 这是一个二阶常系数线性非齐次方程的求解问题，容易犯的错误是将非齐次方程的特解设为 $y^*=xA\cos 2x$. 注意，当二阶方程具有 $y''+4y=p\cos 2x$ 或 $y''+4y=q\sin 2x$ 或 $y''+4y=p\cos 2x+q\sin 2x$ 等形式，且其中 p,q 是不等于零的常数时，其特解都应设为 $y^*=x(A\cos 2x+B\sin 2x)$.

B 组

592 【答案】 $C_1\cos\sqrt{x^2+y^2}+C_2\sin\sqrt{x^2+y^2}+x^2+y^2-2$（$C_1,C_2$ 均为任意常数）

【分析】 $u(\sqrt{x^2+y^2})$ 是一元函数 $u=u(r)$ 与二元函数 $r=\sqrt{x^2+y^2}$ 的复合函数，由复合函数求导法则得

$$\frac{\partial u}{\partial x}=\frac{\mathrm{d}u}{\mathrm{d}r}\frac{\partial r}{\partial x}=\frac{x}{r}\frac{\mathrm{d}u}{\mathrm{d}r}$$

$$\frac{\partial^2 u}{\partial x^2}=\frac{\mathrm{d}^2 u}{\mathrm{d}r^2}\frac{x^2}{r^2}+\frac{\mathrm{d}u}{\mathrm{d}r}\left(\frac{1}{r}-\frac{x^2}{r^3}\right)$$

同理

$$\frac{\partial^2 u}{\partial y^2}=\frac{\mathrm{d}^2 u}{\mathrm{d}r^2}\frac{y^2}{r^2}+\frac{\mathrm{d}u}{\mathrm{d}r}\left(\frac{1}{r}-\frac{y^2}{r^3}\right)$$

$$\frac{1}{x}\frac{\partial u}{\partial x}=\frac{1}{r}\frac{\mathrm{d}u}{\mathrm{d}r}$$

于是原方程化为二阶线性常系数微分方程

$$\frac{\mathrm{d}^2 u}{\mathrm{d}r^2}+\frac{1}{r}\frac{\mathrm{d}u}{\mathrm{d}r}-\frac{1}{r}\frac{\mathrm{d}u}{\mathrm{d}r}+u=r^2$$

即

$$\frac{\mathrm{d}^2 u}{\mathrm{d}r^2}+u=r^2$$

通解为

$$u=C_1\cos r+C_2\sin r+r^2-2$$

因此

$$u(\sqrt{x^2+y^2})=C_1\cos\sqrt{x^2+y^2}+C_2\sin\sqrt{x^2+y^2}+x^2+y^2-2.$$

593 【答案】 $C(-5)^t+\frac{1}{2}t^2-\frac{1}{3}t-\frac{1}{36}$，$C$ 为任意常数

【分析】 按照差分方程设解的规则，可设方程的通解为

$$y_t=C(-5)^t+\alpha t^2+\beta t+\gamma$$

其中 C 为任意常数，α,β 与 γ 为待定常数，于是

$$y_{t+1}=-5C(-5)^t+\alpha(t+1)^2+\beta(t+1)+\gamma$$

代入差分方程可得

$$y_{t+1}+5y_t=6(\alpha t^2+\beta t+\gamma)+\alpha(2t+1)+\beta\xlongequal{令}3t^2-t$$

于是有 $6\alpha=3,6\beta+2\alpha=-1,6\gamma+\alpha+\beta=0\Leftrightarrow\alpha=\frac{1}{2},\beta=-\frac{1}{3},\gamma=-\frac{1}{36}$.

故差分方程的通解为 $y_t=C(-5)^t+\frac{1}{2}t^2-\frac{1}{3}t-\frac{1}{36}$，其中 C 是任意常数.

594 【答案】 $W_t=1.3W_{t-1}+4\quad(t=1,2,\cdots)$

【分析】 由题设知第 t 年的研发新品费用总额 W_t（百万元）是两项之和，其一是每年固定的追加 4（百万元），另一是比前一年的研发费用总额 W_{t-1} 多 30%，即是 W_{t-1} 的 1.3 倍. 把两者相加即得 W_t 满足的差分方程是 $W_t=1.3W_{t-1}+4$.

也可以写成 $W_{t+1}-1.3W_t=4\quad(t=0,1,2,\cdots)$.

595 【答案】 $a=240000\left(1-\frac{1}{1.05^{20}}\right)$

【分析】 设初始存入 a 元，第一年年末取完钱剩余 x_1，第二年年末取完钱剩余 x_2，…，第 n 年年末取完钱剩余 x_n，按题意，应该有 $x_{20}=0$.

另一方面，注意到 $x_{n+1}=1.05x_n-12000$，这是一个差分方程，其通解为

$$x_n=C\cdot 1.05^n+240000.$$

由于 $x_1=1.05a-12000$，故常数 $C=a-240000$，所以

$$x_n=(a-240000)\cdot 1.05^n+240000.$$

令 $x_{20}=(a-240000)\cdot 1.05^{20}+240000=0$，得到 $a=240000\left(1-\frac{1}{1.05^{20}}\right)$.

无穷级数

A 组

596 【答案】 ③

【分析】 要分别考察每个级数的敛散性.

对级数 ① 易求它的部分和

$$S_n=\left(1-\frac{1}{2}\right)+\left(\frac{1}{2}-\frac{1}{3}\right)+\cdots+\left(\frac{1}{n}-\frac{1}{n+1}\right)=1-\frac{1}{n+1}$$

从而 $\lim\limits_{n\to\infty}S_n=1$，即级数 ① 收敛. 或考察它的一般项 $a_n=\frac{1}{n}-\frac{1}{n+1}=\frac{1}{n(n+1)}\sim\frac{1}{n^2}$，故 $\sum\limits_{n=1}^{\infty}a_n$ 收敛，即级数 ① 收敛.

对级数 ② 的部分和 S_n 有

$$S_{2n}=1-\frac{1}{2}+\frac{1}{2}-\frac{1}{3}+\cdots+\frac{1}{n}-\frac{1}{n+1}=1-\frac{1}{n+1}$$

故 $\lim\limits_{n\to\infty}S_{2n}=1$，又 $S_{2n+1}=S_{2n}+\frac{1}{n+1}$ 也满足 $\lim\limits_{n\to\infty}S_{2n+1}=1$，这表明 $\lim\limits_{n\to\infty}S_n=1$，级数 ② 也收敛.

对级数 ④ 也有部分和

$$S_n=\left(2-\frac{3}{2}\right)+\left(\frac{3}{2}-\frac{4}{3}\right)+\cdots+\left(\frac{n+1}{n}-\frac{n+2}{n+1}\right)=2-\frac{n+2}{n+1}=1-\frac{1}{n+1}\to 1$$

可见级数 ④ 也收敛. 或同样考察它的一般项 $a_n=\frac{n+1}{n}-\frac{n+2}{n+1}=\frac{1}{n(n+1)}\sim\frac{1}{n^2}$ 也可知 ④ 收敛.

对级数 ③ 的部分和 S_n 有

$$S_{2n}=2-\frac{3}{2}+\frac{3}{2}-\frac{4}{3}+\cdots+\frac{n+1}{n}-\frac{n+2}{n+1}=1-\frac{1}{n+1}\to 1$$

但 $S_{2n+1}=S_{2n}+\frac{n+2}{n+1}\to 2$，即 $\lim\limits_{n\to\infty}S_n$ 不存在，故级数 ③ 发散. 或考察它的一般项 a_n，其中 $a_{2n-1}=\frac{n+1}{n}$，$a_{2n}=-\frac{n+2}{n+1}$，故 $\lim\limits_{n\to\infty}a_n$ 不存在. 于是 ③ 是发散的. 因此应填 ③.

597 【答案】 收敛

【分析】 级数 $\sum_{n=1}^{\infty}(a_{n+1}-a_n)$ 的部分和数列为

$$S_n=(a_2-a_1)+(a_3-a_2)+\cdots+(a_{n+1}-a_n)$$
$$=a_{n+1}-a_1$$

由于$\{a_n\}$收敛，则$\{S_n\}$收敛，级数$\sum_{n=1}^{\infty}(a_{n+1}-a_n)$收敛.

598 【答案】 $\alpha>\frac{3}{2}$

【分析】 由于
$$\lim_{n\to\infty}\frac{\frac{\sqrt{n+1}}{n^{\alpha}}}{\frac{1}{n^{\alpha-\frac{1}{2}}}}=\lim_{n\to\infty}\frac{\sqrt{n+1}}{\sqrt{n}}=1\neq 0,$$

则原级数与级数$\sum_{n=1}^{\infty}\frac{1}{n^{\alpha-\frac{1}{2}}}$同敛散，而当且仅当$\alpha>\frac{3}{2}$时级数$\sum_{n=1}^{\infty}\frac{1}{n^{\alpha-\frac{1}{2}}}$才收敛.

599 【答案】 1

【分析】 由于幂级数$\sum_{n=1}^{\infty}a_nx^n$在$x=1$处条件收敛，则$x=1$为该幂级数收敛区间的端点，则其收敛半径为1，而幂级数$\sum_{n=1}^{\infty}a_n(x-1)^n$的收敛半径也为1.

【评注】 (1) 幂级数$\sum_{n=0}^{\infty}a_n(x-x_0)^n$与$\sum_{n=0}^{\infty}a_nx^n$有相同的收敛半径$R$. 由$-R<x-x_0<R$得$-R+x_0<x<R+x_0$，幂级数$\sum_{n=0}^{\infty}a_n(x-x_0)^n$的收敛区间是$(-R+x_0,R+x_0)$. 因此题中幂级数$\sum_{n=0}^{\infty}a_n(x-1)^n$的收敛区间是$(0,2)$.

(2) 设$\sum_{n=0}^{\infty}a_nx^n$在$x=x_0\neq 0$处条件收敛，则$x=x_0$不在该幂级数的收敛区间内（幂级数在收敛区间内绝对收敛）. $x=x_0$也不能在收敛区间外部（不含端点），在这些点幂级数必发散. 因此$x=x_0$必是收敛区间的端点. 该幂级数的收敛半径是$|x_0|$，收敛区间是$(-|x_0|,|x_0|)$. 此时$x=-x_0$时该幂级数的敛散性还不能确定，所以不能确定该幂级数的收敛域.

600 【答案】 $[-1,1)$

【分析】 由于$\lim_{n\to\infty}\left|\frac{a_{n+1}}{a_n}\right|=\lim_{n\to\infty}\frac{2n+1}{2(n+1)+1}=1$，则$R=1$.

当$x=-1$时，原级数为$\sum_{n=1}^{\infty}\frac{(-1)^n}{2n+1}$收敛.

当 $x=1$ 时，原级数为 $\sum_{n=1}^{\infty}\frac{1}{2n+1}$ 发散.

则收敛域为 $[-1,1)$.

601 【答案】 $(0,2]$

【分析】 利用阿贝尔定理，由于幂级数 $\sum_{n=1}^{\infty}a_n(x-1)^n$ 在 $x=2$ 处收敛，则该幂级数在 $|x-1|<|2-1|=1$ 处收敛.

由于幂级数 $\sum_{n=1}^{\infty}a_n(x-1)^n$ 在 $x=0$ 处发散，则该幂级数在 $|x-1|>|0-1|=1$ 处发散.

故该幂级数的收敛域为 $(0,2]$.

602 【答案】 $\frac{1}{4}\sum_{n=0}^{\infty}\left[(-1)^{n+1}-\frac{1}{3^{n+1}}\right]x^n(-1<x<1)$

【分析】 用分解法转化为用公式 $\frac{1}{1-ax}=\sum_{n=0}^{\infty}(ax)^n(|ax|<1)$

$$f(x)=\frac{1}{x^2-2x-3}=\frac{1}{4}\cdot\frac{(x+1)-(x-3)}{(x-3)(x+1)}=\frac{1}{4}\left(\frac{1}{x-3}-\frac{1}{x+1}\right)$$

$$=-\frac{1}{4}\left(\frac{1}{1+x}+\frac{1}{3}\cdot\frac{1}{1-\frac{x}{3}}\right)$$

$$=-\frac{1}{4}\left[\sum_{n=0}^{\infty}(-1)^nx^n+\frac{1}{3}\sum_{n=0}^{\infty}\left(\frac{x}{3}\right)^n\right]$$

$$=\frac{1}{4}\sum_{n=0}^{\infty}\left[(-1)^{n+1}-\frac{1}{3^{n+1}}\right]x^n(-1<x<1).$$

【评注】 必须写出幂级数展开式成立的区间. 在本题中是开区间 $(-1,1)$.

603 【答案】 $\ln 2+\sum_{n=1}^{\infty}\frac{1}{n}\left[(-1)^{n-1}\frac{3^n}{2^n}-1\right]x^n\quad\left(-\frac{2}{3}<x\leqslant\frac{2}{3}\right)$

【分析】 用分解法转化为用公式

$$\ln(1+t)=\sum_{n=1}^{\infty}(-1)^{n-1}\frac{t^n}{n}(-1<t\leqslant 1)$$

求 $\ln(a+bx)$ 的展开式.

由 $2+x-3x^2=(1-x)(2+3x)$ 得

$$f(x)=\ln[(1-x)(2+3x)]=\ln(1-x)+\ln(2+3x)$$

$$=-\sum_{n=1}^{\infty}\frac{x^n}{n}+\ln 2+\ln\left(1+\frac{3}{2}x\right)$$

$$=-\sum_{n=1}^{\infty}\frac{x^n}{n}+\ln 2+\sum_{n=1}^{\infty}(-1)^{n-1}\frac{3^n}{2^n}\frac{x^n}{n}$$

$$= \ln 2 + \sum_{n=1}^{\infty} \frac{1}{n}\left[(-1)^{n-1}\frac{3^n}{2^n} - 1\right]x^n \quad \left(-\frac{2}{3} < x \leqslant \frac{2}{3}\right).$$

【评注】 (1) 必须记住五个基本初等函数的麦克劳林展开式：

①$e^x = 1 + x + \frac{x^2}{2!} + \cdots + \frac{x^n}{n!} + \cdots, -\infty < x < +\infty.$

②$\sin x = x - \frac{x^3}{3!} + \frac{x^5}{5!} - \cdots + (-1)^n \frac{x^{2n+1}}{(2n+1)!} + \cdots, -\infty < x < +\infty.$

③$\cos x = 1 - \frac{x^2}{2!} + \frac{x^4}{4!} - \cdots + (-1)^n \frac{x^{2n}}{(2n)!} + \cdots, -\infty < x < +\infty.$

④$\ln(1+x) = x - \frac{x^2}{2} + \frac{x^3}{3} - \cdots + (-1)^{n-1}\frac{x^n}{n} + \cdots, -1 < x \leqslant 1.$

⑤ $(1+x)^{\alpha} = 1 + \alpha x + \frac{\alpha(\alpha-1)}{2!}x^2 + \cdots + \frac{\alpha(\alpha-1)\cdots(\alpha-n+1)}{n!}x^n + \cdots, -1 < x < 1.$

(2) 用 $\ln(1+t) = \sum_{n=1}^{\infty}(-1)^{n-1}\frac{t^n}{n}(-1 < t \leqslant 1)$ 可求得 $\ln(a+bx)$ 按 $(x-x_0)$ 的展开式：

$\ln(a+bx) = \ln[a+bx_0+b(x-x_0)] = \ln a_1 + \ln\left[1+\frac{b}{a_1}(x-x_0)\right]$，其中 $a_1 = a+bx_0 > 0$，令 $t = \frac{b}{a_1}(x-x_0)$ 即可得到.

604 【答案】 $f(x) = \sum_{n=0}^{\infty}(-1)^n \frac{x^{2(n+1)}}{(2n+1)(2n+2)}, x \in [-1,1]$

【分析】 设 $g(x) = \arctan x$，则 $g'(x) = \frac{1}{1+x^2} = \sum_{n=0}^{\infty}(-1)^n x^{2n}, x \in (-1,1).$

于是 $\arctan x = g(x) - g(0) = \int_0^x g'(t)\mathrm{d}t$

$$= \sum_{n=0}^{\infty}\int_0^x (-1)^n t^{2n}\mathrm{d}t = \sum_{n=0}^{\infty}\frac{(-1)^n}{2n+1}x^{2n+1}$$

在 $x = \pm 1$ 处级数 $\sum_{n=0}^{\infty}\frac{(-1)^n}{2n+1}x^{2n+1}$ 收敛，又函数 $\arctan x$ 在 $x = \pm 1$ 处连续，所以

$$\arctan x = x - \frac{x^3}{3} + \cdots + (-1)^n \frac{x^{2n+1}}{2n+1} + \cdots (-1 \leqslant x \leqslant 1).$$

由 $\ln(1+x) = \sum_{n=1}^{\infty}(-1)^{n-1}\frac{x^n}{n}(-1 < x \leqslant 1)$ 得 $\ln(1+x^2) = \sum_{n=1}^{\infty}(-1)^{n-1}\frac{x^{2n}}{n}$ $(-1 < x^2 \leqslant 1$，即 $-1 \leqslant x \leqslant 1)$，故

$$f(x) = x\arctan x - \frac{1}{2}\ln(1+x^2)$$

$$= x\sum_{n=0}^{\infty}\frac{(-1)^n}{2n+1}x^{2n+1} - \frac{1}{2}\sum_{n=1}^{\infty}(-1)^{n-1}\frac{x^{2n}}{n}$$

$$= \sum_{n=0}^{\infty}\frac{(-1)^n}{2n+1}x^{2n+2} - \sum_{n=0}^{\infty}(-1)^n\frac{x^{2n+2}}{2(n+1)}$$

$$= \sum_{n=0}^{\infty}(-1)^n \frac{x^{2n+2}}{(2n+1)(2n+2)} \quad (-1 \leqslant x \leqslant 1).$$

【评注】 为了求反三角函数或对数函数的幂级数展开式，一般先求它们的导函数的展开式，然后进行逐项积分；逐项积分时要注意不能忘记积分常数．

605 【答案】 2e

【分析】 由于 $e^x = \sum_{n=0}^{\infty} \frac{x^n}{n!}$，则 $\sum_{n=0}^{\infty} \frac{1}{n!} = e$，从而

$$\sum_{n=0}^{\infty} \frac{n+1}{n!} = \sum_{n=1}^{\infty} \frac{1}{(n-1)!} + \sum_{n=0}^{\infty} \frac{1}{n!} = e + e = 2e.$$

B 组

606 【答案】 发散

【分析】 如果 $\sum_{n=1}^{\infty} a_n$ 收敛，由级数性质知，收敛级数加括号仍收敛，则级数

$$(a_1 + a_2) + (a_3 + a_4) + \cdots + (a_{2n-1} + a_{2n}) + \cdots$$

收敛，与题设矛盾．

607 【答案】 2026

【分析】 级数 $\sum_{n=1}^{\infty}(a_{n+1} - a_n)$ 的部分和数列为

$$S_n = (a_2 - a_1) + (a_3 - a_2) + \cdots + (a_{n+1} - a_n) = a_{n+1} - a_1 = a_{n+1} - 2025,$$

则 $\lim\limits_{n\to\infty} S_n = \lim\limits_{n\to\infty} a_{n+1} - 2025 = 4051 - 2025 = 2026.$

608 【答案】 $\left[-\frac{1}{2}, \frac{5}{2}\right)$

【分析】 令 $x - \frac{1}{2} = t$，由题设知幂级数 $\sum_{n=1}^{\infty} a_n t^n$ 在 $t = 2 - \frac{1}{2} = \frac{3}{2}$ 处发散，在 $t = -1 - \frac{1}{2} = -\frac{3}{2}$ 处收敛，故其收敛半径 R 同时满足 $R \geqslant \frac{3}{2}$ 与 $R \leqslant \frac{3}{2}$，即 $R = \frac{3}{2}$. 进而可得幂级数 $\sum_{n=1}^{\infty} a_n t^n$ 的收敛域为 $\left[-\frac{3}{2}, \frac{3}{2}\right)$.

令 $t = x - 1$，代入可得幂级数 $\sum_{n=1}^{\infty} a_n (x-1)^n$ 的收敛域为 $x - 1 \in \left[-\frac{3}{2}, \frac{3}{2}\right)$，即

$$-\frac{1}{2} \leqslant x < \frac{5}{2}.$$

【评注】 设有幂级数$\sum_{n=0}^{\infty}a_nx^n$，其收敛半径为$R$.若在$x=x_0$或$-x_0$处收敛（发散），则可知$R\geqslant|x_0|$（$R\leqslant|x_0|$）.因此若在$x=x_0$与$-x_0$处，该幂级数一个收敛，一个发散，则必有$R=|x_0|$.

609 【答案】 4；$[-4,4)$

【分析】 把幂级数中x^n项的系数$\frac{1}{n[4^n+(-3)^n]}$记为a_n，其中$n=1,2,3,\cdots$.由于

$$\lim_{n\to\infty}\frac{a_{n+1}}{a_n}=\lim_{n\to\infty}\frac{n[4^n+(-3)^n]}{(n+1)[4^{n+1}+(-3)^{n+1}]}=\frac{1}{4}\lim_{n\to\infty}\frac{n}{n+1}\lim_{n\to\infty}\frac{1+\left(-\frac{3}{4}\right)^n}{1+\left(-\frac{3}{4}\right)^{n+1}}=\frac{1}{4}$$

故幂级数的收敛半径$R=4$.

当$x=4$时幂级数成为正项级数$\sum_{n=1}^{\infty}\frac{4^n}{n[4^n+(-3)^n]}=\sum_{n=1}^{\infty}\frac{1}{n\left[1+\left(-\frac{3}{4}\right)^n\right]}=\sum_{n=1}^{\infty}u_n$.由于$u_n\sim\frac{1}{n}$，即$\lim\limits_{n\to\infty}nu_n=\lim\limits_{n\to\infty}\frac{1}{1+\left(-\frac{3}{4}\right)^n}=1$，按正项级数比较判别法的极限形式及调和级数$\sum_{n=1}^{\infty}\frac{1}{n}$发散可知正项级数$\sum_{n=1}^{\infty}u_n$发散，即幂级数$\sum_{n=1}^{\infty}\frac{1}{4^n+(-3)^n}\cdot\frac{x^n}{n}$在点$x=4$处发散.

当$x=-4$时幂级数成为交错级数$\sum_{n=1}^{\infty}\frac{(-1)^n4^n}{n[4^n+(-3)^n]}$，其一般项可分解为

$$\frac{(-1)^n4^n}{n[4^n+(-3)^n]}=\frac{(-1)^n}{n}\cdot\frac{4^n+(-3)^n-(-3)^n}{4^n+(-3)^n}=\frac{(-1)^n}{n}-\frac{3^n}{n[4^n+(-3)^n]}$$

$$=\frac{(-1)^n}{n}-\frac{\left(\frac{3}{4}\right)^n}{n\left[1+\left(-\frac{3}{4}\right)^n\right]}\ (n=1,2,3,\cdots)$$

由于交错级数$\sum_{n=1}^{\infty}\frac{(-1)^n}{n}$与正项级数$\sum_{n=1}^{\infty}\frac{\left(\frac{3}{4}\right)^n}{n\left[1+\left(-\frac{3}{4}\right)^n\right]}$都收敛，所以幂级数$\sum_{n=1}^{\infty}\frac{1}{4^n+(-3)^n}\cdot\frac{x^n}{n}$在点$x=-4$处收敛.

综合即知题设幂级数的收敛域为$[-4,4)$.

【评注】 (1) 因为

$$\frac{\left(\frac{3}{4}\right)^n}{n\left[1+\left(-\frac{3}{4}\right)^n\right]}\sim\frac{1}{n}\left(\frac{3}{4}\right)^n\leqslant\left(\frac{3}{4}\right)^n$$

所以正项级数 $\sum_{n=1}^{\infty}\frac{\left(\frac{3}{4}\right)^n}{n\left[1+\left(-\frac{3}{4}\right)^n\right]}$ 收敛.

(2) 本题主要考察求幂级数收敛域的方法. 先求收敛半径 R,若 $0<R<+\infty$,再讨论在收敛区间两端点处幂级数的敛散性.

(3) 判别 $\sum_{n=1}^{\infty}\frac{(-1)^n4^n}{n[4^n+(-3)^n]}$ 的敛散性时,常见的错误解法是:

〔因 $\frac{(-1)^n4^n}{n[4^n+(-3)^n]}=\frac{(-1)^n}{n\left[1+\left(-\frac{3}{4}\right)^n\right]}\sim\frac{(-1)^n}{n}(n\to\infty)$,又 $\sum_{n=1}^{\infty}\frac{(-1)^n}{n}$ 收敛,所以 $\sum_{n=1}^{\infty}\frac{(-1)^n4^n}{n[4^n+(-3)^n]}$ 收敛. 〕

因为对于变号级数来说,若无穷小 $a_n\sim b_n(n\to\infty)$,又 $\sum_{n=1}^{\infty}b_n$ 收敛 $\not\Rightarrow\sum_{n=1}^{\infty}a_n$ 收敛.

因此〔 〕中的解法是错误的.

610 【答案】 $[-1,1)$;$\frac{x}{2-x}-\ln(1-x)$

【分析】 分为两个幂级数分别考虑,分别利用公式

$$\ln(1+t)=\sum_{n=1}^{\infty}\frac{(-1)^{n-1}t^n}{n}(-1<t\leqslant 1)$$

$$\sum_{n=0}^{\infty}t^n=\frac{1}{1-t}(-1<t<1)$$

幂级数 $\sum_{n=1}^{\infty}\frac{x^n}{n}=-\sum_{n=1}^{\infty}\frac{(-1)^{n-1}(-x)^n}{n}=-\ln(1-x)(-1\leqslant x<1)$,收敛域为 $[-1,1)$.

幂级数 $\sum_{n=1}^{\infty}\frac{x^n}{2^n}=\frac{x}{2}\sum_{n=1}^{\infty}\left(\frac{x}{2}\right)^{n-1}=\frac{x}{2}\sum_{n=0}^{\infty}\left(\frac{x}{2}\right)^n=\frac{x}{2}\frac{1}{1-\frac{x}{2}}=\frac{x}{2-x}(-2<x<2)$,收敛域为 $(-2,2)$.

因此幂级数 $\sum_{n=1}^{\infty}\left(\frac{1}{n}+\frac{1}{2^n}\right)x^n$ 的收敛域为 $[-1,1)$,和函数 $S(x)=\frac{x}{2-x}-\ln(1-x)$.

611 【答案】 $(-3,1)$

【分析】 由于幂级数 $\sum_{n=1}^{\infty}na_n(x+1)^n$ 可由幂级数 $\sum_{n=1}^{\infty}a_nx^n$ 逐项求导和平移得到,则其收敛半径不变. 故 $R=2$,收敛区间为 $(-3,1)$.

612 【答案】 $(-5,3]$

【分析】 令 $x+1=t$,显然幂级数 $\sum_{n=1}^{\infty}(-1)^n\frac{t^n}{n(1-4^n)}$ 的收敛半径

$$R=\lim_{n\to\infty}\left|\frac{\dfrac{1}{n(1-4^n)}}{\dfrac{1}{(n+1)(1-4^{n+1})}}\right|=4\lim_{n\to\infty}\frac{n+1}{n}\lim_{n\to\infty}\frac{1-\dfrac{1}{4^{n+1}}}{1-\dfrac{1}{4^n}}=4,$$

当 $x+1=-4$ 时幂级数变为数项级数

$$\sum_{n=1}^{\infty}(-1)^n\frac{(-4)^n}{n(1-4^n)}=\sum_{n=1}^{\infty}\frac{4^n}{n(1-4^n)}=\sum_{n=1}^{\infty}\frac{1}{n\left(\dfrac{1}{4^n}-1\right)}=-\sum_{n=1}^{\infty}\frac{1}{n\left(1-\dfrac{1}{4^n}\right)}.$$

由于 $\dfrac{1}{n\left(1-\dfrac{1}{4^n}\right)}\sim\dfrac{1}{n}$ 且级数 $\sum\limits_{n=1}\dfrac{1}{n}$ 发散，可见幂级数在 $x+1=-4$ 即 $x=-5$ 时发散.

当 $x+1=4$ 即 $x=3$ 时幂级数变为数项级数

$$\begin{aligned}\sum_{n=1}^{\infty}(-1)^n\frac{4^n}{n(1-4^n)}&=\sum_{n=1}^{\infty}(-1)^{n-1}\frac{4^n}{n(4^n-1)}\\&=\sum_{n=1}^{\infty}(-1)^{n-1}\frac{4^n-1+1}{n(4^n-1)}=\sum_{n=1}^{\infty}\frac{(-1)^{n-1}}{n}+\sum_{n=1}^{\infty}\frac{(-1)^{n-1}}{n(4^n-1)},\end{aligned}$$

由于级数 $\sum\limits_{n=1}^{\infty}\dfrac{(-1)^{n-1}}{n}$ 条件收敛，而 $\left|\dfrac{(-1)^{n-1}}{n(4^n-1)}\right|=\dfrac{1}{n(4^n-1)}<\dfrac{2}{n\cdot 4^n}$ 且级数 $\sum\limits_{n=1}^{\infty}\dfrac{2}{n4^n}$ 收敛. 故级数 $\sum\limits_{n=1}^{\infty}\dfrac{(-1)^{n-1}}{n(4^n-1)}$ 绝对收敛，综合得幂级数当 $x=3$ 时收敛.

于是幂级数 $\sum\limits_{n=1}^{\infty}(-1)^n\dfrac{(x+1)^n}{n(1-4^n)}$ 的收敛域是 $(-5,3]$.

【评注】 本题主要考查求幂级数收敛域的方法. 先求收敛半径 R，若 $0<R<+\infty$，再讨论在收敛区间两端点处幂级数的敛散性.

613 【答案】 $\dfrac{3}{4}$

【分析】 幂级数 $\sum\limits_{n=1}^{\infty}nx^n$ 的和函数 $S(x)$ 在 $x=\dfrac{1}{3}$ 的值就是常数项级数 $\sum\limits_{n=1}^{\infty}\dfrac{n}{3^n}$ 的和.

设 $S(x)=\sum\limits_{n=1}^{\infty}nx^n=x\sum\limits_{n=1}^{\infty}nx^{n-1}$，记 $S_1(x)=\sum\limits_{n=1}^{\infty}nx^{n-1}$，$x\in(-1,1)$.

而 $\int_0^x S_1(t)\mathrm{d}t=\int_0^x\left(\sum\limits_{n=1}^{\infty}nt^{n-1}\right)\mathrm{d}t=\sum\limits_{n=1}^{\infty}x^n=\dfrac{x}{1-x}$.

从而

$S_1(x)=\left(\dfrac{x}{1-x}\right)'=\dfrac{1}{(1-x)^2}$，　$S(x)=\dfrac{x}{(1-x)^2}$，$x\in(-1,1)$.

故

$$\sum_{n=1}^{\infty}\frac{n}{3^n}=S\left(\frac{1}{3}\right)=\frac{3}{4}.$$

【评注】 求 $\sum_{n=1}^{\infty} a_n x^n$ 的和函数的一种常用的方法是:利用幂级数的性质,用逐项求导的方法去掉 x^n 项的系数 a_n 的分母中含 n 的因子;或用逐项积分方法去掉 x^n 项的系数 a_n 的分子中含 n 的因子,将幂级数求和化为等比级数求和.

614 【答案】 $\frac{1}{2}\ln\frac{3}{2}$

【分析】 由于 $\ln(1+x)=\sum_{n=1}^{\infty}\frac{(-1)^{n-1}x^n}{n}$,则

$$\sum_{n=1}^{\infty}\frac{(-1)^{n-1}}{n2^{n+1}}=\frac{1}{2}\ln(1+\frac{1}{2})=\frac{1}{2}\ln\frac{3}{2}.$$

615 【答案】 $[-\sqrt{2},\sqrt{2}]$,$S(x)=\int_0^{\frac{x^2}{2}}\frac{1}{s}\ln(1+s)\mathrm{d}s$

【分析】 求

$$S(x)=\sum_{n=1}^{\infty}(-1)^{n-1}\frac{1}{n^2 2^n}x^{2n}=\sum_{n=1}^{\infty}(-1)^{n-1}\frac{1}{n^2}\left(\frac{x^2}{2}\right)^n \qquad ①$$

及其收敛域,令 $t=\frac{x^2}{2}$,转化为求

$$f(t)\xlongequal{\text{记}}\sum_{n=1}^{\infty}\frac{(-1)^{n-1}}{n^2}t^n \qquad ②$$

及其收敛域.

$$\begin{aligned}f'(t)&=\sum_{n=1}^{\infty}\frac{(-1)^{n-1}}{n}t^{n-1}\\&=\frac{1}{t}\sum_{n=1}^{\infty}\frac{(-1)^{n-1}}{n}t^n \qquad ③\\&=\frac{1}{t}\ln(1+t)(t\neq 0)\\f'(0)&=1.\end{aligned}$$

因为逐项求导保持幂级数的收敛半径不变⇒②与③有相同的收敛半径 $R=1$. 回到原问题⇒①有收敛半径 $R=\sqrt{2}$,且

$$f(t)=f(0)+\int_0^t f'(s)\mathrm{d}s=\int_0^t\frac{1}{s}\ln(1+s)\mathrm{d}s$$

于是 $$S(x)=f\left(\frac{x^2}{2}\right)=\int_0^{\frac{x^2}{2}}\frac{1}{s}\ln(1+s)\mathrm{d}s,x\in(-\sqrt{2},\sqrt{2})$$

在收敛区间端点 $x=\pm\sqrt{2}$,幂级数①为 $\sum_{n=1}^{\infty}\frac{(-1)^{n-1}}{n^2}$ 是收敛的,又 $\int_0^{\frac{x^2}{2}}\frac{1}{s}\ln(1+s)\mathrm{d}s$ 在 $x=\pm\sqrt{2}$ 连续,因此

$$\sum_{n=1}^{\infty}(-1)^{n-1}\frac{1}{n^2 2^n}x^{2n}=\int_0^{\frac{x^2}{2}}\frac{1}{s}\ln(1+s)\mathrm{d}s,x\in[-\sqrt{2},\sqrt{2}]$$

收敛域 $D=[-\sqrt{2},\sqrt{2}]$.

【评注】 ① 利用逐项求导或逐项求积的方法，求幂级数的收敛域与和函数时，往往可以不必先求出收敛半径，而是利用逐项求导与逐项积分保持收敛半径不变的性质，由已知逐项求导或逐项积分后幂级数的收敛半径而求得原幂级数的收敛半径，然后再验证收敛区间端点的敛散性而求得收敛域.

② 这是一个缺项幂级数(即 $\sum\limits_{n=0}^{\infty}a_nx^n$ 中有无穷多项系数为零)，对于缺项幂级数来说，不能直接用求收敛半径 R 的公式.(因为此时 $\frac{a_{n+1}}{a_n}$ 没有意义).

对这类缺项幂级数求收敛半径常用的方法是：

【方法一】 对每个 x，把 $\sum\limits_{n=0}^{\infty}a_nx^n$ 看作数值级数 $\sum\limits_{n=0}^{\infty}u_n(u_n=a_nx^n)$，然后用比值判别法.

【方法二】 有些可作变量替换，转化为非缺项的幂级数，然后可用求 R 公式.

方法一　把幂级数

$$\sum_{n=1}^{\infty}(-1)^{n-1}\frac{1}{n^2 2^n}x^{2n} \qquad ①$$

表为 $\sum\limits_{n=1}^{\infty}u_n(x)$，用比值判别法，当 $x\neq 0$ 时求

$$\lim_{n\to+\infty}\left|\frac{u_{n+1}(x)}{u_n(x)}\right|=\lim_{n\to+\infty}\left|\frac{x^{2n+2}}{(n+1)^2 2^{n+1}}\cdot\frac{n^2 2^n}{x^{2n}}\right|=\lim_{n\to+\infty}\frac{n^2|x|^2}{2(n+1)^2}=\frac{1}{2}|x|^2$$

当 $\frac{|x|^2}{2}<1$ 即 $|x|<\sqrt{2}$ 时 $\sum\limits_{n=1}^{\infty}u_n(x)$ 收敛，当 $\frac{|x|^2}{2}>1$ 即 $|x|>\sqrt{2}$ 时 $\sum\limits_{n=1}^{\infty}u_n(x)$ 发散，从而收敛半径 $R=\sqrt{2}$.

方法二　令 $t=x^2$，① 可写成 $\sum\limits_{n=1}^{\infty}(-1)^{n-1}\frac{1}{2^n n^2}t^n$，令 $a_n=\frac{(-1)^{n-1}}{n^2 2^n}$，由收敛半径公式知，$\sum\limits_{n=1}^{\infty}a_nt^n$ 的收敛半径 $R=\lim\limits_{n\to+\infty}\left|\frac{a_n}{a_{n+1}}\right|=2$，故原幂级数的收敛半径 $R=\sqrt{2}$.

再看幂级数收敛区间端点 $x=\pm\sqrt{2}$ 处的敛散性，当 $x=\pm\sqrt{2}$ 时原级数为 $\sum\limits_{n=1}^{\infty}\frac{(-1)^n}{n^2}$，是收敛的交错级数.

因此原级数的收敛域 $D=[-\sqrt{2},\sqrt{2}]$.

选　择　题

函数、极限、连续

B 组

616 【答案】 A

【分析】 $f(1+x)=f\left[\frac{1}{2}+\left(\frac{1}{2}+x\right)\right]=\frac{1}{2}+\sqrt{f\left(\frac{1}{2}+x\right)-f^2\left(\frac{1}{2}+x\right)}$

$$=\frac{1}{2}+\sqrt{\frac{1}{2}+\sqrt{f(x)-f^2(x)}-\left[\frac{1}{2}+\sqrt{f(x)-f^2(x)}\right]^2}$$

$$=\frac{1}{2}+\sqrt{\frac{1}{4}-f(x)+f^2(x)}$$

$$=\frac{1}{2}+\left(f(x)-\frac{1}{2}\right)=f(x)$$

所以 $f(x)$ 是周期为 1 的周期函数.

617 【答案】 C

【分析】 $\lim\limits_{x\to1}(1-x^2)\tan\frac{\pi}{2}x=\lim\limits_{x\to1}\frac{1-x^2}{\cos\frac{\pi}{2}x}\sin\frac{\pi}{2}x=\lim\limits_{x\to1}\frac{1-x^2}{\cos\frac{\pi}{2}x}\cdot\lim\limits_{x\to1}\sin\frac{\pi}{2}x$

$$=\lim_{x\to1}\frac{1-x^2}{\cos\frac{\pi}{2}x}=\lim_{x\to1}\frac{-2x}{-\frac{\pi}{2}\sin\frac{\pi}{2}x}=\frac{4}{\pi}.$$

618 【答案】 D

【分析】 $\lim\limits_{n\to\infty}\left(n^2e^{\frac{1}{n}}-\frac{n^3}{n-1}\right)=\lim\limits_{n\to\infty}\left(\frac{e^{\frac{1}{n}}}{\frac{1}{n^2}}-\frac{1}{\frac{1}{n^2}-\frac{1}{n^3}}\right)$

$$=\lim_{t\to0}\left(\frac{e^t}{t^2}-\frac{1}{t^2-t^3}\right)=\lim_{t\to0}\frac{1}{t^2}\left(e^t-\frac{1}{1-t}\right)$$

$$=\lim_{t\to0}\frac{1}{t^2}\left[\left(1+t+\frac{t^2}{2}+o(t^2)\right)-(1+t+t^2+o(t^2))\right]$$

$$=-\frac{1}{2}.$$

619 【答案】 D

【分析】 (D) 正确. (D) 正是极限的不等式性质中所述的结论.

(A) 的错误在于由 $\lim\limits_{x\to x_0}f(x)=\lim\limits_{x\to x_0}g(x)$ 不能判断 x_0 附近 $f(x)$ 与 $g(x)$ 的大小关系. 由(B)

的条件只能得 $A_0 \geqslant B_0$. 在(C) 中没假设极限存在. 选(D).

620 【答案】 B

【分析】 ① 是一条定理，正确. ④ 也是正确的，证明如下：任给 $M > 0$，由 $\lim\limits_{x \to x_0} f(x) = +\infty$，故存在 $\delta > 0$，当 $x \in \mathring{U}_\delta(x_0)$ 时 $f(x) > \frac{1}{2}M$. 同理，由 $\lim\limits_{x \to x_0} g(x) = +\infty$，故存在 $\eta > 0$，当 $x \in \mathring{U}_\eta(x_0)$ 时，$g(x) > \frac{1}{2}M$. 取 δ 与 η 中的小者，例如 $\eta \leqslant \delta$，则当 $x \in \mathring{U}_\eta(x_0)$ 时，

$$f(x) > \frac{1}{2}M, g(x) > \frac{1}{2}M.$$

于是 $f(x) + g(x) > M$. 这就证明了 $\lim\limits_{x \to x_0}(f(x) + g(x)) = +\infty$. ④ 正确.

② 看起来似乎是一条定理“无穷小的倒数是无穷大”，但实际上该定理还要有一条件“$f(x) \neq 0$”. 例如 $f(x) = x\sin\frac{1}{x}$，有 $f\left(\frac{1}{n\pi}\right) = \frac{1}{n\pi}\sin n\pi = 0$，所以当 $x = \frac{1}{n\pi}$ 时，$\frac{1}{f(x)}$ 无定义，因此无法讨论 $\lim\limits_{x \to 0} \frac{1}{f(x)} = \lim\limits_{x \to 0} \frac{1}{x\sin(x^{-1})}$. 所以 ② 不正确.

③ 是不正确的，反例如下：$f(x) = \frac{1}{x^2}$，$g(x) = \frac{1+x^2}{x^2}$，$\lim\limits_{x \to 0} f(x) = +\infty$，$\lim\limits_{x \to 0} g(x) = +\infty$，但 $\lim\limits_{x \to 0}(f(x) - g(x)) = \lim\limits_{x \to 0}(-1) = -1 \neq 0$.

【评注】 本题结论①④，都可当作定理来用. 题中不正确的结论，要提高警惕，不要乱用.

621 【答案】 D

【分析】 按 $\{u_n\}$ 无上界的定义，对于任意给定的 $M > 0$，相应地总存在 n，使 $u_n > M$. 如果这样的 n 只有有限个，取这有限个 u_n 的最大值，记为 u_*，则当任意给定的 $M > u_*$ 时，$\{u_n\}$ 中没有一个 u_n 大于 M. 与 $\{u_n\}$ 无上界矛盾. 故(D) 正确. 选(D).

【评注】 (A) 的反例，$\{u_n\}$：$1, \frac{1}{2}, 2, \frac{1}{3}, 3, \frac{1}{4}, 4, \cdots$，$\{u_n\}$ 无上界. 此 $\{u_n\}$ 的 $\left\{\frac{1}{u_n}\right\}$；$1, 2, \frac{1}{2}, 3, \frac{1}{3}, 4, \frac{1}{4}, \cdots$ 仍无上界.

(B) 的反例：$u_n = 1 + \frac{n}{2}(1 + (-1)^n)$，有

$$u_n = \begin{cases} 1, & n \text{ 为奇数} \\ 1+n, & n \text{ 为偶数} \end{cases}$$

$\{u_n\}$ 无上界，但 $\lim\limits_{n \to \infty} u_n \neq +\infty$.

(C) 的反例同(B) 的反例 $\{u_n\}$，$\{u_n\}$ 无上界，但对于 $M = 2$，满足 $u_n < M$ 的 n 仍有无限多个(凡 n 为奇数时，$u_n = 1 < 2 = M$).

抓住 $\{u_n\}$ 无上界的实质，是解决本题的关键.

A 组

622 【答案】 A

【分析】 要使得已知函数 $f(x)=\begin{cases}x^2-1, & 0\leqslant x\leqslant 1,\\ ax+b, & 1<x\leqslant 2\end{cases}$ 在$[0,2]$上可导，则其必须在 $x=1$ 点连续，故

$$\lim_{x\to 1^-}f(x)=\lim_{x\to 1^-}(x^2-1)=0,$$

$$\lim_{x\to 1^+}f(x)=\lim_{x\to 1^+}(ax+b)=a+b,$$

所以

$$a+b=0. \qquad ①$$

要使得已知函数 $f(x)=\begin{cases}x^2-1, & 0\leqslant x\leqslant 1,\\ ax+b, & 1<x\leqslant 2\end{cases}$ 在$[0,2]$可导，则其必须在 $x=1$ 点可导，

$$f'_-(1)=\lim_{\Delta x\to 0^-}\frac{f(1+\Delta x)-f(1)}{\Delta x}=\lim_{\Delta x\to 0^-}\frac{(1+\Delta x)^2-1}{\Delta x}=2,$$

$$f'_+(1)=\lim_{\Delta x\to 0^+}\frac{f(1+\Delta x)-f(1)}{\Delta x}=\lim_{\Delta x\to 0^+}\frac{a(1+\Delta x)+b}{\Delta x}.$$

由 ① 知，$a+b=0$，故 $f'_+(1)=\lim\limits_{\Delta x\to 0^+}\dfrac{f(1+\Delta x)-f(1)}{\Delta x}=\lim\limits_{\Delta x\to 0^+}\dfrac{a(1+\Delta x)+b}{\Delta x}=a.$

由 $f'_-(1)=f'_+(1)$ 可得 $a=2$，由 ① 得 $b=-2$，(A) 选项为正确选项.

623 【答案】 D

【分析】 $f(x)=(x-1)(x+2)\cdot|x|\cdot|x-2|\cdot|x+2|\cdot\sin|x|$，

$x=1$ 为函数 $f(x)$ 的可导点，函数 $f(x)$ 可能的不可导点为 $x=-2,0,2$.

在 $x=-2$ 点，

$$\lim_{x\to -2}\frac{f(x)-f(-2)}{x-(-2)}=\lim_{x\to -2}[(x-1)\cdot|x|\cdot|x-2|\cdot|x+2|\cdot\sin|x|]=0$$

在 $x=0$ 点，

$$\lim_{x\to 0}\frac{f(x)-f(0)}{x-0}=\lim_{x\to 0}\frac{(x-1)(x+2)\cdot|x|\cdot|x-2|\cdot|x+2|\cdot\sin|x|}{x}=0$$

在 $x=2$ 点，

$$\lim_{x\to 2}\frac{f(x)-f(2)}{x-2}=\lim_{x\to 2}(x-1)(x+2)\cdot|x|\cdot|x+2|\cdot\sin|x|\cdot\frac{|x-2|}{x-2}$$

不存在，所以函数 $f(x)=(x^2+x-2)|x^3-4x|\cdot\sin|x|$ 的不可导点为 $x=2$.

624 【答案】 D

【分析】 由 $f(x+1)=af(x)$，有

$$f'(1)=\lim_{\Delta x\to 0}\frac{f(1+\Delta x)-f(1)}{\Delta x}=\lim_{\Delta x\to 0}\frac{af(\Delta x)-af(0)}{\Delta x}=af'(0)=ab.\text{ 选(D).}$$

625 【答案】 D

【分析】 按(A)(B)(C)(D)次序逐项考察：

$$\lim_{x\to0}f(x)=\lim_{x\to0}\frac{g(x)-\mathrm{e}^{2x}}{x}\xlongequal{洛}\lim_{x\to0}\frac{g'(x)-2\mathrm{e}^{2x}}{1}=2-2=0=f(0)$$

所以 $f(x)$ 在 $x=0$ 处连续. 不选(A).

$$I=\lim_{x\to0}\frac{f(x)-f(0)}{x}=\lim_{x\to0}\frac{g(x)-\mathrm{e}^{2x}}{x^2}\xlongequal{洛}\lim_{x\to0}\frac{g'(x)-2\mathrm{e}^{2x}}{2x}$$

又是"$\frac{0}{0}$"型. 因为 $g(x)$ 在 $x=0$ 的某邻域二阶导数连续，可以继续使用洛必达法则，于是

$$I=\lim_{x\to0}\frac{g'(x)-2\mathrm{e}^{2x}}{2x}\xlongequal{洛}\lim_{x\to0}\frac{g''(x)-4\mathrm{e}^{2x}}{2}=\frac{1-4}{2}=-\frac{3}{2}\qquad(\Delta)$$

所以 $f'(0)=-\frac{3}{2}$，即 $f(x)$ 在 $x=0$ 处可导，故不选(B). 再看 $f'(x)$ 在 $x=0$ 处是否连续，为此，应先计算出 $f'(x)$（当 $x\neq0$）.

$$f'(x)=\frac{x(g'(x)-2\mathrm{e}^{2x})-(g(x)-\mathrm{e}^{2x})}{x^2}$$

$$\begin{aligned}\lim_{x\to0}f'(x)&=\lim_{x\to0}\frac{x(g'(x)-2\mathrm{e}^{2x})-(g(x)-\mathrm{e}^{2x})}{x^2}\\&=\lim_{x\to0}\frac{g'(x)-2\mathrm{e}^{2x}}{x}-\lim_{x\to0}\frac{g(x)-\mathrm{e}^{2x}}{x^2}\\&=-3-\left(-\frac{3}{2}\right)=-\frac{3}{2}=f'(0)\end{aligned}$$

所以导函数 $f'(x)$ 在 $x=0$ 处连续. 选(D).

【评注】 其实，关于 $g(x)$ 的条件给得太强了，实际上，只要"设 $g(x)$ 在 $x=0$ 处存在二阶导数，且 $g(0)=1,g'(0)=2,g''(0)=1$"，同样可推得(D)正确. 若条件如此修改之后，那么式(Δ)中"洛"这一步就不行了（因为洛必达法则的条件(2)不满足），应改用凑二阶导数的办法. 这点差异，提醒考生特别注意.

626 【答案】 D

【分析】 因为 $\lim_{x\to0}(1-\sqrt{1-x^2})=0$，由夹逼定理知 $\lim_{x\to0}|f(x)|=0$，所以 $\lim_{x\to0}f(x)=0$. 又由 $|f(0)|\leqslant1-\sqrt{1-0^2}=0$，所以 $|f(0)|=0$，于是 $f(0)=0$，故 $f(x)$ 在 $x=0$ 处连续. 不选(A).

再看可导性. 因 $f(x)$ 未给出具体表达式，只能按定义做. 又因给出的是不等式，考虑用夹逼定理.

$$\left|\frac{f(x)-f(0)}{x-0}\right|=\left|\frac{f(x)}{x}\right|\leqslant\frac{1-\sqrt{1-x^2}}{|x|}$$

$$\lim_{x\to0}\frac{1-\sqrt{1-x^2}}{|x|}=\lim_{x\to0}\frac{-(\sqrt{1-x^2}-1)}{|x|}=\lim_{x\to0}\frac{-\left(\frac{1}{2}(-x^2)\right)}{|x|}=0$$

由夹逼定理，$\lim_{x\to0}\left|\frac{f(x)-f(0)}{x-0}\right|=0$，所以 $\lim_{x\to0}\frac{f(x)-f(0)}{x-0}=0$，即 $f'(0)$ 存在且为 0. 选(D).

【评注】 (1) 题中 $f(x)$ 未具体给出，又未给出极限关系，给出了一个不等式，想到用夹逼定理按导数定义去讨论可导性是很自然的事.

(2) 在用夹逼定理时，多次用到以下事实："$|u(0)|=0$ 的充要条件为 $u(0)=0$". 但请注意，只有右边为 0 时才对. 例如由 $|u(0)|=1$ 推不出 $u(0)=1$(因为可能 $u(0)=-1$)；由 $|u(x)|=1$，既推不出对一切 x，$u(x)=1$，也推不出对一切 x，$u(x)=-1$，因为可能对某些 x，$u(x)=1$，对另一些 x，$u(x)=-1$.

(3) 按定义讨论一点处的可导性，是重点内容.

627 【答案】 B

【分析】 由于 $f''(0)$ 存在，故在 $x=0$ 的某邻域 $f'(x)$ 存在，且在 $x=0$ 处 $f'(x)$ 连续. 因此 $\lim\limits_{x\to0}\dfrac{f(x)}{xf'(x)}$ 为"$\dfrac{0}{0}$"型. 但不能用洛必达法则，因为用洛必达法则要求在 $x=0$ 的某去心邻域内 $(xf'(x))'=f'(x)+xf''(x)$ 存在，对于现在这种情形，应采用凑二阶导数的办法如下：

$$\lim_{x\to0}\frac{f(x)}{xf'(x)}=\lim_{x\to0}\frac{\dfrac{f(x)}{x^2}}{\dfrac{f'(x)}{x}}$$

而

$$\lim_{x\to0}\frac{f'(x)}{x}=\lim_{x\to0}\frac{f'(x)-f'(0)}{x-0}=f''(0)$$

$$\lim_{x\to0}\frac{f(x)}{x^2}\xlongequal{\text{洛}}\lim_{x\to0}\frac{f'(x)}{2x}=\frac{1}{2}f''(0)$$

所以

$$\lim_{x\to0}\frac{\dfrac{f(x)}{x^2}}{\dfrac{f'(x)}{x}}=\frac{\dfrac{1}{2}f''(0)}{f''(0)}=\frac{1}{2}$$

选(B).

【评注】 如果按下述办法做：由洛必达法则，

$$\lim_{x\to0}\frac{f(x)}{xf'(x)}=\lim_{x\to0}\frac{f'(x)}{xf''(x)+f'(x)}=\lim_{x\to0}\frac{f''(x)}{xf'''(x)+f''(x)+f''(x)}$$
$$=\frac{f''(0)}{0+f''(0)+f''(0)}=\frac{1}{2}$$

读者考虑一下，哪些地方错了？条件应添加到什么程度，上述运算才合理.

628 【答案】 D

【分析】 $f'(x)=\dfrac{1}{1+x^2}$，$f''(x)=-\dfrac{2x}{(1+x^2)^2}$，$f'''(x)=\dfrac{2(3x^2-1)}{(1+x^2)^3}$.

A 组

629 【答案】 C

【分析】 逐个考察之.以(C)为例.

$$\lim_{x\to 0}\frac{\gamma(x)}{x^3}=\lim_{x\to 0}\frac{\int_0^{\ln(1+x)}(e^{t^2}-1)dt}{x^3}\xlongequal{洛}\lim_{x\to 0}\frac{(e^{\ln^2(1+x)}-1)\frac{1}{1+x}}{3x^2}$$

$$=\frac{1}{3}\lim_{x\to 0}\frac{\ln^2(1+x)}{x^2}=\frac{1}{3}\lim_{x\to 0}\frac{x^2}{x^2}=\frac{1}{3}.$$

所以当 $x\to 0$ 时 $\gamma(x)$ 与 x^3 为同阶无穷小，(C) 正确.其中第 2 个等式使用洛必达法则时用到变上限求导定理；第 3 个等式用到等价无穷小替换：当 $u\to 0$ 时 $e^u-1\sim u$；第 4 个等式用到等价无穷小替换，当 $u\to 0$ 时，$\ln^2(1+u)\sim u^2$.

【评注】 其他几个选项(A)(B)(D)考察如下.

(A) 当 $x\to 0$ 时 $\alpha(x)=x^3+x^2\sim x^2$.一般，设 $\alpha(x)=x^m+x^n$，$m>n>0$，则当 $x\to 0$ 时 $x^m+x^n\sim x^n$（方次低的那个大，与方次低的那个等价）.

(B) $\beta(x)=\frac{1-\cos x}{x}\sim\frac{\frac{1}{2}x^2}{x}=\frac{1}{2}x$，（当 $x\to 0$，$x\neq 0$ 时）.

(D) $\delta(x)=(1+\sin x)^{\ln(1+x)}-1=e^{\ln(1+x)\ln(1+\sin x)}-1\sim\ln(1+x)\ln(1+\sin x)\sim x\sin x\sim x^2$（当 $x\to 0$，$x\neq 0$ 时）.

630 【答案】 B

【分析】 $\lim\limits_{x\to 0^+}\frac{\alpha}{x^k}=\lim\limits_{x\to 0^+}\frac{\int_0^x\cos t^2dt}{x^k}=\lim\limits_{x\to 0^+}\frac{\cos x^2}{kx^{k-1}}$，欲使上式存在且不为零，取 $k=1$，有 $\lim\limits_{x\to 0^+}\frac{\alpha}{x}=1$，所以当 $x\to 0^+$ 时 α 与 x 为同阶无穷小.

$$\lim_{x\to 0^+}\frac{\beta}{x^k}=\lim_{x\to 0^+}\frac{\int_0^{x^2}\sin\sqrt{t}dt}{x^k}=\lim_{x\to 0^+}\frac{\sin x\cdot 2x}{kx^{k-1}}=\frac{2}{k}\lim_{x\to 0^+}\frac{1}{x^{k-3}}$$

欲使上式存在且不为零，取 $k=3$.有 $\lim\limits_{x\to 0^+}\frac{\beta}{x^3}=\frac{2}{3}$.所以当 $x\to 0^+$ 时，β 与 x^3 为同阶无穷小.

$$\lim_{x\to 0^+}\frac{\gamma}{x^k}=\lim_{x\to 0^+}\frac{\sqrt{1-x^2}-1}{x^k}=\lim_{x\to 0^+}\frac{\left(-\frac{1}{2}\right)x^2}{x^k}$$

欲使上式存在且不为零，取 $k=2$，有 $\lim\limits_{x\to 0^+}\frac{\gamma}{x^2}=-\frac{1}{2}$.所以按照排在后面一个是前面一个的高阶无穷小的次序是 α,γ,β，选(B).

631 【答案】 C

【分析】 由 $f(x)$ 的一个原函数为 $\arctan x$ 可知

$$\int f(x)\mathrm{d}x = \arctan x + C,$$

则

$$\int xf(1-x^2)\mathrm{d}x = -\frac{1}{2}\int f(1-x^2)\mathrm{d}(1-x^2) = -\frac{1}{2}\arctan(1-x^2)+C.$$

故应选(C).

632 【答案】 B

【分析】 因为 $f'(\sin^2 x) = \cos^2 x = 1-\sin^2 x$，令 $\sin^2 x = t$，则 $f'(t) = 1-t$，所以 $f(x) = x - \frac{1}{2}x^2 + C$. 故选(B).

633 【答案】 A

【分析】 $$\int \frac{f(ax)}{a}\mathrm{d}x = \frac{1}{a^2}\int f(ax)\mathrm{d}(ax) = \frac{1}{a^2}\cdot\frac{\sin ax}{ax}+C.$$

故选(A).

634 【答案】 A

【分析】 令 $t = \arcsin x$，则 $x = \sin t$，$\mathrm{d}x = \cos t\mathrm{d}t$，$\arccos x = \frac{\pi}{2} - t$，

$$\begin{aligned} I &= \int_0^{\frac{\pi}{2}} t\left(\frac{\pi}{2}-t\right)\cos t\mathrm{d}t = \int_0^{\frac{\pi}{2}} t\left(\frac{\pi}{2}-t\right)\mathrm{d}(\sin t) \\ &= t\left(\frac{\pi}{2}-t\right)(\sin t)\Big|_0^{\frac{\pi}{2}} - \int_0^{\frac{\pi}{2}}\left(\frac{\pi}{2}-2t\right)\sin t\mathrm{d}t \\ &= \int_0^{\frac{\pi}{2}}\left(\frac{\pi}{2}-2t\right)\mathrm{d}(\cos t) = \left(\frac{\pi}{2}-2t\right)\cos t\Big|_0^{\frac{\pi}{2}} + 2\int_0^{\frac{\pi}{2}}\cos t\mathrm{d}t = -\frac{\pi}{2}+2. \end{aligned}$$

635 【答案】 D

【分析】 作变量替换 $tx = s$，改写方程为

$$\frac{1}{x}\int_0^x f(s)\mathrm{d}s = f(x) + x\sin x \quad (x \neq 0)$$

$$\int_0^x f(s)\mathrm{d}s = xf(x) + x^2\sin x \quad (\forall x) \tag{1}$$

$$f(x) = xf'(x) + f(x) + (x^2\sin x)' \tag{2}$$

(1) 式与(2) 式是等价的，(2) 式又可改写成

$$f'(x) = -\frac{(x^2\sin x)'}{x} \quad (x \neq 0)$$

$$\begin{aligned} \Rightarrow f(x) &= -\int\frac{\mathrm{d}(x^2\sin x)}{x} = -x\sin x + \int x^2\sin x\cdot\left(-\frac{1}{x^2}\right)\mathrm{d}x \\ &= -x\sin x + \cos x + C \quad (\forall x). \end{aligned}$$

微分方程(差分方程)

A组

636 【答案】 C

【分析】 原方程的特征方程为$\lambda^2+q=0$.

当$q<0$时,$\lambda_{1,2}=\pm\sqrt{-q}$,通解为$y=C_1\mathrm{e}^{\sqrt{-q}x}+C_2\mathrm{e}^{-\sqrt{-q}x}$,

当$C_1=0,C_2\neq0$,$\lim\limits_{x\to+\infty}y=C_2\lim\limits_{x\to+\infty}\mathrm{e}^{-\sqrt{-q}x}=0$.

当$q=0$时,$\lambda_1=\lambda_2=0$,原方程通解为$y=C_1x+C_2$.

当$q>0$时,$\lambda_{1,2}=\pm\sqrt{q}\mathrm{i}$,原方程通解为$y=C_1\cos\sqrt{q}x+C_2\sin\sqrt{q}x$.

显然,只有$q<0$时,原方程存在当$x\to+\infty$时趋于零的非零解,故应选(C).

637 【答案】 B

【分析】 由二阶线性微分方程通解的结构及题设知所求的二阶线性常系数非齐次方程相应的齐次方程有两个线性无关解$y_1=\mathrm{e}^{2x}$,$y_2=\mathrm{e}^{-x}$,该微分方程的特征根分别是$\lambda_1=2$与$\lambda_2=-1$,从而特征方程是$(\lambda-2)(\lambda+1)=0$,即$\lambda^2-\lambda-2=0$.由此可见所求方程的形式是$y''-y'-2y=f(x)$.

因此只能在(B)与(D)中选择.

方法1 由于$-2x\mathrm{e}^{-x}$是该方程的一个特解,又由于$\lambda=-1$是单特征根,故只能是$f(x)=6\mathrm{e}^{-x}$($f(x)=3x\mathrm{e}^{-x}$时,它的特解类型是$(ax+b)x\mathrm{e}^{-x}$).选(B).

方法2 记$\overline{y}=-2x\mathrm{e}^{-x}$,则方程的右端项$f(x)=\overline{y}''-\overline{y}'-2\overline{y}$.

由于$\overline{y}'=2(x-1)\mathrm{e}^{-x}$,$\overline{y}''=2(2-x)\mathrm{e}^{-x}$,故

$$f(x)=2(2-x)\mathrm{e}^{-x}-2(x-1)\mathrm{e}^{-x}+4x\mathrm{e}^{-x}=6\mathrm{e}^{-x}$$

代入即得相应的微分方程是$y''-y'-2y=6\mathrm{e}^{-x}$.

638 【答案】 C

【分析】 需求对价格P的弹性即$\dfrac{P}{Q}\dfrac{\mathrm{d}Q}{\mathrm{d}P}$,按题意

$$\begin{cases}\dfrac{P}{Q}\dfrac{\mathrm{d}Q}{\mathrm{d}P}=-P(\ln P+1)\\ Q(P)\Big|_{P=1}=1\end{cases}$$

这是可分离变量的一阶微分方程,分离变量得

$$\frac{\mathrm{d}Q}{Q}=-(\ln P+1)\mathrm{d}P$$

积分得

$$\ln Q=-\int(\ln P+1)\mathrm{d}P=-P\ln P+C_1,Q=C\mathrm{e}^{-P\ln P}=CP^{-P}$$

由初值$\Rightarrow C=1$,即$Q=P^{-P}$.选(C).

639 【答案】 B

【分析】 由于 $f(t)=t^2-1$ 为二次式，又因为 $a=-1$，所以特解形式为

$$\overline{y}(t)=t(At^2+Bt+C)=At^3+Bt^2+Ct$$

应选(B).

【评注】 计算可得 $A=\frac{1}{3},B=-\frac{1}{2},C=-\frac{5}{6}$.

640 【答案】 C

【分析】 根据设特解的规则应设特解

$$\overline{y}(t)=A\sin\frac{\pi}{2}t+B\cos\frac{\pi}{2}t$$

代入方程计算可得

$$A=-2,B=-1$$

故应选(C).

【评注】 一阶常系数非齐次线性差分方程 $y_{t+1}+ay_t=f(t)$ 的特解取法如下:

若 $f(t)=p_m(t)d^t$，其中 $p_m(t)$ 是 t 的 m 次多项式，常数 $d\neq 0$. 特解的取法如下表

$f(t)$	系数 a 满足的条件	特解 $\overline{y}(t)$ 的形式
$p_m(t)$ $p_m(t)$ 是 t 的 m 次多项式	$a+1\neq 0$	$Q_m(t)$
	$a+1=0$	$tQ_m(t)$
Md^t 常数 $M\neq 0,d\neq 1$	$a+d\neq 0$	Ad^t
	$a+d=0$	Atd^t

其中 $Q_m(t)$ 是待定系数的 m 次多项式；A 是待定常数.

若 $f(t)=M\cos\omega t+N\sin\omega t$，其中 M,N,ω 是常数，且 $0<\omega<2\pi,\omega\neq\pi$，这时可取特解 $\overline{y}(t)=A\cos\omega t+B\sin\omega t$，其中 A 和 B 是待定常数. 注意，即使 M 与 N 中有一个为零，也应设特解是以上形式.

无穷级数

A 组

641 【答案】 B

【分析】 级数 $\sum_{n=1}^{\infty}u_n$ 条件收敛即级数 $\sum_{n=1}^{\infty}u_n$ 收敛但 $\sum_{n=1}^{\infty}|u_n|$ 发散. 又

$$u_n=\frac{1}{2}[(u_n+|u_n|)+(u_n-|u_n|)],\ |u_n|=\frac{1}{2}[(u_n+|u_n|)-(u_n-|u_n|)],$$

再按级数的运算即知，若级数 $\sum_{n=1}^{\infty}(u_n+|u_n|)$ 与 $\sum_{n=1}^{\infty}(u_n-|u_n|)$ 都收敛，则 $\sum_{n=1}^{\infty}|u_n|$ 收敛，若其中一个收敛，另一个发散，则 $\sum_{n=1}^{\infty}u_n$ 发散，均与已知矛盾，因此它们都发散. 即应选(B).

若熟悉评注中的结论，由于$\sum_{n=1}^{\infty}u_n$收敛，$\sum_{n=1}^{\infty}|u_n|$发散，即可知$\sum_{n=1}^{\infty}(u_n\pm|u_n|)$均发散.

【评注】 利用级数的性质判断敛散性，最常用的是通项分解法. 即利用级数的线性性质，并利用下表中的结论：

假设			结论
$\sum_{n=1}^{\infty}a_n$	$\sum_{n=1}^{\infty}b_n$		$\sum_{n=1}^{\infty}(a_n+b_n)$
收敛	收敛	$\Rightarrow$	收敛
收敛	发散	$\Rightarrow$	发散
发散	发散		不确定
绝对收敛	绝对收敛	$\Rightarrow$	绝对收敛
绝对收敛	条件收敛	$\Rightarrow$	条件收敛
条件收敛	条件收敛	$\Rightarrow$	收敛(是条件收敛还是绝对收敛与具体级数$\sum_{n=1}^{\infty}a_n$，$\sum_{n=1}^{\infty}b_n$有关)

642 【答案】 A

【分析】 方法1 由于级数$\sum_{n=1}^{\infty}u_n^2$和$\sum_{n=1}^{\infty}v_n^2$都收敛，可见级数$\sum_{n=1}^{\infty}(u_n^2+v_n^2)$收敛.

由不等式$2|u_nv_n|\leqslant u_n^2+v_n^2$及正项级数的比较判别法知级数$\sum_{n=1}^{\infty}2|u_nv_n|$收敛，从而$\sum_{n=1}^{\infty}2u_nv_n$收敛.

又因$(u_n+v_n)^2=u_n^2+v_n^2+2u_nv_n$，即级数$\sum_{n=1}^{\infty}(u_n+v_n)^2$收敛，故应选(A).

方法2 设$u_n=\frac{1}{n^2}$，$v_n=1\ (n=1,2,\cdots)$，则可知(B)不正确.

设$u_n=\frac{1}{n}-\frac{1}{n^2}(n=1,2,\cdots)$，则可知(C)不正确.

设$u_n=\frac{(-1)^{n-1}}{n}$，$v_n=-\frac{1}{n}(n=1,2,\cdots)$，则可知(D)不正确.

故应选(A).

【评注】 在本题中命题(D)"若级数$\sum_{n=1}^{\infty}u_n$收敛，且$u_n\geqslant v_n(n=1,2,\cdots)$，则级数$\sum_{n=1}^{\infty}v_n$也收敛"不正确，这表明：比较判别法(将一个级数与另一级数作比较)虽然适用于正项级数收敛(或级数绝对收敛)的判别，但对任意项级数一般是不适用的. 这是任意项级数与正项级数收敛性判别中的一个根本区别. 但对一般项级数有如下判别法：若$U_n\leqslant u_n\leqslant W_n(n=1,2,\cdots)$，又级数$\sum_{n=1}^{\infty}U_n$与$\sum_{n=1}^{\infty}W_n$均收敛，则级数$\sum_{n=1}^{\infty}u_n$必收敛.

643 【答案】 B

【分析】 正项级数$\sum\limits_{n=0}^{\infty}a_n$收敛$\Rightarrow \lim\limits_{n\to\infty}a_n=0$，$\sum\limits_{n=1}^{\infty}a_{2n}$也收敛.

$$|b_n|=\ln(1+a_{2n})\sim a_{2n}\qquad (n\to\infty)$$

由$\sum\limits_{n=1}^{\infty}a_{2n}$收敛$\Rightarrow\sum\limits_{n=1}^{\infty}|b_n|$收敛.因此选(B).

【评注】 正项级数$\sum\limits_{n=1}^{\infty}a_n$收敛$\Rightarrow$部分和$S_n=a_1+a_2+\cdots+a_n$有界，即$0\leqslant S_n\leqslant M$ $(n=1,2,3,\cdots)\Rightarrow\sum\limits_{n=1}^{\infty}a_{2n}$的部分和$T_n=a_2+a_4+\cdots+a_{2n}\leqslant S_{2n}\leqslant M(n=1,2,3,\cdots)$即$\{T_n\}$有界$\Rightarrow\sum\limits_{n=1}^{\infty}a_{2n}$收敛.(正项级数收敛的充要条件是部分和有界.)同理$\sum\limits_{n=1}^{\infty}a_{2n-1}$也收敛.

644 【答案】 D

【分析】 因为$|(-1)^{n-1}u_n|=|u_n|=u_n$，由$\sum\limits_{n=1}^{\infty}u_n$收敛知$\sum\limits_{n=1}^{\infty}(-1)^{n-1}u_n$绝对收敛，命题(D)正确.

【评注】 (A)错误，例如$\sum\limits_{n=1}^{\infty}(-1)^{n-1}\dfrac{1}{n^2}$收敛，并且是绝对收敛的.

(B)和(C)也是错误的，例如级数$\sum\limits_{n=1}^{\infty}\dfrac{(-1)^{n-1}}{n}$收敛，但级数$\sum\limits_{n=1}^{\infty}\dfrac{1}{n}$发散.

645 【答案】 B

【分析】 计算可得

$$\lim_{n\to\infty}\left|\frac{2(n+1)+5}{(n+1)(n+2)}\cdot\frac{n(n+1)}{2n+5}\right|=\lim_{n\to\infty}\frac{n(2n+7)}{(n+2)(2n+5)}=1,$$

从而幂级数$\sum\limits_{n=1}^{\infty}\dfrac{2n+5}{n(n+1)}(x-1)^n$的收敛半径$R=1$，故幂级数在$|x-1|<1$即$x\in(0,2)$时绝对收敛.

当$x=0$时幂级数成为交错级数$\sum\limits_{n=1}^{\infty}(-1)^n\dfrac{2n+5}{n(n+1)}$，由于数列$\left\{\dfrac{2n+5}{n(n+1)}\right\}$单调减少且$\lim\limits_{n\to\infty}\dfrac{2n+5}{n(n+1)}=0$，可见级数$\sum\limits_{n=1}^{\infty}(-1)^n\dfrac{2n+5}{n(n+1)}$收敛.

当$x=2$时幂级数成为正项级数$\sum\limits_{n=1}^{\infty}\dfrac{2n+5}{n(n+1)}$，它的一般项满足$\dfrac{2n+5}{n(n+1)}>\dfrac{1}{n}(n=1,2,3,\cdots)$，可见级数$\sum\limits_{n=1}^{\infty}\dfrac{2n+5}{n(n+1)}$发散.

综上即得幂级数$\sum\limits_{n=1}^{\infty}\dfrac{2n+5}{n(n+1)}(x-1)^n$的收敛域为$[0,2)$，故应选(B).

646 【答案】A

【分析】由 $\sum_{n=0}^{\infty}a_nx^n$ 的收敛域是 $(-8,8]$ 可知，幂级数 $\sum_{n=0}^{\infty}a_nx^n$ 的收敛半径是 8，从而幂级数 $\sum_{n=2}^{\infty}a_nx^{n-2}$ 的收敛半径也是 8. 又因幂级数 $\sum_{n=2}^{\infty}\frac{a_nx^n}{n(n-1)}$ 是由幂级数 $\sum_{n=2}^{\infty}a_nx^{n-2}$ 两次逐项求积分所得（或 $\sum_{n=2}^{\infty}\frac{a_nx^n}{n(n-1)}$ 两次求导得幂级数 $\sum_{n=2}^{\infty}a_nx^{n-2}$），由幂级数和函数的性质可得，幂级数 $\sum_{n=2}^{\infty}\frac{a_nx^n}{n(n-1)}$ 的收敛半径也是 8. 幂级数 $\sum_{n=0}^{\infty}a_nx^{3n}=\sum_{n=0}^{\infty}a_n(x^3)^n$ 的收敛域是 $-8<x^3\leqslant 8$ 即 $-2<x\leqslant 2$.

【评注】 (1) 应掌握幂级数收敛性的如下特点：幂级数 $\sum_{n=0}^{\infty}a_nx^n$ 与其逐项求导或逐项求积分后的幂级数

$$\sum_{n=0}^{\infty}(a_nx^n)'=\sum_{n=1}^{\infty}na_nx^{n-1},\sum_{n=0}^{\infty}\int_0^x a_nt^n\mathrm{d}t=\sum_{n=0}^{\infty}\frac{a_n}{n+1}x^{n+1}$$

有相同的收敛半径.

本题还考察间接求幂级数的收敛域的方法.

(2) 求幂级数 $\sum_{n=2}^{\infty}\frac{a_nx^n}{n(n-1)}$ 的收敛半径时，以下解法虽可选出正确选项，但理论根据却是错误的：

由 $\sum_{n=0}^{\infty}a_nx^n$ 的收敛域是 $(-8,8]$ 可知，幂级数 $\sum_{n=0}^{\infty}a_nx^n$ 的收敛半径是 8，所以 $\lim\limits_{n\to\infty}\left|\frac{a_{n+1}}{a_n}\right|=\frac{1}{8}$，从而 $\lim\limits_{n\to\infty}\left|\frac{(n-1)na_{n+1}}{n(n+1)a_n}\right|=\frac{1}{8}$，于是幂级数 $\sum_{n=2}^{\infty}\frac{a_nx^n}{n(n-1)}$ 的收敛半径是 8. 错误之处在于，因为已知的定理是：若 $\lim\limits_{n\to\infty}\left|\frac{a_{n+1}}{a_n}\right|=\rho\ \Rightarrow\ \sum_{n=0}^{\infty}a_nx^n$ 的收敛半径为 $R=\frac{1}{\rho}$，但反过来不一定对，即若 $\sum_{n=0}^{\infty}a_nx^n$ 的收敛半径为 R，则不一定有 $\lim\limits_{n\to\infty}\left|\frac{a_{n+1}}{a_n}\right|=\frac{1}{R}$. 因为极限 $\lim\limits_{n\to\infty}\left|\frac{a_{n+1}}{a_n}\right|$ 可能不存在，因此前面的解法是加强了条件即假设 $\lim\limits_{n\to\infty}\left|\frac{a_{n+1}}{a_n}\right|$ 存在的前提下获得的结果.

647 【答案】C

【分析】*方法 1* 分解法，转化为用公式 $\ln(1+x)=\sum_{n=1}^{\infty}\frac{(-1)^{n-1}x^n}{n}(-1<x\leqslant 1)$.

$$S(x)=\sum_{n=1}^{\infty}\left(\frac{1}{n}-\frac{1}{n+1}\right)x^n$$

$$\sum_{n=1}^{\infty}\frac{x^n}{n}=-\sum_{n=1}^{\infty}\frac{(-1)^{n-1}(-x)^n}{n}=-\ln(1-x)(-1\leqslant x<1)$$

$$\sum_{n=1}^{\infty}\frac{x^n}{n+1}=\frac{1}{x}\sum_{n=1}^{\infty}\frac{x^{n+1}}{n+1}=\frac{1}{x}\left(\sum_{n=1}^{\infty}\frac{x^n}{n}-x\right)$$

$$=-\frac{1}{x}\ln(1-x)-1\qquad(-1\leqslant x<1,x\neq 0)$$

$\Rightarrow$

$$S(x)=-\ln(1-x)+\frac{1}{x}\ln(1-x)+1 \qquad (-1\leqslant x<1,x\neq 0)$$

应选(C).

方法 2　逐项求导两次，转化为几何级数求和

$$xS(x)=\sum_{n=1}^{\infty}\frac{x^{n+1}}{n(n+1)}\Rightarrow(xS(x))''=\sum_{n=1}^{\infty}x^{n-1}=\sum_{n=0}^{\infty}x^{n}=\frac{1}{1-x}(|x|<1).$$

$$(xS(x))'=\int_0^x\frac{\mathrm{d}t}{1-t}=-\ln(1-x)$$

$$xS(x)=-\int_0^x\ln(1-t)\mathrm{d}t=-t\ln(1-t)\Big|_0^x+\int_0^x\frac{-t+1-1}{1-t}\mathrm{d}t$$

$$=-x\ln(1-x)+x+\ln(1-x) \qquad (|x|<1)$$

$\Rightarrow$

$$S(x)=-\ln(1-x)+\frac{1}{x}\ln(1-x)+1 \qquad (-1\leqslant x<1,x\neq 0).$$

(右端函数在 $x=-1$ 右连续，左端级数 $\sum_{n=1}^{\infty}\frac{x^{n+1}}{n(n+1)}$ 在 $x=-1$ 收敛，故 $x=-1$ 时等式也成立.)

【评注】　(1)$S(0)=0$.

(2)$S(x)=\sum_{n=1}^{\infty}\frac{x^n}{n(n+1)}=-\ln(1-x)+\frac{1}{x}\ln(1-x)+1(-1\leqslant x<1,x\neq 0)$

左端级数在 $x=1$ 收敛，

$$S(1)=\lim_{x\to1^-}\left[-\ln(1-x)+\frac{1}{x}\ln(1-x)+1\right]=\lim_{x\to1^-}\frac{1}{x}(1-x)\ln(1-x)+1=1$$

因此

$$S(x)=\begin{cases}\frac{1}{x}(1-x)\ln(1-x)+1, & -1\leqslant x<1,x\neq 0\\ 0, & x=0.\\ 1, & x=1\end{cases}$$

648　**【答案】**　B

【分析】　方法 1　设 $S(x)=\sum_{n=1}^{\infty}\frac{1}{n}x^n$　($|x|<1$)，则 $S(0)=0$. 因为 $\left(\sum_{n=1}^{\infty}\frac{1}{n}x^n\right)'=\sum_{n=1}^{\infty}x^{n-1}=\frac{1}{1-x}$，即　$S'(x)=\frac{1}{1-x}$.

故　$S(x)=\int_0^x S'(t)\mathrm{d}t+S(0)=\int_0^x\frac{\mathrm{d}t}{1-t}+0=-\ln(1-x)=\ln\frac{1}{1-x}(|x|<1)$.

方法 2　已知

$$\ln(1+x)=\sum_{n=1}^{\infty}\frac{(-1)^{n-1}x^n}{n}(|x|<1)$$

将 x 换成 $-x$ 得

$\ln(1-x)=-\sum_{n=1}^{\infty}\frac{x^n}{n}(|x|<1)$，故 $\sum_{n=1}^{\infty}\frac{x^n}{n}=-\ln(1-x)=\ln\frac{1}{1-x}(|x|<1)$，即应选(B).

649 【答案】 B

【分析】 按定义先计算级数的前 n 项部分和 S_n. 由于

$$S_n=\frac{2}{3}+2\left(\frac{2}{3}\right)^2+3\left(\frac{2}{3}\right)^3+\cdots+n\left(\frac{2}{3}\right)^n,$$

$$\frac{2}{3}S_n=\left(\frac{2}{3}\right)^2+2\left(\frac{2}{3}\right)^3+\cdots+(n-1)\left(\frac{2}{3}\right)^n+n\left(\frac{2}{3}\right)^{n+1},$$

两式相减即得

$$\frac{1}{3}S_n=\frac{2}{3}+\left(\frac{2}{3}\right)^2+\left(\frac{2}{3}\right)^3+\cdots+\left(\frac{2}{3}\right)^n-n\left(\frac{2}{3}\right)^{n+1}$$

$$=\frac{2}{3}\cdot\frac{1-\left(\frac{2}{3}\right)^n}{1-\frac{2}{3}}-n\left(\frac{2}{3}\right)^{n+1}=2-2\left(\frac{2}{3}\right)^n-n\left(\frac{2}{3}\right)^{n+1},$$

于是对 $n=1,2,3,\cdots$ 就有

$$S_n=6-6\left(\frac{2}{3}\right)^n-3n\left(\frac{2}{3}\right)^{n+1}.$$

用比值判别法容易判断正项级数 $\sum\limits_{n=1}^{\infty}n\left(\frac{2}{3}\right)^n$ 是收敛的，从而其一般项满足 $\lim\limits_{n\to\infty}n\left(\frac{2}{3}\right)^n=0$，由此即知 $\lim\limits_{n\to\infty}n\left(\frac{2}{3}\right)^{n+1}=0$. 取极限即得级数 $\sum\limits_{n=1}^{\infty}n\left(\frac{2}{3}\right)^n$ 的和 $S=\lim\limits_{n\to\infty}S_n=6$.

650 【答案】 A

【分析】 $\sum\limits_{n=1}^{\infty}\left(\frac{5}{4}\right)^n a_n$ 收敛 $\Rightarrow$ 幂级数 $\sum\limits_{n=1}^{\infty}a_nx^n$ 当 $x=\frac{5}{4}$ 时收敛 $\Rightarrow\sum\limits_{n=1}^{\infty}a_nx^n$ 的收敛半径 $R\geqslant\frac{5}{4}\Rightarrow\sum\limits_{n=1}^{\infty}na_nx^{n-1}$ 的收敛半径 $R\geqslant\frac{5}{4}\Rightarrow x=1$ 时 $\sum\limits_{n=1}^{\infty}na_nx^{n-1}$ 绝对收敛. 即 $\sum\limits_{n=1}^{\infty}n\mid a_n\mid$ 收敛.
因此，应选(A).

B 组

651 【答案】 B

【分析】 如果 $\sum\limits_{n=1}^{\infty}b_n$ 收敛，由

$$\mid a_n\mid\leqslant b_n$$

知，$\sum\limits_{n=1}^{\infty}\mid a_n\mid$ 收敛，从而 $\sum\limits_{n=1}^{\infty}a_n$ 收敛与题设矛盾，故应选(B).

652 【答案】 B

【分析】 这里级数的一般项中含有三种类型的无穷大量.

$$n^{\mu}(\mu>0),q^n(q>1),\ln^{\delta}n(\delta>0)$$

其中 $n\to\infty$，它们的关系是

$$\lim_{n\to\infty}\frac{n^{\mu}}{q^n}=0,\lim_{n\to\infty}\frac{\ln^{\delta}n}{n^{\mu}}=0$$

现考察此正项级数的一般项：

$$\frac{n^{\gamma}+\alpha^{n}}{n^{\alpha}+\ln^{\beta}n+\gamma^{n}}=\frac{\alpha^{n}\left(1+\frac{n^{\gamma}}{\alpha^{n}}\right)}{\gamma^{n}\left(1+\frac{\ln^{\beta}n}{\gamma^{n}}+\frac{n^{\alpha}}{\gamma^{n}}\right)}\sim\left(\frac{\alpha}{\gamma}\right)^{n}(n\to\infty)$$

这里 $a_n\sim b_n(n\to\infty)$，即$\lim\limits_{n\to\infty}\frac{a_n}{b_n}=1$.

$$\sum_{n=1}^{\infty}\left(\frac{\alpha}{\gamma}\right)^{n}\text{收敛}\Leftrightarrow\frac{\alpha}{\gamma}<1\text{ 即 }\alpha<\gamma.$$

因此，原级数收敛 $\Leftrightarrow\alpha<\gamma$. 故应选(B).

653 【答案】 C

【分析】 由于数列$\{a_n\}$满足 $a_1\geqslant a_2\geqslant\cdots\geqslant a_n\geqslant\cdots>0$，从而数列$\{a_n\}$必存在极限，若 $\lim\limits_{n\to\infty}a_n=0$，则必有交错级数$\sum\limits_{n=1}^{\infty}(-1)^{n-1}a_n$ 收敛，与题设条件矛盾. 从而存在常数 $a>0$ 使得 $\lim\limits_{n\to\infty}a_n=a$，且 $a_n\geqslant a>0(n=1,2,3,\cdots)$

$$\Rightarrow\frac{1}{a_n+1}\leqslant\frac{1}{a+1}<1(n=1,2,3,\cdots)$$

$$\Rightarrow\left|(-1)^{n-1}\left(\frac{1}{a_n+1}\right)^{n}\right|\leqslant\left(\frac{1}{a_n+1}\right)^{n}\leqslant\left(\frac{1}{a+1}\right)^{n}.$$

又$\sum\limits_{n=1}^{\infty}\left(\frac{1}{a+1}\right)^{n}$ 收敛，故级数$\sum\limits_{n=1}^{\infty}(-1)^{n-1}\left(\frac{1}{a_n+1}\right)^{n}$ 绝对收敛，应选(C).

654 【答案】 D

【分析】 因当$n\geqslant2$时$\left|(-1)^{n-1}\frac{\ln(n+1)}{n}\right|\geqslant\frac{1}{n}$且级数$\sum\limits_{n=1}^{\infty}\frac{1}{n}$发散，从而级数 ① 非绝对收敛；令 $f(x)=\frac{\ln(x+1)}{x}$，于是 $\lim\limits_{x\to+\infty}\frac{\ln(x+1)}{x}=\lim\limits_{x\to+\infty}\frac{1}{x+1}=0$，$f'(x)=\frac{1}{x(x+1)}-\frac{\ln(x+1)}{x^2}=-\frac{1}{x(x+1)}\left[\left(1+\frac{1}{x}\right)\ln(x+1)-1\right]<0$ 当 $x\geqslant2$ 时成立，这表明$\left\{\frac{\ln(n+1)}{n}\right\}$当 $n\geqslant2$ 时单调减少且$\lim\limits_{n\to\infty}\frac{\ln(n+1)}{n}=0$，由莱布尼兹判别法知级数 ① 收敛. 综合即知级数 ① 条件收敛.

因 $\sin\left(n\pi+\frac{1}{\sqrt{n}}\right)=(-1)^{n}\sin\frac{1}{\sqrt{n}}$，且$\left|(-1)^{n}\sin\frac{1}{\sqrt{n}}\right|=\sin\frac{1}{\sqrt{n}}\sim\frac{1}{\sqrt{n}}$，从而由$\sum\limits_{n=1}^{\infty}\frac{1}{\sqrt{n}}$发散知级数 ④ 非绝对收敛；因$\left\{\sin\frac{1}{\sqrt{n}}\right\}$单调减少且$\lim\limits_{n\to\infty}\sin\frac{1}{\sqrt{n}}=0$，由莱布尼兹判别法知级数 ④ 收敛. 综合即知级数 ④ 条件收敛.

因$\left|(-1)^{n-1}\frac{n}{2^n}\right|\leqslant\frac{n}{2^n}$，又令 $u_n=\frac{n}{2^n}(n=1,2,\cdots)$ 可得$\lim\limits_{n\to\infty}\frac{u_{n+1}}{u_n}=\frac{1}{2}\lim\limits_{n\to\infty}\frac{n+1}{n}=\frac{1}{2}<0$，故由比值判别法知级数$\sum\limits_{n=1}^{\infty}\frac{n}{2^n}$ 收敛，即级数 ② 绝对收敛.

因 $$\frac{(-1)^{n-1}}{\sqrt{n}-(-1)^n}=(-1)^{n-1}\frac{\sqrt{n}+(-1)^n}{n-1}=(-1)^{n-1}\frac{\sqrt{n}}{n-1}-\frac{1}{n-1},$$

而级数 $\sum\limits_{n=2}^{\infty}(-1)^{n-1}\frac{\sqrt{n}}{n-1}$ 条件收敛，级数 $\sum\limits_{n=2}^{\infty}\frac{1}{n-1}$ 发散，故级数 ③ 发散.

从上面讨论可得仅级数 ①④ 条件收敛，应选(D).

655 【答案】 D

【分析】 由于 $\lim\limits_{n\to\infty}\frac{\left(\frac{na}{n+1}\right)^n}{\frac{a^n}{e}}=1$ 且 $\lim\limits_{n\to\infty}\frac{a^n}{e}=\begin{cases}0, & 0<a<1\\ \frac{1}{e}, & a=1\\ +\infty, & a>1\end{cases}$.

故当 $a\geqslant 1$ 时，$\lim\limits_{n\to\infty}\left(\frac{na}{n+1}\right)^n\neq 0$，故当 $a\geqslant 1$ 时原级数发散．选(D).

【评注】 当 $0<a<1$ 时由

$$\left(\frac{na}{n+1}\right)^n\sim\frac{1}{e}a^n\qquad(n\to\infty)$$

以及 $\sum\limits_{n=1}^{\infty}\frac{1}{e}a^n$ 收敛可知原级数收敛．

656 【答案】 D

【分析】 若 $\int_0^{+\infty}e^{(p-2)x}dx$ 和 $\sum\limits_{n=1}^{\infty}\frac{(-1)^n}{n^p}$ 均收敛，则同时有 $p-2<0$ 且 $p>0$，综合得 $0<p<2$. 故选(D).

657 【答案】 C

【分析】 把分解通项法用于级数(1) 可得其通项

$$\begin{aligned}\frac{(-1)^n}{\sqrt{n+1}+(-1)^n}&=\frac{(-1)^n[\sqrt{n+1}-(-1)^n]}{n+1-1}\\&=(-1)^n\frac{\sqrt{n+1}}{n}-\frac{1}{n}\\&=(-1)^n\frac{\sqrt{n+1}-\sqrt{n}}{n}+\frac{(-1)^n}{\sqrt{n}}-\frac{1}{n}\\&=\frac{(-1)^n}{n(\sqrt{n+1}+\sqrt{n})}+\frac{(-1)^n}{\sqrt{n}}-\frac{1}{n}.\end{aligned}$$

由莱布尼兹判别法即知交错级数 $\sum\limits_{n=1}^{\infty}\frac{(-1)^n}{n(\sqrt{n+1}+\sqrt{n})}$ 与 $\sum\limits_{n=1}^{\infty}\frac{(-1)^n}{\sqrt{n}}$ 都收敛，但调和级数 $\sum\limits_{n=1}^{\infty}\frac{1}{n}$ 发散. 从而交错级数(1) 作为两个收敛级数与一个发散级数的和，必发散.

改写级数(2) 的通项可得

$$\begin{aligned}&\sin(\pi\sqrt{n^2+1})=\sin[(\sqrt{n^2+1}-n)\pi+n\pi]\\&=\sin(\sqrt{n^2+1}-n)\pi\cdot\cos n\pi+\cos(\sqrt{n^2+1}-n)\pi\cdot\sin n\pi\end{aligned}$$

$$= (-1)^n \sin(\sqrt{n^2+1}-n)\pi = (-1)^n \sin\frac{\pi}{\sqrt{n^2+1}+n},$$

由此即知级数(2)是交错级数,由莱布尼兹判别法可知级数(2)收敛.

综合知应选(C).

658 【答案】 C

【分析】 对于级数(1),记 $f(x)=\dfrac{1}{x\ln x}(x\geqslant 2)$,则 $f(x)$ 非负递减,$f(n)=\dfrac{1}{n\ln n}(n\geqslant 2)$,且

$$\int_2^{+\infty} f(x)\mathrm{d}x=\int_2^{+\infty}\frac{1}{x\ln x}\mathrm{d}x \text{ 发散},$$

由积分判别法,级数 $\sum\limits_{n=2}^{\infty}\dfrac{1}{n\ln n}$ 发散,结合 $\dfrac{1}{\ln n!}\geqslant\dfrac{1}{n\ln n}$ 以及正项级数的比较审敛法,可知级数 $\sum\limits_{n=2}^{\infty}\dfrac{1}{\ln n!}$ 发散;

对于级数(2),由于 $\lim\limits_{n\to\infty}\dfrac{\frac{\ln^3 n}{n^2}}{\frac{1}{n^{\frac{3}{2}}}}=\lim\limits_{n\to\infty}\dfrac{\ln^3 n}{\sqrt{n}}=0$,级数 $\sum\limits_{n=2}^{\infty}\dfrac{1}{n^{\frac{3}{2}}}$ 收敛,结合正项级数的比较审敛法的极限形式,可知级数 $\sum\limits_{n=2}^{\infty}\dfrac{\ln^3 n}{n^2}$ 收敛.

综上,选择(C).

659 【答案】 D

【分析】 计算可得两个幂级数 $\sum\limits_{n=1}^{\infty}\dfrac{(-1)^{n-1}}{2n-1}x^{2n-1}$ 与 $\sum\limits_{n=1}^{\infty}\dfrac{(-1)^{n-1}}{2n-1}x^{2n}$ 的收敛半径 R 与收敛域分别是 1 与 $[-1,1]$. 设

$$\sum_{n=1}^{\infty}\frac{(-1)^{n-1}}{2n-1}x^{2n-1}=S_1(x),\sum_{n=1}^{\infty}\frac{(-1)^{n-1}}{2n-1}x^{2n}=S(x),x\in[-1,1],$$

则 $S(x)=xS_1(x)$. 从而只需求出和函数 $S_1(x)$ 即可.

当 $|x|<1$ 时将幂级数 $\sum\limits_{n=1}^{\infty}\dfrac{(-1)^{n-1}}{2n-1}x^{2n-1}$ 逐项求导得

$$S_1'(x)=\sum_{n=1}^{\infty}(-1)^{n-1}x^{2n-2}=\sum_{n=1}^{\infty}(-x^2)^{n-1}=\frac{1}{1+x^2},$$

利用 $S_1(0)=0$,故当 $|x|<1$ 时

$$S_1(x)=\int_0^x S_1'(t)\mathrm{d}t=\int_0^x\frac{\mathrm{d}t}{1+t^2}=\arctan x.$$

由于 $\arctan x$ 在 $[-1,1]$ 连续,且幂级数 $\sum\limits_{n=1}^{\infty}\dfrac{(-1)^{n-1}}{2n-1}x^{2n-1}$ 在 $x=-1$ 与 $x=1$ 两点处都收敛,从而和函数公式 $S_1(x)=\arctan x$ 不仅在 $|x|<1$ 成立,而且还在 $x=-1$ 与 $x=1$ 也成立. 即 $S_1(x)=\arctan x,x\in[-1,1]$.

故 $S(x)=x\arctan x,x\in[-1,1]$,应选(D).

660 【答案】 A

【分析】 设 $S_1(x)=\sum_{n=1}^{\infty}(-1)^{n-1}x^n$，由几何级数和函数公式

$$S_0(x)=\sum_{n=1}^{\infty}x^{n-1}=\frac{1}{1-x}(|x|<1)$$

可得 $$S_1(x)=x\sum_{n=1}^{\infty}(-x)^{n-1}=xS_0(-x)=\frac{x}{1+x}(|x|<1).$$

设 $S_2(x)=\sum_{n=1}^{\infty}(-1)^{n-1}nx^n$，则

$$S_2(x)=x\sum_{n=1}^{\infty}(-1)^{n-1}nx^{n-1}=x\Big(\sum_{n=1}^{\infty}(-1)^{n-1}x^n\Big)'=xS_1'(x)$$

$$=x\Big(\frac{x}{1+x}\Big)'=x\frac{1+x-x}{(1+x)^2}=\frac{x}{(1+x)^2}(|x|<1).$$

设 $S_3(x)=\sum_{n=1}^{\infty}(-1)^{n-1}n^2x^n$，则

$$S_3(x)=x\sum_{n=1}^{\infty}(-1)^{n-1}n^2x^{n-1}=x\Big[\sum_{n=1}^{\infty}(-1)^{n-1}nx^n\Big]'$$

$$=x\Big[\frac{x}{(1+x)^2}\Big]'=x\Big[\frac{1}{(1+x)^2}-\frac{2x}{(1+x)^3}\Big]$$

$$=x\frac{1+x-2x}{(1+x)^3}=\frac{x(1-x)}{(1+x)^3}(|x|<1).$$

故 $S(x)=S_3(x)-3S_2(x)+5S_1(x)=\frac{x(1-x)}{(1+x)^3}-\frac{3x}{(1+x)^2}+\frac{5x}{1+x}$

$$=\frac{x(5x^2+6x+3)}{(1+x)^3}(|x|<1).$$

应选(A).

金榜时代图书·书目

书名	作者	预计上市时间
考研数学系列		
数学公式的奥秘	刘喜波等	2021 年 3 月
考研数学复习全书·基础篇·高等数学基础	贺金陵	2024 年 8 月
考研数学复习全书·基础篇·线性代数基础	李永乐	2024 年 8 月
考研数学复习全书·基础篇·概率论与数理统计基础	王式安	2024 年 8 月
数学基础过关 660 题(数学一/二/三)	李永乐等	2024 年 8 月
考研数学真题真刷基础篇·考点分类详解版(数学一/二/三)	李永乐等	2024 年 8 月
考研数学复习全书·提高篇(数学一/二/三)	李永乐等	2024 年 12 月
考研数学真题真刷提高篇·考点分类详解版(数学一/二/三)	李永乐等	2025 年 1 月
数学强化通关 330 题(数学一/二/三)	李永乐等	2024 年 9 月
高等数学辅导讲义	刘喜波	2025 年 3 月
高等数学辅导讲义	武忠祥	2025 年 2 月
线性代数辅导讲义	李永乐	2025 年 2 月
概率论与数理统计辅导讲义	王式安	2025 年 2 月
考研数学经典易错题	吴紫云	2025 年 3 月
高等数学·基础篇	武忠祥	2024 年 8 月
线性代数·基础篇	宋浩等	2024 年 8 月
概率论与数理统计·基础篇	薛威	2024 年 8 月
数学核心知识点乱序高效记忆手册	宋浩	2023 年 12 月
数学决胜冲刺 6 套卷(数学一/二/三)	李永乐等	2025 年 9 月
数学临阵磨枪(数学一/二/三)	李永乐等	2025 年 10 月
考研数学最后 3 套卷·名校冲刺版(数学一/二/三)	武忠祥 刘喜波 宋浩等	2025 年 9 月
考研数学最后 3 套卷·过线急救版(数学一/二/三)	武忠祥 刘喜波 宋浩等	2025 年 9 月
经济类联考数学复习全书	李永乐等	2025 年 4 月
经济类联考数学通关无忧 985 题	李永乐等	2025 年 5 月
农学门类联考数学复习全书	李永乐等	2025 年 4 月
考研数学真题真刷(数学一/二/三)	金榜时代考研数学命题研究组	2025 年 3 月
高等数学考研高分领跑计划(十七堂课)	武忠祥	2025 年 9 月
线性代数考研高分领跑计划(九堂课)	宋浩	2025 年 9 月
概率论与数理统计考研高分领跑计划(七堂课)	薛威	2025 年 9 月
高等数学解题密码·选填题	武忠祥	2025 年 9 月
高等数学解题密码·解答题	武忠祥	2025 年 9 月
考研启蒙师	金榜时代教研中心	2024 年 8 月
大学数学系列		
大学数学线性代数辅导	李永乐	2018 年 12 月
线性代数期末高效复习笔记	宋浩	2024 年 6 月
高等数学(上)期末高效复习笔记	宋浩	2024 年 6 月

高等数学(下)期末高效复习笔记	宋浩	2024 年 5 月
概率论期末高效复习笔记	宋浩	2024 年 6 月
统计学期末高效复习笔记	宋浩	2024 年 6 月
考研英语系列		
考研词汇速记铭心	金榜时代考研英语教研中心	2024 年 10 月
考研英语(一/二)真题真刷·详解版(一 2009—2013)	金榜时代考研英语教研中心	已上市
考研英语(一/二)真题真刷·详解版(二 2014—2018)	金榜时代考研英语教研中心	已上市
考研英语(一/二)真题真刷·详解版(三 2019—2023)	金榜时代考研英语教研中心	已上市
考研英语(一/二)真题真刷·详解版(四 2024)	金榜时代英语教研中心	已上市
考研英语(一/二)真题真刷	金榜时代英语教研中心	已上市
英语语法二十五页	靳行凡	已上市
考研英语阅读新思维	靳行凡	已上市
英语美文阅读 60 篇	金榜时代英语教研中心	2024 年 8 月
英语时文阅读 60 篇	金榜时代英语教研中心	2024 年 8 月
考研英语翻译四步法	靳行凡 悟思凡 汪问凡 颜识凡	已上市
"非"凡考研英语——通透写作	薛非	2024 年 10 月
英语四六级系列		
大学英语四级真题真刷	金榜时代英语教研中心	已上市
大学英语六级真题真刷	金榜时代英语教研中心	已上市
考研专业课系列		
计算机组成原理精深解读	研芝士计算机考研命题研究中心	已上市
计算机网络精深解读	研芝士计算机考研命题研究中心	已上市
数据结构精深解读	研芝士计算机考研命题研究中心	已上市
计算机操作系统精深解读	研芝士计算机考研命题研究中心	已上市
计算机操作系统摘星题库	研芝士计算机考研命题研究中心	已上市
计算机网络摘星题库	研芝士计算机考研命题研究中心	已上市
数据结构摘星题库	研芝士计算机考研命题研究中心	已上市
计算机组成原理摘星题库	研芝士计算机考研命题研究中心	已上市
计算机考研 408 历年真题	研芝士计算机考研命题研究中心	已上市
电气考研.电路摘星题库	研芝士计算机考研命题研究中心	已上市
电气考研电力系统分析摘星题库	研芝士电气考研命题研究中心	未上市
管理类联考系列		
管理类联考综合真题真刷	金榜时代考研命题研究组	已上市
管理类联考综合能力数学真题大全	张紫潮	已上市
管理类联考综合能力数学学习指南	张紫潮	已上市

以上图书书名及预计上市时间仅供参考,以实际出版物为准,均属金榜时代(北京)教育科技有限公司!